35岁前 不要循规蹈矩

乔布斯给年轻人的 62 个忠告

杨建峰 / 主编

四川科学技术出版社

图书在版编目（CIP）数据

35岁前不要循规蹈矩:乔布斯给年轻人的62个忠告 ／ 杨建峰
主编. —成都:四川科学技术出版社，2016.1
　　ISBN 978-7-5364-8265-4

　　Ⅰ.①3… Ⅱ.①杨… Ⅲ.①成功心理－青年读物
Ⅳ.①B848.4-49
　　中国版本图书馆 CIP 数据核字 (2015) 第 315910 号

35岁前不要循规蹈矩:乔布斯给年轻人的62个忠告

35SUIQIAN BUYAO XUNGUIDAOJU:QIAOBUSI GEI NIANQINGREN DE 62 GE ZHONGGAO

主　　编　杨建峰

出 品 人　钱丹凝
总 策 划　杨建峰
责任编辑　王　勤
封面设计　松雪图文
版面设计　松雪图文
责任出版　欧晓春
出版发行　四川科学技术出版社
　　　　　成都市槐树街 2 号　邮政编码：610031
　　　　　官方微博：http://e.weibo.com/sckjcbs
　　　　　官方微信公众号：sckjcbs
　　　　　传真：028-87734039
成品尺寸　195mm×285mm
印　　张　27.5　　字数 686 千
印　　刷　北京新华印刷有限公司
版　　次　2016 年 1 月第 1 版
印　　次　2016 年 1 月第 1 次印刷
定　　价　59.00 元

ISBN 978-7-5364-8265-4

邮购：四川省成都市槐树街2号　邮政编码：610031
电话：028-87734035　电子信箱：sckjcbs@163.com

前言

P R E F A C E

他的产品改变了世界,他的思想影响了一代人,他就是苹果教父——史蒂夫·乔布斯。在过去的 56 年里,乔布斯就如一颗璀璨的明星一样,才智超群而玩世不恭、豪放不羁而虚怀若谷、人生彪悍而坚定执着、狠字当头而不同凡响,他是田溯宁心中的梦想战士;他是李开复眼中的创新教父;他是马云眼中的趋势大师……是的,乔布斯是改变世界的天才,他凭敏锐的触觉和过人的智慧,勇于变革,不断创新,引领全球资讯科技和电子产品的潮流,把电脑和电子产品变得简约化、平民化,让曾经是昂贵稀罕的电子产品变为现代人生活的一部分。他改变了计算机、电影制作、音乐以及手机等多个影响人类生活的行业,他抓住了人们心中最深处的那根弦。

是什么力量使这个男人如此受人们推崇?答案就是影响力。苹果公司的辉煌业绩毋庸置疑,但乔布斯的个人魅力同样令人激情澎湃。

乔布斯是一个奇迹,他总是不断给人带来惊喜。他惊人的电脑天赋、平易近人的处世风格、绝妙的创意头脑、伟大的目标、处变不惊的领导风范铸就了苹果企业文化的核心内容,苹果公司的雇员对他的崇拜简直就如神圣的信仰一般虔诚。2005 年乔布斯在斯坦福大学的毕业典礼上发表演说时讲道:"不要让他人观点的声音压过你自己内心的声音。最重要的是,必须有足够的勇气,按照自己的想法和直觉行事。"是的,乔布斯是这样说的也是这样做的,他凭借自己超凡的努力,逐渐找到了自己活着的真正使命,并实现了自己"改变世界"的承诺。

今天,美国虽然失去了一位天才,但乔布斯的名字将与爱迪生、爱因斯坦一同被人们铭记。他们的理念将继续改变世界,影响后人。在过去的四十年中,史蒂夫·乔布斯一次又一次预见了未来,并将其付诸实践。乔布斯用热情、信念和才识重新塑造了文明的形态。乔布斯似乎拥有无穷尽的意志力和行动力,创造出一个个商业神话和新奇产品，这不仅改变着他自己的现实世界和内心世界，也时刻改变和影响着我们的生活方式和对未来科技的认识。

本书精选了 62 个乔布斯生前关于事业、人生、创新等方面的忠告，并对其进行了深入浅出的介绍，旨在帮助年轻人更好地了解这位伟大的创新者与奋斗者的思想，并从中得到启发，从而为即将走入职场的、正在创业的以及正在职场中奋斗的年轻人指明前进的方向，并找到一条通往成功的道路。

通过阅读本书你将会认识到，乔布斯的每一个忠告，都会使你始终保持高度的热情关注你的事业，也注定会使你经历一段激动人心的体验之旅。善用这些忠告，你的人生将不再循规蹈矩，幸福会将你包围。

目 录

C O N T E N T S

第 一 章

成就一番伟业的途径,就是热爱自己的事业

第 二 章

成功没有捷径,你必须将卓越变成你的特质

第 三 章

用创新颠覆规则,直到成为规则的制订者

第 四 章

把有限的时间,投入到无限的事业当中

第 五 章

活着就是为了改变世界,难道还有其他原因吗

第 一 章

成就一番伟业的途径,就是热爱自己的事业

　　人的一生中工作会占据一大部分,因此找到自己热爱的工作,人生便是天堂,人才会有前进的不竭动力。也就是说,成就一番伟业的重要途径就是热爱自己的事业,所以我们必须在人生的道路上不断寻找,哪怕遇到挫折也不要放弃,只要坚定自己的信念,总有一天会找到。简而言之,就是找我所爱,并为之奋斗不息。

　　作为年轻人,就应该拿出勇气和胆量,倾听自己的内心,做自己喜欢的事情,让兴趣成就自己的伟业,成就自己的人生。

忠告 1　拥有初学者之心,坚定一个目标

拥有初学者的心态是件了不起的事情。

——乔布斯

命运之神对每个人都是公平的,不轻易放弃自己设定的目标,更不要轻易放弃自己,很多人就是因为没有目标,所以才会停下前进的脚步四处张望,时间就是在这无用的徘徊中浪费掉的。另外,勇敢做自己,不要被别人的观念所左右,但大多数人缺少这种精神,他们非常容易受别人的观点或世俗的教条影响,这非常不利于年轻人的成长。因此,不要被教条所束缚,任何问题都没有唯一的简单的答案,看待一个问题是有很多方法和角度的。当你意识到这一点的时候,你就会成为一个很好的解决问题者。

1. 用初学者之心来面对这个世界

乔布斯信奉佛教。佛教中有一个词叫"初学者的心态",即不要妄加猜测,不要期望,不要武断,也不要偏见。拥有初学者的心态我们就会以新生儿的眼光来面对这个世界,永远充满好奇、求知欲和赞叹。

"初学者"一词来源于日本曹洞宗的禅师铃木俊隆在美国传教时讲的一句话:"In the beginner's mind there are many possibilities, in the expert's mind there are few. "(初学者会用多种多样的角度看待问题,但是专家看待问题的角度却越来越窄)。

一个参禅之人去拜访禅宗大师,请教禅学的问题。禅宗大师给他倒了杯茶,可是当学禅者的杯子倒满了茶水之后,禅宗大师仍然往杯子里倒水。茶水溢到了桌子上面。"满了!"学禅者说,"不能再倒水了!""就像这个杯子",大师说,"你已经被自己的想法和猜测塞满了,除非你跟空杯子一样,不然我怎样跟你讲禅呢?"

这个故事不但在学习禅上面适用,同样也可以用在年轻人创业上。

乔布斯在斯坦福大学演讲时曾说道:"求知若饥,虚心若愚。"就是说我们要以初学者的心态,积极主动地学习。

刚满 10 岁时,乔布斯就迷上了一样东西:电子。这个小东西似乎对他有无穷的吸引力。在当时的加利福尼亚州,新兴的电子公司如雨后春笋般发展起来。他家左邻右舍都是惠普电子公司的工程师。有一天,邻居赖瑞工程师带了一只原始的碳制麦克风回家,装上电池,插上喇叭,就可以发出声音。这可把乔布斯给迷住了,一个劲地向赖瑞提问,赖瑞干脆把麦克风送给他,让他自己回去研究。此后,乔布斯每天晚上都泡在赖瑞家里,一点一滴地汲取有关电子的知识。

在职场上,初学者的心态即大家熟知的"空杯"心态。无论是刚步入职场的新人,或是即将进行转型的职场人,抑或在职场上奋斗多年的资深人士,这一点对他们都同等重要。

新人必须以初学者的心态低调、好学,才能赢得上司或老板的指导与提拔;而对于转型跨度

较大的职场人,之前的工作成绩和积累可以说是"清零"了,很多事要从头开始。此时,保持不偏不倚的心态,积极主动地投入学习,才可能在新的领域中创造出价值。所以说,初学者的心态是行动派的"禅宗"。

"乔布斯对所有的过程都有准确的把握……当他想做某件事时,他给我的计划表都是按天和星期计划的,而不是按月或年计划,我喜欢他的这种行事风格。"阿塔里公司的奠基人诺兰·布什内尔这样评价乔布斯。

2. 人生需要专注于一个目标

有无目标对一个人而言至关重要,有目标并为之努力奋斗的人其人生必定精彩。

所谓"专注",就是集中精力、全神贯注、专心致志。一个专注的人,往往能够把自己的时间、精力和智慧凝聚到所要做的事情上,从而最大限度地发挥积极性、主动性和创造性,并努力实现自己的目标。

乔布斯非常专注于他热爱的电子事业,他的"苹果"产品不断为消费者带来新的体验。乔布斯曾在见到一款厨房家电产品后,着迷于其设计,要求"苹果"设计人员将 Mac 电脑参照该家电的设计来打造。还有一次,他希望让 Mac 像一辆保时捷跑车。Google Android 手机操作系统则以开放性为旗帜,"苹果"拒绝接纳 Adobe 的态度也遭受过不少科技界人士的批评。"苹果"对这些批评却毫不在意,该公司只专注于推出好产品、带来更好的用户体验。

乔布斯敏锐地意识到,对未来的消费类电子产品而言,软件都将是核心技术。坚持做操作系统和那些悄无声息的后端软件,比如 iTunes,这样的"苹果"才不至于像 DELL、惠普或索尼那样,因为等待微软最新操作系统的发布而延迟推出硬件产品,看着微软干着急。这也是消费电子巨头索尼在随身听市场不敌"苹果"的原因之一。

苹果公司前战略和营销副总裁特里普·霍金斯曾评价乔布斯道:"史蒂夫的抱负中蕴含的力量大得吓人,当史蒂夫对一件事坚定不移时,可以说那股力量能摧毁一切障碍,吓得所有异议和困难都不敢出现了。"由此可见,乔布斯将自己领导的魅力已经发挥得淋漓尽致。他用自己的一生,给那些缺乏领导才能和魅力的人,树立了榜样。

"他是一个专注的人"——身边的人这样评价乔布斯,专注精神是一个成长型企业的重要支柱。往往一个人的成功并不体现在他拥有多么高的天赋、掌握什么独特的新技术,而在于他比别人多了一份执着、多了一份坚持、多了一份专注。

人们在报纸杂志、电视媒体上,常常可以看到成功人士的专访。当听到他们圆梦的经历时,我们也总会不自然地想到自己,年轻的时候不就和某某大人物的处境一样吗?但继续往下想的时候,很多人就丧失了勇气。并不是因为别人的成就无法企及,而是因为自己不敢"做梦",不敢拥有一个非凡的梦想。要知道,假如乔布斯没有一个巨大的目标,他也不可能获得如此的成功。

对于像乔布斯这样的成功人士来说,世上无难事,只要拥有专注的精神,没有什么问题是解决不了的。专注也是成功者最可贵的品质之一!

生活中许多事让人们感到疑惑不解,为什么许多成功者大都资质平平,却取得了远远超过人们预期的成就?其原因很简单,就是他们在追逐所谓产业潮流的时候,有意无意地依据这样一个假设:最终成功的人有一种顽强的毅力,一种在任何情况下都矢志不渝的决心,能专注于某一个领域,集中精力,锲而不舍,想方设法一步一步地积累自己的优势。而那些所谓天资聪颖、才华横溢的人却仍在四处涉猎,永远无法专注于一个目标,终必徒劳无功,一无所获。

对于一个拥有坚定目标的人来说,一旦被他们看准了的东西,就会不顾一切去追求,任何事物都无法动摇他们的自信和决心,从而自信满满,专注于自己的事业。此时,再反观那些常常将所谓的成功之道大谈特谈之人,他们往往只是将目标停留在口舌之上,而没有付诸行动。没有目标的支撑,就没有自信心,从而精力分散,成功自然离他们远去。

一块手表可能具备最精致的指针,也可能镶嵌了最昂贵的宝石,然而如果缺少发条,它仍然发挥不了报时的作用,同样,人亦是如此。无论我们在成长的过程中,接受过多么良好的教育,也无论我们的身体是如何的健壮,如果人生没有目标,缺乏实现目标的信心和勇气,不能专注于自己的事业,那么,即使我们所有其他的条件再优秀,都没有任何意义。

每一次成功都不是仅凭运气取得的,所以,对于敢于迈出成功路上第一步的人而言,作为梦想王国的决策者,应该看到自己身上的过人之处,并努力将其发挥出来,这就需要强大信心的支持。生活中要有小目标,工作中要有大目标,并自觉地将每件小事都跟远大的目标联系起来,使其与我们的终极目标相结合,唯有为了崇高的目标孜孜不倦地奋斗,我们才能收获成功的果实。

3. 如何为我们的人生设立目标

有人无所事事地做着毫无兴趣的工作,有人不停地抱怨眼前的艰难处境,也有人不停地换工作,忙碌却无果。这些人都在浪费宝贵的人生,最根本的原因就是没有一个坚定的目标。

如果你想在 35 岁以前取得成功,就一定要在 30 岁之前确立好你的人生目标。目标既是我们迈向成功的起点,也是衡量一个人是否成功的尺度。

一个有目标的人,一定会找到自己的道路。年轻人可以将人生目标划分为以下几个阶段,25 岁之前是求学探索阶段;25 ~ 30 岁要了解你想做什么,并切入相关行业开始创业;30 ~ 35 岁创业的关键时期;35 ~ 45 岁是大发展大收获阶段。许多成功人士都是通过这样的途径取得成功的,我们现在还是一个初学者,好奇、求知欲都在激励着我们要不断前进,如果这个时候放弃自己的目标,人生难得有下次的机会再重来。

人生发展阶段要使目标能够实现,就必须将目标分解量化为具体的行动计划,这样目标才有了现实的行动基础。把目标量化分解为具体的行动计划,一向采用"逆推法",即首先确定大目标的条件,将大目标分解成一个个小目标,由高级到低级层层分解,再根据时限,由将来逆推至现在,从而明确自己现在应该做什么:

即时行动←更小的目标←小目标←大目标

这种"逆推法"分解量化目标为具体行动计划的过程,与实现目标的过程正好相反。分解量化大目标的过程是逆时推进,即人由将来倒推至现在;实现目标的过程是顺时推进,即由现在推至将来。

在人生的不同阶段,应不断设立新的目标,这是一个不断挑战自我的过程,也是一个不断进步的过程。实现目标是一个渐进的、成长的过程。一个人只有不断地为自己设立新目标,才能不断地在新目标的激励下实现自我提高。就以赚取金钱数额的多少为目标来说,一个以往年均收入 5 万元的人,如果他在新的一年内为自己设立的目标是年均收入增加 5 万元,达到年收入 10 万元,由于这是一个阶段性目标,所以是现实的。如果他前期没有任何的积累和铺垫,就想在新的一年内年收入达到 100 万元,那么这就不是在谈论目标,而是想入非非,从而是不可能实现的。因此,目标的实现是一个渐进的过程,而不是一蹴而就的。

所以,人要有一个远景目标,即在内心要有一个总体的、大致的目标。这种远景目标,要分阶段来实现,而阶段性目标必须要具体、明确,同时具有可操作性。人不可能期望自己快速成为亿万富翁,但如果你实现了1 000万目标的时候,那么亿万目标就不是空想和幻想了。远景目标就是在这种不断实现阶段性目标的基础上逐步完成的。

4. 时刻保持初学者姿态,不要停止学习

在这个知识与科技发展一日千里的时代,现代年轻人唯有时刻怀抱初学者的心态,才能不断地充实自己,渐渐成长,最终在职场上站稳脚跟,打造出属于自己的一片天地。

沃尔玛创始人萨姆·沃尔顿一生中时刻保持着初学者的姿态,从未停止过学习。他把一家毫不起眼的杂货零售店发展成了世界最大的零售企业,他的创意全都来自于"偷师"。

创业初期,沃尔顿便经常"光顾"竞争对手的店,以了解他们的商品价格和经营策略。他把别人的好创意用到自己的企业中,并且每天都致力于改善企业的经营模式。沃尔顿从来不会因为自己偷学别人的做法而感到羞耻或是故意隐瞒,他承认有些营销创意都是从别人那里学来的。

他说:"我的很多营销手法都是从别人那里学来的。可能没有人像我这样勤于拜访企业,每次拜访的时候我都会问很多问题,这样能从他们那里学到很多东西。假如沃尔玛沉浸在'全市最大型的超市'这项荣誉中,墨守成规,那它就无法生存到现在。不论什么时候,我们都不应该嘲笑别人的错误,而要虚心学习别人的优点。我们该关心的不是别人的缺点,而是别人的优点,因为每个人都有自己的拿手好戏。"

然而,时刻保持初学者的姿态并不容易,有的人在工作上或其他方面一取得一点儿成就,就迫不及待地想让他人知道,尽管这是人之常情。但这种急于体现自我价值、想被他人承认的心态很容易导致狂妄自负、骄傲自大。因而,年轻人要想获得成功,就一定要时刻保持着初学者的心态,虚心向他人学习。

5. 来回摇摆的人永远都不可能成功

美国哈佛大学教授曾对一群智力、学历、环境等客观条件都差不多的年轻人,做过一个长达25年的跟踪调查,调查内容即为目标对人生的影响。调查结果发现:在这些年轻人中,27%的人没有目标;60%的人没有明确的目标;10%的人有清晰但比较短期的目标;只有3%的人有清晰且长期的目标。而25年后,这些调查对象的生活状况大不相同:3%有清晰且长远目标的人,25年来几乎都坚持着自己的人生目标,并为之进行不懈的努力。25年后,他们几乎都成了社会各界顶尖的成功人士,他们中包括行业领袖、企业家和白手创业者。

作为年轻人,或者一个初入社会、经验缺乏的新人,除了确立坚定的目标外,我们应该以一个初学者的心态来对待我们周围的人和事,一旦做出选择就不要轻易放弃或改变,因为放弃意味着你要从新开始,改变意味着你要从新适应环境,这两者都会阻碍我们的前进。现实中,有不少年轻人却恰恰因为知难而退,半途而废,最终一事无成。那么,为什么我们这么容易放弃呢?为什么我们如此心浮气躁呢?为什么我们目光短浅、意志薄弱呢?究其原因,我们太过于眼高手低,我们容易受外界因素的影响,我们害怕失败。这样就导致了很多人一直在原地踏步,止而不进。

跟踪调查进一步表明,那些10%有清晰短期目标者,大都生活在社会的中上层,他们的共同特征是:那些短期目标不断得以实现,生活水平稳步提高,并成为各行各业的精英人士,如医生、律师、工程师、高级主管等。60%没有明确目标者,几乎都生活在社会的中下层,他们的共同特征是:能安稳地工作与生活,但人生没有取得很大的成就。而那些27%的没有目标的人,几

乎都生活在社会的最底层，他们生活窘迫，经常失业，靠社会救济，而且他们的世界观渐渐发生扭曲，并因此而埋怨社会的不公，从而抱怨他人和世界。

社会在发展，科技在进步，我们要不断给自己充电，提高自己，加强自修等，因此无论我们已奋斗多少年，都应该抱着初学者的心态去学习。所谓初学者的心态是指，不要妄加猜测、不要期望、不要武断也不要有偏见。我们就是一个新生儿，对任何事物都充满好奇，充满期待，拥有求知欲，这样会使我们走得更远，更高，变得更强。

中国有句老话：有志之人立长志，无志之人常立志。这句话告诉我们不要轻易地放弃自己的目标。因此，如果你想在35岁之前成功，就一定要吸取别人的教训，做事一定要专注，要以贾金斯为鉴。

美国一位成功学家讲述了这样一个故事：

很多年前的一天，贾金斯看见有人正要将一块木板钉在树上当搁板，于是他走过去要帮那人一把。

他说："你应该先把木板锯掉一段再钉上去。"随后，他找来锯子，但锯了一会儿就撒手了，锯子不锋利，需要磨快些。于是他又去找锉刀。但他又发现如果在锉刀上安上一个手柄使起来将会更顺手。于是，他又去灌木丛中寻找小树，但砍树又得先将斧头磨快。磨快斧头需要将磨石固定好，这又免不了要制作支撑磨石的木条。制作木条又少不了木匠用的长凳，可这没有一套齐全的工具是不行的。于是，贾金斯到村里去找他所需要的工具，然而这一走，他就再也没有回来。

贾金斯无论学什么都是半途而废。他曾经信誓旦旦地想学习法语，但若要真正掌握法语，首先必须对古法语有透彻的了解，而这又需要对拉丁语进行全面的掌握和理解，否则，要想学好古法语是绝不可能的。

贾金斯后来又发现，掌握拉丁语的唯一途径是学习梵文，因此便废寝忘食地开始学习梵文，可这就更加旷日废时了。

贾金斯从未获得过什么学位，他所受过的教育也一直没有施展的舞台，但他的先辈为他留下了一些遗产。他拿出其中的10万美元投资办了一家煤气厂，可是煤气所需的煤炭价钱昂贵，这使他大为亏本。于是，他以9万美元的价格把煤气厂转让出去，然后开办起煤矿来。可又运气不佳，因为采矿机械的耗资大得吓人，导致煤矿无法正常运转下去。所以，贾金斯把在矿里拥有的股份变卖成8万美元，转入了煤矿机器制造业。从那以后，他像一个内行的滑冰者，在有关的各种工业部门中滑进滑出，徒劳无功。

他恋爱过好几次，但每一次都无果而终。他曾经对一位姑娘一见钟情，并十分坦率地向她表露了自己的爱慕之心。为使自己匹配得上她，他开始在精神品德方面陶冶自己并特地去一所星期日学校上了一个半月的课，但并没有坚持下来，不久便自动逃掉了。两年后，当他认为向那位姑娘求婚的时机已成熟时，那位姑娘却早已嫁为人妇。

不久贾金斯又如痴如醉地爱上了一位迷人的、有五个妹妹的姑娘。可是，当他来到姑娘家时，却喜欢上了二妹妹。不久又对更小的妹妹产生了爱意，到最后一个也没谈成功。

来回摇摆的人永远都不可能成功。在不断的改变中，贾金斯的情形每况愈下，越来越穷。他卖掉了最后一项营生的最后一份股份后，便用这笔钱买了一份逐年支取的终生年金，可是这样一来，支取的金额将会逐年减少，而且他要是活的时间长了，早晚得挨饿。

很多人都想改变自己的处境，但是很少有人将这种改变处境的欲望具体化为一个个清晰明确的目标，并付诸实践。结果，仍一无所获，生活一如既往，没有任何改变。

如果想期望成就伟大的一生，那就应该从今天起，以毫不动摇的决心和坚定不移的信念，凭自己的智慧和毅力，去创造辉煌的人生。

6. 真正禅悟初学者心态，改变自己

倘若你能够真正禅悟初学者心态，那你将受益无穷。以下是初学者心态的几个方面：

（1）跌倒了7次，就站起来8次。记住跌倒也是学习的一部分。

（2）保持"无知"的心态。在武术中，"无知"的心态就是勇士的智慧所在。因为我们常常不轻易就会犯以下两大错误：面对强大的对手或者高难度的挑战时，往往认为输的机会很大；反之，遇到弱一些的对手或者容易搞定的事情时，会轻易地认为自己肯定没问题。而只有"无知"反而能让我们拥有一颗不受拘束的心，从而及时由当前情况做出判断。

（3）丢掉"专家"的帽子。即不要高估自己的行为，丢掉"专家"的帽子这需要让自己承认自己一无所知。从而让自己用一个开放的心态去倾听他人所说的话，那时你有可能发觉一个初学者也会教给我们一些东西。

（4）专注于你现在做的事情，忘掉那些"观众"，不要怕出丑。

当我们还是孩子的时候就开始不断学习新的事物。然而等我们到了20岁、30岁，年纪越大，就越担心再次做一名初学者。为什么？可能是不想再看到自己失败时的傻样子。别人可能在你刚起步的时候偷偷地笑你，但是我们自己可以选择是否需要别人的在意。只有你脱离了外物所累，才能专注于现在所行之事。

如果你理解得深刻的话，你会了解到初学者心态的珍贵之处。它会改变我们体验生活的方式。

总而言之，拥有初学者之心是件了不起的事情，这样你就是自己人生的设计师，你会充满好奇与期待地面对你身边的一切。而若同时树立一个自己的目标，并持之以恒地去追求，相信总有一天你能攀上成功的巅峰的！

忠告箴言

拥有初学者心态，会使你永远对生活抱有新鲜感，而且也使我们时刻拥有年轻的心去学习新事物。年轻人要懂得为自己设立远景目标，其核心即是"我一定要成功"。而如何才能做到坚定自己的远景目标呢？需做到：

（1）拥有初学者之心，"求知若饥，虚心若愚"。

（2）把目标量化为具体的行动计划，并付诸实践。

（3）持之以恒，不能间断，即使处在人生的低谷或事业发展不顺时，也不要放弃目标。

忠告 2　听从自己内心的声音,做自己喜欢做的事情

在我做出退学决定的那一刻,我终于可以不必去读那些令我提不起丝毫兴趣的课程了。然后我可以开始去修那些看起来有点意思的课程。

——乔布斯

人们都说,有个好伴侣是人生最大的幸福,但一个成功的人生不仅需要一个与你白头偕老的爱人,也需要一个伴你终生的兴趣。

许多杰出的成功者,他们都是从小先给自己选择好后一个"伴侣"。从小,乔布斯就对电子产生了浓厚的兴趣,他从这个"伴侣"身上不仅获得了感官享受和精神享受,更为日后创办苹果公司并成为世界电子产业的领军人物打下了基础,即使遇到艰难险阻,有这个"伴侣"相助,便定能突出重围,走向光明。如果你现在还没有找到这个"伴侣",那就赶快给自己物色培养一个吧!

1. 兴趣是一个人最好的老师

正所谓"成功其实很简单,就是做你最感兴趣的事情,然后把它做到最好"。

很多人都说,兴趣是一个人最好的老师,成功者和真正杰出的人都把兴趣看得比什么都重要。对于有些人来说,兴趣不仅会让他感到快乐,更是一直指引他取得事业成功的指南针。而乔布斯就是一个典型的值得我们学习的例子。

大凡成功的人士,兴趣都是促使他们不断进步的力量之源。只要拥有兴趣,人们就可以将自己的工作做得更出色。每个人在工作中都会面临很多的选择机会,一个人如果选择了他感兴趣的领域,工作起来就可能更快乐,也更能容易取得成功。因此,一个人要成就一番事业,兴趣是必不可少的,当我们把兴趣转化为永恒的工作动力,我们就可以不断向成功迈进。

当一个人从事他所喜爱的工作时,那么个人的潜能将会得到最大程度的发挥,而且也将更为迅速、更为容易地获得成功。乔布斯的成功来源于把个人兴趣与自己的天分结合在一起,来源于他对所从事工作的选择、坚守与努力。乔布斯常常以"兴趣是最好的老师"为座右铭,他对电子产品的兴趣,不仅成就了他,也成就了苹果公司,最终开创了电子产品的一个新时代。因此,从事一项你所感兴趣的工作,工作本身就能给你一种满足感,你的职场生活就会从此变得妙趣横生。

乔布斯儿时的兴趣影响并最终成就了他的事业,甚至影响了整个世界。当然,这并非说光有兴趣就能成功,而是有了兴趣就有了不断进取的动力,从而获得成功。如乔布斯一样,或者其他很多世界级的大师们,他们的成功,都是归功于真正找到了激发自己生命潜能的兴趣和爱好,并且能够在自己想做的事情和最适合自己做的事情上,投入全部精力和热情,这才是他们取得成功的关键。

1976 年年初,在乔布斯的积极鼓励下,惠普公司的工程师沃兹尼克决定与他一起成立自己的公司。乔布斯卖掉了福特汽车,沃兹尼克卖掉了心爱的惠普 65 型计算机。好不容易借到1 300美元,这家小公司就在乔布斯的车库里开张了。但一个电脑公司以1 300美元起家,资金显然严重不足。怎么办?他们先在一个博览会上以 20 美元一台的价格买到了新推出的 6502 微处理器,然后乔布斯以如簧之舌说动在华纳利公司工作的李家康,凭老交情以特惠价制作电路板,他们又从各自公司搞来一些电子元件,便由沃兹尼克设计,在乔布斯车库里热火朝天地干了起来。

真正热爱自己事业的人,即使在生活遭遇困境时也能发现激情的所在,他们会不断调整自己,他们能让平静的水面泛起涟漪,他们会时刻让自己保持对生活对人生的热情和信心。因此,他们的热情一直很饱满,思考力与创造力一直都很旺盛。正是因为乔布斯一直都满怀热情地投身于他所热爱的电子事业,才取得了今天巨大的成就。

苹果公司第 1 台微电脑在"土产电脑俱乐部"展示时,乔布斯将这台电脑命名为"苹果 1号"。尽管朋友们对其赞不绝口,但却只有一人看中了"苹果 1 号"。他就是在电脑旋风中创办第一家电脑零售店的秦瑞尔。当他向乔布斯表达了要长期联系的意向时,乔布斯高兴得几乎要跳起来,他立刻以 500 美元的价格卖给了秦瑞尔一台苹果电脑。由于无钱购买装备电脑所需的零件,乔布斯就不眠不休地在硅谷穿梭,最终获得了一位名叫牛顿的电子器件商的支持,同意以30 天的期限无息赊给苹果公司 2 万美元的器件。于是乔布斯便没日没夜地加工装配,终于在赊账后的第 29 天,他将装好的电脑中的最后一批卖给了商店,同时也如数还清了赊欠款,净赚12 500美元。

2. 激发自己的热情

现实中有太多人,一旦工作或环境发生了新的变化,就常常会抛弃原来的爱好和兴趣,以至于自己最初设定的目标半途而废。

乔布斯的老朋友,比尔·盖茨在中学时就特别喜欢电脑和软件设计,从而也愿意花费更多的时间学习和研究。在哈佛法学院读书时,盖茨仍念念不忘软件,常在计算机房里泡到深夜,同时创办了自己的软件公司。他明白一个人如果想要取得成功,一定要做自己喜欢的事,于是他毅然决定放弃人们羡慕的律师职业,全身心地投入到自己喜爱的软件事业中。乔布斯说:"我认为我们两个(乔布斯和比尔·盖茨)是世界上最幸运的人,在正确的地点、正确的时间,发现了我们真正爱做的事。"

当我们还行走在人生的十字路口时,我们是否考虑我们喜欢什么?我们要追求的是什么?自己曾经坚持的那份执着和信念还在吗?坚持的那份理想还有吗?坚持的那份憧憬还强烈吗?很多人在走向社会的时候给自己描绘了美好的蓝图,但理想很美好,现实很残酷,的确,我们喜欢的东西太多了,我们想占有的东西太多了。

促使一个成功的创业者创业的首先是兴趣,而不是利益。当今社会,有些人是为了工作而工作,因此要在这种普遍性的情况下,寻找兴趣这个原动力,就显得非常重要。当找到自己的爱好和兴趣时,我们就会不断激发自己工作的热情,从而使自己的目标逐步得以实现。

3. 听从自己内心的声音

在充满竞争的社会中,有的时候人会身不由己,尤其是一些刚踏入社会的职场新人,眼前更是困难重重。有的迫于生计,最终只能选择一个自己并不十分感兴趣的工作,这种情况在现实生活中屡见不鲜。

但即便如此,我们依旧可以主动培养自己的兴趣。"三百六十行,行行出状元。"如果已经进入了该行业,我们应多一分对自己所从事行业的了解,就会对多一分对它的热爱。

与乔布斯一样,世界上杰出的成功者,因为他们都执着地追求自己感兴趣的事情,又积极地投身于自己热爱的事业中,不仅使自己特有的个性得到磨炼,还使自己身上的优势潜能得到充分地发挥,从而创造出伟大的事业。

只有从爱好和兴趣出发,才能像乔布斯一样,始终保持对工作的兴奋感和成就感。因为能做自己感兴趣的事对他们来说才是无比幸福的。那些杰出的成功者,都有着一个共同的特征:无论才智高低,无论所处哪个行业,他们必然都深深爱着自己的事业,并且为此勤奋工作。

现代社会,许多人的欲望太多了,生活中有太多现实和不现实的东西,于是很多人忘记了自己本质的东西,那就是自己喜欢什么? 自己追求的又是什么? 如果找不到兴趣的切入点,没有为此一直努力下去的决心,是不会有任何建树的,这是一个永远不变的道理。

有一个画家,他一生都在画画,有一次,一位朋友去拜访他,走进他的画室一看,立即惊呆了:他的画室里画的全是驴。这位朋友笑了,说:"老朋友,这些年你就一直画驴啊,你的绘画功底足以征服一些其他画家啊,为什么偏偏只画驴呢?"画家平静地说道:"这是我的爱好,我喜欢画驴,因为我看到驴在生活中已经是我的第二生命了。"别人无法理解他说的意思,我们也不去想到底之前发生了什么。但就是这样一个喜欢画驴的画家,最终他的画在一个拍卖行以高价拍出,人们通过他的画不断欣赏驴的各种姿态和表情。这位画家将驴作为他的第二生命,并达到痴迷的程度,最终他获得了成功。

著名心理学家扎荣茨曾经做过一个实验。他让一些人观看某所学校毕业生的毕业纪念册,并且确定这些人并不认识毕业生中的任何人,在看完毕业纪念册以后,又拿出他们一些人的单人照片,有些人出现了二十几次,有些人出现了十几次,有些人则只出现了一两次甚至没有出现。

做完这一切之后,扎荣茨要求看过照片的人评价对这些人的喜爱程度。结果,他发现,出现次数越多的人,越被大家喜欢。几乎所有的人都更喜欢那些出现二十几次的熟悉照片,而对那些出现过几次的照片兴趣不大。也就是说,看照片的次数增加了喜欢的程度。

这就是心理学上著名的"单纯曝光效应"。引申到职场中的道理就是,一个人对其所从事的工作越了解、越熟悉,就会越来越喜欢这份工作。因此即使一开始我们对某项工作不是很感兴趣,但随着了解的深入和不断地努力,仍旧有可能成为我们的兴趣,并因此更容易收获成功。

因此,作为年轻人,如果可以,一定要选择自己喜爱的职业,哪怕条件所限,也要多了解,培养自己对工作的兴趣,这样才更容易在职场中取得成功,这就是"兴趣原理"向职场人士阐述的道理。

不仅工作可以兴趣化,读书学习也可以兴趣化。一个人对读书学习产生了兴趣,就有了积极性,从而就越学越爱学。如果对读书学习没有兴趣,读书学习就会变成一种负担。人们常常只重视"勤奋"而忽视兴趣,这种观点是不对的。兴趣和勤奋同样重要,而且应该是兴趣第一,勤奋第二,因为有了兴趣,人才会自觉地产生勤奋的动力。今天,我们到处都可以发现,那些对读书学习有兴趣的学生,大都能刻苦学习,并乐此不疲。

如果一个人始终都在做自己感兴趣的事情,即使一开始进展并不如想象中的顺利,但只要他愿意花时间去学习,愿意像乔布斯那样全身心地投入其中,不断地努力,自然会把事情越做越好。当他把事情做到最好时,荣誉和财富也就随之而来,这样的成功才会给他带来真正的快乐和幸福。

大凡成功人士都会执着地追求自己热爱的事业，将自己全部的精力只集中于一点，好像有一股看不见的神秘力量在指引着他们，而所作所为不过是顺应内心深处的启示而已。

一个人有目标，加上坚韧不拔的毅力，加上持之以恒的奋斗，加上对自己事业的热爱和不懈的追求，就能到达成功的彼岸。

一个人未来的一切都取决于他的人生目标。人生目标能重塑一个人的性格，改变一个人的生活，同时影响他的动机和行为方式，甚至决定命运。如果思想苍白、格调低下，生活质量也就趋于低劣；反之，生活则多姿多彩，尽享人生乐趣。

青年时代的乔布斯思想独特而混乱，他如同 20 世纪 70 年代的所有叛逆的美国青年一样，吸毒、呐喊、苦修、崇尚各种奇特的文化。这种放荡、堕落的生活方式，很快使他的生活更加窘迫，他只好靠捡垃圾卖钱来维持生活。在当时，乔布斯成了一个不折不扣的小痞子。

1974 年，乔布斯独自一人光着脚、穿着破烂的衣服到了印度。这次远行，让乔布斯目睹了当地穷人对命运的无助情形，他的心灵受到了前所未有的震撼。从印度回来后，乔布斯几乎变了一个人，他暗暗决定以一种与过去不同的方式从头做起。

脱胎换骨的乔布斯，终于开始迎来他新的人生之路。他扔掉了过去的不良习气，成了一位自食其力的上班族，也就是这在这时，他结识了沃兹——一个对他的事业起着至关重要的电脑天才，乔布斯也终于开始在自己热爱的事业中发挥自己的才能了。

我们总是期望得到更好、更神圣的东西，如果为此付出艰苦的努力，就一定会实现自己的目标。如果雄心能够支配自己的全部思想和行动，那么雄心很容易变为现实。

年轻人往往有这种错误的想法：认为天才或成功是先天注定的。固然，一粒煮熟的种子即使在适宜的环境下也不会发芽、生长。但是，只是因为成不了高大的橡树，就不相信自己的能力，不能坚持自己的兴趣，就处在犹豫和彷徨中浑浑噩噩地度过一年又一年，那是非常荒唐可笑的。

我们是否能改变我们想法太多，对什么都不感兴趣的现状呢？答案是：肯定能。在这个社会，没有不可能，只有想不到。一个人对工作充满兴趣和热爱，不仅会积极热忱地工作，同时会从工作中享受到很大的乐趣。真正的幸福就是能自动培养工作兴趣而愉快地工作。

改变对工作态度的方法，是要重新意识到自己所从事工作的意义。一个卖冰淇淋机的人，如果总是认为："因为有许多人买冰淇淋吃我才卖这种机器，若有一天没人吃了怎么办呢？"照这种思路想下去，他肯定不会对这种工作感兴趣，从而提不起精神来。如果能想到小朋友吃了冰淇淋高兴，可以帮助家庭主妇吃冰淇淋打发寂寞，工人吃了冰淇淋可以消暑，那么他对工作的态度肯定就不一样了。

如果你总觉得现在从事的工作与自己的兴趣不合，必定会对工作没有热情，感到工作起来简直就是受罪。但现实情况是，能和你兴趣相吻合的工作实在是少之又少，你很难找到。既然你所从事的工作与自己的兴趣不合，那你就应该从工作中发现兴趣，从而享受其中的乐趣。

这并非什么不可能的事。无论是多么讨厌、多么困难的工作，只要你肯集中精神，全身心地投入，一定能够从中发现克服困难的乐趣。当你克服了一个难题之后，再设定下一个目标，并努力实现它。

这样不断努力之后，你就会渐渐地热爱上这份工作，最后你就会投入全部的精力来努力。当然，对于喜欢的事业，你工作起来必定是轻松、快乐的。一个人对事业热爱到了一定的程度时，便没有困难可以将他打倒。就像乔布斯一样，当苹果在发展中遇到困难、需要冒险时，他都勇往直前地将困难和冒险一一化解。现实生活中,人们常常因为害怕困难,而不敢迈出这一步,从而让自己错失了更多发展的好机会,这种保守心态注定了他们不会实现当初设定的目标。其实,最主要的原因往往就是他们并不热爱自己的事业,只是为了完成任务而已。

4. 培养自己的兴趣和爱好

对于身在职场中的年轻人,你是否真正想过自己对事业的兴趣和爱好在哪里呢?是不是做一天和尚撞一天钟?是不是想着每月就拿那点薪水就行了?很多人对自己的分析还处于表面,对自己内心深处的想法还是不能完全地体悟,这就导致了其工作时没有状态,事业前进不了,个人发展严重受阻。那么,现在就告诉大家如何培养自己兴趣的两个有效方法:

第一,反思自己的处境。

你可以问自己能否对目前困扰你的事情说"不"。如果不能,那么你正在采取的是消极应对策略,如拖延、敷衍会带来什么后果,这些后果是你可以或愿意承受的吗?你可以在纸上反复推敲这个问题,最后你会发现,不利的后果比目前烦人的工作对你造成的消极影响要严重得多。

第二,要分析自己为什么对这件事没有兴趣,能否培养自己的兴趣。

如果是因为对所从事的工作不了解而没有兴趣,可以在工作中培养自己的兴趣。比如当深入处理枯燥的报表数据时,你可能会对相应的电子表格软件产生兴趣,并发现软件中有你所不熟悉的统计功能,而掌握了这些统计方法后,你就会提高工作效率。因此,兴趣是在工作中不断培养的,只要不放弃,任何人都可以找到自己的兴趣所在。

各行各业都有出类拔萃的人才和精英,他们是这个行业的佼佼者,也是这个领域的引领者,不是因为他们出身高贵,也不是因为他们智商高人一等,只是因为他们在选择自己职业的时候就下定决心,在这个自己喜欢的行业里做出成绩,所以,人们记住了他。比如有人一生都在从事金融行业,有人一生都在致力于做科研,有人一生都在从事 IT 行业,始终不变。他们为什么这么执着?归根结底,是因为在他们的内心有一颗火热的心,他们热爱自己的事业,发自内心地热爱。而我们要建立对自己职业的兴趣,并不是单纯的工作兴趣。什么是职业兴趣呢?职业兴趣是一个人对待工作的态度,对工作的适应能力,表现为有从事相关工作的愿望和兴趣,拥有职业兴趣将增加个人的工作满意度、职业稳定性和职业成就感。

一个拥有良好而稳定的兴趣的人,当他在从事社会实践活动时,就具有高度的自觉性和积极性。如果个人对自己选择的职业感兴趣,兴趣就会变成巨大的个人积极性,促使其在职业生涯中做出成就;反之,如果对所从事的职业不感兴趣,就会影响其积极性的发挥,从而难以发现自己的价值,不利于工作的开展。

5. 听从内心的召唤,激发自己的潜能

人与人最主要的差别不在于先天的禀赋,而在于是否懂得和善于运用自身的潜能。科学家告诉我们,即使到今天,人类中最优秀的人也不过只开发了大脑能量的10%。既然是潜能,顾名思义,就是本来就蕴含于我们身体中的能量,或者说,是我们容易遗忘的能量。潜能不会自动显现,就像泉水没有压力不会喷出地表,你必须有意识地唤醒并激发它。在激发潜能之前,你必须听到内心的声音,遵循它的引导,你会发现,潜能有了流动的空间。能够听到内心的声音,无疑是人生中最美妙的瞬间。只要你用心聆听,就一定能听到。

在漫长的一生中,你总会有怦然心动的一刻,这个具有决定意义的瞬间不会无缘无故地来找你,如果它蓦然降临在你面前,你要相信自己就是它一直在寻找的人,千万别错过。

"Ineed to follow my heart（我必须听从内心的召唤）。"这是 2005 年 7 月 5 日李开复结束休假，走进顶头上司办公室说的第一句话。李开复内心的召唤就是舍微软进 Google。之后，李开复义无反顾地追随了我心，不管因为这个决定有多少媒体炮轰他，有多少人谴责他。

真正有智慧的人总是清楚地知道自己想要什么，因为他知道自己是谁，从哪里来，要到哪里去。同时，他们也总是相信自己的潜能，并以最大的勇气决断自己的人生，一旦确定了目标，他们就不会轻易改变。在追求成功的道路上，他们都是有些偏执的人，是不认命的人。

"听从我心"的李开复正在为他所钟情的 Google 奉献着智慧和才能。作为经理人，既然暂时不能左右社会的进步，那么先从自己开始，把自己做好。当这样的能量蓄积到一定程度时，它的爆发将能推动这个社会发生巨大改变。

年轻人应该懂得：上天赋予了你决策人生的权利，你的人生是你不断作出抉择的结果。也许选择了这条路，你就无法知道另一条路上的风景，但只要你是跟随内心的指引，一切就没什么可遗憾的了。就像美国诗人弗罗斯特所慨叹的那样："一片树林里分出两条路——而我选择了人迹更少的一条，从此决定了我一生的道路。"由此看来，那条人迹罕至的路，只要是源自内心的抉择，就是一条幸福的路。

如果你真的想活出精彩的人生，那么请记住：当你面临人生的重大选择时，请拒绝作出违背内心的选择。

总而言之，内心兴趣是催生我们进取的燃料。尽管外界一直在变化，但是，我们内心的那份执着和信念不能变化，我们要坚守自己热爱的事业，成功的本质就是不断在自己热爱的领域继续前进，这样我们自身的潜力也会不断地被发掘，这是拥有兴趣的最高境界。乔布斯的人生经历告诉我们听从自己内心的声音，做自己喜欢做的事，并愿意为此付出努力，那么我的理想定能实现。

忠告箴言

当一个人全身心地投入到自己感兴趣的事业中，就会激发自己的潜能，从而不断地走向成功。年轻人应及早主动培养自己的兴趣。持之以恒，专注执着。只有不放弃自己热爱的事业，才能坚守自己的理想和信念。兴趣是工作动力的主要源泉之一。对于一个人来说，对工作感兴趣，就愿意去钻研，就容易出成绩。人生苦短，难道我们宁愿随波逐流而无视自己内心的声音吗？难道我们宁愿做着自己不喜欢的事情而备受内心折磨吗？相信大家的回答当然是不愿意。冲破樊篱，追寻自己想要的吧，这样你的人生必定精彩。

忠告 3   成功者绝不被环境所限

成功者不一定都需要优越的环境。

——乔布斯

一个人生活和学习的环境，对他树立理想和取得成就有着非常重要的影响。周围的环境是愉快的还是不和谐的，身边的人是经常鼓励你还是经常打击你，都与你的前途息息相关。优越的环境虽然可以造就成功者，但所有的成功者未必是由优越的环境造就的。作为一个年轻人，要学会永远只与成功者或者优秀者为伍，并且进入环境就不要停下自己奋进的脚步，这样你的前途就会无限光明。

1. 学会运用环境中的优势资源

电话的发明者贝尔 28 岁时拜访著名物理学家约瑟夫·亨利，谈论"多路电报"试验，但亨利对此不感兴趣。贝尔又说到他做实验时观察到的一个现象：把包着绝缘材料的铜线缠成螺旋状，有间隔地通电，就能听到线圈上发出的嚓嚓声。这次，亨利有了兴趣，他敏锐地感觉到，这个年轻人发现了一个有价值的现象。他要亲眼看看贝尔做这个试验。那是冬季的一天，街上刮着凛冽的寒风，非常寒冷，老亨利却义无反顾地准备马车，打算到贝尔的住所去。贝尔怕老人身体吃不消，于是便把做实验用的仪器带来了。

他们听到了电流通过铜线圈发出的声音。贝尔认为，可以根据这一原理让电报线传递人的声音，但自己缺乏足够的电学知识，不知道是否应该把这一设想公之于众、让电学专家来做进一步的研究。亨利鼓励他："如果你认为自己缺乏电学知识，那就去努力掌握它。你有发明的天分，好好奋斗吧！"后来，贝尔在给父母的信中描述自己当时的感受："我简直无法向你们描述这两句话是怎样地鼓舞了我……要知道在当时，对大多数人来说通过电报线传递声音无异于天方夜谭，根本不值得费时间去考虑。"几年后，贝尔又说："如果当初没有遇上约瑟夫·亨利，我也许发明不了电话。"

别人的成功也会激发一个人奋斗的潜能。当你在社交场合遇到成功人士、听到别人成功的事迹，应暗暗鼓励自己："我也能做到，我也会有成功的一天。"这样你就会满怀信心地投入到自己的事业中，直至实现目标。

乔布斯从小的生活环境就对其未来的事业产生了重大影响。史蒂夫·乔布斯出生在旧金山，被养父母收养之后，一家人就搬到了南旧金山的一个工业城镇。在乔布斯 10 岁的时候，他们家搬到了加利福尼亚州芒廷维尤的一个半岛上，而在邻近的帕洛阿尔托，电子公司如雨后春笋般在市郊发展起来。史蒂夫的家与惠普公司以及其他一些电子公司的工程师相邻，因此他便有很好的机会与这些工程师接触。每逢周末，一些工程师就会到自家车库做些维修工作，乔布斯经常跟着他们，他们对这个孤单、好学而又勤劳的男孩非常欣赏。

1967 年，乔布斯一家又搬到了加利福尼亚州的洛斯阿尔托斯，这个地方聚集着许多科技工作人员。不少电子工程师和他们的家人都住在洛斯阿尔托斯及其周围的库比提诺和桑尼维尔。在这里，乔布斯随时都能向知识渊博的科技人员请教各种问题，随处都能在一两只箱子里发现废弃不用的电子元器件，他在放学后就可以把这些元器件拆开来看个究竟。他认为，这里和杂乱不堪的芒廷维尤相比简直就是天堂！

这样的生长环境对乔布斯的一生产生了重大影响：

第一，是其性格产生的重要基础。乔布斯生长的南旧金山的环境对其性格的形成有很重要的作用。正是那样的环境才塑造了他不服输、任性，以及坚强的性格。

第二，是其兴趣萌芽的摇篮和事业发展的沃土。父母的两次搬家对史蒂夫·乔布斯的兴趣和后来的职业发展都有着深远的影响。芒廷维尤的那个半岛可以说是乔布斯兴趣萌芽的摇篮。而后来的洛斯阿尔托斯又为乔布斯兴趣的发展提供了一块绝好的沃土。在这里他不仅可以接触到很多的资源，还结交了珍贵的朋友，而这些都为他以后事业的成功奠定了基础。

上学时的乔布斯与同龄伙伴显得格格不入，因此，并没有收获什么。多年以后，一位同学这样描述乔布斯：他是一个孤单的、爱哭的男孩。乔布斯与这位同学曾参加过同一支游泳队，这也是他参加的为数不多的体育运动队。"如果比赛失败了，他会跑到一边独自哭泣。他和别的同学也相处得不好，他就是这样一个家伙。"这位同学说。

多年后，乔布斯结识了朋友史蒂夫·沃兹尼亚克，发现两人的性格有相似之处，他们都很孤僻、不合群，没有幽默感，也不是团队里的积极分子。乔布斯对电子学有一种特殊的情感，他时常沉浸在自己的世界里。

很多年后，有人评价他："我们一般人都习惯于稳稳当当地处理自己的事情，但史蒂夫不一样，他紧赶时间，往往用别人一半的工夫就能把整件事做得非常漂亮。"

其实，这个世界对每个人都是公平的。无论周围环境好坏，我们都要学会利用自己成长环境中对自己有利的东西，发展自己的爱好，也许有一天它有可能成为我们愿终生为之付出的事业。

2. 年轻人应积极适应新的环境

现在大多数人都想享受安逸，已经没有了往日的斗志，总是在安逸的环境中度过没有激情的生活。殊不知，心怀这样的心态只能使我们的创意和灵感慢慢消退。在今天这个瞬息万变的时代，什么事情都有可能发生，所以，我们应该时刻积极地适应环境，要清楚环境是一种能激发人的外在动力。

在自然界当中，我们既能看到荒芜的土地，也能看到茂盛的树林；既能看到沉寂的死海，也能看到鸟语花香的乐园。不同的景象源于不同的生存条件，自然生态环境的优劣决定着动植物的生存与灭亡。

职场中，很多创业者都经常抱怨，没有一个好的创业环境能施展自己的才能，其实，他们只注重外在条件的艰难，却没有审视自己是否有能够适应这种环境的能力，而这种能力决定着我们能否在任何环境中都得心应手。

一个人总是在一成不变的环境里生活，获得锻炼的机会就会越来越少，生命的活力也就会越来越弱。所以对年轻人来说，变化着的环境才是最有利于我们成长的环境。环境变化了，才会有压力；有了压力，才会有动力。当环境变得越复杂，自身才会变得越聪明。

很多人都听过关于青蛙的一个实验：生物学家为了研究青蛙对环境变化的敏感程度，他取来了两只青蛙，把一只青蛙扔进沸腾的热水锅中，结果由于瞬间受到高温刺激，青蛙条件反射似地猛地跳了出去并生存了下来。随后，他又把另一只青蛙放进凉水锅里，青蛙一动不动地待在水里，然后用火慢慢地加热，直到把水烧得沸腾。结果待青蛙感受到水太热了也想跳出去时，却为时已晚无力逃生了。

这个实验告诉给我们的道理是很深刻的。为什么同样的两只青蛙一只在瞬间接触到热水时能逃脱厄运，而另一只在慢慢加热的升温中就不能幸免于难呢？原因在于第二只青蛙没有觉察到所处环境的变化，只顾着满足于舒舒服服的当前环境了，对未来的恶劣环境预料不足，导致逐步失去了抵御外界恶劣环境的能力。所以对年轻人来说，要学会积极适应新的环境。"物竞天择，适者生存"，人这一生，实质上就是一个不断适应环境和不断改善自身的过程。如果你成天想的是安于现状，不思进取，那你只能一辈子都被环境所束缚，你的眼界窄小得就如同坐井观天的青蛙。

3. 用信念、用积极的心态面对逆境

乔布斯的经历就是明证：并不是每一次灾难都会招致祸端，有时候逆境往往能够带来福泽。因为在逆境中学到的东西，才能推动我们走得更远。很多人都喜欢抱怨环境恶劣，殊不知，环境太差只不过是这些人为失败找的借口，优秀者无论在什么环境下都可以取得成功。因此，当我们失败时，千万不要埋怨环境，要努力改变自己，提升自己的品质，这样才能不断走向成功。

1985年，乔布斯在苹果高层权力斗争中被迫离开了苹果公司。也就是说，他被自己一手创建的公司和辛苦培养的接班人给开除了。他也曾彷徨过，可是他很快就调整了心态，并成立了NeXT公司。后来他在演讲中说道："在最初的几个月里，我真是不知道该做些什么……但是我渐渐发现了曙光，我仍然喜爱我从事的事业。在苹果公司发生的这些事情丝毫没有改变这一点。我被驱逐了，但我仍然钟爱它。所以我决定从头再来。我当时没有觉察，但是事后证明，从苹果公司被炒是我这辈子最好的事情。因为，作为一个成功者的沉重感被作为一个创业者的轻松感觉所取代了：对任何事情都不那么特别看重。这让我觉得如此自由，进入了我生命中最有创造力的一个阶段。"

乔布斯的经历告诉我们，逆境不是最可怕的，最可怕的是失去了追求卓越的品质。如果我们真的执着于对自己梦想的热爱，就一定会拥有实现梦想的卓越特质。但遗憾的是，有些人却并不那么重视它。一旦环境稍稍发生了变化，就不知所措地扔掉了梦想，同时也丢掉了宝贵的卓越品质。难道环境对人的影响程度就如此深刻吗？如果是这样，世界上那么多创业者又是怎么成功的呢？显然，逆境并不可怕，重要的是时刻保持追求卓越的品质。

我们今天所拥有的一切，都是我们心里最重要的财富。在我们的人生历程中，逆境不是真正的阻碍，只要想尽办法积极去面对，调整好自己的状态，终有一天，它会为成功让路！

环境就如同一个大染缸，把我们放进去，我们就会被染成不一样的角色，但是，一个人怎么样来应对环境对个人的影响呢？怎么样才能在对自己不利的环境中成长呢？

如果我们现在所处的环境非我们所愿，那么我们可以做到：第一，选择离开，寻找一个适合自己的环境生存。这是一种被动的方式，但在我们一切都不够强大的时候只能选择这种方式。第二，主动改变，这是每一个有原则懂是非的人都可以努力做到的，那就是：提高我们自身的影响力，不断增强正确的力量，不断去影响身边的人，改变周边的环境，即使只是在一个部门、一个

项目组内,形成团队的文化和环境。

我们所处的环境往往体现出我们的价值。比如一罐可乐,在商店或超市的售价是2.5元,但在星级宾馆要卖到20～30元,可乐自身的价值和使用价值并没有发生改变,星级宾馆也不会单独给其加上什么营养成分,只是它所处的环境变了!

人也是如此,如果把我们放在不同的位置和环境,所体现的价值就不一样!

许多年轻人往往不善于认真分析自己在遭遇挫折时的自我和环境,从而容易陷入负面情绪的旋涡。不妨在自己的头脑中设置一个"情绪换挡闹钟",当职场带来的不良感受给你造成很大压力的时候,启动闹钟,提醒自己:放下烦恼和自责!然后求助亲友或师长,尽快找到导致自己情绪不良的原因;如果是由于自己工作不利所致,立即积极改进和调整。

我们说环境的力量不可小觑,但是,控制环境的思想我们是不是有呢?面对每天发生的不同的事情,我们是否有心理准备呢?人与人之间的差别其实很小,但这种很小的差别却往往造成了巨大的差异。很小的差别就是面对逆境时所具备的心态是积极的还是消极的,巨大的差异就是成功与失败。

古时候有一位国王,梦见大山倒了,河水枯了,盛开的鲜花也谢了,醒来后便叫王后给他解梦。王后说:"这是不好的预兆。山倒了指江山要倒;河水干了指民众离心,君是舟,民是水,水干了,舟也不能行了;花谢了指好景不长了。"国王听后惊出一身冷汗,从此便一病不起,且病情愈来愈重。

一位御医奉命为国王治病,国王在病榻上说出他的心事,哪知御医一听,大笑道:"太好了,山倒了意味着从此天下太平;水枯指真龙现身,指国王你是真龙天子;花谢了,花谢见果实呀!"国王听后全身轻松,病也很快痊愈了。

事物都有其两面性,环境的改变也很可能影响到我们的进退,关键就在于当事者怎样去对待它们。智者对待事物,不看消极的一面,只取积极的一面。如果摔了一跤,手流血了,他会想:还好没把胳膊摔断;如果遭遇车祸,撞断了一条腿,他会想:大难不死必有后福。智者会把每一天都当成新事物的诞生而充满希望和斗志,尽管这一天可能会有许多麻烦事等着他;强者则把每一天都当成生命中的最后一天,从而倍加珍惜。

此外,我们必须正视这样一个事实:在这个社会上,成功卓越者少,失败平庸者多;成功卓越者活得充实、自在、潇洒,失败平庸者过得空虚、艰难、猥琐。

仔细观察、比较一下成功者与失败者的心态,尤其是关键时刻的心态,我们不难发现不同的心态会导致人生的重大不同。有些人总是抱怨,他们现在的境况是别人造成的,环境决定了他们的人生位置,这些人常说他们的想法无法得到实现。但是,我们的境况不是外在环境造成的,而是由我们自己决定的。

成功人士的首要标志,在于他有一个积极的心态,从而能够乐观地面对人生,乐观地接受挑战和应付诸多麻烦事,于是渐渐走向成功。

在美国,有一个名叫塞尔玛的年轻妇女,丈夫是名军人,奉命到沙漠腹地参加军事演习。因此,在丈夫离开的这段时间,只剩下塞尔玛独自留守在一间像集装箱一样的铁皮小屋里,她住的地方气候干燥,酷热难耐。屋子的周围生活的也只有墨西哥人与印第安人。他们不懂英语,塞尔玛无法与其进行交流。她寂寞无助,变得烦躁不安,于是写信给她的父母诉说,不愿待在这个鬼地方。父亲的回信只写了一行字:"有两个人同时从牢房的铁窗口望出去,一个人看到的是泥土,而另一个人看到的是繁星。"

塞尔玛起初没有明白其中的含义,反复读了几遍后,才清楚了父母的用心,并感到无比惭愧,她决定继续留在沙漠中去寻找自己的"繁星"。紧接着她一改往日的消沉情绪,积极地面对生活。她在当地广交朋友,并学习他们的语言。她付出了热情真诚,人们也给予了她热情的回报。她非常喜爱当地人制作的陶器与纺织品,于是人们便将平时很少卖给观光客的陶器、纺织品当作礼物赠送给她。塞尔玛很受感动。

她的求知欲也渐渐高涨。她十分投入地研究了让人痴迷的仙人掌和许多沙漠植物的生长情况,还掌握了有关土拨鼠的生活习性,观赏沙漠的日出日落,并饶有兴致地寻找海螺壳……沙漠的环境依旧,当地的居民没有变,只是塞尔玛的人生视角变了,她的生活已发生了巨大的改变。最初的痛苦与沉寂没有了,代之以积极的冒险与进取,她为自己的新发现而兴奋不已。于是她拿起了笔,两年后,一本名为《快乐的城堡》的书出版了,通过不懈努力的塞尔玛终于看到了"繁星"。

就像风雨都喜欢与彩虹为邻一样,希望也偏爱与绝望相随,所以,假如你身陷绝望之中,请不要心存恐惧,不要丧失信心,只有这样你才能从绝望中看到希望!

积极的心态有助于人们摆脱困境,使人看到希望,保持高昂的斗志;消极的心态使人消沉、失望,对生活和人生充满了抱怨,从而自我封闭,限制,甚至扼杀了自己的潜能。

4. 学会冷静面对境遇,化危机为机遇

外界环境有时候会和我们开个玩笑,或者给我们设置一个障碍,这些也许是我们的使命所在。因为任何事情都不是始终处于顺境之中的,人类也总是在不断地解决问题,又出现新的问题然后再解决问题的过程中发展的。成功往往就隐藏在面目可憎的面具下,如果你冷静、勇于进取、能够审时度势,就一定能揭开面具,享受成功的喜悦。

熟悉乔布斯的人都知道,乔布斯早年的境遇十分凄惨,在繁华异常的美国社会,当别人在餐桌上享受美食时,乔布斯却在大街上捡易拉罐。正是因为这样凄惨的童年生活,让乔布斯一生都保持着进取的势头,他从不满足自己已取得的成就。相反,当取得一项成就后,他会感觉到很大的危机感,因为他很清楚,成就的取得预示着自己很有可能因此而沾沾自喜、停滞不前,被对手赶上超过,所以乔布斯在管理苹果的几十年,从没有停止过创新研发,一代又一代的苹果手机,让对手无法超越,只能望洋兴叹。

2007年6月29日,苹果公司生产的iPhone开始在美国市场销售,虽然没有达到苹果公司之前的销售预期,但其场面却空前火爆,令人感到有些意外的是,自iPhone开始上市,就频频遭到外界的质疑。对于苹果公司来说,最为棘手的问题是iPhone电池的内置设计,用户不能自行更换,因此受到众多用户的控告。另外,由于产品设计的原因,iPhone使用的安全性也受到质疑。这显然不是一个好的信号,苹果公司当时承受着巨大的舆论压力。

但苹果公司没有选择逃避,他们采取四点策略有效解决了问题:

第一,正视问题所在,积极应对危机。

第二,主动承担责任,化险为夷。

第三,高调接触媒体,把握舆论主导权。

第四,寻找解决方案,抓住民心。

正是由于苹果公司出色地解决了消费者的质疑,才没有扼杀iPhone的美好前程,从而使iPhone风靡全世界。

　　找方法不找借口是工作中必须遵循的原则，然而一位品质卓越的员工不仅能解决问题，应对危机，更要努力化危机为转机。如果你在某方面有不尽如人意的地方，不要逃避，不要自卑，更不要怨天尤人，也不要抱怨自己所处的环境不好，而是应积极想办法解决问题，这样才会取得成功。

　　没有人愿意遭遇危机，但危机和成功总是如影随形，想成功就避不开危机。危机可能来自于个人的生理、心理，也可能是来自外界因素。但无论哪一种，只要你拿出足够的勇气和坚定的信心，积极想办法都能解决。不仅如此，塞翁失马焉知非福？危机中常常蕴含着转机，关键看你能不能做到。

　　如果你仔细留意就会发现，许多时候人不是跌倒在自己的缺陷上，而是跌倒在自己的优势上。这也就是中国古人所说的"生于忧患，死于安乐"。这看似矛盾却又现实，因为缺陷常常使我们心无旁骛、小心翼翼地渡过危机，而优势却常常使我们忘乎所以，容易酿成恶果。

　　三个旅行者早上一起出门，一个旅行者随身带了一把伞，另一个旅行者拿了一根拐杖，第三个旅行者则什么也没有拿。晚上归来，拿伞的旅行者被雨淋得浑身透湿，拿拐杖的旅行者跌得浑身是伤痕，而第三个旅行者却安然无恙、毫发未损。

　　前面的两个旅行者见状很纳闷，于是问第三个旅行者："你怎会没有事呢？"第三个旅行者没有直接回答，而是反问拿伞的旅行者："你为什么会淋湿而没有摔伤呢？"拿伞的旅行者说："当下雨的时候，我因为有了伞，就果敢地在雨中走，却未曾料想被淋湿了；当我走在泥泞坎坷的路上时，因为没带拐杖，所以走得特别小心翼翼，专拣平稳的地方走，所以没有摔伤。"

　　然后，他又问拿拐杖的旅行者："你为什么摔伤而没有淋湿呢？"拿拐杖的旅行者说："当下雨的时候，我因为没有带雨伞，所以便专拣能躲雨的地方走，所以没有被雨淋湿；当我走在泥泞坎坷的路上时，因为有拐杖，就大胆地往前走，却不知为什么常常摔倒。"

　　第三个旅行者听后笑道："这就是为什么你们拿伞的却被雨淋湿，拿拐杖的却跌伤，而我却安然无恙的原因。因为当大雨来时我躲着走，当道路泥泞不堪时我小心地走，所以我既没有被淋湿也没有跌伤。你们弄成这样就在于你们有凭借的优势，从而丧失了警惕，认为有了优势便少了忧患。"

　　在汉语里，"危机"这个词是由"危"和"机"两个字组成的，"危"字的意思是"危险"，"机"字则可以理解为"机遇"。通常，保守胆怯的人一般只看到"危险"，而看不到"机遇"；那些胆大心细、锐意进取的人却能拨开危险的迷雾抓住机遇，从而渐渐走向成功。

　　因此，出现危机可能正是取得发展与进步的大好时候。逆境往往是一个人迈向成功的一条必经之路。环境只是一个外在因素，年轻人要学会适应环境，必要的时候改变环境，同时积极地抓住环境中于自己有利的东西，且脚步永不停歇，那么你终将成就一番大事业。

5. 不能改变环境，就要改变自己

　　一个人要想改变命运，最重要的是要改变自己。在相同的境遇下，不同的人会有不同的命运。要明白，命运不是由上天决定的，而是由你自己决定的。

　　人和环境的关系是个值得深思的问题，许多人都不懂得如何解答。托尔斯泰说："世界上只有两种人，一种是观望者，一种是行动者。大多数人都想改变这个世界，但没人想改变自己。"的确，要改变现状，就得改变自己。

　　有一次，柏拉图告诉弟子自己能够移山，弟子们便纷纷请教方法。柏拉图笑道："很简单，山

若不过来,我就过去。"弟子们不禁哑然。世界上根本没有什么移山之术,唯一能够移动山的秘诀就是:山不过来,我便过去。同理,人不能改变环境,那么就改变自己吧!

整天抱怨"命运不济、世道不公、怀才不遇"的人们面对智者的建议,应该有所顿悟。人生不如意十之八九,要用智慧来解决:只有去适应环境,才能克服更多的困难,战胜更多的挫折,最终实现自我。

忠告箴言

适应新的环境,不断改善自身,锐意进取;提升自己的卓越品质,在逆境中成长;以积极向上的心态,面对不利的环境,乐观地面对人生,保持希望;出现危机可能正是取得发展与进步的大好时候,所以面对危机,我们应充满信心积极想办法克服,抓机遇,走向成功。

忠告4 当你相信自己时，梦想就会实现

我相信，苹果的未来将更加光明，更具创造力。我期待未来苹果的成功，也将为此尽自己的绵薄之力。

——乔布斯

有句话说得好："当你不相信自己时，好运就不会降临到自己身上，成功离自己也总是那么遥远。"的确，自信对于一个人至关重要，无论是对工作、生活而言。有时，充满自信，奋斗之路充满无限激情；有时，充满自信，方能真正展现自己的人生价值。

1. 自信可以创造生命的奇迹

这是发生在非洲的一个真实的故事。

6 名矿工正在很深的井下采煤。不知什么原因，突然矿井坍塌，出口被堵住了，矿工们顿时无法与外界取得联系。

大家你看看我，我看看你，一言不发。他们谁都知道自己所处的状况是多么的糟糕。凭借经验，他们意识到现在面临的最大问题就是缺氧，如果处理得当，井下的空气还能维持 3 个多小时，最多不超过 3 个半小时。

外面的人肯定已经知道他们被困了，但发生这么严重的坍塌就意味着必须重新打眼钻井才能解救他们。为了在空气用完之前获救，这些有经验的矿工决定想尽办法节省氧气。为了尽量减少体力消耗，他们关掉随身携带的照明灯，全部平躺在地上。

大家都默不作声，四周一片漆黑，很难估算时间，而且他们当中只有一人有手表。

众人都向这个人问道：过了多长时间了？还有多长时间？现在几点了？

时间被拉长了，在他们看来，1 分钟的时间就像 1 个小时一样长，每听到一次回答，他们就感到离死亡更近了一步。

他们当中的负责人发现，如果继续这样焦虑下去，他们的呼吸会更急促，这样他们会在绝望中死去。所以，他要求由戴表的人来通报时间，每半小时通报一次，其他人一律不许再提问。

大家服从了命令。当第一个半小时过去的时候，这人就说："过了半小时了。"大家都喃喃低语着，黑暗中弥漫着一股愁云惨雾。

戴表的人发现，随着时间慢慢过去，通知大家最后期限的临近也越来越艰难。于是他擅自决定不让大家在痛苦中死去，他在告诉大家第二个半小时到来的时候，其实已经过了 45 分钟。谁也没有发现有什么问题，因为大家都非常相信他。在第一次说谎成功后，第三次通报时间就延长到了一个小时以后。他说："又过去了半个小时。"另外 5 人各自都在心里计算着自己还能活多少时间。

表针继续走着，每过一小时大家都收到一次时间通报。外面的人加快了营救进度，虽然知

道被困矿工所处的位置,但也很难在 4 个小时之内将他们救出。

4 个半小时到了,营救人员找到了这 6 名矿工。他们发现有 5 人都还活着,只有 1 个人因窒息而死,他就是那个报时的人。

这就是信心的力量。正是这位报时者给大家以坚持活下去的信心,正是有了这种期待,他们 5 人才都活了下来。

2. 自信是成功的第一秘诀

自信绝对不是一个毫无意义的口号,而是一个渴望成功的人必须拥有的素质,一定要让它扎根在心灵的深处,跟随自己的心脏与血液一起跳动和流淌。

对于乔布斯来说,总是自信心在支撑着他。乔布斯在重新创业的过程中,遇到了不少困难、麻烦,似乎走进了一个怎么也走不出来的死胡同,但他从来都是那样相信自己,从来都不把那些困难放在心里。

比如,乔布斯在被苹果炒后创办了 NeXT 公司。当时 NeXT 公司生产了第一台易于使用的 Unix 机器,但主流市场不买账,它的高昂价格令多数人望而却步。在近 7 年时间里,NeXT 总共仅销售了50 000 台机器,市场的惨败和持续的亏损,使乔布斯不得不停止了硬件制造,并解雇了团队中的一半人以上,然后集中精力销售 NeXT 软件。

乔布斯就是这样不停下自己的脚步,始终坚信自己,后来的《顽皮的跳跳灯》和《锡铁小兵》相继成功,也给他的人生带来了巨大转机。

美国作家爱默生说过:"自信是成功的第一秘诀。"自信是成功的重要精神支柱,如果没有自信,别说无法获得成功,从某种意义上说,是对生命的亵渎。因为,如果你没有自信,认为自己任何事情都做不成,那么你的生命还有什么意义呢?但上帝让你存在,就一定会给你一个存在的理由。这个理由需要你去寻找。正如人生,本来是没有什么意义的,但你应该为人生寻找某种意义一样。所以,人想要获得成功,必须要有自信,要有"天生我材必有用"的信心和豪情。

信心是一种心境,有信心的人不会在遭遇挫折时就变得意志消沉。而没有信心的人,在遇到困境时,通常也就否定了自己的能力,放弃了让自己成功的机会。

所以,在很多情况下,打败你的往往是自己的不自信,而如果被自己打败,那么别人再多的帮助也都是无益的。

3. 借用睿智的心语可以开启自信的大门

我们可以用一把钥匙开启一扇深锁的铁门,同样,也可借用睿智的心语来开启我们潜意识的大门。从现在开始,你可以回忆一下日常生活中不在意的话语,将消极的话语统统抛弃,然后把你喜欢的睿智的话语写在纸上,并贴在墙上,最好用心记住,运用在实践中。当你干一件事或接受一项新任务时,就一定要鼓励自己:"我能干好,我一定能干好!"这样浑身就能充满干劲。当你遭遇失败和挫折时,你就对自己说:"跌倒了,爬起来,躺在地上不会有任何的进步,只有爬起来才能前进。"这样一说,心中就燃起了自信,精神就会振作起来。你只要把那些"不可能"、"办不到"、"没办法"、"成问题"、"行不通"、"有困难"、"没希望"这类容易使人丧失信心的话,换上"我行,我一定行"、"我能成功,一定能成功"、"我每天都充满自信"、"我一天比一天有信心"这样的话语,潜意识就会全力行动起来,从而产生十足的干劲,这样,你就会在不知不觉中变成自己心目中所期望的那种人。

经常用睿智的心语与自己对话,你就会发现有一道道希望之光在心中闪烁。

美国著名的成人教育学专家卡耐基通过研究发现，世界上根本不存在生来就胆怯、害羞、脸红的人。这些异常的心理现象都是人在后天的成长过程中因某种经历诱发生成的。既然是后天环境诱发的，那就能克服。卡耐基还说："世界上没有一点都不胆怯、害羞和脸红的人，包括我自己。人人都有，只是程度不同、持续的时间长短而已。"心理学家告诉我们：胆怯、害羞和脸红的人往往对于人际关系非常敏感，也就是通常所说的"脸皮儿太薄"。从心理学上讲，这类人太在意别人对自己的看法，而对自己缺少应有的信心。不敢在大庭广众之下表达自己的感受，不仅自己活得很累，也让别人觉得不舒服。

4. 拥有自信，方能赢得成功

领导若想属下与自己并肩作战，而且跟自己一条心去共同奋斗，其中的关键就在于领导是否具有领袖的野心。他若精神专注，强大的自信心就会来支撑他做出决断，这种胆识正是乔布斯身上的一种特有气质。如果领导者不能以自己的信心去激励员工，便不可能激起他们的工作热情，员工也不可能创造出更多的业绩，最后只会形成一盘散沙，没有凝聚力，成功自然也就成了自己一厢情愿的奢望。乔布斯正是深谙此道，才迫不及待地将自己改变规则的信心公之于世。事实证明，他的做法是非常正确的。

一个人要想征服一群人，他必须具有十分强大的力量，而这些力量来源于自信心。只有具备了自信心，才能够激发团队全体成员内心的潜力，因此，一位优秀的领导者所要做的，便是将自己的自信心传递给员工，甚至竞争对手，并以此点燃员工们的工作热情，给对手以心理上的压力。做到这一点，我们离成功也就不远了！

世界级的推销大师哥特曼曾经说过一句令人深省的话："推销从被拒绝开始"。如果你不接受拒绝是无法学会做推销的。曾经有人做过一项有趣的调查：即调查美国、日本、韩国、巴西4个国家，推销人员在30分钟的谈判过程当中，客户或潜在客户说"不"的次数，也就是遭到拒绝的次数。结果为：日本人2次，美国人5次，韩国人7次，巴西人最多，42次。

若想让别人相信我们，首先就要自己相信自己。在现实生活中放弃自己的权利，让别人的意志来左右自己生活的人不在少数。他们把自己上学、择业、婚姻等统统托付或交给别人，失去了自我追求，自我信仰，也就失去了自由，最终变成了一个毫无价值的人。人生最大的缺失，莫过于丧失了自信。

自卑只能自怜，自信赢得成功。相信自己，就是相信自己的优势，相信自己的能力，相信自己有权占据一个空间。"没有得到你的同意，任何人也无法让你感到自惭形秽。"

一个纽约的商人偶遇一个衣衫褴褛的尺子推销员，顿生一股怜悯之情。他将1美元放进卖尺子人的盒子里，准备离去，但他想了一下，又停下脚步，从盒子里取了一把尺子，并对卖尺子的人说："你我都是商人，只不过经营的商品不同，你卖的是尺子。"

一位画家把自己刚刚画的一幅佳作送到画廊里展出，他别出心裁地放了一支笔，并附言："观赏者如果认为这画有欠佳之处，请在画上做上记号。"结果画上标满了记号，几乎没有一处不被指责。过了几日，这位画家又画了一幅同样的画拿去展出，不过这次附言与上次相反，他让观赏者将他们认为最妙的地方都标上记号。当他再取回画时，看到画上依然被涂满了记号，原先被指责的地方，现在都换上了赞美的标记。

"有自信心的人，可以化渺小为伟大，化平庸为神奇。"世界上每个人看事情的视角是不一样的，所以绝不要希望获得每一个人的赞扬。上述画家的故事就是很好的说明。如果画家在受到指责之后沮丧不已，认为自己画技太差，他可能就此一蹶不振，从而没有信心再继续从事美术创作了。

推销员和画家的所作所为,反映了两种不同的思维方式,两种不同的心态和两种不同的结果。前者是失败的思维模式,自卑的心态,必然会产生失败的结果;后者是成功的思维方式,充满自信的心态,必然会产生成功的结果。只有多关注自己的优势,多想自己曾经有过的成功,自己才会更加充满自信。

前者过高地估计了他人,过低地估计了自己,遇到挫折认识不到自己拥有无限的能力和潜力。越是这样,就越是跳不出自己的思维模式;越是跳不出自己的思维模式,就越觉得自己不行;越觉得自己不行,就必须要依靠他人,受他人的操纵。如此反复,每失败一次,自信心会受到一次打击,长此以往,一切就会按照别人的意志行事,一切就会让别人来操控,可悲的事情就会接踵而至。后者因为用正确的观点来看待别人和自己,所以无论在任何情况下,都不会迷失自己,被他人操纵。

画展里出现的这种情况,我们在现实生活里会经常遇到。同样的事、同样的人,常常会出现不同的待遇,从而产生不同的结果。仔细想想,这非常正常,因为人世间每一个人的眼光都不相同,看事物的角度也不尽一致。所以遇到事情要学会运用正确的思维方式,不要完全相信你听到的或看到的一切,也不要因为他人的指责和否定而轻视自己,产生自卑感。

这位画家不受他人意志的操纵,自信而不自满,善听意见却不被意见所左右,执着但不偏执,表现出了一个自信的人所应有的风范。

5. 与其别人看得起自己,不如自己看得起自己

相信自己,就是要相信我是有价值的。这种价值表现在我们能够为社会、为他人创造价值,同时社会、他人也认同你为他们创造的价值。只有真正相信自己具有价值,才能充分发挥出自己的价值。如果你觉得自己毫无价值或者被利用的价值很低,那么你将真的发挥不出你的才智,自己所具有的人生价值也将被埋没。这样做的结果,等于是为自己的人生设阻,你所能取得的成就会永远超不出你为自己设计的高度了。

如果你真的相信自己,并且深信自己一定能实现理想,你就真的能够步入成功的殿堂,而别人也会更需要你。只有相信自己的价值,才能把握住自己的个性,相信自己的价值是独一无二的,而不会在乎别人怎么评价自己。如果你不相信自己、不尊重自己,你自然不能抱怨别人也不相信你、不尊重你。其实,唯有自信才是你成功的最可靠的保障。你永远不要希望全世界的人都会百分之百地赞美你,因为即使连上帝都有人反对,不是吗? 正如蜚声世界影坛的意大利著名电影艺人索菲亚·罗兰能够成为令世人瞩目的超级影星,与她对自己价值的肯定以及她的自信心是分不开的。

因为对表演事业的热爱,16 岁的罗兰来到了罗马,想在这里涉足电影界。但出乎她的意料,第一次试镜就失败了,所有的摄影师都说她达不到美人的标准,都抱怨她的鼻子和臀部不完美。没办法,导演卡洛·庞蒂只好将她叫到办公室,建议她把臀部削减一点儿,把鼻子缩短一点儿。一般情况下,大多数演员都会对导演言听计从。可是,小小年纪的罗兰却非常有勇气和主见,拒绝了导演的要求。她说:"我当然知道因为我的外形跟已经成名的那些女演员颇有不同,她们都相貌出众,五官端正,而我却不是这样。我的脸缺陷太多,但这些缺陷加在一起反而会令我可能更有魅力。如果我的鼻子上有一个肿块,我会立即把它除掉。但是,说我的鼻子太长,那是毫无道理的,因为鼻子是脸的主要组成部分,它使脸具有特点。我喜欢我的鼻子和脸的本来的样子。说实在的,我的脸的确与众不同,但是我为什么要长得跟别人一样呢?"

一个人只要拥有自信，那么他就能成为他所希望成为的人。正是由于罗兰的坚持自我，使得导演卡洛·庞蒂重新审视她，并真正认识了索菲亚·罗兰，开始了解她并且欣赏她。

罗兰没有对摄影师、导演的话言听计从，没有为迎合别人而放弃自己的个性，没有因为别人而失去信心，所以她才得以在电影中充分展示她的不一样的美。同时，她的独特外貌和热情、开朗、奔放的气质开始得到人们的认可。后来，她主演的《两妇人》获得巨大成功，并因此荣获奥斯卡最佳女演员奖。

所以，与其别人看得起自己，不如自己看得起自己。只有相信自己的价值，充分认识自己的优势，才能保持昂扬向上的劲头。

6. 自信是追求一切的动力源泉

只要拥有自信，别人能做到我们也能做到，自信是我们追求一切的动力源泉。切记，失败是人生路上一道深深的壕沟，自信者跨了过去拥有了出路和希望！因此，我们应该学会自信，成功的程度取决于信念的程度。我们不妨来品读沃伦·巴菲特的财富人生，体会一下他的超级自信。

差不多21岁时，沃伦已经对他自己的投资能力超级自信。到1951年年底，他已经将他的资产从9 804美元增值到19 738美元——他在一年之内挣了75%。虽然他理所当然地咨询过他的父亲和格雷厄姆，可让他吃惊的是，两个人都表示，"也许你要等上几年。"

格雷厄姆一如既往地认为这个市场太高了。而他父亲持悲观态度，他喜欢矿业类股、黄金类股或者其他可以抵御通胀的投资产品，并不认为其他任何一种投资将会是好的投资。

这些对沃伦而言都没有意义，因为自1929年以来，商业价值得到了巨大增长。

"我已经研究过这些公司。我就是不能明白你们为什么不想去拥有它们。我是在和微观的钱打交道。就我看来，不去拥有它们简直是疯了。可是在另外一端有智商为200的格雷厄姆和我的父亲，格雷厄姆和其他一些经验人士告诉我要等待，而我的父亲，如果他叫我从窗户走出去，我是一定会照做的。"然而，他仍然做出了挑战两位权威人士——他的父亲和格雷厄姆的决定，对他而言这是很重要的一步。这要求他要考虑自己的判断优于他们的可能性以及他最深深尊敬的两个人思考是否不够理性。他依然确信自己是正确的。如果他的父亲让他从窗户走出去，他也许真的会做——不过如果这意味着丢弃满是便宜股票的穆迪手册，那他可不干。

事实上，他看到的机会太多了，以致他们第一次调整借钱方面的事宜。他愿意承担等于他资产净值1/4的债务。"我缺钱投资。如果我对一只股票很上心那我就不得不卖掉一些其他的股票。我厌恶借钱，不过我还是从Omaha国家银行贷了大约5 000美元。因为我还不满21岁，所以我的父亲不得不为这笔贷款联合署名。银行家戴维斯先生把整个过程搞得像个成年仪式。他说了类似这样的话，"现在你是一个男人了"，然后又提到了5 000美元，"这是个神圣的责任，我们知道你已经具备了将它还回来的品质。""整个过程持续了半个小时，而我就一直坐在这张大桌子的旁边。"

霍华德也许会觉得为儿子的贷款联合署名有点愚蠢，因为沃伦成为一名羽翼丰满的商人已经至少12年了。既然沃伦已经下定决心，霍华德愿意带他去自己的Buffet-Falk公司——同时建议他去当地著名的佩蒂斯公司面试，见识一下Omaha最好的经纪公司提供什么样的服务。

"我去见了柯克帕特里克，面试中间我说我想要聪明的客户。我将努力寻找那些有理解能力的人。而柯克帕特里克表示，事实上，不必担心他们够不够聪明，而要关心他们是不是有钱。这样很好，你不可能因此去冲撞他，而我除了父亲的公司，也不想去其他任何地方工作。"

在 Buffet－Falk，沃伦被安置在没有空调的四间私人办公室中的一间，紧挨着"笼子"，那是职员处理钱和证券的一块用玻璃围住的区域。他开始向他认识的最安全的人——姨妈和大学朋友们推销他最喜欢的股票，包括他在沃顿的第一个室友查克·彼得森，他当时在 Omaha 从事房地产行业。

"我打的第一个电话是给我的姨妈爱丽丝，我卖给她 100 股 GEICO（政府员工保险公司，是美国第四大客户汽车保险公司）。她让我感觉良好，她对我很感兴趣。接着，我让弗雷德、史坦贝克、查克·彼得森等我能找到的人都买了，但大多数是我自己买了。因为其他人不买，我就想办法自己再买 5 股。我有一个野心，我想拥有这家公司 1‰ 的股份。我计算出，如果这家公司有一天能值 10 亿美元而我又有 1‰ 的股份，那我也有 100 万美元了。"

同时，沃伦的工作还包括接受委托卖股票。但在这个狭小的圈子之外，他发现碰到了几乎无法克服的困难。他开始遇到他的父亲当初创立这家经纪公司时面对的障碍，尝到那些 Omaha 古老家族的人——银行、牧场、啤酒厂以及大百货商店的拥有者对这个杂货商的孙子嗤之以鼻的滋味。现在他的父母已经回华盛顿，孤身一人留在 Omaha，沃伦感觉自己得不到一点尊重。

那时候所有的股票都靠提供全面服务的股票经纪人来卖，大多数人买单个的股票而非基金。所有人统一支付一股 6 美分的固定佣金。交易作为人际关系的一部分，都是当面成交或者是通过电话达成。每一笔交易都是在和"你的经纪人"聊上几分钟后就发生的，"你的经纪人"既是商人，又是咨询顾问，还是朋友。他也许就住在你家附近，你能在聚会上看到他，你和他在你的乡村俱乐部打高尔夫，或者他来参加你女儿的婚礼。通用汽车每年会出新款汽车，而一个生意人交易汽车的次数可能比股票还多。那就是说，如果他有股票的话。

大客户们并不把沃伦当回事。内布拉斯加联合制造厂，他父亲的一个客户，曾经安排他在早上 5:30 出来。我 21 岁了，我围着这些人卖股票。而当我把一切都安排好时，他们会问，"你父亲是怎么看的？"我总是碰到这种情况。沃伦看起来像"傻瓜"一样，努力地去推销。他不知道如何解读别人，不会稍稍交谈，当然也不是一个好的听众。他谈话的方式是宣传而不是接收。一紧张，他就会像一个消防水管一样滔滔不绝地讲那些他喜欢的股票的信息。一些潜在的客户听着他的高音调，通过其他渠道验证，然后利用他的思想，最后却从其他经纪人那儿买股票，他却拿不到佣金。沃伦震惊于这些和他面对面说话，而且还会一次又一次在城里碰面的人的背信弃义。他感觉自己被欺骗了，有些时候他只是感到困惑。一次沃伦去拜访一位 70 多岁的家伙：他的桌上堆满了钞票，而秘书就坐在他的膝盖上，她亲吻他一次，他就给她 1 美元。

"我父亲没有教过我在这种场合下应该怎么做。总的来讲，我没有得到增援。当我第一次开始卖 GEICO 的股票，Buffet－Falk 在市中心有一间小办公室，股票凭证汇过来而上面有纽曼的名字。我是从他那儿买到的股票。那些 Buffet－Falk 里的家伙们会说，'天呀，如果你觉得你比纽曼还聪明……'"

事实上，Graham－Newman 正在筹建新的合伙关系，一些投资人于是抛出 GEICO 的股票以筹集资金加入。因此，事实上是他们在卖股票，而不是 Graham－Newman。沃伦并不了解这些，他也不关心是谁在卖 GEICO。他从未想过去问公司里的人为什么他们要出售股票。他对自己的观点毫不动摇，也从不隐瞒这一点。

"在那些没上过大学的人中间，有大学学历的我是个聪明人。有一次，一个叫拉尔夫·坎贝尔的保险经纪人过来见法尔科先生，他说，'为什么这个孩子在到处推销这家公司'？GEICO 不用保险经纪人，于是我回答，'坎贝尔先生，你最好买点这个股票当作失业保险'。"

沃伦用后来招牌式的巴菲特的智慧去显示他比其他任何人懂得多，但是人们为什么要相信

一个 21 岁的年轻人的才智呢？然而他做到了。看到他不分昼夜地查阅手册、汲取知识，Buffet
- Falk 里的人肯定被吓坏了。

　　"当你相信自己时，奇迹就会出现"，梦想就会实现，这就是创造非凡事业的乔布斯以及许
多成功者所秉持的信念。一个人若总是对自己没信心，做事就会畏首畏尾，也做不出什么成绩；
而若一个人在任何时候都懂得给自己以鼓励，相信自己能行，那么他的人生获得成功的可能性
就会很大。人生难免会逢低谷，也难免遭遇困境，若能保持自信，那么人生必定有大的收获。

忠告箴言

　　信心是一种心境，人想要获得成功，必须要有自信。如果我们认为并且相信自己能够
更进一步，那么成功的可能性就更大。而若常常用睿智的心语与自己对话，潜意识会督促
自己全力行动起来，从而产生十足的干劲，你就会在不知不觉中变成自己心目中所期望的
那种人。相信自己，奇迹就会出现，你也一定能够实现自己的理想。

忠告 5 去寻找一份能给你的生命带来非凡意义和价值的事业

工作将占据你生命中相当大的一部分，从事你认为具有非凡意义的工作，方能给你带来真正的满足感。而从事一份伟大工作的唯一方法，就是去热爱这份工作。如果你到现在还没有找到这样一份工作，那么就继续找。

——史蒂夫·乔布斯

现实中，有不少年轻人都是为了薪水而工作，从而在工作中得不到大的满足感，事业也总是不见起色。他们不知道生活、工作为何会如此。其实根本的原因在于，他们不清楚自己内心真正想要的是什么，做什么样的工作对自己的人生来说才有意义和体现自己的价值。其实，只要从事你认为其有非凡意义的工作，并去热爱这份工作，你就一定能获得成功。

1. 寻找你的真爱，你就有可能创造奇迹

不管是多大年纪的人，乔布斯的作品和 JK 罗琳的作品对他们都有一样的吸引力，那是一种近似孩童般的纯真的东西，是一种想象力，是一个梦，而乔布斯和 JK 罗琳都是织梦人。对于很多人而言，往往自己也不知道内心想要些什么东西，但是当 iPhone 或者哈利波特摆在眼前的时候，他会惊喜地发现，"对了，这就是我想要的东西"。一个会织梦的人到底有何与众不同呢？"寻找你的真爱"，这是一个可能的答案。

"你必须要找到你所爱的东西"，这是乔布斯一生都在实践的箴言。在斯坦福大学演讲中，乔布斯告诉我们，他是一个幸运儿，他从很小开始就知道自己喜欢什么，什么是他的真爱，并且始终在为之付诸行动。当他十七岁的时候，他读到了一句话："如果你把每一天都当作生命中最后一天去生活的话，那么有一天你会发现你是正确的。"此后的 30 多年，他每天早晨都会对着镜子问自己："如果今天是我生命中的最后一天，会不会完成今天想做的事情呢？"当答案连续很多次都是"不"的时候，他知道需要改变某些事了。

"你必须要找到你所爱的东西"，这虽然是乔布斯的话，但你会发现 JK 罗琳也是这句话的实践者。在哈佛大学演讲中，JK 罗琳告诉我们，她本来不是一个幸运儿，但是她喜欢写作，写着写着她就成了幸运儿。刚刚大学毕业的时候，JK 罗琳就确信自己一生中唯一想做的事情就是去写小说。但是，她的父母出身贫寒，没有受过大学教育。他们认为，罗琳那些不安分的想象力只是一种怪癖，根本不能用来还房贷，或者挣来养老金。他们希望罗琳再去读个职业学位，而她自己想去研究英国文学。最后达成了一个双方都不甚满意的妥协，罗琳改学语言学。可是等到父母的车消失在公路的转角，她就立刻抛掉了德语，奔向古典文学的道路。如果不是罗琳当初这样的选择，就一定不会有今天的哈利·波特，如果不是乔布斯的坚持真爱，就一定不会有直到今天的 iPhone 系列梦幻产品。

"你必须要找到你所爱的东西"，就这样一句简简单单的话，成就的不仅是乔布斯和 JK 罗

琳的完美人生,也不仅仅是苹果粉和哈粉们的幸福生活,还有一种巨大的经济成功。苹果公司是一个经济奇迹,iPod、iPhone、iPad,出一个火一个,搞得一个苹果公司的市值可以超过各大石油公司成为NO.1;哈里·波特也是一个经济奇迹,书从一出到七,电影还分出一个七上和七下,出书销量是奇迹,电影票房也是奇迹。

这样的经济奇迹到底是怎样造就的呢? 答案就在"寻找你的真爱"当中。

2.选择你所爱的,爱你所选择的

我们都很欣赏乔布斯对待人生和事业的态度。乔布斯说,一定得知道自己喜欢什么,选择爱人时如此,选择工作时同样如此。工作将是生活中的一大部分,让自己真正满意的唯一办法,是做自己认为有意义的工作;做有意义的工作的唯一办法,是热爱自己的工作。

1997年6月,当苹果公司的董事会成员吉儿·阿梅里奥向乔布斯表示希望他回来重振苹果后,乔布斯答应了。他写信给皮克斯的股东们:"因为个人原因,今天我一直很忙碌。去年夏天,有人请我重振苹果电脑公司。20多年前,我参与创办这家公司,因此这是一项我难以推却的邀约。"为什么乔布斯对苹果充满了这样的情感! 乔布斯想重返苹果,绝不是显示他的雄心,而是他于心不忍,眼看自己一手缔造的神话从此灰飞烟灭,他按捺不住自己对苹果公司的那份深情,他只能挽救它。换句话就是,苹果公司是给他生命带来意义和价值的事业,他的内心不容推却,不容犹豫。

现实中很多人在一开始选择职业的时候都比较随意,有些人是因为学某个专业的,于是就找一份与专业相关的工作,尽管他知道自己对这个专业并不是很感兴趣;有些人认为某些职业比较热门,而且有很多人是通过从事这样的工作成功的,因此他们也希望能够跟随这样的潮流;有些人则是在亲朋好友的建议下选择了一份自己并不了解的职业;更有一些人仅仅是希望去尝试一些新鲜或者遇到了某一个机会而轻率地做出了决定。这样的选择也就意味着他们只是选择了一个职业,而并不知道自己真的想做什么,也搞不清自己正在从事的职业对自己的人生和未来究竟有什么样的意义。

时间久了,很多人在现实中感到迷惘,感到困惑,找不到前进的方向,甚至有一种麻木的感觉,似乎现实中到处都是这个样子,于是他们把这样的人生当成了一种现实,从而一生都在无意识中走完了自己的职业生涯。自然,曾经的梦想,曾经的追求,也就无从谈起了。

其实,每个人都是有很多想法的,都渴望在自己的一生中去成就一些东西,同时在这种成就过程中获取自我的认同感和满足感,而对这种感觉的渴望则是我们不断进取的动力所在,也就是我们刚才所提到的兴趣点。

如果给你一张纸、一支笔,让你写出你想做的事情和你感兴趣的事情,估计每个人都会写下长长的一串,而当我们认真审视这一串我们愿意并想去做的事情的时候,却发现大部分的内容都与我们正在从事的工作没有关系,甚至自己正在从事的职业并不在其中。为什么? 因为很多时候我们是被生活选择而不是主动地选择生活,从而被动地接受现实,自然就没有职业成长的动力和激情了。

当我们在选择职业之前,一定要冷静思考,想清楚自己想做什么,愿意做什么,希望在什么样的领域取得怎样的成就,抑或是在将来的某一天自己能够成为一个什么样的人。

3.要清晰地认识自己,然后为自己设定一个有意义和价值的目标

首先,能够清晰地认清自己对成功至关重要。生活中,有些人比较热情豪爽,而有些人则显

得内向害羞;有些人从小对数字比较敏感,有些人则记忆力超强;有些人对拆装有着天生的兴趣,而有些人则更愿意去琢磨语言文字的魅力。世界上的每个人都是不同的,我们都有属于自己的性格特征、人格魅力以及兴趣特长,有些是天生的,有些则是在成长过程中逐渐形成的。

能够清晰地认清自己,知道自己适合做什么,能够做什么,在哪些方面非常擅长,在哪些地方有突出的表现,这样可以让我们在职业生涯中更加容易发挥出自己的优势,从而能够在成就自己人生的事业中获得更多的可能。

我们知道,现实中存在的并所呈现出来的那个客观的自己才是真实的自我,我们将其称为"真我";我们对自己的了解和认识具有强烈的主观色彩,因此我们将其称为"自我"。而身边所接触到的各种各样的人对自己的评价和认知,则是一种"他我"。因此认识自己的过程,就是在"自我"和"他我"中寻找出"真我"的过程。

目前有很多专业的职业倾向测评能够使我们更好地把握和选择自己的职业向性,其实无论复杂的抑或是简单的方式,无论是通过潜意识的测试,抑或是综合性评价分析,其最根本的目的都是让我们在进行职业生涯选择的时候,能够做好对"我"的认知。

没有翅膀,可以蹦得高一点,也可以爬得高一些,但却始终不能自由地翱翔在广阔的天空中。有些东西是与生俱来而不可改变的,我们不能奢望把幻想当成梦想去追求。当年的莱特兄弟成功地让人类驾驶飞机飞上了天空,但是我们要明白,他们只是为梦想装上了一双翅膀,而不是张开双臂就飞起来的……

乔布斯在斯坦福大学的演讲中说道:"在十七岁那年,我真的上了大学……在六个月后,我已经看不到其中的任何价值所在……所以我决定要退学……在我做出退学决定的那一刻,我终于可以不必专读那些令我提不起丝毫兴趣的书了。然后我可以开始去修那些看起来有点意思的课程。"

所以,读懂和认识自己,知道自己会做什么,可以做什么,擅长做什么,在哪些方面拥有天赋和潜能,这样才能更好地使自己在职业生涯中走得更远,爬得更高。

其次,根据自己的能力、特长以及拥有的天赋和潜能将那些不符合实际的,自己不感兴趣,抑或是自己根本就没有考虑过实现的可能性的愿望一项项地划去,留下那些自己真正可以做,能够做,并且值得尝试去做的事情。寻找对自己有意义和价值的事业其实就是在追寻梦想。

奥格·曼狄诺说:"一颗种子可以孕育出一大片森林。"

《福布斯》世界富豪、日籍韩裔富豪孙正义 19 岁的时候曾给自己设立了一个 50 年生涯规划:20 多岁时,要向所投身的行业宣布自己的存在;30 多岁时,要有 1 亿美元的种子资金,足够做一件大事情;40 多岁时,要选一个非常重要的行业,然后把重点都放在这个行业上,并在这个行业中取得第一,公司拥有 10 亿美元以上的资产用于投资,整个集团拥有 1 000 家以上的公司;50 岁时,完成自己的事业,公司营业额超过 100 亿美元;60 岁时,把事业传给下一代,自己回归家庭,颐养天年。现在看来,孙正义正在逐步实现着他的规划,从一个弹子房小老板的儿子,到今天闻名世界的大富豪,孙正义只用了短短的十几年。

很多人都在努力寻找实现梦想的机会,有些人固然是由于种种自身的原因与机遇擦肩而过,更多的人则是没有能够在现实中把握住自己应该选择的方向,从而迷失在前进的路上。

大多数人其实都明白现实中有很多有规律可循的规则能够让我们对现实以及未来有着清醒的认识,从而逐步实现我们的预期。

那么这些规则是什么呢? 可能是社会的价值导向,也可能是政府的政策,行业的发展趋势,工艺的革新与技术的进步等,当然也有可能是所在组织的内部发生了变革。只有能够敏感地掌握这些现实的客观情况,妥善地根据自身的职业发展情况采取必要的措施进行应对和调整,我们才能将事情做好,才能使自己在通往成功的道路上尚不至于受阻或者迷失。

我们发现生活中更多的人之所以失败在自己的优势上,并不是因为他们没有发现或者认识到这种情况,而是由于固执于自己的既定思维而不愿意转变来适应变化,或者曾经幸运的经历使其产生了一丝的侥幸心理。

寻找对自己有意义和价值的事业,不仅是自己的一个梦想,也是给自己设定的目标,这样的人生,对我们很多人来讲,活得或许会更有意义,即使在前进的路上有更多的困惑和挫折,甚至会在更多的时候感到茫然,不知所措。但是我们相信,前方就是梦想,最起码我们清楚自己是在追逐梦想的路上,而不是茫然不知身在何方,然后消失于碌碌的人群。

4. 拥有毅力坚持自己的目标,就会成就大的事业

我国五代时期,有一位名叫厉归真的画家,主要画山水画和动物画,尤以擅长画虎而闻名于世。厉归真自幼习画,画的牛栩栩如生,世人称赞他的画"远观其牛如活"。在古代,人们都喜欢在家里的中堂挂一幅虎图。由于厉归真的画很出名,于是就有人来求他画虎。厉归真画完后,人们对他画的虎却不甚满意,说他笔下的老虎都带有牛的影子,缺少老虎应有的雄风。厉归真画了很多老虎,到最后连他自己都不满意了。厉归真意识到,自己从未见过真正的老虎,又怎么能画好老虎呢? 于是他把笔一抛,决心去深山里见识一下真正的老虎。

家人听说了他的这个决定,都极力阻止他,因为那真是太危险了。但厉归真为了画好老虎,一心要深入虎穴。于是他带上干粮,独自一人进入老虎经常出没的深山老林,并在一棵大树上搭了个窝棚,每天待在树上静静地观察老虎。每当黄昏时分,经常有猛虎从他栖居的树下出没。他聚精会神地观察老虎的姿势和神态,并抓住时机画了大量的速写。他在深山里住了很长时间,积累了大量的关于老虎的原始资料。回到家后,他开始仔细揣摩,勤加练习,终于领悟了画虎的要旨。从此,他画的虎威风凛凛,虎气十足,画出了"百兽之王"的雄姿,上门求画的人因此络绎不绝,厉归真此后也名声大振。

厉归真为画好虎,竟不惜冒着生命危险与虎共处。今天的我们,如果在追求目标的过程中,拥有这样的精神,何愁不会成功呢? 热爱自己的事业,这是人们取得成功的必备条件。无论富贵贫贱,只要拥有一颗执着的心,假以时日,一定会取得成功。

下面是一位男孩立志成功的故事:

小男孩的父亲是位马术师,他从小就一直跟着父亲东奔西跑,一个马厩接着一个马厩,一个农场接着一个农场地去训练马匹。由于经常到处奔波,男孩的求学过程并不顺利。

初中时,有一次老师给全班同学布置了一篇作文,题目是《长大后的志愿》。

那晚他洋洋洒洒写了7张纸,描述他的伟大志愿,他想拥有一座属于自己的牧马农场,并且认真细致地画了一张200亩农场的设计图,上面标有马厩、跑道等的位置,然后在这一大片农场中央,还画了一栋占地400平方英尺的巨宅。

男孩费了好大心血把作文完成,第二天交给了老师。两天后他拿回了老师批改后的作文,不料第一面上打了一个又红又大的F,旁边还有一行字:下课后来见我。

脑中充满疑问的他下课后带了作文去找老师:"为什么给我不及格?"

老师回答道:"你年纪尚小,不要老做白日梦。你没钱,没家庭背景,什么都没有。要知道盖座农场可是个花钱的大工程,你要花钱买地、花钱买纯种马匹、花钱照顾它们。"老师接着又说:"如果你肯重写一篇比较现实的志愿,我会打给你想要的分数。"

小男孩回家后仔细思量了好几次,然后征求父亲的意见。父亲只是告诉他:"儿子,这是个非常重要的决定,你必须自己拿定主意。"

再三考虑后,他决定原稿交回,一个字都不改,他对老师说道:"即使拿个大红字,我也不愿放弃梦想。"

20 多年以后,这位老师带领着他的 30 个学生来到那个曾被他指责的男孩的农场露营一星期。离开之前,他对现在已是农场主的男孩说:"说来有些惭愧。你读初中时,我曾给你泼过冷水。这些年来,也对不少学生说过相同的话。幸亏你有这个毅力坚持自己的目标。"

目标不是轻易能够实现的,成功来自对目标的坚持。20 世纪 70 年代是世界重量级拳击史上英雄辈出的年代。拳王阿里已有 4 年未登拳台,此时他的体重已超过正常体重 20 多磅,速度和耐力也已非昔日,医生给他的运动生涯判了"死刑"。然而,阿里坚信"精神才是拳击手比赛的支柱",他凭着顽强的意志重返拳坛。

1975 年 9 月 30 日,33 岁的阿里与另一拳坛高手弗雷泽进行第三次较量(前两次一胜一负)。当比赛进行到第 14 回合时,阿里已经精疲力竭,濒临倒下的边缘,这时候哪怕是一片羽毛落在他身上也能让他轰然倒地,他几乎再无丝毫力气迎战第 15 回合了。然而他努力坚持着,不肯放弃。他心里清楚,此刻对方和自己一样,也是身疲力尽。比到这个地步,与其说在比气力,不如说在比意志,如果想取胜就看谁能比对方多坚持一会儿了。他也知道此时如果在精神上压倒对方,就有胜出的可能。于是他竭力保持着坚毅的表情和誓不低头的气势,双目如电,直视对方,令弗雷泽不寒而栗,以为阿里仍存着体力。这时,阿里的教练邓迪敏锐地发现弗雷泽已有放弃的意思,他将此信息传达给阿里,并鼓励阿里再坚持一下。随后,阿里精神为之一振,更加顽强地坚持着。果然,弗雷泽表示认输,甘拜下风。裁判当即高举起阿里的臂膀,宣布阿里获胜。但是,保住了"拳王"称号的阿里还未走到台中央便眼前漆黑,双腿无力地跪在了地上。弗雷泽见此情景,呆若木鸡,他追悔莫及,并为此抱憾终生。

麦当劳的创始人雷·克洛克最欣赏的格言是:"走你的路,世界上什么也代替不了坚忍不拔:才干代替不了,那些虽有才干但却一事无成者,我们见的多了;天资代替不了,天生聪颖而一无所获者几乎成了笑谈;教育也代替不了,受过教育的流浪汉在这个世界上比比皆是。唯有坚忍不拔,坚定信心,才能无往而不胜。"

5. 树立朴素的理念——我们实际上在为自己工作

在当今这个浮躁的时代,我们需要问自己:"我们到底在为谁工作呢?"因为在现实中,除了工作外,没有一件事情可以帮助我们高度地充实自我。因此,我们必须尽快弄清楚这个问题,那么今生我们就有可能与成功结缘,从而实现自身的价值。

齐瓦勃出生于美国乡村,接受的学校教育也很少。在他 15 岁的时候,家中一贫如洗的他无奈地到了一个山村做了一名马夫。然而齐瓦勃并不因为自己的境遇而自卑,他依然壮志满怀而又无时无刻不在寻找着机会。三年后,齐瓦勃终于来到钢铁大王卡耐基所属的一个建筑工地打工。

一踏进建筑工地,齐瓦勃就抱定要做众同伴中最优秀的人的决心。当不少同事在抱怨建筑工地工作辛苦、薪水低而怠工的时候,齐瓦勃却默默地积累着工作经验,并自学建筑知识。

一天晚上,同伴们在闲聊,唯独齐瓦勃躲在角落里看书。那天恰巧公司经理到工地上检查工作,经理走进齐瓦勃,又翻开了他的笔记本,什么也没说就离开了。

第二天,公司经理把齐瓦勃叫到他的办公室,问:"你学那些东西干什么?"齐瓦勃回答:"我想我们公司并不缺少打工者,缺少的是既有工作经验又有专业知识的技术人员和管理者,对吗?"经理点了点头。不久,齐瓦勃就被升任为技师。

同伴中,有人讽刺挖苦齐瓦勃很傻,怎么回会为这份工作如此卖力,他却回答说:"我不光是在为老板打工,更不单纯为了赚钱,我是在为自己的梦想打工,为自己的远大前途打工。我只能在业绩中提升自己。我要使自己工作所产生的价值,远远超过所得的薪水,只有这样我才能得到重视,才能获得机遇!"抱着这样的信念,齐瓦勃一步一步升到总工程师的职位上。没过几年,25岁的齐瓦勃就做了这家建筑公司的年轻的总经理。

后来,齐瓦勃终于建立了自己的大型企业——伯利恒钢铁公司,并创下非凡的业绩,真正完成了他从一个打工者到创业者的飞跃。

齐瓦勃所获得的成功和乔布斯一样,不是偶然的,也不是天上掉下的馅饼。工作可以给我们带来收入,可以让我们拥有成就感。但有一点,年轻人不应该忘记,付出辛劳的多少与收获的大小是成正比的。

6. 把事业当作崇高的使命

人的生活中,最大的快乐莫过于在正值壮年即在人最富有创造力的岁月里找到人一生的事业。人的一生说长也长,说短也短,任何人不能掌控自己的生命期限,因为我们每个人都不知道自己的明天会是怎样? 是否会有不可抗力的意外? 既然如此,我们就应该安下心来,珍惜自己能够活在这个世界上的每一天!

松下幸之助的成功,不仅在于他是赚钱的好手,是优秀的企业家,也在于他是一个真正的人、伟大的人。他的许多经营理念,实质上是基于他对人和人生的认识的。松下认为,人幼时需父母的抚养、社会的培育,所以应有所回报;企业也应如此。这就是松下经营理想最简明的逻辑。经营企业和经营人生从本质上说是一致的。松下认为,一个小公司,其存在虽不能裨益社会,但最少不能危害社会,这是它被允许存在的最基本理由。如果公司成长了,拥有数百名或数千名员工,把不危害社会作为存在的唯一理由就不够了。它不但不能危害社会,还应该在某种方面受到社会的喜爱和欢迎,这才是基本的经营方针。公司大到有员工几万人,它的举手投足都可能对社会造成很大的影响,相应地,就应该对国家社会有很大的贡献,经营方针也当然地应与此适应。松下还指出,贡献社会不仅应该是经营的理想,也应该是理想的经营方法,是有灵魂的经营方法。原因很简单,企业的存在和发展都要依赖和仰仗社会。只为自私,不作任何回报的公司,怎么能够在社会中存在和发展? 我们在前面已经了解到,松下把宗教事业和企业经营联系在一起,那是他在参观了一个宗教团体的总部后回程途中的联想。他认为,宗教的宗旨是指导人们解脱精神烦恼,享受人生幸福,是指向精神的;企业经营的宗旨是无中生有,除贫造富,是指向物质的。企业经营可以帮助人类社会趋向富裕与繁荣,同宗教一样,也是神圣的事业。松下认为,使产品像自来水那样充足而廉价,这应该是思想每一个经营者追求的目标,也是经营者的义务和使命。实业家的使命就是在克服贫穷,造福社会,为人民建立幸福的乐园。

松下和公司工会的关系,一直是比较融洽的。但是,有一次工会机关报刊登的一篇文章,却让松下大为恼怒。起因是报上刊登了一篇文章,嘲笑松下制造物美价廉产品以服务社会的自来水经营理念,否定了公司的经营宗旨。尽管遭到了这样的抨击,但松下依然不改初衷。"自来水经营哲学"是松下电器公司最基本的经营理念,相当于宪法中的总纲。这是松下根据自己的人生体验,受到自来水的启发而总结出来的。他的经营信念即在于此:"如果一切东西都像自来水一样,能够随便取用的话,社会上的情形就将完全改变了。我的任务就是制造像自来水一样多的电气用具,这是我的生产使命。尽管实际上不容易办得到,但我仍要尽力使物品的价格降低到最便宜的水准。"1932 年 5 月 5 日,在松下电器公司的创业纪念日上,松下向全体员工表明了自己的这种信念,并把它确定为公司的经营哲学,要求全体员工遵照执行。松下在演讲词中讲道:"大抵生产的目的,不外乎丰富人们日常生活的必需品,以充实生活的内容。这也是我生平最大的愿望。"松下电器公司要以达成这些使命为我们的目标,今后更要全力以赴、更上层楼,期待早日完成使命。我殷切希望诸君能深刻体察这一目标和使命,并共同努力达成之。松下体会到,以透明、公开的方式,让干部和员工了解企业的目标和目前的状况,建立互相的了解、信任,可以加强责任感、提高工作热情,达成既定目标。

松下的成功告诉我们:我们需要工作,需要付出,需要去创造价值,需要考虑自己的事业,需要有自己的梦想,并且有勇气坚持做对于自己最重要和最有意义的事!

我们每个人从出生到步入社会,都要经历漫长的人生跋涉、艰苦的奋斗历程,甚至遭遇道路的坎坷、人生的低谷,但只有拼尽全力才能攀上人生的顶峰,实现自我价值。要清楚我们工作不光是为了薪水,也不光是为了老板,更重要的是为了实现自己的价值。因此,当我们丧失工作激情时,我们不妨暂时停下手中的工作,静静反思一下这个简单而又包含着深刻人生意义的问题:"你在为谁工作?"

忠告箴言

去寻找一份能给你的生命带来意义、价值和让你感到充实的事业。拥有使命感和目标感才能给生命带来意义、价值和充实。而使命感和目标感则是一个人不断前进的方向,也是我们在职业发展的道路上所愿意去努力和奋斗的动力之源。因为有了人生的方向,我们才会更愿意积极地去争取,去获得,去实现。当我们面对困难,面对困惑,面对挫折和打击的时候我们才能够积极地调整自己,寻找新的机会。

忠告6　拿出勇气和胆识,心动不如行动

你要有勇气去听从你的直觉和内心的指示。它们在某种程度上知道你想要成为什么样子,所有其他的事都是次要的。

——乔布斯

现实中,只有同时具有勇气和胆识的人才容易成功。勇气和胆识二者缺一不可。其中,勇气很好理解,指敢作敢为,毫不畏惧的气魄;胆识指做事有胆量和见识。若一个人只有胆量,容易鲁莽行事;而一个光有见识的人,做事就会过于谨慎,从而痛失良机。包括乔布斯在内的许多成功者的经历告诉我们,创事业需要拿出勇气和胆识,并且付诸行动。

1.越有勇气和胆识的人,越有成功的机会

越年轻越有胆识越有勇气的人,越有成功的机会。惧怕风险的人只能做无名鼠辈,有胆有识的人,才会是成功者。

有一个缺乏勇气的灵魂来到天堂找到上帝说:"上帝,我每天都想着做最好的事情,请你告诉我到底做什么事最好?"上帝说:"你就做人吧,做人最好。"灵魂问:"做人有危险吗?"上帝答道:"危险。"灵魂又问道:"有什么危险?"上帝说:"做人可能会遇到钩心斗角,造谣诽谤,甚至被伤害致死的事情。"灵魂说:"上帝,我不做人了。"上帝就问他:"你不做人,那想做什么呢?"灵魂说:"我也不知道。"上帝思索了一番后提醒它:"做老虎怎么样?"灵魂问上帝:"做老虎有危险吗?"上帝说:"老虎虽然是林中之王,但可能被猎人射杀。"灵魂心惊胆战:"这太危险了,我还是不做老虎吧!上帝,请你再给我安排做其他的吧。"上帝说:"那就做植物吧,做植物挺好的,你可以是一棵高大的树木,也可以是一棵漂亮的花草。"灵魂有了兴趣:"是树美,还是花美?"上帝说:"肯定是花美了。"灵魂立刻说:"那我做花好了,每天都打扮得漂漂亮亮的。"可是灵魂马上又问了同样的问题,它问上帝:"做花也有危险吗?"上帝说:"那当然了,你会因为长得太漂亮被恶人掐掉,有时候无故无故地也可能被别人践踏。"灵魂又说道:"我不想做植物了!上帝,你一定发发善心,给我选一个最合适的事情做,只要没有危险就行。"上帝已经对它失去了信心,最后冷冷地扔给灵魂一张老鼠皮说:"你缺乏勇气和胆量,再没有选择了,只能把它披上吧。"于是,灵魂只好把这张老鼠皮披在身上,成了一只目光短浅的老鼠。

而在现实生活中有种人经常被人们评价是"无名鼠辈",这种人惧怕风险成不了大事。只有有胆有识的人,才会成就事业。

世界上最聪明的人和最蠢笨的人都不一定能获得成功,只有"半尖不傻"的人才容易取得成功。举个例子,前头有一条小河,聪明人不敢跳,因为他怕水深,说不定会被淹死。他徘徊在河边,一直缜密地计算着。时间已过去了很久,可他还是犹豫不决。这时候一个傻子赶到了河

边,一看河面不到两米宽,嘴里喊着"这有什么呀,就是走也走过去了",于是就毫不犹豫地"扑咻"一声跳下去了,谁知水深不见底,瞬间就把他淹没了,白白地付出了生命。聪明人将这一切看在眼里,心里不禁为自己刚才的计算和犹豫暗自庆幸,脚步却不知不觉间悄悄后退了几步。当"半尖不傻"的人来到河边时,汲取了傻子鲁莽行事的教训,判断出过河只有一个办法可行,那就是勇敢地跳过去。可当他看到聪明人都计算了这么长时间还没有采取行动,他的心里也是忐忑不安,没有把握,他也想等一等。但这时候,下起了倾盆大雨,而身后却没有地方可以躲避,只有河对岸有一个亭子可以避雨。他想了想,果断地退后几步,然后加速度往前跑,一跃而过。当他不由自主地回头一看,惊出一身冷汗,好险呀! 只要差半步他也要重复傻子的悲惨命运了。但他不是傻子,他现在是一名成功者了。当聪明人还在原地徘徊时,他果断地跳出了这一步,为自己创造了机遇。现在大家都认识他了,他的名字叫:胆识!

如果一个人自己往自己身上设置限制,这将会阻碍他目标的实现。所以,一个人要想成功,首先要有胆识! 胆识不是你拥有之后才相信自己有,胆识是在你遇到困难的时候,你对自己的肯定!

乔布斯的成功不仅由于他的天资和魅力,还在于他拥有非凡的冒险精神。苹果之所以能够获得如此辉煌的成就,是因为乔布斯敢冒大风险。他甚至不做任何市场调研和测试,只靠自己的判断、完美主义和胆识。这种行为在美国企业中是非常罕见的。

乔布斯最终要做的不仅仅是制造个人电脑,他还要做更丰富多彩、更富有创意、更具价值的事情,于是他选择了一条独特的道路,并为之付出了艰苦卓绝的努力。但他为他执着的天性付出了代价。这个代价就是,一直以来,微软统治着以个人电脑业为基础的商业和办公领域,而大多数人把苹果看作价格昂贵、过分奢侈的商品制造商,其产品缺乏 PC 机和基于 PC 设备的那些核心功能。但苹果公司却在困境中艰难生存了下来,而乔布斯也度过了他的低潮期。到了最近的几年,当苹果市值首次超越微软,之后又一举成为世界上最富有的公司之时,所有的往事早已烟消云散。

史蒂夫·乔布斯取得的巨大成就使我们从中学到了很多东西,其中勇气的重要性在当前表现得尤为明显。

乔布斯拥有作为商业领袖的非凡勇气。作为苹果首席执行官,他屡次向世人展示前所未有的全新产品、服务甚至全套商业模式。他蔑视市场测试,因此他无法确定是否会取得成功,如果不幸失败,也许会遭受巨大损失和世人的嘲笑。但是他有足够的勇气和胆识做自己喜欢而且决定下来的事情,这需要一个人无比强大的内心。我们可以想象,乔布斯这是在拿自己和其他人的生活下赌注。在华尔街人眼中,乔布斯就是一个"疯子",他可以毫无顾忌地表达自己的想法,而不顾其他人的意见和反对,一意孤行,这种我行我素的行为,每次都可能导致严重的后果,但乔布斯拥有十足的把握和勇气。

然而,乔布斯领导的苹果是目前全球产品成功率最高的公司之一。作为苹果的首席执行官,他是最伟大的财富创造者,其他人都望尘莫及。试想,如果乔布斯没有过人的勇气和胆识,这一切都将不可能发生。

2. 拿出勇气遵从你的内心和直觉

有一个少年,从小就生活在孤儿院。他 18 岁生日那天对院长说:"我已长成大人了,还不知道自己的亲生父母是谁,像我这样无家的孩子,活着还有什么意思呢?"院长关切地说:"你以前可是没有这种念头的啊，今天到底怎么了？"少年回答道："因为我就要迈入社会了，我会感到有很多陌生的眼睛一直盯住我，目光里都有那种嘲笑和瞧不起人的意思，这让我非常痛苦。"院长想了想，说："这样吧，你先将这种想法暂且撂一撂，明天去帮我办一件事，好吗？"

院长就交给他一块圆圆的石头，不过石头看起来像一块宝石。院长对他说："你拿着这块石头到集市上去，找个地方摆上，写上售价 10 元。但一定记住，无论别人出多少钱，你都不能'真卖'。"少年拿着石头就去了集市，他静静地蹲在一个角落，很快就有不少人围上来。有人说："小伙子，你这块石头卖吗？""卖""多少钱？""10 元"可是人家掏钱真的要买的时候，他却说："不卖了。"那人说："那我给你 20 元卖给我。""20 元也不卖""30 元行不行？""不行"因为他答应院长了，无论出多少钱也不卖。太阳落山时，少年回到孤儿院。院长说："明天不要去集市了，你到黄金市场试试，石头标价 50 元。但记住，无论别人出多少钱都不要卖。"第二天，少年来到黄金市场，结果呢，石头摆了一个上午，却没人理睬。到了下午有人要买了，男孩却又不卖，最后有人出价 100 元钱，男孩遵照院长的指示说："不行，价格还低，我不能卖。"晚上回去后他跟院长说："这么一块普通的石头，人家出的价格不低了，你为什么不让我卖呢？"院长笑了笑，说："明天你带着石头到宝石店门前卖，标价 100 元。"少年挠挠头，暗想这下子肯定无人问津了。但出乎意料的是，很快有人出价到 200 元、300 元，到了傍晚竟然有人愿意出 1 000 元钱将其买下。少年不禁心动，卖了吧，能卖到这样的高价，院长肯定会高兴的。但当他准备要出手的时候，院长的嘱咐又回响在了耳边，于是他不得不把这块石头又拿了回来。晚上院长语重心长地对他说："为什么不让你卖掉这块石头呢？因为你从小没有父母，命运就像这块石头一样，心里头觉得冰凉冰凉的。但是要记住，无论别人是否看得起你，你只要看得起自己就行，永远不要把自己出卖，这样你一辈子都会不停地升值。"

这个故事告诉我们，不要像男孩刚开始时那样，轻易地否定自己，怀疑自己，看低自己，你最需要做的是相信自己。相信自己，就会升值。相信自己，就是自信。

正如乔布斯所说，不要按照别人的想法来生活，不要让别人的观点淹没了你自己内心的声音。最重要的是，要有勇气遵从你的内心和直觉。

3. 汗水就是行动，行动就是努力，努力就有可能成功

在任何一个领域，如果不努力去行动，就不会收获成功。就连凶猛的猎豹要想捕捉一只弱小的兔子，也必须全力以赴地去行动，倘若豹子不尽全力，就很可能让兔子逃脱。

"说一尺不如行一寸。"任何希望、任何计划最终必然要落实到行动上。只有采取行动方可缩短计划与目标之间的距离，只有行动起来才能将理想变为现实。想要做好每件事，既要心动，更要行动，如果只会感动羡慕，而不去付诸行动，成功就是会成为泡影。哲人说："想得好是聪明，计划得好更聪明，做得好是最聪明又最好。"

做得好就是行动。我们可以从历史上许多杰出的成功者身上找到获得成功的偶然性因素，但因为他们每个人能做得好，又体现了成功的必然性。如果他们没有付出比常人多几千倍、几万倍的汗水，是不可能取得一个又一个成功的。爱迪生 75 岁时，每天准时到实验室里签到上班。有一次有个记者问他："你准备什么时候退休？"爱迪生显出一副难以回答的样子说："糟糕，记者先生，这个问题我活到现在都没有考虑过呢！"爱迪生活了 84 岁，一生的发明有 1 100 多项，对自己成功的原因，他曾这么说："有些人以为我所以在许多事情上有成就是因为我有什么'天才'，这是不正确的。无论哪个头脑清楚的人，如果他肯努力行动，都能像我一样有成就。"

正如他的名言："天才是百分之一的灵感加上百分之九十九的汗水。"

世界著名的大提琴手巴布罗·卡沙斯在取得举世公认的成就之后，依然每天坚持练琴 6 小时，养成了"行动再行动"的良好习惯。有人问他仍然还要练琴的原因，他的回答很简单却又发人深省："我觉得我仍在进步。"一个成功者想继续成功就得这么去做，因为世上的事物没有绝对的成功，只有不断的努力，才能有不断的进步。成功是没有终点的，就像旅程中的一个个过程，必须一站一站往前走，一旦停在原地，不再去努力，不再全力付诸行动，成功的列车就会把你甩得远远的。

人人都想获得成功，可为什么有些人总是没有抓住成功的机会？原因就是其行动被拖延偷走了。拖延是个专偷行动的"贼"，它在偷窃你的行动的同时，常常给你构筑一个"舒适区"，例如让你早上躺在床上不想起来，起床后什么也不想做，能拖到明天的事今天不做，能推给别人的事自己不干，不懂的事不想懂，不会做的事不想学。拖延让你的思想行动停留在这个"舒适区"里，对任何"舒适区"以外的思想行动，都感到不舒服、不习惯。这个"贼"能偷走人的行动，同时也能偷走人的希望、人的健康和人的成功，它带给人的不良习惯和后果是积重难返的。有的年轻人在工作中遇到难题不但没有及时请教他人，甚至还遮遮掩掩，不懂装懂，以致给公司造成巨大损失，自己也被炒了鱿鱼；有的企业家因没能及时作出关键性的决定而导致经营失败；有的患者延误了看病的时间，给生命带来无法挽救的悲剧。

汗水就是行动，行动就是努力。在任何一个领域里，不努力去行动的人就不会获得成功。

4. 从当下开始，消除自己内心的恐惧感，激发自己的勇气

当你遇上害怕做的事情时，只要敢试一试，就会觉得并没有什么，也没有你原先想象的那么可怕。

怕了一辈子鬼的人，一辈子也没见过鬼，害怕的原因是自己吓唬自己。世上没有什么事能真正让人恐惧，恐惧只不过是人心中的一种无形障碍罢了。不少人碰到棘手的问题时，习惯设想出许多莫须有的困难，这自然就产生了恐惧感，其实，遇事时你只要大着胆子去干，难题自然会迎刃而解。

曾经有位年轻的姑娘，10 年前不幸遭遇了一场车祸，江湖医生说她瘫痪了。她盲目地相信了江湖医生的话，于是感到自己大脑呆滞，双腿毫无知觉，再也不能站起来了。结果她整日坐在轮椅上，导致肌肉渐渐萎缩，变成了瘫痪人。

转机发生在第二次车祸。5 年后的某一天，当她连人带车被一辆汽车撞出人行道时，她突然觉得疼痛难忍。家人不相信她会有疼痛感，于是将她送到一家大医院，医院外科专家通过仔细的检查，确诊她根本没有瘫痪。经过一段时间的物理治疗，她很快就能站立起来行走了。当她站起来时，除了深感幸运外，还感到十分遗憾，江湖医生说自己瘫痪了，自己就信以为真，当初自己应该去试一试！是的，她如果试一试，就不会在轮椅上坐了 5 年。可见心理上的这种无形障碍，会使人精神萎靡，自信心丧失，机体功能失调，长此以往，人会变得什么也不敢干，什么也不敢做，无形中就把自己归类到那些"注定"不会成功的人里边去了。很多时候，成功就像攀登悬崖，放弃的原因不是自己智商低下，也不是力量不济，而是恐惧于自己的无形障碍。如果我们敢于做自己害怕的事，害怕就必然消失。有人问英国戏剧大师萧伯纳："为什么你讲话那么具有吸引力？"萧伯纳答道："试出来的，就像学滑冰一样，开始时，笨手笨脚，像个大傻瓜，后来试的次数多了，就熟练了。"萧伯纳年轻时胆子很小，不敢大声讲话，更不敢在大庭广众之下发言，每

当有事要敲别人的门时,至少要在门外犹豫徘徊 20 分钟,才硬着头皮去"冒险"。他说:"很少有人像我那样深受害羞和胆怯之苦。"后来,他下决心要变弱为强,一切从试一试开始,于是他参加了辩论协会,出席伦敦各种公开讨论会,遇到机会就发言,终于跨越了自己的无形障碍,成为 20 世纪最有自信和最杰出的讲演者之一。

一个人遇上害怕的事,只要敢于去尝试,就会发现事情并没有你原先想象的那么令人恐惧。当你发现自己总是在逃避你害怕做的事时,你可以问问自己:"如果我真的去试一试,最坏的结果会是怎样?"你可能会发现,最坏的结果,绝不会比你想象的更可怕。

人身上的潜能是无穷无尽的,但现实中为什么绝大部分人的潜能却一直处于休眠状态?主要原因在于受心理上无形障碍的影响和阻碍。如果你想激发出自己身上的潜能,想知道自己能胜任什么事,那就从当下开始,把你心理上的无形障碍,也就是你害怕做的事,一项一项地写在日记里,由易到难制订一个跨越计划。然后从第一件害怕做的事做起,直到不害怕为止。当你每完成一项时,你就跨越了一个心理障碍,解除了一根捆绑自己心灵的绳索,消除了一次"我从未做过"的念头,抹去了一个"我不敢做"的想法。

5. 懂得激励自己的人一定会成功

当人处于困境时,最需要的是激励。然而,一个人最先听到的激励声音往往来自自己的心语。

古今中外许多杰出的成功者,都善于利用睿智的心语来激励自己,唤醒深存内心的灵性。荀子说:"锲而舍之,朽木不折;锲而不舍,金石可镂。"以此劝学。苏轼说:"古之立大事者,不唯有超世之才,亦必有坚忍不拔之心。"

古希腊哲学家、数学家、物理学家阿基米德则常常用"给我一个支点,我可以撬起地球"这句话来增强自信心。

如果你认为自己会失败,那你就已经失败了。一个人的"认为",就是心里对自己说的话,说自己"不行"的人,喜欢对自己说丧气话,当遇到困难和挫折时,他们总是为自己寻找退却的借口:"我已经全力以赴了,但没有希望了!""我脑子笨,天生就不是学数理化的料。"等等,殊不知,这些话正是导致自己失败的最根本的原因。

说自己行的人,在积极心态的激励下,无论遇上什么困难和挫折,都能坚持到底,永不放弃。法国著名作家小仲马的成功,就是最好的例子。

小仲马年轻时非常喜欢创作,刚开始时,当他将作品寄至出版社时,没想到被编辑给退回来了。他父亲大仲马怕儿子经受不住打击,便建议道:"你如果能在寄稿时顺便告诉编辑你是大仲马的儿子,可能情况就会好多了。"小仲马却固执地说道:"不,我不想坐在你的肩头上摘苹果,那样摘来的苹果吃起来没味道。"年轻的小仲马不但拒绝以父亲的盛名做自己事业的敲门砖,而且不露声色地给自己取了十几个其他姓氏的笔名,避免让那些编辑把他与久负盛名的父亲联系起来。

虽然屡遭拒绝,但小仲马面对那些冷酷无情的一张张退稿笺,并没有觉得沮丧,而是鼓励自己说:"我能成功,一定能成功!"这些激励自己的话,使他排除了失望、犹豫等消极因素的干扰,从而在积极心态的支配下,产生了奋进的力量,这种力量不断地推动他去思考,去创造,去行动,去完成自己的使命。

当他把长篇小说《茶花女》寄出后,终于以其绝妙的构思和精彩的文笔赢得了一位知名的老编辑的青睐。这位编辑曾和大仲马有过多年的书信来往,他发现《茶花女》投稿人的住址和大仲马的住址丝毫不差,怀疑是大仲马新取的笔名。但作品的风格却和大仲马的大相径庭。于是他带着这些疑问去拜访大仲马。

但令他大吃一惊的是,《茶花女》这部伟大作品的作者竟是大仲马的儿子小仲马。"你为什么不在你的稿子上署上你的真实姓名呢?"老编辑十分疑惑地问小仲马,小仲马淡淡地说:"我只想拥有自己真实的高度。"

小仲马的语气中充满了自信,因此他能够把自己生命中的能量和积极性都充分地调动出来,化成强大的创作动力,使他努力地朝着自己希望的方向和目标前进。

可见,激励的产生是自我意识的选择。一个人可以选择成功的自信,也可以选择束缚自己的自卑,这一切全由自己来决定。如果你想选择自信,请先找出自己身上的优点、长处,然后逐条记在心里,并不断地激励自己:"我身上拥有无限的能力和无限的可能性。"当你弄清了自己的强项,选择和发挥自己的优势潜能时,你就自然产生了自信。无论发生什么事,无论处于什么境地,自信者都相信自己一定能成功。有人曾经问康拉德·希尔顿何时知道自己将会成功时,希尔顿回答道,当穷困潦倒而必须睡在公园的长板凳上时,他就知道自己最终将会成功。因为那时他不但激励自己,有了成功的意识,而且还认识到了自己身上具有经营管理的能力。

所以,当自己处于困境时,一定要信心十足地激励自己说:"我行,我一定行!"生命匆匆,我们不必委曲求全,更不必在意别人眼中的自己。更重要的是倾听自己内心真正想要的,并且拿出勇气和胆识行动起来,走自己的人生之路。在这个世界上,有卓见者必定是少数,暂时的不被理解是很正常的。懂得享受孤独寂寞,充分挖掘自己的潜能,才是真正为自己而活的人。年轻人应当拿出年轻人应有的勇气来,做个有胆有识、敢作敢为的人。

6.心动不如立即行动

行动就是一个人在面对障碍或是困境时,主动去改变现状;行动就是坦然面对自己无法改变的缺陷,努力增强自己的能力;行动就是既有扫天下的宏伟目标,也有扫一屋的实干精神;行动就是努力去塑造坚强、诚实、果断、豁达的性格,以德服人;行动就是勿以善小而不为,勿以恶小而为之;只要在行动,即使断了一根弦,也能从容地弹奏……

奥格·曼狄诺是美国一位成功的作家,他常常告诫自己:"我要采取行动,我要采取行动……从今以后,我要一遍又一遍、每一小时、每一天都要重复这句话,一直等到这句话成为像我的呼吸习惯一样,而跟在它后面的行动,要像我眨眼睛那种本能一样。有了这句话,我就能够实现我成功的每一个行动,有了这句话,我就能够制约我的精神,迎接失败者躲避的每一次挑战。"

要想奔向自己的目标,追求自己的成功,现在就立即行动。"立即行动",是自我激励的警句,是自我发动的信号,它能使你抓住宝贵的时间去做你所不想做而又必须做的事。

心动不如行动,立即行动吧!因为人的一生,可以有所作为的时机只有一次,那就是现在。

忠告箴言

越有胆识越有勇气的人，越有成功的机会。惧怕风险的人，只能做无名鼠辈，有胆有识的人，才会是成功者。不要轻易地否定自己，怀疑自己，看低自己，你最需要的是相信自己。相信自己，就会升值。相信自己，就是自信。"说一尺不如行一寸。"任何希望，任何计划最终必然要落实到行动上，只有采取行动方可缩短计划与目标之间的距离，只有行动才能将理想变为现实。想要做好每件事，既要心动，更要行动。

忠告 7　无论如何都不能丢掉激情

除非你对此充满激情,否则你将无法生存下去,你终将放弃。因此,一定要有一个充满激情的想法或者你想纠正的错误,否则你将不会有坚持这一项目的毅力。我认为,做到这一点,也就成功了一半。

——乔布斯

人们常说,激情大于本领,这一点也不言过其实,就像火种大于蜡烛一样,一根蜡烛,无论它的质量怎么好,如果没有小小的火柴将它点燃,也不会发出半点光,放出一丝热。而激情就像火种,它能点燃人身上的潜能,让生命中的能量和积极性充分地发出光来。每个人身上都拥有激情,但不同的是,有的人的激情只能维持几分钟,有的人只能保持几天或几十天,但是一个真正的成功者,却能让激情保持几十年,甚至一辈子。美国生理学家吉耶曼和沙利,为了研究下丘脑激素,经过了 21 年的艰难研究,一个失败接着一个失败,以至于失去了专家们和研究经费资助者的支持。可他们还是坚定不移,从不气馁,充满了热情,在解剖了上万只羊脑之后,终于取得了研究的成功,并于 1977 年荣获诺贝尔化学奖。当人们问他俩是怎样获得成功的,一个说:"靠的是'我要做'的努力。"

1.激情是一种重要的力量

高燃 1981 年出生在湖南,2003 年毕业于清华大学。在做了一年财经记者后,于 2004 年创业。2005 年遇到当年清华大学的同学邓迪,共同创立 MySee.com,融得 1 000 万美元的风险投资,成为国内首屈一指的网络视频服务供应商,因为在技术上领先,他很快成了年轻的亿万富翁。

高燃究竟有几斤几两? 用他自己的话说,"一个懵懵懂懂的农家少年,从小喜欢读名著,喜欢伟人传记,疯狂地崇拜毛泽东;有点小聪明,从小学习成绩可以,上了一所好大学;运气可以,遇上了几个愿意帮助我的人;做了一段时间的财经记者,后来在有心人的帮助下,有了自己的第一家公司;再后来,引入了一二笔投资,把公司做得在行业里有点影响力;最后,离开了自己创立的公司,从头开始……"

2006 年,这位 25 岁的年轻总裁与他创建的 MySee 成为了"80 后"创业的代名词,而他,在媒体狂欢的风口浪尖,选择了离开。海川传媒,是高燃一次新的开始。

2006 年 10 月离开 MySee,11 月,高燃的"海川传媒"已经拿到了 笔 VC。"当时我和一个朋友吃饭,和他在饭桌上谈了自己的计划,他认为我这个项目不错,值得投。我拿第一笔风险投资用了一年,第二笔用了几个月,这笔投资只用了几个小时。"说这话的时候,高燃神色平静。

"所有的地方都有空白",创办海川传媒,高燃看到了娱乐市场存在的巨大商机。他想把海川办成一个像迪士尼那样的跨媒体娱乐王国。投资网站、唱片、电影、艺人经纪……"和迪士尼不同的是，我们是通过互联网，然后一年一个产业这样进入，而迪士尼是由传统的娱乐行业进入多媒体的。"高燃介绍，海川初期预计投入几千万，目前已经投入了几百万，资金正在逐步到位。

目前高燃已经创办了一家娱乐网站，"到今天已经有了500万的点击量"，记者采访时他刚拿到这个数字，兴奋地比了一个手势。

"理想"是媒体解释"80后"创业的关键词之一，它也是高燃的口头禅。

"我的最终理想，是做一个有影响力的人。"高燃说。短期内的"十年计划"，就是在32、33岁时，实现他人53岁才能拥有的成就。"我必须拼命努力才能成功。"

现在的高燃管理着几百人的团队，承受着巨大的压力。"你焦虑吗？"记者问道。"我会着急，但是那种比较高兴的着急，机会很多，总是有很多事要去做"。高燃说，他主要做三个方面的管理工作：一是战略制定，二是管理几个骨干，三是管钱。"我不属于亲力亲为型的，我的同伴们都能很好地完成任务。"

"如果失败了怎么办？"记者问道。"7年前来到北京的时候，我什么都没有。我没有什么可失去的。时代将我推上创业的舞台，我很开心，很享受。"

高燃24岁成为亿万富翁的成长历程启示我们：你有信仰就年轻，绝望就年老。失去了激情，就损伤了灵魂。激情是一种最重要的力量，有史以来没有任何一件伟大的事业不是因为激情而成功的。激情要有高尚的信念，如果激情出于贪婪和自私，成功也会昙花一现。唯有激情的态度，才是成功推销自己的重要因素。激情的心态，是做任何事情都必须具备的条件。激情是一种积极意识和状态，能够鼓励和激励他人采取行动，而且还具有感染和鼓舞他人的力量。

2. 永远处于激情态

乔布斯永远都充满着激情，无论做什么事都充满激情。在苹果公司期间，他经常对员工大喊大叫，跟下属交流时，也绝对不是一个态度温和的人，他清楚地知道自己想要什么。所以，为了达到要求他会经常对属下大发雷霆，但奇怪的是，他的很多员工都喜欢被他训斥，换句话说，他们喜欢乔布斯将工作激情传递给他们，因为这样会使他们创造出许多不凡的成就。虽然他们可能会因此而过度疲劳，但在整个创造的过程中，他们也收获了不少。

乔布斯在开发麦金塔计算机的过程中，不断地为麦金塔小组注入工作激情。对此，乔布斯说道："除非你对此充满激情，否则你将无法生存下去，你终将放弃。因此，一定要有一个充满激情的想法或者你想纠正的错误，否则你将不会有坚持这一项目的毅力。我认为，做到这一点，也就成功了一半。"也正是因为对事业的深深热爱，在开发新技术之时，乔布斯才能够持之以恒地投注入自己的激情，并以此带动自己的员工不断努力。乔布斯清楚地知道，一旦缺乏激情，麦金塔的工作人员很可能会对耗时多年的项目丧失信心并最终放弃。

麦金塔计算机的研发历经三年时光，虽然在研发的过程中，乔布斯经常对研发组成员大喊大叫，但正是由于这种激情的驱动，才使大家一直保持着高昂的士气。他还对麦金塔小组的成员解释道，他们是将技术与文化完美地结合在一起的艺术家，并让他们相信，他们在改写计算机历史的进程中有着特殊的使命，能够参与如此具有创新性的产品设计是一项历史任务。

在乔布斯的激情引导之下，麦金塔研发组终于在1984年1月推出了麦金塔计算机，该计算机一问世，就创造了无数个第一：图形用户界面、图示和计算机桌面；使用鼠标作为指标工具；"所见即所得"的文字处理系统以及图像修改软件；长档名，可含有空格以及没有档案延伸，容许31个字符做档案名；美观而且合乎人体工学的工业设计等。

有一次,乔布斯被媒体问及"如何培养苹果公司员工的工作动力"时,他这样回答:"人生苦短,你总有一天会离开人世,对吧? 因此,这就是我们为我们人生作出的选择。我们可以在日本的某个寺庙里打坐,可以出海远航,可以去打高尔夫球,可以管理公司,而我们都选择用我们的一生做这件事。因此,最好把它干得漂亮些。"

乔布斯就是用"干得漂亮些"激发员工工作的动力,激起他们对工作的热情。

苹果公司前产品营销主管麦克·伊万吉里斯特,曾这样描述乔布斯为期待苹果未来所做的努力:"他有着无可挑剔的品位和卓越的设计感,这几乎影响到他做的每件事情。如果你恰好用过 iDVD,你就经历了一个完美的例子——菜单主题。这些看似简单的模板,是从世界一流的菜单设计公司精心设计的几百个作品中逐一挑选、比较,最后产生的,这几乎是一种痛苦。史蒂夫每周要带来一大堆被提议的方案。他要仔细地看,最后驳回所有的,除了那一个或两个。"

对于乔布斯来说,他永远都奋斗在"路上",当一件产品已经完工,他不会暂时停止工作休息一下;相反,他总会积极地、马不停蹄地投入到下一个研究工作项目中去。他将每一个工作日都看作最珍贵的时间,因为他时时刻刻都充满着激情,总是期待着自己的工作成果,这种期待让他时刻都保持着昂扬的斗志。

当然,对工作总是充满热情和期待的乔布斯,这种情绪有时可能会对员工造成极大的压力。苹果公司的首席运营官库克曾这样说过苹果的文化理念:苹果公司不适合那些心脏承受能力不强的人。然而,正如乔布斯所说的那样——事情对不对,让结果去证明。如今,相信没有人再怀疑乔布斯近乎疯狂的期待,也没有一家公司不学习他的这种期待。乔布斯告诉我们,唯有先期待成功,才能获得真正的成功!

假如没有持之以恒的激情,很难想象乔布斯能不断地实现自己创新的梦想。

当许多关于成功话题的书籍和研究报告,都还集中在讨论那些复杂的理论、方法和技巧时,乔布斯这位世界上最令人敬佩的创新者,却用自己的事业历程和所感所悟向我们说明了成功的源泉——激情。他说:"成就一番伟业的唯一途径就是热爱自己的事业。"乔布斯用自己的激情,将思想的火花变为了世人青睐的产品和服务,从而深深影响了世界,也成就了他自己。

3. 没有人能阻止你富有激情

人生路上遭遇困难和挫折在所难免,尤其是年轻人。因为社会的发展总是在不断地对我们提出新的要求,但在逆境中我们最应具备的素质应是激情。如乔布斯所言,有了激情才能不断前进,因此,我们应当学会不怕失败、不畏挫折。人生最大的资本就是输得起,生命从没有失败,放弃才是最大的失败。只要我们始终保持激情,才能在创业的路上不断披荆斩棘,才能坚持住自己的理想,这样才能取得最后的成功。

激情是一种洋溢的情绪,是一种积极向上的态度,更是一种弥足珍贵的精神,是对事业的热衷、执着和热爱。它是一种催人向上的力量,从而使人有能力解决最困难的问题;它是一种推动力,推动着人们不断奋发前进。对于乔布斯来说,拥有激情,比获得成就、获取功名更有意义。没有激情,就没有进取心,就没有火热的诗、燃烧的爱和壮丽的人生。

在工作中,如果你失去了激情,那么你永远不可能在职场中获得成长和发展,永远不会拥有属于自己的成功的事业,当你回首往事的时候,你会发现你的人生是庸庸碌碌的一生。

曾经有人报道过"亚洲顶尖演说家"陈安之的成长经历。27 岁时,他就完全通过自身的奋斗成为了亿万富翁,被誉为"国际华人成功学第一人"。

为了将来能够取得成功的人生，大四时，陈安之报了一个成功学培训班，导师正是鼎鼎大名的潜能激励大师安东尼·罗宾。罗宾做了一个实验，他将学员带到集训场上，那里有一条20米长的跑道。只见跑道上铺满了正在熊熊燃烧的炭火，炭火上面盖着一块铁板。罗宾要求所有的学员脱掉鞋袜，从铁板的一端跑到另一端。那烧得通红的铁板，温度是何其之高，见状，陈安之吓得早已双腿瑟瑟发抖，不听使唤了。最终他鼓起勇气，慢慢地伸出一只脚，但还没有接触铁板，就吓得赶紧缩了回来，灰溜溜地躲到了队伍的最后。他的窘态刚好被两个女学员看到，她们立刻哈哈大笑起来。此时，他感觉浑身的血液都迅速地往上涌。突然，他拔腿就跑，一个箭步飞跃上铁板，以百米冲刺般的速度跑完了全程，并且因为自己挑战成功而激动不已。所以说，勇气是产生激情的驱动力，它能使人们焕发出无比的激情和不断进取的精神。

事后，陈安之明白了安东尼·罗宾设"走火"这项极端训练的用意，是想以此来说明取得成功的一个真理：你如果想获得成功的话，在做事之前，首先要抛开所有的胆怯和犹疑，让你的内心充满所向披靡、无往不胜的激情！一个人如果失去激情，就不会有进取的精神，就不会使自己得到提升和发展，这样自己的梦想就会在中途破灭。消极是激情的最大杀手，消极的人是悲观的，他们不相信目标会实现；消极的人是怯弱的，他们缺乏奋发向上的勇气和力量；消极的人是自卑自弃的，他们看不到成功的曙光。

和乔布斯一样，被世人当作偶像的微软创始人比尔·盖茨有句名言："每天早晨醒来，一想到所从事的工作和所开发的技术将会给人类生活带来的巨大影响和变化，我就会无比兴奋和激动。"这句话阐释了盖茨对工作的激情态度。在盖茨的眼中，一个优秀的员工，最重要的素质是在工作中充满激情，而不仅是能力、责任及其他（虽然它们也不可或缺）。他的这种激情理念已成为微软文化的核心。

在很多情况下，激情往往能激发我们创新的本能。有了激情就有了不断进取的动力，你的状态同时也会发生变化，越发有信心，别人也会越发看到你的价值。激情能够使人创造出不凡的业绩；相反，缺乏激情，疲沓涣散，最终可能一事无成。

激情是一种态度，是一种工作态度、生活态度，没有人能阻止你释放激情。

在谈到自己的工作时，乔希斯说："每天我把工作当作自己的事业来做。在工作的时候我身上就有一种激情在燃烧，让我精力充沛，效率不错也不觉得累。当然有时候我也会遇到一些不如意的事情，心里也会感到些许的不舒服。回去睡一觉，第二天太阳照样升起，又开始新的一天。"

正是乔布斯的这种对工作充满着激情的态度，才成就了今天令世人瞩目的苹果公司。微软总裁比尔·盖茨也不止一次地提到，在美国科技界，乔布斯的工作热情无人能及，正是他拯救了"苹果"。

这就是激情带给我们的成功。不要让你的激情沉睡，一旦你习惯了埋藏自己的激情，你将是一个没有生气的人。一个没有生气的人是不会在工作中取得业绩的，顶多只是干好自己的本职工作，当然你也不会得到老板特别的青睐，更不会实现你的目标。为了公司的利益，更是为了你自己以后的成功，请点燃你的工作热情，为自己的工作奋斗吧！

4. 激情是取得胜利的秘诀

激情是取得胜利的秘诀，没有激情，当你遇到困难时，就会放弃坚持下去的动力和勇气。

乔布斯是一个激情无人能比的人。他激情的演讲、表情、态度，给世人留下无比深刻的印象,也正是他的激情,感染了很多人,包括"苹果"的员工。

离开 12 年之后,乔布斯于 1997 年重返"苹果"。当时,苹果公司已濒临破产的边缘。在乔布斯回归苹果的最初一段时间里,外界对苹果公司的前景并不看好,而苹果的员工和投资者也对苹果的未来感到迷茫。受命于危难之际,乔布斯举行了一次非正式的员工会议,说了一番句句真理的话:"营销与价值相关。这个世界十分复杂,十分喧嚣。我们不可能指望人们能记住苹果的很多东西,别的公司也一样。因此,我们必须搞清楚,消费者想知道关于苹果的什么。消费者想知道我们能代表什么。我们要做的,不是制造能够让人们完成工作的机器盒子,尽管这确实是我们做得很好的方面。苹果要做的不止这些。我们相信,有激情的人能够将世界变得更好。这是我们所相信的。"

在乔布斯激情的带动下,不久,整个"苹果"变得激情四射、生机盎然,更加富有创造性,并走出困境。

由此可见,充满激情是获得胜利的秘诀。如果两个人在技术、能力和智慧等各方面的差别不大,那么充满激情的人将会得到更多如愿以偿的机会。

当你被欲望控制时,你是渺小的;当你被激情激发时,你是伟大的。如果一个年轻人想在事业上有所成就,能力、忠诚、敬业、态度——所有这些优秀的品质,都是不可或缺的,但是更不可或缺的是激情——将奋斗、拼搏、进取看作人生的快乐和荣耀。激情是真诚的精髓,它不仅能激励自己,更能感染他人。

被誉为"欧洲最伟大的古典主义音乐作曲家之一"的莫扎特在孩提时,就对音乐产生了巨大的激情。虽然每天要做大量的苦工,但是夜晚来临的时候,他就偷偷地去教堂聆听风琴演奏,将自己的全部身心都投入在了音乐之中。

事实上,那些在各个领域取得非凡成就的人,都有一个共同的特点,那就是充满激情。他们热衷的不是产品或服务本身,而是自己创造出来的产品或服务对人们的意义。他们关注的是,自己的产品或服务如何改善世界和世人的生活,并因此获得自己人生的意义。乔布斯最终能够如此成功并受到人们的敬仰,并不仅仅在于他创造出了伟大的产品,更在于乔布斯对消费者充满激情,也对自己的产品改变世界的能力充满激情,并深深地感染着他人。

苹果公司的一位前产品管理高管说:"苹果的态度是'你有了为生产全世界最酷的产品的公司工作的特权',闭上嘴,只管干活,只有这样才能留下来。"可以看出,乔布斯就是一个对工作充满无限激情的人,并且这种精神深深地植根于苹果公司,并形成文化,催人奋进。

乔布斯曾说过:"我们并没有把自己当作年轻人,我们一周工作 7 天,每天 18 个小时,虽然辛苦,但却很有意思。"

这个世界,时间对任何人都是公平的,它不会停止,也不会变快,但为什么不同的人,在相同的时间内却差距甚大呢? 原因就在于他们对工作的态度不同——如果对工作抱着懒散的态度,一天只等于半天;如果对工作抱着期待的态度,一天就可以等于二天。对于事业投入的激情不同,从而产生的结果也就不同!

乔布斯对工作总是充满着激情,同时,他也将这种激情尽量传递给苹果的每一个员工。

5. 为什么我们缺乏激情

关于激情,我们常常可以听到职场中人这样的抱怨:工作单调枯燥,没有兴趣,我哪里会有激情? 工作环境差,压力大,我哪里会有激情? 几乎没有重要的工作,做的都是些不足挂齿的小事,我哪里会有激情?付出很多,回报却很少,我怎么可能会有工作的激情?

但社会上各行各业都不乏充满激情的人,无论是从事高科技的工作,还是在平凡的岗位上,我们的身边都有很多充满激情的人,他们不分年龄,不分性别,不分种族,不分肤色,只要他们有自己追寻的目标,就会持之以恒地逐步实现。把激情当作自己生命的一部分,是一种智慧,让激情长驻心头是一项伟大的成就,利用激情实现梦想是一生的目标,这是一件多么让人激动的事情。年轻人应努力去发现自己的激情,让自己拥有精彩的人生;应全心倾听内心的声音,并让它指导自己不断前进;应向世人展现自己的才华,但最重要的是,每天都活力十足、激情四射。

在生活中,一旦我们失去了激情,就等于比激情满怀的人少了一项竞争的优势,这样容易导致我们无法集中精力,无法享受奋斗的欢乐,无法实现自己的梦想。大多数人都认为无趣、挫折、疲惫和压力是现代生活产生的"副产品",这些强烈的感受可用"不愉快"这个词来形容。生活和工作中的很多事都会让我们不快乐,理由大都是"我不愉快是因为工作不尽如人意、爱人不了解我、孩子令人头疼"等问题。这是激情缺乏的首个,也是最明显的表现:认为自己不快乐的原因都是别人造成的。若你将激情当作生活的一部分,你会认为是否快乐决定于自己,因为快乐必须自己去争取,不要期待他人来振奋你的心情,也不要因别人而使自己的情绪消沉,激情和快乐都来自于自己的内心。虽然你不觉得自己闷闷不乐,但感觉生活好像仍有不足,这就是激情缺乏的第二个表现:渴望。缺乏激情或激情得不到释放,都会让你产生强烈的渴望。你可能不知道自己需要的是什么,只知道生活中缺少了一样东西,这种需要的感觉可能会通过伤心、生气、悔恨等情绪表现出来。

有时候缺乏激情所表现出来的情绪不是失落感,而是觉得哪里不对劲。在生活或工作中,你一定有过这样的经验,知道某些地方不对劲,生活中某些部分让你觉得不自在,比如或许选择了自己不热爱的行业;或许你的人际关系不好,希望建立良好的人际关系;或许对自己信仰的宗教感到失望,或觉得自己不够虔诚等。大多数人因为无法知道自己哪些地方出了差错,所以不会去设法解决问题。相对地,充满激情的人总是听从内心的指引,他们能挖掘出对激情不利的因素,并积极消除这些因素。

看看乔布斯的经历就知道了,上述这些理由根本不是没有激情的根本原因所在。精神状态是可以互相传递的,乔布斯始终以最佳的精神状态出现在工作中,如此,工作就有效率而且有成果,他的员工因此受到感染,工作热情会像野火般蔓延开来。当乔布斯离开"苹果"后,有一位与苹果公司合作的人士表示,公司气氛变得沉闷,会议也缺乏激情。在乔布斯身体恢复又回到苹果公司后,整个"苹果"的氛围又变得激情四射、生机盎然,整个团队更加具有创造性。毫无疑问,乔布斯的完美回归又使投资者恢复了信心。

当你决定将激情作为自己生活的一个组成部分时,就等于进入了激情整合阶段,你的生活成为内心世界的一种反映,生活的每个方面,例如工作、家庭、运动都能反映出什么对你是重要的。当然,你不可能时时刻刻都处于兴奋状态之中,但你所从事的工作、你去的地方和你见到的人都可以激发你的激情,并让你永远保持这份激情。

不管你的目标是什么,最重要的一点是:热度维持不变的激情将不断提升你的人生品质。作为年轻人,尤其是职场中人,我们应对工作多一点热情和激情,积极地创造性地工作。工作需要积极努力和勤奋,需要一种持之以恒的激情,我们才有可能获得更大的回报。

一个有所追求的人,唯有一直保持对生活、对事业的激情,他的人生才会永远处于"成功态"!法国哲学家勒内·基拉尔曾说:富有激情的人有一双看透世事的眼睛,能够穿过光晕看见客体。人有激情才能热爱自己的事业,才能激发出创业的进取心,才能不断地创造出辉煌的业绩。也只有在激情的驱动下,人才能全力以赴地追求自己的事业,激发出自己的巨大潜力。因此,但凡有所成就的人,无一不是将满腔激情投入到自己的事业中,正如我们耳熟能详的一句话:激情成就梦想,有激情梦想才会实现!

忠告箴言

激情,它会提供你实现梦想所需的精力和动力。一旦充满激情,就会激发出自身的潜能,你的最终目标可能会逐步实现。拥有新的激情、新的经验,或许就能将你引向不同的方向。不管目标的本质是什么,但都会激起你的昂扬斗志,让你迈向成功的康庄大道。

忠告8　赶走消极情绪，它是事业的魔鬼

即使世界明天毁灭，我也要在今天种下我的葡萄树。

——乔布斯

情绪，是人的各种感觉、思想和行为的一种综合心理和生理状态，是对外界刺激所产生的心理反应。这种生理反应大致可以分为两种：一种是积极乐观的；另一种则是消极悲观的。在面对生活中的一些事情时，这两种反应都会经常出现，而事实让我们了解到，积极的情绪创造人生，消极的情绪消耗人生。世上没有完美的人，伟大的人物也有缺陷。乔布斯也是如此，但值得肯定的是，无论对自己的事业，还是生活，乔布斯永远都是充满乐观情绪的！

1. 从失败中培养自己的乐观精神

美籍华裔青年张士柏在14岁时参加游泳训练时负伤，导致高位截瘫。从活力四射的游泳健将突然变成一个常年与轮椅为伴的残疾人，他一度陷入了无尽的痛苦和绝望之中。在亲人和朋友的无私照顾和关心劝解下，他逐渐从消极情绪的阴影中走了出来，并领悟到，面对生活中不如意的事，如果以乐观的心态去面对，就能获得成功和快乐；如果以消极的心态去面对，就会陷入失败和痛苦的深渊。对于残疾人来说，唯有肯定自己、相信自己、勇敢面对挫折，才能够使生活充满希望，才能成为生活中的强者。于是，他花了两年半的时间学完四年的大学课程，并以优异的成绩直接升入美国斯坦福大学经济学研究所的博士班，同时获得美国国家科学会奖。1996年年初，他同姐姐一起在北京创建了"张士柏英语网"，将自己的经历编成教材，实行双语教学，以激励更多的人走出消极情绪，重拾生活的信心。

乔布斯认为，遭遇失败时，应努力培养自己的乐观精神，摆脱消极情绪，就能取得成功。

乔布斯无论什么时候看起来都显得神采奕奕、精神饱满，他激情四射的魅力不仅影响着苹果公司，同时也引来了无数人的崇拜，他的一举一动总是感染很多人。但乔布斯并不是天生就具有这种影响力，他正是在无数次的失败中才培养起这种乐观积极的精神。

强者将每一天都当作新生命的诞生而充满希望，同时又把每一天都当作生命的最后一天，从而倍加珍惜。"即使世界明天毁灭，我也要在今天种下我的葡萄树。"乔布斯对其深信不疑，并将它作为自己的行事指南，正是这种积极的心态使他即使遭遇重大挫折、面临困难，也能看到成功的希望，从而保持高昂的斗志。

消极情绪容易使人进入一个灰色地带，就好像深处迷宫之中，觉得自己找不到出口。因为被消极情绪支配，他们绝不可能找到正确的方向。如果我们用乐观的眼光看待世界，世界就是非常精彩的，到处充满着希望，我们的生活就会像花儿一样盛开。

2. 拥有积极的心态，力争做一个"乐天派"

在如今竞争激烈、飞速发展的社会中，不少人似乎很难保持乐观的心态。有人会因为股市

崩溃失败而跳楼身亡,也有人会因为战胜失败而成就了一番更大的事业;有人会因为竞争对手强大而畏惧不前,也有人会因为敢于挑战高手而使自己快速成为行业中的佼佼者;有人会因为产品无法销售出去而抱怨产品,抱怨公司,抱怨消费者,也有人因为产品销售不出去而创造出市场和消费者欢迎的新产品与新服务;有人会因为受不了上司的严厉而每每辞职离去,也有人会因为"严师出高徒"而使自己能胜任更复杂、艰难的工作,最后得以不断晋升到高位,取得事业上的成功。

甲、乙两个青年到一家外企公司求职,面试官把甲求职者叫到办公室,问道:"你对你原来就职的公司怎么看?"

甲求职者一脸痛苦地答道:"唉,那里的情况实在是糟透了。同事之间尔虞我诈,钩心斗角,各部门经理毫无修养,以势压人,整个公司死气沉沉,没有一点活力。工作在那里令人感到十分压抑和苦闷,所以我想换个理想的工作环境。"

"我们这里恐怕不是你理想的地方。"面试官说,于是甲求职者满面愁容地走了出去。

当面试官问乙求职者同样的问题时,乙答道:"我们那儿挺好,同事之间以诚相待,互帮互助,各部门经理平易近人,体恤下属,整个公司气氛融洽,其乐融融,工作得十分愉快。如果不是想施展我的特长,我真不想离开原来的公司。"

"你被录取了。"面试官笑吟吟地说。

由此可见,一味抱怨的悲观者,总是看到事物灰暗的一面,即便到春天的花园里,他看到的也只是满地的泥泞和墙角的垃圾;而乐观者看到的却是满园的春色——姹紫嫣红的鲜花,翩翩起舞的蝴蝶,自然,他的眼里到处都是春天的明媚。

在职场上取得成功的人士,无一例外都拥有积极的心态,就像美国著名电影《阿甘正传》里面的主人公阿甘一样,无论自己身处多么恶劣的环境,他都始终保持积极乐观的心态,做什么事情都争第一,即使做平凡的擦皮鞋工作,也要擦得比别人亮。情绪是影响人们行为的关键因素,它决定了人们看待事物和人生的态度。

年轻人要想拥有一个积极的生活方式,就应豁达洒脱,力争做一个"乐天派"。生活中不可避免地会出现一些矛盾,但不要将其看得过重,不要斤斤计较、耿耿于怀,甚至将问题放大。要用生活中那些美好的、积极的事物来陶冶自己的情操,提高自己的品位,使自己感受到生活的美好,这样才能对人生充满信心。如此,生活中才会充满阳光,处处盛开鲜花。学会欣赏自己,也欣赏别人,无论遇到什么困难都要乐观坦然地面对和接受,以积极的心态去解决,并从中寻找到快乐和机会。

如今在都市上班族里,患抑郁症的人愈来愈多,并且呈现年轻化的态势。原因是工作中压力较大,或感情生活不顺。我们现在要学会的不仅是如何消除消极的情绪,还要学会如何积极地生存。

从某种程度上说,消极的情绪决定着你的生死。在创业过程中,人们随时会遇到各种困难和挫折,甚至还会遭受致命的打击。在这个时候,消极的心态和积极的心态将对事业的成败产生重大的影响。

消极的情绪会导致你更加悲观,并且不能自拔,越陷越深,久而久之,就会掉入失败的深渊。消极情绪是滋生失败的土壤,是生命的慢性杀手,使人受制于自我设置的某种阴影而不能走出来;积极的情绪是迈向成功的起点,是滋润生命的阳光和雨露,是搏击长空的雄鹰的翅膀。选择了积极的情绪,就等于拥有了成功的希望;如果你想拥抱成功,把美梦变成现实,就必须摒弃这种扼杀你潜能、摧毁你希望的消极情绪。

一个拥有积极心态的人，如果不小心摔了一跤，导致手出血了，他会这样想：幸亏没把胳膊摔断；如果遭遇车祸，撞折了一条腿，他会这样想：大难不死必有后福。积极的人总是从好的方面看待事物，从而活得很潇洒和豁达。

持消极心态的人总是面带忧郁地叹息着："唉，命运是上天注定的，再多的努力也是徒劳无功，还是听天由命吧。"而持乐观心态的人总是对一切充满激情，用积极的心态自信地提醒自己："一切不是上天注定的，我可以把握命运和机遇，成就我的人生。"

公路不会永远是笔直向前的，人生的道路也同样如此，只有经历无数次的坎坷和风吹雨打，这样的人生才会更有意义。也许正因为有了这些坎坷的经历，人们才会慢慢地成长和成熟起来。如果你一直生活在没有压力和没有任何竞争的环境里，那你的人生就会逊色很多！人会在失败中走向成功，也会在成功中走向失败。人生没有永恒的成功，也没有永恒的失败；天空没有永远的乌云，也没有永远的彩虹！

面对失败决不能就此消沉，想学会走路就必须摔跟头。我们应该从每一次的失败中总结经验和教训。只有这样，才能更快地成长。从失败中人们会调整自己的目标、策略、方法和态度，从中增长见识，使人变得更加稳重、智慧、坚强。

"知足常乐"是调整心态、取得心理平衡的一种方法，但随着竞争压力的增大，现在经常被一些人庸俗化为对待事业和工作的一种消极态度，从而得过且过，不思进取。一般认为，获取成功就是人生价值的最大化，换句话说，就是最大程度地发挥了自己的潜能。那么，人的潜能到底有多大？这是个没有标准答案的问题。但可以肯定的是，只要你敢于去做、去尝试，才有机会清楚自己的潜能，施展自己的才能。在现实生活中，就是要不停地给自己树立新的奋斗目标，使自己不断地努力前进。

事实上，人们失败有两个最主要的原因：一个是害怕困难从而中途放弃；另一个就是满足于已有和现状。拿破仑·希尔说："天下真不知有多少人一无所成，原因就是他太容易满足了。要求进步的第一步，就是绝对不可停留在原地。不满足于现状可以帮助你不断获得新的成功。"

3.要学会主宰自己的情绪,将快乐的钥匙紧握自己手中

生活中，面对一些事情时，每个人都会产生情绪，关键是别让你的生活被消极的情绪所左右，以免造成更大的困扰。因此，要把握自己的第一步就是学会主宰自己的情绪。

情绪的感染有时就像荒地里的野火一样快速蔓延，无论是积极或者消极的情绪都具有传染的因子。消极的情绪有时来自他人，有时来自自身，若使自己不被负面情绪左右，最重要的是让自己对负面情绪具有免疫的能力，避免陷入负面情绪的泥沼中而无法脱身。

当然，摒弃消极情绪最大的敌人不是他人而是自己，当消极情绪来自他人时，千万不要因此而大发雷霆，可以先避开当时的环境，出去散心或者和知心好友聊聊，待情绪平缓后，再来找出问题的症结所在。如果消极情绪来自自身，最好找一个独处的环境，使内心慢慢获得平静，进行自我反省，冷静地找出问题的所在。有时因为工作或生活的压力过大，容易产生消极情绪，这时候必须认真检讨自己的生活状态，才能摆脱消极情绪的困扰。

一般说来，女性较容易受情绪影响，这也是女性在职场上和男性一争高下时所必须注意的问题。根据一项调查显示，在职场上获得晋升的人，或是在工作上取得成就的人，大多数都能很好地掌控自己的情绪，而不仅是能力突出或是智商较高的人。据很多职场男性反映，在工作中

最令人头疼的问题是,和情绪化的女人共事,尤其是女领导。因此,若要在事业上取得成功,首先必须学会控制自己的情绪,以免影响自己的工作。

无论消极情绪来自何方,千万记住:别让消极情绪左右你的生活。为了让自己不被消极情绪影响,应该在生活中散播积极的情绪气息。当面临困难时,要学会用笑容代替忧虑,做个能够散播积极情绪的人。

俗话说,人生不如意之事十有八九。如果我们任由外界的人和事来左右我们的情绪,则意味着我们就在毫无意识中把心中的那把"快乐的钥匙"交给他人掌管了!作为一个成熟和理智的人,应该由自己掌握快乐的钥匙,不仅不用奢求别人带给自己快乐,而且能将快乐与幸福传递给别人。

一位中年妇女向朋友抱怨道:"我的爱人经常忙着工作不顾家,我的生活很不快乐。"她把快乐的钥匙放在爱人手里;一位母亲说:"我的孩子太顽皮了,让我很伤脑筋!"她把快乐的钥匙交在孩子手中;一位职员说:"我的上司不赏识我,我越干越没激情了。"他将这把钥匙塞在上司手里;一位婆婆说:"我的媳妇不孝顺,我的命真苦!"她把钥匙塞给了媳妇;一位老师在办公室里说:"现在的学生实在是太难教育了,让我很生气!"这位老师的快乐之钥又掌握在学生那里了……

上述这些人之所以不快乐,是因为他们都做了相同的决定——让他人来控制自己的心情!

当我们的情绪因为受别人的影响而低落,心情因为别人而不愉快时,我们往往会认为自己是个受害者,既然无法改变现状,就只会抱怨或者是愤怒。我们把自己心情不快乐的原因怪罪于别人,并且想证明这么一点:"我的心情很不好,都是因为你造成的,你要为此事承担责任!"此时我们就把这一项重大的责任交给周围的人——要求他们让自己快乐。我们似乎总是觉得自己无法掌控自己的心情,只能可怜地任他人摆布。其实,这样的人也会使别人离他而去,甚至望而生畏。

如何才能让自己掌握快乐的钥匙呢?以下是几点建议:

第一,做好自己的本职工作。对自己的工作倾注热情与兴趣,在公司里,无论是做一名小职员还是身为经理,快乐地把你的本职工作完成,就能从工作中获得快乐。

第二,与家人和睦相处。家是你永远的避风港湾,不管你在外面受了多大的委屈,遭受了怎样的挫折,不管你取得了多大的成就,家人都能欣然与你分担或与你分享,他们和你一起忧伤、一起快乐。享受天伦之乐,也是一种快乐。

第三,结交几个知心朋友。有那么几个志同道合的朋友能和你一起畅谈人生与理想,并为着理想一起拼搏,能在你困难和快乐的时候听你倾诉,能将成功的喜悦与你分享,这是何等幸福的事!把酒言欢,知己万盏难酬!

第四,发展一下个人的爱好。只会将经历全部放在工作上还不行,那样的人生太乏味、太单调。培养一些业余爱好,让自己的人生丰富、精彩起来,比如下棋、弹琴、跳舞、唱歌,都是很好的事情。

第五,要经常给自己充电。增长自己的见识,拓展自己的视野,多读书,多看报,多学习新的知识,所谓"活到老,学到老",保持生活情趣与进取心,才能让自己顺应潮流,跟上时代的步伐。

第六,尽情打扮自己。保持健康的体魄,让自己充满魅力。女为悦己者容,将自己打扮得美丽点不仅使别人感到舒心,自己的心情也会好起来;男士经常健身,给自己所爱的人一个坚实的依靠,能让自己拥有一份自信心。

在平凡琐碎的生活中,我们要学会将快乐的钥匙紧握在自己的手中。

范仲淹说:"不以物喜,不以己悲。"《圣经》里面说:"常常喜乐,凡事包容,凡事感恩。"其实这些话说明的都是同一个道理:不要让你的情绪受外界的影响,保持快乐最关键。

乔布斯的经历也无不说明了积极情绪对一个人事业的巨大推动作用。年轻人应注意不要让消极情绪左右自己,使自己工作生活乱了分寸。

忠告箴言

当你有强烈的消极情绪时,你应该勇敢地承认它,面对它,战胜它,切不可屈服于它,受它控制,永远别被消极的情绪控制,它是事业的魔鬼,要像乔布斯一样有着这样的乐观精神:"即使世界明天毁灭,我也要在今天种下我的葡萄树。"拥有这样的心态,我们就会远离消极情绪,成就伟业。

忠告 9　不要被教条所限，不要活在别人的观念里

> 你的时间有限，所以不要为别人而活，不要被教条所限，不要活在别人的观念里，不要让别人的意见左右自己内心的声音。最重要的是，勇敢地去追随自己的内心和直觉，只有自己的内心和直觉才知道你的真实想法，其他一切都是次要。
>
> ——乔布斯

新经济时代最负盛名也最具争议性的作家汤姆·比特斯几年前提出了"Brand You"的理论——我们每个人都是 CEO，任职的公司叫作"me"，人生中最大的任务就是把公司唯一的品牌"you"，打造成芸芸众生中的领先品牌。

人的一生的历程，其实就是经营好"我"这个公司的奋斗过程。评价"公司"状况良好的标准一般就是以下几点：拥有健康的体魄、成功的事业、幸福美满的家庭、和谐的人际关系，从而实现自己的人生价值，体现自己的生命意义。

人生很短暂，你的时间有限，不要将时间浪费在别人的话语里；不要被教条所束缚，盲从教条等于活在他人的思考中；不要让他人的噪声压过自己的心声。

1. 有勇气跟着自己的内心与直觉

1968 年，乔布斯进入霍姆斯特德中学学习，班上的同学大部分来自美国白人的中产阶级家庭，而乔布斯因为当时性格中存在着个人主义、不合群、不同见解，因此常常被别人看作"怪物"。

虽然乔布斯在大家的眼中是个"另类"，很不受欢迎，但这并不影响他的自我主张和独立的思想。在同学们看来，尽管他格格不入，不妥协，但大家都知道他是一个很聪明，很有思想，敢于突破传统思维的人。乔布斯的一位中学同学布鲁斯·柯切欧在回忆乔布斯的中学时光时，曾讲过这样一个真实的故事：那是一个浓雾的早晨，当时班上所有的男生都在绕着运动场跑步。忽然间，柯切欧就看见前面的乔布斯回头看了看，因为雾太大阻碍了视线，根本看不清体育老师，于是乔布斯就席地坐下休息。柯切欧认为这个办法很不错，因此也就跟乔布斯一起坐在地上休息。等到大家跑了一圈回来时，他们两人站起来插入队伍。柯切欧说："我们大多按部就班地埋头苦干，但乔布斯就是有办法'摸鱼'，而又能让人觉得他全力以赴，贯彻始终。这件事让我印象深刻，尽管那时候他还只是一个高中新生。但是如果换作我，我是没那个胆子的。"

那时候的乔布斯不善交际、难以合群，与同学显得格格不入，但对他来说，电脑就是他最好且唯一的朋友了，他总是一个人静静地待在车库里探索发现电脑的奥秘。

17 岁时，乔布斯进入大学学习，然而，在大学里待了不到几个月，乔布斯就发现自己不喜欢这样的生活方式，这不是他要的生活。而且大学学费非常昂贵，不仅让他花光了养父母的积蓄，重要的是，他认为，在大学里无法实现自己的人生价值和人生目标。有了这一"重大认识"后，

乔布斯对他的大学生活更加感到"不满"。2005 年,他在著名的斯坦福大学演讲时说道:"……但是现在回头看看,那的确是我这一生中最棒的一个决定。在我做出退学决定的那一刻,我终于可以不必去读那些令我提不起丝毫兴趣的书了。然后我可以开始去修那些看起来有点意思的课程。"

乔布斯说过:"牢记自己即将死去,这是我所知道的避免陷入患得患失困境的最好方法。你已经一无所有,就没有理由不听从自己的心声。"命运掌握在自己的手中,而不是在他人的嘴里。要想前进,就不要听命于别人的束缚,而应该自己一步一个脚印走下去。你的内心与直觉多少已经清楚你真正想要成为什么样的人,任何其他事物都是次要的。关键是,有勇气跟着自己的内心与直觉。

福布斯美国富豪排行榜公布后,记者问富豪们:"你受过最惨痛的教训是什么?"医药保健产品生产商雅培公司最大股东,86 岁的詹姆斯·索伦森则回答:"要把精力和资源投入到自己而不是别人的想法上,我需要有主见。"《福布斯》评论说,索伦森所言堪称道出了企业家精神的根本,或许也是他取得成功的原因所在。

我们每个人都有自己独立的思想和品格。拥有独立的思想和对梦想的执着追求是一个人最宝贵的品格。如果你有自己独立的思想,无论别人怎样反对,无论你为这种思想遭受了多大的困难和挫折,你都要坚持,永不放弃。因为你独特的思想,是你作为自己区别他人而存在的标志,而不只是作为某一类人、某一群人中的个体而存在于这个社会上。

你要平安、长久地生活,但不要因为生活而放弃一些你生命中绝对不可或缺的东西。做一个独立的思想者,做一个激情的梦想者,做一个坚定的信仰者,虽然你因此可能失去很多,但你会得到更多。

不要让别人的观念支配你的人生。关键要做到,坚定地去追随自己的内心和直觉,因为只有自己的内心和直觉才清楚你的真实想法,其他的一切都是次要的。

也许你现在豪情万丈,梦想成立自己的公司,每天想着如何经营自己的事业,闯出一番天地。但是你是否这样想过,其实你自己就是一家值得经营的"企业"?那么,你有没有仔细想过如何经营好"自己"这个企业?

2. 追随自己的心,过自己选择的生活

日本"经营之神"松下幸之助在 95 岁接受媒体采访时说:"像我这样才能的人在这个世界上比比皆是,我之所以能成功,其中关键一点就是对禅的领悟。"日本有个禅学家在聆听松下的言论后,总结了这样两句话:"不通禅理,生活乏味;不明禅机,难成大业"。松下电器从一个小作坊发展成闻名于世的国际企业,就是对这句话的最好诠释。日本、韩国许多企业的高层管理者要定期到寺院进行悟道修行。乔布斯对佛学也有着极深的造诣和研究。乔布斯数十年虔心学佛,这对他的事业产生了重要的影响。

在里德大学读书时,乔布斯已找到了自己思想上的依托——禅。当乔布斯从里德大学辍学返回硅谷后,就经常到日本禅师乙川弘文主持的禅宗中心修习佛学。

1972 年秋季,乔布斯逐渐告别了曾经让他身心疲惫的大麻,因为他的心灵彻底被佛教洗涤,得到了净化。为了寻求心灵的启示,1974 年 8 月,在印度最炎热的时节,乔布斯"光着脚、穿着破烂衣服",不远万里来到印度朝圣,并向当地人讨教有关佛教的文化知识。在返回美国后,他已成为一名虔诚的佛教徒,为了表达自己的向佛理念,他剃光了自己的头发。

在创办苹果公司之前,乔布斯一度处在彷徨的状态中,他不知道怎样对自己的未来做决断,

他很想去日本继续修习佛学,但是又无法割爱创业的理想,于是他走入寺院,向禅师求教。而禅师则对他讲出了那则著名的禅宗故事——风吹帆动。在接下来的人生历程中,无论是制定公司产品策略,还是面对各种人事斗争,甚至直面死神的挑战,乔布斯一直都在追随他的心。

在生活中,你是否已经厌倦了为别人而活?不要徘徊不定,因为你主宰着自己的生活,你拥有绝对的自主权来决定自己如何生活,不要因其他人的所作所为而束缚自己。给自己一个培养自己创造力的机会,不要畏缩,不要担心。过自己选择的生活,做自己的领导!

做任何事,其实都是对我们内心天性的展现。这是我们存在的真正目的和价值。

3. 作为生活的创造者,你完全有能力改变自己的生活

不少人认为自我们出生之日起,就被人所领导着。儿时,我们被父母领导;上学时,我们被老师领导;工作后,又被上司领导;即使有朝一日,我们自己做了领导,但依然还要被更高的上级所领导。实际上,真正能够领导我们的人只有一个——那就是我们自己。

乔布斯的成功给予我们年轻人带来了很多的启示,关键的一点就是生命是很短暂的,所以不要浪费时间活在别人的观念里。一个人在社会上生活,应该注意别人对自己的评价和看法,这样可以把别人的意见当成一面镜子。正如《旧唐书·魏徵传》所说:"夫以铜为镜,可以正衣冠;以古为镜,可以知兴替;以人为镜,可以明得失。"但是,如果太在意别人对自己的看法,就会患得患失,导致迷失自我。我们拥有自己的人生,可以将别人的建议作为我们的行动参考,但不可作为自己心中的坐标。

仔细观察身边的人,你会发现一个无法忽略的事实:好多人在生活中逐渐迷失了自己,放弃了掌握自己未来的主动权。工作中永远是被领导的意见左右,因此他们中绝大多数都生活得很压抑,并不快乐,过着没有成就感且毫无目标的生活。

乔布斯从来都是选择自己的生活,不活在别人的观念里,否则就没有令世人敬仰的"苹果"神话,他说:"不要犹豫,这是你的生活,你拥有绝对的自主权来决定如何生活,不要被其他人的想法和看法所束缚。"

确实是这样,不管你想以后成为什么样的人,都应该活出自我,给自己一个培养创造力的机会,不要恐惧不前,不要担心,过自己选择的生活,做自己的领导,主宰自己的人生。我们应该为自己的理想而活,至于方法,都只是工具或手段,而不应该将其放在生命的第一位。

人本来就该为自己而活,但生活中偏偏有人被他人的观念支配,从而使自己过得很不快乐。有一个老人留了 1 尺多长的雪白胡子,几乎人人都夸他的胡子好看,老人很是得意。有一天,老人在门口晒太阳,邻居家的一个小孩好奇地问他:"老爷爷,您留这么长的胡子,晚上睡觉的时候,是把它放在被子里面呢,还是放在被子外面?"

被小孩这么天真无邪地一问,老人还真回答不上来,因为他根本就没有想过这个问题。晚上睡觉的时候,老人躺在床上想着白天小孩子的问话,辗转不能入眠。他先把胡子放在被子的外面,感觉很别扭;他又把胡子拿到被子里面,也是一种说不出来的不舒服。就这样,老人一会儿把胡子拿出来,一会儿又把胡子放进去,如此反复,折腾了一晚上,还是感觉不舒服。老人很苦恼,以前晚上睡觉的时候,究竟胡子是放在被子的外面还是里面,他已不清楚。第二天一大早,老人生气地对那个邻居家的小孩说:"都怨你,害得我整夜都没有睡。"

也许我们认为这个例子过于夸张,但这反映出生活中一种常见的现象。有人太在乎别人对自己的看法,别人无意间的一句话、一个眼神、一个动作,都会让其久久难以释怀,心绪不能平复。更有甚者心思太重,比如办公室的几个同事在说话,当他进来的时候,同事们突然不说了,

这个人就开始乱想，他们肯定是在背后说自己的坏话，于是心中有怨气，一天乃至几天不高兴，过得很压抑。

与其他人不同的是，乔布斯有自己的观念：作为生活的创造者，你完全有能力改变自己的生活，你不能指望别人来解决你的问题，也不必在乎别人的眼光。乔布斯的思维和做法与主流的价值观形成了强烈的冲突，但他一直在做自己：在大学时就主动退学；走别人没有走过的路；偏执地追求完美……如此种种行为贯穿着他创业生涯的始终。乔布斯很有自己的主见，完全掌握着自己的生活和人生。

不要让他人的意见淹没了你心灵的声音，乔布斯就是这样做的，将自己的命运牢牢地掌握在自己的手中。

4. 请不要活在别人的理念中，更不要活在别人的方法里

2005年，乔布斯在斯坦福大学对即将毕业的大学生们进行演讲时说：复制别人的产品其实就是一种被领导。社会上的跟风现象就是如此：别人通过某种方法取得成功了，那我就照搬他的经验，也一成不变加以利用，重复着别人走的路。事实上，在日常生活中，大多数人都是活在别人的理念里，他们很少静下心来想想自己在生活中扮演着什么样的角色，而是将所有的精力用来想别人是怎么看自己的。他们总是认为别人拥有的东西永远都比自己的好，别人的生活永远比自己的生活精彩。他们根本就不明白什么才是自己该做的，什么才是自己该去想的，思维一片混乱。

辍学的乔布斯获得了成功，但是其他辍学的人不一定就能获得成功。假如大家都这样想：我如果辍学了我就是第二个乔布斯，这就大错特错了。乔布斯的模式并不一定适合每个人，它只属于乔布斯一个人，所以我们应该找到适合自己的生活、适合自己的事业。

乔布斯的成功对我们的启示也是如此，不要让任何其他信条变成你指引行动的纲领，否则会束缚你的思想。你应该有自己的信仰，只有这样，才能知道自己该怎么朝着目标努力，才能形成自己的价值观。

用乔布斯的观点可以这样解释：人要为自己而活，而不是为别人而活。我们的成功是我们亲手拼搏得来的，别人的成功模式虽然很有效，但不一定适合我们，所以不必崇拜任何人。你不是任何人的复制品，因此你的生活也不能成为别人生活的翻版。

在有限的生命历程中，只有活出自己的人生，才是成功的人生。别人的成功模式你可以借鉴，可以学习，但切不可将其当成自己人生的全部，我们要做的，是努力追求真实的自己。

做真实的自我是对自己有信心的人，而拥有自信的人，无论何时看起来都是美丽的而且是神采奕奕的。如果一个人对自己有信心，当然做起事来就会得心应手；相反，若将自己原来的本质深深隐藏起来，就是对自己没有信心，而一个没有自信的人，他的表现一定无法达到完美。生活中，大家都喜欢自信的人，因为他们浑身上下都充满魅力。一个人只有活出真实的自我，才能彰显真实的人生，那么我们就做个真实的自己吧！我思固我在，我就是我，简简单单，快快乐乐，不会违背自己的意愿去迎合任何事物，我相信自己会活出独自的精彩！

5. 打破常规，成功才会降临在我们身上

柯特大饭店是美国加州圣地亚哥市的一家老牌大饭店，由于原先设计配套的电梯过于狭小老旧，已经无法适应越来越多的客流。于是，饭店老板准备扩建一个新式电梯。他请来全国一流的建筑师和工程师，请他们一起探讨该如何扩建这个电梯。

建筑师和工程师的经验都很丰富,他们讨论了足足半天,最后得出一致结论:饭店必须停业半年,这样才能在每个楼层里打洞,并且在地下室里安装最新式的马达。"除此之外就没有其他办法了吗?"老板皱着眉头说,"要知道,那样会损失难以计数的营业额。"但建筑师和工程师们坚持这是最好的方案。

就在这时,饭店里的一位清洁工刚好拖地拖到这里,听到他们的话,他直起腰说:"要是我,就会直接在屋外装上电梯。"所有的人都说不出话来。

第二天,饭店就开始在外面安装新电梯。在建筑史上,这也是第一次把电梯安装在室外。

我们知道整个世界其实都处在永恒的运动变化发展中,这就要求年轻人用发展的观点看问题,发展是新事物战胜旧事物,是前进的、上升的变化,没有发展就没有进步,创新就是推动事物的进步发展。而要具有创造性思维,就不能固守经验,墨守成规,饭店里的清洁工正是因为没有固守经验,打破了常规,成功才降临在他身上。

6. 走出自我设限的人生

北极圈内,几乎长年处于严寒之中。由于那儿没有泥土和沙石,生活在那儿的爱斯基摩人只得将冰块切割成砖来建造房屋。冰屋内的温度可以保持在零下几度到十几度,比 −50℃ 的屋外暖和多了。但是,屋内不能生火,否则冰屋便会融化。如果将冰箱卖给住在北极的居民,他们能接受吗?那岂不是和向赤道居民推销取暖器一样愚蠢?可是,一位叫沃特森的美国人办到了。

旅行家沃特森曾经亲眼目睹了爱斯基摩人的生活状态,在那里,他觉得自己仿佛置身于一个巨大的冰箱里。同行的一位朋友开玩笑说,在这个世界上,也许只有这里才不需要冰箱。沃特森想了想同伴的话,心中突然灵光一闪,他说:"我看未必。"他兴奋地向朋友说,他有办法将冰箱卖到这儿。朋友哈哈大笑,说他傻得可爱。沃特森还是按照自己的想法去做了。他先找到一位爱斯基摩人,向他演示冰箱的另一个作用:把自己带去的啤酒和矿泉水,以及爱斯基摩人刚刚捕获的猎物,一起放入冰箱。他将冰箱的温度调到 4℃。第二天,当他们打开冰箱时,那些东西都没有结冰。爱斯基摩人储存东西的办法很简单,就是把食物随地一丢,因为不管东西放在哪里,都不用担心食物会变坏。做饭时点燃动物的皮毛或者皮内脂肪,在屋外架起大锅,烧一锅开水来解冻。

现在,有了冰箱,就可以省略做饭前解冻食物的程序。爱斯基摩人笑了,欣然邀请同族人一起使用冰箱。

沃特森的成功在于变换了思维方式:冰箱可以用来冷冻食物,也可以用来防止食物冷冻起来。而现实中还有不少人如同下面实验中的跳蚤一样,给自己设定了一个高度。

有人曾经做过这样一个实验:他往一个玻璃杯里放进一只跳蚤,发现跳蚤立即轻易地跳了出来。再重复几遍,结果还是一样。根据测试,跳蚤跳的高度一般可达它身体的 400 倍左右。接下来实验者再次把这只跳蚤放进杯子里,不过这次是立即同时在杯上加一个玻璃盖,"嘣"的一声,跳蚤重重地撞在玻璃盖上。跳蚤十分困惑,但是它不会停下来,因为跳蚤的生活方式就是"跳"。一次次被撞,跳蚤开始变得聪明起来了,它开始根据盖子的高度来调整自己跳的高度。再过一阵子后,实验者发现这只跳蚤再也没有撞击到这个盖子,而是在盖子下面自由地跳动。

一天后,实验者开始把这个盖子轻轻拿掉了,它还是在原来的这个高度继续地跳。三天以后,他发现这只跳蚤还在那里跳。一周以后发现,这只可怜的跳蚤还在这个玻璃杯里不停地跳着,其实它已经无法跳出这个玻璃杯了。

生活中,有许多人也在过着这样的"跳蚤人生"。年轻时意气风发,屡屡去尝试成功,但是往往事与愿违,屡屡失败。几次失败以后,他们便开始不是抱怨这个世界的不公平,就是怀疑自己的能力,他们不是千方百计去追求成功,而是一再地降低成功的标准,即使原有的一切限制已取消。就像刚才的"玻璃盖"虽然被取掉,但他们早已经被撞怕了,或者已习惯了,不再跳上新的高度了。人们往往因为害怕去追求成功,而甘愿忍受失败者的生活。

难道跳蚤真的不能跳出这个杯子吗? 绝对不是。只是因为它的心里面已经默认了这个杯子的高度是自己无法逾越的。

其实让这只跳蚤再次跳出这个玻璃杯的方法十分简单,只需拿一根小棒子突然重重地敲一下杯子;或者拿一盏酒精灯在杯底加热,当跳蚤热得受不了的时候,它就会"嘣"的一下跳了出来。

人有些时候也是这样。很多人不敢去追求成功,不是追求不到成功,而是因为他们的心里面也默认了一个"高度",这个高度常常暗示自己的潜意识:成功是不可能的,这是没有办法做到的。

"心理高度"是人无法取得成就的根本原因之一。要不要跳? 能不能跳过这个高度? 能有多大的成功? 这一切问题的答案,并不需要等到事实结果的出现,而只要看看一开始每个人对这些问题是如何思考的,就已经知道答案了。年轻人不要自我设限。每天都大声地告诉自己:我是最棒的,我一定会成功!

总而言之,乔布斯的经历告诉我们现在的年轻人,不要不假思索便随大流,我们每一个人都是独一无二的,我们复制不了别人,不要被别人的观念所扰,应该勇敢地活出自己。

忠告箴言

怎样才能勇敢做自己,怎么才能活出真实的自己,活出自信? 那就尝试着不要被教条所限,不要活在别人的观念里,只要人能正确地认识自己,就会跟着自己的内心和直觉前行而不是太在乎他人的看法或想法。年轻人应鼓起勇气再次努力奋斗。相信凭借自己的能力一定能战胜困难,自己领导自己,创造自己的传奇。

忠告 10　尊重失败，这很重要

　　"苹果公司就像是我的初恋一样。就像所有的男人都会想念他们第一个深爱过的女人一样，我也会一直想念'我'的苹果公司的。"

　　"我敢肯定，如果苹果公司没有开除我，就不会发生这样的事情，这服药虽然很苦，可是它成为了苹果公司——这个'病人'起死回生的神药"。

——乔布斯

　　"正视错误，你会得到错误以外的东西。"

　　人无完人，没有人会一生都不犯错误，知错就改，善莫大焉。年轻人经受点打击往往是好事，能使自己更清醒。对现实的清醒认识可以让人有归零的心态，归零的心态就是谦虚的心态，就是重新开始；归零的心态就是一切从头再来，就像大海一样把自己放在最低点，来吸纳百川。

1."被'苹果'开除是我这辈子遇见最好的事"

　　1984 年，乔布斯被自己亲手创办的公司——"苹果"炒了鱿鱼。这是多么不可思议的事，乔布斯也这么认为，这比死亡更让他难以接受。乔布斯说："我并不是一个天生就喜欢追求权力的人，我只在乎苹果公司的发展。我把我所有的精力都放在了研发电脑上。为了苹果公司更好地发展，我宁愿奉献出我的一切。可以这么说，如果苹果公司需要我扫地，我可以去扫地；需要我去清理厕所，我也可以去清理厕所。"

　　被自己如此热爱的公司开除，他的心情我们可想而知，但事后乔布斯回想起来却这样说："被'苹果'开除是我这辈子遇见最好的事。"这次经历让年少轻狂的乔布斯成熟了许多，不再一味地活在自己的世界里，一个人如果不能改变自己的思想，那么他只能成为过去的奴隶。

　　在苹果公司蓬勃发展的时候，乔布斯觉得有必要邀请一位优秀的商业高手来和自己一同管理公司，于是他对当时百事可乐的经理人约翰·斯高利说："难道你想一辈子都卖汽水，不想有机会改变世界吗？"就这样，约翰·斯高利接受了乔布斯的邀请，与其一同打造"苹果"，开始的几年里公司运转得很好，可是没过多久他们就发生了矛盾。

　　原因有很多，很大一部分跟乔布斯天生喜欢标新立异和让人难以忍受的怪脾气有关，很多苹果公司的员工甚至都不敢和他搭一部电梯，年轻气盛的乔布斯的独断专行也使约翰·斯高利觉得不可忍受。

　　有一次，约翰·斯高利认为，乔布斯对新推向市场的苹果机作出了过高的估计。但乔布斯还是认为在苹果机推向市场的第一年里，销售量一定会达到 50 万台，因为根据开始时的销售报告，这一数量完全能达到。苹果公司的两位主管都对这一销售计划提出了质疑，并希望乔布斯能保持清醒的头脑，但面对着乔布斯咄咄逼人的气势，他们又无能为力。不幸的是，他们随后被独断专行的乔布斯免职了。

结果，当乔布斯与斯高利的矛盾日渐白炽化的时候，公司董事会站在了斯高利那一边。所以在三十岁的时候，乔布斯被炒了。

每个人都认为自己是天才，满怀着理想要有所作为，但是现实却总是不能让这类人如愿。现实告诉那些天才们，他们需要更加理智一些，就像人们常说的那样：尽自己最大的努力，做最坏的打算！也只有这样，在结果出来的时候，才会心平气和。

"乔布斯的眼光很长远，可以达到1000英里。"他的同事杰伊·埃利奥特形象地比喻说，"但他却看不见每一英里的详细情况，他不明白只有走好每一英里，才有可能达到1000英里。他天才般的商业头脑是因为他的眼光长远，而他之所以衰落也是因为他的眼光长远。"

做事情的时候，期望值不能太高，往往缺乏经验的决断是错误的，明智的选择是治疗各种愚蠢行为的最好方法。认清自己的活动范围和自身所具备的条件，并设法使自己的设想符合现实，这样的人才是最聪明、最容易成功的人！

在不得不离开"苹果"时乔布斯浪漫地描绘出他的不舍，他这样说："苹果公司就像是我的初恋一样，就像所有的男人都会想念他们第一个深爱过的女人一样，我也会一直想念'我'的苹果公司的。"

在走出"苹果"公司的那天晚上，他的老朋友默里害怕乔布斯会想不开并做出什么傻事来，就前往乔布斯的住处，发现他孤独地躺在地板的垫子上，家里一片漆黑。默里不声不响地紧靠他坐了过去，然后紧紧地抱住了乔布斯，两个人放声大哭，一起待到第二天凌晨，默里在确信乔布斯不会出什么意外了，才返回家中。

"在这么多人目光下我被炒了。在而立之年，我生命的全部支柱离自己远去，这真是毁灭性的打击。"这次打击让乔布斯完全清醒了，后来他这样形容这个打击："这个良药的味道实在是太苦了，但是我想病人需要这个药。"

乔布斯在交完辞呈以后，决定破釜沉舟、重新来过，很快他便从阴影中走了出来，并开始反思自己。

"承认错误是一个人最大的力量源泉。"这是由美国田纳西银行前总经理L.特里提出的。它的意思是说，正视错误，你会得到错误以外的东西。

乔布斯调整自己以适应现实世界，而不是停留在他自己喜欢的世界里，他决定重新开始。乔布斯以1000万美元的价格，从"星战之父"，也就是美国电影电脑特技之父卢卡斯手中买下了当时很不景气的电脑动画制作工作室，成立了皮克斯公司，并制作出世界上第一部用电脑制作的动画电影《玩具总动员》。

皮克斯公司当年立刻上市，并迅速成为3D电脑动画的先锋和霸主。乔布斯也因此成为影响娱乐业的大人物，这也为他日后重新回到"苹果"创造了条件。"我可以非常肯定，如果我不被'苹果'开除的话，这其中任何一件事情也不会发生的。"

人不是神，总有自己的缺点，谁都难免会犯一些错误。乔布斯也一样，为什么他和有些犯错误的人结局不同呢？是因为他懂得正视自己的错误。遗憾的是，生活中有很多人总是犯同样的错误，因为他们总是千方百计地回避缺点，掩饰错误，甚至文过饰非，把一切功劳归于自己，把一切错误推给别人。

很多年轻人都感到自己一事无成，并把失败的责任归于别人，归于自己没有机遇，却很少从自己身上找原因，更重要的是，没有从失败中吸取教训。当我们犯错误的时候，脑子里往往会出现想要隐瞒自己错误的想法，害怕承认之后会很没面子。其实，承认错误并不是什么丢脸的事。反之，在某种意义上讲，它还是一种具有"英雄色彩"的行为。更何况一次错误并不会毁掉你今后的人生，真正会阻碍你成功的，是那种不愿承担责任、不愿改正错误的态度。

从失败中吸取教训就是另一番新兴事业的开始，"我当时没有觉察，但是事后证明，从苹果公司被炒是我这辈子发生的最棒的事情。因为，作为一个成功者的负重感被作为一个创业者的轻松感所重新代替，没有比这更确定的事情了。这让我觉得如此自由，进入了我生命中最有创造力的一个阶段。"

乔布斯说："就这样，曾经是我整个成年生活重心的东西一夜之间就不见了，令我一时愕然，走投无路。随后几个月，我实在不知道要干什么好，我成为了公众非常负面的示范，我甚至想要离开硅谷。"虽然乔布斯被董事会否定，但是他一直热爱的事业并没有否定他，所以乔布斯决定一切从头开始。乔布斯开了一家叫作 NeXT 的公司和一家叫作 Pixari 的公司。Pixari 取得了很大的成绩，制作出了世界上第一部完全由电脑制作的动画电影——《玩具总动员》。之后，这家公司阴差阳错地又被苹果电脑公司买下了，乔布斯于是又回到了苹果电脑公司。而 NeXT 发展的技术居然成为了"苹果电脑"后来复兴的核心。

2. 正视错误

生活中，总有失败者，也有成功者。失败者之所以失败，是因为他们在困难与挫折面前止步不前，被困难与挫折击垮，这些人一遇到失败或挫折就垂头丧气，心灰意冷，从此一蹶不振，少数人甚至走上了绝路。

叱咤全球科技行业的乔布斯也是经历了数次失败，才有了今天的地位，他相信今天的失败是明天成功的基础！

正视错误，你会得到错误以外的东西。普通人面对失败的时候，不是一蹶不振，就是慢慢遗忘，而乔布斯则尊重失败，善于从失败中吸取教训，不断调整。

1983 年 1 月 19 日，苹果公司发布了新一代电脑 Lisa。Lisa 是全球首款采用图形用户界面（GUI）和鼠标的个人电脑。苹果公司虽然再次推出了一款超越它所处时代的产品，但过于昂贵的价格（将近 1 万美元）和缺少软件开发商的支持，使"苹果"再次失去获得企业市场份额的机会。Lisa 在 1986 年被终止。

业内人士一致认为，Lisa 计算机是"苹果"最大的失误之一，这次的失败，对于"苹果"和乔布斯来说，有着非比寻常的意义。乔布斯认真反省了失败的原因，时隔 12 年后，当他重返"苹果"时，成功地将"苹果"转变为一个"尊重失败"的地方。

其实人的一生，没有永远的成功，失败也是暂时的，经过失败的考验，我们才能有走向成功的资本！

1998 年，肩负着苹果公司希望的 iMac 呈现在世人面前。这次乔布斯变得更加谨慎，iMac 的出现重新点燃了"苹果"再塑辉煌的希望。iMac 成了当年最热门的话题，1998 年 12 月，iMac 荣获《时代》杂志"1998 最佳电脑"称号，并名列"1998 年度全球十大工业设计"第三名。为了乘胜追击，1999 年，"苹果"又推出了第二代 iMac，有红、黄、蓝、绿、紫五种水果颜色的款式供选择，一面市就引发新一轮的抢购热潮。

3. 尊重失败，那么你就不曾真的失败

如果你尊重失败，并从中汲取到了教训，那么你就不曾真的失败。正因为如此，乔布斯在 Lisa 失败后吸取了教训，"正是它真正地挽救了'苹果'"。

没有昨天乔布斯的失败，就没有今天乔布斯的成功。一直以来，乔布斯都感谢那次在"苹

果"的失败教训。在失败中吸取了教训,10 多年后,乔布斯重掌"苹果",带领"苹果"成为全球市值最大的科技公司。

乔布斯最后能达到今天的成功完全是因为在他所在的行业里坚持了 30 年,摔倒又重新爬起来。他对外很自负,但是他内心一直在不断地自省,不断地总结和提升自己。

乔布斯总能东山再起,重要的就是他在落败出局时,不断反思、调整自己,认真面对自己内心对于热情的追寻。越大的挫折反而让他越能看清真相,激起热情并坚持真爱。

综观苹果公司几十年来发展的历史,我们可以这样说:"苹果"是在失败中逐渐强大起来的公司。

4. 失败也是一种收获

人人都渴望成功,但我们决不能忽视失败的经历。失败孕育着成功,从这个意义上看,失败也是一种收获,是一种极为珍贵的财富。

俗话说:"胜败乃兵家常事。"任何人的一生不可能总是一帆风顺,事事成功,总会遇到一些挫折和失败。面对失败的时候,我们需要做的是不断吸取教训,为最后的成功铺垫台阶。

把失败和挫折看成成功和胜利的前奏曲,就能在跌倒之后爬起来并满怀信心地继续前进。当我们战胜挫折,克服困难,最后获得成功时就会领略到最大的喜悦,试问:哪个成功伟人的经历中没有失败存在过?

成功者之所以成功,是因为他们面对困难与挫折时勇往直前,将困难与挫折击败。他们重视失败的经历,从中吸取教训,总结经验,最终获得了成功。

如大家所熟悉的伟大科学家爱迪生,在发明灯泡过程中,经过了 1 万多次的失败,才取得成功,造福于人类。

有位哲人说:"正如星际之间存在万有引力一样,失败犹如引力牵拉着每一个投资者。如果我们无所作为,那么就像被黑洞吸引似地卷入无底的深渊;如果正视它、控制它,那么我们就能获得足够的能量和速度,彻底摆脱'失败引力'的束缚,从而使得我们的成长呈现出一种螺旋生长状态。"

事业途中,一帆风顺获得成功乃为人生乐事。但这种成功却是很少的。古今中外的无数事实告诉我们:事业途中的成功渗透着无数的失败。所以,人生的关键在于事业途中遇到困难和失败时怎么办?虽然失败对于一个人来说是件痛苦的事,但你是就此颓唐,还是进击、奋起、拼搏?

西班牙伟大作家、文艺复兴代表人物之一的塞万提斯,其一生可谓命运多舛,他虽历任军需官、税吏等公职,但一事无成,反而曾被下狱。他最终选择了文学事业,决意著书立说。他所著的《堂·吉诃德》风靡世界长达 350 余年,这部作品标志着欧洲长篇小说的发展进入了新阶段,塑造了不朽的艺术典型,因而成为最卓越的文学作品之一。

当代美国科学家吉耶曼和沙利,为了研究下丘脑激素,历经 21 年的磨难,一个失败接着一个失败,以至于失去了研究经费资助者的支持,挫折可谓大矣。可他们还是毫不气馁,在解剖了 27 万只羊脑之后,终于获得了成功,于 1977 年荣获诺贝尔化学奖。

我国明代散文学家归有光少年时即勤学苦练,矢志奋斗,但他八次考试都名落孙山。然而,他并不气馁,而是更加发愤读书,终于成为一代名家,写出 40 卷《震川文集》。

明代杰出医学家李时珍也是同归有光有着类似的经历,三次考举都以失败告终。于是,他决心从医。一方面精心研究医学,一方面游走长江、黄河流域许多地方,访问民间医药,终于写出了我国医药史上著名的药物学巨著《本草纲目》。

当代诗人苏阿芒曾三次参加高考,但都名落孙山。而他并没有"败而馁",反而更加奋发自学,终于掌握了 21 种外文,尤其精通世界语。他用意大利文和世界语创作了大量诗歌、散文。世界上许多国家和地区的报刊登载过他的作品,因而引起了人们的关注,曾被称为"年轻的天才的中国世界语诗人",并被吸收加入了国际世界语协会,成为当时"文坛上在东方闪耀的一颗新星"。

古今中外的大量事实告诉我们:失败是成功之母。失败既能磨炼人们的意志,历练人的思想,又催人奋进,促使你去总结失败的原因,然后去开拓新路,去创造惊人的业绩。

"自古雄才多磨难,从来纨绔少伟男。"我们不应该在生活面前、在困难面前、在失败面前悲观失望,而要振奋精神,刻苦奋发,自强不息,才能把握自己的命运,找到英雄用武之地。

从失败中吸取教训,善待教训,无疑是智者的选择。社会发展和科学技术的进步,无不是人们在经历过一次次失败与挫折之后吸取教训的结果。对一个能够正确面对成败的人来说,教训一样可以催人奋进,激励自己去不断拼搏进取,使事业愈发有成;相反,不会从失败中吸取教训的人,迎接他的将是再一次的失败。

许多人把事情搞砸了、做错了,不是去反省自己的过失,查找失败的原因,反而为自己的失败找理由、找借口,甚至粉饰太平,忽略失败。实际上,这是在推卸责任,是一种极不负责的态度,结果不仅错误得不到更正,还会贻害无穷,造成同一个错误再度发生,或引发全局性的大败局。试想:如果乔布斯继续沿着他那种偏执的个性走下去,不吸取 Lisa 失败的教训,那后来的 iMac 也会无人问津。

成功的人就是懂得正视失败的人,他们在每次失败后,都能够客观地分析自身失败的原因。而现实生活中,有不少人喜欢谈经验,而不乐意讲教训。因为谈起经验面上有光,而说到教训总感到脸上有愧。其实,教训与经验同等重要,应该引起我们足够的重视。

创业有失败就有成功,失败会让人感到些许无奈,些许痛苦,可人生就是充满坎坷、充满失败的,失败并不可怕,可怕的是不敢面对失败。成功的路上不可能没有失败。所以失败是永远的财富,与其学习别人的成功经历,不如分析一下自己曾经失败的原因,成功也许离你就不再遥远。

常常有人在失败后,面对任何事,都感到不顺心或很烦闷,乱发脾气。每当这个时候,就需要我们用豁达的思想开导自己:失败也是通向成功不可或缺的动力!如果人生总是一帆风顺,就永远不会懂得人生幸福的含义,就不会看到失败后走向成功的鲜花,更听不到雷鸣般的掌声!

你还记得自己第一次学骑自行车和学溜冰的样子吗?你是一踏上去就飞驰狂飙吗?当然不是!那时你动不动就摔个四脚朝天,腿和胳膊上总是青一块紫一块的。所以说,不经历无数次的失败又怎能尝到成功的甜美?成功就是无数次失败的积淀。

失败后的努力能让你取得真正的进步。生命是一篇由一连串的失败、过错谱就的乐章,有高潮也有低潮。过去的失败能让我们知道自己曾在哪里跌倒过。

失败,往往比成功更能帮助你增长经验。成功和失败是密不可分的。所有成功人士都经历过失败。失败是成功过程中重要的一环,二者的区别在于你是否有振作起来继续向前迈步的勇气。

如果你不畏艰难愈挫愈勇,那么总有一天成功会如期而至。美国 NBA 决赛中有一段很有意思的电视广告我们不妨来分享分享。

在广告中，迈克尔·乔丹走进体育馆，向热情的球迷打招呼。你可以听出他自言自语的声音。在此辉煌的时刻，他在回忆一生中遭遇的失败。

他想起念中学时被开除出篮球队的情形，想到在职业棒球赛上的失败，想到他在 NBA 生涯中 38 次没有拿下决胜的一分。

在广告的最后，乔丹对着镜头说："这就是我成功的原因。"多么震撼人心的哲理！然而许多人常常被失败的阴影所笼罩而陷入泥潭不能自拔，以致畏缩不前，甚至心灰意冷，不敢再有所尝试。因此，成功的果实始终离他们很遥远。如果不经过失败这条荆棘小径，是无法踏上成功的大道的。

许多遭受重大挫折而屹立不倒的人，无不善于从失败中总结成功的经验。大发明家爱迪生，当他被问及发明电灯前所进行过的两千次失败的实验时说："我只是排除了两千种可能性，因而缩小了可以成功的范围。虽然一次的失败，便足以使多次的成功毁于一旦，而多次的失败，却可能是另一次成功的契机。"

失败之时正是播撒成功种子的最好季节。逆境会使你受挫，但绝不要低下头。不管失败多少次，都要再次崛起。屡战屡败，屡败屡战，绝不要放弃，除非你认定自己已尽了最大的努力，无法再次崛起。坚持奋斗，直到收获成功的回报！

成功与失败的差别很小，成功不过是比失败更多点什么东西：再用一点力，再试一次，再坚持一下。

成功的人，只是比失败的人最后多了一份坚持，就是这最后的坚持，决定了他的成功与失败，就像一场比赛的最后几分钟，往往正是输赢的关键。

有个记者采访一位事业有成的企业家："为什么你在事业经历了如此多的艰难和阻力时，却从不放弃呢？"

企业家答道："你观察过一个正在凿石的石匠吗？他在石块的同一位置上恐怕已敲过了一百次，却毫无动静。但是就在那第一百零一次的时候，石头突然裂成两块。并不是这第一百零一下使石头裂开，而是先前敲的那一百下。"

拿破仑·希尔发现，他访问过的成功人士都有个共同的特征，在他们成功之前，都遭遇过非常大的困难。

有一位世界著名的游泳好手曾经横渡过英吉利海峡，现在她想再创一项纪录。当她游近加利福尼亚海岸时，嘴唇已冻得发紫，全身一阵阵地打寒战。她已经在海水里泡了 16 个小时。

远方，雾霭茫茫，浓雾使她难以看到海岸。她冷得发抖，力将耗尽，于是她请求她的朋友们把她拉上了岸。

事后，她才知道，当时离陆地只有一英里。如果她再坚持一会儿，就会成功。

许多人做事经常半途而废，其实只要他们再多花一点时间，再坚持一下，那些已经下大功夫争取的东西就会得到。因为最后的努力，往往是胜利的一击。

法国著名微生物学家巴斯德说："告诉你使我达到目标的奥秘吧，我唯一的力量是我的坚持精神。"

理查·巴哈所写的一万字故事《天地一沙鸥》，在出版前曾被十八家出版社拒绝，最后才由麦克米兰出版公司发行。短短的五年内，仅在美国便卖出了七百万本。

《飘》的作者米歇尔，曾拿她的作品和出版商洽谈，却被拒绝了八十次，直到第八十一个出版商才愿意为她出书。

5. 从跌倒爬起到迈向成功

巨人集团创始人我们并不陌生。在许多人心中,史玉柱是创业之神,尽管史玉柱也曾失败。但史玉柱经过事业的跌宕起伏,在人们心中的地位却更显高大。

史玉柱,1962 年出生在安徽北部的怀远县城。1980 年,史玉柱以全县总分第一,数学 119 分(满分 120 分)的成绩考入浙江大学数学系,毕业后被分配到安徽省统计局,时年 24 岁。由于工作出类拔萃,被作为第三梯队,送往深圳大学进修。

1989 年,史玉柱利用报纸《计算机世界》先打广告后收钱的时间差,用自己手中全部的 4000 元做了一个 8400 元的广告:"M－6401,历史性的突破"。仅仅用了 13 天的时间,史玉柱即获 15820 元。一个月后,4000 元广告已换来 10 万元回报。几个月后,新的广告投入又为史玉柱赚回 100 万元。也就是这一次的成功,让史玉柱产生了创办公司的念头。史玉柱想:IBM 是国际公认的蓝色巨人,我办的公司也要成为中国的 IBM,不如就用"巨人"这个词来命名公司。从此巨人神话诞生。

1995 年,巨人发动"三大战役",把 12 种保健品、10 种药品、十几款软件一起推向市场,投放广告 1 个亿。史玉柱被《福布斯》列为中国大陆富豪第 8 位。然而就在史玉柱事业辉煌的时候,一场资金的告急将史玉柱推入了深渊。

1996 年,巨人大厦资金告急,史玉柱决定将保健品方面的全部资金调往巨人大厦,保健品业务因资金"抽血"过量,再加上管理不善,迅速盛极而衰。巨人集团危机四伏。脑黄金的销售额达到过 5.6 亿元,但烂账有 3 亿多……

1998 年,山穷水尽的史玉柱找朋友借了 50 万元,开始运作脑白金。

手中只有区区 50 万元,已容不得史玉柱再像以往那样高举高打,大鸣大放。最终,史玉柱把江阴作为东山再起的根据地。启动江阴市场之前,史玉柱首先做了一次"江阴调查"。史玉柱戴着墨镜走村串镇,挨家挨户寻访。最后史玉柱因势利导,推出了家喻户晓的广告"今年过节不收礼,收礼只收脑白金"。这最终再次将巨人神话推入巅峰。

史玉柱再次崛起的故事,突显出"执着与毅力"的魅力与价值。事业的跌宕起伏、世间的是非议论,唯有敢与苦难做伴的人,才能从跌倒的阴影中爬起来,迈向成功。

"当巨人一步步成长壮大的时候,我最喜欢看的是有关成功者的书,当巨人跌倒之后,我看的全是失败者的书,希望能从中找出站起来的力量。"史玉柱说。

在 2000 年 CCTV 的一次《对话》节目中,史玉柱谈到了所谓"理想的状态,就是说今后市场经济发育到一定时候,法制环境建立,然后就是政企脱钩,我最希望的是一个什么样的环境:就是一个政府包括国家领导人、省级领导人,包括地方领导人,他做他的事,我们企业做我们企业的事。就等于你这个领导人你定游戏规则,然后我们这些人就按你游戏规则做事。最好是不要有什么太多的接触,我就是这个意思。巨人大厦这个问题上,不管哪一级的领导人没有任何的责任,责任全是我的。"

史玉柱的故事给予我们的启示是:当一个人把所有的问题都归咎于内因的时候,是因为他意识到自己改变不了外在环境,能改变的只有自己;同时跌倒了不可怕,爬起来继续前行就可能迈向成功。

6. 重视你失败的经历,从中吸取教训,你也能够成功

人人都渴望成功,社会都会青睐胜利者。但我们决不能忽视失败的经历。失败孕育着成

功，从这个意义上看，失败也是一种收获，是一种极为珍贵的财富。

生活中，总有失败者，也有成功者。失败者之所以失败，那是因为他们在困难与挫折面前止步不前，被困难与挫折击垮，这些人一遇到失败或挫折就垂头丧气，心灰意懒，从此一蹶不振，少数人甚至走上了绝路。

叱咤全球科技行业的乔布斯也是经历了数次失败，才有了今天的地位，他相信今天的失败是明天成功的基础！

1983年1月19日，苹果公司发布乔布了斯领导研制的新一代电脑Lisa，Lisa是全球首款采用图形用户界面（GUI）和鼠标的个人电脑。然而Lisa面市时，"苹果"没有考虑到消费者对电脑消费的承受能力，当时售价为9 935美元，如果将美元贬值因素考虑在内，折算成当前的售价将高达20 807.06美元。苹果再次推出了一款超越它所处时代的产品，但过于昂贵的价格（10 000美元）和缺少软件开发商的支持，使"苹果"再次失去获得企业市场份额的机会。Lisa在1986年被终止。

业内人士一致认为，Lisa计算机是"苹果"最大的失误之一，这次的失败，对于"苹果"和乔布斯来说，有着非比寻常的意义。乔布斯认真的反省了失败的原因，时隔十二年后，当他重返"苹果"时，将"苹果"转变为一个"尊重失败"的地方。

其实人的一生，没有永远的成功，但是，失败也是暂时的，经过失败的考验，我们才能有走向成功的资本！

1998年，iMac肩负着苹果公司的希望，寄托着乔布斯振兴"苹果"的梦想呈现在世人面前。这次乔布斯变得更加谨慎，iMac的出现重新点燃了"苹果"再塑辉煌的希望。iMac成了当年最热门的话题，1998年12月，iMac荣获《时代》杂志"1998最佳电脑"称号，并名列"1998年度全球十大工业设计"第三名。为了乘胜追击1999年"苹果"又推出了第二代iMac，有着红、黄、蓝、绿、紫五种水果颜色的款式供选择，一面市就引发新一轮的抢购热潮。

如果你尊重失败，并从中学到了教训，那么你不曾真的失败。正因如此，乔布斯在Lisa失败后吸取了教训，"正是它真正地挽救了'苹果'"。

有位哲人说："正如星际之间存在万有引力一样，失败犹如引力牵拉着每一个投资者。如果我们无所作为，那么就像被黑洞吸引似地卷入无底的深渊；如果正视它、控制它，那么我们就能获得足够的能量和速度，彻底摆脱'失败引力'的束缚，从而使得我们的成长呈现出一种螺旋生长状态。"

从失败中吸取教训，善待教训，无疑是智者的选择。社会发展和科学技术的进步，无不是人们在经历过一次次失败与挫折之后吸取教训的结果。对一个能够正确面对成败的人来说，教训一样可以催人奋进，激励自己去不断拼搏进取，使事业愈发有成。相反，不会从失败中吸取教训的人，迎接他的将是再一次的失败。

许多人把事情搞砸了、做错了、失败了，不是去反省自己的过失，查找失败的原因，而是津津乐道于"失败是成功之母"，为自己的失败找理由、找借口，甚至粉饰太平，忽略失败。实际上，这是在推卸责任，是一种极不负责的态度，不仅错误得不到更正，还会贻害无穷，造成同一个错误再度发生，或引发全局性的大败局。试想如果乔布斯继续沿着他那种偏执的个性走下去，不吸取Lisa失败的教训，那后来的iMac也会乏人问津。

没有昨天的乔布斯的失败，就没有今天乔布斯的成功。一直以来，乔布斯都感谢那次在"苹果"的失败教训。在失败中吸取了教训，12年后，乔布斯重掌"苹果"，带领"苹果"成为全球市值最大的科技公司。

成功的人就是正视失败的人，他们在每次失败后，都能够客观地分析自身失败的原因。现实生活中，有不少人喜欢谈经验，而不乐意讲教训。因为谈起经验面上有光，而说到教训总感到脸上有愧。其实，教训与经验同等重要，应该引起我们的重视。

创业有失败就有成功，失败会让人感到些许无奈，些许痛苦，可人生就是充满坎坷，充满失败的，失败并不可怕，可怕的是不敢面对失败。成功的路上不可能没有失败。所以失败是永远的财富，与其学习别人的成功经历不如透析一下自己曾经失败的原因，成功也许离你就不再遥远。

常常有人在失败后，面对着任何事，都感到不顺心很或烦闷，乱发脾气。的确，当再遇到不好的天气时，被雨水一淋，整颗心都似乎被雨水淋过，心情更糟，烦上加烦。每当这个时候，就需要我们用阔达的思想开导自己：失败也是通向成功不可或缺的动力！如果人生总是一帆风顺，就永远不会懂得人生幸福的含义。就不会看到失败后走向成功的鲜花，更听不到雷鸣般的掌声！

有许多一事无成者，并不缺乏追求的目标，而是经常在遇到困难时便放弃目标。人生唯一的失败，就是当你选择放弃的时候。因此，当事事都显得不顺心时，你应该继续坚持下去，再试一次，只要坚持，就一定会成功。

忠告箴言

懂得尊重失败，是人一生中最宝贵的财富，年轻人尤其要认识到这一点。在人生旅途中，每走一步，就必定会得到一步的经验，不管这一步是成功还是失败，"成功"有收获，"失败"有教训，切记失败往往比成功更能帮助我们增长经验。

忠告11 机遇往往隐藏在困境中

不要总是埋怨自己没有致富的机会,机会其实就在身边,关键是自己不仅要有一双善于发现机会的眼睛,还要有一双善于抓住机会的手……当你陷入这样的危机时,你并不确定能否最终走向成功,但我们总是能够成功,因此我们有了一定的自信,尽管有时我们也会彷徨。

——乔布斯

"机会就在每个人的身边,关键是我们要有发现机会的眼睛。"

人生下来注定要同困难打交道,我们每走一步都会遇到困难,时时面临错综复杂的困难,处处感受到困难的威胁。成功的人都有不同于一般人的敏锐眼光,他们善于从困境中发现和把握稍纵即逝的机会,善于透过事物的表面现象看到事物的本质,更善于在新生事物刚出现时就能捕捉到机会。

常识告诉我们,每一次危机都孕育着机遇。我们可以用森林大火的效用来进行类比。当然,森林大火是场灾难,但大火肆虐后的土壤却变得更加肥沃,因而有利于培植下一代参天大树。火灾还可以烧毁已经腐朽的树木,以及和树木缠结在一起限制其生长的灌木丛。

正如辩证唯物主义所说的那样,世界处处充满了矛盾和斗争,这也就意味着生活中充满了困难,不同的只是结果,或是困难吞没懦夫,或是强者征服困难。你认识困难吗?你知道现在遇到的困难预示着什么吗?是进步。每克服一个困难,你就前进了一步。当你遇到困难时,你要善于发现其他机会扭转这种局面。

1. 不含机遇的困难是不存在的

乔布斯有化腐朽为神奇的力量,有人说他就是一位魔术师,那是因为他是善于发现机遇并能抓住机遇的人。在乔布斯看来任何困难都是暂时的,因为困难里面往往孕育着良机,就看你能不能抓住它。

1996年他卷土重来,在从高楼落到谷底的12年后,他重新被"苹果"聘为兼职顾问。俗话说"黑夜过去是黎明",全球各大IT媒体几乎都在头版头条刊出了"'苹果'收购NeXT,乔布斯重回'苹果'"的消息。乔布斯受命于"苹果"危难之际,他对奄奄一息的苹果公司进行了大刀阔斧的改组,采取了一连串新产品降价促销的措施。

他首先改组了董事会,然后又做出一件令人们瞠目结舌的大事——抛弃旧怨,与苹果公司的宿敌微软公司握手言欢,缔结了举世瞩目的"世纪之盟",达成战略性的全面交叉授权协议。乔布斯因此再度成为《时代》周刊的封面人物,接着开始推出了新的电脑。1998年,iMac呈现在世人面前。它是一款全新的电脑,代表着一种未来的理念。半透明的外装,加上发光的鼠标,以及1299美元的价格标签,令人赏心悦目。

机会就存在于我们的生活中,谁也无法预知它来自何方、以什么面目出现。有时它从前门进来,有时它来自后窗,有时它以本来面目出现,有时又乔装打扮为不幸、挫折的模样。所以要有开阔的胸怀、广阔的视野,把眼光放在更广阔的领域,而不是局限于某个狭小的范围内。

世界首富比尔·盖茨曾告诉自己的员工说:"只要你善于观察,你的周围到处都存在着机会,很多在你的身边,甚至在你的手上,问题在于你能否发现每一次机遇。"

由于乔布斯那令人称奇的善于发现良机的能力,他发现了这样一个领域:一些音乐爱好者只是把音乐作品下载到他们的电脑上播放,而另一些人则把他们的歌曲传送到 MP3 播放器上,这样他们就可以在开车、购物甚至慢跑的时候听音乐了。

他预见了这场音乐领域的变革,他认为:"音乐爱好者现在更愿意从互联网上下载音乐作品,再把它们传送到 iTunes 上,然后就可以欣赏音乐了,而不是去商店里把 CD 唱片买回来。"便携式播放器的出现使随身听的体积缩小到只有衣服口袋那样大。

乔布斯也看到了光明的前景,认为他发现了一个很大的"金矿",虽然用户们没有意识到,但音乐市场上已经存在着一块成熟的市场了。乔布斯认为:"大量事实、证据显示,MP3 播放器的生产商根本就不懂得软件产品。"

于是乔布斯又取消了苹果公司正在进行的一些研发项目,集中精力研发苹果公司的中心产品——MP3 播放器。在离 iPod 播放器的发布会仅有一个月时,美国却发生了"9·11"事件。

人人都处在恐慌中,科学技术的泡沫即将破裂,高科技产业也处于一种摇摇欲坠的状态之中。在这种极为不利的背景下,2001 年 11 月 10 日,苹果公司向世界展示了他们的产品——MP3 播放器 iPod。

乔布斯正式发布了苹果历史上最具传奇色彩的便携式 MP3 播放器 iPod。它内置 5GB 硬盘,引爆了新一轮范式转移。iPod 以卓越的使用能力和时尚设计独树一帜,更重要的是,它的推出是伴随着 iTunes 的诞生,这个基于网络的音乐商店,永久性地重塑了音乐产业。后来的事实也证明,苹果公司的这个决定非常富有远见,同时也创造了辉煌。

乔布斯在"苹果"最困难时挽救了它,同时也在"苹果"重新树立了领导者的地位。在 2004 年夏季,当乔布斯开车行驶在纽约麦迪逊大道上的时候,他注意到每个街区都有人耳朵上戴着白色的耳机。回到公司后,他说:"我那时想,哦,我的上帝啊,iPod 播放器真的开始流行了。"

乔布斯已经成为一个奇迹,但这个奇迹还将继续进行下去。他总是给人以不断的惊喜,无论是开始还是后来。

一个人面临许多困难,一时不能成功,总不能一味地怨天尤人吧?通过乔布斯的经历我们可以看出在遇见困难时要善于发现机遇,善于抓住机遇,你的事业就成功了一半。

有一个养牛专业户,由于勤劳发奋,善于经营,几年间便声名显赫。可是突如其来的一场大火导致数十头奶牛葬身火海,老板也一下子陷入困境。悲痛之余老板没有灰心,没有倒下,反而信心百倍、奋力抗争,决心走出困境,东山再起。于是他筹集资金又买了两头奶牛,让其繁衍。仅六年时间,老板的奶业公司又有声有色、红红火火地发展起来,老板又成了远近闻名的富翁。这位老板的经历正应了"只要思想不滑坡,办法总比困难多"这句俗语。任何一个人只要敢于直面困境,勇于接受困难的挑战,即使眼看着就要山穷水尽,仍有可能峰回路转、柳暗花明,在困境中找到出路。

当我们处在困境,则会被逼得发愤努力;相反,经常处于顺境,则往往在不知不觉中流于怠慢。处于困境时常意味着优势或机会,甚至隐藏着利益。困境往往能使人反败为利。巴赫曾说过:"不含机遇的困难是不存在的"。

2. 遇到困难时要善于发现机遇

犯错误不等于错误。从来没有哪个成功的人没有失败过或者犯过错误;相反,成功的人都是犯了错误之后,做出改正,然后下次就不会再错了,他们把错误当成一个警告而不是失败。从不犯错意味着从来没有真正活过。

硅谷有着"创业大本营"的美誉,在这里,每年都有数以万计的企业倒下,同时也有成千上万的创业者一夜暴富。美国知名创业教练约翰·奈斯汉说:"造就硅谷成功神话的秘密,就是失败。失败的结果或许令人难堪,但却是取之不尽的活教材,在失败过程中所累积的努力与经验,都是缔造下一次成功的宝贵基础。"成功需要经验积累,创业的过程就是在不断的失败中跌打滚爬。只有在失败中不断积累经验财富,不断前行,才有可能到达成功彼岸。美国 3M 公司有一句关于创业的"至理名言":为了发现王子,你必须与无数只青蛙接吻。对于创业家来说,必须有勇气直面困境,敢于与失败"接吻"。

幸运每个月都会降临,但是如果你没有准备去迎接它,就可能失之交臂。

成功者之所以成功,是因为他敢于冲锋、主动进攻,善于抓住眼前的机遇。在这个世界上,取得成功的人是那些努力寻找他们想要机会的人,如果找不到机会,他们就去创造机会。因为善于把握机会,乔布斯最终成就了自己。

苹果公司刚刚成立的时候,举步维艰。1976 年 7 月的一天,零售商保罗·特雷尔来找乔布斯。乔布斯熟练地演示电脑后,保罗认为"苹果"机大有前途,决定冒次风险——订购 50 台整机,但要求一个月内交货。乔布斯喜出望外,立即签约,拍板成交,这可是第一笔"大生意"。乔布斯抓住了这个机会,让苹果公司迎来了转机。

1976 年 10 月,百万富翁马尔库拉慕名前来拜访乔布斯。马尔库拉是位训练有素的电气工程师,且十分擅长推销工作,被人们称为推销奇才。看到这个年轻人的新产品,马尔库拉决定帮助他制订一份商业计划,给他们贷款 69 万美元。有了马尔库拉这样行家的指导和资金注入,苹果公司迎来了爆发式的发展。

有很多人老抱怨说,牛顿怎么就那么幸运,被那个苹果砸中之后就成了世界上最著名的科学家;而自己从未遇到那样的苹果,只能做一个平凡得不能再平凡的人。其实,上帝给每个人的每个苹果都是一样的,苹果的神奇与否,在于拿着它的人。不善于抓住机会的人,给他的苹果再多也是枉然;善于抓住机会的人,给他一个苹果就足够了。

机会就在每个人的身边,关键是我们要有发现机会的眼睛。

3. 你唯一能做的就是发现问题,然后解决问题

在创业的道路上,总会出现各种难题,需要去一一化解。如果一味坚持,不懂变通,公司很可能就会被扼杀在摇篮里。学会变通和放弃,才能发现人生的新天地。

乔布斯和沃兹准备创业的时候,当时各大公司都把研发和生产的重点放在了大型计算机上。于是,乔布斯决定另辟蹊径,专攻个人计算机。

万事开头难。乔布斯和沃兹刚开始可谓困难重重,尤其是缺乏资金。乔布斯变卖了汽车,沃兹卖掉了计算机,凑了 1300 美元。没有办公地点,他们就在乔布斯父母的车库里工作。

经过长期艰苦的努力,他们终于在 1976 年研制出了苹果 1 号。当他们在电子俱乐部展示苹果 1 号时,立刻吸引了不少电脑迷,一下子就订购了 50 台。

这时候,麻烦又出现了,乔布斯没有足够的本钱采购配件,但是又不想放弃这么好的机会。

乔布斯和沃兹找到了电子供应商,以 30 天的期限,赊购了万美元的配件。回去后,乔布斯和沃兹加班加点,29 天内就组装了 100 台苹果 1 号。

变通让乔布斯赚到了第一桶金。

乔布斯觉得前景大好,决定成立一家公司专门生产家用电脑,但是这需要大笔资金。于是,乔布斯又找到了马库拉,希望能够得到他的投资。乔布斯向马库拉展示了他的产品,并描绘了公司的发展前景,最后说服了马库拉。就这样,1977 年,苹果公司终于成立。

纵观乔布斯创业的历程,其实就是一个不断遇到难题并解决难题的过程。变通能力对于创业者来说,尤其重要。

人们在面对巨大的阻碍时,畏惧的心理常常占据着上风,总是去选择逃避和放弃。其实,这都是我们没有更足的底气和野心与之较量的缘故。那些看似强大的对手,都有可以攻破的破绽,只要我们冲破阻碍向目标前进;成功就会离自己越来越近。因此,当我们的目标被不断挤压之时,挑战是一条必经之路。只有这样,才能放大自己的野心,从而获得更大的生存空间。

乔布斯就是通过挑战微软,让苹果在困境中获得了重生。倘若他没有挑战微软,恐怕苹果早已被微软"吃"掉了。我们必须记住,这个世界上,没有立于不败之地的强者,只有缺乏野心和挑战力的弱者。一个人如果害怕挑战,便只能在随波逐流中被淘汰;要想更上一层楼,就应当挑战强者以成就自己的梦想!

20 世纪 90 年代初,苹果的 NeXT 在硬件销售上差强人意,但在软件方面却有了一些突破,NeXT 标志性的软件产品就是 NeXTSTEP,这套系统是在 1989 年完成的,并且,还可以随机搭载在每一台 NeXT 电脑上。该操作系统是以 Mach 系统为核心而研发出来的,两者都是从 UNIX 操作系统延伸而来。

1990 年,蒂姆·伯纳斯·李开始了一项超文本的图形界面计划。1991 年 8 月,该计划正式登上网络对大众开放,并宣告万维网(World Wide Web,现在普遍称"互联网")诞生。这项技术获得了空前的成功,而这项计划就是运用 NeXTSTEP 研发出来的,史上第一个网站就寄居在一台 NeXT 电脑里。

这让乔布斯在即将到来的网络时代,有了足够的底气向比尔·盖茨发起挑战。所以,每当他谈到强大的微软时,总以挑衅的口吻说:"我之后几年的目标就是一直保持对微软的领先优势,直至网络环境普及到微软无法垄断独大为止。"当时,这段话被视为夸夸其谈,因为人们深信微软就是业界的顶峰,难以跨越,只有乔布斯不相信这一点,微软无疑成为了"苹果"最大的竞争对手。

20 世纪 80 年代,微软用自己的操作系统软件与厂商结盟,控制了整个个人计算机行业,彻底压倒了苹果。在市值方面,苹果公司与微软也差距悬殊——微软的市值在当时是苹果的五倍,然而,即使是在微软公司如日中天的时期,乔布斯也从不示弱,他为了自己的目标奋斗不息。

比尔·盖茨白手起家的传奇经历以及微软获得的巨大成功,使得许多企业家们都视比尔·盖茨为自己的偶像,但在"狂妄"的乔布斯眼里,他所带领的苹果公司,最终一定能够打败比尔·盖茨和他创立的微软公司。他经常在大众面前宣称:"苹果桌面系统的创意被微软抄袭了。"尽管公众也没弄清微软到底抄袭了苹果什么创意,可乔布斯却执意要控告微软侵权,就算他知道会败诉。

1997 年,乔布斯回到跌入谷底的苹果公司。

不久,乔布斯就会见了比尔·盖茨。在这次会面中,他一本正经地对比尔·盖茨说:"比尔,桌面系统全是由我们两家公司控制的。"如果不了解内情的人,一定会以为苹果与微软在桌面系统上势均力敌,然而,实际的情况是,当时97%的个人电脑都使用微软的操作系统,仅有3%的电脑使用苹果的操作系统。恐怕除了乔布斯,所有人都认为微软才是该行业的龙头老大。

也许,没有人会料到处于技术最前沿的微软真的会"软"下来。然而到了2010年,一切都发生了逆转,乔布斯将苹果送到了纳斯达克的巅峰。当然,这并不意味着微软不够出色,而是苹果实在太出色了。当时,戴尔公司的市值排名78位,而苹果的市值却差不多相当于8个戴尔公司。乔布斯将所有人震得目瞪口呆。当时的华尔街都认为:"这是一个时代的结束,又是一个新时代的开始。"

就这样,乔布斯以强大的野心和挑战力战胜了微软,让苹果从此在市场上站得更稳!

乔布斯战胜微软的经历告诉我们在拥有强大野心的同时,也要选择一个强大的敌人,但需要注意的是,这意味着我们需要更加强大的底气。其实,我们只要坚定地去挑战,无论困难有多大,都可以征服强大的敌人。也只有坚信自己是坚强的、有能力的、有把握的,并有充分的准备来应付挑战,才能一步一步地实现目标,获得最后的胜利。

在现实生活中,人们对于弱者挑战强者,常会以自不量力、鸡蛋碰石头等词汇来形容,殊不知,对于这种高难度的挑战,我们只看见弱者表面的实力,却忽视了他们的欲望之心。一旦拥有了这种野心,即使看起来实力不够,弱者仍然可以扳倒强者,只不过,在实力悬殊巨大的情况下,弱者的畏惧心理往往会影响他们的发挥,从而使得获胜变得难上加难。

4. 突破困境的牢笼

2008年,乔布斯接受《财富》杂志的采访时说:"似乎总会有失灵的时候。以iPhone为例。当初,我们为这款手机的外壳准备了不同的设计,直到问世时间已经近到很难再对它作出更改的时候。一个周一的早晨,我来到公司并且说:'我还是不喜欢这个。我无法说服自己爱上这款iPhone。而这是我们有史以来最重要的产品。'于是,我们决定从头再来。我们仔细检查了已经生产出的大批模型以及过去想到过的点子。最终,我们创造出了你现在看到的iPhone手机,它比之前的版本好得太多了。虽然过程中充满了困难,因为我们必须走到工作团队面前对他们说:'你们去年为此所做的所有工作,我们都不得不彻底放弃,并且要从头来过,而且我们现在还得加倍努力,因为时间不够了。'类似这样的困难比你想象的要多得多,因为这不仅仅关乎工程学和科学,它还是门艺术。有时,当你陷入这样的危机时,你并不确定能否最终走向成功,但我们总是能够成功,因此我们有了一定的自信,尽管有时我们也会彷徨。"

iPhone是乔布斯进行右脑管理的一个绝佳案例:遇到障碍时怎么办? 这时候的乔布斯,拥有更为强大和综合的能量,他要制造出一款具有革命性的手机。但是,设计团队制造出的第一款产品却让乔布斯很不满意。

乔布斯说自己无法爱上这款iPhone,没错,这是右脑思考者的逻辑,好的东西一定要让人爱上它,要对它产生感情。乔布斯要求iPhone设计团队从头再来,这时候,乔布斯强大的管理能量派上了用场,用乔布斯的话来说"它还是门艺术",乔布斯就是拥有让设计师们奋力冲锋的力量。

当你面对一个产品在设计生产过程中的难题时,一定要问问自己:它能否使人爱上它? 只有产生这种"爱",才能征服更多人的"右脑"。

成功人士都不惧怕困境。面对长期的困境,他们或默默耕耘,或摇旗呐喊。他们凭着压不垮的精神以及一腔无所畏惧的勇气,发奋苦干,以图早日突破困境的牢笼。

一种坚强的毅力可以帮你渡过难关,一种坚韧的精神可以让你经受磨炼。成功之路从不平坦,在挫折中站起,在废墟中重建,只要心不死,志不灭,你就是一个顶天立地的铮铮硬汉。

有许多人一生的伟大,来自他们所经历的大困难。精良的斧头、锋利的斧刃是从炉火的锻炼与磨削中得来的。很多人具备"大有作为"的才资,由于一生中没有同"逆境"搏斗的机会,没有充分的"困难"磨炼,未能刺激其内在潜力的爆发,而终生默默无闻。

凡是环境不顺利,到处被摒弃、被排斥的人,往往日后会有出息,而那些从小就环境顺利的人,却常常"苗而不秀,秀而不宝"!大自然往往在给人一分困难时,同时也给人一分智力!

大无畏的人,愈为环境所迫,愈加奋勇,敢于挑战任何困难,轻视任何厄运,嘲笑任何逆境;因为忧患、困苦不仅难损他毫厘,反而更加强化他的意志、力量与品格,使他成为了不起的人物。

人们最出色的工作往往是在处于逆境的情况下做出的。思想上的压力,甚至肉体上的痛苦都可能成为精神上的兴奋剂。很多杰出的伟人都曾遭受过心理上的打击及各种各样的困难。忍受压力而不气馁,是最终成功的要素。挫折,在一定意义上说也是一种挑战。有挑战,就应该有应战,就应该有应战精神。应战得当,就会转败为胜。

成功者不一定具有超常的智能,命运之神也不会给予任何特殊的照顾;相反,几乎所有的成功者都经历过坎坷、命运多难,他们是从不幸的境遇中奋起前行的。在他们看来,压力也就是动力。

由于要不断面对随时随地可能出现的逆境,我们应对不确定性和变动的环境的能力就变得越来越重要。天灾、人祸、意想不到的事故,所有这一切对人们都是严峻的挑战。

在成功的旅途上,我们不仅时时受到外界的压力,还时时受到自身的挑战。自身是阻挡我们成功的最大"敌人",要靠我们自己去应对。因此,我们要敢于做自己的对手,战胜自己。

我们要在心理上做自己的对手,要有信心,要自信地从挫败中走出来。有了必胜的信心,才会有做成事情的可能。我们应该对自己已做成的事情提出新的挑战,不要躺在成功的温床上。

苹果公司刚刚起步的时候,公司的发展并不被人看好。乔布斯没有坐在办公室里等待运气上门,而是主动出击,抓住机会。1977 年 4 月,美国有史以来的第一次计算机展览会在西海岸开幕了。为了在展览会上打出名声,乔布斯四处奔走,花费巨资,在展览会上弄到了最大最好的位置。更引人注目的当然是"苹果 II"样机,它一改过去个人电脑沉重粗笨、设计复杂、难以操作的形象,以小巧轻便、操作简便和可以安放在家中使用等鲜明特点,紧紧抓住了观众的心。它只有 12 磅重,仅用 10 个螺钉组装,塑胶外壳美观大方,看上去就像一部漂亮的打字机。人们都不敢相信这部小机器竟能在大荧光屏上连续显示出壮观的、如同万花筒般的各种色彩,"苹果 II"机在展览会上一鸣惊人,几千名用户拥向展台观看、试用,之后订单便纷纷而来。

上帝只拯救能够自救的人。成功属于愿意成功的人,成功有明确的方向和目的。如果你不愿意付出努力,谁也拿你没办法,你自己不行动,上帝也帮不了你。

如果乔布斯一味地等待运气,也许苹果公司在他接手的时候就注定会消失。好运气不是等来的,正是乔布斯不断的创新,带领"苹果"团队始终走在科技的前列,才成就了今天的苹果公司。

等待机遇是愚蠢者;发现机遇而没有抓住机遇是懒惰者;发现机遇而牢牢抓住,并将机遇变得非同寻常的是智者;而看似没有机遇而创造机遇的人是成功者。乔布斯无疑是属于创造了机遇并且成功的典型人物。

大多数人认为成功是偶然发生的事情,你是否成功全看运气如何。其实,成功不是偶然的,而是因为我们做出了一个决定,且按照这个决定采取行动才获得的。我们必须做出决定,然后采取行动! 记住,成功不是等来的,而是创造得来的!

我们常常将自己的希望寄托在别人的身上,总是向外界伸出求援之手,希望别人或环境甚至上帝把所有该我们自己做的事情全部做完。请记住只有自己努力,成功的机会才是你的。

5. 困境中需要百折不挠方能成功

困境乃成长的养料。一个人只有经历失败,陷入困境,才会懂得如何在风雨中翩然起舞。

在创业之前,张松就是一个"不安分"的打工仔,他先后在佛山、南海等地的电子厂、家具厂、服装厂打过工。1998年,VCD行业在广东非常火爆,而张松发现在他的老家湖南怀化,VCD市场则是刚刚兴起,于是他利用自己打工积累和从亲戚朋友那里凑来的2万元去广东白云家电市场批发一批VCD碟机回家卖。

当时每卖一台VCD碟机的利润率高达50%,2万元很快就变成了4万元。于是他接着把4万元拿来进货,结果由于第二批货有很多次品,而且进货时没有索要发票,厂家拒绝退货,百余台的VCD就这样砸在自己手里,还欠下1万多元的债务。无奈之下,他又跑回广东继续打工。

2001年,张松又重新燃起了创业激情,这期间他代理过"学生宝"、"助视宝"等电子产品销售,但是都以失败告终。前前后后十次创业失败的经历让张松感到绝望,2002年,他带着仅有的1 600元积蓄回到老家,这跟6年前他200元带出来的时候相比,仿佛一切又回到了起点。

虽然6年多的打工和创业经历让张松在经济上没有太多的积累,但是他却积累到了宝贵的精神财富和经验回乡。消沉一段时间后,他在佛山祖庙游玩时买的一张书签给了张松灵感,于是他就利用家乡现成的蝴蝶花草资源模仿这个书签来做自己的书签生意。就这样,从刚开始一天100张书签起步,如今张松已经成立了自己的书签公司。

2005年,积累了20万元的财富后,张松开始进军农业,现在已经有一个生态养殖有限公司以及三个结合当地少数民族风情的农家乐农庄酒楼,并为很多返乡的农民工提供了就业机会。

从张松的创业经历中,我们看出:张松之所以9次创业失败还能继续坚持创业直到成功,最核心的问题就是认准目标、坚持不懈、百折不挠。

6. 困境即是赐予

一个障碍,就是一个新的已知条件,只要愿意,任何一个障碍,都会成为一个超越自我的契机。

有一天,素有森林之王之称的狮子,来到了天神面前:我很感谢你赐给我如此雄壮威武的体格,如此强大无比的力气,让我有足够的能力统治这整座森林。

天神听了,微笑地问:但是这不是你今天来找我的目的吧!看起来你似乎为了某事而困扰呢!

狮子轻轻吼了一声,说:天神真是了解我啊!我今天来的确是有事相求。因为尽管我的能力再好,但是每天鸡鸣的时候,我总是会被鸡鸣声给吓醒。神啊!祈求您,再赐给我一个力量,让我不再被鸡鸣声给吓醒吧!

天神笑道:你去找大象吧,它会给你一个满意的答复的。

狮子兴冲冲地跑到湖边找大象,还没见到大象,就听到大象跺脚所发出的砰砰响声。

狮子加速地跑向大象,却看到大象正气呼呼地直跺脚。

狮子问大象:你干吗发这么大的脾气?

大象拼命摇晃着大耳朵,吼着:有只讨厌的小蚊子,总想钻进我的耳朵里,害我都快痒死了。

狮子离开了大象,心里暗自想着:原来体形这么巨大的大象,还会怕那么瘦小的蚊子,那我还有什么好抱怨呢？毕竟鸡鸣也不过一天一次，而蚊子却是无时无刻地骚扰着大象。这样想来，我可比他幸运多了。

狮子一边走，一边回头看着仍在跺脚的大象，心想：天神要我来看看大象的情况，应该就是想告诉我，谁都会遇上麻烦事，而它并无法帮助所有人。既然如此，那我只好靠自己了！反正以后只要鸡鸣时，我就当作鸡是在提醒我该起床了，如此一想，鸡鸣声对我还算是有益处呢？

在人生的路上，无论我们走得多么顺利，但只要稍微遇上一些不顺的事，就会习惯性地抱怨老天亏待我们，进而祈求老天赐给我们更多的力量，帮助我们渡过难关。但实际上，老天是最公平的，就像它对狮子和大象一样，每个困境都有其存在的正面价值。

困境是磨炼人的砥石，困境能使我们知道自己的实力。困境能使人发挥出前所未有的潜在能力。困境才可以打造出真正的成功者。

忠告箴言

逆境不是我们的仇敌，而是恩人。逆境可以锻炼我们"克服逆境"的种种能力。人不遭遇种种逆境，他的人格、本领，也不会变得结实的。一切的磨难、忧苦与悲哀，都是锻炼我们的原动力。挫折是成功的兴奋剂。作为年轻人应学会把逆境转化成机遇。因为生命是可爱的，活着本身就是件美好的事。为了活着，我们每天去挣钱糊口；为了活得更好，我们就得开发潜能。将潜能发挥到极致，人生就会在大发现中达到高超境界。

忠告 12　35 岁前也要热爱你的工作,让兴趣成为你最好的导师

我非常幸运,因为我在很早的时候就找到了我钟爱的东西。沃兹和我在二十岁的时候就在父母的车库里开创了苹果公司。我们工作得很努力,十年之后,这个公司从那两个车库中的穷小子发展到了超过四千名雇员、价值超过二十亿的大公司。

——乔布斯

一个人只有选择一项他喜欢的事业,才有希望在 35 岁之前取得傲人的成就。任何与人的兴趣相投的事业都不会陷入失败的境地。如果一个人选择的事业不适合自己,那就不可能有成功的奇迹出现。一个人倘若不把自己奉献于某项宏伟的事业,从中为自己赢得荣耀和财富,那么他的生活不可能长久地充满希望。

1.知道自己要什么

当人们追求自己的需求时,很容易产生达到目标所需的能力与热忱,另外还会产生自动调整的能力。固定的长期目标最令人惊讶的作用,就是维持正确的方向,不会走入岔路。所以对成功者来说,他们首先会想明白自己应该干什么,从而把那些不属于自己该干的事排除掉。这样一方面可以集中精力做好自己的事,另一方面也可以避免外来干扰。有许多人就是因为不知道自己应该干什么而一事无成。

在美国的盐湖城曾经住过一位默默无闻的年轻人,他平时非常勤劳和节俭,并因此而获得邻居的赞美。他非常喜爱汽车,但是他的一项举动使他的朋友们都认为他疯了:他从银行取出自己所有的存款,到纽约参观汽车展,回来时还买了一辆新车。这看起来并没有什么,但更糟糕的是,当他回到家之后不是开着车兜风,而是立刻把车停到车库中,并将每个零件都拆卸下来,在检视完每个零件之后,他再把车子组装回去。那些旁观的邻居都认为他的行为实在太不正常了。而当他把这辆车一再反复拆卸组装的时候,这些旁观者就确定他已经疯了。可这个小伙子却乐此不疲。

这个人就是克莱斯勒——后来世界著名的汽车制造商之一,戴姆勒·克莱斯勒公司的创始人。他在盐湖城的邻居们不太了解隐藏在他疯狂行为中的动机,他们从来都没有过什么明确的目标,也无法明白兴趣对一个成功者的重大影响力,也正因为如此,除了克莱斯勒,没有一家大公司或摩天楼,是以他在盐湖城的邻居的名字而命名的。

一个人要确定终生奋斗的目标,就必须要问问自己的兴趣所在。所谓兴趣,是指一个人力求认识某种事物或爱好某种活动的心理倾向,这种心理倾向是和一定的情感联系着的。

"我喜欢做什么?""我最擅长什么?"一个人如果能根据自己的爱好去选择事业的目标,他的主动性将会得到充分发挥。即使十分疲倦和辛劳,也总是兴致勃勃,心情愉快;即使困难重重也绝不灰心丧气,而能想尽办法,百折不挠地去克服它,甚至废寝忘食,如醉如痴。

罗素说过，他的人生目标就是使"我之所爱为我天职"。也就是说，他要把生活中最感兴趣的东西作为其终身职业。这的确是个值得效仿的好榜样。一个人如果能根据自己的爱好去选择事业的目标，那么他的主动性将会得到充分发挥。不断地了解自己能干什么，不能干什么，才能取其所长，避其缩短，进而成就大事。善于根据兴趣确定自己的职业，并以此推销自己的优势，是一个人成功的起点。

2. 知道自己的兴趣所在

很多人往往一时很难弄清楚自己的兴趣所在，或擅长什么，这就需要在实践中不断认识自己。发现并准确判断自己的兴趣所在，可以通过对自己经历回顾的基础上，将自己的兴趣归于某种兴趣类型，并与相应的职业对比，这样就可以帮助一个人选择适合自己兴趣的事业。

与乔布斯经历类似的人也有不少，他们常把兴趣与自己的职业定位结合在一起。有一名优秀的计算机工程师小赵，自小就非常喜欢摆弄机器，曾把挂钟、半导体等家里带机械装置的东西一一拆开，然后再把它们重新装好。工作后他在技术领域勤奋耕耘，稳步前进，获得不断晋升。人往往要对工作有兴趣，才能和责任感交相辉映，在工作达到一定高度的时候，位置越做越高，兴趣和责任感就会越来越强烈。

成功者与失败者，或者说富人与穷人的最大区别之一，就在于对事情的态度不同：一个是把事情仅仅当作事情来做，是在做事；而另一个则是把事情当作事业来做，即以做事业的态度来做事。

当爱的情感进入一个人所从事的工作时，工作质量将立即得到改观，效率将大为提高，而工作所引起的疲劳则相对地大量减少，这就是兴趣的魔力。

一个成功的创业者首先是兴趣驱动，而不是利益驱动。当今社会，有不少人是为了工作而工作，要在这种普遍性的情况下寻找兴趣这个原动力，就显得格外重要。爱好和兴趣，不但不会简单衰竭，而且还会不断激发，不断升华，越干越带劲。

只有从爱好和兴趣出发，才能像乔布斯一样，一直保持对工作的兴奋感和成就感。真正从兴趣爱好出发去工作的人，不是以利益为工作的前提和动力，能做自己感兴趣的事对我们每个人来说都是无比幸福的。那些有成就的人，都有一个共同的特征：无论才智高低，无论从事哪个行业，他们必然是在做自己最热爱的事情，并且为此勤奋工作。

兴趣是胜利的秘诀。成功者与失败者在技术、能力和智慧上的差别并不大，但如果两个人各方面都差不多，拥有兴趣的人将会拥有更多如愿以偿的机会。任何人只要对工作抱有高度兴趣，那么他就一定能够取得成功。

如果一个人始终都在做自己喜欢的事情，即使一开始还做得不太好，但只要他愿意花时间去学习，愿意像乔布斯那样完全地投入其中，不断地努力，自然会把事情越做越好。当他把事情做到最好时，荣誉和财富也就随之而来，这样的成功，才会带给他更多的快乐和幸福。

兴趣对职业选择的重要性可能是你始料不及的。一开始影响你选择的往往是薪水高低等因素，但你慢慢会发现，如果长期干自己所不喜欢的工作，就会倍感厌倦。你就会变成一个简单的赚钱机器。

很多人都忽视了这样一个事实：工作本身也是生活的一部分，工作质量的高低决定了生活质量的高低。工作并不是毫无感情的，它对于人生的意义绝不亚于衣食住行。实际上，它更是你实现理想的途径，是使你生活得快乐幸福的隐形伴侣。

对于现代人而言,工作不只是简单地为了解决吃饭问题,人们更希望通过工作或事业的发展来达到自我价值的肯定。

如果你不喜欢你的工作,你就不可能把它做好。如果我们花毕生的时间做我们不喜欢做的事,我们可能会付出沉重的代价:一个找不到真正归宿的灵魂,以及一种非我们愿意过的平衡生活。当一个人从事自己所喜欢的职业时,他的心情是愉快的、态度是积极的,而且他也很有可能在所喜欢的领域里发挥最大的才能,创造最佳的成绩。

"我到底喜欢什么?"这是每个人在面临人生选择时必须回答的问题。了解自己的喜好,倾听自己内心的声音,这是最重要的。爱好是最好的老师,只有爱好才能充分调动生命的激情和创造性,从而引领我们走向成功。人生最大的失败不在于你没有得到你想得到的,而在于你没有去做你想做的。因此可以说,幸福的一生就是一直能做自己喜欢的事情。

但是,在现实生活中,大多数的人都在做他们讨厌的工作,却又必须逼自己把讨厌的事情做好。他们对工作缺少热情,找不到工作的乐趣,常常失去动力。很多人工作只是为了赚钱。"感谢上帝,今天终于是星期五了!"那些为挣钱而工作的人口中经常念叨着这句话。如果你上班只是为了挣钱,那么日子就会变得很长,工作也会显得很枯燥,你每天都在盼望的就是摆脱工作的那一刻。厌倦并非来自超负荷工作,而是因为你对自己的工作毫无兴趣。在工具性的观点下,工作是为了赚取收入来支持我们去做工作外真正想做的事情,这是典型的消费者导向的工作观:工作是产生收入的工具。如果你仅仅是为了钱而工作,那么你的收入一定不会太高。

美国赫门米勒家具公司总裁赛蒙曾经说过:"为什么工作不能够是我们生命中美好的事情?为什么我们把工作看成一件不得不做的事情,而未能珍惜和赞美它?为什么工作不能够是人们终其一生发展道德与价值观、表现人文关怀与艺术的基石?为什么人们不能从工作中去体会事物设计的美,感受过程的美,并试着欣赏可持之恒久的价值之美?"

"通用之神"韦尔奇推崇美国当代思想家彼得·里根,他觉得里根将人生面对选择的意义讲述得十分透彻:"要么就是第一或第二,要么就转行。"

在这个多元化的社会,人生不再只有一次选择,如果择业再执意于一个方向,日后说不定会后悔。当然,如果一开始就知道自己一生要追求的目标,这个目标又能让自己生活如意,这样的执意也不妨。可是事情往往并不尽如人意:大学毕业进单位,兢兢业业工作几年,但领导不赏识,想跳槽,又无所适从;年过三十,工作无所成就,想下海又怕呛水;对这个行业的兴趣渐渐丧失,可是已做得非常熟练,该不该改行……种种烦恼,经常使人困惑迷茫。

如果你喜欢你的工作,那么对你来说,每一天都是假日。乐趣就是把工作变成游戏。等到你分不出工作与游戏的差别,你才能真正开始赚大钱。工作与游戏的本质,其实没有什么差别,两者都需要耗费心力与体力,其间的差别只在于你的心态而已。就像有些人觉得演讲是工作,但有些人却觉得演讲是游戏。

台湾圣国企管顾问股份有限公司总经理、国际成功学讲师余正昭先生在介绍成功之道时说道,成功最重要的一点是:找到你的方向。大凡成功者,他们成功的关键都是掌握了自身的优势,并加倍强化这种优势,完全投入到自己所喜欢的项目之中,将这种富有特长的兴趣爱好发挥到极致。因此,在选择工作时,不要问自己可以赚到多少钱或可以获得多大名声,而应该问自己哪些工作自己最感兴趣,而且可以最充分地发挥自己的潜能。要选择那些能促进你的发展,使你雄心勃勃,将来会有所成就的工作。

美国《读者文摘》上曾经刊登过这样一篇文章,讲的是美国一家著名的成功学研究机构经过调查发现:10 000 个人当中,大约只有 3 个人找到了最适合自己的工作,他们爱自己的工作就像爱自己的生命一样,他们在不知疲倦地工作,从来没有感觉到累。对他们而言,工作几乎变成了消遣活动,就像一项嗜好一样,他们几乎不度假,他们最终都成了社会各界的精英,这些人如爱迪生、亨利·福特、爱因斯坦、沃尔特·迪士尼、比尔·盖茨、沃伦·巴菲特,等等。

世界上绝大多数人没有选对行业,他们对自己从事的工作,或是不喜欢,或是不满意,他们只是为了获取一份薪水而工作。他们对工作没有很大的热情,经常失去动力,他们又舍不得放弃这份工作而另找一份工作。他们害怕失去安全感,害怕失去既有的社会地位、丰厚的收入、漂亮的办公室,以及握在手中的权力,他们经常陷入挣扎、害怕、矛盾与恐惧之中。他们虽然意识到维持现状必须付出相当的代价,但是要他们放弃现有的,更是痛苦不堪。他们放弃了新工作的挑战,宁可守着一份并不喜欢的工作,虚度数十年的光阴,以致平淡无趣地度过一生。这家机构因此得出一个结论:人生成败的关键在于你是否选择了恰当的职业。

有位名人说得好:"除非你爱自己的工作达到废寝忘食的地步,否则,你肯定还没有找到自己真正的兴趣所在。"看看你周围的人,有多少人爱自己的工作达到废寝忘食的地步? 可以这样说,绝大多数人把时间投入在工作上都只是为了养家糊口,或是迫于生计,或是怀才不遇暂时屈就,真正能从事学以致用、发挥所长的工作的人很难找到。许多人在生活的重压下,根本没有时间和精力去寻找新的理想工作。

3. 找到一份你热爱的事业,这样你的人生才会更有意义

一份能够给人带来乐趣、使人全身心投入的工作,往往也会带来很高的回报。所以不必担心,尽可能去从事自己热爱的工作,金钱自然而然会流进你的口袋里。不能想象,除了从事自己真正喜欢的工作以外,还有其他什么工作能带来那么多的财富。

要相信自己的感觉,它是不会欺骗人的,它会告诉人们什么事情会真正带来快乐,什么会真正让人感到满足。不要让自己轻易受到别人情绪的感染,不要因为别人的一两句话就垂头丧气,可能他们是出于敌意,也可能他们是妒忌别人的成功。

1985 年,乔布斯接受《花花公子》采访的时候说:"我们只是对我们所做的事情充满热情。""成就一番伟业的唯一途径就是热爱自己的事业!"乔布斯将这句话浓缩为"做我所爱"。对事业的无限热爱,让他将自己所有的时间和精力都投入到了工作之中。因为热爱,所以他永远甘于冒失败的风险;因为热爱,所以他在跟病魔抗争的时刻依然拼搏;因为热爱,所以他的人生如此灿烂辉煌!

找到一份你热爱的事业,这样你的人生才会更有意义!

乔布斯一直都是苹果公司的灵魂人物。"苹果"的每一次创新和进步,都跟他的性格息息相关,如大胆、创新、永不放弃、不怕困难……正是这一切,才塑造了"苹果"过硬的品牌价值,从一个只有两个人的小公司起步,发展成现在全球的知名品牌。殊不知,乔布斯的这些优秀个性,皆是源自他对事业的热爱,即使遇到再多困难,他也从没停止过自己前进的脚步。

在生活中,我们可能会有这样的感觉,做自己向往的事时,就算麻烦再多也不会觉得累,而做让自己提不起兴趣的事时,却总是觉得时间过得太慢。其实事业分为两种:一种就是现在大多数人所从事的,不能让自己找到有意义和价值的工作;另一种则是自己所钟爱的,就像乔布斯为"苹果"奉献一生的那种。

在苹果公司,虽然乔布斯经历过诸多坎坷,甚至一度被炒鱿鱼,但想起自己热爱的事业,他

还是选择了回到苹果。当人们质疑他的创新时,他也仍然怀着对事业的热爱,始终坚持自己的想法。可以说,热爱是支撑他前进的动力和加速器。

凭借着对个人计算机的无限热爱,以乔布斯和沃兹尼克为核心的苹果公司蓬勃地发展起来了,然而,横在这个小公司面前的难题还有很多,尤其是资金短缺的问题,如何解决这一问题成了"苹果"的燃眉之急。当初,以1 300美元起家的苹果公司,虽然通过 Apple I 号计算机赚到了第一桶金,但相对于 Apple II 号计算机的研发费用和营销费用而言,赚到的钱仅仅是杯水车薪。

起初,乔布斯想过卖掉苹果公司以换取相关的研发资金,但由于乔布斯对计算机难以割舍的热爱,他最终还是取消了出售公司的计划,转而向风险投资寻求帮助。终于,乔布斯通过自己的努力,说服了当时硅谷知名的百万富翁、风投资本家马库拉加盟。马库拉的到来,不但解决了资金问题,还为苹果公司制订了商业计划,并请来了职业经理人迈克尔·斯高特,从而加速了苹果公司的发展。

随着公司的不断发展,乔布斯与管理层的矛盾日渐激化,还被自己一手创建的公司扫地出门。基于对自己所从事事业的热爱,他离开苹果后成立了 NeXT 公司,之后又收购了皮克斯公司。然而,苹果公司自1985年乔布斯离开后,状况一直不佳,产品毫无新意,年销售额从110亿美元缩水至70亿美元。

1997年7月,当苹果为了获得 NeXT STEP 操作系统,吸引乔布斯重返公司而收购 NeXT 时,苹果已接近破产的边缘。基于对苹果公司深深的热爱,他不计前嫌地重返"苹果"。重归"苹果"的乔布斯,对苹果计算机的追随者们说:"我始终对苹果公司一往情深,能再次为苹果公司的未来设计蓝图,我感到莫大荣幸!"

在乔布斯的带领之下,苹果公司不但止住了下滑的趋势,而且逐渐实现盈利。

苹果公司由乔布斯上任时亏损高达10亿美元,到一年后奇迹般地盈利3.09亿美元。1999年1月,当苹果宣布1998年第四财政季度盈利1.52亿美元,超出华尔街预测的38%时,苹果公司的股价立即攀升,最后以每股46.5美元收盘。此时,苹果计算机在个人计算机市场的占有率已经从原来的5%增加到了10%。2006年1月,苹果公司的市值达到721.3亿美元,一举超越戴尔的719.7亿美元。

对于苹果公司的无限热爱,使得乔布斯带领苹果不断攀上了成功的巅峰:2010年9月23日,苹果公司市值升至2 658亿美元,奇迹般地超过了微软,更是将戴尔远远地抛在了后面。2005年,乔布斯在斯坦福大学毕业典礼上,激情澎湃地说道:"我坚信让我一往无前的唯一力量,就是我热爱我所做的一切!"

4.兴趣、爱好能让自己的人生有所飞跃

人的一生应该是斑斓多姿的,假如只有吃、喝、睡,那无疑是乏味的,假如总犹如一根时刻绷紧的弦,那也会令人窒息。生活中应该有兴趣、爱好,而一个人有没有兴趣爱好,其生活状态也是大不相同的。怀有浓烈的兴趣爱好,可以使人感受到生命的可贵可爱,可以化为精神的欢悦,如果这一兴趣是其所追求的事业,那他的人生将更加充实精彩。

兴趣,是一个人充满活力的表现,也是一段时间专注于某一项或几项活动项目的表现。爱好,是一个人兴趣持久发展的动力,是成事立业的基础。

王旭东是一个典型的 App 控。他自称对应用的研究几乎达到了痴迷的程度,最多的时候他的 iPhone 手机里装了800多个 App。在摩托罗拉任职10年之后,"做点事情,让自己的职业发

展有所飞跃"成为王旭东考虑的首要大事。2010 年 4 月苹果的 iPad 上市时,王旭东正在长江商学院读金融 MBA,商学院给每个学员配备了一台 iPad。他发现即使在上课的时候,同学们对 iPad 的手指触屏运动仍然乐此不疲。这让王旭东意识到 iPad 不仅吸引像自己这样的业内人,对于其他行业的从业人员也有特别大的吸引力。"这些人平时特别忙,但还是经常会把时间花在与 iPad 打交道上,除了休闲娱乐,还有越来越多办公事务的处理。"

最终让王旭东下定决心的,是国内智能手机用户的快速增长。2010 年,智能手机已占据了全球手机出货总量的 18%,在国内 7 亿多的手机用户数量中,iPhone 和安卓系统的智能手机用户也已经有千万级别的规模。虽然对于整个行业而言这不是一个大数字,但王旭东认为,这个数据中涵盖了绝大部分的优质客户,单就这一点,已经足够在它的产业链中下点功夫。

为了确立创业方向,王旭东研究了许多国外商业模式。最终,2009 年年底被谷歌收购的手机广告公司 AdMob 的商业模式引起了他的兴趣。考虑到国内少有人为 App 程序付费,王旭东认为广告植入或许会成为应用开发商的主要收入。毕竟应用的开发需要一个团队,赚到钱至少能够让程序员有资金去雇佣兼职的美工和 UI 设计,从而把开发延续下去实现良性循环,他觉得这个需求量会很大。2010 年 10 月,王旭东和金融 MBA 的同学郭伟一起创办了北京掌阔移动传媒科技有限公司。

如果你是 iPhone 或者安卓手机的用户,你一定在免费应用中见到过移动广告。开发者将手机广告平台的 SDK 植入程序,当你打开应用,界面某处的广告条开始推送品牌宣传和促销信息,你对广告产生了兴趣并点击查看详情,这就意味着广告商和开发者都获得了一份收入。

在王旭东看来,把移动广告本地化的重要一点,就是广告投放对象的定位。对于使用者大多是客户青睐的优质用户而言,如何把广告的上下行的高端资源整合起来,成为掌阔必须攻破的重点。2011 年春节之后,王旭东很快搭建起了销售团队。2011 年第二季度,经过与宝马 MINI 一个多月的商谈磨合,宝马 MINI 同意试用掌阔的移动广告平台"安沃传媒"。

一开始,安沃只是做了简单的点击转入微博,几天之后宝马 MINI 向王旭东提出要求,希望有更直接有效的转化方式。经过几次头脑风暴之后,安沃调整了广告页面。不仅改掉了原先的黑色背景色调,最后的成品包含了四个部分:官方微博、链接到第三方网站的试驾体验软文、车型配置信息和呼叫转入。

直到现在,王旭东也认为在体验活动的广告投放中,呼叫转入是最实用的功能,这意味着用户可以通过点击广告页的链接直接拨打试驾电话。把宝马 MINI 的试驾信息在一周之内投放到近万个 App 之后,安沃获得了第一份客户订单。"从手机上直接点击广告呼叫到用户的 Call Center,这是传统媒体没法做到的。"王旭东说。

之后安沃的客户拓展还算顺利,瑞思培训、渣打银行和《雪花秘扇》,都出现在安沃的移动广告平台上。移动广告的表现没有定式,比如为《雪花秘扇》定制的界面中,用户通过点击"想看"或者"看过"的按钮,都可以转入到电影的官方微博。

转化率是评估互联网广告的重要参数。对于传统网络广告而言,不错的转化率一般也只有千分之一。在安沃为博洛尼的预约体验活动的投放案例中,广告的点击转化率达到 1.3%,这与安沃基于手机和 App 类型的特定投放不无关系。体验预约的广告除了只投放于价位在 4000 元以上的智能手机之外,对于 App 应用安沃也做了筛选。比如"酒店管家"和"煮酒论史"这样被他们认为是高收入人群经常使用的应用,也对博洛尼的广告做出重点投放。

把自己的平台应用到更多的程序中,是扩大广告覆盖人群的关键。通过整合第三方应用商店和应用渠道，包括投放广告和对方优先推荐开发商，安沃在数万个应用程序中与开发者建立了渠道。"毕竟独木难成林，应用类型越杂，差异化才能愈加明显。数量越多，越利于投放的精准程度。"王旭东说。如果一个用户同时拥有天气、生活、游戏和财经类的应用，通过数据挖掘和分析，安沃可以判断出他需要什么类型的广告，从而实现个性化的推送。

由此可见，兴趣、爱好，它能引人踏入某一专门知识的深广领域，可以把人引向伟大事业的辉煌之巅。世界上有许多做出杰出贡献的伟人，不少是从兴趣开始的。浓厚的兴趣，可以使魏格纳一生中四次去格陵兰探险；使达·芬奇不顾教会的反对连续解剖许多尸体……正是这种浓烈的兴趣，和伴之而来的思索、追求，使他们成为对人类颇有贡献的人。爱好出勤奋，勤奋出天才。

兴趣是最好的老师，兴趣爱好能成就大事。怀有浓烈的兴趣爱好，可以感受到生命的可贵可爱，可以化为精神的欢悦。兴趣爱好可以陶冶性情，提高文化修养，有助于精神和心理健康。没有业余爱好的人，生活也不会幸福宁静。没有业余爱好，一旦遭遇烦恼、焦虑、抑郁情绪的侵扰，就会使你缺乏有效调节的手段，使自己的注意力无法转移开来。业余爱好是进行社会交往的有益纽带，业余爱好可帮助你走上成功之路。多一分爱好，就会多一分友情。

5. 找准方向的人才能实现梦想

上帝是公平的，它给予了每个人一样的天空，一样的阳光，一样的雨露，一样的每天二十四小时。有的人之所以能够实现梦想，关键是他们在生命起程的那一刻就找准了前行的目标。尽管在前行的道路上，会遇到各种各样难以预料的挫折与磨难，但是有了方向的引领，再大的风雨也都阻挡不了他们前行的勇气。

而我们每个人都应该根据自己的特长来设计自己的路，找准属于自己的人生跑道，根据自己的环境、条件、才能、素质、兴趣来确定进攻的方向。

有这样一则故事：一个人在 20 岁的时候，想改变世界，结果他没有成功；30 岁的时候，想改变国家，结果他又没成功；40 岁的时候，想改变自己所处的周边环境，结果他还是不成功；50 岁的时候，他才终于明白：其实首先要改变的是他自己！这则故事告诉我们：一个人，应该正确认识自己，找准自己的位置，选择好前进的目标和方向，否则只会浪费宝贵的时间和精力，到头来一事无成。

一个年轻的退伍军人向一个老人诉苦，他想要找一份工作，但是他觉得自己很茫然也很沮丧：只希望能养活自己，并且找到一个栖身之处即可。

老人从他黯然的眼神看到这个年轻人前途大有可为，却胸无大志。

从谈话中老人逐渐了解到，这个年轻人在从军之前，曾经担任富勒·布拉许的业务员，在军中他也学得一手好厨艺。换句话说，除了健康的身体、积极的进取心，他所拥有的资产还包括烹调的手艺及销售的技能。

老人告诉他："你为什么不运用销售的技巧，说服家庭主妇，邀请邻居来家里吃便饭，然后把烹调的器具卖给他们？"

然后，老人借给他足够的钱，买来一些像样的衣服及第一套烹调器具，然后放手让他去做。第一个星期，他卖出铝制的烹调器具，赚了 100 美元。第二个星期他的收入加倍。然后他开始训练业务员，帮他销售同样的成套烹调器具。4 年之后，他每年的收入超过 100 万美元，并且自行设厂生产。

这个退役军人在和老人的谈话中找到了自己的方向，推销使他晋身为百万富翁。

6. 对事业要保持始终如一的热忱

行为本身并不能说明自身的性质，而是取决于我们行动时的精神状态。每一件事都值得我们去做，而且应该用心地去做，尤其是我们的事业。

卢浮宫收藏着莫奈的一幅画，描绘的是女修道院厨房里的情景。画面上正在工作的不是普通的人，而是天使。一个正在架水壶烧水，一个正优雅地提起水桶，另外一个穿着厨衣，伸手去拿盘子——即使日常生活中最平凡的事，也值得天使们全神贯注地去做。由此可见，工作是否单调乏味，往往取决于我们做它时的心境。

人生目标贯穿于整个生命，你在工作中所持的态度，使你与周围的人区别开来。日出日落、朝朝暮暮，它们或者使你的思想更开阔，或者使其更狭，或者使你的工作变得更加高尚，或者变得更加低俗。

每一件事情对人生都具有十分深刻的意义。你是砖石工或泥瓦匠吗？可曾在砖块和砂浆之中看出诗意？你是图书管理员吗？经过辛勤劳动，在整理书籍的缝隙，是否感觉到自己已经取得了一些进步？你是学校的老师吗？是否对按部就班的教学工作感到厌倦？也许一见到自己的学生，你就变得非常有耐心，所有的烦恼都抛到了九霄云外了。

如果只从他人的眼光来看待我们的工作，或者仅用世俗的标准来衡量我们的工作，工作或许是毫无生气、单调乏味的，仿佛没有任何意义，没有任何吸引力和价值可言。这就好比我们从外面观察一个大教堂的窗户。大教堂的窗户布满了灰尘，非常灰暗，光华已逝，只剩下单调和破败的感觉。但是，一旦我们跨过门槛，走进教堂，立刻可以看见绚烂的色彩、清晰的线条。阳光穿过窗户在奔腾跳跃，形成了一幅幅美丽的图画。

由此我们得到启示：人们看待问题的方法是有局限的，我们必须从内部去观察才能看到事物的本质。有些工作只从表象看也许索然无味，只有深入其中，才可能认识到其意义所在。因此，无论幸运与否，每个人都必须从工作本身去理解工作，将它看作人生的权利和荣耀——只有这样，才能保持个性的独立。

每一件事都值得我们去做。不要小看自己所做的每一件事，即便是最普通的事，也应该全力以赴、尽职尽责地去完成。小任务顺利完成，有利于你对大任务的成功把握。一步一个脚印地向上攀登，便不会轻易跌落。通过工作获得真正力量的秘诀就蕴藏在其中。

7. 将工作当成人生的乐趣

人生最有意义的就是工作，与同事相处是一种缘分，与顾客、生意伙伴见面是一种乐趣。

即使你的处境再不尽如人意，也不应该厌恶自己的工作，世界上再也找不出比这更糟糕的事情了。如果环境迫使你不得不做一些令人乏味的工作，你应该想方设法使之充满乐趣。用这种积极的态度投入工作，无论做什么，都很容易取得良好的效果。

人可以通过工作来学习，可以通过工作来获取经验、知识和信心。你对工作投入的热情越多，决心越大，工作效率就越高。当你抱有这样的热情时，工作就不再是一件苦差事，就变成一种乐趣。工作是为了自己更快乐！如果你每天工作八小时，你就等于在快乐地游泳，这是一个多么合算的事情啊！

现实中，有很多人拥有渊博的知识，受过专业的训练，他们朝九晚五地穿行在写字楼里，有一份令人羡慕的工作，拿一份不菲的薪水，但是他们并不快乐。他们是一群孤独的人，不喜欢与人交流，不喜欢星期一；他们视工作如紧箍咒，仅仅是为了生存而不得不出来工作；他们精神紧张、未老先衰，常常患胃溃疡和神经官能症，他们的健康真是令人担忧。

而当你在乐趣中工作，如愿以偿的时候，就该爱你所选，不轻言变动。如果你开始觉得压力越来越大，情绪越来越紧张，在工作中感受不到乐趣，没有喜悦的满足感，就说明你应该从心理上调整自己，否则即使换一万份工作，也不会有所改观。

一个人工作时，如果能以精益求精的态度，火焰般的热忱，充分发挥自己的特长，那么不论做什么样的工作，都不会觉得辛劳。如果我们能以满腔的热忱去做最平凡的工作，也能成为最精巧的艺术家；如果以冷淡的态度去做最不平凡的工作，也绝不可能成为艺术家。各行各业都有发展才能的机会，实在没有哪一项工作是可以藐视的。

如果一个人鄙视、厌恶自己的工作，那么他必遭失败。引导成功者的磁石，不是对工作的鄙视与厌恶，而是真挚、乐观的精神和百折不挠的毅力。

不管你的工作是怎样的卑微，都当付之以艺术家的精神，当有十二分的热忱。这样，你就可以从平庸卑微的境况中解脱出来，不再有劳碌辛苦的感觉，厌恶的感觉也自然会烟消云散。

我们常会听到一些初入职场的年轻人抱怨自己所学的专业，这些人可以扪心自问：如果你所学的专业与个人的志趣南辕北辙，那么，当初为什么会选择它呢？如果已经为你的专业付出了四年的时光甚至更多的时间，这说明你对自己专业虽然谈不上热爱，但至少可以忍受。

所有的抱怨不过是逃避责任的借口，无论对自己还是社会都是不负责任的。想一下亨利·恺撒——一个真正成功的人，不仅因为冠以其名字的公司拥有10亿美元以上的资产，更由于他的慷慨和仁慈，使许多哑巴会说话，使许多跛者过上了正常人的生活，使穷人以低廉的费用得到了医疗保障……所有这一切都是由恺撒的母亲在他的心田里所播下的种子生长出来的。

玛丽·恺撒给了她的儿子亨利无价的礼物——教他如何应用人生最伟大的价值。玛丽在工作一天之后，总要花一段时间做义务保姆工作，帮助不幸的人们。她常常对儿子说："亨利，不工作就不可能完成任何事情。我没有什么可留给你的，只有一份无价的礼物：工作的欢乐。"

恺撒说："我的母亲最先教给我对人的热爱和为他人服务的重要性。她常常说，热爱人和为人服务是人生中最有价值的事。"

如果你掌握了这样一条积极的法则，如果你将个人兴趣和自己的工作结合在一起，那么你的工作将不会显得辛苦和单调。兴趣会使你的整个身体充满活力，使你在睡眠时间不到平时的一半、工作量增加两三倍的情况下，不会觉得疲劳。

工作不仅是为了满足生存的需要，同时也是实现个人人生价值的需要，一个人总不能无所事事地终老一生，应该试着将自己的爱好与所从事的工作结合起来，无论做什么，都要乐在其中，而且要真心热爱自己所做的事。

成功者乐于工作，并且能将这份喜悦传递给他人，使大家不由自主地接近他们，乐于与他们相处或共事。人生最有意义的就是工作，与同事相处是一种缘分，与顾客、生意伙伴见面是一种乐趣。

人生的方向，因人而异，各有不同，需要用心去找。找准方向，是让我们根据自己的实际情况,确立一个合理的目标,而不是不切实际的空想;找准方向,我们才能在生命的征程中沿着轨迹稳步前行;找准方向,我们才能用一生的力量,实现最大的梦想。确定自己对什么感兴趣,喜欢什么就去学,学就要学好它,不要被社会潮流影响自己的兴趣。随波逐流只会害了自己,精诚所至,金石为开。

忠告箴言

35 岁,是人生中最美好的阶段。这一阶段做很多事情都需要我们学会自己对自己负责;要能够知道什么事情是自己的真正兴趣所在;要让自己在某一方面成为专家,让自己的生活变得更加美好,同时也帮助周围的人美化他们的生活;要知道自己的天赋何在,特长是什么,对于其中那些能够带给自己欢乐的,要注意保护,经常加以使用,并且和自己所选择的终生事业结合起来。

第二章
成功没有捷径,你必须将卓越变成你的特质

　　天赋、才能、技巧、精神等是一个人身上所具特质的体现。任何一个人的成功都没有捷径可走。年轻人要想成功,就必须将卓越转变成自己的一个特质,并最大限度地发挥它,把其他人远远地甩在后面。成功的道路充满艰难险阻,挫折和失败也就在所难免。其实,让自己变得卓越并不是一件非常难的事,从现在起,我们就要学会正视这些困难,正视现实,专注于自己所热爱的事业上,勇敢地接受挑战,永远朝向目标前进,达到卓越的境界。

忠告 13　专注于将会改变一切的细节上

人们以为"专注"的意思就是对你必须关注的事情点头称是。这并不是"专注"的全部内涵。"专注"意味着必须对另外 100 个好点子说不。你必须谨小慎微地做出选择。

——乔布斯

古语说"千里之堤毁于蚁穴"，意思是，哪怕仅是一个小地方或小环节出了问题，也有可能导致大局失败。而在现代社会，一方面，人与人之间的智商差距越来越小，也越来越自信，但是有不少人过于自信，甚至藐视一切细节。另一方面，不少年轻人有理想却不会管理自己的时间，对自己要求不严格，经受不住外界的干扰，总是将注意力浪费在一些不重要的事情上，做任何事情都三心二意。

"泰山不拒细壤，故能成其高；江海不择细流，故能就其深。"现在已经是细节制胜的时代，无论我们的工作是什么，总会遇到各种各样的细节问题，做事时只有专注于将会改变一切的细节上，我们的大事才能成功。否则，就只能是"溃于蚁穴"了。细节是一个人责任心的体现，也是助你成功的基石，只有重视了工作中或生活中的细节，我们的人生才有可能有质的飞跃。重视一些将会改变一切的小事与细节，不仅是我们工作的原则，也是我们人生的原则。

1. 专注意味着必须对另外 100 个好点子说不

乔布斯曾说过："苹果是一家价值 300 亿美元的公司，但我们的主要产品却少于 30 种。我不知道这种事情过去有没有发生过。但毫无疑问，过去那些了不起的电气公司都拥有数以千计的产品。我们相比之下要专注得多了。人们以为'专注'的意思就是对你必须关注的事情点头称是。这并不是'专注'的全部内涵。'专注'意味着必须对另外 100 个好点子说不。你必须谨小慎微地做出选择。

对于那些我们做了的事情和那些我们没有做的事情，我都同样引以为傲。这里有一个再贴切不过的例子：很多年以来，我们都迫切地需要做出一款 PDA 产品，而终于有天我意识到，90% 的 PDA 用户只是在路上把信息从里面调出来而已。他们不会把信息放进去。没过多久，手机就实现了这样的功能，于是 PDA 市场就萎缩到了今天的规模。所以我们决定不进入这个领域。如果我们选择了跟进，我们就没有资源去开发 iPod 了。我们基本上会连它的影子都见不着。"

在苹果公司，每一个人都被要求学会做减法。这说起来很容易，但目前世界上能像苹果公司这样做到这种程度的仅此一家。十几年来，苹果公司仅做了几款音乐播放器、一款手机和一款平板电脑。但是，无论是哪个产品，它们都被当作艺术品广受人们的追捧。这些成绩不能不令人惊叹。苹果公司致力于只推出好产品，给全世界的用户带来更好的体验。

2. 专注于细节使我们赢得更多

2002 年，当乔布斯试图说服谨慎的音乐行业跟他达成一项在线销售他们的音乐的交易时，他同美国唱片业协会（RIAA）的主管希拉里·罗森（Hilary Rosen）有过接触。在接洽的过程中，一次会议上，希拉里·罗森坐在乔布斯和几个正在设计苹果 iTunes 音乐商店的团队成员中间。这几个成员刚好带来第 n 次的修订版本给乔布斯过目。后来，希拉里·罗森饶有兴味地描述她的惊叹之情："史蒂夫来回花了大约 20 分钟和工程师们讨论如何在不超过 3 平方英寸的区域内放置 3 个单词才能取得最佳效果。他就是那么注重细节。"

《时代》杂志的一位撰稿人也有过类似的经历。有一次，他获准参加皮克斯动画工作室的一次会议，也同样对乔布斯对于细节的关注感到敬畏。迪士尼的一些营销人员在会上介绍了《玩具总动员 2》首映的宣传方案。用色彩编码的海报、广告牌、首映日期、电影原声碟和基于电影角色制作的玩具促销项目，对这些乔布斯都要眯起眼睛细细查看。乔布斯不断追问电视广告的日程、迪士尼乐园和迪士尼世界的活动以及工作室人员打算安排哪些电视新闻和访谈节目等十分细致却有针对性的问题。

这篇文章称，乔布斯是如此"投入"，以至于他"研读时间表时就像一个拉比在研究犹太法典"。这位撰稿人对此无疑是记忆深刻。但是对于每一个与乔布斯一起工作过的人来说，他提出的问题并不令人惊讶。他就是那样，对于任何事情的细节都孜孜以求。

乔布斯对细节的关注产生的影响，远非局限于迪士尼圣诞宣传表演是以小熊维尼还是巴斯光年机器人为主。对于 iPhone，设计团队尝试过的各种外壳的数目大得惊人，有些是几乎无法辨识的极其微小的调整，有些则是彻底的改变，有些要求外壳要由完全不同的材料做成。然后，在一个周末，离产品上市时间只有几个月的时候，乔布斯终于认识到一个痛苦的事实：他就是对自己选择的外壳不满意。

第二天他开车去上班，心知他那已经夜以继日奋战不知多少小时的 iPhone 团队肯定会对他不满，但是没关系。乔布斯是产品创意的"米开朗琪罗"，他会不断地在画布上涂抹，直到他确信自己是正确的。

有时他管这叫作"按重启键"。施乐帕克中心的拉里·泰斯勒（那时他已经成为苹果的首席科学家）曾经说过，他不明白"超凡的个人魅力"的含义，直到他遇到史蒂夫·乔布斯。当你像乔布斯一样信任你的产品和你的员工，你的员工就会忠诚于你。

苹果是"硅谷"留任率最高的公司之一，而产品团队的留任率则更高。很少有人因为这里的工作时间或者工作环境而离开。

洛杉矶有一个叫伊恩·马多克斯（Ian Maddox）的年轻人，他在 Syfy 台的电视剧《13 号仓库》工作组工作。在此之前，他是帕萨迪纳市苹果零售店的销售代理和"钥匙扣"（即经理助理）。他在那里工作后不久，有一个工作组每天晚上会在最后一个顾客离开后出现。他们一片片掀起原来的地砖，重铺新的瓷砖——从意大利进口的深灰色花岗石。这种瓷砖是乔布斯自己挑选的，"对于一个零售店来说非常高档"，伊恩说。在完工几天后的一天清晨，零售店开门之前，所有的经理都高度戒备地走来走去，甚至连地区经理都出现了。

然后他出现了：乔布斯本人，在四五个人的陪同下，来检查瓷砖。

他很不满意。那些瓷砖在刚刚铺就的时候看起来还不错，但是当顾客们开始走动，又大又难看的污点就出现了。新铺的瓷砖并没有让这个地方看起来更髦，反而显得肮脏破旧、疏于打理。

员工们都小心翼翼的，一边偷偷地观察乔布斯的反应，一边假装在忙自己的事情。他不仅仅是不满意，而且是很生气，怒气冲冲地命令返工重做。

第二天晚上，那个工作组又回来了，掀了所有的瓷砖，开始返工重做。这一次，他们用了完全不同的密封胶,并且定制了一种不同的产品来清洁这些瓷砖。

实在想象不出还有其他的全球性公司的首席执行官会不辞辛劳地检查公司零售店的地板。但是这就是典型的乔布斯,细节大师。

要想创造机会、把握机会,就是要善于在日常小事中去发现和把握。在美国,有一个跟乔布斯一样善于抓住机会的人。

这个人叫鲁托,他是一位生活穷困的制瓶工人,但他就是著名的可口可乐瓶身的设计者。有一天,他与女友约会时,发现女友穿的裙子十分漂亮,他盯着女友的裙子看了半天,发现裙子膝盖以上较窄,腰部显得更有吸引力。

鲁托从女友穿的裙子上发现了机遇。他想,把玻璃瓶设计成女友的裙子那样,一定会大受欢迎的。他经过反复试验和改进,最后制造出这样一种瓶子:握上瓶颈时,没有滑落的感觉;瓶内所装的液体,看起来比实际的分量多,而且外观优美。

鲁托所设计的玻璃瓶被可口可乐看中了,最后以 600 万美元买下了鲁托这项设计专利,并使用至今,有力地促进了可口可乐的销售。

鲁托和乔布斯一样,因为善于观察、善于发现,很快成了百万富翁。

3. 专注于细节是一种智慧

除此之外,"专注"还会带给我们勇气,因为专注,我们才有勇气放弃很多眼前的利益。如今这个社会机会很多,诱惑也很多,但一旦有了"专注"的精神,就不会被利益所诱惑。因此,专注是一种智慧。

年轻人成功需要靠时间和努力的点滴积累,把"完美"当作一种目标装在心里,然后埋下头,专注于自己的工作。不论什么事,实际上都是由一些细节组成的。成功之道,主要是始终把细节贯彻始终。细节的竞争既是成本的竞争,工艺、创新的竞争,也是各个环节协调能力的竞争;从另一个层面上说,也就是才能、才华、才干的竞争。一个人在做一件事时,不能同时想着另一件事,而应该把注意力集中在此时此刻所发生的事上。要排除分散注意力的一些人和事的干扰。

在我国东北地区曾有一家国有企业,这家企业打算与一家美国大公司商谈合作问题,因此下了大量功夫做前期准备工作。在一切准备活动做好之后,这家企业邀请美方派代表来企业考察。

美方代表到了企业之后,这家企业的领导热情地带领美方代表参观了企业的生产车间、技术中心等一些场所。美方代表对他们的设备、技术以及工人操作水平等连连称赞,表示了相当程度的认可。企业的领导当然也非常高兴,并在晚上设宴招待美方代表。这样的大事好事,当然不能怠慢人家。于是,宴会选在了一家十分豪华的大酒楼,有 20 多位企业中层领导以及市政府官员前来作陪。最初,美方代表还以为中方有其他客人以及活动,但是最后他们得知,这一切只为招待他一人之后,感到十分不解,当即表示与中方的合作要进一步考虑。

美方代表回国之后,与他们的领导曾进行了沟通。两天后发来一份传真,拒绝了与这家企业的合作。企业觉得很莫名其妙,美方代表明明表示各种条件都很符合美方的要求,对他的招待也热情周到,怎么就莫名其妙地拒绝了呢? 百思不得其解之余,他们发回信函询问,美方给出的回复:"你们吃一顿饭都如此浪费,要把大笔的资金投入进去,我们如何能放心呢?"

对于这家企业来说,如果能得到美方这笔巨额投资对于其未来发展无疑具有重要的作用,所以这件事情绝对算得上是件大事,然而这件大事却因为一顿饭的"小节"而毁于一旦。有时候,事情就是这样,看不到细节,或是拿细节不当回事,往往会就此坏了整件大事。一个人对待工作也是这样。如果一个人从不忽略细节,懂得细节至关重要的道理,那么他最终会将小事做细,也会很快走上成功之路。

台湾首富王永庆早年因家里贫困读不起书,只好去做买卖。1932 年,只有 16 岁的王永庆便从老家来到嘉义,准备开一家米店。但是,当时小小的嘉义已有近 30 家米店,当时王永庆手里不过 200 元资金,好的位置和店面租不起,只能在一条偏僻的巷子里租了间简陋的铺面。然而,由于开得晚、办得小、地方偏僻,在新开张的日子里,他的生意冷清得可怜。

怎么办呢? 王永庆感觉到要想让米店在市场上立足,就必须做到人无我有。经过仔细的考虑、观察,他终于找到了一个细节问题,那就是,那时候稻谷收割后都是铺放在马路上晒干,然后脱粒,这样沙子、小石头之类的杂物就很容易掺杂在里面。而顾客在做米饭之前,都要经过一道淘米的程序,很不方便,虽然买卖双方对此都习以为常,但王永庆却找到了切入点。他带领两个弟弟一点一点地将米里的秕糠、沙石之类的杂物拣出来,然后再出售。就这样,王永庆米店卖的米质量比别人的就要高出一个档次,米店的生意也日渐红火起来。

不仅如此,他还注意到,由于年轻人都要干活挣钱,所以日常来买米的通常都是家里的老人,所以他主动送货上门。这一方便顾客的服务措施,大受顾客欢迎。

但送货上门也有很多细节工作要做,比如每次给新顾客送米,他都细心记下这户人家米缸的容量,询问有几口人吃饭,多少大人多少小孩,然后估计该户人家下次来买米的大概时间,到时候,不等顾客上门,他就主动将相应数量的米送到顾客家里。正是王永庆这些看似不起眼的精细服务令不少顾客深受感动,也使他最终赢得了顾客。

王永庆成功的例子充分说明了"细节是一种创造"的其理。其实,创造并不见得一定要轰轰烈烈,惊天动地。工作中的小改小动,细节调整都是一种创造。而王永庆"细致入微",从细节中找到机会的事例不正说明了这一点吗? 所以说,在激烈的市场竞争中,在我们的现实工作中,谁关注细节,谁就把握住了机会,也就在竞争中获得了先机。

正所谓成也细节,败也细节。那些看来微不足道的事情,在成功者的眼里,却蕴藏着巨大的秘密。

一个青年来到城市打工,不久因为工作勤奋,老板将一个小公司交给他打理。他将这个小公司管理得井井有条,业绩直线上升。有一个外商听说之后,想同他洽谈一个合作项目。当谈判结束后,青年邀请这位外商共进晚餐。晚餐很简单,几个盘子吃得干干净净,只剩下两个小笼包子。青年对服务小姐说,请把这两个包子打包,他要带走。外商当即站起来表示明天就同他签合同。

因为将吃剩下的两个小笼包子带走这样的细节感动了外商,使外商顺利地与他签订了合同,由此我们可以看出细节的威力。在一件很细小的、与自己无关的事情上也能体现出对别人体贴、关心的人,总是会受到幸运女神的青睐。

乔布斯始终如一地坚持着改变世界的目标,只不过,他从不认为这个目标十分庞大,而是着力于被人忽视的细微之处,因为他知道,即便是再远大的目标,也必须一步一步去实现,所以,理想的实现应当从细节做起。实际上,人生的溪流,往往是由一些琐屑的、无足轻重的事件,以及那些不留一丝痕迹的细微经验渐渐汇集而成,正是它们才构成了生命的全部内涵。

世人常认为,作为一名有志之人,就应当干大业、成大事,而不应拘泥于细微琐碎的小节。其实不然,任何事物都有一个从量变到质变的过程,细节同样具有潜移默化的作用。倘若我们平时不拘小节,就有可能酿成大疾,将小问题演化成大问题,所谓"千丈之堤,以蝼蚁之穴溃;百尺之室,以突隙之烟焚""不虑于微,始成大患;不妨于小,终亏大德",说的便是这个道理。

4. 专注是做事情成功的关键

半个多世纪以来,沃伦·巴菲特一直都恰到好处地把握了时机。对于这位传奇投资家,他的长期投资取得了惊人的回报,甚至有些学者都不敢相信,认为这只是侥幸成功。

巴菲特自己把他的成功归结为"专注"。施罗德写道:"他除了关注商业活动外,几乎对其他一切如艺术、文学、科学、旅行、建筑等全都充耳不闻——因此他能够专心致志追寻自己的激情。"施罗德说,在小时候,沃伦就随身携带着自己最珍贵的财产——自动换币器。而 10 岁时,父亲提出带他旅行,他要求去纽约证券交易所。不久之后,巴菲特读到了一本名为《赚 1000 美元的 1000 招》的书,他对朋友说要在 35 岁前成为百万富翁。"在 1941 年的世界大萧条中,一个孩子敢说出这样的话,可真是胆大包天,听上去有点傻得透顶了,"施罗德写道。"但是……他很肯定自己能够实现这一梦想。"

1991 年美国独立日那个周末,巴菲特和盖茨见面了。这次会面是在凯瑟琳·格雷厄姆和她拥有的《华盛顿邮报》的主编梅格·格林菲尔德的倡议下进行的。

对于盖茨,巴菲特还是非常欣赏的,尽管巴菲特比他年长 25 岁,他知道盖茨是一个非常聪明的人,但更重要的是,一直以来,两人就是《福布斯》财富榜上争相被人们比较的对象。不过,以巴菲特对于 IT 人士并不感冒的性格,他自己是肯定不会加入凯瑟琳的周末之旅的,但是在格林菲尔德的劝说下,巴菲特动摇了。格林菲尔德告诉他:"你肯定会喜欢上盖茨的父母的,而且还有很多有意思的人也会去。"最终,巴菲特还是同意了。

想到要见到巴菲特他们,盖茨的心里何尝不是一样呢?"我和母亲谈了谈,而结论就是母亲质问我,问我为什么不来参加家里的聚餐?我告诉她我太忙了,我走不开,可她却搬出了凯瑟琳·格雷厄姆和巴菲特两个人,说他们都参加了!"但是,"我又告诉我的母亲说,我对那个只会拿钱选股票投资的人一点都不了解,我没有什么可以和他交流的,我们不是一个世界的人! 不过在母亲的坚持下,我还是答应了。"

对于两位巨人的第一次见面,很多人都在仔细观察。至少在一点上,巴菲特和盖茨是相似的,如果遇到不热衷的话题,他们会尽量选择结束。人们对于盖茨不善隐藏自己的耐心早有耳闻,而巴菲特,虽然在遇到感觉无聊的话题时他不会提前走开转而找本书看,但是他依然有自己的方法,他会在第一时间把自己从不感兴趣的话题中解脱出来。

在与盖茨的交流中,巴菲特还是和平常一样,没有过渡语言直奔正题,他问盖茨有关 IBM 公司未来走势的问题,他还向盖茨询问是否 IBM 已经成了微软公司不可小视的竞争对手,以及信息产业公司更迭如此之快的原因为何? 盖茨一一做出了回答。他告诉巴菲特去买两只科技类股票:英特尔公司和微软。轮到盖茨提问了,他向对方提出了有关报业经济的问题,巴菲特直言不讳地表示报业经济正在一步一步走向毁灭的深渊,这和其他媒体的蓬勃发展有着直接的关系。只是几分钟的时间,两个人就完全进入了深入交流的状态。

"我们一直在聊天,没完没了,根本没有注意到其他人。我问了他很多关于 IT 产业的问题,但我从来没有想过要理解属于他的那个行业。盖茨是一个很不错的老师,我们谁都没有结束这次交谈的念头。"

巴菲特和盖茨边走边谈,从花园来到了海滩,人们也竞相尾随。"我们根本没有注意到这边这些人的存在,没有发觉周围还有很多举足轻重的人,最后还是盖茨的父亲看不过去了,他非常绅士地对我们说,他希望我们能融入大家的这场派对,不要总是两个人说话。"

"之后比尔开始试图说服我购买一台电脑,但我告诉他我不知电脑能为我做些什么,我不介意我投资项目的具体变化曲线,我不想每5分钟就看一下结果,我告诉他我对这一切把握得很清楚。但比尔还是不死心,他说要派微软最漂亮的销售小姐向我推销微软的产品,让她教会我如何使用电脑。他说话的方式很有趣,我告诉他:你开出了一个让人无法拒绝的条件,但我还是会拒绝。"

一直到太阳落山,鸡尾酒会开始,两人的谈话还没有结束。盖茨之前过来时乘坐的飞机将在傍晚离开,只是飞机走了,盖茨没有走,他依然在享受与巴菲特聊天的乐趣。

"晚饭的时候,盖茨的父亲问了大家一个问题,人一生中最重要的是什么? 我的答案是"专注",而比尔的答案和我的一样!"

当巴菲特说出"专注"这个词的时候,不知道在座的人群中有多少能够体会他这个词的含义,但一直以来,专注就是巴菲特前行的重要指南。专注是什么? 是对于完美的追求,而且这种秉性是特有的,不是谁说模仿就能模仿得了的。

专注不但是做事情成功的关键,也是健康心灵的一个特质。专注就是注意力全力集中到某事物上面,与你所关注的事物融为一体,不被其他外物所吸引,不会萦绕于焦虑之中。

不能专注的人,也就不能放松。专注与放松,实际上是同一枚硬币的两面而已,专注也是幸福人生的一个关键特质。一个人对一件事只有专注投入,才会带来乐趣。对于一件事情,无论你过去对它有什么成见,觉得它多么枯燥,一旦你专注投入进去,它立刻就变得活生生起来! 而一个人最美丽的状态,就是进入那个活生生的状态。

专注是对于专业精益求精的追求,正是由于专注,才成就了托马斯·爱迪生这个美国历史上最伟大的发明家;正是由于专注,才诞生了沃尔特·迪斯尼这位享誉世界的动画片之父;正是由于专注,才让大家认识了美国灵魂乐教父詹姆斯·布朗。同样,专注还是完成伟大事业的决心,否则,人们都不会看到首位女性国会议员珍妮特·兰金力排众议反对美国参加两次世界大战,而这两场战争带给世界的除了灾难就是痛苦。

5. 专注是成功的品质

古往今来,各行各业成功的秘诀是什么? 学习成功的秘诀是什么? 每个人的回答可能不一样,但是成功者都拥有一个共同的品质,那就是专注! 什么是专注呢? 专注就是集中精力做好一件事,专注就是长时间的全力以赴,专注就是一心一意坚持不懈,不达目的决不罢休。科学家几十天甚至几百天,重复着一个实验是一种专注;学生每天上八节课,每节课都能认真听讲是一种专注;外科医生手术台前一站就是几个小时也是一种专注。任何一项事业都需要专注,专注可以获得大大小小的成功。

爱迪生专注于寻找灯丝,专注于实验最终为人类带来光明;比尔·盖茨专注软件的开发,造就了微软帝国,带来真正的计算机革命,个人也获得巨大成功,成为世界首富;居里夫人十几年如一日专注于从小山似的矿石中提炼放射性元素,两次获得诺贝尔奖金;陈景润专注于数论,终于攀登上了数学的高峰。

对学习而言,专注更是具有重要的意义。专注可以听懂难懂的问题,专注可以攻克一道道的难题,专注几分钟就可以背会一串英语单词,专注一小时就会学会一个章节的内容,专注一天扫除学习的障碍,专注两个月就能使落后的学科变为先进,专注一年每一科都能成功。

不论对儿童还是成年人,专注都是成功的品质。有位心理学家讲,看一个孩子有没有出息,上学前看他玩的是否专注,上学后看他听课是否专注,拥有了专注就可以拥抱成功。一个孩子拥有了专心听讲的习惯.专心做作业的习惯,专心做事的习惯,学习成功是个必然,成绩好只是一种结果,日后还会取得更大的成功。一个成年人只要专注于他从事的事业,全力以赴,坚持不懈,天长日久,他就能成为某一行业、某一领域的专家,所谓专家就是通过专注成名成家。

在现实生活中有不少人并不缺乏聪明才智,有些人甚至聪明过人,智力超群,但是他们缺乏专注的习惯,集中精力几分钟对他们来说就是难事,集中精力几个小时对他们来说,更是一种煎熬,他们总是做一件事去想着另一件事,听课或听别人讲话总是开小差,他们有太多的爱好、太多的欲望、太多的想法、太多的乐趣,他们唯一缺的就是专注一件事的能力,这种人是聪明的傻瓜,是聪明的失败者,让我们专注听课、专注于做事、专注自己的本职工作、专注自己的事业,进而走迎接成功,拥抱成功。

6.细节决定成败,细节也将改变命运

细节在实践中主要有以下几种应用:

关注并且做好细节,可以提高工作的效率。细节存在于系统之中。成功取决于系统,表现为细节。细节做得好,是整个系统运行的自然结果,而不是要在系统之外专门花时间去做什么细节。并且细节是相对的。细节的标准要和系统的整体性相适应。做好细节的标准首先体现为数据化、规则化。做好细节必须体现明确、准确、精确三个原则。注重细节并非吹毛求疵,非但不会影响效率,反而会提高效率。海尔的魏小娥参照铅笔刀上面收集铅笔屑的盒子而设计出了收集生产线上产生的边角毛料的装置,而使得生产现场变得更加清洁,解决了板材中经常会出现黑点及杂质的质量问题。正是这一细节上的突破使得海尔卫浴的产品合格率达到了100%。

关注细节可以更加有效地进行创新。很多创新都是从不起眼的细节开始的,创新很少是开天辟地、凤凰涅槃,而往往有一个渐进的、逐步完善的过程。正如张瑞敏所说:"创新不等于高新,创新存在与企业的每一个细节之中。"海尔的"晓玲扳手"、"秀凤冲头"就是在企业中有着非常重要的作用的一些小的发明和创新。

关注细节是做好战略和执行战略的必要条件。魔鬼存在于细节中,战略从细节中来到细节中去。企业失败不外乎两条:一是高层的决策失败,二就是中下层在细节上出了大问题。2000年,日本乳品企业雪印公司就已经拥有了按宇航食品要求设计的非常先进的生产设备。然而,一次一位员工错把没有洗净消毒的一个器皿送入生产线,结果造成日本上万人中毒入院抢救。工厂因此全部停产,社会和企业因此造成了110亿日元的巨额损失,并且雪印公司要恢复名誉要10年之久。企业战略的失败许多时候是因为一个员工在一个行为(细节)上的错误引起的。

"魔鬼存在于细节中",任何一个战略决策和规章法案,都要想到细节,重视细节。任何对细节的忽视,都可能导致决策失误。美国电信决策失误,导致宽带网进入居民家庭缓慢,就是一个例子。

美国是全球因特网革命的领导者,但宽带目前在居民家庭中的普及率并不高。据统计,在韩国,近2/3的家庭拥有宽带接入,而且宽带网的平均速度达到每秒3兆,是绝大多数美国宽带系统的2倍左右;在日本,据预测,有40%左右的家庭在2003年年底也将采用宽带上网,速度可快到每秒12兆。而在美国,接入宽带的用户只有15%,而且宽带网的速度也比韩国慢一半,绝大多数因特网用户仍在拨号上网,无法享受资讯革命带来的成果。

造成美国在宽带上发展缓慢的原因并不在于基础设施不健全。其实,美国有80%～90%的人口都已经在宽带接入的覆盖范围之内,只是宽带接入却在即将进入用户的所谓"最后一英

里"阶段碰到了障碍。这虽有经济、技术等方面的因素,更重要的在于决策的失误。

美国以 1996 年颁布的新《电信法》为基础的宽带政策规定:美国各地方电话公司必须将其网路拿出来供宽带运营商共用,意在通过这样的管制,鼓励 DSL(数位用户线)等采用电话交换系统参与宽带业务领域的竞争,以大大降低"最后一英里"的连接费用。然而,这一政策忽视了一些细节问题,成为阻碍宽带网入户的重要原因。

在几年前,网络建设过热,美国曾出现"跑马圈地"的宽带建设热潮。出于对电信容量将迎来爆炸式增长的期待,电信业投资旺盛,然而宽带业务却一直未能形成足够的需求,结果导致电信能力过剩。电信业入不敷出,无法收回投资,日子很不好过,世通、环球电讯等电信巨头申请破产。

受政策上"最后一英里"障碍的限制,大量闲置的宽带主干网络未能接入用户家庭。因为与窄因特网不同,宽带入户需要更多的设备建设投资。美国各地方电话公司出于自身利益考虑,不愿意花钱铺设线路而让他人坐享其成,而参与竞争的宽带网运营商因网络泡沫破灭,本来就自身难保,无力投入巨额资金。此外,宽带政策中的混乱与不统一,也影响着宽带最大程度地进入居民用户,如对于以有线电视方式提供宽带服务的运营商,就不要求其与竞争对手分享网络设施;而整个宽带业务行业与影视娱乐业等内容供应商之间也存在矛盾,互相制约。

正是这种决策上的失误,导致了美国宽带业务发展缓慢。

事实表明,越是复杂的行当,政策法规就越是要求包括细节。另外,越是走向法制社会,包含明确细节规范的法规政策就越是重要。例如,今年刚颁布实施的《物业管理条例》,本来是要维护业主利益的,但是由于在法规中对一些细节注意得不够,使得该条例执行起来几乎成为不可能,导致了法规失去它应该有的作用和效益。而这种决策方面的缺失,最主要的原因是在决策过程中工作没有做细,缺乏准确的数据作为科学决策的依据。所以,在决策中把工作做细,非常重要。

也许细节很细,可就是因为细,才容易被我们忽略,从而被所谓的"大目标"迷惑,最终导致本末倒置,不能取得期望的成功。很多人将自己不能成功的原因归结为运气不好,殊不知,这往往就是忽视细节的代价。尽管人生的道路曲曲折折,但通往成功的道路却不曾改变,那便是从细微之处入手,一步一个脚印地循序渐进,唯有如此,我们才能够真正到达成功的巅峰!

忠告箴言

一个人只有专注,才能够将自己的时间、精力和智慧集中到自己所要干的事情上,从而最大限度地发挥其积极性、主动性和创造性,也才能把每件事情做到极致。一个人只有懂得注重细节,才能不那么鲁莽,才能将每一件事情都认真对待。切记细节决定人生,专注于细节,更有利于成就事业。

忠告 14 学会资源整合,与强人联合

　　我的工作不是对人表现得和蔼可亲。我的工作是让他们做得更好。我的工作是把公司里的各种资源聚拢到一起,清除路障,然后把资源投放到最关键的项目上。

——乔布斯

　　大多数情况下,一个人的力量是有限的。一个会管理和善用人才的人才能做出一番大的事业。

1. 学会资源整合

　　乔布斯正好是和这样一群人在一起工作,他们才华横溢,并且一起创造了本行业的奇迹。乔布斯一开始就把自己定位成商业领袖,正是因为怀揣这样的创业动机,才使得苹果公司的创业之路能够不断铸造辉煌。

　　乔布斯脾气暴躁,却与很多富有创造力的商界知名人士建立了伙伴关系,包括史蒂夫·沃兹尼克、乔尼·埃弗以及皮克斯动画公司的导演约翰·雷斯特(John Lasseter)。

　　原来理查德·西尔斯只是一个代客运送货的小商人。后来他经营一家杂货店,专门做邮购业务,即顾客通过邮件订货,他通过邮寄的方式发货。由于资金太少,只能提供有限的几种商品的服务,他经营了五年,生意仍无起色,每年只能做三四万美元的业务。他总结了一下经验,认为只有借助他人的力量才能把生意做大,所以必须与人合作。

　　在理查德·西尔斯产生这个念头之后不久,凑巧的是,他就遇到了一位理想的生意合伙人。那是一个美好的夜晚,正在郊外散步的西尔斯耳边由远处传来嗒嗒的马蹄声,接着一位骑马的赶路人就到了西尔斯眼前,这个人就是罗拜克,他向西尔斯问路,他要去圣·保罗买东西,却在路途中迷失了方向,现在是人困马乏。

　　好心的西尔斯就带着罗拜克到他的小店中住宿。当天晚上,两人谈得很投缘分,于是决定合伙做生意,并成立一家以他们两人的名字命名的公司,那就是西尔斯·罗拜克公司。西尔斯拥有五年经营经验,罗拜克拥有雄厚资金。两人联手,可谓相得益彰。合作第一年,公司的营业额达到 40 万美元,比西尔斯单干时增长了 10 倍。

　　但是西尔斯和罗拜克两个人都不是很擅长经营管理,小本生意还可以勉强应付,随着生意的蒸蒸日上,越来越有种力不从心的感觉。他们两个人一商量,决定招聘一位能担当管理的经理人,代替他们对公司进行管理。

　　他们用尽了各种办法,最终寻觅到一名合适的总经理人选。这个人的名字是陆华德,在经营管理方面很有一手。他们把公司的管理大权委托给了陆华德,自己则退居于幕后。

　　陆华德果然不负重托,上任工作以后,兢兢业业地为公司效劳。在工作中陆华德发现工作中最大的问题是,一旦顾客对购买的商品不满意,调换很困难。如果这个问题得不到解决,很多

顾客就会放弃邮购这种方式，公司的发展将受到很大阻碍。因此，陆华德开始严格把握进货的质量，决不能让伪冒劣质品混进公司的仓库，从而保证卖给顾客的每一件商品都"货真价实"。

厂家们认为陆华德对产品质量过于苛刻，联合起来抵制他的这种行为，并拒绝为西尔斯·罗拜克公司供货。

厂家拒绝供货，这是关系到公司命运的大事，拿不定主意的陆华德找到两位老板一起商量对策。西尔斯没有责怪陆华德的做法，反而很赞同，他对陆华德说道："你这些日子太辛苦了，如果能少卖几样东西，不是可以轻松一下吗？"

陆华德受到鼓励，更加坚定了严把质量关的政策是对的。厂商们在看到抵制供货并没有什么效果的时候，开始担心自家的生意会被别的供应商抢走，最后不得不妥协，接受了陆华德的产品质量标准。

陆华德严把质量关，对产品质量精益求精的经营理念，使得西尔斯·罗拜克公司的名字广为大众所知，10 年之中，公司的营业额增长了 600 多倍，高达数亿美元。

西尔斯作为一个外行，能够在短短十几年间从一个名不见经传的小商人，摇身成为一个全美知名的大富豪，这归功于他用人的成功。他的用人方法其实很简单：找到一个值得你信赖的人，然后授予全权。这正是用人的唯一诀窍。

2. 搭建良好的人脉关系

一个真正的人际关系高手，不仅能够识人、认人、通晓人际关系理论，而且还能活用这些知识，在日常生活中与人和睦相处。

最珍贵的人脉关系应该是同学关系。从小学、初中、高中到大学，在学校里都留下了一段段美好的回忆。工作以后，大家散落在各个地方，在不同的行业打拼，聚会的时候，那些比我们早成功的人就会成为我们日后成功的贵人。

在工作当中如果能与同事处理好关系也是人际关系中的一大优势。无论你跟谁做搭档，如果要想有好的业绩，首要条件是双方的合作和努力。想要实现这个目标，你不妨寻找一下共同点。很多人都觉得同事间有利益冲突，同事相处形成真正的和谐是不可能的事情。但在没有利益冲突的时候，你可以和他们保持良好的关系；在有利益冲突的情况下，大家会公平竞争，无论谁成谁败，都不要去抱怨。如果在公司中能够与同事建立良好的人际关系，那么你的信息来源就会较多，就更容易掌握公司发展的趋势。公司中的现状、各种力量的对比等，这也可以提升你的人气，以后提升时，你就很占优势，你在公司的地位也就越稳固。

因为工作关系而成为朋友是很普遍的事。例如生产商和原料供应商、生产商和销售商、客户和银行、病人和医生等，这些都属于业务关系方面的朋友。

同有业务关系的人交朋友对于提高你在公司中的地位很有帮助。如果你与公司的一个大客户私交关系甚好，那么当公司与这个客户有业务联系时，公司就会考虑让你去解决问题。这种商场中的朋友往往是相互帮助的，从而才能在各自的领域中得到发展。

不管你在什么样的公司工作，一定会有一个比你职位高的人，当然你是老板的情况下除外，你需要与老板一起工作，所以和老板搞好关系也很重要，与老板关系愈好机会愈多。在工作上，你要多与上司交流，和他建立一种友好的合作关系。在工作的闲暇时间，你们可以聊一些私事，说一些工作以外的话题，让你的上司可以了解真实的你。另外，你要积极主动地参加公司的各种活动，这有利于促进你在公司中和各位同事之间的关系，以增进彼此了解。在公司活动中，你会发现平时难以接近的人亲和多了，平时没有交流的同事原来有这么多共同话题，这些团体活动有利于你建立良好的人脉关系。

在人生中积累人脉关系,一是要学会找到可以建立长期关系的对象,二是注重这种友好关系的长期培养。

成功的路上我们需要他人的帮助,而建立关系培养关系的目的就是我们可能会需要他们的帮助。建立关系时要找对人,选对人,这样才能建立正常的伙伴关系。真正的伙伴是他愿意帮助你出人头地,愿意帮助你实现理想,这样的人才是真心实意的朋友。

在创业的过程中,人脉是首要资源,这是大家都明白的道理。拥有良好的人际关系,你可以轻松地找到投资人,找到产品的来源,甚至产品的销售渠道,丰富的人脉资源为你的创业提供了各种便利。这里总结一下人脉资源的几个特征:

(1)使用性:主要是可以帮助你的资源。资源可以用来创造财富。现代人很喜欢网上聊天,结识一些各种各样未曾谋过面的人,认为这些电脑屏幕背后的人就是自己的人脉资源。但如果这些人也需要创业,那就没有什么优势了。这也是为什么以往的正常创业成本比互联网时代高的原因之一。

(2)长期投资性:俗话说平时不烧香、临时抱佛脚。在日常生活中我们要注意人脉资源的积累,而不是等到需要帮助的时候才去找人帮忙。在公司中针对客户资源也是同样的道理。他们今天和你是伙伴关系,明天可能就成为了你的客户。你必须从今天开始维护你的人脉资源,虽然这会花费很多时间和精力,但这也是投资的一种手段。这种人脉投资要比实际的金钱投资来的效果好。

(3)可维护性和可拓展性:我们可以通过各种途径对人脉进行维护,例如可以和对方谈心、可以帮助他人,通过这种形式的不断巩固,这些人都会与你很亲近。所谓远亲不如近邻,只有经常地维护这些关系,你才可以在不断地维护中发展出新的人脉关系。

(4)有限性和随机性:我们一生中一共能结识多少人呢?有人算了算,同学、老师、亲戚朋友等,差不多500人左右。而这些资源中真正能帮得上忙的人不会超过50个。所以说,每个人的人脉资源都是有限度的。你认识的人未必能在你有需要的时候帮助你,你不认识的人有可能会在你需要帮助的时候帮你大忙,这种不确定性和随机性,就需要我们注意哪些是潜在的帮助者。

(5)可支配资本资源:良好的人脉关系中你要善于调用,知道哪些是自己可支配的资源。

(6)稳定性和信用性:一般经常和你打交道的人是信用度高且稳定性强的人,这些人的可用度往往高于那些平日不怎么交往的人。

对于创业者来说要学会整合资源,这关系到企业的发展。当然不是所有的人都具有这种管理能力,但是如果没有我们可以去学习。整合资源的能力可以运用到团队中去,如果学会了这种能力,我们就可以取长补短,让每个人都各尽所长,做到人尽其才。

常常有人说:"一个人70%的机遇都来自于人脉。"所以,如果想获得改变命运的机遇,那么就好好地积累你的人脉吧!

一个成功的人,他身边的人脉给他提供了很多的帮助。那些在行业中能独当一面天的成功人士,基本上都拥有一条成功的捷径:"密切彼此的友谊和获得发展的机遇。"从某种意义上讲,只有依靠你身边的人脉,才能捕获到比别人更多的优势,才能在业界"占山为王"。

20世纪70年代,美国的职场竞争异常激烈,稍有不慎就会随时遭到解雇。在当时的加利福尼亚州的库比提诺,有一位年轻的老板成立了一家小小的电脑公司,而新公司又急需大量人才。

有一位营销人员被一家公司解雇了,因为他竟然连续3个月没有推销出去一份产品。这位营销人员被开除后,很快被那位年轻的老板聘请了过去。

有一位副工长被一家企业解雇了,因为他的脾气非常火暴,竟然先后有过3次动手打手下员工的纪录。这位副工长被开除后,很快又被那位年轻的老板聘请了。

有一位市场总监被一家公司解雇了,因为他在短短的一年内,竟然私吞了公司5万美元。这位市场总监被开除后,同样被那位年轻的老板聘请了。

有一位软件工程师被一家公司解雇了。因为他在3年时间里没有开发出丝毫成果。这位工程师被开除后,在很短的时间内同样接到那位年轻老板寄来的聘请函。

"那些家伙会把你的公司拖垮的!"圈里的朋友们这样好意地提醒那位年轻的老板,更有不少竞争对手甚至做好了看好戏的准备,他们无不幸灾乐祸地认为那位年轻老板是在"自掘坟墓"。但那位年轻的老板不仅没有把他们的话当成一回事,反而还继续聘请一些被别人解雇的高管甚至是员工。一时间,他这家小小的电脑公司被人们讥笑成是"垃圾站",因为他热衷于"收集"被别人踢出来的"垃圾"。

然而人们没有想到的是,那位年轻的老板在把他们聘请回来以后,根据他们的各自所长做了一些相应的工作调整,几年后,公司不但没有被他们拖垮,反而取得了迅猛的发展,业务从加利福尼亚发展到了大半个美国!而那些被原先的公司或企业认为是"垃圾"的人,来到那家小公司后,不仅没有一个"旧病复发",反而一个个都为公司的发展作出了无比巨大的贡献。

"这简直太不可思议了!"在一次酒会上,其中那位辞退软件工程师的老总惊讶地问这位年轻老板:"您能告诉我那位扶不起的工程师现在都为您做些什么吗?"

"他现在是我的市场推广总监和培训讲师!虽然他欠缺开发软件的才能,但是他对于电脑的使用和功能介绍却无比精通,他能据此而精确掌握顾客的需求并且推荐相应的产品。同时,我让他在公司内部培训班里将这些知识传授给其他销售员,从而使越来越多的销售员拥有了更多的产品知识,而这对于产品的销售无疑是非常关键的!"年轻的老板停顿了一下继续说,"这个世界没有全人也没有全才,但总有一部分是他们最优秀的,而我用的就是他们那最优秀的那一部分!"

这家小小的电脑公司,就是后来业务遍布全球的苹果公司,而那位年轻的老板,就是苹果公司的CEO乔布斯。

3. 与其单打独斗,不如贵人相助

俗话说"一根筷子易折,一把筷子不易断。"一个人的力量总是渺小的,仅凭个人的力量获得成功,并不能维持太长时间。因为每一个人都有江郎才尽的一天。如今单打独斗的时代已经过去了,要想干大事,就要善于借助于贵人的力量,借助于他们的智慧、资源,这样才能形成无坚不摧的堡垒。

纵观古今中外,凡是能成就一番大事业的人都离不开贵人的扶助。历史上,任何精明能干的将帅、官员,甚至帝王,无不尽力寻觅天下奇才,为他出谋划策,充当"外脑"。试想,如果刘备没有"三顾茅庐"请动诸葛亮,姜子牙没有"钓"到周文王,曾国藩没有碰到穆彰阿,那么蜀国还会在三国鼎立的局面中存在吗?还会有姜子牙开国封王的传说吗?清朝还会有权贵一时的曾国藩吗?正所谓"借别人的梯子,登自己的楼",走直线不行,我们就走曲线,借助贵人来实现自己的目标。这方面万科集团董事长王石做得很好:王石特别能识才,当然,他更会借用人才。

一天,王石比较看重的一名员工打算离开公司,跳槽到另一家公司做业务经理。王石觉得

这样太可惜了，如果能留住这个员工，肯定能继续为公司创造出更多的利润。因为这个员工不仅个人能力很强，在各方面的关系也处理得很融洽，积累了一些优秀的人脉资源。有很多方面，这名员工都可以弥补自己的弱势。

王石经过一番思想的挣扎后，花了很大力气，说服这名员工留在万科。当年，在该员工的配合下，大家齐心协力，为公司赚了几百万元，在深圳的几家上市公司中名列第二。即使像王石这么有能力的人，也会意识到自己的能力有限，需要借用贵人的力量才能实现目标。正所谓"巧借人力，顺势而为"，现在已不是单打独斗的时代，借用贵人的权力或优势，去营造有利的氛围，化解遇到的种种难关，铺平道路，才能乘势而为取得成功。

大家都知道诸葛亮草船借箭的故事，很多事情不是我们的力量可以解决的，只有从别人身上吸取智慧的营养来补充自己，才能在各取所需求得双赢。这就是联合的力量。相反，即使你能力很强，专业技术很精湛，如果一意孤行，离群索居，不善于与他人合作，在没有"贵人"的帮助下，你也很容易陷入孤立之中，很快便会被竞争的大潮所淹没。即使能坚持下去，累死累活地干了一辈子，还有可能如当初那样两手空空。

我们之所以不提倡单打独斗，在于合作的优势——利用他人的专长来弥补自己的不足，以获得出人头地的机会。正所谓："孤掌难鸣、独木不成林。"互助的作用是不可或缺的。

在上中学的时候，乔布和沃滋就相互认识。那时候，一台"8800"对他们来说，简直就是一个奢侈品。因为没有钱去买，他们就自己动手装。后来，他们装了 100 套"苹果Ⅰ"计算机板，然后每台售价 50 美元，没有赔钱也没有赚钱。

乔布敏感地发觉到一个最重要的市场信息：人们都希望买整机，而不是买散装件。为了把外壳设计得更美观，乔布就想办法设计出了"苹果Ⅱ"。等试验成功后，乔布和沃滋决定自己开公司。唯一的问题就是缺乏资金。

幸运的乔布和沃滋遇到了唐·瓦伦丁，他把乔布和沃滋介绍给了另外一位企业家——英特尔公司的前市场部经理马克库拉。这位精明的企业家十分精通微型电脑业务，他察看了乔布"苹果"的样机，并做了相关的询问和考察，还问及"苹果"电脑的商业计划。

马克库立刻就意识到了乔布和沃滋的潜能。于是，他们三个人连续几个日夜，制定出了"苹果"电脑的研制生产计划。马克库拉把自己 91 000 美元的先期投入了进去，接着，又帮乔布和沃滋从银行取得了 25 万美元的信贷。之后，又陆续得到别的资金投入。

最后，他们聘用了迈克尔·斯科特当经理，因为他熟悉集成电路生产技术。马克库拉、乔布任正副董事长，沃滋任研究发展部副经理，苹果微电脑公司很快就发展起来。

我们可以设想一下，如果乔布没有遇到沃滋，如果乔布和沃滋没有遇到马克库拉，苹果微型电脑公司仅靠他们其中一个人还会不会有今日的辉煌？正是他们的合作才有了今天的苹果公司。但是，人与人的合作不是力气的简单相加，而要微妙和复杂得多。假定每个人的能量都为1，那么 10 个人的能量可能比 10 大得多，也可能甚至比 1 还小。最重要的是，你要先充实自己，让散发出无比的魅力，然后再吸引优秀的合作者向你靠近。

因此，无论在工作还是生活中，我们都要多一些心眼，在贵人身上花点心思，借助别人的力量，以最快的速度做好事情。而不是事必躬亲，彻夜不眠地工作，去贡献自身的能力。这样才能以无限的能力源泉胜任全部的工作任务。

4. 贵人的资源，会让你一辈子受用不尽

这是一个以人脉决定竞争力的时代，要想成就一番事业，一定少不了贵人相助。因此，无论

你从事什么行业,你都要在这个圈子里有几位能"呼风唤雨"的人物,都要掌握并拥有丰厚的朋友资源,然后运用他们背后的资源,让自己事半功倍。

哈佛大学心理学教授? Stanley 在 1967 年做过的一次连锁信试验,实验的结果就是今天在社会关系研究中常说的"六度分隔"。你也许不认识盖茨,但是在优化的情况下,你只需要通过 6 个人就可以结识他。这样,你就可以运用这种? "结交一个人来认识更多的人"的方式来为自己服务,效率将以乘方的方式增长。欧阳玉洁正是很好地利用了贵人背后的人脉资源,才做到一家大型公司的经理位置的。

"成功,不在于你拥有什么,而在于你认识谁。"欧阳玉洁如是说。很多年轻的女孩子刚刚走出大学进入职场的时候,24 岁的欧阳玉洁已经是一家大酒店的公关部经理了。她每天都是在忙碌中度过的,工作的跨度很大,从举办各类宴会到媒体联络,从企业关系维护到政府关系,几年的历练带给欧阳玉洁的除了成熟和自信外,还有一张无所不包的关系网。

各类媒体里,她拥有一大帮记者编辑朋友,娱乐、经济、体育记者一应俱全,办宴会展会,她的人脉资源可以一直从主持人、明星延伸到诸如食物安排之类的所有细节,还有政府部门上上下下的工作人员,欧阳玉洁也都混了个脸熟。人生中的第一份工作,无疑为欧阳玉洁打开了一扇门,也为她积累了第一桶"金"——人脉的无形资产。

不过真正体会到人脉资源的价值,还是源于一件小事。"当时有一个朋友在策划一个记者招待会,发布新闻,但是他自己和媒体不熟悉,就找我帮忙联系相关的记者。"欧阳玉洁说,这是她第一次强烈地感受到市场对于公关服务的需求,有需求就有市场,这令她萌发了创业的念头。随后的几年里,她成功地创办了自己的公关公司。

欧阳玉洁有个习惯,在组织记者活动的时候,顺便记录他们身份证上的生日。就在采访的当天,正逢她的一位记者老朋友的生日,欧阳玉洁出其不意让快递送上一大束鲜花,令老友感动不已,在同事间也颇有面子。这种温暖的举动,欧阳玉洁说完全是用"心"在经营。

说到自己是如何经营人脉的,欧阳玉洁说秘诀就是用"心",用真诚和别人交朋友。靠交情能令一切水到渠成,而粗俗的拉关系或者利益交换,只能是短暂的利益共生。首先要真诚地对待朋友,你对他好,他心里自然会感觉得到。

很多人都会像欧阳玉洁这样,在奋斗的过程中,曾得到过贵人以及贵人背后的优秀的资源的支持。这样才度过了人生中最艰难的时期,缩短了创业的时间。比如,你没有资金,有人借给你;缺少人才,有人给你推荐,这样的人做任何事情都会如鱼得水左右逢源,他们的竞争力相对于别人自然强多了。

贵人以及其背后的资源是渴盼事业成功的人的生命中的一个支点,凭着它,你就可以轻松地撬起不轻松的人生。相反,你没有贵人以及其背后资源的支持,你奋斗的道路就会变得艰辛,辛辛苦苦建立起来的事业大厦也会毁于一旦。

哈佛大学曾经针对贝尔实验室顶尖研究员做过调查。他们发现,被大家认同的专业人才,专业能力往往不是重点,关键在于"顶尖人才会采取不同的朋友策略。这些人会多花时间与那些在关键时刻可能对自己有帮助的人培养良好关系,在面临问题或危机时便容易化险为夷"。贵人背后有着丰富的人际关系资源网,你一旦出现了问题,就可以利用贵人的这些资源,那么,问题就会迎刃而解。

再说,这些贵人早在社会上树立了好的形象,得到了社会很高的评价。他们每个人都会有自己精通的领域,你如果对哪个领域不是很熟悉,也不是问题,对方自然会帮助你。

所以,从现在开始我们就要努力搞好人际关系,早一点规划自己的朋友网络,累积自己的朋

友资源。下面是几个结交贵人背后优秀人脉的小技巧:

一是把握好机会。俗话说:"独木难支大厦。"如果有好的机会,就要多交一些有益的朋友。这些朋友会在关键时候帮你一把,可能会直接促成事业的成功。但你要时刻留意能结交朋友的好机会。

二是知己知彼,百战不殆。作为细心的人,你要主动地了解对方的兴趣爱好。你可以通过多种方式得到他们这些方面的信息。比如:平时相处时多观察了解,向他的朋友打听询问,或者查阅他的个人资料等。

三是主动创造机遇。如果你想和刚认识的朋友进一步发展关系,你可以请他们到你家做客。接触越多,彼此间的距离就可能接近。交际中的一条重要规则就是:找机会多和别人接触。

由此可见,"独角戏"不可能获得大的成功。凡要成大事者须学会资源整合,联合团队成员、合作伙伴、投资者、供应商以及客户,让他们也出一份力。

忠告箴言

你所在的圈子决定着你将来的地位。如果你是一个想做出一番事业的人,那么感情投资需要多花费些精力与时间。人脉的投资比金钱的投资更加重要,而且人脉投资收获的结果是金钱投资所不能达到的。年轻人要获得成功,事半功倍的途径就是那些我们可以利用的人脉资源。如果你是一个想获得成功的人,那么就积极地营造自己的人际关系吧!

忠告 15　对达成目标始终保持"饥饿感"

做自己喜欢的东西，要始终保持饥饿感，始终保持新鲜感。

——乔布斯

所谓保持饥饿感就是要继续自己的创造力，生活的激情和对世界好奇心。创造的动力就是永保"饥饿感"，这样子才有前进的动力。如果在工作中保持一定的饥饿感，那么就可以快速地超越自我；如果在生活中保持一定的饥饿感，那么你每天的生活就会充满挑战与惊喜，这样生活才不会乏味无趣。适当的饥饿感对于人生来说很重要，它是我们摄取快乐能量的源头，如果饥饿感消失了，人们容易安于现状，不思进取，从而鼠目寸光，看不到未来。

饥饿感是一种达成目标的动力，是一种对美好事物的追求，是一种成功的取向，更是一种创造力的新境界。

1. 求知若饥，虚心若愚

你想过要把自己的命运掌握在手中吗？你到底有多么急切地想实现自己的愿望呢？回答这些问题，会反映出我们的饥饿程度，这决定着你是否能把愿望变成现实。但是这个世界上是没有精确的机器可以测量出这种饥饿程度的，只有你自己最了解。这种所谓的饥饿感究竟是什么东西呢？2009 年 9 月发生在印度尼西亚的一件事，可以让我们深刻地理解所谓的饥饿感具体指的是什么。

他叫拉姆兰，是一位 18 岁的少年。他的身份是某建筑工地的一名普通工人。拉姆兰所在的地区发生了里氏 7.6 级的强烈地震。当时情况危急，这个少年被压在倒塌的建筑物下。他的小腿被死死地卡在巨大的建筑物之下，不管拉姆兰如何挣扎，他都不能把腿抽出来。就在那一时刻，拉姆兰的脑子里闪现出一个问题："失去小腿与死亡相比，我更畏惧什么？"

恐怕这世界上没有任何问题比这个问题更能体现出人对于某种欲望的迫切感和饥饿感了。在生死面前，拉姆兰最后作出了艰难的选择——他决定砍掉自己的小腿。

听过这个故事的人都能感觉到这件事不是每个人都有勇气做到的，事件的主人公拉姆兰更是如此，即使下定了决心，但进行了不到 10 分钟，他就已经精疲力竭了。他通过短信向自己的叔叔伊曼求救，此时伊曼正在第二层进行尸体的挖掘工作，接到侄子的短信后，他立即带着斧头赶到了现场。15 分钟过后，他帮助拉姆兰成功截肢。令人惊讶的是，在这残酷的过程中，拉姆兰始终保持清醒的意识。他在长达 15 分钟的时间里，眼睁睁地看着自己的双腿被砍掉，真的很令人不可思议。

伊曼用纱布包裹好拉姆兰的伤口，在其他工友的帮助下，把拉姆兰送到附近的医院。拉姆兰虽然失去了小腿，但却最终保住了自己的性命。

试问这个世界上还有比砍掉自己的腿更加痛苦的事情吗？拉姆兰之所以拥有那么大的勇

气，就是因为他迫切的求生欲望。

在实现自己的梦想面前，你的饥饿感相比拉姆兰如何？听完这个故事以后，你是否还会每日抱怨自己的生活比别人糟糕呢？与外在的现实条件相比，最重要的事情是对愿望的迫切感有多么强烈，只要迫切感和饥饿感足够强烈，不管什么样的愿望都能实现。

当然，没有几个人会在生活中经历拉姆兰这样的遭遇，这只是一个比较极端的例子。下面这个故事的主人公身上也存在着非常强烈的饥饿感。

1954 年，在美国的一个小村庄里，一个未婚妈妈生下一个女孩。这个女孩有着糟糕的童年生活，她没有父亲，只能依靠母亲辛苦劳作来养活自己，还经常地遭受小朋友们的嘲笑和愚弄。女孩正是在这样贫穷、恶劣的环境中长大的。

可是苦难并不仅仅如此，在她还未满 12 岁的时候，她的表哥夺走了她的童贞。

各种伤痛摧残着女孩的生活，可是女孩并没有因为生活的不公而变成弱者。女孩反而在种种坎坷和痛苦的缝隙中追求着新的生活。这个积极向上的女孩就是被全世界瞩目的美国电视女王——奥普拉·温弗瑞。面对这些苦难，奥普拉常常问自己一个问题，正是这个问题不断地鼓舞她前进："我要因此而倒下吗？"

通过一次次地问自己，奥普拉·温弗瑞在困境中不断地鼓励自己去感受生活的真谛，以"一定要成功"作为目标，无论遇到什么困难都不放弃，坚强地生活着，直到她长成任何人都无法轻易推倒的大树。那些生命中的挫折，反而成为她走向成功的垫脚石。无论在什么情况下都不要绝望，要对人生充满信心。奥普拉·温弗瑞在遇到困难的时候，总会默诵一句黑人灵歌的歌词："我会始终走下去，看看结局到底如何。"

这句歌词正好是她遇到困难时所提出问题的最佳答案。不正是处在恶劣环境中的这种"我会始终走下去，看看结局到底如何"的心态，激励着奥普拉·温弗瑞去追求成功的吗？因此，不论现在你的处境是多么的艰难，我们都可以想想五年、十年后的自己。问问自己的内心："10 年之后，我还会是这个样子吗？"这样的反问会激发出潜藏在内心中对于追求成功的渴望。带着这种积极的心态，反省自己过去的生活，用这种追求成功的饥饿感去塑造自己的明天吧！

乔布斯在 2005 年斯坦福大学毕业典礼上的演讲影响了很多人。乔布斯和大学生们分享了三个故事，他引用了《全球概览》最后一期的话作为演讲的结束语，也算是送给所有年轻人的忠告："求知若饥，虚心若愚（Stay hungry, Stay foolish）"。他勉励学生勇往直前，学习任何有趣的事物。

乔布斯的座右铭"求知若饥，虚心若愚"成为了现代人的生活的指南，他留给世人的精神是：必须时时刻刻保持初学者的谦虚及渴望求知的态度来拥抱未来的知识。如果能时时保持一颗"求知若饥，虚心若愚"的智慧之心，每个人都会拥有瑰丽的生命传奇。

2. 不满足的饥饿感

一个人只有永远不满足于现状才能努力地去改变自己的命运，才能不断地取得进步。

每个勇往直前的成功者，都时刻保持着一份饥饿感，永不满足的进取心。当一个人具有不断进取的决心时，这种决心就会化作一股无穷的力量，任何困难和挫折都阻挡不了他，凭着这股力量，成功者会不达目的誓不罢休。当他们面对重重困难时，这种进取心就会让他们充满巨大的力量，敢于挑战更大的危险，敢于尝试别人不敢做的事。攀登者不仅敢于向可能性挑战，而且敢于向不可能性挑战。而这种挑战就是成功的进取心所驱动的。

莫德克·布朗的成功经历，完美地诠释了进取心与成功之间的联系。莫德克·布朗从小就决定要成为棒球联盟的投手,事实证明他最终成为了美国最棒的投手之一。

上帝并不是因为他想成为投手的决心而眷顾莫德克·布朗。莫德克·布朗小时候在农场工作,有一天他的手指被机械夹住了,不幸的事情发生了,他失去了右手食指的大部分,中指也受了严重的伤。

如果想成为一名投手,我们完全可以想象出失去手指对其是多么大的打击。而失去手指又想成为棒球联盟最好的投手也变得完全不可能,梦想只能永远成为梦想了。

可是莫德克·布朗并不这样想,他完全接受了这个不幸的事实,尽自己最大的努力,学会用剩余的手指投球,功夫不负有心人,他终于成为地方球队的三垒手。

人们的欲望没有被满足前会有两种态度,一是"知足常乐",二是努力去满足和实现。对于人生来说,是选择永不满足还是知足常乐,这个谁也不能确定地给出答案,也不是我们现在要谈论的话题。但是我们可以看到这样一个普遍现象,就是创业者们都拥有比较强烈的欲望、强烈的不满足感,而且会用行动去解决问题。饥饿感触发创业动机,创业动机引发创业激情。

年轻人要学会让自己充满饥饿感,学会在各种情境中发现提高生活品质的问题。不要再抱着"会有什么变化吗? 我就这样了"的想法,把自己囚禁在一个狭小的圆圈里。只要你对实现愿望的饥饿感足够强烈,你就能实现自己的梦想。

这世上所有的一切都是由一个个疑问构成的。因此,在铭记"通过自己身体力行的经验来体会世间真理"的格言之前,我们应该认识到"如果没有疑问,没有饥饿感,就不会有世间万物的繁荣与生长"。

提出疑问不仅是个很重要的课题,同时也是一项艰巨的任务。世上有很多答案可以用来回答疑问,但是却没有一个答案用来解释如何提出疑问。有了疑问,然后作出相应的回答并不困难,而发出一个疑问,却不是件简单的事情。

问题就是力量。已知的东西不是力量,疑问才能产生力量。如果到目前为止,你没有取得任何成就,只充斥着各种不满,改变这种人生的唯一办法就是提出疑问。

世界的每个角落都有为实现目标不懈努力的人,他们废寝忘食、夜以继日地工作。有些人成功了,有些人虽然一直忙忙碌碌却没有取得任何成就。到底是什么原因使得他们的境遇如此不同呢? 那些成功人士有什么共同之处呢? 认真研究历史上在某些领域获得杰出成就的名人,结果发现他们的成功秘诀:他们确实都有一个不易被人察觉的共同点——饥饿感。

3. 所谓追求就是永不停息地疯狂

英国一个出生在农村的女孩,从 8 岁起就开始学习钢琴。随着年龄的增长,她对音乐的热情与日俱增。但很不幸,她的听力在渐渐地下降。医生断定这是由于难以康复的神经损伤造成的。而且断定到 12 岁,她就会彻底耳聋。可是,当她听到了医生的诊断后,没有悲观地放弃自己的追求,而是以坚强的自信和热情,执着地为实现自己的梦想而奋斗。

经过努力,她在皇家音乐学院完成了学业,并获得最高荣誉奖。此后,她致力于成为专职打击乐独奏家的目标而努力,并为打击乐独奏谱写和改编了很多乐章,在当时几乎没有专为打击乐而谱写的乐章。为了演奏,她学会了用不同的方法去"聆听"其他人演奏的音乐。她在演奏时,只穿长袜演奏,这样就能通过自己的身体想象,感受到每个音符的震动。她几乎用所有的感官来感受整个声音的世界。她的演奏总是赢得如潮的掌声。

最终,她成了世界上第一位女性打击乐独奏家。她叫伊芙琳·格兰妮。伊芙琳在完全失聪的情况下，在无声的世界里，打击演奏出声情并茂的乐章，完全凭借的是一颗热忱的心。

美国一位 20 岁的年轻人，去请教钢铁大王安德鲁？卡内基，希望给自己指出一条成功的道路。卡内基交给年轻人一项他自己想完成却又感力不从心的任务：采访、研究众多成功人士，总结他们的成功规律，给梦想成功的人们以永恒的精神指导。卡内基答应可以给他引荐采访，但不提供一分钱费用。

年轻人勇敢地接受了这项挑战。经过 20 年的努力，他先后采访了 500 多位成功人士，包括爱迪生、贝尔、亨利·福特、威尔逊总统、罗斯福总统等世界级大师或名人，而且还成了他们的朋友或助手。在研究和思考这些名人、大师成功经验的基础上，他终于找到了人们梦寐以求的人生真谛，创作出版了一系列成功学专著，鼓舞了千百万人，一跃成为世界上最伟大的成功励志大师，被誉为"百万富翁的创造者"，他就是拿破仑·希尔。

有人采访希尔，问他成功的奥秘是什么？希尔回答说："一个人成功的因素有很多，而居于这些因素之首的是热忱。没有热忱，无论你有什么能力，都发挥不出来。"

是的，热忱是人生的太阳。它可以照亮黑暗，可以融化冰山，可以给你无穷无尽的力量，披荆斩棘，奔向前方。为了你心中的梦想，为了实现你美好的希望，请点燃你的热忱，保持你的热忱。

在非洲一片茂密的丛林里走着四个皮包骨头的男子，他们扛着一只沉重的箱子，在茂密的丛林里跟跟跄跄地往前走。这四个人是：巴里、麦克里斯、约翰斯、吉姆，他们是跟随队长马克格夫进入丛林探险的。马克格夫曾答应给他们优厚的工资。但是，在任务即将完成的时候，马克格夫不幸得了病而长眠在丛林中。

这个箱子是马克格夫临死前亲手制作的。他十分诚恳地对四人说道："我要你们向我保证，一步也不离开这只箱子。如果你们把箱子送到我朋友麦克唐纳教授手里，你们将分得比金子还要贵重的东西。我想你们会送到的，我也向你们保证，比金子还要贵重的东西，你们一定能得到。"

埋葬了马克格夫以后，这四个人就上路了。但密林的路越来越难走，箱子也越来越沉重，而他们的力气却越来越小了。他们像囚犯一样在泥潭中挣扎着。一切都有像在做噩梦，而只有这只箱子是实在的，是这只箱子在撑着他们的身躯！否则他们全倒下了。他们互相监视着，不准任何人单独乱动这只箱子。在最艰难的时候，他们想到了未来的报酬是多少，当然，有了比金子还重要的东西……

终于有一天，绿色的屏障突然拉开，他们经过千辛万苦终于走出了丛林。四个人急忙找到麦克唐纳教授，迫不及待地问起应得的报酬。教授似乎没听懂，只是无可奈何把手一摊，说道："我是一无所有啊，噢，或许箱子里有什么宝贝吧。"于是当着四个人的面，教授打开了箱子，一大家一看；都傻了眼，满满一堆无用的木头！

"这开的是什么玩笑？"约翰斯说。

"屁钱都不值，我早就看出那家伙有神经病！"吉姆吼道。

"比金子还贵重的报酬在哪里？我们上当了！"麦克里斯愤怒地嚷着。

此刻，只有巴里一声不吭，他想起了他们刚走出的密林里，到处是一堆堆探险者的白骨，他想起了如果没有这只箱子，他们四人或许早就倒下去了……巴里站起来，对伙伴们大声说道："你们不要再抱怨了。我们得到了比金子还贵重的东西，那就是生命！"

马克格夫是个智者，而且是个很有责任心的人。从表面上看，他所给予的只是一堆谎言和一箱木头；其实，他给了他们行动的目的。人不同于一般动物之处是人具有高级思维能力，因此人就无法和动物一样浑浑噩噩生活，人的行动必须有目的。

　　有些目的最终仍无法实现，但至少，他们曾经支撑了我们的一段生活，这就值得感谢。现代人的无聊、厌世、缺少激情，其病根，大都在于追求的丧失，即饥饿感不足。饥饿感就像坚强的种子，正在某处安睡的一粒种子，你沉睡的内心，要用某种东西唤醒，才能使你焕发生机。年轻人如果能找到自己的问题，人生就会像花儿一样绽放美丽！

忠告箴言

　　年轻人要想改变自己的现状，就要不断地保持饥饿感，去争取，只有这样才能改变自己，提高地位，获得成功且拥有财富。而在不少人心目中，饥饿感就像坚强的种子，是正在某处安睡的一粒种子，切记你沉睡的内心，要用某种东西唤醒，才能让你焕发生机。相信，在不断的发现问题、解决问题的过程中，你会收获重新站起来的勇气。

忠告 16 重视学习,学无止境

每个人都可以让这个不完美的世界变得更美好。

——乔布斯

成功的人不一定要看学历有多高,但是这个人一定是个善于不断学习的人。现代人成功的标志就是他们有学习能力。知识改变命运,这句话一直适用,用知识武装自己,并用行动证明自己,这样一定会取得成功。

1. 学习是你成功路上的基石

俗话说"书中自有黄金屋"。虽然时代在不断的变化,但是这句话直到现在也依然是真理。勤奋的学习终有一天会得到回报的。曾经有一份统计数据表明,在北京的高收入者当中,拥有学历的人所占的比例要远远高于没有学历或学历低的人。

从书本中学习到的知识一定要学以致用,如果生搬硬套那么只能给你带来损失。在历史上这种奉行教条主义,最终惨遭失败的例子举不胜举。例如《三国演义》里的马谡,自称"自幼熟读兵书,颇知兵法",但在街亭之战中,只背得"凭高视下,势如破竹"、"置之死地而后生"几句教条,而不听王平的再三相劝以及诸葛亮的叮咛告诫,将军营安扎在一个前无屏蔽、后无退路的山头之上,最后落得一个兵败地失、狼狈而逃、斩首示众的下场。

在中国现代史上,也有过很惨痛的教训。在土地革命战争时期,奉行教条主义的王明"左"倾机会主义,顽固地坚持先攻打大城市,然后再波及农村的路线方针,结果给中国革命带来了巨大的损失。

所以,"尽信书,不如无书。"我们学习知识是为了更好地运用到实践当中去,否则读死书,那么只是一些没有用的东西。

歌德说:"人不光是靠他生来就拥有一切,而是靠他从学习中所得到的一切来造就自己。"一个人的成功 20% 来自于智商,80% 来自于努力。"事要成功须尽力,学无止境在虚心。"

不断地学习不管是对个人还是公司都是很重要的事情。个人的不断学习是为了追求个人价值最大化的实现,而公司的不断学习则是通过集体的共同探究,共同成长,进而寻求一种能迸发出智慧火花的动力因素,以促使团队的每个成员在实现个人愿景的同时完成团队的共同愿景。不断地补充知识,是获得成功的前提。

对于学习的渴望是潜藏在内心的。不管环境如何,乔布斯都没有忘记学习,他始终相信学习是获得成功的法宝,只有不断地学习,不断地进步,自己才能常常立于不败之地。

许多人还没有认清学习的重要性,还不明白学习应该存在于每个人的生活当中。不管是逆境还是顺境,不管你处于一个什么样的位置,如果你不想过原地不动的生活,那么你就应该不断地学习去充实自己的人生。有动力才能前进,才能面对各种各样的压力。没有良好的学习动力,不明白做事情的目的,就很难产生强大的内驱力,面对困难和压力就会左右摇摆,失去前进的方向。不懂、不会,就要了解,就要学习,学习就是为了更好地适应新的发展。

乔布斯在一次演讲中讲了他的一段经历:"Reed 大学在那时提供也许是全美最好的美术字课程。在这个大学里的每个海报、每个抽屉的标签上面全都是漂亮的美术字。因为我退学了,不必去上正规的课程,所以我决定去参加这个课程,去学学怎样写出漂亮的美术字。我学到了san serif 和 serif 字体,我学会了怎么样在不同的字母组合之中改变空白间距,还有怎么样才能做出最棒的印刷式样。那种美好、历史感和艺术精妙,是科学永远不能捕捉到的,我发现那实在是太迷人了。当时看起来这些东西在我的生命中好像都没有什么实际应用的可能。但是十年之后,当我们在设计第一台 Macintosh 电脑的时候,就不是那样了。我把当时我学的那些东西全都设计进了 Mac,那是第一台使用了漂亮的印刷字体的电脑。"

乔布斯的这段经历也告诉我们,没有人能快速通过学习成为一名成功者。如果你想成功,从现在起重视点点滴滴的学习,它们都会是你成功路上的基石,如果你不进行持续的学习,其他人就会超越你。

2.学无止境是一种智慧

一个人要想生活得更好,仅有工作技能是不够的,还必须不断地学习。学习不仅是为了谋生,更是为了创造好的生活。面对竞争日益激烈的现代社会,只有树立终生学习的观念,才不会落后于他人,落后于社会。

新思维的激发需要不断地学习,还要有勇气敢于否定自我,在已经取得的成绩中寻找不足的地方,在顺境中不安于现状,在逆境中不放弃。乔布斯的创新思考中,争执和辩论占据着核心地位。他很享受在争论中学习新的东西,乔布斯喜欢智力上的战斗。不断地学习不是喊一喊的口号,而确实是引领我们不断前进和进取的精神动力,是每一个人取得事业成功的起点。只有我们不断地努力学习才能汲取营养,才能不断地在事业当中激起火花。

有一则和生活在非洲大草原上的羚羊和狮子有关的寓言:

每天早上,当羚羊从睡梦中醒来,它想的第一件事就是不断地告诉自己,我今天必须比跑得最快的狮子还要快,否则,我就会被吃掉。而清晨的狮子同时在想:如果想要得到今天的美餐,我必须比跑得最快的羚羊还要快,否则我就会被饿死。于是在广袤无垠的大草原上,无时无刻不在演绎着狮子和羚羊之间惊心动魄的生死搏杀,优胜劣汰的自然法则在这里被体现得淋漓尽致。因此,年轻人要知道 35 岁以前学会你所在行业的必要知识,成功的概率就会大80%。

在如今这个竞争激烈的年代,如果你不努力学习,然后学会适应社会,你只有被这个世界抛弃、淘汰。如果想不被淘汰掉,你就必须用"淘汰自己"的精神是去学习。

看过这样的报道:"全球第一女 CEO"惠普公司董事长兼首席执行官卡莉·费奥瑞纳女士,她不论在什么场合出现,她的金色短发、美丽容貌、红色套装以及自信而乐观的微笑总是让每一位在场的人士着迷。而让人倾倒的,绝不仅仅是她的女性魅力,更是她所表现出来的坚强、果断和魄力。

这样一位"集美丽、智慧、财富、权力于一身"的女人,是如何从秘书时期开始职业生涯规划的呢?是如何提升自身价值的呢?又是如何一步步走向成功,并最终从男性主宰的权力世界中脱颖而出的呢?

卡莉并不是技术人员出身,作为 HP 这样一家以技术创新领先的公司 CEO,卡莉有很多东西需要学习,她常常感到最迫切需要补充的是知识。卡莉自己说:"我一直在技术公司工作,我知道技术是什么,对技术有宏观的了解,同时我也了解领导力和管理方面的东西。换句话说,我知道自己懂什么,同样也知道自己不懂什么。"

学习是一个人成功的最基本要素。这里所谓的不断地学习,就是不断地总结过去的经验,并且不断地适应新的环境和变化,学会工作的方法,不断地提高效率。有些人认为 21 世纪,人们比较的不是学习能力而是学习的速度,如何提高自己的学习速度,进而改变自己的生活品质才是关键。

学无止境是一种走向成功的能力,更是一种使自己不断前进的智慧。如果没有终生学习的精神,人们的生活也会变得枯燥乏味。如果你是不善于学习的人,那么你就会如同无头苍蝇一样四处乱飞,很难使自己真正地得到提高。如果你是这样的人,那终其一生也难成大事。

"情况总是在不断地变化,要使自己的思想适应新的情况,就得不断地学习。"成功的人特别善于学习和总结经验教训,并且还善于向别人学习。他们把学习来的东西仔细消化然后化为己用,使得新的知识转化为新的能量,并把知识运用到实践中去。

苹果公司之所以能够成为全球卓越的企业,离不开公司不断学习的精神。乔布斯和他的团队能取得今天这样傲人的成绩,就在于他超强的学习能力。在学习方面,他人无法超越乔布斯,每次他都是随着市场的发展而有目的地学习,所以才总能抢在他人之前掌控局面。

远大空调集团总裁张跃,其资产在 2 亿美元以上,1989 年创业时他年仅 25 岁。张跃的座右铭是:"要孜孜不倦地追求知识。当然这里不是指那种很刻板的知识,还包括对生活方式的认知和感受,这是决定一个人是否幸福的重要方面。要在知识中找到美感,体会到享受。"

全国政协委员、全国民营企业家杰出代表刘汉元,他是四川眉山县人,通威集团总裁。他历经 18 年的创业,把一个企业变成了国内最大的水产饲料及主要畜禽饲料的生产商。他的集团员工数量达 4 000 多名,如今正朝着世界水产业霸主地位前行。2002 年,《财富》杂志把他认定为全球 40 岁以下最成功的商人——而在亚洲仅有 13 人获此殊荣。作为一个拥有如此大规模企业的老板,刘汉元的时间寸秒寸金,他的办公桌上总是摆满了各种各样留给他批阅的商务文件。可是,不管工作多忙,哪怕身处天涯海角,每月月底他都要飞到北京大学光华管理学院参加EMBA 班的学习,这是专门为在职的老板举办的学习班。

那些身居高位的大老板尚且如此,我们这些凡人为什么不行呢?"充电"已成为一个时代的名词,想成功的人,只有不断地学习!

读一本书是花一年还是花一周时间都没有关系。无论何时何地,你都要尽力找一本书来读,你也可以随身携带,以便你在闲暇的时候就可以看书。如果我们每天缩短几分钟休息的时间,这样每周就可以读一本书了。这样算来,一年至少也可以读 50 本书。

平常生活中我们应该有个计划表。上面列清楚我们应该实现的目标有哪些,试着制定一份学习计划,标明学习的时间、学习的目的。也许你打算学习一门外语,那么可以读读国外著名的小说文集。记住,不管做什么事情都记录下来。

要进步,就要学会多与那些有思想的人接触。有想法的人不一定是高智商聪明的人,而是那些愿意花时间学习新技术新知识的人。他们的好习惯会影响到你。他们如果愿意和你分享知识那真是最好不过的事情了。

爱因斯坦曾经说过:"一个人如果读了很多书,但是却没有通过自己的脑子将这些书中所说的东西消化,那么他就是一个懒人。"很显然,只简简单单地学习一些知识是不够的,更多地要结合实际情况把这些知识消化掉。应多花些时间写点关于读书的感想和日志,然后思考、消化方能有收获。

3. 利用知识去帮助别人会让你有成就感

充分合理地利用你所学习和接触到的知识去帮助别人,你会因此感到非常有成就的。

陈启富 1997 年从鞋业公司下岗后,与妻子一道做起了小本生意。他们摆过地摊,卖过鲜花。2002 年开始搞花木培育,随着销量的提高,生意也越做越大。现在已经拥有 500 多平方米的日光温室,350 平方米的简易温室,并有 9 名重新就业的下岗工人。陈启富 2003 年开始进军绿化行业,陆陆续续接手了二十多项绿化工程。

其实,1997 年 7 月下岗以后的陈启富与妻子也有过很多的迷茫,在迷茫过后他们开始寻找新工作。陈启富做过木工,但是收入甚少。后来考虑做一些小生意,他到海州商品市场批发了十多小样小百货,然后摆起了地摊,半个月下来,除了吃饭每天能净挣 50 多元。可好景不长,由于城市道路扩建,生意没法继续做下去。

细心的陈启富经过观察发现了新的商机:东部城区很少有人从事卖花的行业。所以 2001 年陈启富用脚踏三轮车开始批发盆栽,走街串巷地卖起了花卉,每日有 40 元左右的收入。这样几个月过后,由于不懂花卉养护技术,盆花死了不少。总体算下来,他不仅没赚,反倒赔了钱。陈启富总结了一下经验教训,认为要想卖花赚钱,就必须学会培育花卉、盆景。2002 年,陈启富和妻子在社区的帮助下,与中云乡签订了承包蔬菜大棚养花的合同。在不到 4 个月的时间里,陈启富就搞出了 1 万多盆成品花,销售供不应求。就在他们生意正旺的时候,大棚所在地要拆迁建学校,他和妻子又在开发区规划分局相关人员的帮助下,在龙上高架桥南找了一块地。

重新建大棚之前,陈启富参加了开发区的 SIYB 创业培训班,又特意到山东、常州等地实地考察参观。回来之后,陈启富根据东部城区花卉市场的情况,制定了详细的工作计划。2004 年过完春节,新的花卉大棚很快建好了。陈启富又从外地引进多个品种的花卉和盆景。

他让妻子去市场上售卖这些盆景,并做好市场调查,看看哪些花卉受到消费者的喜爱,然后再决定大量地引进发展。在花木培育的过程中,陈启富没有忘记继续学习,他订阅了很多和花卉培育相关的报纸和杂志,每天都能从中学到很多知识和技术,这让他把自己的花卉盆景打理得更有特色,为消费者所喜爱,常常抢购一空。

如今,陈启富已建成 500 多平方米的固定温棚、350 多平方米的临时温棚,绿化苗木面积达到 16 亩,年培育草花 8 万多盆,租摆花卉客户达 20 多个单位,年创利 50 多万元,并带动 9 名下岗女工再就业。不满足于现状的陈启富在 2003 年又进军绿化行业,在连岛苏马湾西大门承接了第一单绿化工程,之后又陆续接了 20 多家单位的绿化工程。

创业也并非容易的事情。一是要有详细的创业计划和思路。创业前需要了解行情考察市场现状,这样才能制定出详细的创业计划书,在创业的过程中也能少走很多弯路。二是创业要有吃苦耐劳的心理准备和坚持不懈的奋斗精神。创业首先要学会吃苦,在创业的过程中会遇到各种难题,除了选择咬牙坚持下去别无他法。陈启富和妻子在一个不到 10 平方米的小铁棚子里足足熬了六年的时光。三是创业要不断地学习新知识。只有不断学习新的知识和技术,才能让自己坚持下来并发展壮大。陈启富正是通过不断的学习才能建造正规的日光温室,打造一个中高端的花卉盆景租摆中心。

我们在陈启富身上不仅看到了吃苦耐劳的精神以及对于成功的不断追求,更看到了他不断学习和勇于创新的精神。为了更好地培育和种植花卉盆景，他参加创业培训班，到外地先进地区参观学习，订阅专业的花卉、盆景报纸和杂志。为了适应社会变化与发展，陈启富又安装了电脑，学习互联网知识，因为他听说网络上有更多他想了解的新知识和技术。

陈启富令人尊敬的不仅仅是他的学习能力，更难能可贵的是他在学习的基础上进行创新。在花卉苗木区，随处可见花篮、层次盆景等形态各异的花卉植物造型。人们眼中最普通的盆景，经过他独特的创意加工，价格就能翻三四倍，而且还很受消费者喜爱。这样具有学习精神、创新精神的人怎么能不成功呢？

由此看来，创业除了具备好的项目、充足的资金和创业者的热情外，还要有不断学习的能力，更要有不断开拓进取的创新精神。只有如此才能在竞争激烈的市场中存活下来。期望更多的人学习陈启富，生活中也出现更多的和陈启富一样的人！

在美国东部的一所大学里，一群工程学的高年级学生围坐在教学楼的台阶上，他们正在讨论几分钟以后马上要开始的考试。他们脸上都带着自信的微笑。因为这是他们参加工作前的最后一次考试了，他们即将毕业。

有些人在聊他们找到的工作；有些人在讨论找工作的问题。他们都带着经过大学四年学习所获得的自信，觉得自己一切都准备好了，并且能够征服整个世界。

他们每一个人都清楚地知道，这最终的一场考试将很快就会结束。因为他们的教授说过，此次考试他们可以带上任何对考试有帮助的书本或者笔记，但是只有一个要求，就是在考场中不能交头接耳地相互讨论。

这群学生兴高采烈地走进了考场。考试开始了，教授开始分发考卷。当学生们发现考卷上只有五道论述评论的问题时，每个人都更加开心了。

三个小时以后，考试结束了，教授开始收卷子。原来看起来自信满满的学生，一个一个都垂头丧气的，原来自信的笑容都不见了，每个人脸上都写满了担忧，没有一个学生说话。教授收好了考卷，他站在讲台上，面对着下面所有的学生。

他俯视着讲台下面一张张焦急的脸孔，然后慢慢地开口说道："有谁五道题目都完成了，请举手。"教室里很安静，没有一个人举手。"那么有谁完成了四道考题吗？"教室里依然很安静，没有一位同学举手。"那么完成三道试题的呢？"教室里开始出现了小骚动，每个人都在座位上扭来扭去。最后教授问道："完成一道题目的呢？"骚动的教室立刻又恢复了安静。

此时教授开口说道："这正是我期望得到的结果。我只想给你们留下一个深刻的印象，即使你们已经完成了四年的工程学习，关于这门科目仍然有很多的东西你们还不知道。这些你们不能回答的问题是与每天的生活密切相关的。"然后他微笑着补充道："你们都会通过这个课程，但是记住——即使你们现在已是大学毕业生了，你们的学习仍然还只是刚刚开始。"随着岁月的流逝，这个教授的名字和样貌早已经被大家忘记，但是教授所上的这堂课却让每个人受益匪浅，并终生难忘。

要知道对学习不感兴趣，或是"忙得没工夫看书"的人，命运只有一个，就是在大浪淘沙的时代被淘汰出局。

汽车大王福特少年时曾是一家机械商店的店员，每周的薪资只有 2.05 美元，但他却每周都要花 2.03 美元来买机械方面的书。当他结婚的时候，最值钱的就是这一大堆与机械相关的书籍和杂志，再别无其他。正是这些机械书籍让福特迈进了机械的王国，从而创造了福特汽车的王国。事业有成以后，福特曾经说道："对年轻人而言，学到将来赚钱所必需的知识与技能，远比蓄财来得重要。"

书是智慧的常青之树!读好书就如同种下了一粒有生命力的种子。值得寄托生命的种子。书是一把有魔法的钥匙,它能开启许多奥秘的大门;书是指引方向的向导,只有它才能让你避免走入死胡同,从而迈入成功的捷径。

事实证明,接受过最成功教育的人,往往也是自我教育最成功的人。如果自我教育不足,对个人成长是非常不利的。《进化论》的作者达尔文曾经说过:"我的学问最有价值的全是自己苦读学来的。"

对于大家来说最有价值的不是在学校读过多少书,而是在求学中的态度。学,可以立志;学,可以成才;学,永远不能停止。

成功企业家杨灿龙的经历告诉我们这样一个道理:天才在于勤奋,知识在于积累。人们只有不断学习、不断充电,才能不断取得成功。对此,俞敏洪坦言,每个人都会有知识匮乏的时候,在现在这个经济飞速发展的时代,不学习就会没有竞争力,失败就不可避免。在创业的路上,学习是很重要的一笔。在《巨变时代的 36 个创业拐点》课上,一个学员说,他想用 10 万资金来创业,可是却不知道应该做些什么。如果你和他有同样的疑问,那么你应该好好地想一想,天上掉馅饼的年代已经一去不复返了,如果想创业就从自己擅长的领域开始。如果说 10 万元可以做什么,我倒要反问你,你觉得 10 万元可以做什么呢?缺乏行业知识和社会阅历是多数人创业失败的原因之一。在创业的过程中要不断地汲取过去失败的教训,分析利弊。

4. 永远有一种好奇心和冲动

刘允 1979 年毕业于西北师范大学附属中学,1983 年毕业于北京师范大学数学系,获理学学士学位。在上海华东师范大学执教数年后,刘允于 1988 年赴丹麦深造,1992 年获得丹麦科技大学数理与运筹学院硕士学位,1994 年获得丹麦科技大学电信学院博士学位。

全球最大的搜索引擎 Google 于 2008 年 1 月 7 日宣布任命刘允博士为全球副总裁,主管大中华区销售。刘允将常驻北京,负责 Google 在中国大陆、香港和台湾的销售及渠道业务。

刘允曾表示,自己负责的是周韶宁之前的工作。在未来,谷歌将继续倚重代理商制度,推进谷歌在中国的广告销售。

Google 全球副总裁兼大中华区总裁李开复表示:"刘允博士将成为 Google 大中华区管理团队的重要成员之一。我很高兴像刘允博士这样的人才加入我们的中国团队,他的加盟将加快Google 在大中华区的销售和渠道业务的发展,并促进 Google 为中国的用户、广告商和广告发布商带来最好的产品和服务。"

刘允认为:"多样化数字新媒体的兴起,改变了人们的沟通方式,这为企业品牌营销带来了新的机会和挑战。而 Google 将利用自身产品,整合线上线下资源,帮助企业打造新的营销方案。"谷歌中国举行中小企业营销论坛,针对中小企业提出了"中小企业网络营销解决方案";谷歌再次举行品牌营销论坛,针对相对高端的企业提出了"线上线下整合品牌营销方案"。

刘允上任后,对谷歌的线上线下整合营销方案,即通过链接线上线下的广告媒体,利用线上多种广告表现形式和跟踪技术,在新上任 4 个多月,在大中华区掌管谷歌产品营销的刘允过去是 SK 电讯中国区首席执行官及总裁,他对中国电信行业的稔熟与人脉正是谷歌所看中的。

刘允认为自己面临的最大挑战就是要面对一个全新的互联网行业,几个月来他给谷歌带来的最大不同就是促进了谷歌销售渠道的顺畅,让谷歌的营销团队在公司中的作用得到提升。

"过去是谷歌全球告诉谷歌中国如何营销,现在是谷歌中国的营销团队告诉谷歌中国要怎么做,来争取谷歌全球的支持。"支持需要业绩的支撑。刘允的名片上写着"刘允博士大中华区销售",销售就意味着挑战和压力。

谷歌广告营销在谷歌中的权重和战略地位正在提升。

谷歌北亚区在线销售及运营经理周文彪称:"过去的销售队伍是群龙无首,现在销售策略清晰,销售渠道、销售队伍都大规模组建起来了,谷歌已经有了几百人的销售团队,目前还在扩招中。"谷歌代理商渠道负责人、中国渠道部北区总经理王欣宇认为,"刘允来之前我们也在做销售,但没有像现在这样得到这么多的支持。最大的不同就是谷歌更加重视产品营销了。"

他曾在日本 NTT 公司、新加坡电信公司、马来西亚金狮电信公司、国际航空电信(SITA)公司及美国电子商务平台(FreeMarketsInc.)公司担任各种高级执行员要职,并于 2002 年 2 月正式加入 SK 电讯公司。刘允 2008 年 1 月加入谷歌,担任谷歌全球副总裁,主管大中华区销售。他常驻北京,负责谷歌在大陆、香港和台湾的销售和渠道业务。

在加入谷歌前六年,刘允博士一直担任 SK 电讯中国区首席执行官。他于 2006 年获得"中国信息产业年度经济人物"的称号,并于 2007 年获得了"蒙代尔世界经理人成就奖"的荣誉。

闲暇时的刘允喜欢读书,打高尔夫球。"书只看两类,管理类书籍和人物传记,人物类中历史人物、商业人物传记都喜欢,可以学到很多东西。"周末都要抽一天时间与家人和孩子在一起,另一天去球场与商业伙伴们交流。

5. 抢知识就是抢未来

李嘉诚先生 14 岁辍学择业,他至今也没有机会进过学校求学,但他学识之渊博、才智之卓绝,广为人知。我们有必要来探讨、学习、研究李嘉诚先生的求知观。

"抢学问"这个词是李嘉诚创造的,它反映了作为企业家的他几十年来不屈不挠追求知识、创造财富的艰辛历程。李嘉诚曾这样形容过自己"人家求学,我是在抢学问。"他认为,善于"抢学问",就是在抢财富,抢未来。

他也重心长地谆谆告诫人们:"知识改变命运。"他坚信:"今天的商场要以知识取胜,只有通过勤奋的学习才能通往人生新天地。"这都是李嘉诚积几十年从商历程的肺腑之言和经验之谈。

从清贫困苦的学徒少年到"塑胶花大王",从地产的大亨到股市的大腕,从商界的超人到知识经济的巨擘,从行业的至尊到现代高科技的急先锋……李嘉诚一路走来,几乎都能占得先机,发出时代的新声,争得巨大的财富。他一生勤奋学习,博览群书,靠知识引导前行,敢于不断尝试新的未曾涉猎的领域,并屡有丰厚的斩获。他的每一次战略抉择,既能适应产业、行业趋势的变迁,又能够推动社会的进步和发展。有学者评价李嘉诚说"他是跃进到现代化的永无止境的变动之中的人"。

在李嘉诚创建"长江塑胶厂"的头几年,在香港当地的塑胶及玩具厂已有 300 多家,长江塑胶厂只不过是其中的一家,而且还只是一家经营状况良好,但缺乏特色的名不见经传的小厂。显而易见,这样的市场竞争是激烈的,工厂的生存处境是艰难的。李嘉诚意识到,只有寻求巨大的突破,才能使长江塑胶厂从同行业中脱颖而出,获得飞速的发展。李嘉诚时刻敏锐地关注着塑胶行业的任何一个动向。终于,李嘉诚在阅读英文版《塑胶》杂志时,发现一则有关意大利的一家公司,用塑胶原料设计制造的塑胶花即将销往欧美市场的消息。李嘉诚当即做出判断:塑胶花的面市,必将引发塑胶市场的革命性变化。于是,他在一无资金二无技术三无人才的窘境下,只身一人飞赴意大利求师学艺。在意大利的这段日子,李嘉诚靠着坚忍不拔的毅力、吃苦耐劳的精神、好学求索的智慧和精明能干的胆识,非同寻常地学到了塑胶花生产技艺,不久便满载而归。从此,香港迎来了一个塑胶花的黄金时代,也使李嘉诚荣获蜚声香港的"塑胶花大王"的美誉,为李嘉诚打造未来的商业王国攫取了第一桶金。

其实,李嘉诚一生中无数次地把握住财富的机会,每每得到幸运之神的眷顾和垂青,别无他法,不过是他孜孜不倦地追求知识的必然收获。正如李嘉诚自己所说:"我们身处瞬息万变的社会中,全球迈向一体化,科技不断创新,先进的资讯系统制造新的财富、新的经济周期、生活及社会。我们必须掌握这些转变,应该求知、求创新,加强能力在稳健的基础上力求发展,居安思危。无论发展得多好,你时刻都要做好准备。财富源自知识,知识才是个人最宝贵的资产。"

有记者问李嘉诚:"今天你拥有如此巨大的商业王国,靠的是什么?"李嘉诚回答:"依靠知识。"有人问李嘉诚:"李先生,你成功靠什么?"李嘉诚毫不犹豫地回答:"靠学习,不断地学习。"是的,"不断地学习"就是李嘉诚取得巨大成功的奥秘。

在60多年的从商生涯中,李嘉诚一如既往地保持着旺盛的求知欲望。他每天晚上睡觉前,都要看半个小时的书或杂志,学习知识、了解行情、掌握信息。他说,读书不仅是乐趣,而且令人启迪心智,刺激思考。据他自己讲,文、史、哲、科技、经济方面的书他都读,但不读小说。他不看娱乐新闻,认为这样可以节省时间。他在回忆过去时这样说过:"年轻时我表面谦虚,其实内心很'骄傲'。为什么骄傲?因为我在孜孜不倦地追求着新的东西,每天都在进步,这样离我的目标就不远了,现在仅有一点学问是不行的,要多学知识,多学新的知识。"

李嘉诚荣膺世界华人首富以后,并没有退休养老的打算,他仍在不断地学习,每天继续在他的办公室里工作。他是一位真正身体力行"活到老,学到老"的杰出企业家。他说:"不读书,不掌握新知识,不提高自己的知识资产照样可以靠吃'老本'潇潇洒洒过日子,是旧时代不少靠某种'机遇'发财致富的生意人的心态。如今已经不可取了。"

李嘉诚说:"一个人只有不断填充新知识,才能适应日新月异的现代社会,不然你就会被那些拥有新知识的人所超越。"李嘉诚正是这样——奋力追逐着时代的脚步,在现代社会的激流中领跑急行。

6.坚持学习才不会在人生之途迷失

《塔木德》说:"对于犹太人,学习是一生的课题。"

70多年前,有一个基督教徒想在街上雇一辆马车。他环顾了一下四周,发现不远处有一排犹太人的马车。走近一看,马正在吃草,却找不到车夫。他就问在路上玩耍的小孩:"哪去了?"小孩回答说:"在车夫俱乐部吧。"于是,这个基督教徒就来到街道深处的车夫俱乐部,看到在狭窄的屋子里面,车夫们都在学习《塔木德》。虽然是车夫,但他们一有时间就学习圣书。这就是传统犹太人的写照。

纽特·阿克塞波正是把学习当作一生的课题的榜样。

纽特·阿克塞波青年时代渴望学习语言,学习历史,渴望阅读各种名家作品,好使自己更加聪慧。当他刚从欧洲来到美国北达科他州定居的那阵子,他白天在一家磨坊干活,晚上就读书。但没过多久,他结识了一个名叫列娜·威斯里的姑娘,18岁就和她结了婚。此后他必须把精力用在应付一个农场日常的各种开销上,还必须养儿育女,多年以来,他早就没有时间学习了。

最后终于有这么一天，他不再欠任何人的债务，他的农场土地肥美、六畜兴旺。但这时他已经 63 岁了，让人觉得仿佛不久就要跨进坟墓了，没有人再需要他，他很孤独。

女儿女婿请求他搬去和他们同住，但纽特·阿克塞波拒绝了。"不，"他回答说，"你们应该学会过独立生活。你们搬到我的农场来住吧。农场归你们管理，你们每年付给我 400 美元租金。但我不和你们住在一起。我上山去住，我在山上能望见你们。"

他给自己在山上修造了一间小屋，自己做饭，自己料理生活，闲暇时去公立图书馆借许多书回来看。他感到他从来也没有生活得这么自在过。

开始，纽特·阿克塞波仍改不掉他多年养成的习惯：清晨 5 点起床，打扫房间，中午 12 点准时吃饭，太阳落山时一准就寝。但他很快发现他那些事情完全可以随自己高兴，想什么时间做都可以。实际上，他那些事即使不干也没有什么关系，于是他一反过去的老习惯。早上他常常在床上躺到七八点钟。吃罢饭，他往往要"忘记"打扫房间或清洗碗碟。但是，他后来开始在夜间外出做长距离散步，这才是他真正告别过去，向着新的、更加自由的生活迈出的最为彻底的一步。

在他一生之中，白天总是有很多工作要做，累了一天之后，天一黑就没法不睡觉。现在可不同了，白天过完，夜晚他可以出去散步，他发现了黑夜的奥秘。他看到了月光下广阔的原野，他听到了风中摇曳着草和树发出的声音，有时他会在一座小山头上停下，张开双臂，站在那儿欣赏脚下那一片沉睡的土地。

他这种行径当然瞒不过镇上的人。人们认定这个老头的神经出了毛病，有人说他已经成了疯子。他也知道别人是怎样看他的，从人们向他提出问题时所说的那些话，以及人们看他做事时的那种眼神就不难了解到。他对于那些人看待他的态度感到十分气恼，因此也就更少和人们交往，他用来读书的时间也越来越多了。

纽特·阿克塞波从图书馆借回来的书中，有一本现代小说。小说的主人公是一名耶鲁大学的青年学生。小说叙述他怎样在学业和体育方面取得成就，还有一些章节描述了这个学生丰富多彩的社交生活。

纽特·阿克塞波现在 64 岁。一天凌晨 3 点钟，他读完了这本小说的最后一页。这时他做出了一个决定：去上大学。他一辈子爱学习，现在他有的是时间，为什么不上大学？

为了参加大学的入学考试，他每天读书许多小时。他读了许多书，有几门学科他已有相当把握。但拉丁文和数学还有点困难。他又发奋学习。后来终于相信自己做好入学考试的准备。于是他购置了几件衣物，买了一张东去康涅狄格州纽海芬的火车票，直奔耶鲁大学参加入学考试。

他的考试成绩虽然不算很高，但及格了，被耶鲁大学录取了。他住进学生宿舍。同屋的人名叫雷·格里布，曾当过教师。雷的学习目的是得一个学位，以便再回去教书时可以挣更高一点的工资。雷在学生饭堂打工，挣钱交学费，雷不喜欢和人讨论问题，不喜欢听音乐。

纽特·阿克塞波感到很惊讶，他原以为所有的大学生都和他一样喜欢谈论学问。

进大学还不到两星期，纽特·阿克塞波发现自己很难和其他同学融入在一起。其他的学生笑话他，不仅仅因为他年龄大（虽然白发苍苍的他坐在台下，听一个年龄比他儿子还小的教师在台上讲课，那情景也实在些古怪），还因为他来上学的目的与众不同。那些学生选修的科目都是为了更有利于以后找工作挣钱，而他和大家都不一样，他对有助于挣钱的科目不感兴趣。他是为了学习而学习。他的目的是要了解人们怎样生活，了解人们心里想些什么，弄清楚生活的目的,使自己的余生过得更有价值。但这并不重要,重要的是,他能够有自由的感觉,能够在学习中找到乐趣。

　　你应该用这种态度看待生活:将生活看成在你前面无限延伸的、漫长的、渺无尽头的道路,你只有坚持学习,不断地努力向前走,才不会在中途迷失。

忠告箴言

　　一个持续不断努力学习进取的人,一旦停止摄取知识,他会立刻成为一个被社会抛弃的人,他会发现在这个高速发展的世界里,竟然没有自己的位置。每个人都期望自己成功,每个人都想知道成功的秘诀,但是成功却永远不可能伸手可得。即便你现在取得了小小的成绩,但是如果你一停止学习,那么整个世界也会如同快速行驶的列车,把你甩在身后。

　　如果想摆脱事业的低谷,就要不断地学习新的知识,通过学习来明确前进的方向与动力。只有找到了前进的方向,并拥有持续前进的动力,你才能重新鼓起斗志,才能拥有强大的不达目标誓不罢休的力量,这会使得你的事业向着光明的方向发展。

忠告 17 善于捕捉公众的需求,适合大家的口味

我觉得自己像个傻瓜。我竟然认为很多人更愿意使用电脑剪辑家庭录像,而免费音乐共享软件 Napster 才是全世界网民的焦点。

——乔布斯

"苹果的产品不是满足现在消费者需求的,而是将消费者未来的需求提前满足了。"乔布斯感慨道。

一个人如果把对事业的热爱融入到血液中,那么任何挫折都不能将他绊住。苹果公司在发展中无论遭遇什么风险,乔布斯都勇往直前并将危机巧妙化解。现实生活中,人们常常因为心态保守,畏手畏脚不敢冒险,而与许多良机擦肩而过,这也致使他们永远难以获得成功的垂青。其实,根本上还是他们并非发自内心的热爱自己的事业,为了工作而工作是难以有大成就的。

1. 想顾客之所想

在乔布斯看来,产品的包装设计与产品的质量一样重要。这一方面源于其品位的高雅,另一方面是他认为,产品被用户从包装盒中取出的体验是重要的,但却是不易被重视的环节。因此,乔布斯在考量其他细节的同时,也在不断思考如何提高产品的包装设计,为此他投入了大量的精力。

乔布斯认为,产品包装对于新技术的推广有重要作用。比如,1984 年推出的人们未曾见过的产品——第一代麦金塔电脑,这款个人电脑的新奇之处在于它是由鼠标控制的,这不同于以往由键盘控制的产品。为了让用户对使用鼠标产生兴趣,乔布斯试着独立包装了鼠标,以此希望用户在拆开鼠标包装后能自主地把鼠标插入接口。实践证明,这次运用包装推广鼠标是成功的,因此乔布斯开始为苹果公司的产品打造丰富的"拆包程序"。又如,iMac 的包装设计使用户自主地对电脑联网,而且还别出心裁地将产品说明书嵌入包装箱内的防震隔热泡沫上的凹槽中。除了产品包装以外,乔布斯还特别重视客户体验的其他所有环节,如从激发消费者购买苹果产品的电视广告到实体展示商店,从开发独特的 iPhone 使用软件到延伸网上的 iTunes 音乐商店。显然,乔布斯一直强烈试图把顾客体验融入到苹果公司的硬件生产、软件开发、在线服务等整个流程中去。

乔布斯始终奉行顾客至上的信条。因此他很早就以此为努力方向,譬如他开始观察如何改善内容导航,并不断进行趣味性的尝试。他在一次采访中曾说:"iPod 的出发点并不是一个小型的硬件或者新的芯片,而是用户体验。"埃弗说道,"谈到 iPod 时,iPod 就是公司的焦点,他并不尝试做太多与设备本身有关的事情,因为这样有可能导致设备变得非常复杂,进而导致其因无人问津而终结。其功能特征并不明显,因为设计的关键就是要去掉没有用的部分。"

与其他科技同行相比,苹果公司产品设计线的最显著的不同之处在于其流程的简化,其更

新频率的平缓,而这些更多是出自于对用户电子产品功能性需求越发具体的考量。在乔布斯看来,少即意味着多。而且他曾对《时代》杂志记者表态:"随着技术变得越来越复杂,苹果公司知道,应该使复杂的技术变得让普通人也可以完全理解,消费市场对这种做法的需求越来越大。"

技术的创新与艺术创造一样,皆属于个体创造力的范畴,是一种更诉诸个体的表达。艺术家完成一件独特新颖的作品不可能是通过进行核心小组调研来实现。也正因如此,极致完美主义的乔布斯也不愿意通过调研这一途径来进行产品的开发。乔布斯认为无法通过询问核心小组的所需来实现创新。亨利·福特也曾表达过类似的看法:"如果当初我问我的顾客想要什么的话,他们会说他们想要一匹跑得更快的马。"

美国最大的设计研究所——伊利诺伊理工学院设计学院的院长帕特里克·惠特尼认为用户小组并不适合技术创新。回顾传统的技术行业的做法可以见得,他们虽然已经仔细研究了特别以界面为主的新产品,但这些以查找运转与预期相同或改进部分为目的人机交互研究,通常是在产品设计结束后进行的。这些研究对用户小组的需求是他们不能太过熟悉这项技术,否则研究就会出现偏差。"用户小组需要没有经验的非专业用户,"惠特尼补充说,"但是这些用户无法告诉你他们想要什么。一定要对他们进行观察,你才能发现他们真正想要的东西。"

惠特尼说,如果当初索尼公司听从来自其用户小组的意见,随身听就不会被创造出来。实际上,索尼公司在决定发布随身听产品前做了很多研究。"所有营销方面的资料都显示随身听将失败。这一点非常明确,没有人会买它的;但是盛田昭夫无论如何都要将它推入市场。他知道(乔布斯也知道),他不需要用户小组,因为他自己就是一名用户体验专家。"

"我们有很多顾客,我们对自己已拥有的顾客基础做了大量研究。"乔布斯对《商业周刊》的记者说,"我们还非常小心地关注行业趋势。但最后,由于这一做法将某些事情复杂化了,所以要通过用户小组进行产品设计真的很难。很多时候,人们不知道自己想要什么,直到你将产品展示给他们,他们才弄清楚。"

乔布斯是苹果公司的非常特别的一人核心小组。乔布斯没有接受过正式的工程或编程培训,这种零工程师才能的经验正是乔布斯这种一人模式的优势所在。另一方面,学业未竟的乔布斯其思维类似于外行,不会以专业工程师的角度去考虑问题,这样他就成为苹果公司产品的最佳体验专家。他是苹果公司的一个普通人——理想的实验平台。"在技术方面,他达到了嗜好成瘾的程度,"加利福尼亚州芒廷维尤计算机历史博物馆的高级馆长戴格·斯派塞说,"他没有接受过正式教育,但从十几岁开始,他就一直从事与技术有关的工作。在技术上,他有意识地关注行业发展趋势,就像一名优秀的股票分析师一样,同时他又拥有外行人的见解,这是一笔宝贵的财富。"

能有先见之明把选择体验店地理位置放到战略高度也是乔布斯的创举。人口普查资料、调研已登记顾客的相关信息、分析商店位置周边是否交通便利……苹果公司会通过多种途径搜集大量的信息以将苹果体验店的地理优势发挥到极致。当然,这样细致地寻找一个绝佳的位置将花费大量的时间,乔布斯曾为了在旧金山开一个绝佳位置的苹果体验店等待了三年之久。

事实证明,正是乔布斯这种胆大独特的冒险,将苹果产品推向了销售的高潮!

为什么苹果公司每次推出新产品都能受到消费者强烈的追捧呢?这份忠诚的爱来自何处呢?其实原因是显而易见的,乔布斯领导下的苹果产品已经超越了消费者的需求,从另一个层面来说,苹果产品已不仅仅是消费品,更是一种生活方式。乔布斯专注于苹果产品的超前性,他精减产品生产设计线以求产品的完美艺术性,这是苹果产品能引领潮流的重要砝码。

乔布斯在采访中曾这样回应:"人们往往不知道自己想要什么,除非你秀出产品给他们看。

仅仅是满足消费者的需求,在这个'情感的经济'时代已远远不够,要想赢得市场,你还要超越消费者的需求。顾客是为了满足需求而购买,所以不同的产品出现时,对他们而言,只不过是满足需求的不同产品而已。"

人无我有,人有我优,人优我特。我们常希望自己的产品是与众不同的,但真正能做到的却寥寥无几。这主要是因为我们贪心有余而专心不足,我们对所有尝试都感兴趣,想做到每点都平衡到最后却一事无成。乔布斯之所以能够引领科技的潮流是因为他能专注于一点,值得我们学习的是,我们也只有专注于自己所爱的事业,离成功才能更近。

乔布斯在任苹果 CEO 的第一个年头便采取了大刀阔斧的改革,譬如狠减生产线。这一举动曾致使公司营业收入下滑 15% 左右,损失 59 亿美元。在对苹果公司做完"瘦身"后,乔布斯便专注于对未来产品的开发上,渐渐地,"苹果"在乔布斯的领导下成为了一种能引导消费者需求潮流的代名词。

随着苹果产品的热销,苹果公司规模逐渐扩大,但为苹果创造超过 300 亿美元巨大资产价值的产品却不到 30 种。虽然自 iPad、iMac、iPhone 问世后,苹果公司未再开发新的产品,但这些已出品的苹果产品早已简化了人们的生活,使人们难以离开苹果产品,可以说这是乔布斯因专注而产生的神奇效果。

而苹果公司现在又一次的辉煌与乔布斯的二次回归密不可分。在乔布斯再次回归后,他重新定位了苹果产品设计最重要的标准——不断超越消费者想象之外的需求。而后苹果一次次创造佳话的销售业绩无疑证明了乔布斯做到了所定的标准。以 iMac 为例,自从 1981 年 IBM PC 及 Apple Ⅱ 问世以来,乔布斯率先改写个人计算机一贯遵循屏幕与主机相分离的原则,iMac 则借用了烤面包机的概念,重新进行了设计。

如《财富》杂志评价的那样,乔布斯依靠 iMac 为苹果公司赢取了良机和时间,随后他把真正的冒险放在了 Mac OS X 系统上。经过近 1 000 名电脑天才三年的疯狂苦战,苹果公司依靠 NeXT 的成果开发出的新型操作系统 Mac OS X 系统在 2001 年成功面世。Mac OS X 操作系统的亮点在于:第一,使应用程序的编写过程更容易;第二,使程序运行更加稳定;第三,与录像机及其他消费产品的连接更便捷。

在乔布斯看来,不少公司以为将摊子铺大,通过大量生产产品可以降低风险,可结果往往是所出产的产品都不能感动消费者。相反,乔布斯则将苹果公司所有的资源都集中精品上,其结果自然获得巨大收益。乔布斯曾感慨道:"苹果的产品不是满足现在消费者需求的,而是将消费者未来的需求提前满足了。"

为了迎接苹果新产品的发布,乔布斯在丰富营销渠道上提出了苹果体验店这一概念。乔布斯曾诗意地称那是一个"贩卖生活方式"的地方:用户能够在那里体验到苹果的数字生活方式,并且在他们离开之时很想带一台回家。

起初,乔布斯想把体验店定在了人来人往的闹市区。不过,因为人流量大的街区地价昂贵使得这一决策一提出就立即遭到了普遍的反对。于是,有人建议将体验店开在租金较低的郊区商业街,但乔布斯没有动摇,坚持当初的决定,他深知机会往往会稍纵即逝,用户此刻就有可能流失。

对于这个"冒险"的决策,乔布斯解释道:"一方面,苹果的核心用户是一些时刻生活在繁忙都市中的人,他们不可能为了购买苹果的新电脑驱车到偏远的郊区;另一方面,苹果的潜在用户需要苹果将体验店开在更接近他们的地方,这样苹果才能获得让他们走进店里挑选产品的机会,然后,才有可能使出浑身解数迷住他们,让他们变成自己的忠实用户。"

关于苹果体验店的选址,乔布斯是这样分析的:"很简单,苹果的粉丝或许会为了购买苹果产品开车去苹果专卖店,但对于 Windows 用户来说,他们不会开车去什么特别的地方,他们可能觉得自己不需要 Mac 电脑,没必要花上 20 分钟开车去看看,他们担心自己压根儿就不喜欢苹果。但如果我们把店面开在大商场或者商业街上,人们会经常走过路过,而我们就可以将 20 分钟的车程缩短为 20 步的距离。然后呢,他们进来参观的可能性就大大增加了,因为这样就不用付出什么成本了,所以我决定将苹果专卖店开到车流密集的区域。"

乔布斯对《纽约时报》杂志说:"苹果的核心优势就是知道如何让复杂的高科技为普通大众所理解,随着科技日趋复杂,这一点就变得越来越重要。"

从 1983 至 1993 年担任苹果 CEO 的约翰·斯卡利说:"乔布斯不光关注把什么加进来,也重视把什么丢出去。乔布斯与众不同的方法论是,他总是相信最重要的决定并不是你要做什么,而是你不做什么。"

乔布斯也执着地消除任何不必要之物。如果一个按钮没有必要保留,它就不会被保留下来。乔布斯曾经说过:"我们对做过的事情感到自豪,但我们为没有去做的事情感到同样的自豪。"

许多公司号称自己以消费者为中心,他们接触用户并询问他们需要什么。这种所谓的用户中心创新,是通过用户的反馈来进行的。但是,乔布斯避开了这种把用户关在一个会议室来加以研究的繁重工作。他自己研究这些新技术,并记录下自己的反应,然后再将之反馈给工程师。如果一个东西太难使用,乔布斯就会指出哪些地方必须简化。任何不必要的或者令人费解的地方,都会被要求去掉。如果乔布斯满意了,用户也就满意了。

乔布斯一个人就是苹果的关键用户。他最大的优势之一就是,他并非工程师。他没有接受过正规的软件工程训练,也没有工商管理学的文凭。实际上,他根本就没有大学文凭,他是个辍学生。乔布斯像个门外汉一样思考,这使他成为苹果产品最好的测试平台——乔布斯就是苹果的理想消费者。

乔布斯是个极度以顾客为中心的人。在采访中,他曾经说过,iPod 的出发点并不是一个小型的硬件或者新的芯片,而是用户体验。"乔布斯很早就对如何控制内容导航进行了一些非常有趣的观察,"谈到 iPod 时,埃弗说道,"iPod 就是公司的焦点,他并不尝试做太多与设备本身有关的事情,因为这样有可能导致设备变得非常复杂,进而导致其因无人问津而终结。其功能特征并不明显,因为设计的关键就是要去掉没有用的部分。"

苹果公司设计流程的最重要一部分就在于简化。苹果公司产品的简化来自于顾客选择产品功能数量的减少。对乔布斯而言,少即意味着多。"随着技术变得越来越复杂,苹果公司知道,应该使复杂的技术变得让普通人也可以完全理解,消费市场对这种做法的需求越来越大。"他告诉《时代》杂志记者说。

世界上没有永远的拒绝,也不存在最好的产品。所有的一切努力应该紧绕一个原则——顾客需求至上。不要断言你的产品在功能上使对手可望而不可即、难以相提并论,无论是产品的价格、配套服务、适应性,都能够成为顾客找到合适合算合理购买的理由。

乔布斯谈革命性产品 iTunes 的设计原理时说:"我觉得自己像个傻瓜。我竟然认为很多人更愿意使用电脑剪辑家庭录像,而免费音乐共享软件 Napster 才是全世界网民的焦点。"

乔布斯讲出这段话缘起苹果公司曾有意组建一个应用软件部门,为了将麦金塔电脑打造成"信息生活"的中心后能更进一步迈入数字娱乐产业,乔布斯推出了以 iMovie 等为主打的信息视频产品。然而,免费音乐共享软件 Napster 的流行则打乱了乔布斯原来构想的阵脚。不过,乔布斯冷静头脑迅速调整战略和布局,把下一步契机定位在音乐平台上。2001 年,苹果公司推出了音乐软件 iTunes,戏称这一软件主要功能是"扒歌、混制、烧盘"。此举一出引来无数争议甚至得罪了不少音乐业界巨头,因为没有原创音乐部门的苹果公司此举无疑助长了盗版风潮。

iTunes 大获成功后,乔布斯并没有停下思考的脚步,他又开始了新的思索:是否能有一个更便携式的随身存储器来播放音乐呢? 2001 年初,苹果的工程师开始对 iTunes 的设计进行升级和创制来着手实现乔布斯的这一奇思妙想。他们首先设计了更迷你更精准的操纵系统,并开发出像 iTunes 一样便于消费者检索音乐的操作界面。就这样,轰动全球的 iPod 横空出世。2001 年 10 月 iPod 发布时,其市场前景并未得到外界的一致看好。但到了 2002 年,售价高为 399 美元的 iPod 的销量却一路直线攀升,年销售量近 160 万台。这一切无疑很大一部分归功于乔布斯当机立断地调整设计方向,因为他深知:设计的起点和终点都应该是消费者的需求。

iMac 电脑也是如此。苹果推出的 iMac 系列电脑从性能上来讲实际并没有大放异彩之处,也没有革命性的进步。但 iMac 系列电脑一上市,却能让消费者热烈欢迎并风靡全球。探究背后的原因,是乔布斯敏锐地抓住了能最吸引当时消费者的一点作为卖点:"iMac 是世界上最容易连接网络的电脑",除了这个卖点外,iMac 系列同时也以五颜六色的外壳为良好的销售添彩,这些细节上的创新一下子击中了消费者的心房,让消费者的意愿更加倾向 iMac。假如没有这些讨巧的创新,仅靠销售人员的苦苦推销,iMac 是根本无法开拓如今规模的市场的。另一方面,市场中的消费主力军往往并非专业人士,他们很少关心一件产品应用的技术有多高端,他们更中意的是得到让他们产生好感的产品。也基于此,通常办公的人士多选择微软的 PC,而大多数消费者却愿意选择体验更丰富的苹果 iMac 系列电脑。

从以上的事例中我们不难发现,乔布斯的创新应用模式是建立在用户体验完美化、高端化这一基础上的。为消费者提供最佳的体验,产品自然会成为消费者的首选。

2. 对事业的热爱是成功的前提

在许多人眼里,苹果几乎成了"完美"的代名词——"苹果产品＝艺术品","乔布斯＝艺术家"。乔布斯就是用他的完美主义哲学影响了整个苹果公司的员工,而以这种哲学为工作动力的他们把苹果产品的细节做到最佳。

当大部分企业试图不断更新换代产品来抢占市场时,乔布斯却像个艺术家一样不计成本与时间地"精雕细刻"着自己的"艺术品"。苹果公司放慢脚步,几年磨一剑,尽管在同等时间上无法企及其他电子公司的新品数量,但苹果产品的销售业绩却令同类企业望尘莫及。在乔布斯的眼里,产品要么得是艺术品,否则就是垃圾;员工要么是天才,否则就是庸才;事情要么极其重要,否则就毫无紧要。不管经历多少跌宕起伏,乔布斯从未想过要改变这种偏执地追求完美的性格。

乔布斯曾经说过:"如果你只想买大路货,就去买戴尔的产品好了。"在乔布斯重新执掌苹果后,苹果推出的每款产品几乎都是经得起市场考验的精品,否则都无可避免地会遭遇重新来过的下场。每当一件新产品诞生后,完美主义的乔布斯仍能挑剔地提出各种要求:"还可以再完美一点儿!"在产品设计上,乔布斯有着无可挑剔的品位。苹果公司的设计师伊万里斯特曾这样说:"iDVD 就是一个完美的例子。这些看似简单的模板是从世界一流的菜单设计公司精心设计的几百个作品中筛选出来的。乔布斯每周都会让我看一大堆不同的设计方案,几乎将所有方案驳回,除了那一个或两个。即使那些免于被驳回的一两个方案,也还需要我们做大量工作,才能让它们变得完美。"在乔布斯对产品要完美到无懈可击的要求下,没有哪个设计师可以轻轻松松地坐在公司喝下午茶,他们总是不知疲倦地工作,在乔布斯的影响下他们深知:设计没有最好,只有更好。

通常这种完美主义会把项目组的工程师搞崩溃。《福布斯》杂志资深编辑丹尼尔·莱昂斯所著的《乔布斯的秘密日记》中曾经记载过这样的故事:苹果公司工程师们经过高负荷努力终于如意设计出 iPhone 时,本以为万事大吉只需坐等投产就好了。然而乔布斯突然出现在硬件实验室,他发现一块电板未能达到他的要求,怒斥道:"你们简直是在开玩笑!我想用的不是这样的电路板!"于是,项目组的工程师们不得不马不停蹄地重新设计。这种追求完美的做事态度是苹果产品能够大放异彩的关键所在。

面对非一成不变的、每时每刻都发生变化的客户需求,销售人员应该主动地去亲近客户,在沟通中掌握顾客的心理,洞察顾客的需求变化,这样才会有的放矢,销售工作才能无往不胜,而不是坐等客户主动跑上门去告诉你他们需要什么,否则为时已晚。

比尔·盖茨常说的一句话是:"客户需要什么样的产品,我们就给他提供什么样的产品。"比尔·盖茨是这么说的,微软也是这么做的。可以说,微软的成功,很大程度上是因为他们注重了解客户的需求,并努力满足客户的需求的结果。

每次微软在推出新产品、确定研发产品的新方向之前,都会花费很多时间和成本去了解客户的需求。面对同类型的产品,有不同需求的客户常常对产品产生不同的兴趣点。

面对这种境况,销售人员要想有效摸清客户的实际需求,需要主动真诚地请教客户的真实需求,结合客户的具体意见来推荐最符合其需求的产品,这样才能对销售人员采取相应的灵活的措施。

20 世纪 40 年代美国的八大财团中,摩根财团是名列前茅的"金融大家族"。可老摩根从欧洲漂泊到美国时,却穷得只剩一条裤子,后来夫妻俩历经千辛万苦才开了一家小杂货店。当顾客买鸡蛋时,老摩根手掌宽大,于是他就让手指修长纤巧的老婆去拿鸡蛋,鸡蛋被纤细的小手衬托后会显得大些,摩根杂货店的鸡蛋生意也因此兴旺起来。

老摩根针对购买者追求价廉的购买动机,利用人的视觉误差,巧妙地满足了顾客的心理需求。其后代子继父业,也深谙此经营之道,终于逐步发家,成为富甲天下的"金融大家族"。

3. 捕捉潜在商机,便可能实现目标

在美国,40% 的妇女因太胖而有个"特大号"的臀部,她们为此而忧心忡忡,从来不敢穿裤袜,认为裤袜能使身材苗条的妇女更健美,但却使身材肥胖的妇女更加臃肿。

美国的许多厂家,都认为胖女人不会穿裤袜,也不会买裤袜,这个市场没有什么机会,故长期没有人去开发。而雪菲德公司通过市场调查的资料分析,却得出了一种与众不同的意见:正是由于这些肥胖女人目前不穿裤袜,是一块处女地,所以市场潜力很大,大有开发的前景。他们认为这个 40% 的市场实在可惜,决定抓住这不为他人所重视的领域,开辟新的市场。

于是,公司集中最优秀的设计人员,专门为胖女人设计出一种名为"大妈妈"型的裤袜。接着,该公司为"大妈妈"型裤袜大做广告。广告中,3 位胖墩墩的女娃娃穿上裤袜排成一线,标题上写着"大妈妈,你真漂亮"几个大字。3 位胖妈妈面带微笑,挺胸仰头,从侧面看上去不但没有肥胖的感觉,而且让人觉得她们很丰满。

广告发布的一个月内,雪菲德公司就收到了 7 000 封赞誉信,而且商店里胖女人买裤袜争先恐后,公司盈利大增。雪菲德根据市面上场调查资料,从胖女人不穿裤袜的现实中,独具慧眼地捕捉到极具潜效益的机遇,为特殊顾客着想,特意为胖女人设计裤袜,奠定了该公司裤袜市场的

新地位。

由此可见，新产业和新市场的开发，依赖于极其宝贵的预见。观察并捕捉潜在的商机，见人所未见，为人所不为，便能赚别人所不能赚之钱。

总而言之，对事业的热爱是成功的前提。人生如海，社会似舟，我们每个人好比身浮海上乘坐扁舟的舵手，在汪洋大海中如何能不迷失确定方向，这就要求舵手找到指南针，即听从来自我们心底发出的声音，引领着我们向前航行。问问自己这份事业是否就是心中独一无二的最爱？只有是肯定的答案我们才能不怕冒险，才能将热爱化成力量，进而执掌生命之舟驶向更远。

忠告箴言

你我皆不愿回首一生时碌碌无为，而期盼生命有意义；你我皆不会喜欢生活局限在狭窄的天空一角，而渴望飞得更高。既然没有谁与生俱来就渺小平凡，那么我们就应当培养自己的冒险精神。

忠告 18 让职业规划见鬼去吧

如果你了解自己,能够明白地做自己,职业规划就如同虚设。

——乔布斯

在通常情况下,一个人在 35 岁前后处在职业生涯往上走或往下滑的关键时期。现在,有不少快到 35 岁,甚至 30 岁左右的年轻人已经在为自己的前程担忧。有人无精打采地做着自己毫无兴趣的工作,有人不停地抱怨眼前的困难,也有人不停地换工作,忙碌却无果。这些人不仅浪费了宝贵人生,更重要的是不知道自己要做什么。乔布斯如是讲:"如果你了解自己,能够明白地做自己,职业规划就如同虚设。"这也就启示我们:如果在 35 岁前一个人不能够清楚地了解自己,明白自己该做什么,把自己的优势发挥到极致,那么我们的职业前景将不容乐观。

1. 切忌随波逐流、因循守旧

法国著名科学家法伯的非常有名的"毛毛虫实验"给了我们很大的启示。

他将一些毛毛虫摆在了一个花盆的边缘,并让它们首尾相接围成了一个圈。与此同时,法伯还在离花盆周围 6 英寸远的地方撒了一些毛毛虫最喜欢吃的松针。由于毛毛虫天生就有一种"跟随者"的习性,因此它们一只跟着一只,绕着花盆边一圈一圈地行走。时间渐渐地过去,一分钟、一小时、一天……毛毛虫就这样固执地兜着圈子,一走到底,后来法伯把其中一个毛毛虫拿开,使其原来的环出现一个缺口,结果在缺口处的一只毛毛虫自动地离开花盆边缘,找到了自己最喜欢吃的松针。

其实,现实中有不少人的人生就像这些毛毛虫,经常都是追随在别人的屁股后面走,所以这些人都不能够取得真正的成功。乔布斯拒绝随波逐流,所以他才是真正的成功者。

1985 年,就在苹果公司蓬勃发展的时候,乔布斯被公司扫地出门。由于乔布斯天生的坏脾气,而且他又喜欢标新立异,这使他在公司众叛亲离,而他的独断专行也使公司不可忍受。最终,公司董事会炒了乔布斯的鱿鱼。

对此,乔布斯说:"我当时没有觉察,但是事后证明,从苹果公司被炒是我这辈子遇到的最棒的事情。因为,作为一个成功者的快乐感觉被作为一个创业者的轻松感觉重新代替:对任何事情都不那么特别看重。这让我觉得如此自由,进入了我生命中最有创造力的一个阶段"。另外,自从 1997 年以来,乔布斯连续 13 年在苹果领取的年薪一直都是 1 美元,但这些"公司政治"、"经济惯例"等并未能阻碍他。只要他认为某个东西可以做得更好、更智能、更漂亮,那么再大的困难也难不倒他。

我们不能不承认,在那些标新立异的行为或思维初次展现在人们面前的时候,得到的往往是不被认可,并总被认为是"出格"。因此它更容易遭受批评,致使有些很有现实意义的想法往往胎死腹中。

因此，在许多事情上，我们都要允许自己"出格"、切忌随波逐流。只有敢于"出格"，我们定能走出一条属于自己的光明大道来。这对于我们个人而言将具有非凡意义。

打破常规，识别优势，准确定位，扬长避短，成功之路就在脚下。是的，我们只有摒弃传统思想的控制，敢于"出格"，才会有出路，才会成功。

因循守旧者总是怀抱老观念、老经验不放，不去主动接受新的思维，进行脑力革命。这本身就是思维上的惰性使然。但凡成功者必须时刻学会给自己"洗脑"，摒弃因循守旧，创新求变！我们有很多人常抱怨自己脑子太笨，这其实是因为自己不开动脑筋，总是在过去的思维模式中打转转。

成功的路上，因循守旧是我们必须克服的一大障碍。不要指望未来某个不确定的时候"情况将会好转"，而将就着过日子。如果你不改变因循守旧的习惯，那些转机将永远不会有。靠一种精神上的"延期计划"生活，总是期待和希望，这是无益的，它将永远不会把你带到某一个目的地。你可以检测一下，看是否常常对自己说：

（1）我希望一切都将朝最有利的方面转变；

（2）我祝愿自己能在这件事上或那件事上做些什么。

你承认自己正在用这些想法给自己建立封锁线吗？你意识到"希望"和"祝愿"这两个词实际上使得你什么也不干成吗？年轻人靠坐等不会给自己带来什么，事实上，你的惰性可能引起了一种情感上的麻痹，使你不能做出一些重要的决定。

要对你自己说"我已经明白"并且动手干起来。除非你去促成事物的转变，否则，未来的情况将是依然如故。

而要找出我们身上因循守旧的原因，可以试着问自己：

（1）计划着一些令人激动的事情，但从来不实行这些计划吗？例如去休假，或者观光旅游等。

（2）拒绝做任何对自己也许是一种挑战的事情吗？例如控制饮食、戒烟，或者选修一门大学的课程。

（3）过多地依赖自己的朋友吗？过于沉湎已厌倦的职业吗？过于依靠那些对自己已厌烦的亲戚吗？或者过于留恋那已不再令人满意的住房吗？

（4）一旦面临困难的任务或者某个将使自己处于危险境地的场合时，便立即变得忧心忡忡吗？

（5）推迟做那些费力的或令人厌烦的事情吗？如清扫房间、修车、修剪草坪，或者写信等。

记住，因循守旧是思想的沼泽地，你必须从中走出来，才可能做到成大事。

2. 真正了解自己

如今，"职业规划"被大部分年轻人熟悉并且关注着。职业规划成为一个人职业生涯的重要部分，它包括职业定位、目标设定和通道设计三项内容。现实中，不少年轻人尽管努力过，可是事业仍未出现起色，他们尤其希望有哪位高人给自己指点迷津，更有甚者完全依赖职业规划，想把自己的人生列在纸上，按条进行。然而，这些人仍然找不到最好的最理想的工作，而原因就在于不了解自己。

1972 年，乔布斯在读美国里德学院时并没有为自己制定职业规划，而是随意地选修什么书法课程。而在那里读了 6 个月后，乔布斯毅然决定退学，他也没有进行什么职业规划，也不相信那些职业规划师能为自己规划什么职业。他知道他需要什么，知道自己该怎样去做，并且坚信日后会证明这样做是对的,他只做自己想做的事。

1974 年,乔布斯到印度朝圣后,他认为佛教大师与爱迪生相比对世界的贡献要小得多。于是他回到硅谷参加了沃兹创立的自制电脑俱乐部。20 岁时,乔布斯和沃兹创办了苹果公司。10 年后,苹果公司发展成为一个拥有 20 亿元资产、4 000 名员工的大企业。这一时期,他也没有长远的规划——几年做到多少千万,然后上市等。

1985 年,因与董事会产生分歧,乔布斯被扫地出门。事实证明,当年乔布斯的选择没有错。在 30 岁那年,乔布斯离开了苹果公司。这时的乔布斯仍然没有进行什么新的职业规划,他依然是做自己想做的事。

1997 年 7 月,苹果公司因连续 5 个季度亏损甚至已接近破产边缘,乔布斯又回到公司。他做的第一件事是缩短战线,把正在开发的产品从 15 种缩减到 4 种,而且裁掉了一部分员工,节省了营运费用。其次,他发扬苹果公司的特色。之前苹果公司素以消费市场为目标,现在他要使苹果公司成为电脑界的"索尼"。上任伊始他便着手开发 iMac,从而有了非常适合家庭使用的电脑出现。其次,他进一步开拓销售渠道,从而使苹果公司拥有了在全美国的专卖商——CompUSA,使 Mac 机销量大增。最后,他调整结盟力量,与自己的宿敌微软和解,取得了微软对它的巨额投资,并继续为苹果公司开发软件。

1998 年上半年,iMac 面世取得成功,苹果公司扭亏为盈。现在人们谈论的是恢复青春活力后的"苹果"将会怎样推动电脑事业的发展,而不是"苹果"行将破产。

2005 年 6 月 12 日,乔布斯在斯坦福大学毕业典礼上演讲时提到了这段往事。他说,"在最初的几个月里,我真是不知道该做些什么。我把从前的创业激情给丢了,我觉得自己让与我一同创业的人都很沮丧。我把事情弄得糟糕透了。后来我渐渐发现了曙光,我仍然喜爱我从事的这些东西。苹果公司发生的这些事情丝毫没有改变这些,一点也没有。我被驱逐了,但是我仍然钟爱它。所以我决定从头再来。"

人们常说,适合自己的才是最好的。据相关统计结果显示:只有不到 20% 的人真正适合自己的职位,并且由于他们对其将来发展分析透彻,因此前景广阔;有近 50% 的人与自己职位的契合度只达到了基本合格水平,他们的就业范围十分狭窄;剩下的就是个人与工作不能匹配的人群,他们始终徘徊在"理想的工作"之外。看到这些数据也许我们会很吃惊,但同时我们可以仔细想想有多少人真正了解自己,清楚自己想要的是什么,自己究竟擅长什么工作呢?现在所谓的职业规划师为自己量身打造的事业蓝图适合自己吗?我们是否甘愿做一个按图施工的人呢?而乔布斯呢,他的人生中最不需要的就是规划,因为他很清楚自己想要的是什么,最适合自己的事业是什么。做自己想做的事、喜欢做的事,就会事半功倍。

3. 做自己认为有意义的事

工作将是生活中的一大部分,让自己真正满意的唯一方法,是做自己认为有意义的工作;做有意义的工作的唯一方法,是倾听自己的内心。一旦找到了自己喜欢的事,感觉就会告诉你。所以说,要不断地寻找,直到找到自己喜欢的东西为止,不要半途而废。搜狐副总裁王小川在谈到职业生涯时,举过一个例子。

一个出租车司机在北京首都机场排队拉客,有可能拉到亦庄的,也有可能拉到望京的。前者因为远,司机排队等候也值,后者因为近,排队等候可能比较亏,司机就会大叹倒霉。这时司机考虑是直接空车走还是等候,怎么规划呢?如果要建立一个模型的话,该考虑哪些参数呢?

王小川说这个问题"我也蒙了"。参数太多,太复杂,油价、过路费等,有很多假设因素。但是他觉得做这种判断只需要做一个假设，那就是出租车司机都不傻，如果有很多人在那里排队等待"趴活"，就说明趴活比空车要值，否则队伍就会变短。

"这是很公平的。回来跟趴活差不多，不用我考虑。主要是性格问题，如果你想安稳就直接空车回来，如果你喜欢冒险就等待。"

"什么情况都有可能发生。"

他对这个现象的体会是，做长远规划是没有用的，有很多东西你根本想不到。

"走哪条路都差不多。"

他在清华时也曾经有无数人来找过他，有很多次机会可以调换工作，但是他根本没有想过什么东西未来会吃香——包括他正在从事的大红大紫的搜索领域。

他认为，关键是做自己想做的事情，不做规划，反而有了机会就能抓得住。王小川简略总结自己的职业发展成功的秘诀就是"做长远规划是没有用的"，"做事要发挥自己的优势和积累"。

正像王小川说的那样，一个人得知道自己的兴趣点在哪里，尽可能尝试不同的事情，不断转变着自己的角色，找到适合的位置，而不是长远的规划。生命其实就是一种创造的历程，每个人都要了解自己创造力的来源，积极用它来创造自己的人生。

忠于内心的感觉，做自己真正想做的事，是生命活力的来源。因为生活中最大的幸福感，并不是金钱方面的满足，而是能够放手做自己真正想做的事，并且乐在其中。

对苹果公司而言，独特的文化以及创新方式和品牌魅力是使它与众不同的关键，做自己想做的事也是苹果的企业文化之一。人的成功就是可以做自己内心想做的事情；这样你就会抵抗外界的干扰，不会轻易地放弃。很多做好职业规划的人，并不一定见得真的能按照规划好的路做出成绩，因为他们的想法和创意有时被规划好的条条框框给限制住了，反而失去了很多机会。

其实，只要善于发掘自己的潜力，发挥自己的优势，我们就能找到发展自己的道路。同时，我们要能经得起风雨，不轻言放弃，用积极的心态去面对一切，朝着目标，坚持不懈，勇往直前，创造美好的前程。

你心里到底怎么想的？其实这样的生活状态不是我想要的！事实上，在我们每个人的内心都有两种截然不同的声音，总觉得自己的潜能没有被发挥出来，总觉得现在拥有的一切还不够完美，对成功有着无限的渴望，却不知道什么才算是成功，怎么才能成功，于是矛盾着前行。

乔布斯给予年轻人的启示就是：只有做到人心合一，让自己跟着内心一起走，才能真正走到自己想去的地方，才能得到自己内心真正想要的东西。乔布斯，用他的成就和一生向我们证实：成功就是要不断追随内心的声音去前进奋斗。

4. 工作是为了自己

张×同李×是同事，一天他们相约在饭店用餐，两人一时兴起，喝了不少酒。张×对李×说："你知道吗？在公司里你让我和其他人感到很难堪。"

"为什么？"李×很是疑惑不解。

"你让老总觉得我们这些人工作不够努力。"张×停顿了一下又说："要知道，我们不过是在为别人工作。"

"是的，我们是在为老板工作，但是也是在为自己而工作。"李×的回答十分肯定有力。

持这两种心态的人在现实中当然存在。我们大多数人并没有意识到自己在为他人工作的同时，也是在为自己工作——你不仅为自己赚到养家糊口的薪水，还为自己积累了工作经验，工作带给你许多远远超过薪水以外的东西。从某种意义上来说，工作就是为了自己。

汉斯是"钢铁大王"卡耐基手下的一个天才工程师兼合伙人。在筹建公司最大的布拉德钢铁厂时，汉斯发现了手下总经理约翰具有超人的工作热情和管理才能。约翰总是每天第一个来到工地上。当汉斯问及约翰为什么时，他回答说："只有这样，当有什么急事的时候，才不至于被耽搁。"待工厂建好后，约翰被提拔做了汉斯的副手，负责全厂事务。

两年后，在一次事故中汉斯不幸丧生，厂长一职便由约翰接任。由于约翰的天才管理艺术和积极的工作态度，布拉德钢铁厂成了卡耐基钢铁公司的灵魂。短短的几年时间后，约翰被卡耐基任命为钢铁公司的董事长。

约翰担任董事长的第七年，当时控制着美国铁路命脉的大财阀摩根，提出与卡耐基联合经营钢铁。开始的时候，卡耐基没有理会。于是摩根放出风声，说如果卡耐基拒绝，他就找当时居美国钢铁业第二位的贝斯列赫姆钢铁公司联合。这下卡耐基慌了，他知道贝斯列赫姆若与摩根联合，就会对自己的发展构成威胁。

一天，卡耐基递给约翰一份清单说："按上面的条件，你去与摩根谈联合的事宜。"约翰接过来看了看，对摩根和贝斯列赫姆公司的情况了如指掌的他微笑着对卡耐基说："你有最后的决定权，但我想告诉你，按这些条件去谈，摩根肯定乐于接受，但你将损失一大笔钱。看来你对这件事没有我调查得详细。"经过分析，卡耐基承认自己高估了摩根。卡耐基全权委托约翰与摩根谈判，取得了对卡耐基有绝对优势的联合条件。摩根感到自己吃了亏，就对约翰说："既然这样，那就请卡耐基明天到我的办公室来签字吧！"约翰第二天一早就来到了摩根的办公室，向他转达了卡耐基的话："从第51号街到华尔街的距离，与从华尔街到51号街的距离是一样的。"摩根沉吟了半响说："那我过去好了！"摩根从未屈就到过别人的办公室，但这次他遇到的是全身心投入的约翰，所以只好低下自己高傲的头颅。

后来，约翰终于建立了大型的伯利恒钢铁公司，并创下非凡的业绩，真正完成了从一个打工者到创业者的飞跃。

在许多人看来，工作只是一种简单的雇佣关系，做多做少，做好做坏对自己来说意义并不大。读了上面两则故事，你还这样想吗？

5. 将一个个小小的目标串起来

2006年5月，乔布斯在接受NBC晚间新闻采访时说："我认为，如果你做了某件事而成果还不错，那么你就应该试着去做其他更好的事情，而不要长时间地沉溺于现有成绩。要搞清楚接下来该做些什么。"

现在的年轻人大多是"80后"、"90后"，他们接受过高等教育但工作经历却很简单。他们有着斑斓的梦想，却经常遭遇迷茫。其中不少人表现为总是执着于要达成终极目标的结果，却很少想到要达到目标所必须经历的步骤。而只有在经历失败的打击之后，才发现自己并没有理清头绪来思考自己的下一步究竟该怎样去走？

因此，我们需要订立一个个切实可行的小目标，然后将它们串起来，而不是只看终极目标而不清楚自己怎样才能达成。

事实上，将精力集中于我们的目标，是达成目标最有效的方法。

当我们知道自己正往哪里去，并遵循我们内心的指引时，我们将拥有一次更为充实的旅程。

当我们没有专注于我们的目标时，变化和挫折就会像狂风一样侵袭我们，使我们如大江上的一叶扁舟飘荡。

当我们遵循自己心中的梦想时，我们就会充满力量，时刻受到启发。

那么，怎样才能正确设立目标呢？首先我们要清楚要使某件事情成为一个"目标"而不只是一个"方向"，就必须用清楚的、可以量化的措辞将它写出来。

很多人都知道自己想要什么，却怎么也得不到，这是为什么呢？原因在于他们以为自己已经设立了目标，殊不知这只是自己需要的一个方向而已。例如"我要成为成功的歌唱家"就只是一个人的努力方向。

若是能够"量化"的目标，其结果就都是可以衡量的。例如你的目标如果是"我要成为成功的歌唱家"，那么扪心问下自己"怎样才算成功"？然后，我们用可以衡量的成功来陈述这个目标。"我要当歌唱家，每年收入 100 万元"、"我要在一次重量级演出中获得顶级嘉宾的一致好评"，这些目标有没有达到，很容易判断。而什么时候做到"我是个成功的歌唱家"，就不十分确定了。

关于目标，最好只有你自己知道，待达成这个目标之后，任你告诉谁都可以。你可以写信告诉你所有的朋友，你也尽可以说个不停，而在达成之前请守在心里吧！

由此，我们会明白职业规划是给那些对自己的将来毫无目标、不断徘徊的人发明的，而像乔布斯这样了解自己、只做自己的人来说，职业规划就如同虚设。我们大部分人，正是因为目标太短而害怕失败；也正是因为我们害怕失败，才缺乏了那些精彩与可能。年轻人让自己的人生真正精彩的关键就在于做自己最想做的事情——现代人的最大幸福感来源于放手做自己想做的事，而做自己想做的事的唯一办法就是倾听自己的内心。一旦找到了自己喜欢的事，感觉就会告诉你。所以，我们要忠于内心。

"你无法把还没有画出的点连起来，只能把已经画出的点连起来。"这是乔布斯 2005 年在斯坦福大学演讲中的另一句名言。其背后的想法是，无论我们如何试图规划生活，生活永远会有完全无法预料的东西。

6. 与其千方百计做职业规划，不如经营好自己的长处

一个年轻人，偶然中得到了一块大磁铁，是一家大型工厂变卖的。他拿着这块磁铁就犯了合计：这块磁铁有什么用呢？按铁价卖掉，赚不了几块钱，恐怕连运费都赚不回来。放家里，似乎也派不上什么用场，还比不上卖掉。后来他的母亲指点他说，你仔细想想，磁铁是用来干什么的呢？

这一提醒，他就豁然开朗了：是啊，磁铁就是用来吸铁的。他把磁铁拴上根粗绳子，就跑到附近的码头"垂钓"去了。结果大大出乎他的意料，上百年的海港，成千上万条船曾经来来去去，竟然把海底积攒成了一个巨大的"铁矿"：有废弃的零件，有断缆的铁锚，有修理用的工具，结果他第一天就捞上来一千多斤废铁。捞到了第一桶"金"，他索性多雇了几条船又买了几块磁铁，在沿海的码头附近来回穿梭，短短的一个月，就已经积累到了四万多元的财富。

再后来，他的"捕捞"船队从大连出发，一路往南挨个港口打捞沉在海底的废铁，据说还没到上海，他就已经迈入了百万富翁行列。

想必听完这个故事后你可能会后悔地说：我曾经收到过许多块磁铁，有一些甚至比他的那块还要大，可我全都当铁给卖掉了，从来没有想到去发挥磁铁的第一功能，经营磁铁的长处，财富就这么白白从眼皮子下溜走了。是的，在现实生活中许多人往往忽略了发挥自己的第一功能，正确经营自己的长处。

人生的诀窍在于经营自己的长处，找到发挥自己优势的最佳位置。美国微软公司总裁比尔·盖茨，其最高文凭是高中，在哈佛大学他没读完就经营他的电脑公司去了，他后来的成功令

人刮目相看,赞叹不已。如何发挥自己的第一功能,正确经营自己的长处呢? 笔者认为,一个人职业成功与否,并不完全取决于学历的高低,在很大程度上取决于自己能不能扬长避短,善于经营自己的长处。

人的先天有别,后天也有差异,这些都是客观存在的,往往并不容易改变。如果由于缺乏才能而处于劣势,倒也无可厚非,但如果有才能却不能够好好利用,或者满腹经纶却非要去冲锋陷阵,最终导致了失败,那就无异于想把玫瑰花卖出大白菜的分量,暴殄了天物。任何一个人都有自己的长处,任何一件东西都有其主要功能,认识并发挥自己的第一功能,是把最好的钢用在了刀刃上,把最锋利的刀刃用在冲锋陷阵上,才是最易取得成功的方法与态度。

"尺有所短,寸有所长",每个人都有自己的长处。如果你能经营自己的长处,就会给你的生命增值;反之,如果你经营自己的短处,那会使你的人生贬值。"条条道路通罗马","此门不开开别门"。世界上的工作千万种,对人的素质要求各不相同,干不了这个可以干那个,总可以找到自己的发展天地。只要你善于发掘自己的潜力,发挥自己的优势,经营自己的长处,就能找到发展自己的道路。

很多人会问:"既然长处已经是比别人优越的地方,那还有必要经营吗?"那是肯定的,每个人都在进步,你原地不动就等于是退步。那我们应该怎样经营自己的长处呢?

(1)首先要善于发现自己的长处。人的才能是多方面的,有的明显,有的隐蔽。只有先发现长处,才能扬优成势。

(2)找到用武之地。只有让你的长处有足够的用武之地,才能发挥它最大的功效,也才有源源不断的动力来支撑你去经营它、完善它。

(3)不断地做出比较。每当你用自己的长处完成一件事的时候,可以把你预期的结果和现实的结果比较一下,这样可以帮助你找到你长处的缺陷和已经落伍的部分。

(4)不要对其他知识不屑一顾。许多学有所长的人,往往对其他领域的知识嗤之以鼻。专长和能力是一张网,需要你设法去获得各种必要的能力与知识来编织。在选择职业时,也是同样的道理。你无须考虑这个职业能不能立即给你带来很高的收益,能不能使你成名,你应该选择最能使你全力以赴的职业,应该选择最能使你的品格和长处得到充分发展的职业。

经营自己的长处等于存了一笔利率最高的存款,它能使你的人生不断增值;经营自己的短处等于贷了一笔利率最高的贷款,它会不断削弱你的人生。

不管是谁,每个人在某方面都会有一些让人惊叹的长处。人的一生也只有靠自己的长处才能获得成功,就像善歌者走向了舞台,左右逢源的人自动滑进了商海。那些成功的人无不是用自己的长处来挖掘自己的成功。

一个流浪汉,行乞40年,足迹几乎遍及了大半个地球,他很喜欢这个职业,对乞讨也有自己的一套心得,这让他感到很高兴。

有一天,他来到世界首富比尔·盖茨的门前,打算讨一顿饭钱。盖茨对他说:"你打算要一美元,还是要一万美元?"流浪汉知道他是个大富翁,该好好利用这个机会狠狠地敲上一笔,好让自己安享晚年。于是,他说:"对你来说,一万美元不过是一美元,我看你给我一万美元吧。"盖茨看了他一眼,便微笑着从口袋里掏出一美元,另在一张名片签上了"发挥你的长处,以知识致富"几个字,说:"这是一美元,这张纸是9999美元。"流浪汉颇为失望地看着那几个字,说:"我只是一个乞丐,没有什么长处呀!"盖茨摇摇头,正色地对他说:"就是乞丐,也有自己的长处。"

流浪汉顿时领悟了,第二天,他给市政厅工商部写了一份申请报告,申请成立纽约乞讨咨询公司。他的理由是:市场广阔、服务社会、具备资格、时代需要。经过一段时间的经营,这家乞讨咨询公司取得了很好的经济效益和社会效益，其资产迅速突破百万，并帮助许多人解决了生计问题。前不久，该公司以"知识乞讨"为主题到欧洲开辟市场，颇受欢迎。

我们常常把长处看得很神秘，把知识理解为高文凭，生生地把自己给束缚了。其实，我们每个人都有自己的长处，都有自己独特的知识，关键在于你要认识它，使用它，使其发挥作用，派上用场。"发挥你的长处，以知识致富。"以积极进取的心态和不畏困难的勇气，更好地认识自己、发展自己，那就一定能获得成功。

总而言之，在如今这个竞争激烈、精彩纷呈的世界里，无数的年轻人都想成就自己的事业，拥有巨大的财富，但是若因循守旧，只是按部就班按自己或父母规划好的路走，那么注定不会有令自己激动不已的收获。年轻人的闯社会阶段，有时候不知道自己要什么、想做什么等，这都很正常，是每个人都会经历的。只要抱有希望，给自己设定一个个小小的目标，并将它们串起来，倾听自己的内心不断前进，我们就不需要进行职业规划，也依然能创造一番事业。

忠告箴言

对于年轻人而言，"从头再来"是一种极宝贵的财富，因此无数次的失败和偶尔的迷茫也就价值非凡，它们是人生的一种调味剂，这样的人生才有滋有味。所以不要从小就让父母为我们铺路，也不要轻易就认为职业规划做好了，自己照办就会成功。乔布斯说的不无道理，如果我们能够真正地了解自己，能够明白地做自己，职业规划就如同虚设！

忠告19　好运是创造出来的,不是等来的

好运气不是等来的,是创造出来的。成功始于行动,如果没有行动,再美丽的梦想都等于零。

——乔布斯

有句格言说得好:"幸运之神会光顾世界上每一个人,但是,如果她发现这个人没有准备好迎接她时,她就会从门里进来,然后从窗子飞出去。"世界就是这样奇妙,人人都渴望获得成功,可并不是每个人能都能如愿以偿。一个人的成功需要能力、品德、努力等无可厚非,但这其中还有一样非常重要的东西,那就是运气。在现实生活中,有很多年轻人不是不努力,也不是愚笨,可是就是看不到成功的曙光,而却始终有那么很少的一部分人会收获人生意外的惊喜。究其原因是什么呢?

一个人要想做成功某件事,空说是于事无补的,一心等待好运垂青也是徒劳的,而只有付诸行动才有可能实现。

1. 好运在于主动出击

好运不会两次敲你的门。等待好运做事的人,是永远不会成功的。在日常生活中,有些人总希望有一次突然的好运降临,让自己眨眼之间就具有一份值得炫耀的工作,霎时间自己也能成为年轻的亿万富翁。当然我们不否认,有一小部分机遇是靠侥幸得到的,但是更多的是要靠自己的努力和主动出击去争取来的。

马其顿国王亚历山大大帝在打了一次胜仗之后,有人问他,假如有机会,你想不想攻占第二座城市?"什么?"亚历山大怒吼起来,"机会! 机会是我自己创造的!"因此,能够主动出击的人,是这个世界上真正的强者。一个真正想成功的人,只求抓住好运降临是不够的,应当学会去主动出击创造机会。乔布斯就是这样的人。

起初,苹果公司的发展并不被人们所看好。但在乔布斯看来,这些都无所谓,在他的心中,他认为好运气都不是等来的,是创造出来的。于是他并没有坐在办公室里等待好运降临,而是主动出击,抓住机会。

1977 年 4 月,美国有史以来的第一次计算机展览会在西海岸开幕了。为了在展览会上打出名声,乔布斯四处奔走,不惜花费巨资,在展览会上弄到了最大最好的位置。更引人注目的当然是"苹果Ⅱ"样机,它一改过去个人电脑沉重粗笨、设计复杂、难以操作的形象,以小巧轻便、操作简便和可以安放在家中使用等鲜明特点,紧紧抓住了观众的心。它只有 12 磅重,仅用 10 只螺钉组装,塑胶外壳美观大方,看上去就像一部漂亮的打字机。人们都不敢相信这部小机器竟能在大荧光屏上连续显示出壮观的、如同万花筒般的各种色彩,"苹果Ⅱ"机在展览会上一鸣惊人,几千名用户拥向展台观看、试用,展会之后订单便纷至沓来。

1980 年,《华尔街日报》的全页广告写着"苹果电脑就是 21 世纪人类的自行车",并登有乔布斯的巨幅照片。1980 年 12 月 12 日,苹果公司股票公开上市,在不到一个小时内,460 万股全被抢购一空,当日以每股 29 美元收市。按这个收盘价计算,苹果公司高层产生了 4 名亿万富翁和 40 名以上的百万富翁。乔布斯作为公司创办人当然是排名第一。

由此可见,成功属于那些愿意成功的人,遇到机会连主动争取都不懂的人,即使他的理想再伟大,也没有希望成为好运气的人。

培根指出:"智者所创造的机会,要比他所能找到的多。只是消极等待机会,这是一种侥幸的心理。正如樱树那样,虽在静静地等待着春天的到来,而它却无时无刻不在养精蓄锐。"

在中国,也有像乔布斯这样审时度势、主动出击、捉住机遇的成功人士。曾在《福布斯》中国富豪榜排名第 38 位的张果喜就是这类成功者的典型。

张果喜,1952 年 7 月出生于江西余江,1966 年参加工作,先后在余江县邓埠农具修造社当过学徒、担任过木工车间主任。1972 年,张果喜受在江西余江当地下放的上海知青的影响,怀揣 200 元,到上海谋求生路。他本来没想发财,只是想解决一下生存问题,后来没想到却发了财。

一次偶然的机会,他在上海四川北路的上海雕刻艺术厂发现,一个雕刻樟木箱竟能够卖到 200 多块钱。张果喜顿时灵机触发,立刻返回老家按照上海生产樟木箱的程序"依葫芦画瓢"。半年后张果喜第一只雕刻樟木箱出品。通过上海工艺品进出口公司,张果喜自己制作的第一只樟木箱参加了广交会,更加令人惊喜的是他还收获了 20 套樟木箱的订单,赚了 1 万多元。这是张果喜掘得的第一桶金。张果喜的创业资本,为变卖家产所得的 1 400 元以及江西余江当地盛产的樟木原料。张果喜目前身家据《福布斯》估计为 12 亿元。如果没有 30 年前的那次上海之行,现在的张果喜还可能只是江西余江乡下的一介农夫,天天为吃饱肚子而奔波。

看来有时候成功并不是自己完全决定得了的,还取决于天意、运气、机遇等。而那些能够主动出击去发现机会、抓住机会、创造机会的人,往往都具有敏锐的洞察力和预测能力。这种能力能够帮助他们通向成功。

因此,年轻人要善于主动出击,也许这一次出击就很有可能使你成功。切记好运不会平白无故地降临到我们身上,无论如何,只要有一丝希望,我们就要努力去争取,这样好运就会投入我们的怀抱。

2. 好运源于你的坚决不放弃

有时好运在出现前,宛如巨石挡道、大山阻川,好像我们怎样也无法把握,其实,这时考验的就是你的毅力,考验你是否坚决不放弃。现实生活中有许多年轻人在运气即将降临到自己头上的时候总是轻易放弃。这多么可惜! 因此,只要我们的奋斗目标正确,请学会坚持,记住好运往往是在意外的时候降临的。

有一位商人,最初继承父业做珠宝生意,但他缺乏先辈对珠宝行业的明察秋毫,经营入不敷出,几年时间,就将父亲留下的全城最大的珠宝店赔光了,最后只好关门变卖。

他认为自己不是缺乏经营才干,而是珠宝行业投资大、技术性强、陷阱多、风险大,他决定改行做服装生意,认为服装生意周期短,资金流动快,不需要很深的专业知识,肯定能成功。于是,他变卖了部分家产,开了一家服装店。可是,他每次进的服装款式,都比市场流行的慢一拍,经常造成货物大量积压,资金周转不灵,过了两年多,他手中的资金已无法购进新款服装了。他只好又将服装店变卖。

在这之后,他认真反省了自己,认为服装行业变化太快,自己缺乏敏感度。于是他用所剩不多的资金开了一家饭店。他想,对于这种如此简单的生意自己是不会再赔了。可是,他又一次判断错误。同一条街上邻家饭店宾客盈门,而自家饭店却门可罗雀。最后,竟然连雇工也摇头纷纷离他而去,只剩下自己一个人孤孤零零地面对失败。

接下来的几年,他又尝试着做了木柴生意、装潢生意等,结果都无一例外地以失败而告终。

时间一晃,他已经年过五十了。自经营父亲留下的珠宝店至今,他的近30年的时间全被失败占满,宝贵的青春年华也已不在。他确信自己无丝毫经商才能,从此也不会再做商人了。

他对自己的一生很是失望,他想,既然自己没有做生意的天分,也就别痴心妄想了,干脆早早给自己买块墓地留着,等到自己谢世时,也算有个归宿。于是,他拿出自己仅有的一点家底为自己买了一块墓地。

"机会时常意外地降临,但属于那些决不放弃的人。"他所买的这块墓地极其荒僻,离城区有5千米,有钱的人,甚至没多少钱的人,也不会到这么荒凉的地方来买墓地。

可是奇迹发生了。就在他办完这块墓地产权手续的两个月后,这座城市公布了一项建设环城高速公路的计划。他的墓地恰恰处在环城路内侧,紧靠一个十字路口。公路两旁的土地一夜间价格倍增,他的墓地更是涨了好多倍。他兴奋不已,自己有钱了。

此人可能做梦也没有想到,自己的绝望之举却为自己带来了巨大的财富。他有信心了,他想为何自己不试试做房地产生意呢?说做便做。他很高兴地卖了这块墓地,又购买了一些他认为有升值潜力的土地。仅仅过了不到5年,他便成了这座城市最大的房产业主。

这个最终以房地产业功成名就的商人给自己留下的墓志铭是:"机会时常意外地降临,但属于那些决不放弃的人。"

当然,仅从这个故事中我们可能会看到些许的侥幸成分,但是这个故事却告诉我们,哪怕前行的道路中充满艰辛,也不应该放弃,也许换种方式,好运就会降临。

3. 不要让等待成为一种习惯

好运就像一只小鸟,如果你不抓住,它就会飞得无影无踪,好运总是暗藏在生活的每一个角落,如果你有一双慧眼,就会发现机会无处不在,但如果你是生活中的粗心人,那么也只能看到生活平静如水的表面。遗憾的是,不少年轻人总是过着一种枯燥的等待的生活。

对于一个人来说,无论什么样的好运摆在面前,如果没有头脑,不懂得提前做好准备,好运也就只能离他而去。

作为民营企业韩伟集团的当家人,有"中国鸡王"之称且早已是亿万富翁的韩伟,就是因为抓住了机会而一举成功的。

韩伟于1956年出生于大连三涧堡镇东泥河村一户农民家庭。他读书不多,仅初中文化。但他有着不错的木匠手艺,并略懂畜牧知识,因此在20世纪70年代中期被招为三涧堡镇畜牧助理员。1984年韩伟辞职下海,创业本金为从亲友处借来的3 000元,饲养蛋鸡50只;同年年底,韩伟从银行贷款15万元,开始兴办养鸡场,一举成为大连最大的养鸡专业户,同时亦成为大连负债最多的个体户。此举所冒风险极大,而最大风险则在于银行。他之所以能在无抵押的情况下从银行贷出如许一笔巨款,原因在于当时大连市正在大搞"菜篮子工程",他的鸡场扩建计划正是"急政府之所急"。在政府支持下,韩伟很快又贷款集资208万元,建起一座占地2.93万平方米,建筑面积8 000平方米,饲养8万只鸡的现代化养鸡场。从这一点来说,韩伟不愧为一个顺时而动,把握政策机遇的弄潮儿。韩伟白手起家,其鸡场第一年产值便达210万元,这也是韩伟掘得的第一桶金。

好运往往是随机出现的，是影响我们成功与否的偶然因素，但有时也起着决定性的作用。不少年轻人认为自己没有成功的原因就是缺少运气。尽管运气从其本身来看，并不是一个能够人为地加以控制的东西，但这并不意味着我们就不应做好准备去迎接它的到来。

有智慧的人不应坐着等待好运的到来，更要为抓住机会提前做好准备。

有一个大师，一直潜心苦练，几十年练就了一身"移山大法"。

有人虔诚地向大师请教："大师，您用何神力得以移山？我如何才能练就您如此的神功呢？"

大师笑道："想练就此功说来也很简单，只要掌握一点：山不过来，我就过去。"

我们大家都清楚，这个世上本就没有什么移山之术，唯一能够移动的方法就是：山不过来，我就过去。

现实生活中，很多事情就像"大山"一样，是我们无法改变的，至少是暂时无法改变的。如果现在我们还无法取得成功，是因为自己暂时还没有找到成功的方法。

要想让结果有所改变，我们首先得学会改变自己。只有改变自己的思维方式，换一种方法来处理事情，才能最终改变我们的现状；只有学会改变自己，我们才能最终改变属于我们自己的世界。所以，如果"山"不过来，那就让自己过去吧！我们不要做一个守株待兔的人，要积极行动起来，改变自己的思维方式，积极地为自己创造时机，只有这样，我们才有可能使现状有所转机。

机会往往是在最危急的时刻来临的，一旦你把握住了，前途就会一片光明。其实，上天对待每一个人都是公平的，在给予别人机会的同时，也在给予你同样的机会。也许，那些机会的到来并不是那么明朗，而这个时候，想要获得成功，关键就在于你把握和捕捉机会的能力了。

小张的老板最近遇到了很大的麻烦，公司刚刚推出一个新产品，还没开始大规模生产时，一家竞争对手已经抢先推出类似的新产品，而且价格比自己公司的成本还要低。这使得以前的客户纷纷毁约，老板几乎到了茶饭不思的地步，如果不能想办法扭转局面，公司将破产。

公司上下人心惶惶，小张看到很多同事都一脸决然地跳槽了，另外一些没有离开的同事，也没有心思工作，都在暗地里为自己寻找出路。但小张却和其他人有着不同的想法，他认为现在正是需要帮助老板共渡难关的时候，这是个非常好的机会。于是小张静下心来，分析了公司的现状，觉得情况并不像大家认为的那样无药可救，如果能把产品再进行改进，也许就能打开市场。他想起了一位专门从事此项研究的教授，便立即和产品研发部经理一起去拜访了那位老教授。经过研究磋商，教授拿出了改进产品的方案。

小张王拿着方案找到了老板，老板看后，紧紧握住了他的双手。之后，老板立即和教授签订了合作合同。几个月后，经过改进的产品上市，大受欢迎。客户的订单像雪片一样飞来，曾经毁约的老客户又纷纷回来，要求与公司保持长期的合作关系。

公司终于摆脱了困境，迎来了前所未有的辉煌，小张功不可没。老板把小张从一个部门的负责人，提升为整个公司的副总。

而正是因为小张果断行事，分析利弊，寻找解决办法，不但救了公司，也为自己开拓了美好的前程。

伟大的哲学家冯·哈耶克说过："如果我们多设定一些有限定的目标，多一份耐心，多一点谦恭，那么，我们事实上倒能够进步得更快且事半功倍；如果我们自以为是地坚信我们这一代人具有超越一切的智慧及洞察力并以此为骄傲，那么我们就会反其道而行之，事倍功半。"

比尔·盖茨曾说过："如果让等待机会变成一种习惯，那真是一件危险的事。"是的，如果我们只是在等待机会，那么我们工作的热情就会慢慢被消磨掉的。对于那些只会空想的人，好运对于他们是可望而不可即的。因此，年轻人一定要有立即行动起来的勇气，这样成功就会离我们很近。

4. 好运欣赏冒险的精神

在如今这个人才辈出的时代，要想使自己脱颖而出，并不容易。但是不少人总是当机会朝自己走来时，却兀自闭着眼睛。其实，机遇从来都不会落在守株待兔者的头上。因此，在这个时代，我们必须付出更多的汗水，时刻保持积极的心态，否则我们只能成为一个没有任何建树的青年。

好运垂青有准备的头脑，欣赏冒险的精神。渴望成功的年轻人，请做好准备吧。有骨气的人从来不给自己找任何借口，也从来不会怨天尤人，更不会等待别人的援助，他们不会去等待好运，而是自己努力去争取。

乔纳森·温斯特曾说："我一直在等待着成功。可它却没来，所以我没有成功就继续前行。"但凡成功人士，他们没有一个不勇敢，他们敢于出击，善于抓住眼前的机遇。苹果公司CEO乔布斯就不是一个守株待兔的人，而是一位善于抓住机会的聪明猎人。事实证明，敢于冒险和善于抓住机会的乔布斯最终成就了自己。

等待机会是愚蠢者；发现机会而没有抓住机会的人是懒惰者；发现普通机会而牢牢抓住，并将普通机会变得非同寻常的是智者；而看似没有机会却懂得创造机会的人终究会是成功者。乔布斯无疑是属于创造了机会还成功的典型人物。

其实，现代人并不是不明白抓住机遇对一个人的重要性，只是多数人总是懈怠，待到青春逝去才恍然大悟，如梦初醒。

乔布斯之所以被人们戏称为"乔不死"，很多"粉丝"之所以狂热地迷恋"苹果"，除喜爱苹果公司的产品外，也被乔布斯善于审时度势，专注所爱的魅力所折服。

而如果乔布斯一味地等待好运降临，也许苹果公司在他重回公司时就注定会消失得无影无踪。好运气不是等来的，正是乔布斯不断地创新，带领"苹果"团队始终走在科技的前列，才成就了今天的苹果公司。

5. 好运在于不断寻找

在中国最成功的创业家群中，军人出身的任正非，是深圳和中国改革开放的一个传奇。这个而立之年还在军队行伍，对市场一无所知的汉子，年过不惑才重新找到自己的定位，43岁才创立后来举世瞩目的IT企业华为。

1987年，徘徊在深圳街头的任正非或许没有想到，好运气即将降临到自己和这个国家身上。此时，改革开放已近10年，全国的经济状况明显好转。如那个年代常见的深圳创业故事，一个"很偶然"的机会，做程控交换机产品的朋友让任正非帮他卖些设备，任正非以2.4万元资本注册了深圳华为公司，成为香港康力公司的HAX模拟交换机的代理。凭借特区一些信息方面的优势，从香港进口产品到内地，以赚取差价——这是最常见的商业模式，对于身处深圳的公司而言，背靠香港就是最大的优势，至于是代理交换机还是代理饲料，都是一样的。

然而，与他人不同的是，任正非在早年创业时就显示出了非凡的远见卓识，在同行还纷纷抢夺代理订单时，他发现整个市场被跨国公司所把持。当时国内使用的几乎所有的通信设备都依赖进口,民族企业在其中完全没有立足之地,这让任正非毅然决定自主研发。

1991 年 9 月,华为租下了深圳宝安县蚝业村工业大厦三楼,最初有 50 多人,开始研制程控交换机。这里既是生产车间、库房,又是厨房和卧室。十几张床挨着墙边排开,床不够,用泡沫板上加床垫代替。所有人做得累了就睡一会儿,醒来再接着干。这种华为创业期的景象,后来被称为"床垫文化",令外国企业叹为观止。

同年 12 月,首批 3 台 BH－03 交换机包装发货。此时,公司已经没有现金,再不出货,即面临破产。可是到 1992 年,华为的交换机批量进入市场,当年产值即达到 1.2 亿元,利润过千万。不过,任正非没有掘得第一桶金后止步不前。他每年都投入巨额资金进行研发,每年至少将 10% 以上的收入投入技术研发,为日后华为打造出了真正属于自己的优势竞争力,成就国际化华为品牌的关键。

截至 2009 年年底,华为已累计申请专利达 42 543 项,其中国际专利申请量居全球第二。全球销售收入 1 491 亿元人民币(约合 218 亿美元),同比增长 19%。营业利润率 14.1%,净利润 183 亿元人民币,净利润率 12.2%。

"华为的冬天来临了吗?"任正非喜欢用这句话提醒自己和华为。他认为,华为的每个部门都要有狼狈组织计划,既要有进攻性的狼,又要有精于算计的狈。20 多年来,这个最令媒体关注却神秘低调的中年男人,不仅构建了令人津津乐道的华为"狼"文化,也创造了 40 岁创业的经典范本。有人说,在中国改革开放的大背景下,只有在市场经济转型最早的深圳,才有可能走出任正非和华为。

任正非曾感言:刚开始的时候,十分盲目,出去一两个月了,都不知道哪个是客户,要找的是谁。1998 年,我们到香港参加一个展览会,马上意识到这是一个机会。于是,让每个驻海外的员工一定要把他们的目标客户,哪怕是客户的工人、工程师,甚至是他们的亲属,能请的都请到我们的展示台前。结果,那一次有 2 800 多人来到了这个展览会。

他们有的甚至会发现,原来中国人不再是长辫子,原来中国人也会搞技术。这件事对我的触动很大。我们的祖国其实是每一个企业的最强大后盾,只要国家开放了,国际上对中国有了了解了,才会有给予市场准入的可能。

由此可见,改变命运的秘密在于寻找好运。切记机会不是偶然降临到我们身上,而是靠自己的行动所带来的。

6. 好运是自己创造的

有没有想过,如果想要得到成功,你愿意付出哪些代价? 许多人穷苦一生,却总是埋怨幸运之神不照顾他们,或许他们比任何人都渴望成功,但是愿意付出的代价却少之又少,如此,贫贱一生不是没有道理的。幸运之神经常向人伸出手,只是人们大都着眼于眼前的事物,专注于自己的想法,没有好好把握身边这双善意的手……

在职场中,有些人经常哀叹命运的不公,抱怨世上缺乏发现人才的伯乐,使自己难有施展才华的平台,或者认为领导偏心眼、不公正,不给自己提供机会,大有怀才不遇,生不逢时之感。果真如此吗? 其实不然。上帝对待每一个人都是公平的,在给予别人成功机遇的同时,也给了你同样的机遇。但是机遇往往是突然、不知不觉地出现的。他就像一个"老顽童",从来不会大张旗鼓地宣布:我是机遇,我来了。相反,机遇总是以一种隐秘的姿态出现,你工作的每一个细节都可能隐藏着巨大的机遇。

历史上有很多出身卑微的人,却做出了一番伟业,他们靠的就是抓住机遇的头脑。法拉第仅仅凭借药房里的几瓶药水,便成为英国有名的化学家;富尔顿发明了一个小小的推进器,结果成为了美国最著名的工程师;贝尔用最简单的器械发明了电话。

机遇从来只垂青有准备的头脑;没有良好的自身储备,即使机遇来临了也抓不住。要想赢得难得的机会,就要在日常工作中勤学苦练,打下坚实的基础,培养自己的才能,壮大自己的实力,为迎接机遇的到来做好充分的准备。只有这样,才能获得他人的重视和肯定,最终获得机会的垂青!如果我们不能认识到这一点,那么机遇随时随地都有可能从我们身边溜走,留给我们的,只有无尽的遗憾和失落。

年轻朋友,切记不要总是依赖别人的援手,希望别人或上帝将所有你想要的奉送给你,这很可笑,你的人生也不会有什么价值。人不仅要懂得把握机会,更要学会创造机会。

不要等着自己的船回来,跳进海里,向着自己的船游去吧。时刻做好准备,等待机会并抓住它。因为,成功不是偶然的,成功不是等来的,而是创造得来的!

忠告箴言

"幸运每个月都会降临,但是如果你没有准备去迎接它,就可能失之交臂。"抓住了机会,就是抓住了成功。没有人能帮助我们实现目标,只有依靠我们自己积极去争取,努力去创造。好运不是等来的,是创造出来的,任何一个想人生有所成就的青年必须牢记这句话,这是现代人必须具备的人生态度。

忠告 20 超越自己接受新的挑战

乔布斯先生是个伟大的天才,他不仅把苹果公司带到了一个全新的高度,也对全球的 IT 产业有着重大贡献。他在职业生涯中经历了很多困难和挑战,尤其是这几年来顽强地和病魔抗争,都体现了乔布斯先生积极乐观的人生态度和坚韧不拔的毅力。我对乔布斯先生充满了尊重和敬意。

——柳传志评价乔布斯

在这个世界上并不缺乏有才华的人,但是有些人却一生默默无闻,终无大的建树。究其原因就在于他们缺乏冒险的精神,不敢大胆地尝试,更重要的是缺乏积极乐观的心态,以至于哪怕一身才华也无处施展。

1. 保持自信的人才能超越自己

对于那些百万富翁、亿万富翁,我们总是觉得他们很神秘,总忍不住要去崇拜他们,其时这大可不必。那些成功人士在智商上并不是每个都超高,关键是他们个个都很自信。在奋斗的路上,那些认为自己肯定能成功的人终将有所成就。其实,做事最大的忌讳就是轻易地断定做某件事是不可能的。

"我不可能成为亿万富翁。"

"那种事我可做不好。"

"到最后肯定不幸。"

"算了吧,别人都试过不行了,我怎么可能成功!"

在日常生活中,我们常犯的一个主要错误就是"不可能"使用的频率过高。"不可能"三个字显示出哪怕你再努力,也终究干不成事。许多人也正是由于被这种消极心态所支配,结果一生终无成就。

因此,要想成功,要想超越自己,就首先要学会将头脑中的失败意识转化为成功意识,从而充分发挥自己的潜能,敢于做别人认为不能做或不可能做成的事,自己也就能挑战成功。

在很多情况下,很多人同处在同一个起跑线上,但不同的是心态。凡是做事主动出击的人往往要比那些观望不前的人走得更快更远些。

成功学专家认为,人可分为两类,即积极主动的人和被动的人。积极主动的人做事主动,充满自信,敢闯,所以人生定会有所成就。而那些被动的人做事思前想后、左顾右盼、畏手畏脚,一生只能是庸庸碌碌。

积极主动的人都是做事的人,他们不畏艰难,永远不说"不可能",他们相信自己。被动的人都是不做事的人,他们会找各种借口拖延,直到"证明"这件事"不可能做成"。这两种不同的态度,当然会产生不同的结果。

史密斯先生马上要过而立之年,他的妻子是位全职太太,他们有一个非常可爱的小公主。尽管史密斯先生工作时非常卖力,可是他的收入勉强能够维持家庭生活,他们全家租住在一间小公寓里。

突然有一天,史密斯对太太说:"我想买一所新房子,下个周末就搬进去"。史密斯的太太认为这怎么可能,"亲爱的史密斯,你一定是在开玩笑吧?这不是白日做梦吗?我们根本没有那么多积蓄,对于我们来说可能连首付都是很大的问题。"

史密斯不为所动,他说:"跟我们一样有这样想法的夫妇大概有几十万,其中只有一半不能如愿以偿,一定是有什么原因才使得他们打消这个念头。我们一定要想办法买下一套房子。虽然我现在还不知道怎么赚钱,可是我一定要想办法。以后,我们就会有自己的家了。"

令人不可思议的是,史密斯真的行动了,他和妻子找到了一套他们都喜欢的房子,朴素大方又实用,先期付款是 1200 美元。摆在面前的问题是如何凑够 1200 美元。他知道无法从银行借到这笔钱。

史密斯想自己为什么不直接找承包商谈谈,向他私人贷款呢?没想到他真的这么做了。承包商起先对他很不屑,但由于史密斯一再坚持,他终于同意了。他同意史密斯将 1200 美元的借款按月偿还,每月还款 100 美元,利息另外计算。

接下来史密斯要做的是,每个月凑够 100 美元。夫妇两个想尽办法,一个月可以省下 25 美元,还有 75 美元要另外设法筹措。

史密斯又想到了另一个点子。他直接跟自己的老板说明这件事情,对于他买房子老板也是很高兴。

"你看,为了买房子,我每个月要多赚 75 美元才行。我知道,当你认为我值得加薪时一定会加,可是我现在很想多赚一点钱。"

"公司的某些事情可能在周末做更好,您能不能答应我在周末加班呢?"

老板对于史密斯的诚恳非常感动,于是真的找出许多事情让他在周末工作 10 小时,这样史密斯就赚到了足够的钱。

最后史密斯一家高高兴兴地搬进了新房子。

史密斯的故事告诉我们:这个世界上没有什么不可能,只要你充满自信,想出各种办法去争取,那么目标就有可能成为实现。

如果你的目标是拥有财富,那么你就必须实实在在地去做事,而不应将其仅仅停留在自己的幻想之中。

如果你渴求改变一生庸庸碌碌无所作为的状态,就应敢于自我创造,不被"不可能"三个字难倒,不受他人意识牵制,真真切切做一个能够主宰自己命运、有见地、有生命活力的人。

伟大的政治家、军事家拿破仑是我们很多年轻人崇拜的偶像,他曾经说过:"我成功是因为我确信自己是卓越的。"正是因为这份自信,才成就了拿破仑惊天动地的伟业。

做任何事情都需要自信,没有自信,什么事情都不会做好。心理学研究表明,一个人只要具有建立在自信基础上的潜意识,才会转化为无坚不摧的信心,从而在脑海中形成实现自己愿望的明确计划。

只有具备坚定的信心和积极的人生态度,才能形成强大的推动力,从而促进自己不断地迈向成功。任何人都有成功的可能,只要相信自己能够做到,并全力以赴,就会超越自己,终获成功。

自信是奋斗的动力,是成功的重要因素之一,能够帮助一个人创造意料之外的奇迹。它可以使普普通通的穷小子成为世界巨富。

世界上勇于向"不可能完成"的工作挑战的人，永远是最能接近成功的。新的挑战可能是指引你走出困境的灯塔，也是希望的曙光。许多人被成功拒之门外，并不是因为成功遥不可及，而是他们主动放弃，认定自己不会成功。事实上，只要你每天要求自己一定要超越自我一点点，成功自会出现在你眼前。

2. 在新的领域，请相信：成功 = 尝试 + 尝试 + 再尝试

成功学大师拿破仑·希尔说过："永远也不要消极地认定什么事情是不可能的。首先你要认为你能行，再去尝试，再尝试，最后，你会发现你不仅做成了，而且还做得非常好。"

我们知道，对于任何一个人来讲，新的领域总是机遇和挑战并存，有新的机会就有新的希望。每个想要使自己成功的人都应该相信这样一个公式：成功 = 尝试 + 尝试 + 再尝试。

在媒体中经常会出现这样的话："面对生活，只有接受不断的挑战你才能够成功！""挑战无处不在"、"面对挑战你准备好了吗"、"勇者为挑战而来"。是的，新的挑战，也许就是我们成功的开始。人每天都应该超越自己，卡耐基曾说："只要你向前走，不必怕什么，你就能发现自己，成功一定是你的！"

1991 年 5 月，乔布斯的皮克斯公司与迪士尼公司签约，开始了长达 13 年的合作。在合作期间，由皮克斯制作、迪士尼发行的 6 部电影每一部都横扫美国本土和全球票房，为迪士尼和皮克斯带来了巨大的财富以及多个奖项。尤其是第一部电脑动画片《玩具总动员》，让乔布斯名声大振。

2005 年 10 月，迪士尼新任 CEO 罗伯特·艾格上任（就职时宣称复兴迪士尼的动画实力将是他的首要任务），开始与皮克斯进行积极的接触。同时也传出乔布斯准备将皮克斯出售的消息，立刻出现了迪士尼会收购皮克斯的传言，当时很多评论人士都认为迪士尼收购皮克斯的可能性几乎为零。但就在 2006 年 1 月，迪士尼正式对外宣布收购皮克斯。2006 年 5 月 5 日经两家公司的股东批准，协议正式生效，皮克斯正式成为迪士尼的全资子公司，两家公司终于再续前缘。2006 年 5 月，皮克斯被迪士尼收购，乔布斯成为迪士尼最大的个人股东。2008 年 5 月初，乔布斯宣布和 20 世纪福克斯、华纳兄弟、派拉蒙、环球等众多公司签订合作协议，这就意味着，在很多电影发行 DVD 的当天，苹果用户就可以在 iTunes 网站下载这些电影。当然，只能在苹果产品上播放。各大电影巨头虽然并不十分情愿，但乔布斯能让他们从中获得财源。要知道，iPod 仅仅用了三年时间，就从普通的播放器成为一种生活方式甚至文化象征，成功占领了人们的口袋和耳朵。

也有消息称，苹果公司正在研发一款类似苹果电脑的新产品，可以与电视和家庭娱乐系统连接播放录像，也可以通过 iTunes 软件下载音乐和视频节目。不管是索尼电视、松下 DVD 播放机、微软的机顶盒还是其他音响设备，都有可能面临威胁。

由此我们发现，乔布斯更是一位成功挑战新领域并且最终成功的高手。众所周知，电子领域是乔布斯的一个强项，但是他希望自己可以挑战全新的领域。最终他成功了。新的领域对一个勇敢的挑战者来说并不是无限恐惧而是无限希望。生活就意味着要面对众多挑战。人的一生不过几十载，只有不断挑战自我，敢于尝试再尝试，人生才会变得精彩。

3. 挑战中蕴藏着胜利的曙光

其实，我们每个人身体中所蕴含的力量是无法估量的。假如我们想充分挖掘自身的潜力，

最好的办法就是不要给自己太多选择的机会，不要给自己找这样那样的退路，而应该勇敢迎头向前，必须想方设法去解决自己所面对的一切困难。当闯过困境后蓦然回首时我们就会发现，自己已经迈向成功。

有时退路往往会充当我们成功路上的拦路虎角色。当我们有多种选择时，总会因为给自己留有后路而无法全身心地投入；相反，当我们坚决断掉退路只留下一个选择时，往往会爆发出奇迹般的勇气和力量，结果会圆满地完成一件事。这也是乔布斯的智慧所在：他做事情从不给自己留下退路，只要是他认定的事，就会一直坚持走下去。纵然有再多的困难和挑战，他都能从中找到胜利的曙光。

1998 年，乔布斯从惠普公司挖来了杰夫·库克。在评估杰夫与其团队的第一次会议上，他就让杰夫知道了自己的做事原则——必须执行他的命令，没有第二条路可选。事实上，乔布斯从不制订 B 计划，他想做的事就一定要完成，而不是找另一个目标来代替，也正是因为如此，苹果才能推出一个又一个精品！

在苹果公司服务支持部门的一次会议上，乔布斯径直走了进来，将在场的所有人批评了一番："服务业务在我们公司糟糕透顶，这群业务人员全都没长大脑！"会议室内的人员都被乔布斯这番话吓呆了。负责服务部门的副总裁杰夫向乔布斯讲述了自己为期 3 个月的改革计划，乔布斯冷冷地回应："杰夫，那可能是你在惠普的工作方法，但我不要 3 个月，我希望一夜之间就能改变。"

起初，杰夫见识到了乔布斯天使的一面：他彬彬有礼、富有理智地向杰夫诉说自己的梦想，他希望个人电脑能像烤面包机一样易于使用，并得到全社会的认可，可不到一周，杰夫就见识到了乔布斯魔鬼的一面。在惠普公司，一般是杰夫自主行事，而在苹果公司一切都由乔布斯说了算，并且，还从不给别人退路。于是，在这个岗位上干了 4 个月后，杰夫因无法忍受乔布斯这种专制的领导方式而辞职，但他仍然相信乔布斯是一位了不起的领导者。

在苹果公司，时常会听到乔布斯说出这样的话："这款笔记本的大小不能超过一个记事本的大小！""我希望有一天这个电脑能够被装进牛皮纸袋里。""外观应该更加漂亮一些！"

为什么苹果公司能有今天的非凡成就？答案有很多，但有一点不容忽视，那就是乔布斯从来只设定一个目标，并不留退路地去执行。他始终是在挑战自己，逼出了自己和员工的更大潜力，因此苹果公司的创新、工作效率也大大提升，这也让苹果公司自然而然更加强大。

我们新时代的青年人更应该反思自己，自己在做事时是否经常为自己考虑好后路？如果有，请立即抛弃这种念头，这种顾忌心理对我们的成功没有任何好处。人生的道路会不时出现各种各样的问题，事业之路也会面临各种挑战，我们需要接受挑战，从而迎来胜利的曙光。

4. 面对生活，只有接受不断的挑战你才能够成功

美国前总统尼克松曾经说过这样一句话："失败并不可怕，可怕的是人的一生既没有成功，也没有失败。"我们知道，在奋斗拼搏的路上，坎坷、失望、挫折甚至是失败在所难免，没有人生来就会成功。心理学家分析认为，人在遭受挫折后，会出现恐惧、愤怒、绝望等情绪，这些都是极为不利的心理因素。

一个真正渴望成功的人，一旦面临危机、遭受失败，无论影响多么严重，都会正视现实。危机、失败、急病等都是对我们的考验，对于我们也是一种挑战。我们只有勇于接受挑战才会获得成功。世上伟人的伟大之处，正是其不怕失败，愈挫愈勇的精神。我们不妨来看看美国历史上最伟大的总统之一——林肯的经历：

22 岁，生意失败；

23 岁，竞选州议员失败；

24 岁，生意再次失败；

25 岁，当选州议员；

29 岁，竞选州议员失败；

31 岁，竞选国会议员失败；

34 岁，竞选国会议员失败；

37 岁，当选国会议员连任失败；

46 岁，竞选参议员失败；

47 岁，竞选副总统失败；

49 岁，竞选参议员再次失败；

51 岁，当选美国总统。

这就是林肯，经历了无数次失败终于攀登上成功的巅峰。人生没有失败，只要你足够专注，一心一意地想做好一件事，就不会有什么能够阻止得了你。只要你勇于接受挑战，再坚持一下，你就会破茧化蝶；再坚持一下，你就能聚沙成塔。年轻没有失败，我们完全可以从零开始。相信自己风雨过后就是彩虹，我们的明天充满希望。

人的一生中会面临各种各样的挑战，任何时候我们都不应该放弃努力。只有勇于接受挑战，才能拥有成功的希望。

生活处处充满挑战，敢于挑战新的领域是成功者的一种向上的心态，他们往往都是从小时候就有着远大的抱负，心中都有一个目标，并不断自我超越。

5. 人生路上挫折在所难免，要勇于向挫折挑战

挫折是人在有目的的活动中，遇到的无法克服或自以为无法克服的障碍。面对挫折，不少人都会表现为失望、痛苦、沮丧、不安等。挫折可使意志薄弱者消极、妥协，使意志坚强者接受现实，在逆境中奋起一搏。挫折是对勇气的最大考验，就是看一个人能否做到败而不馁。每一种挫折或不利的突变，都会蕴藏同样的转机，但只有意志坚强的人才能将其发现并化不利为有利。

创业者众，成功者寥，其实道理很简单，天下万事万物、各行各业皆有其自身规律，因为只有少数人掌握而已。罗马城并非一天建成，我们现在看到的大多是成功者的故事，其实他们都是从不断的失败中成长起来的。下面我们不妨来体会一下 Ours 会馆创始人的创业历程给我们带来的正能量。

架子鼓、钢琴、KTV 和红酒西餐，也许 Ours 的氛围和理念，感觉好像把生活和创业扯不清。但其创始人秦涛说："这就是 Ours，玩而有得。玩是一种心态，饱含着对生活的热爱，所以 Ours 的大门永远向爱玩爱生活的创业者敞开。"

秦涛在会馆几乎都没有过正常频率的步伐，总是小跑着在忙各种的事情，见各种的朋友。只不过，圆润的脸上总挂着温和的笑，似乎很享受这种忙而不乱的节奏。

背着书包到北京、河北邯郸，1999 年。如果你在大街上见到一个 16 岁激情满满在挨家挨户叫卖推销《燕赵都市报》的孩子，上班 22 天，工资第二名，也许会停下脚步感叹一句年轻真好。

河北，邯郸，2000 年。如果你在桑拿中心看见一个长着圆圆娃娃脸、拿着毛巾勤勤勉勉的孩子，也许会怀疑这家店是不是涉嫌聘用和剥削童工。——这只是当时读技校钳工专业的秦涛利用暑假做的两份临时工，报纸卖了 22 天，个人工资拿到团队第二名。桑拿中心则两个多月踏

实赚到了 1000 多块钱。

2001 年,体内流淌着不安分血液的秦涛,秦涛带着这笔钱,背着书包,直奔北京闯荡。这一年,他 19 岁。

"刚到北京那会儿,活动在静安庄,就是国展那块,住着 10 块钱一天的地下室。日子忙碌、辛苦,但很充实。"但是秦涛的第一次北京之行,只坚持了 5 个多月。期间,他做过演员、股票经纪,还有字画销售。这些职业囊括了北京各种复杂的人际关系,为 19 岁的秦涛打开了一扇扇光怪陆离的门。仿佛能眺望到未来的无限景色,却找不到一条从脚下真切通往那里的路。

折腾 5 个多月后,秦涛似乎一无所获,钱也花光了,背着来时的书包,他坐车回了邯郸。火车缓缓驶出北京时,他默默看着窗外,心中有个坚定的声音:"北京,我一定还会回来的!"

2003 年,秦涛二闯北京,拉开创业序幕。

似乎命中注定,创业主题的射手座秦涛总是不停地想看到更高更远的风景。学上了一年半,他就把老师给"忽悠"下海,一起做项目。2007 年,他正式离开了学校,虽然学校最后发给了他结业证,但他没有要,因为他知道自己追求的,绝不是一纸证书。

怀着对创业的不改热忱,秦涛参加了央视《赢在中国》真人秀的创业挑战比赛,是第二季的参赛选手。这次参赛是他创业路上的一个重大里程碑,通过比赛,他认识了《赢在中国》全国各地 80% 以上的创业者,还参加了北京创盟,和一帮有创业志向的朋友们一起参与了各种和创业有关的活动,譬如举办大学生就业大赛"赢在明天"等。在创业的路上,秦涛第一次不是一个人战斗,他的身边从此多了无数有着共同理想和憧憬的朋友们,有了各种创业项目和资源。

2007 年,秦涛筹集 100 万元资金,在中关村科技园注册了自己的公司"户户租网络技术(北京)有限公司"——"让天下没有闲散的资源"成为了名片上醒目的广告语。他做的是一种资源整合和租赁,搭建了共享的一个资源平台。

愿望很美好,也做出了一些成绩,解决了许多问题,包括考虑到网络支付的问题,研发运用了支付软件租赁宝,等等。但创业团队自身经验和个体眼光差异的局限性,让公司步履维艰。尤其在 2008 年,秦涛买的奥运概念股票赔得血本无归后,"户户租"项目也停掉了,几乎到了一个濒临坍塌的境地。秦涛把自己住的房子转租给了别人,在公司睡了 11 个月的地板。

这时候秦涛又开始有些迷茫,早先的热情退却后,他很艰难却也无助地想从广告领域东山再起。于是,他把"户户租网络技术(北京)有限公司"变更为"新航帆(北京)文化传播有限公司",操回了自己广告的老本行。

"那是 2008 年的时候,我在大街上走着路就哭了,当时根本控制不了,感觉天旋地转,所有的楼都在挤压我的头。股票赔钱,公司项目没做起来……压力非常大,心里很苦。"秦涛回忆道。

2010 年,团购还未兴起,一直研究互联网项目的秦涛是第一拨发现中国团购商机的人之一。而且因为从 2006 年就开始用信用卡,有良好的信誉记录,他无抵押无担保贷到了一笔款项,于是,2010 年 5·17 电信日,秦涛在石家庄运作的团购网站"团师傅"正式上线,每日一团,以一个月净利润 7 万元的成绩交出了一张漂亮的卷子。

秦涛的这次创业打的是时间战,他已经预料到接下来将出现一轮团购浪潮,果然,没多久团师傅便被拉手和美团在石家庄用低价给挤垮了。

于是就有了 Ours,位于北四环中轴线,奥体中心北门一个创业者的聚会所。秦涛对它最初的定义是"窄众服务自己朋友圈的会所"。他希望在 Ours,热爱生活、喜欢创业的朋友们能彼此帮助,共享资源。

Ours 在奥体北门东侧,是 400 平方米的一个独立小院。拾阶而下,是地下一个 300 多平方米的酒吧式多功能厅,有吉他、架子鼓、钢琴和全套的影音设备。前厅有一个大的 KTV 包房,后厅有三个独立小包房,分别提供茶道、麻将和高级服装定制。

"我们提供精致的西餐,厨师是从必胜客挖来的,味道不错,重要的是,没有地沟油。"秦涛会意地说。

Ours 的标志是秦涛自己亲自设计的——一个绿色向上的箭头,简洁、明快,绿色意味着青春活力,箭头标志意味着汇聚大家向上的力量。

"也许对于某些创业者来说,我们好像在玩票,一点也不严肃,但 Ours 做的就是我们的一种风格。我希望有共同价值理念的朋友,每个月抽出两三天,来 Ours 办公。我们不对外散客营业,但对所有创业者敞开大门提供服务。创业初期我们提供免费工商税务免费办照等各种基础服务,需要融资的我们帮助寻找天使投资,通过内部股东会员资源共享的形式来结构 Ours 的核心成员,向外辐射汇聚创业力量。同时举办各种聚会,比如 BD 会、电商会、媒体会等等,这些资源也将大家共享。"秦涛说,"我希望 Ours 最后能成为真正优秀创业者的孵化器,资金、场地、团队和战略,你都能在这里找得到。单是我们现在 30 多个股东,就都是各个行业里的资深能人,包括我这么多年来的创业经验教训和资源,都会无偿提供给大家。我们坚信,优秀的创业者和优秀的项目根本不缺钱和投资人。"

对于 Ours,秦涛还有许多设想,包括依托北京,联合深圳和上海发展起来后做一份《三角资源报》,包括日后以几个年轻人的不同经历为主线拍一部有关创业和奋斗的励志电影,包括盈利之后要一对一助学贫困儿童,但他特别强调:"我们不会让中介机构参与,会直接把钱给学生当学费。"

谈到 Ours,秦涛的眼睛里一直闪着光,他希望 Ours 能给创业者提供很休闲很生活很娱乐的氛围,他相信通过朋友,和朋友的朋友这种窄众的方式和不公开对外营业的态度,可以建立一种纯粹的彼此信任,依托 Ours 这样的一个平台和氛围就能更好地促成合作。

"也许 Ours 的氛围和理念感觉好像把生活和创业扯不清,架子鼓,钢琴,KTV 和红酒西餐——好像是让创业者在玩闹。"秦涛说,"但这就是 Ours,玩而有得——这是孔子几千年前就说过的一句话。玩是一种心态,饱含着对生活的热爱,所以 Ours 的大门永远向爱玩爱生活的创业者敞开。"

这就是秦涛和他年轻的创业史,正像他创办的 Ours,洋溢着青春和自信,永远充满着生活向上的正能量。

年轻人应该怎样超越自己接受挑战呢? 要超越自我,首先就要认识自我,知道自己想在哪些方面改变自己。其次,要充分地相信自己,没有自信,谈接受挑战就是空谈。最后学会接受现实,接受挑战,尝试尝试再尝试。这样在奋斗的路上,就不会有什么恐惧感,反而会更加勇敢。

忠告箴言

年轻人应该勇敢地去迎接挑战! 人这一辈子就是这样,成功就在于你能否超越自己,能否超越现在。任何成功者的成功都不是一朝一夕的。超越自我是一个不断否定自我、战胜自我的过程。这不仅需要坚强的意志和无畏的勇气,还要始终对自己充满自信。

忠告 21　犯错误不等于错误

犯错误不等于错误。从来没有哪个成功者没有失败过或者犯过错误;相反,成功者都是犯了错误之后,做出改正,然后下次就不会再错了,他们把错误当成一个警告而不是失败。从不犯错意味着从来没有真正活过。

——乔布斯

如果我们仔细回想一下就会发现,其实每个人都是伴随着错误长大的。很小的时候,我们常"屡教不改"地尿床、哭闹,不断地给父母带来麻烦;稍大一点,为了喜爱的零食、玩具,我们又会不讲理地纠缠着父母,甚至当众赖地打滚让父母陷入难堪;上学之后,还会与同学闹矛盾、搞一些破坏性的"恶作剧";即使到了中学,也免不了与父母发生争吵、耍小孩子脾气,等等。应该说错误是生活的一部分,我们没有必要去畏惧它或刻意拒绝它。

1. 从不犯错意味着没有真正活过

在我们身边不乏做事畏手畏脚,由于担心再犯错误而放弃许多本可以做好的事情的人,在青年人当中表现也是尤为突出。其实,我们大可不必害怕犯错误。

对于乔布斯而言,他也有过起伏最大的一段时间,这段时间里他是不断犯错并改正错误的,他从来没有被错误打倒过,支撑他不断前行的,就是他的信念"爱"——爱工作,爱恋人,爱生活。

"苹果电脑就是 21 世纪人类的自行车",1980 年《华尔街日报》一整版的广告和乔布斯的巨幅照片预示着 1980 年苹果公司的巨大成功。同年 12 月 12 日,苹果公司股票上市,在不到一个小时内,460 万股全部被人们抢购一空,当日以每股 29 美元收市。到了 1985 年,这个由乔布斯与沃兹于 1976 年在小小简陋车库里成立的公司,已经价值 20 亿美元、员工超过 4 000 人,拥有当时最先进的产品 Macintosh。因为巨大的成功,乔布斯在 1985 年获得了由美国前总统里根授予的国家级技术勋章。

但是成功的背后也潜藏着巨大的危机,这一年对乔布斯来讲是具有毁灭性打击的一年。此外,由于乔布斯的独特的经营理念,引起了其他人的不满。同时,苹果公司也受到了 IBM 公司强大的威胁,被 IBM 抢占了很大部分市场,苹果公司的业绩越来越差,在市场上也节节败退,在这种情况下,更加剧了乔布斯在苹果公司的地位危机,在推出了失败的 Apple Ⅲ 和 Lisa 电脑后,面对公司发展方面出现的分歧,苹果公司陷入了权力斗争。1985 年,董事会选择了让乔布斯出局,因为他们感到"苹果终将毁在他的疯狂下"。1985 年 4 月,公司董事会撤销了乔布斯的经营大权,他自己也在几次未成功后于 9 月辞去了在苹果的职位,离开了苹果公司。

最初,乔布斯对此感到心灰意冷,干了一系列莫名其妙的举动:他向美国航空航天局申请随"挑战号"进入太空;他去了莫斯科,想从此就在苏联的学校推广电脑;他骑着自行车在意大利狂奔,给朋友打电话,说自己也许会像落魄的艺术家一样从此客居欧洲;他考虑隐居到某个偏僻的角落种花,等以后朋友来拜访,会想这么独特的创造力却只能悲哀地浪费在 8 公顷的小花园里……

然而,几个月后,他想通了:"我依然热爱我所做的一切,苹果的形势变化丝毫没有改变这一点,我决定从头再来。"

在 2010 年回忆这段尴尬经历时,乔布斯这样说道:"被苹果解雇是我所经历过的最棒的遭遇。成功的沉重感被再度从零开始的轻松感取代了,每件事情都不再那么确定。它释放了我,让我进入我人生中最有创造力的一个阶段。"

于是,在接下来的五年里,他创办了一家叫作 NeXT 的电脑公司,遇到了后来成为自己妻子的罗伦,又创办了一家叫作皮克斯的公司。皮克斯后来制作了世界上第一部电脑动画剧情长片——《玩具总动员》,直到今天它仍是最成功的动画制作公司之一,2006 年乔布斯以 74 亿美元的价格将它卖给了迪士尼,使他成为迪士尼最大的股东。

这一段时间乔布斯生活在不断犯错误并改正错误的过程中,这也体现在他的性格及对待员工的苛刻中。

在乔布斯的一生中,他始终没有改变的或者说变化极少的,就是他性格中的那种固执和硬派,以及他那句"不听话就滚蛋"的口头禅。1985 年与斯卡利在夏威夷"对骂"的情形在乔布斯此后的人生中并不少见,最经典的要属他对老对手比尔·盖茨的尖酸评语。1997 年他在接受《纽约时报》采访时说:"盖茨和微软都有点狭隘,如果能够少些刻薄,或者年轻的时候能够找个地方修行,那么他会变成一个心胸开阔的人。"1999 年他在美国公共广播公司特别节目《书呆子的胜利》中称:"微软的唯一问题是没有品味,绝对没有。他们开发的都是一些三流产品。"

对自己的员工,乔布斯更是不留情面。一次,一个团队将一项持续两个月的研发方案交给他后,获得的回复是:"这是什么狗屎方案?你干吗浪费我的时间?"据苹果的员工回忆,被他骂哭的员工不在少数。

也许,特立独行、不留情面的乔布斯才是更真实的乔布斯,他并非不会犯错,并非完美,他也只是一个在不断追求完美的人而已。他常说,是错误让他回到"初心"——初学者的状态。在他看来,犯错误不等于错误:"从来没有哪个成功者没有失败或者犯过错误;相反,成功者都是犯了错误以后,做出改正,然后下次就不会再错了。从不犯错意味着从来没有真正活着。"

2. 敢于犯错,不是一直犯错

乔布斯说从不犯错意味着没有真正地活过,但是一个人总是犯错却是完全不可原谅的。敢于去犯错是一个人对未来的实力挑战,是一个人探索未来迎接未来的锋利宝剑。对于青年人来讲,我们要懂得感谢错误,感谢错误给我们带来人生的启发,感谢错误给我们带来的压力,感谢错误给我们带来的进步。不畏惧错误、敢于犯错不是为犯错寻找理由,而是为了更好地迎接挑战,走向成功。

在一所动物园里,一只高大的袋鼠从围栏里突然跳了出来,于是工作人员聚在一起开会讨论,认为是围栏的高度过低导致袋鼠的逃离。所以他们决定将围栏的高度由原来的 8 米加高到 16 米。可出乎意料的是,第二天袋鼠还是跑了出来,于是他们又将高度加高到 24 米。令工作人员百思不得其解的是,第三天袋鼠还是跑出来了,于是工作人员下定决心将围栏的高度加高到 100 米。然而这次更糟糕的是,袋鼠不仅跑了出来,而且还跑丢了几只。

一天,几只袋鼠在闲聊:"你们认为,那些人还会再继续增高我们的围栏吗?"

"很难说,"一只袋鼠说,"如果他们再继续忘记关门的话!"

这就是动物园工作人员的可笑之处,一而再再而三地犯同一个错误。他们不是考虑方法是否妥当,而是在一条路上越走越远,结果一错再错,最终酿成大错。这个故事给我们的启示是,无论是你的工作还是生活如果反反复复出现同一问题时,不要只是盯着一个点不放,要回头看看,也许答案就在你身后。通常我们经常忽略一些小的却是很关键的问题,致使自己重复犯一个错误。要知道,人一旦形成某种思维定式去考虑问题,而不愿转个弯或者另辟蹊径,就会留下这种重复犯错的愚顽的"难治之症"。

人一旦形成了某种对事物的看法或是某种思维方式之后就很难改变它。这种习惯说得好听一些是坚持,不好听恐怕就是固执、偏执。而对于现在这个风云变幻、发展迅速的社会来讲,这种"坚持"恐怕对一个人的发展并无益处。

3. 犯错误是走向成功的必经之路

犯错误并不注定结果就一定是失败;恰恰相反,犯错误是一个有智慧的人迈向成功的必经之路。

有句话说得好"人恒过,然后能改",即人们经常会犯错误,然后才能改正。正如人们所言:"不要怕交学费"、"吃一堑,长一智",今天犯下的错误很可能正是我们下一步成功的突破口。所以,我们永远不要怕犯错误,许多成功者都是在犯错误中不断前进的。

多年前,花旗银行的副总裁里德·卡尔因为建立公司的信用卡分部,使公司损失惨重。但是,他并没有因为自己犯下如此的大错而沮丧,并从此停下前进的脚步,上司也没有因为里德·卡尔犯下大错给公司带来严重损失而将他开除。里德·卡尔认真吸取了失败的教训,制订了以后的工作计划。经过一番努力,公司最终渡过了危机,使分部扭亏为盈。里德·卡尔的所作所为得到了上司的赏识,在上司眼里,里德·卡尔是个敢作敢为的人,这个错误只不过是在朝正确目标迈进途中所遇到的小挫折而已。结果里德·卡尔因为此次事件而美名远扬,并获得了升迁。

由此可见,犯错误有时未必是坏事。

(1)犯错误可以使人变得成熟起来。每个人小时候都是在经历过无数次的跌跤后才学会走路的;因为有了与小朋友们争吵打斗的经历,我们才慢慢掌握了与人交往的游戏规则;学习生涯中作业本和考试卷上多次出现的红"×"和"-"分,使我们懂得了要学会学习,了解更多知识;初入职场,出现多次与他人交往的不和谐才可以使我们清楚要懂得与他人交往的艺术……正是在这些错误的体验中,我们才会渐渐变得稳重成熟、变得有知识有智慧。

(2)犯错误也能够帮助我们提高警觉。有时候,不少人很容易被眼前暂时的一点点成绩所满足,甚至自满自负起来,而错误的出现就会及时给我们敲响积极进取的警钟,也会激发起我们的心理动力和发散思维。当有人问爱迪生"你都失败几十次了,为什么还要坚持"时,爱迪生说:"我并没有失败,我只是发现了几十种不可能的方法。"正是因为他能不断地从错误中发现新的东西,才使他成为世界上的发明大王。

萧伯纳说过:"一个人只有经过东倒西歪的、让自己像个笨蛋那样的阶段才能学会滑冰。的的确确,在任何事情上,只有勇敢地让自己当一个傻瓜,他才能取得进步。"

要想不犯错误只有一个办法,那就是什么也不做。但是不犯错误,并不等于不存在错误。其实,犯错误有时可以说是我们取得成功的一种能力。如果我们能把犯错误当成一次机会、一次锻炼,用积极的心态去接纳它、研究它,并从中获取经验,那我们不仅能在错误中获得知识,也能在错误中变得更加聪慧。

没有任何一个成功者没有过犯错误的经历。敢于犯错误也是一个人成功的重要因素，这样的人敢作敢为。因此，有志青年都要学会与错误一起成长，并且要有解决错误的思路，更需要有敢于面对错误的勇气，只有正确而勇敢地对待错误，才能更好地与错误一起成长。

很显然，敢于犯错误不是要大家盲目蛮干，它是对错误有预见和估算的自信，是一种让大家拥有敢为人先的气魄。既然是错误就说明我们通向成功还有一段距离，为了缩短这段距离就必须付出更多的艰辛和汗水，为了避免犯同样的错误就必须有对应的预防措施，这样我们才真正向成功靠近了。

在成功的道路上铺设了众多的错误和考验，这条路更多时候都是崎岖坎坷的。但是对于像苹果公司前总裁乔布斯、花旗银行里德·卡尔等成功者而言，它是一条充满挑战和惊喜的路，因为他们勇敢，专注，富有冒险精神。

错误不仅仅是人们生活中的重要组成部分，它也是阅历丰富的人必不可少的一段经历。只要我们正确对待错误，那么我们会受到更大启发，能掌握更多技能。因此，错误对于年轻人而言是一种宝贵的财富。

小约翰·D·洛克菲勒在回忆其父亲时曾说："我从来没听他说过一句后悔的话。对于他来说，已经发生的事都是无可挽回的。怎样补偿损失、怎样重建恢复、怎样把失败转变成胜利，这就是在他整个一生中最为迫切注意的问题。"

我们应当认识到，许多重大的成就都是通过冒险的错误才取得的，这些错误成为通往成功之路的垫脚石。

4.拿出勇气去面对错误

承认错误并学会面对错误是需要一点勇气的，然而有不少人常常到生命快要结束时才会采取这种明智的做法。但是，用爱默森的话说："每天过完了也就过去了，你已经做了你所能做的一切。其中会不知不觉地混进某些错误和愚蠢的言行，尽快地忘掉它们吧！明天是新的一天，让我们愉快、宁静，以高昂的情绪开始新的一天吧，这样你过去的蠢事就无法拖累你了。"

因此，当我们犯了错误时，坦率地谴责自己，要比被动地挨别人批评好得多。这不仅能让自己心里好受一些，最重要的是，当你抢先一步承认自己的错误时，反而会让别人被你的魅力所折服，从而忽视你的错误，对你产生好感，甚至委以重任。

在这个世界上包括乔布斯在内没有人是完美的，也没有人是不会犯错误的，有时甚至还一错再错。那么，既然错误是不可避免的，因此可怕的就不是错误本身了，而是知错不改，错了也不敢承认。

年轻人由于社会阅历的不足，做事考虑不周，急躁处事的情况也不少见，其实这些都不重要，只要我们能够坦诚面对自己的弱点和错误，然后拿出足够的勇气去承认它，面对它，这样不仅可以弥补错误所带来的不良后果，在今后的工作生活中也会更加谨慎，而且更能促进自己走向成功。

我们每个人都会犯错误，但只有承认自己错误的人，才会赢得他人的尊重。

某公司财务处小张一时粗心，错误地给一位请病假的员工发了全薪。在她发现这个错误之后，首先想到的最好的办法就是蒙混过去，千万别让老总知道，否则肯定会对她的办事能力有所怀疑。于是小张急匆匆找到那位员工，说必须纠正这次错误，求他悄悄退回多发的薪金，但遭到拒绝，理由是"公司给发多少我就领多少，是你们愿意给，又不是我要的，白给谁不要？"小张很是气愤,她明白这位员工是故意刁难她,因为小张肯定不敢公开声张,否则老总必然知道,真是乘人之危!气愤之余的小张平静地对那位同事说:"那好,既然这样,我只能请老总帮忙了。我知道这样一定会使老总大为不满,但这一切混乱都是我的错,我必须在老总面前承认。"就在那位同事还站在那里发呆的时候,小张已大步走进了老板的办公室,告诉他自己犯了一个错误,然后把前因后果都告诉了老总,并请他原谅和处罚。老总听后大发脾气地说这应该是人事部门的错误,但小张重复地说这是她自己的错误,老总于是又大声地指责会计部门的疏忽,小张又解释说不怪他们,实在是她自己太过疏忽大意。没想到老总又责怪起与小张同办公室的另外两个同事起来,可小张还是固执地一再说是她自己的错,并请求给予处罚。最后老总看着她说:"好吧,这是你的错,可×××(那位错领全薪的员工)那小子也太差劲了!"这个错误于是就这样很轻易地被纠正了,并没有给任何人带来麻烦。自那以后,老总更加看重小张了,因为她能够知错认错,并且有勇气不寻找借口推脱责任。

　　上面例子中的小错误并不少见,事实上,一个人如果有勇气承认自己的错误,那么他完全可以获得某种程度的满足感。这不仅可以消除犯错者内心的罪恶感和自我保护的消极心理,而且有助于该错误所带来后果的解决。著名励志大师卡耐基曾说过,"即使傻瓜也会为自己的错误辩护,但能承认自己错误的人,就会获得他人的尊重"。

　　人们都喜欢听赞美之言,哪怕明知是虚伪的赞美,这是人的天性,但是往往忠言逆耳。当有人,尤其是自己比较熟悉的朋友或亲人、同事对着自己狠狠数落一番时,不管那些批评是如何的正确,大多数人心里都会感到不舒服,有些人更会拂袖而去,实在令提意见的亲朋好友尴尬万分。下一次就算你犯了更大的错误,相信也没有人敢劝告你了,这岂不是人生的一大损失?

　　青年人如果总是害怕向别人承认自己曾经犯过错,总是不敢面对错误,那么下面的建议也许会让你受益终生:

　　第一,即便知道是自己的错误,也不要太过自责,更无须自怨自艾,轻看自己。你应当将这次犯错的经历当作一种新经验,从中吸取教训,获得智慧,明白"吃一堑,长一智"。

　　第二,倘若你的错误必须向别人交代,记住与其替自己找借口逃避,不如勇于认错,做一个敢作敢当的人,勇于承担责任。

　　第三,倘若你在工作上出现错误,更要立即改正;否则,执迷不悟会给你的事业带来更大的麻烦,甚至使你从此跌入低谷,哪怕重整旗鼓也于事无补。

　　第四,倘若你所犯的错误可能会影响到其他的人,无论怎样要学会道歉,千万不要企图自我辩护,推卸责任,否则只会火上浇油,令对方更加愤怒。

　　倘若你总是对别人的建议很气愤,认为是一种耻辱,令你无地自容,以下这些建议或许能帮助你克服这种心理障碍,并且帮助你从中吸取教训,慢慢成熟起来:

　　第一,要知道他人对你的批评并不会损害你的价值,无须一概以敌视的态度对待意见与你相左的人。

　　第二,如果别人对你的工作表现颇有微词,你要搞清楚他是就事论事,而不是故意与你作对,或者瞧不起你。

　　因此,年轻人要敢说"这是我的错",更要敢说"一切由我负责。"

5. 把自己所犯的错误写下来,然后逐一改正

　　美国田纳西银行前总经理 L. 特里曾说过:"积极承认错误是一个人最大的力量源泉。"他的意思是说,正视错误,你会得到错误以外的东西。最重要的是,在为自己的错误积极承担责任的

过程中,勇气得到增长。正是在不断从错误中汲取经验的过程中,一个人开始变得成熟,有信心和勇气面对失败和挫折。

对于错误,只要正视它,总能找到解决和弥补的方法。比尔·盖茨在构建微软帝国的过程中,犯过的最大的错误就是在 1990 年代新一轮的网络大赛中犹豫了一下,结果来迟一步,被别人抢了先机。当然,盖茨的错误远不止这些,但他能够及时地发现自己的错误,马上找出错误所在,并立刻作出正确的决定。盖茨没倒下,微软也没倒下。

在网络时代给微软打击和威胁最大的太阳公司,也是一个从错误中学习的典型。1987 年,太阳公司的工作站与因特网并联,是硅谷最早上网的科技公司之一。1990 年代初,网络尚未成为热潮,太阳公司只能依靠售价昂贵的工作站和服务器为公司赚钱。但太阳公司的高中层管理人员没有什么危机感,因为在网络这个领域中还没有遇到强大的对手。

此时软件工程师巴特瑞·努顿(Pztrick naughton)向老板麦克尼里提出了辞职申请。麦克尼里思索了几秒钟之后,希望努顿在走之前帮公司一个忙:"你在走之前,把你认为太阳公司做错的地方写下来,不要光列举问题,也列出解决的方法。告诉我如果你是上帝,你会怎么办?"

麦克尼里的这一请求终于打破了多年笼罩在太阳公司上空的沉闷空气。基本上整个管理层对努顿的批评建议都深有同感。太阳公司内部召开了一个由高级工程师参加的"餐桌会议",他们就努顿提出的批评建议展开了激烈的争论。经过一个晚上的讨论,他们给公司制定了一个正确的方向:就是要面对普通消费者。但是公司将要具体开发什么样的产品,他们还没有一个确定的方案。

努顿留下了,还和太阳公司的其他三位工程师组成了代号"绿色小组"的项目小组。1991年 2 月,新的程序语言(OAK)诞生,这就是 Java 语言的前身。

1994 年春,马赛克(Mosaic)浏览器在因特网用户市场流行起来之后,网络一下子流行起来。但是其中有个遗憾:界面是静止的。而 Java 语言让静态的网络界面开始变成动态的世界,开始严重威胁到微软视窗系统的生存。

"把自己所犯的错误写下来,然后逐一改正",这是比尔·盖茨从对手身上学到的东西。不怕犯错,具有创新和冒险精神,这也是比尔·盖茨对自己所管理的团队的要求。比尔·盖茨对员工的要求之严厉,在很多员工眼中甚至苛刻到了吹毛求疵的地步。对于员工犯下的错误他批评起来从不留情,任何微小的错误,只要被比尔·盖茨看到,都会被不留情面地指出并要求改正。这样的做法,并没有让员工变得保守和害怕冒险,因为在这种批评下,错误既不会被睁一只眼闭一只眼地放过,也不会把一点小错误无休止地放大到对能力或者人格上的指责。

6. 人活着要学习的东西还很多

年轻不怕犯错,那是在积累经验面对错误,只要你敢于面对它,那么对你而言它就是在磨炼你的信念与毅力。

如今早已身家百万的中国大磊集团负责人王磊,当初可是凭着勤奋与智慧,仅靠白手起家,在计算机组装和计算机网络领域赚到第一桶金的。王磊给青年人的启示是:请勇敢地犯错,创业之路就在你脚下。

王磊出生于一个很普通的工薪家庭,父亲是位司机,母亲是个普通工人。家人给予他最大的帮助就是从小的严格要求。高中时他是以学校 1800 多名的成绩进入学校的,最后的高考成绩是学校第四名,凭的就是过人的毅力和不服输的精神:别人休息的时候他在做一本又一本的参考书;别人在学习的时候,他就用十倍、二十倍的精力去学。这也正是王磊以后成功的重要原因。

1998 年,王磊的高考成绩相当出色,已经达到了清华的分数线,很多人都以为他会报所名校。但是,从小就向往军队的王磊最后还是选择了军校,学习卫星通信指挥。但是,有时人生很富有戏剧性,以后的生活谁又能料到呢?2002 年毕业时,当年的大学同学都留在部队当了指挥员,而偏偏造化弄人,由于身体原因,王磊不能留在部队工作了。这对于当年不顾家人反对执意进入军校学习的他来说是一种很大的打击。不能留在部队怎么办?总不能回去吃父母的吧,都已经大学毕业了,得靠自己的双手养活自己了。认真考虑之后,他带着自己的一腔热血回到了老家徐州,准备自己创业。谁知刚回到家就被父母泼了盆冷水。父母本指望儿子出来就能待在部队,却没想到身体又不合格,现在回来了,安安稳稳地找份工作他们也就认了,谁知道他还要创业。这是王磊父母亲无论如何都不能理解的,开始说什么也不同意。直到最后他们实在拗不过倔强的儿子,只好让步了。

嘴上说创业很简单,可是哪来的资本呢?王磊深知父母都是普通工人,家里不可能拿出几万、十几万的给他做资本,所以一切都得靠自己,只有真正地白手起家。王磊靠给别人一台一台地组装电脑赚钱,积攒筹集到他的第一笔资金。也就在这时,王磊创办了自己的第一家公司——徐州新沂公司,业务主要是销售电脑。公司刚成立,王磊就进行了市场定位,公司与当地联通公司进行合作,推出"买电脑送联通宽带"的优惠活动。这个想法在当时是非常独特的,应该说使产品具有很强的市场竞争力。可是事与愿违,该活动推出之后无人问津。这可急坏了作为经理的王磊,他与公司仅有的六名员工挨家挨户地上门发传单推销产品,最后却只卖出一台,公司损失惨重。这次惨痛的失败,使王磊停下来冷静地思考:为什么这么好的想法却没有给公司带来任何收益呢?对,是消费市场,目前徐州市民还没有足够的购买能力,即使赠送宽带又有几家会使用呢?这对他们来说不过是个华而不实的东西。王磊明白了,原来不是有了个好的想法,公司就可以发展的。

目前王磊的事业已经发展到了一定的规模,拥有 11 家公司 400 多员工,分散在各地,他则在南京的总公司办公。谈到这里,王磊笑称自己现在还处于创业期,在他看来,拥有资本和员工的多少并不是一个公司发展阶段的划分依据,"最主要还是看公司制度的完善性和人员的稳定性。"

这样一个大孩子般的王磊管理着手下 400 多名员工,不能不激起我们的好奇心。"在军校四年,我学到了部队不少好的作风,我也把它们引入公司的日常管理中。我的公司就是军事化管理,在制度上绝对严格要求,令行禁止。在解决员工的矛盾上也采用军队的方法。如果两个员工闹矛盾,我就把他们叫来,各自讲讲自己的错误,进行自我检讨。""当然平时员工跟我随便开开玩笑,我都不会介意的。"

王磊的团队目标是打造一个专业的权威的一门式的医疗搜索门户网站。他们为用户提供的信息是最新最全的、最真实准确的。他们所要做的就是用最优质的服务来赢得客户对自己的认同。

不管是管理多大的企业,企业文化是必不可少的一部分,也是管理企业重要的手段之一。谈起他的企业文化,王磊说,最重要的是团队精神。只有团结才有力量。软件产业的发展不是个体劳动的结果而是团队智慧的结晶;技术是一种资源人才,是一种资源,团结一心更是一种资源。

作为年轻人中创业的成功者,王磊也不忘把自己的经验传授给现在的年轻人。也许自己在创业过程中遇到了太多的困难和有过太多的痛苦,他不想让别人重蹈覆辙,犯他以前犯过的那些错误。虽然他说年轻人要勇敢地犯错,但同样的错误再犯似乎也不是一个明智的做法。

"现在的年轻人创业有一个误区,就是目标定的不对,只盯着钱看,他们把一年要挣几万十几万作为创业的目的。在我看来目标本身就是一个错误,目标定错了,你走得越快走得越好,你离真正的目标也越远。"

"创业最重要的是要找准目标选对路子,然后就大踏步地往前走,不要怕跌倒,不要怕犯错误,勇敢地犯错,不能畏首畏尾的。年轻人没有多少资本也没有什么经验,那他有的是什么?就是年轻,不怕犯错误,这就是资本,年轻人的资本。我曾经在三个月内倒闭了好几家公司。"

俗话说"初生牛犊不怕虎",但王磊与摸爬滚打了半辈子的父辈相比,缺少的是丰富的阅历和经验,在许多事情的处理上,光靠一股闯劲是远远不够的,那么王磊又是怎样看待年轻人缺少经验这个问题的呢?

王磊强调:年轻人要不怕犯错误,要勇敢地犯错。其实每做错一件事,就是一条重要经验的总结过程。不断地犯错,不断地积累经验,这才是年轻人获得经验的法宝。这也是我们年轻人应该领悟的。

7.犯错并不是可耻的,善于纠错就是财富

不敢承担责任是犯了错误不敢承认,事情没做好,找很多的客观原因,不停地辩解。害怕犯错误是做事太小心,不敢越雷池一步,患得患失,缺乏冒险精神,这样就很难有创新,也会影响成长。如果一个人在工作中从来没有犯过错误,并不是一件很好的事情。当然,我们这里所指的错误并不是什么惊天动地的错误,而是一些可以原谅,有机会改正的错误。

俗话说"吃一堑,长一智"。失败一次,犯一次错误,你就会获得经验,增长智慧,甚至有更多更好的机会。

日本一家电气公司的老板准备物色一位职员去完成一项重要工作,在对众多应聘者进行筛选时,他只问一个问题——在以往的工作中你犯过多少错误。他最终把工作交给了犯多次错误的一个员工。开始工作前,他交给该员工一本《错误备忘录》,并嘱咐道:"你犯过的错误都属于你的工作成绩,但是你要记住,同样的错误属于你的永远只有一次。"

其实,你不用担心你的上司、你的老板会对你怎么样。一般来说,只要你承认错误,知错即改,上司、老板是会原谅你的。如果他不原谅你,那你离开这样的上司这样的老板并不是坏事。因为,这说明他的胸怀不宽广,如果你的能力比他强了,它不一定能容得下你。

一位管理者非常担心他会丢掉工作,因为他刚刚犯了一个重大错误,造成公司损失10万元,公司的领导对他说:我刚刚为你的职业发展投资了10万元,我为什么要解雇你。公司交了学费,公司是在培养员工。

很多有名的公司都有这样的文化,允许员工犯错误,你不犯错误他还不高兴。有一个很著名的显示器品牌,叫优派(ViewSonic),他的老板叫朱家良,他鼓励员工犯错误。朱家良说,在优派如果一个员工连续三年一点错误都没有犯,公司就会请他离开。台湾的那个宏基施振荣,他不怕员工犯错误的,他说,你们犯吧,我给你们教学费。

这两家公司都是很受人尊敬的公司。

所以,一有机会,你就要大胆地去做,如果错了,就吸取教训。但你同时不要忘记,同样的错误最好不要重犯,不要故意去犯错误。余世维说,第一次犯错误叫不知道,第二次叫不小心,第三次叫故意。所以,你不要第三次犯同样的错误。"事不过三",有再一再二,没有再三再四,没

有谁会一直原谅你的错误。

如果你害怕犯错误，你同样会怕承担责任。智者的可贵之处在于能够每次犯错误之后及时总结经验，进而把后来的事情办好。

总而言之，"犯错误不等于错误。从来没有哪个成功者没有失败过或者犯过错误；相反，成功者都是犯了错误之后，做出改正，然后下次就不会再错了，他们把错误当成一个警告而不是失败。从不犯错意味着从来没有真正活过"。

忠告箴言

成功往往来源于在错误中的不断学习，不断感悟，只要一个人愿意用积极的态度去对待错误，改正错误，汲取教训，总结经验，就不会重蹈覆辙。记住，坚持并且有耐心地认识错误，改正错误，弥补错误，我们就可以看到胜利的曙光。所以，无论我们做人做事，不要因为怕犯错误而捆住自己的手脚，从不犯错就意味着从没有真正活过。错了不要紧，改正就好。

忠告22 每一件事情都要做到精彩绝伦

人这辈子没法做太多事情,所以每一件事情都要做到精彩绝伦。因为,这是我们的人生。人生苦短,你明白吗?总有一天你会离开人世,所以,我们必须为我们的人生做出选择。我们本可以在日本的某座寺庙里打坐,也可以扬帆远航,我们的管理层还可以去打高尔夫,他们也可以去掌管其他公司,而我们全都选择了用我们的一辈子来做这样一件事情。所以这件事情最好能够做到完美无缺。

——乔布斯

"将每一件事情做到精彩绝伦"就是"完美"的真实写照。我们都很清楚世间万物根本不可能存在完美,但为什么有那么多的人追究完美,难道这样不合理吗?顾名思义,尽管完美不是一个具体的指标性的东西,它仅存于我们每个人的大脑中,但它代表着一个人的生活追求、生活境界、人生态度。因此,注重细节、注重完美,并不是一件坏事,在学习、工作、生活中,我们应尽可能地追求完美,将每一件事情做到精彩绝伦。比如,乔布斯的完美主义就创造出了一个个令人咋舌的革命性的"I"系列产品,iMac、iBook、iPod、iPhone、iPad……

苹果的"粉丝"总是习惯用"气质"、"细节"作为他们喜爱苹果产品的理由,而"细节"和"气质"则来自乔布斯的"尽善尽美"。在乔布斯的哲学中,"人类的使命就在于自强不息地追求完美"。他认为,任何值得做的事都值得做好,任何值得做好的事,都值得做得尽善尽美。在乔布斯的眼里正因为"值得"二字,鼓励着他不懈地追求这个目标。

小时候的乔布斯在老师的眼中并不是一个好学生,而是那种调皮捣蛋的"坏孩子"。他性格独立、喜欢吹牛,经常与老师对着干,因此经常受到老师的批评,也常被赶出教室。

"我知道我的一生没有那么多的时间尝试所有的事情,我能做的就是把所做的事情做得无懈可击。"Google 高级副总裁维克·冈多特拉撰文回忆了一个关于乔布斯的小故事:

2008 年 1 月 6 日,一个星期日的早晨,我正在参加教会活动,手机震动了,是"未知号码来电",就没去管它。

活动结束后,我检查了一下短信,是乔布斯的短信:"维克,你可以给我家里打个电话吗?我有急事要跟你商量。"

我当时负责 Google 所有的手机应用,会与老乔定期地打交道。通常史蒂夫都是在工作日给我打电话交代一些他不满意的事情,周日给我打电话是极不寻常的,并且还叫我打到他家。我在想到底是什么事这么重要?

"维克,是这样的,我们有一个紧急情况,需要立刻处理。我已经从我的组里派人去协助你了,我希望你明天就能够解决这个问题。"史蒂夫说。

"我在看 iPhone 里面的 Google 商标,我对这个图标很不满意。Google 里的第二个 O 的黄色渐变不对,颜色错了,我会让 Greg 明天改掉。你没什么意见吧?"

我当然没有意见了。几分钟以后我又收到了一封来自史蒂夫的 E-mail,主题是"抢救图标",希望我和 Greg Christie 一起工作修改图标。

每当我想到领导力、激情和追求完美的时候,我就会想到那个星期天乔布斯给我打的电话。那是我永远不会忘记的一课。首席执行官做好每个细节,每件事都要做到尽善尽美。即使是黄颜色的阴影,即使是在星期天,即使是合作伙伴在自家产品上的细节表现。

是什么让乔布斯这样追求完美呢?是他脑海中的"值得",即对事业的"热爱"。我们每个人来到世界,就是为了追求最完美的人生,还有其他吗?

李开复接受记者采访时曾这样讲过:"很多年后回顾苹果的精髓,我还是回到 2005 年讲过的,他做事情听从自己的内心,不接受这个世界给他定位该做什么,不该做什么,一直在追求完美。我在苹果的生涯倍感疲倦,缺失乔布斯的苹果那个时候没有灵魂。因为乔布斯能够把一件事情做到极致。现在我们也做手机软件,但很多人说我就爱 iPhone,为什么?讲不出来,但你会发现某一个细节很熨帖。产业的发展,技术的发展,每一个细节的细腻,还有对唯美的追求,乔布斯是少数能把这些元素完美结合的人。"

在乔布斯的眼里,苹果的每一款产品都应该做成完美无缺的艺术品。对于乔布斯来说:只有 A 计划。在进入一个新的领域时,只倾注全力打造一款产品或服务,没有备选方案,没有退路。这样才能将最好的创意、技术、设计倾注到一款产品上,iPod、iPhone 莫不如此。每当一件新产品出炉后,乔布斯总会提出诸多意见:"还可以再完美一点儿!"

门捷列夫说过:"追求完美是前进者最好的动力。"我们本身所渴望的成功其实就是在追求完美人生。什么是成功?怎样才算完美?它们真正的定义又是什么?成功人士大多存在追求完美和理想主义的倾向,他们做事认真、严格,往往对自己要求过高,有强烈的责任感,特别讲究秩序。由于他们的不懈追求和激情,才会获得巨大的成就。

在今天这个竞争激烈的社会中,是否追求完美往往决定了我们未来是否成功,乔布斯深知这一点。西方人相信上帝,《圣经》里面说:"上帝要求我们完美,所以我们应该是完美主义者!"我们虽然不知道乔布斯是不是基督徒,但他被人称为"残酷的完美主义者"。对完美的疯狂追求与忘我投入是乔布斯一生的信念,他那残酷的完美主义,给他的团队和合作伙伴树立了很高的标杆,在这种完美主义信念的推动下,大家总是在追求是不是可以再做得好一些。我们可以说乔布斯的成功就是一个不断追求进步的过程,"苹果"的成功更是一个不断超越自己、追求完美的过程。

我们不妨来看一个关于乔布斯追求完美的另一个事例,即关于"苹果"新产品的研制。

当时在"苹果"负责 MacOS 人机界面设计小组的柯戴尔·瑞茨拉夫认为,将丑陋的旧界面装在优雅的新系统上简直是个耻辱,于是他很快便让手下的设计师做出了一套新界面的设计方案,新界面尤其发挥了 NeXTstep 操作系统强大的图形和动画功能,但现在没有资源也没有时间去将这个新界面植入 MacOSX 了。

几个月后,苹果所有参与 OSX 的研发团队在公司之外召开了为期两天的会议。会上,人们开始怀疑如此庞大的新系统能否完成。当最后一个发言的瑞茨拉夫演示完新界面的设计方案后,房间里响起了笑声:"我们不可能再重新做界面了。"瑞茨拉夫回忆道,"这让我非常沮丧。"两周后,瑞茨拉夫接到乔布斯助手的电话。乔布斯没有看到这个设计方案——他没有参加那个会,但现在他想看一眼。这个时期,乔布斯还在进行他对所有产品团队的调研。瑞茨拉夫和手下的设计师们在一个会议室里等着乔布斯出现,但他一露面,随口而出的却是:"一群菜鸟。"

"你们就是设计 MacOSX 的人吧?"一向以追求完美著称的乔布斯生气地问道,他们怯怯地点头称是。"好嘛，真是一群白痴。"乔布斯一口气指出了他对于老版 Mac 界面的种种不满。乔布斯尤其讨厌的是，打开窗口和文件夹竟然有 8 种不同的方法。"其问题就在于，窗口实在太多了。"瑞茨拉夫说。

乔布斯、瑞茨拉夫和设计师们就 Mac 界面如何翻新的问题进行了深谈，设计师们把新界面的设计方案展示给了乔布斯，会议才算圆满结束。"把这些东西做出来给我看。"乔布斯下了指令。设计小组夜以继日地工作了 3 个星期来创建软件原型。"我们知道这个工作正处于生死边缘，我们非常着急。"瑞茨拉夫说，"乔布斯后来来到我们办公室，和我们待了整整一下午。他被震住了。从那之后，事情就很清楚了，OSX 将有个全新的用户界面。"瑞茨拉夫对乔布斯曾经跟他说过的一句话依然印象深刻："这是我目前在'苹果'所看到的第一例智商超过三位数的成果。"瑞茨拉夫对于这句赞扬喜形于色。对于乔布斯而言，他要是说你的智商超过 100，这就是莫大的认可了。

由此可见，乔布斯的"挑剔"让他的团队取得了一些超越自己能力的成果，尽管那些他参与不多的产品，也会因为乔布斯的最终审核而提升水准，获得了苹果"粉丝"的追捧，苹果的生态系统也从一个小型高科技村落演变成一个全球 IT 帝国。

可以说，乔布斯是一个可以与爱迪生、福特、卡耐基等人物比肩的人。而在与可怕的病魔相斗争的过程中，乔布斯告诫年轻人："记住，我即将死去。几乎所有一切，包括外部的期望、所有的荣誉、所有因为惧怕失败而产生的困窘，都将随之而去。我不会去做一个最富有却躺在坟墓里的人……我只想每天上床睡觉前告诉自己今天我们做出了什么精彩成果。"

在世人眼里，"苹果产品 = 艺术品""乔布斯 = 艺术家"，苹果几乎成了"完美"的代名词，而乔布斯更是用自己的完美主义哲学，影响着苹果公司的员工，激发他们的工作动力。当诸多企业在产品上不断推陈出新，试图以此抢占市场时，乔布斯却像个艺术家一般，不计成本、不计时间地"精雕细刻"着自己的"艺术品"，直到它完美无缺为止。

我们常说人最大的敌人其实是自己，而人生中最难做到的事就是做到完美。做到完美那是不可能，但是怀着一颗执着追求和坚持不懈的心，我们或许真的可以收获很多。

可以说，追究完美是每个有志青年共同的追求。球王贝利有句话常挂嘴边：追求完美。当年，他射入第一千个球时，有记者采访他："你觉得你踢得最精彩的球是哪一个？"他的回答出人意料："下一个。"这无疑就是人们对于完美的追求。

出生于 1984 年的中国体育健将陈一冰在人才济济的体操界可以说是一个大器晚成的运动员，21 岁时他才获得世锦赛冠军。2008 年，陈一冰夺得北京奥运会吊环项目金牌，为中国赢得第 36 金，也是继 1984 年洛杉矶奥运会李宁之后的又一块吊环金牌。

当时有人用完美来形容他的表现。陈一冰却说："只是发挥出了自己的正常水平。""对我来讲，至今还没有特别完美的一套。""只有不断挑出自己的毛病，才会有进步。""自己也是自己的对手，希望自己每天都有一些进步。"完美，虽然没有人能够完全做到。但是，追求完美的人就相当于人生有了目标，从此，人生就不再迷茫，可以朝着自己的理想而奋斗，也就会离完美更进一步。

追求完美是一种幸福，而你的追求越是执着，你的心就会越充实，它甚至比成功还要美好得多。一个人因为只热爱最完美的东西，所以做什么才不会是"一般好"。懂得这一点，我们就可能会远离一知半解、一技半能。

追求完美的过程，可以愉悦我们的思想，锻炼我们的意志，净化我们的心灵，陶冶我们的情操，展现我们的才华，这就是追求完美的真正意义。

在乔布斯的哲学里,苹果始终是也必须是一家能"全盘掌控"的公司。他意识到,"对未来的消费类电子产品而言,软件都将是核心技术"。不能够坚持做操作系统和那些悄无声息的后端软件,比如 iTunes。

这样的苹果才不至于像 DELL、惠普或索尼那样,因为等待微软最新操作系统的发布而延迟推出硬件产品。而随意修改系统,还可以为 iPhone 和 iPod 制作特别的版本。

由此我们不难看出:在乔布斯的天性中,有着对尽善尽美的不懈追求!他无论做什么,都会求得达到最佳境地,丝毫不会放松。因此,苹果的几乎每个大项目都有可能被乔布斯要求推倒重来,理由是"这不仅仅是工程学和科学,也是艺术"。他认为自己没法选择,苹果的员工也一样没法选择。

追求完美就是不满足于目前的成就,力求超越平庸!一个成功者曾经说过:"做一根质量过硬的针,也比制造一台糟糕的蒸汽机来得好。"只有追求完美,做任何事一丝不苟,才能成就大业,人生才不会有太多遗憾。几百年前,当拿破仑率领自己的大军登上阿尔卑斯山山顶的时候,曾经对他手下的士兵说过一句非常出名的话,"不想当将军的士兵不是好士兵!"也正是事事都要求做得最好,尽善尽美的这种信念,才使拿破仑成就了霸业。

我们看看世界上但凡成功人士,对他们而言,值得做的事并无大小之分,他们每做一件事,都竭尽全力,力求完美。在他们的脑海中诸如"还可以"、"差不多"的词几乎找不到蛛丝马迹,他们必求尽善尽美。

为成功做准备的最好方法就是集中我们所有智慧、所有的热情、所有的精力,把眼前的这件事情做得精彩绝伦,这是我们获得成功的有效方法。每个人的一生没有太多的时间去尝试很多东西,但我们能做到的就是把所做的事情做得无懈可击。

乔布斯对完美的狂热以及积极的追求彻底变革了六大行业:个人电脑、动画电影、音乐、电话、平板电脑和数字出版。你可能还会想到第七个产业:连锁商店。

重回苹果的乔布斯,几乎改变了苹果的游戏规则。

很多人都认为乔布斯是一个喜怒无常的人,他以"疯狂的高标准"著称。乔布斯经常会说:"有些业务我们能够为之,有些则无能为力,但无论怎样,我都感到自豪。"

当政初期,他全然不顾华尔街的满腹牢骚,大力削减产品品种,把原有的 10 多个品种砍至 4种。他曾要求 iPhone 的团队在最快时间拿出不同的封装设计,当时离面市已经为时不远,据说他走进公司说:"我就是不喜欢这个东西。我无法说服我自己爱上这个玩意儿。而这是我们做过的最重要的产品。"于是 iPhone 成了后来我们见到的样子。

动画公司皮克斯公司制作《玩具总动员》让乔布斯投资 1000 万美元,但乔布斯因为对剧本不满,将工期暂停了 5 个月。

"我们让每个人都拿着工资放假去了。好好琢磨了一番之后,他们做出了你所看到的《玩具总动员》。"乔布斯说。

这种"停下来"的勇气使乔布斯在其他电子产品制造商中毁誉参半,但对消费者来说,乔布斯成功的真正秘诀是他有着对普通消费需求的直觉,而且能够很好地跟技术结合在一起。

为了"让那些 Windows 用户尽快皈依 Mac 门",乔布斯决定将苹果专卖店开到车流密集的区域。在纽约曼哈顿中央公园附近的苹果旗舰店里,终日人头攒动。有的人在那里摆弄产品,也有很多人在那里找把椅子看书或休息,或者什么都不干。事实上,乔布斯的想法确实奏效了。据国外媒体报道,苹果公司明确表示在用户满意度上,苹果 MacOSXLeopard 战胜了 WindowsVista 系统。

听这位苹果 CEO 发表演讲是件快乐的事情。他喜欢穿黑色高领毛衫和牛仔裤，擅长推介，他的促销方式常常令人过目不忘。他从牛仔裤的装饰口袋中掏出缩小版的 iPodshuff，像变戏法一样。而在 2008 年初的苹果大会上，他又从信封中抽出全球最薄笔记本"MacbookAir"。

人在世界上最大的敌人就是自己，而人生中最难做到的事就是做到完美。乔布斯之所以不同于其他人，就是因为他有着这种执着于追求完美的精神。我们或许不能做到像他那样完美，但我们可以学他追求完美。

我们的人生就像汪洋中颠簸的小船。"完美"就如同远方闪烁的灯塔，尽管它灯光有些许朦胧，但是它却能够指引着我们挂云帆，济沧海，乘风破浪，勇往直前。纵然我们不可能做到完美，但是追求完美却可使我们的心智渐渐成熟起来，也不会被眼前所取得的一点小成绩自满。

对值得你去做的事情做到尽善尽美、无懈可击，这种看似疯狂的精神会帮助我们走向成功，也会使我们的人生更加充满意义。记住乔布斯的"人这辈子没法做太多事情，所以每一件都要做到精彩绝伦"这句话，我们将受益终生。

忠告箴言

我们无法拥有一个完美的人生，但能拥有一个力求每一件事情都做到精彩绝伦的人格。我们应该不断激励着自己去充实这个信念，那么我们心中就有可能点燃起追求完美的热情火焰。人生是短暂的，因此我们就应该用我们的全部热情去做我们所追求的事情。虽然我们成不了乔布斯，但是我们也可以像他那样去做值得我们去做的事情，实现我们的梦想。一切追求尽善尽美，它能使我们成功；一切追求尽善尽美，我们的一生必定会有所成就。

忠告 23 成功者,不走寻常路

你不得不相信某些东西,你的直觉、命运、生活、因缘际会……正是这种信仰让我不会失去希望,让我的人生变得与众不同。

——乔布斯

其实,成功者各有不同,正如"条条大路通罗马一样"。所有的成功者的成功原因都是多方面的,但每个人的成功轨迹都不尽相同,他们也都各有各自的不同寻常之处,这一点也尤为关键。

通常情况下,我们很多人在思考问题时或者做某一件事情时,都会不知不觉地滑入惯性轨道,运用常规的思路思考,结果越转越晕,难以挣脱出来。无论是乔布斯还是卡耐基、拿破仑等,他们的成功无不告诉青年人,成功者是会创造的人,他们会想别人所未想,干别人所未干的事,走别人所未走过的路才成功的。

1. 有时回到最初的起点,很有可能就是突破口

我们很多人总是习惯于在传统或已有知识中打转儿,以至于一段时间陷入死胡同无法走出来。其实当我们发现自己出现这种问题后,完全可以回到最初的原点来重新审视这个问题,那么我们就能灵活变通,找到突破口。

有一家牙膏厂,在起初的 5 年中效益在同行中一直处于前列,可是到了第 6 年,厂子效益开始下滑。见此状况,厂子总裁很是着急,于是召开紧急会议商讨对策。为了鼓励大家出谋划策,总裁就向大家承诺说:"谁能想出解决的办法,就重奖谁 10 万元"。

与会的大部分人你看我我看你,似乎这一问题没有什么绝妙的解决办法。过了几分钟,只见一位年轻的部门经理递给总裁一张纸条,总裁看完后,立刻签了一张 10 万元的支票给他。原来,这位年轻的经理在纸条上写的是把牙膏的口径扩大一毫米。可不要小看这小小的一毫米,在消费者每天挤出同样长度牙膏的情况下,如果再将牙膏开口扩大一毫米,那么,每个消费者就会多用一毫米宽的牙膏,这样算来,每天的消费量就会大大增加。于是厂里立即更改包装,加上该品牌牙膏品质不错,不久后厂子的效益就显著提高。

这则案例中的年轻经理就懂得打破常规思维、不断发明创造。尽管只是小小的一毫米,却使厂子扭转了局面。

2. 成功者注重的东西必不同寻常

回到原点只是告诉了我们一种突破困境的方法,这个方法完全有可能使一个濒临倒闭的厂子起死回生,也很有可能使一个很长时间找不到人生方向的青年人豁然开朗。我们不妨来真正体会一下乔布斯无论是做人还是创业中的不同寻常之处。

乔布斯的不同寻常之一就是 iPod 的问世。试想,一家 PC 企业,习惯了销售2 000美元一台的高端电脑,却还愿意冒险去开发一款价格低得多的产品。而多数大公司是不会耗费精力与时间,去开发一款利润远远不及现有产品的设备,更何况是个尚未成形的市场。

这往往是新生企业才会去做的事情。如果苹果随波逐流,先找一群专家做盈利分析,然后根据分析结果去做决策,那么今日的 iPod 也许根本就不会存在。

而乔布斯带领下的苹果如此这般特立独行,也是他摒弃那些常规管理套路的体现,也是苹果未遭对手颠覆的原因所在。

此外,最值得我们关注的是,苹果还时时刻刻以前所未有的方式进行着自我颠覆。苹果发布的 iPad 颠覆了 PC 业,包括苹果自身的麦金塔电脑业务。iPad 对 PC 行业的冲击,如同当初 PC 对微型计算机的冲击。

如果放到其他企业身上,若要让其颠覆自己的核心产品,恐怕也难下决心。仅从企业的生存之脉——利润而言,企业也不会下此狠心。但是乔布斯带领的团队做到了。

乔布斯的不同寻常之二就是永无止境地创新。2011 年第一天,苹果的市值超过了3 000亿美元,按此市值苹果价格已经超过了世界上所有上市公司的公司市值。苹果闪耀的目光让众多投资者看到了背后的掌控人乔布斯。

还记得几年前很多公司推出了液晶触摸屏概念,然而却以失败告终,就连全球最大手机厂商 NOKIA 当时都并不看好液晶触摸屏未来的发展。然而,乔布斯却孜孜不倦,奋力开发出了 iPhone 和 iPad,让液晶触摸屏迎来了春天。有人说"这是一次科技革命"。

的确,"科技革命",让这家原本平淡无奇的苹果公司硕果累累。苹果公司已经公布的 2010 财年 Q4 季报显示,苹果公司第四季度收入总计为 203.4 亿美元,同比增长 67%;苹果公司第四季度净利润为 43.1 亿美元,上年同期为 25.3 亿美元,同比增 70%。

除了推出液晶触摸屏相关产品,苹果在 iPad 和 iPone 的 ISO4 系统,也是一改开放系统传统,变成了一个全封闭系统,所有要安装的软件必须从苹果的商店里去下载。学过计算机的人都应该知道,当今软件的大趋势是开放性平台,比如谷歌的 Android 就是应用在手机系统上的一个开放式系统。

对于封闭与开放的解释,乔布斯在一次电话会议中是这么说的,"事实上,我们认为开放与封闭的争论只是一个烟幕弹,试图掩盖问题的本质,那就是:哪种方式对用户最有利?分化还是整合?我们认为 Android 非常分化,而且这种分化状态还在与日俱增。而苹果在努力发展整合模式,从而避免让用户来充当系统整合者。向用户出售产品时,我们相信,整合总是都能够击败分化。"

上述这段话同样也值得我们思考。不走寻常路的乔布斯再次与世界背道而驰,而从目前情况来看,由于 iPad 和 iPone 的销量大幅超预期,ISO4 系统的应用非常广泛。所以目前来看苹果是成功的,乔布斯让苹果不走寻常路,自然也有了不寻常的股价和非凡的市值。

乔布斯的不同寻常之三就是坚持到底。1995 年,乔布斯接受媒体采访时说道:"或许你认为自己是个人才,或许你认为自己怀才不遇,但是你有没有想过,当你遇到困难的时候,当你穷困潦倒、饥寒交迫的时候,你是否坚持了。"从蹒跚学步到大学毕业,很多人都生活在家长跟学校的庇护下,从没有真真正正地认清自己。初入社会,就像是被人蒙住眼睛又转了几圈一样,彻底懵了。一遇到困难就开始怨天尤人,却没想过坚持去努力。我想,如果你真的认为自己能行的话,就大胆地让自己先去接受磨炼吧!

"创业太不容易了!你为此放弃了全部生活。我想在许多举步维艰的时刻,大多数人都放弃了。我不是在指责他们,我深知其中痛苦的滋味,仿佛整个人生被吞噬了。如果你要照顾自己的家庭、孩子,同时又处于创业的起步阶段,那我都不敢想象你怎样才能熬过来。当然,有人熬过来了,这是创业成功必经的痛苦阶段。"

是的,创业是个极其艰辛的过程,正像乔布斯所说的,他因为创业失去的和放弃的都不少,所以才有苹果公司的今天。许多人总是把创业想得太美好,所以总是充满了向往,也总是想着做老板,做同行业中的佼佼者,但是我们更应该想到这条道路并没有我们想象的那么好走。乔布斯的身体之所以会出现大的状况,应该与他早期的创业经历分不开。

因此,乔布斯的创业之路为我们年轻人敲响了警钟。如果你已经下定决心要创业,那么首先要清楚这条路往往充满荆棘,也许为了实现梦想我们可能会面临孤独,也有可能变得一无所有,包括自己的健康在内。

所以年轻人在下定决心做一件事情之前,应该用乔布斯的话反省反省自己,假如你决定走一条不同寻常之路,那你就准备行动吧!

正如乔布斯所说:"每天连续工作 18 个小时,一周连续 7 天。除非你有足够多的激情,否则你很难坚持下来,肯定会半途而废。所以说,你必须靠激情支持自己去实现理想或解决某个问题、纠正某个错误,否则不可能有毅力坚持到底。我觉得有了激情,其他一切都不是问题。"

3. 做大家不想做的事情

周杰伦为美邦代言的广告词早已使得美邦深入人心,将"不寻常"的标签直接贴到了其倾注全部心血的品牌上的周成建。与每一个没有背景、白手起家的温州商人一样,其所走过的路也注定不寻常。美特斯邦威的广告语即"不走寻常路"。用周成建自己的话说:"我这人总喜欢琢磨一些歪点子"。然而正是这样一些歪点子,铺就了美邦的辉煌之路,最后成为周成建的个人成长之路。

20 世纪 80 年代末的温州,涌动着改革开放带来的市场经济的气息,人们非常敏感地嗅到了温州这个小城市的商业气息。在温州,最不缺少的就是敢大胆吃螃蟹的人。于是成千上万小企业、小商贩,不放过任何可以创造财富的机会,活跃在这个当时还非常偏僻的小城市,周成建正是这成千上万的小商贩中的一员。

在中国其他地区,甚至在世界其他国家的人眼里,温州人有着犹太人一般的精明。在温州,周成建也算是"奇人",他不寻常的经营之道历来被人们拍手叫绝,随着资产的不断攀升,周成建也日渐成为人们心中的"神话"。

1993 年,美特斯制衣公司诞生。1994 年,开业当天,周成建公开店内所有服装的成本价,包括面料、纽扣、电费、税务等,然后由消费者定价,只要高于成本价哪怕一元钱,都可以成交。这开辟了温州零售业的一大创举。1995 年 4 月,第一家美特斯·邦威专卖店在温州五马街即将开业,不安分的周成建又突发奇想:不能就这样平平淡淡地开啊,一定要搞得轰轰烈烈,让大家都买自己的衣服。这样经过一番冥思苦想后,一个"歪点子"在他头脑中诞生了:招收 30 个服务员做候选,让消费者来选择真正合适的服务员,消费者也可以获得 7 折的销售价格。除此之外,当天,温州五马街全部铺上了红地毯直通"美特斯·邦威"专卖店。他号称启动"千店工程"。如此不同寻常的开业方式,引起了非常强烈的反响,许多商家鱼贯而入,美特斯·邦威名声大噪,打响了第一枪。

至于后来他退出妙国寺,退出西装主流,创品牌,更是一种不寻常之举。后来有人归纳,说他不按常规出牌。其实这种种举动都是他不走寻常路的表现。

不走寻常路,来源于不同寻常的思维方式。周成建说,"不在乎企业自身有多少资源,而在乎这个企业有多少能力去整合资源,这是核心问题,世界的都是我的,我的都是世界的。"当初创立品牌时只有400万元的周成建很快在全国不断复制着美邦,并始终专注于为年轻消费者提供个性时尚的服饰产品。这给他企业的生命再度增添了奇异的色彩。

如今,"不走寻常路"的广告语已经深入消费者的心中,周成建作为一个农民企业家,从小裁缝到大富翁的创业经历让他对自己所走过的路有更为深刻的反思。他似乎很在意他的不寻常,当他穿着一身特制的红白相间的毛衣出现在美特斯·邦威上海总部启用媒体见面会上时,记者感受到他兴奋的脸上洋溢的满足感和成就感。看得出,那是一件特制的毛衣,这让他走在哪里都成为视线的焦点,那是一件很有纪念意义的毛衣,毛衣的心口位置绣着"95"字样:斗转星移十年间,从温州到上海,从几个人到三千人,从几十万到20亿,再到现在的180亿。现在美邦股票已经成功上市,仍逆势上涨。与此同时,美特斯·邦威的全新子品牌ME&CITY也闪亮登场,这是周成建打响双品牌的第一站。而美特斯·邦威自上市消息传出后与ZARA等快速时尚服装品牌的频频并举,更在侧面折射出周成建的品牌观念,以及他不走寻常路的思维。周成建依然以他不同寻常的思维方式、独到的市场眼光去关注未来,迎接新的挑战。

"不走寻常路",是周成建思想中最闪光的一点,也是他13年奋战商场的富有创意之举,更是他人生路上所留下的深深足迹。

4.不想当将军的士兵不是好士兵

要想取得成功就要有不同于普通人的追求,就要用自己不同于他人的努力去换得。

歌德说:"拿破仑摆布世界,就像洪默尔(德国音乐家)摆布钢琴一样,任何时候他都胸有成竹,应付自如。他虽然出生在科西嘉贵族家庭,可初到法国时,也只是一个普通的军校学生。这正像他的名字拿破仑——意为荒野的狮子一样,他始终有着一颗高贵狂傲的心。"

拿破仑1769年出生于科西嘉岛的阿雅克肖城,其家族是一个意大利贵族世家。科西嘉岛刚刚被卖给法兰西王国后,法王承认其父亲为法兰西王国贵族。

拿破仑身材矮小,只有156厘米,但他内心却高贵狂傲,他宣称,他的佩剑只有剑带属于法国,剑刃却由他自己掌握。拿破仑十分迷恋卢梭等人的启蒙思想,为卢梭那种慷慨激昂的语言、热情奔放的思想鼓舞着。

拿破仑在少年时候就向君主的权力发起了挑战。在土伦之战中初露锋芒立下大功不久,由于法国内部的政治斗争,他被投入了监狱。出狱后,一无所有的拿破仑奔走于革命新贵的门前,却怎么也低不下他那倔强的头颅。拿破仑天生就是一个要做大事的人,他不能忍受平庸的生活。在那段无事可做的日子里,他心情郁闷,不修边幅,头发蓬松,一副惹人生厌的样子,身体上也显出了病态。巴尔扎克充满同情地写道:"你要有种,你就扬着脸一直往前冲。可是你得跟妒忌、诽谤、庸俗作斗争,跟所有人斗争。"

拿破仑并没有被命运击倒,他在积极做着准备。不久,保王党人发生叛乱,由于巴黎没有合适的军事人才,热月党人不得不请闲居的拿破仑出来指挥军队。面对8倍于己的敌军,拿破仑临危受命,镇静自若,运用高超的军事才华,只用一个小时就击溃了叛军。

一位哲学家说过:"人生虽然漫长,但紧要之处却只有几步。"拿破仑正是抓住了仅有的两次人生机遇,使平淡的人生立即绽放出异彩。一夜之间,拿破仑一跃成为手握首都军事和治安大权的炙手可热的人物。他的面前展现出一片锦绣前程。拿破仑却不屑于此,葡月的功勋远没有为他攫取最高权力提供充分的条件。他不愿把自己埋没在巴黎的轻佻生活里;也不愿以自己的权力周旋于各种派别和权贵门前;他宁愿直中取,不愿曲中求。于是他毅然放弃了别人梦寐以求的职位,谋求了一个没有多少实力的方面军司令职位,为的是能统兵在外。

拿破仑心中炽烈地燃烧着施展军事才华,追求成为伟大统帅的强烈欲望,这种欲望不断地驱使他去干一番轰轰烈烈的事业。正是他说出了"不想当将军的士兵不是好士兵"的名言。

拿破仑的精神鼓舞了好几代人:追求加才华就能形成一种坚定的力量,正是这种力量让拿破仑最终成了傲视欧洲的雄狮。

5. 成功者往往有"偏执"

英特尔前 CEO 安迪·格鲁夫有一句经典语录:"只有偏执狂才能生存。"这是 IT 界的至理名言,也是对乔布斯人生最好的写照。

为什么偏执狂能够生存,能够成功?有两个原因:一是他们往往反常规思维,能打破常规解决市场竞争中的复杂问题。我们说的颠覆性创新、破坏性创新,往往都由反常规思维的人群来施行的。二是偏执之执,其实就是执着。偏执狂的执着,可能达到了执着、专注的巅峰。

而乔布斯的成功,是偏执狂的又一次胜利。这一点,仅仅从乔布斯购买洗衣机的一件小事就可以看出来。

20 世纪 80 年代初期,乔布斯住在一个基本没有家具的房子里,因为他无法忍受没有达到他认可的标准的家具。

为了寻找一台新的洗衣机,乔布斯召集全家人进行了长达两个星期的讨论。最后,乔布斯决定购买德国产品,他认为德国产品虽然很贵,但洗衣过程中只需少量水和洗衣粉。"这些产品的制作真的是非常非常棒,这是过去这些年中我所购买的,令我们全家人都感到满意的少数几件产品之一。"

这种关于购买洗衣机的长时间讨论的行为看起来似乎有点极端,但乔布斯将同样的价值观(以及同样的过程)带到了苹果公司的产品开发中去。正是这种凡事都要做到极致的偏执精神,才造就了苹果的成功。

互联网创业热潮的问题不是太多人开创公司,而是太多人没有坚持做下去。这也可以理解,因为当你必须解雇人,取消项目,应对非常困难的情形时,有太多时刻充满了绝望和痛苦。那时,你才能发现你是谁,你的价值是什么。

因此,当这些人卖掉自己的公司时,即使他们变得非常富有,他们其实是在欺骗自己远离一段潜在的最值得付出的人生经历。没有了这段经历,他们可能永远也不知道自己的价值,也不知道如何去恰当地面对新得到的财富。

乔布斯最喜欢引用丘吉尔的名言:"决不、决不、决不、决不放弃(Never,never,never,never give up)!"无论他人生中遇到什么挫折,休学或失业,他总是决不放弃,坚持下去。

卡耐基在被问及成功秘诀的时候说道:"假使成功只有一个秘诀的话,那应该是坚持。"只要坚持到底,就一定会成功,人生唯一的失败,就是当你选择放弃的时候。因此,当你处于困境的时候,你应该继续坚持下去,只要你所做的是对的,总有一天成功的大门将为你而开。

美国华盛顿山的一块岩石上，立下了一个标牌，告诉后来的登山者，那里曾经是一个女登山者躺下死去的地方。她当时正在寻觅的庇护所"登山小屋"只距她一百米而已，如果她能多撑一百米，她就能活下去。

这个事例提醒人们，倒下之前再撑一会儿就有希望。胜利者，往往是能比别人多坚持一分钟的人。即使精力已耗尽，人们仍然有一点点精力坚持下去，用那一点点精力的人就是最后的成功者。

往往，再多一点努力和坚持便会收获到意想不到的成功。以前做出的种种努力、付出的所有艰辛便不会白费。令人感到遗憾和悲哀的是，面对一而再、再而三的失败，多数人选择了放弃，没有再给自己一次机会。

在漫长的人生旅途中，失败和困难并不可怕，受挫折也无须忧伤。只要心中的信念没有倒下，你的人生旅途就不会中断。乔布斯是戏剧人生最精彩的诠释者：你可以出身卑微，但必须卓尔不群，纵使你将众叛亲离，也注定要从头再来。只有心中有信念，你就会变得伟大。

"这个世界上，没有人能够使你倒下。如果你自己的信念还站立着的话。"这是著名的黑人领袖马丁·路德金的名言。即使在最困难的时候，也不要熄灭心中信念的火把。信念是一种坚不可摧的力量，人只要拥有坚定的信念，就拥有了战胜一切困难的力量。

石油大王洛克菲勒曾经说过："即使拿走我现在的一切，只要留给我信念，我就能在十年之内又夺回它。"由此我们可以看出，信念是生命的脊梁。一个人失去一只眼睛和一条健全的腿是不可怕的，可怕的是失去了生活的信念和追求的目标。有信念就有创造奇迹的机会，它可以使许多不可能的事情变成现实。

自己的路靠自己去走，自己的事情靠自己去做，自己的心情靠自己去调节！年轻人要懂得把握自己，珍惜自己！

6. 走自己的路，别让别人无路可走

马云曾讲过："对手死了，你一定活不好，一定需要有一个对手，才会发展得越来越好。"

马云喜欢挑战强者，向来不害怕竞争，但这并不表示他就不会与竞争对手合作。

早在 2006 年，当淘宝与 eBay 在中国的竞争还未完全分出胜负时，一则消息引起了人们的注意，那就是雅虎和 eBay 宣布双方将建立为期数年的战略合作伙伴关系。这则消息让这场竞争变了些味道，要知道，当时的雅虎中国实际上已经被阿里巴巴完全控制，同时雅虎以 10 亿美元持有阿里巴巴 40% 的股份，因此，市场分析者怀疑阿里巴巴集团旗下的淘宝网，将会在与 eBay 的竞争中由于雅虎的介入而受影响。

对此，马云曾对《上海证券报》记者表示，两者的合作不会影响到淘宝的发展。雅虎在阿里巴巴不过是个投资者，决策还是由阿里巴巴来做，而雅虎中国已经是一个独立的法人实体，美国雅虎的合作不会影响到中国的业务。

"事实上，我参与促成了雅虎与 eBay 的合作。"马云透露，雅虎与 eBay 两家已经接触了一段时间，而马云随后扮演了进一步牵线搭桥的角色。在他看来，在竞争中有合作是未来互联网市场的发展趋势。

"我希望能够在美国出现这样的先例后，中国市场也能够随即引进这种状态。"马云表示，未来不排除阿里巴巴与竞争对手的合作，"淘宝与易趣，淘宝与百度，淘宝与 Google，都存在这种可能性。"

的确,在当代商业社会,全球化的压力越来越大,市场要求企业不断加快创新速度。在这种大前提下,短兵相接的竞争对手也可以在不损害各自的竞争优势的前提下,结成战略联盟。

通过合作,双方不仅可以共同分担产品开发的成本与风险,获取规模经济效益,还能共享资源与人才。这样,它们就可以更快地向市场推出具有竞争力的产品,或与更大的竞争对手抗争。

通用汽车和福特公司,日立和松下电器,戴姆勒－克莱斯勒和通用汽车,通用汽车和丰田,这几对制造商的共同之处是,每一对企业都是在市场上短兵相接的直接对手。然而,它们同时又是合作伙伴,一起肩并肩地开发新产品,分享新理念和新技术,合作开拓市场。

相反,如果只是一味与竞争对手争输赢,而不顾自身的利益与发展,那么必将遭到市场的惩罚。

来看一个商业案例:

Beta 是台湾录像机市场的两大系统之一,另一个系统是 JVC 公司的 VHS 系统。前者是台湾新力公司成功的发明,一直在电子技术领域占据重要位置,但就是在这个发明上,新力公司摔了一个大跟头,输给了对手 JVC 公司。

新力公司在发明录像机系统之后,一直想垄断录像机市场,不给对手机会,所以它坚持不肯将技术同对手共同分享。

新力公司垄断技术的局面,在短时间里确实造成了行业垄断,给新力公司带来巨大利润。JVC 公司的 VHS 系统无法和新力公司相抗衡,在生产的品质上和技术上都明显落后于对手新力公司。这种情况迫使 JVC 公司下决心开发出新的系统,以打破新力公司的垄断地位。

由于 JVC 以公开技术的方式和其他的大公司合作,所以在它周围立刻积聚起一支庞大的技术队伍,世界其他电子公司的技术 JVC 公司也可以分享,因此世界上采取 VHS 规格系统的公司越来越多,新力公司处于孤立的境地。

采用 VHS 系统的厂家,为了同新力公司竞争,联合起来挤占新力公司的市场。由于这支队伍的庞大,输赢立刻就见分晓,新力公司马上就处了下风。

新力公司知道形势对它非常不利,这时如果它立即和其他公司合作,尽管将给自己造成一部分损失,但不至于一败涂地,而且还可以发挥自己的技术优势。但新力公司却不甘心,它决心在这场世纪大战中坚持下去,于是就极力抗拒 JVC 公司的 VHS 系统。为了达到目的,它用巨额资金投入到广告之中,它的技术水平也越来越高。可是消费者已经使用习惯了 JVC 公司的产品,要改变这种习惯谈何容易。因此,新力公司的行为不但无法挽回它的劣势,反而越陷越深。这就决定了它螳臂当车的做法是无法长期维持下去的,它的努力最后宣布彻底失败。

1988 年春天,新力公司承认了自己的失败,宣布 Beta 系统不如 VHS 系统,决定放弃自己固守的阵营,加入到对方的行列。

从 1980 年到 1988 年将近 10 年的时间,正是世界上录像机市场急剧扩张的非常好的时期,可是新力公司为了企业的"面子",陷入了一场无谓的竞争。这场竞争使对方下决心改变了自己产品的缺点,增强了对手的实力,而自己几近于一无所获。假使新力公司能够在开始的阶段就公布自己的技术,和其他公司共同合作,现在世界上录像机的生产厂家,新力公司一定能够占据显著地位。

无谓的竞争必然导致无谓的结局。生意场上的厮杀尽管也非常激烈,但毕竟不同于战场,把对手击败是战争的最高目的,而商业上的合作往往比相互的恶性竞争更加有力量。

　　商场不是战场！商场上是对手不是敌人！商场上没有永久的对手也没有永久的朋友。走向竞争合作的产业才是走向成熟的表现！只有一个成熟的产业才能诞生一批成熟的企业！阿里巴巴有责任推进这样的进程！

　　任何一个成功者都不是一个墨守成规的人,他们善于摒弃传统,敢于大胆地尝试,大胆地创新,他们会在行走的过程中,仔细观察、认真分析、不断总结,大胆取舍,在不断创新的过程中,铺就了一条通往自己梦想帝国的黄金大道,拿破仑如此,乔布斯如此,周成建也如此。

忠告箴言

　　有志青年从来不是墨守成规、踩着别人脚印前行的人。他们不会被常规思维所束缚,时刻懂得创新,他们走的是一条不寻常之路。只有勇于创新,不断创新,才会创造生命的辉煌。

忠告 24　天才和笨蛋之间最大的差别就是创造力

创造无非就是把事物联系起来。

——乔布斯

区别人与人之间差别的一个关键因素是创造力,是否拥有创造力,是一个人能否获得事业成功的关键,以及是否实现人生价值的重要保障。因此,创造力对于一个人来说具有重要的意义。一个人的创造力,即一个人能想出新的方法、新点子来处理一切我们所面临的问题的能力。创造力是一个企业进步的灵魂,是一个企业兴旺发达的不竭动力,也是一个人事业永葆生机的源泉。天才和笨蛋之间的最大区别就在于创造力。

大量研究表明:一个成功的人,他们从很小的时候起就有创造的追求;他们在稍微成熟一点的年龄段,就认为人生的根本就是创造;他们希望自己在一个领域甚至几个领域超越他人;他们有创造奇迹的冲动;他们在创造方面总是不断给自己提出新目标和新任务;他们对已完成的创造总是不满足。

1.“你永远不要相信你拿不动的电脑”

聪明的人到处都是,但为什么只有少数聪明人才能够被人们称为天才,关键在于他们不仅表现为超乎寻常的聪明,而且还能利用想象力和创造力在相关领域发明、发现或创造新事物。他们会打破常规,而不是仅仅记忆或重述已有的知识。人们如此怀念乔布斯,因为他是这个产业的灵魂——创新精神的最佳体现。作为创新的符号,乔布斯独一无二,乔布斯不可替代。很少有人对世界能产生像乔布斯那样的影响,乔布斯对世界的影响将是长期的,将是不可替代的。正是创新,让乔布斯拥有了巨大的成功。

1976 年愚人节,乔布斯与史蒂夫·沃兹尼亚克以及罗纳德·韦恩一起成立了苹果公司。选择愚人节成立一家公司,在我们现在看来,似乎像是一场闹剧,最多也只是兴趣所致。

沃兹尼亚克后来在自传中说,那时他在惠普公司工作,他自己制作出一个印刷电路板(PCB)。“是乔布斯出了主意,说要成立一家公司,专门卖这种印刷电路板母板。”沃兹起先觉得不可行,但乔布斯怂恿他说:“不管成功与否,我们成立一家公司,将来就能对我们的子孙们显摆一下了。”为了凑钱成立公司,两个人卖掉了自己最值钱的东西,其中乔布斯卖掉了他的大众面包车。后来,又加进了罗纳德·韦恩。

当时的公司叫苹果电脑公司,商标就是牛顿坐在树下意外发现苹果落地的那张画。当时在惠普公司工作的沃兹民亚克用手工做了一台只有母板,没有显示器、电源、屏幕的电脑。这台“电脑”被称为苹果 I 代。苹果 I 代一共卖了 50 台。

1984 年,苹果电脑公司推出世界上第一款 Macintosh 电脑,这就是苹果 II 代。在数千名与会者参加的首次苹果大会上,乔布斯向大家做主题推荐。他拿起一个盒子,盒子里是一台手提电脑。

在演示中,乔布斯毫不掩饰其雄心壮志,甚至对当时在市场上绝对的权威 IBM 露出不屑。当时最激动人心的一句话是:"你永远不要相信你拿不动的电脑。"

"你永远不要相信你拿不动的电脑。"现在来看,这句话是电脑真正走向普通家庭的苹果宣言。这台电脑还带有一个鼠标,并且使用图标用户界面,苹果电脑虽不是第一台使用这些元素的电脑,但第一次把这两个我们今天看来是最基本的电脑组成部分,用一种简洁、优雅而又令人信服的方式表达了出来。

同时,乔布斯具有非凡的演讲才能,是个很好的说客。1984 年他从百事可乐公司请来了斯库里做苹果电脑公司的 CEO。当时,斯库里被乔布斯的一句话打动:你是愿意一辈子卖糖水呢,还是愿意到苹果和我们一起改变这个世界?

然而,令人匪夷所思的是,一年后,因为两人的意见不同,从而对新产品产生了分歧,所以,在一次董事会投票决议中,乔布斯被赶出苹果电脑公司。这是多么有趣的事情,自己被自己成立的公司赶了出来。

一直到 1996 年因为苹果收购乔布斯后来建立的 NeXT 电脑公司才使乔布斯重回苹果,乔布斯这十年多的漂泊经历,让许多美国人津津乐道。

乔布斯说:"这十年是我创造力井喷的十年,没有他们把我赶出来,反倒没有我今天的成功。"乔布期在这十年间,还成功创立一家动画制作公司 Pixar,这家公司 2006 年被迪士尼收购,他也因此成为迪士尼最大的个人股东。只要善于创新,没有什么事能够难倒你。作曲家布鲁斯·阿道夫和马友友的故事就充分说明了这一点。

1970 年,作曲家布鲁斯·阿道夫(Bruce Adolphe)第一次在纽约的茱莉亚音乐学院(Juilliard School)见到马友友。马友友当时只有 15 岁(不过他已经在白宫为肯尼迪总统演奏过)。阿道夫刚刚创作了自己的第一部大提琴作品。他回忆道,"不幸的是,我根本不知道自己在干啥,我以前从来没有谱过大提琴曲。"

阿道夫曾把乐稿拿给茱莉亚音乐学院的一位教师看,这位教师告诉他,作品中有一个和弦是无法演奏的。但在阿道夫修改乐谱之前,马友友决定在他的宿舍里排练一下这部作品。阿道夫说,"马友友把我的作品从头到尾演奏了一遍,他演奏了整部作品,当乐曲进行到那个高难度和弦时,他找到了一种演奏方法。"

阿道夫向马友友转达了那位教授的话,问他是如何奏出那个高难度和弦的。于是他们把这部作品又演奏了一遍,当马友友演奏到那个和弦时,阿道夫喊:"停!"他们看了看马友友的左手——这只手摆在指板上,手指扭曲的姿势几乎是常人无法做到的。马友友说,"你说得对,确实弹奏不了!"但他终究还是弹奏出来了。

如今,马友友在演奏时仍然尽量去寻找初学者的感觉。他说,"必须始终提醒自己像初学大提琴的孩子一样沉浸其中。因为这孩子为什么要拉琴呢?他是为了寻找快乐。"

创造力就像火花。当我们身处寒冷的冬夜时,身上没有取火的工具,这时,摩擦两块石头可以取火,但刚开始可能会一无所获,会感到十分痛苦。而当火焰燃烧起来,我们眼前的世界又充满光明时,我们会有巨大的成就感。

"苹果"何以在竞争激烈的市场中牢牢占据主要地位,笑傲江湖呢?答案是:创新。没有创新,就没有发展。在竞争异常激烈的今天,人们越来越发现创意与创新的重要性。没有创新,我们只能在原地踏步,只能止步不前,想要成功创新是关键。

受命于危难之际,重新入主苹果不久的乔布斯,面对濒临崩溃的苹果公司,说了这么一段话:"苹果的药方不是削减成本。苹果的药方是要用创新走出当前的困境。"

乔布斯认为:满足客户需求是平庸公司所为,引导客户需求才是高手之道。iMac 出现后,人们才认识到电脑外壳原来可以是彩色的、透明的;iPod 的简约设计 + iTunes 音乐商店打造了全程的音乐体验;iPhone 的发布让大家发现最好的手机操作工具是与生俱来、不会遗失、操作自如的手指。

正是由于苹果的不断创新,不断进步,使得在今天的电子消费品市场"苹果"永远处于领先的地位。每一次"苹果"的产品都能让人为之疯狂,那是因为它是新的而不是重复的,而且是永远不能被超越的。

乔布斯深知为实现自己的目标,必须要有思想的创新、理论的创新、行动的创新,并开发新产品。"苹果"的成功是技术创新的典范,乔布斯的成功是商业模式创新的标杆。当"苹果"遇上乔布斯,"苹果"就开始创新不断。在这个发展日新月异的世界中,想要生存和发展下去就要学会创新,这就是乔布斯和"苹果"能一直保持不败的原因。

1979 年,年仅 24 岁的乔布斯参加了一次付费的创新之旅,也就是这一次"旅行",彻底改变了乔布斯以后的创新活动——参观施乐公司著名的帕洛阿尔托研究中心。在这里,乔布斯遇到了影响他一生的东西:图形用户界面。参观期间,施乐向乔布斯展示了世界上第一台配备有鼠标和点击式界面的电脑——XEROX Alto。这种震撼点燃了乔布斯的创新火花,事实上,在以后的所有创新中,不管是创建皮克斯,还是研发 iPod,乔布斯都试图找到 XEROX Alto 所带给他的那种震撼。

管理大师汤姆·彼得斯曾说过:对于几乎任何一家公司而言,"附加值"的高低多寡取决于"体验质量"。乔布斯认为个人用户将成为未来市场主流,而不是公司用户,因此他把"用户体验"这种附加值发挥到极致,其根本原因并不是他更敏感。这一点是如此重要,因为用户体验的背后是一场革命:传统的"以公司为中心"的创新模式遭遇到巨大挑战,新兴的"以消费者为中心"的创新模式正在掀起巨浪,而乔布斯恰恰就是那个弄潮儿。

这就是创造的力量。

2. 创新的关键是要拥有一颗发现之心

一些决定公司未来的创新并不一定产生在公司内部,创新的关键是要拥有一颗发现之心。

想要创新,必须抛弃传统的观念,跳出旧的思维和模式,即使在困境中也是如此。

在许多人眼里,认为只有从事科学、技术、艺术等专业工作的人才具有创造力和创造性思维。的确,科学、艺术等工作是非常需要创造力的,然而创造性思考,不限于某种特定工作范围,而且也不只是从事某种特定工作的人才具有。

1848 年的一天,英国发明家亨利·阿察尔在一家小酒店喝酒,偶然看见一位客人正拿出一枚邮票想贴到信封上寄走。可是,他摸遍了衣服所有的口袋,发现忘了带剪刀。犹豫片刻,他取下了别在西服领带上的一枚别针,在各邮票连接处刺了一行行小孔,很整齐地把邮票扯开了。这一幕深深地印在了亨利·阿察尔那勤于思考的脑海里。

时隔不久,一种新的机械——邮票打孔机,在亨利·阿察尔的实验室里制造出来了。从此以后,人们可以很方便地把每枚邮票分开,让带着整齐齿纹的邮票走遍世界的每个角落。

麦克·莱特是吉利卡片公司的老板,也是加拿大最年轻的企业家之一。他 6 岁时,某次参观完博物馆之后,就开始打算,看自己能不能画几幅画来卖钱。他母亲建议他把画印在卡片上出售。由于他有一些与众不同的构想,所以很快就走上了成功之路。

莱特在母亲的陪伴下,挨家挨户去敲门,言简意赅地说出要点:"嗨! 我是麦克·莱特,我只打扰一下,我画了一些卡片,请买几张好吗? 这里有很多张,请挑选你喜欢的,随便给多少钱都行。"他的卡片是手工绘在粉红色、绿色或白色的纸上、上面有一年四季的风景。莱特每周工作六七个小时,平均每张卖 7 毛钱,一小时可以卖 25 张。

不久,莱特就发现自己需要帮手,他立刻请了 10 位员工,大都是小画家。他付给他们的费用是每张原作 2 角 5 分。后来由于把业务扩展到邮购,所以莱特越来越忙碌。第一年做生意,莱特已经成了媒体上的名人,他上过许多著名的新闻媒体,他的名字几乎是家喻户晓。

莱特有别出心裁的点子,不在乎自己的年龄,再加上母亲的鼓励,小小年纪就有了自己的事业。

世界上许多畅销的品牌都因一个小小的创意而产生,如果你脑海中的一个闪念被忽略,也许就与成功失之交臂了,仔细想一想这些例子,你不应该怀疑自己了。

你是否也有别出心裁的点子,如果有,那就赶快付诸实践吧,你还等什么呢?

就像上面几个例子,无论人的年龄、性别、职业,也不在乎人怎样运用它。只要勇于将你的新点子付诸实施,持之以恒,你就一定会将其变成现实!

创造力似乎显得很神奇。看到史蒂夫·乔布斯和鲍勃·迪伦这样的人,我们会断定他们一定拥有我们这些凡夫俗子所没有的超自然力量,天赋让他们能够想象出过去根本不存在的东西。许多棘手的问题似乎难以解决,但只要我们肯于思索,这些问题一定会在灵感迸发的一瞬间迎刃而解的。

3M 公司纸制品部门工程师阿瑟·弗赖的例子值得我们深思。1974 年冬季,弗赖参加了黏合剂工程师谢尔顿·希尔弗的一场报告会。希尔弗发明了一种黏性极小的胶,这种胶黏合力太弱,只能勉强将两张纸黏在一起。和在场的其他人一样,弗赖耐心地听了报告,但不知道这种化合物有什么实际用途。一种不黏的胶能有什么用呢?

但在一个寒冷的星期天的早晨,这种胶再次浮现在弗赖的脑海中,虽然是在一个极不相干的场合。弗赖在教堂的唱诗班里唱歌时,喜欢把小纸片夹在赞美诗集里标示他要唱的歌。不幸的是这些小纸片经常会掉出来,因此弗赖不得不在礼拜仪式上疯狂地翻书,以找到正确的页面。这个问题似乎根本解决不了,就像我们不得不天天面对的很多烦心事一样。

但在一次特别无聊的布道会上,弗赖脑海中突然灵光一闪,想出了这种黏性很弱的胶有什么用处:可以把它涂在纸上,制成能重复使用的书签! 由于这种胶不怎么黏,所以它既能黏在书页上,又不致在撕下来的时候把书页扯坏。弗赖在教堂里意外的顿悟最终促成了一种新发明,这就是如今全球使用最广的办公用品之一——便利贴。

3. 创造无非就是把事物联系起来

乔布斯说:"创造无非就是把事物联系起来。"我们常常认为,发明家取得的突破性成果是凭空想象出来的,但乔布斯指出,即便是最不可思议的创意通常也不过是对已有事物进行的新组合。比方说,苹果公司并没有在乔布斯的领导下发明 MP3 播放器或平板电脑,而只是对它们进行了改进,从而使这类产品增加了新的功能,成为一种新的产品。

纵观人类的发展史,创新的故事不胜枚举,乔布斯不是唯一的例子。莱特兄弟以他们掌握的自行车制造技能为基础发明了飞机,他们最初发明的飞行装置从很多方面来看只不过是带翼的自行车而已。约翰内斯·古登堡以自己掌握的葡萄压榨机知识为基础,发明了能够大量印制文字的印刷机。再来看看谷歌:拉里·佩奇和谢尔盖·布林将学术论文排序方法(引用次数与影响力成正比)应用于互联网的海量信息,发明了著名的搜索算法。

发明新产品,不仅需要创意,也需要持之以恒的精神,而这种通过持之以恒的努力而产生的创造力在传奇平面设计师米尔顿·格拉泽身上得到了很好的体现,他在自己办公室的门上刻了一句格言——"艺术就是劳作"。格拉泽最著名的设计便是这种职业操守的体现。1975 年,他接受了一项令人生畏的任务:为纽约市策划一系列新的广告,重塑纽约市的形象。

于是格拉泽开始尝试各种字体,用各种有亲和力的字体来设计这句旅游口号。经过几周的努力,他完成了一项很讨人喜欢的设计,草体的"I Love New York"(我爱纽约)放在纯白的背景上。他的设计方案很快就通过了。格拉泽说,"人人都喜欢这项设计。如果我是个普通人,这个项目我就不会再想下去了。但我不能到此为止,有些东西感觉就是不大对。"

于是格拉泽继续揣摩这项设计,花了很多时间来琢磨这个本已完成的项目,就这样他又工作了几天。一天,他乘坐出租车时在市中心遇到了堵车。他回忆说,"我常常会在口袋里准备些纸,于是我把纸拿出来开始画图。我一边想一边画,然后我知道该怎么设计了。我脑海中浮现出了整体设计图。我看到了字体的样子,一颗圆形的大红心显眼地放在中间。我知道就应该这样设计。"

格拉泽在出租车上想象出的标志自此之后成为全球平面设计行业模仿最多的创意之一。正因为格拉泽不愿停止思考,他才创造出了这一设计。

4. 成功的人懂得创新

1909 年,有一个叫香奈尔的人在巴黎开了一家店面,销售帽子,其简单大方且带有中性色彩的设计,立刻引起巴黎流行界的瞩目。此外,她设计的斜纹软呢布料的无襟外套加上裙子的组合,形成风格独特的香奈尔式套装,在时装界引起极大轰动。1945 年德国投降,第二次世界大战结束,香奈尔由于同德国纳粹军官恋爱,而被流放到瑞士。1954 年,她返回流行服饰界,东山再起。香奈尔发明"No. 5"香水,深受 20 世纪五六十年代好莱坞性感女星玛丽莲·梦露的喜爱,从而使这款香水名声大噪,为香水世界掀起了一股革命风潮。

这款香水不但配方和香味十分前卫,而且香水瓶身都采用前所未有的新颖形状。当时有很多人都不大理解,他们认为香水是一种实用的东西,只要有迷人的香气就足够了,但香奈尔不这么认为,她不喜欢没有改变地与别人一模一样,所以她对这些质疑她的人说:"你想要成为无可取代的人,就必须经常标新立异。"香奈尔通过设计表达出她的精神、想法及独立女性的生活方式,同时她也想通过商品,让所有的女性都能展现自我独特的魅力。后来的事实证明,香奈尔的这种"标新立异,展现自我独特魅力"的想法很成功。

今天,人人都懂得创造的重要性,懂得创新是取得成功、实现自我价值的必经之路。毫无疑问,我们正处于一个知识经济的时代,一个亟需创造精神的时代。而创新需要创新能力,创新能力不仅是一种智力特征,更是一种性格素质,一种精神状态,一种综合素质。

创新精神的发挥有赖于突破传统思想、习惯行为和权威教条,要能独立思考,并能超越流行的束缚。它具体表现为:突破已有的研究成果的限制和消极影响;突破自身习惯性的心理束缚;克服现存文化上的障碍,如顶住不公正的舆论压力等。

这就需要有抛弃成见的勇气,及时吸收新知识。如果只是重复已知的做法,就无法将技术或技艺琢磨得臻于完善,也不可能拥有新技术。为了不断完善、精益求精,必须研究新事例、追求新方法,促使自己突破原来条条框框的限制。而要成为创造性的人则需要后天的训练。成为创造性的人,是做人的最高价值取向,而且乐趣无穷。年轻人不妨一试!

5. 一个人是否具有创造力是一流人才和三流人才的分水岭

创造力是制约个人、企业、社会生存和发展的核心因素。创造力并非天赋，而是一种技能。只要掌握方法，每个人都可以通过后天的学习和培养拥有让人意想不到的创造力。事先想不到的事情，也就很难做到。

冯·诺伊曼于 1903 年 12 月 28 日生于匈牙利的布达佩斯。父亲马克斯是位富有的犹太银行家。1913 年，奥匈帝国皇帝弗朗兹·约瑟夫授予麦克斯贵族头衔，这就是他们姓中冯的来源。

冯·诺伊曼在别的孩子学算术时就已经学会微积分。在 12 岁就读保莱尔的《函数论》。他的父亲请一些数学大家如塞格等辅导他。他们对这位神童的天才表现激动万分。中学还没毕业，冯·诺伊曼就同辅导老师费凯特合作一篇论文。

1918 年年底第一次世界大战结束，奥匈帝国覆灭。他在瑞士联邦工业大学学习化工。但他主要在德国学数学，冯·诺伊曼关于数学基础的论文终于引起了老希尔伯特的注意。1926 年秋天，冯·诺伊曼当上希尔伯特的助手。这时正赶上量子力学的开创时期。当时，数学家不太懂物理，物理学家也不太懂数学，冯·诺伊曼正好在这个时候起了把两者搭起桥的作用。他不但给量子力学一个精准的数学表述，而且从物理学中找到数学的研究课题。这种数学与物理学相得益彰的局面仿佛回到牛顿及麦克斯韦的时代。

1930 年他成了最早到美国的欧洲科学家。1933 年他成为普林斯顿高等研究院的教授，一直到他退休。

冯·诺伊曼懂历史，对世界局势有着明确的分析。冯·诺伊曼在 1943 年中正式加入到曼哈顿计划当中。1944 年，冯·诺伊曼又加入到研制第一台计算机的工作中。

第二次世界大战之后，他研制"完全自动通用数字电子计算机"，是现代通用机的原型。他在这个期间内考虑围绕计算机的许多基本问题。首先是理论计算机科学问题。冯·诺伊曼等发明"流程图"，采用子程序，通过自动编程的方法使得能尽快把程序员的语言翻译成机器语言，以简化编程的过程。其次是计算机的应用。

计算机的应用为数学家提供了大量的研究问题。另外，他和波兰数学家乌拉姆另一套常用的算法——蒙特卡罗方法，用他们自己的话来说，"是使用随机数来处理确定性问题的方法"。另一个问题是加速收敛问题。这些导致数值分析脱离开传统数学分析成为独立数学分支。

1950 年起到去世，冯·诺伊曼成为美国政府各部门的顾问及决策者。他关于大脑与机器显著不同之处的论断——大脑是由不可靠元件组成的可靠机器，预示了信息传输理论、编码理论、可靠性理论乃至模糊数学，也推动后来人工智能及人工生命的探索。冯·诺伊曼在患上骨癌确诊之后一年多，他的日程仍排得满满的。幸运的是，冯·诺伊曼毕竟给人们留下了足够丰富的遗产，至今我们还在享用。

冯·诺伊曼的时代并不愉快，他经历了两次世界大战。诺依曼的天才表现在拥有罕见的记忆力、分析能力及进行各种心算的惊人才能上，他是一个工作狂，常常不解决问题决不停手，有时灵感突至，夜里也会爬起来。无怪乎美国的《生活》杂志把他评为"千年 100 个最有影响的人物"之一。在这些显赫人物中，他几乎是唯一的数学家。纵观 20 世纪，尽管出现爱因斯坦、庞加莱、希尔伯特等伟大的科学思想家、理论家，冯·诺伊曼仍然在两个方面站在最高点：没有人具有他那样非凡的天才，没有人产生如此巨大的综合社会影响。他在现代科学的理论和应用方面还有许多开创性贡献，都对人类的历史进程产生了广泛而深远的影响。

6. 创造力是人与生俱来的本能

20 世纪最伟大的科学家、相对论的提出者爱因斯坦曾说："谁要是不会感动，谁要是不再对世界有好奇心、不再有惊讶感，就无异于行尸走肉。"一生之中，你会经历无数次美丽的邂逅：接触形形色色的人、漫步初次到访的城镇、饱览街头巷尾的风景、试吃从未品尝过的美食……每次邂逅都会给我们带来全新的感觉，留下深刻的印象。这些美妙的感觉与印象将人生装点得熠熠生辉。

假如我们不能留心生活中的点点滴滴，就会与各种感动失之交臂，缺少创意的灵感，人生也将黯然失色。不会感动的人没有灵魂，只剩一副躯壳，活着也只是浪费生命。

我们现在所处的这个世界或者说这个宇宙，充满了无数新奇的事物，吸引着我们眼球，同时，它也赐予了我们用新视角审视它的机会。这就是"感动"，有创造力的人就会获得感动。如果你丧失了创造力，你就会觉得人生不再美好，世界不再美丽，人与人之间也不再有令人动容的美妙奇遇。世界上依靠创造力生存的只有人，能体会到感动的独特滋味的也只有人。感动是孕育创造力的土壤。

我们经常围绕创造力进行讨论，那么怎样才能培养出创造力呢？不少人以为，只有艺术家和小部分才华横溢的人才有创造力，平凡的普通人则不具备这种能力。错！人人都有创造力，但不一定每个人都将其发挥出来了。创造力不分种族、不问性别、无关年龄！创造力是上帝送给我们每个人的礼物。

生命的起源足以印证上述观点。生命源于最简单不过的构造，从最初的单细胞生物逐渐进化成多细胞生物。后来，地球上出现了寒武纪生命大爆发（在距今约 5.3 亿年前一个被称为寒武纪的地质历史时期，地球上突然不约而同地涌现出各种各样的动物），这一戏剧性的转变导致地球上的物种急剧增加并迅速进化。

可见，生命总是不断地产生新的变化。换言之，生命就是不断更新、不断创造的过程。新物种有新形态，新形态带来新功能，生命和创造力本来就是同时存在的。

总之，"活着"就是不断地创造。所谓的创造并不一定是震撼世人的艺术作品，也不非得是加速社会进程的重大发明。日常生活中一点一滴的创新和改变都是创造力的体现。正是因为创造，人生才充满了刺激与挑战。诚如爱因斯坦所说，拥有创造力、能够体验到各种感动的人才是真的"活着"。

—— 忠告箴言 ——

创新无极限！只要敢想，没有什么不可能，立即跳出思维的框框吧。我们都是平凡的人，在创造力方面我们和天才有着很大的区别，不要祈求有非常大的创造才能，坚持做，努力做，我们的劳动会证明我们的创造力是无穷的。

忠告 25 35 岁前也要相信成功一定会来敲门

不要总是埋怨自己没有致富的机会，机会其实就在身边，关键是自己不仅要有一双善于发现机会的眼睛，还要有一双善于抓住机会的手。

——乔布斯

在我们身边不乏许多年轻人已过而立之年，可是事业并未见有很大起色。于是有的人开始自卑，为什么成功离自己怎么那么远，于是乎再也打不起精神。而有的年轻人会静下心来好好反思，究竟自己的问题出在哪里，于是从哪里跌倒又从哪里爬起来。大凡成功人士，都不是一蹴而就，很多人都是历经千辛万苦才取得成功的。

一位作家说过："人生是有极限的，每个人的心里都有许多无法实现的梦。因此，当我们走在别人前面的时候，要往后看；走在别人后面的时候，要往前看。知道自己和别人之间的距离，就是一种智能，而且，有了这种智能还不够，还需要我们勇于去承认和改变这种距离。"《孟子》中讲："天将降大任于斯人也，必先苦其心志，劳其筋骨，饿其体肤，空乏其身，行拂乱其所为，所以动心忍性，增益其所不能。"这就告诉我们，只有拥有坚韧不拔的意志，顽强向上，那么无论遭遇怎样的困境，都会迎难而上，进而取得成功。

1. 保持自信，将拥有成功心态

大凡在事业上没有取得成就的人，很重要的一个因素就是缺乏自信，当遭遇困境和挫折，他们会选择迎难而退，如此，怎么可能使自己走向成功呢？ 相信自己卓越的人应该经常保持积极思考问题的习惯，做任何事都要用全部的精力去做，不要让其他和这件事没有关系的事分散你的精力。心里只能想着成功，不能想失败。如果连想都不敢想，还能做成什么大事呢？ 当恐惧和担心来临的时候，应该用积极的想法去克服它们。要学会控制自己的思想，一心只想着成功，并在行动上促成成功，把那种以为自己处于劣势的想法统统驱逐出去。有位哲人说："聪明的人是其心灵的主人；愚蠢的人是其心灵的奴隶。"因此，时刻保持一颗成功的心态，将会促使你不断前进，虽然遭遇挫折，也能使你迎难而上。

拥有成功的心态对一个人来说是极其重要的，这样人就不会因为艰难困苦而知难而退，不会只选择那些没有挑战性的事情，不会因为暂时处于困境而半途而废。年轻人保持一颗成功心态，将会在人生的道路上走得更远，直至获得成功。

一天，父亲和儿子一起爬山。将车停在山脚后，父亲指着山对儿子说："有两条路可到达山顶，一条在东南方向，一条在西南方向。东南方向的路虽然离山顶最近，但非常陡峭；西南方向的路虽然离山顶最远，但道路平缓。"说罢问儿子："你选哪条路上山呢？"儿子不假思索地便指了指东南方向。父亲点点头，说："这样吧，咱们父子俩来比试比试，我由西南方向上山，看谁能最先到达山顶？"儿子信心十足，头一仰，说道："父亲，我一定赢。"

父子俩话别,各自开始寻找上山的路口。东南方向的山口就在离他们父子分手不远处,走了一百多米,儿子便找到了。他来到东南山口抬头一看,吓了一跳,惊叫起来:"天哪,山路这么陡呢!"万丈豪情瞬间就在他心底消失了。他来到不远处的一家杂货铺买了根手杖,心里才感到稍稍安定些,于是开始沿着山路朝山顶走去。

山路看上去很陡,却并不是很难走,每走一步都有一个很宽的人造台阶,而且一路上旁边都有一人一样高的防护栏。只要低头往前走,几乎根本感觉不到山很陡峭。但男孩不一样,他走一段就回头看一看,久而久之,便觉得山路便愈发陡峭起来,越往上爬他越感到恐惧。他不得不小心翼翼、如履薄冰,每走一步都必须拄着手杖扶着防护栏。最终,男孩还是到达了山顶,但是,他父亲早就到达山顶等候在那儿了。儿子很不服气,他要和父亲再比试比试。这次,他建议父亲由东南方向下山,他自己由西南方向下山,谁最早到达出发点就算谁赢。父亲沉默不语,只是再次点头同意了。

刚下山的时候,男孩感到很轻松,全身好像有使不完的劲儿,但越走越觉得下山的路很长。最终,他忍不住向同行的游客问道:"从这儿到山下大路口有多远的路程?"对方告诉他,大约是东南山道的四到五倍长。男孩一听,立刻就傻眼了。

这次,他又比父亲晚到了目的地很久。儿子仍不服气,狡辩起来:"父亲,这两次比赛,都因我没来过,不熟悉情况,因此选错了方向。上山时我应该走西南方向那条道,那里道路平缓,走起来快;下山时应该走东南方向那条道,那里路程短,不用耗费太多的时间。"父亲听罢,长叹了一口气,语重心长地对儿子说:"我小时候,你爷爷带我爬山时,我爬输了也像你这么说,结果跟他较了一辈子劲始终没赢过他。孩子,你要知道,世上的山峰千千万万座,你不可能赢过每一个登山者。山的高度和谁先爬到山顶这都不重要。关键是,在你心里必须有属于自己的一座山峰,有自己的一个高度。如果你能义无反顾、毫不畏惧地爬到你心底的那座山峰的顶点,无论你花了多长时间,选择了哪条道路上山,你都是胜利者。"

儿子听罢,对父亲肃然起敬。是啊,所有的山峰和登山者,都不过是你人生道路上的一个参照物。只有无所畏惧地征服自己心底的那座山峰,你才算得上真正的胜利者。

俗话说,失败乃成功之母。的确,敢于直面失败,拥有自信,将使你在成功的征途中无往而不胜。乔布斯的例子就充分说明了这一点。

1983 年 1 月 19 日,苹果公司发布乔布斯领导研制的新一代电脑 Lisa,Lisa 是全球首款采用图形用户界面(GUI)和鼠标的个人电脑。然而 Lisa 面市时,"苹果"没有考虑到消费者对电脑消费的承受能力,当时售价为9 935美元,如果将美元贬值因素考虑在内,折算成当前的售价将高达上万美元。苹果再次推出了一款超越它所处时代的产品,但过于昂贵的价格(10 000美元)和缺少软件开发商的支持,使"苹果"再次失去获得企业市场份额的机会。Lisa 在 1986 年被终止。

业内人士一致认为,Lisa 计算机是"苹果"最大的失误之一,这次的失败,对于"苹果"和乔布斯来说,有着非比寻常的意义。乔布斯认真地反省了失败的原因,时隔十二年后,当他重返"苹果"时,将"苹果"转变为一个"尊重失败"的地方。

其实人的一生,没有永远的成功,但是,失败也是暂时的,经过失败的考验,我们才能拥有走向成功的资本!

1998 年,iMac 肩负着苹果公司的希望,寄托着乔布斯振兴"苹果"的梦想呈现在世人面前。这次乔布斯变得更加谨慎,iMac 的出现重新点燃了"苹果"再铸辉煌的希望。iMac 成了当年最热门的话题,1998 年 12 月,iMac 荣获《时代》杂志"1998 最佳电脑"称号,并名列"1998 年度全球十大工业设计"第三名。为了乘胜追击，1999 年"苹果"又推出了第二代 iMac,有着红、黄、蓝、绿、紫五种水果颜色的款式供选择，一面市就引发新一轮的抢购热潮。

如果你尊重失败，敢于直面失败，并从中吸取了教训，那么你就不曾真的失败，必将拥抱成功。正因如此，乔布斯在 Lisa 失败后吸取了教训，"正是它真正地挽救了'苹果'"。

河流不会因为寒冰的封冻而停止奔腾；时间不会因暂时的失败而停止向前。因此，对未来充满希望，相信自己，你会发现，风雨过后，世界给你的便是那抹五彩斑斓的绚丽彩虹。

2. 奋斗永不停息，直面失败

唐代著名文学家韩愈曾说："业精于勤荒于嬉，行成于思而毁于随。"指出了奋斗和懒惰对于人的重要性。生活中，我们常常发现有许多人做事最初都能保持旺盛的斗志，在这个阶段普通人与杰出的人是没有多大差别的，然而，往往到最后那一刻，顽强者与懈怠者便各自会显示出来。前者希望之火不灭，能咬紧牙关坚持到胜利；而后者在这时却被前进路上的迷雾遮住了眼睛，他们不懂或者忘了再忍耐一下，再跨前一步，就会豁然开朗。结果懈怠者在胜利即将到来之前那一刻，放弃了希望，停住了脚步，结果与成功无缘。

成功和烧水是一个道理，水烧到 99℃ 不算开，最后只要再加 1℃，就能突破物理形态的临界线，从液态变为气态，不开的水就变为开水。现实社会中，很多人抱怨自己差点就取得了成功，只是上帝没有眷顾他，其实他们原本是可以取得成功的，就是因为没有坚持到最后。人们都说最后一步最难迈，最难走，其实这最后一步和 99 步的每一步，没有什么两样，只是人们在迈这一步时自己吓唬自己，容易放弃，不去坚持罢了。无论做什么事，只要敢于坚持，决不放弃，那些不可能的事也会变为可能。

毅力是人类最可贵的财富，在走向成功的道路上，没有任何东西能代替毅力。热情不能，有一时热情的人往往在最后一步退缩，这已屡见不鲜；聪明也代替不了毅力，因为世上失败的聪明人太多了。人有了毅力，就容易成功，没有毅力，就容易前功尽弃。想想我们做过的事，你就会发现，无论做什么事，都要经历一个过程，越是重大的事，经历的过程就越长。在这个过程中，会有开始时的期望和喜悦，接着会有很多困难和挫折，然后更多的时候可能是你一再努力，但却无法看到成功的曙光。此时，切不可灰心丧气，更不可感到绝望，要知道，这时候，你离成功并不遥远，只要不放弃，以顽强的毅力进发吧！

著名的荧幕硬汉史泰龙就是靠毅力走向成功的。他在未成名之时，身上只有 100 美元和一部根据自己悲惨童年生活写成的剧本《洛奇》。于是他挨家挨户地拜访了好莱坞的所有电影制片公司，寻求演出的机会。当时好莱坞总共有 500 家制片公司，史泰龙逐一拜访过后，没有任何一家公司愿意录用他。史泰龙面对 500 次冷酷的拒绝，毫不灰心，回过头来，又从第一家开始，挨家挨户地自我推荐。第二轮拜访，好莱坞的 500 家公司，仍然没有一家肯录用他。史泰龙没有放弃希望，他坚信"没有所谓的失败，只是暂时不成功而已"。他把 1 000 次的拒绝，当作绝佳的经验。接着他又鼓励自己从 1 001 次开始。后来又经过多次上门求职，总共经历了 1 855 次严酷的拒绝，他的毅力终于感动了"胜利女神"——"我不忍心再看你拼命了，你耗尽了多少汗水，我就给你多少喜悦吧！"终于有一家电影制片公司同意采用他的剧本，并聘请他担任自己剧本中的男主角，自此，他翻开了自己人生辉煌的一页。

正是有了这种直面失败的勇气，史泰龙的希望"兑现了"，电影《洛奇》一炮打响，他成了超级巨星，美国新一代的英雄偶像。哲人说："90% 的失败者其实不是被打败，而是自己放弃了成功的希望。"

"九九进一，成在其一。"这"一"的增进包含着许多容易成功的智慧。世上的任何成果，都可以说是后人接着前人走过的99步后产生的。如果我们能在前人99%的经验上，再增加1%的努力，就是走向成功的一条捷径。这"一"的增进还告诉我们：无论做什么，走完了99步，剩下的最后一步就是考验毅力的一步，只要咬紧牙关，再多一点儿努力，再多一点儿坚持，就能成功。就像赛跑一样，实力相近的选手夺取金牌往往只是一步或半步之差，而起决定性作用的是最后那一瞬间，谁在最后能爆发出巨大的潜能，谁就是胜利者。

暂时的失败并不意味着永远的失败，失败并不意味着结束，而是意味着开始。一个完整的人生，失败是其重要的组成部分。

1941年，牛津大学邀请英国前首相丘吉尔在毕业典礼上讲话。在校长冗长的介绍后，他以一贯的风度悠闲地走上讲台，环视学生们30秒后，开口说了一句话："永远，永远，永远不要放弃！"（Never，Never，Never give up.）随后他又重复了一遍这句话，然后走下讲台。

比尔·盖茨说过："挫折不是失败，而是一种反馈。"一时的失败并不意味着永远的失败，只要敢于直面失败，承认失败，以顽强的意志不懈奋斗，终将收获成功。

3.梦想的实现离不开脚踏实地

古希腊神话里的安泰是海神波塞冬和地神盖亚的儿子，他是一个巨人，也是一个英雄。大地赐予他力量，赐予他勇气，只要身不离地，他就力量无穷，所向无敌。而一旦离开大地，他就失去了生存能力。后来，他被赫拉克斯举在空中扼死了。这虽然是神话，却也说明了一个道理：无论你有多么强大，如果你不脚踏实地，一切终将成为空中楼阁、无形烟云。

脚踏实地，神舟飞船才能飞向太空；脚踏实地，树苗才能苗壮成长，成为参天大树；脚踏实地，能练就鸟儿坚实的翅膀，有了有力的翅膀，鸟儿才能一飞冲天。然而，能在这英雄辈出、浪沙淘金的社会中崭露头角并非一件轻而易举之事。当梦想插上脚踏实地的翅膀，就会飞向成功的天空。

因此，只有脚踏实地，扎稳根基，才会使自己一步一个脚印向成功迈进。

一般来说，患有癫痫疾病的人是不适合做体育运动的。但是派蒂·威尔森的父亲却并不这样认为。

派蒂虽然患有癫痫病，但是他非常渴望能和正常人一样跑步。一天，当派蒂对她的父亲说："爸爸，我能不能像你一样每天清晨进行长距离晨跑"时，派蒂的父亲在经过短暂犹豫后对派蒂说："可以啊，欢迎你陪着爸爸一起跑。"

派蒂说："可是我有癫痫，要是中途发作怎么办？"派蒂的父亲说："不要怕，我知道如何处理，况且它并不会发生。"于是，派蒂第二天就开始和父亲一起晨跑。幸运的是，派蒂真的没有在运动过程中癫痫发作。

派蒂很快乐。在此之前，医生曾告诉她不能下水，不能打球，不能参加任何具有攻击性和体力消耗大的活动。现在看来，医生的话并不是十分正确。

几个星期后，派蒂突然对父亲说："我想打破女子长距离跑步的世界纪录。"父亲听了，大吃一惊。对于一个没有经过专业训练，又患有癫痫的女孩来说，这无异于痴人说梦。派蒂看出了父亲的疑虑，她说不是现在，而是等三年后或者更长的时间。这三年里，她坚持不懈地锻炼，越跑成绩越好。三年后，派蒂认为她可以冲击世界纪录了。于是，她为自己订了一个计划，先从自己所居住的橘县跑到旧金山，然后到达俄勒冈州的波特兰，最后向白宫进发，全程约3000千米。

她从自己的家出发，经过整整四个月，从西岸到达东岸，最后到了华盛顿，并接受了总统的召见。她对总统说的第一句话是："我想让其他人知道，癫痫患者与一般人无异，也能过正常的生活。"

派蒂的故事告诉我们，只有一步一个脚印朝着自己的目标进发，最终一定会实现自己的梦想的。

名人们的人生让我们心动不已，可是别忘了，他们的成功都是因为他们拥有脚踏实地的共性。他们的人生告诉我们，只有脚踏实地，才能实现梦想。

鹰击长空的场景令我们羡慕不已；大厦高耸的巍峨让我们感叹不已；成功者的光环让我们惊羡不已。但我们在感叹这些的时候，是否想到鹰的一次又一次苦练？是否想到大厦的坚固柱石？是否想到成功者背后脚踏实地的奋斗？

在玫琳凯有一个非常棒的美容顾问，她非常勤奋，经常要走好远的路程去预约、上美容课和做售后服务。但为了帮助更多的女性成功、美丽，却乐此不疲。

每次工作结束后，还要到工作室和大家分享心得和体会。在每次的分享会上，她经常会说的一个词就是脚踏实地。大家听了觉得没什么，只是认真地听着，但感悟并不是很大，因为很多人都在脚踏实地地在玫琳凯做着自己的事业。但有一天，当她再和大家分享辛劳和快乐的时候，不由自主地把自己的脚抬了起来，大家看了，笑了，也哭了。大家看到的是，她的鞋面和鞋底完全分开了——她在走路的时候，发现脚怎么这么凉的时候才发现鞋底不见了。她对大家说："我今天才知道什么才是真正的脚踏实地。"

"欲速则不达"，"万丈高楼平地起"。年轻人更应该脚踏实地地提升自己，进行量的积累，等待质变的那一天振翅高飞。

正是由于脚踏实地，才有了楚庄王厚积薄发的一鸣惊人；正是由于脚踏实地，才成就了越王勾践三千越甲可吞吴的春秋霸业；正是有了脚踏实地，才有了朱元璋开创大明江山的千古伟业。在现代社会，如果没有科学家们精益求精的计算、研究、探索，宇宙飞船不会上天，火箭不会升空，庄稼不会高产，精密而又便捷的电脑、手机也不会如此司空见惯。虽然说伟大的创造总是源于梦想，但每个梦想的实现却都离不开脚踏实地的实干。

4. 学会有耐心去等等成功的到来

当秋风萧索，无数树木黄叶凋零，只剩下光秃秃的枝干，却唯有那些挺拔的松树长青；当冬雪纷飞，无数鲜花早已不知身在何处，却只有墙角的数枝梅在凌寒开放。在生活中，我们经常所遭遇的境况与自然界中的植物别无二致，但只要拥有耐心和坚强的意志，不畏恶劣的环境，才会等来成功的春天。

我们做人也要像松树和梅花那样坚强。因为，要立足于社会，就要有一身过硬的本领，就要有坚强的意志。

居里夫人曾经说过："一个人没有毅力，将一事无成。"坚强是获得成功的基石。拥有顽强的毅力，即使身处困境，遭遇挫折，都会直面这惨淡的人生，迎接未来的挑战。

"盖文王拘而演周易，仲尼厄而作春秋；屈原放逐，乃赋离骚；左丘失明，厥有国语；孙子膑脚，兵法修列；不韦迁蜀，世传吕览；韩非囚秦，说难、孤愤；诗三百篇，大抵贤圣发愤之所为也。"这些名人的境遇都是我们常人无法忍受的，那么，又是什么精神支撑着他们取得如此大的成就呢？当然是靠坚定不移的信念和毅力，纵使跌倒，也不会轻言放弃，在逆境下前进，展现胜者之能。

对每个人来说，只要拥有坚强的意志，纵使眼前一片渺茫，也不会放弃希望。在孤立无援时,要靠信念来支撑。生活中总有许多不幸,我们必须要去面对。把苦难变成磨炼,只要我们坚强一点,生命之花就不会凋零,就会永远绽放。

郭沫若曾说过:"艰难的环境一般是会使人沉没下去的,但是,那些具有坚强的意志和积极进取精神的人,却可以发挥相反的作用。环境越是困难,精神越能发奋努力。困难被克服了,就会有出色的成就。"

李·亚科卡的一生充满挫折与坎坷。工作一段时间后,他选择了做推销员,开始了其一生艰辛的经营生涯。

亚科卡努力地工作着,终于在福特公司获得了晋升的机会。可是,好日子没过多久,20世纪50年代初期美国经济的不景气便影响到了福特公司。公司大批减员,亚科卡又重新做起推销员的工作。

后来,亚科卡凭借自己的努力,当上了费城地区的助理销售经理。与公司共患难度过了几年后,福特公司决定把主要精力放在汽车的安全设备上,亚科卡是这次改革的主要发起者。但是,这次亚科卡失败了,他遭受了沉重的打击。

但是,失败并没有影响到亚科卡积极创新的精神,他愈挫愈勇,又组织开发"野马"车,并创造了汽车销售史上的奇迹,亚科卡也因此被称为"野马"之父。

正当亚科卡在福特的业绩越来越辉煌时,他受到了亨利·福特二世的排挤,被解雇了。不仅如此,由于受亨利的威胁,朋友们也不敢和他来往,这位汽车奇才和他的全家陷入了极大的痛苦之中。

但亚科卡并没有向命运屈服,他决心再次寻找施展才华的机会,接受了濒临破产的克莱斯勒公司的聘请,担任总裁。经过几年的拼搏,克莱斯勒公司走出了困境,一年便盈利几十亿美元。

亚科卡在面对各种挫折时,总能勇敢面对,想办法克服。就是在一次次克服困难、一次次起死回生之后,他创造出了一个个"神话",从而走上了人生的辉煌。

人生需要坚强,因为坚强是精神的支柱,是跨越坎坷的信念,是胜利的根本。一个人如果不坚强,那他的心灵就永远是一片黑暗沉寂的世界。每个人都要学会坚强,不要哭泣,不要伤心,因为伤心和哭泣不是解决问题的关键,关键是找到好的方法。在困难面前,我们要勇敢地面对,要学会不抛弃,不放弃。

一位著名的推销大师,即将告别他的推销生涯,应社会各界的邀请,他将在该城中最大的体育馆做一场告别职业生涯的演说。那天,会场座无虚席,人们在热切地、焦急地等待着那位当代最伟大的推销员作精彩的演讲。大幕徐徐拉开,舞台的正中央吊着一个巨大的铁球。为了这个铁球,台上搭起了高大的铁架。一位老者在人们热烈的掌声中走了出来,站在铁架的一边。

人们惊奇地望着他,不知道他要做出什么举动。这时,两位工作人员抬着一个大铁锤,放在老者的面前。主持人这时对观众讲:请两位身体强壮的人到台上来。老人告诉他们游戏规则,请他们用这个大铁锤,去敲打那个吊着的铁球,直到把它荡起来。

两个年轻人轮番拿起铁锤,全力向那个吊着的铁球砸去,但铁球始终一动不动。会场从刚才的喧闹中恢复了平静,大家在等待老人的解释。但是老人没有说话,只是从上衣口袋里掏出一个小铁锤,然后认真地面对着那个巨大的铁球敲打起来。

他用小锤对着铁球"咚"地敲一下,然后停顿一下,再一次用小锤"咚"地敲一下。人们奇怪地看着,老人就那样敲一下,停顿一下,如此反复。

10分钟过去了,20分钟过去了,会场早已开始骚动,有的人干脆叫骂起来,人们用各种声音和动作发泄着他们的不满。老人仍然敲一小锤停一下地工作着,他好像根本没有听见人们在喊叫什么。人们开始愤然离去,会场上出现了大片大片的空缺。留下来的人们好像也喊累了,会场渐渐地安静下来。

大概在老人敲打了 40 分钟的时候,坐在前面的一个妇女突然尖叫一声:"球动了!"刹那间,会场鸦雀无声,人们聚精会神地看着那个铁球。铁球以很小的幅度动了起来,不仔细看很难察觉。老人仍旧一小锤一小锤地敲着,吊球在老人一锤一锤的敲打中越荡越高,拉动着那个铁架子"哐哐"作响,它的巨大威力强烈地震撼着在场的每一个人。终于,场上爆发出一阵阵热烈的掌声。在掌声中,老人转过身来,慢慢地把那把小锤揣进兜里。

老人开口讲话了,他只说了一句话:"在成功的道路上,你如果没有耐心去等待成功的到来,那么,你只好用一生的耐心去面对失败。"

不要因为眼前的困难而焦躁不安,不要因为一时没有取得进步而失去耐心,更不要因为成功遥不可及而灰心丧气。只有有耐心,我们才能掌控自己的命运。可以说,没有一项伟大的成就不是由耐心工作和等待取得的。

"精卫填海"是我国著名的神话故事,精卫鸟从很远的地方衔来石块,虽然每次只能衔一块,但几十年如一日,精卫鸟从未停止过,这样专注和持久的耐力深深地感染了一代又一代的读者。所谓精诚所至,金石为开,就是强调如果付出了专注和耐心,并坚持不懈,那就会排除人生道路上的任何艰难困苦,直至走向成功的巅峰。

那么,怎样才能让我们做事情更有耐心呢?那就是学会等待。等待是对成功的酝酿,是一种厚积薄发的力量,是在沉默中寻找一鸣惊人,一飞冲天。冰冻三尺,非一日之寒;罗马城也不是一天建成的。即便你有满腹经纶、济世之才,如若没有赏识的伯乐,那也只能像深埋地下的金子,永远也得不到闪光。而等待,实际上就是在一展宏图前的韬光养晦。只有做好充分的准备,机遇一经到来,才会翱翔天空,一鸣惊人。舜发迹前,也只是在山野中躬耕;傅说在高升前也只是筑墙抹泥;管夷吾在荣登相位前,也只是在监狱里默默地做着苦役。他们都是在等待中不断酝酿、卧薪尝胆,最终成就了一番伟业。

虽然等待的过程充满了迷茫、繁乱、痛苦、不安,但它却能成就我们精彩的人生。为了不错过机会和成功,请你学会耐心等待。

5. 像谷歌拉里·佩奇一样做梦想狂人

《福布斯》杂志公布的《2013 美国 40 岁以下最具影响力 CEO》榜单,谷歌创始人拉里·佩奇再度荣膺榜首。这也是他连续第二年荣膺 40 岁以下最具影响力 CEO 排行榜的榜首。

1998 年,当拉里·佩奇在斯坦福大学攻读博士学位时,与同班同学谢尔盖·布林共同开发出了一款全新的搜索引擎,他们起初将之昵称为 BackRub,后来决定改名为 Google,这个名字来自于"googol",也就是 10 的 100 次方的变体,蕴含的寓意是他们希望这款搜索引擎可以为人们提供海量的信息。

他们的确做到了。如今,谷歌不但是全球访问量最多的网站(月访客人数超过 10 亿),而且还以 2 628.2 亿美元的市值成为全球最有价值的科技公司之一,也成为首家股价超过 800 美元的科技公司。

佩奇从小就擅长与众不同的思考方式。他在密歇根长大,父母都是计算机老师,他就读的蒙特梭利学校十分注重培养独立思维。在密歇根大学拿到了计算机工程学位后,他来到斯坦福大学深造,在那里结识了布林。

"他会想出一个有点疯狂的创意,然后告诉你,'这就是我想做的'。"佩奇的导师特里·温诺戈里德说。在佩奇众多疯狂想法中,有一个是将整个互联网下载下来,研究网站之间的关联方式。温诺戈里德劝他放弃这个想法。"一个学生能做这种事情实在是太疯狂了。"他说。但佩奇还是做了,并最终与布林以此为基础开发出了谷歌。

13 年前,靠着 10 万美元的启动资金和 10 个组合在一起的 4GB 硬盘,佩奇和布林在租来的小车库里研发搜索引擎,几经辗转,成立了 Google 公司。这些年,凭借这两个斯坦福怪才和前 CEO 埃里克·施密特"三驾马车"的共同努力,谷歌已经成长为互联网搜索界的参天大树。

几年前,Google 开始面对一个越发严重的问题:公司的运营效率难以让人满意。规模扩大引发的官僚主义,拖慢了公司的发展速度。另一方面,如施密特在新闻发布会上所言,三个人共同做决定导致决策过程缓慢。基于这种考虑,谷歌方面进行了重大的人事调整,今后将由佩奇主管日常运营,施密特负责外部合作,另一位创始人布林则关注战略项目及新产品。公司希望以此恢复顺畅的业务运营。

2011 年 4 月,施密特结束了长达 10 年的"成人监管"。佩奇终于如愿以偿,开始以自己的方式指挥谷歌运营。相比儒雅沉稳的施密特,佩奇身上有着太多的不确定性。人们对谷歌注定要发生的变化拭目以待。

果然,回归 CEO 不几天,佩奇就开始按自己的想法给这棵大树修枝剪叶。佩奇先是下令重组管理层,将来自 6 个部门的负责人升级为高级副总裁。他们将直接向佩奇汇报工作,并享有极高的自主权,可以在必要时不经运营委员会批准,直接做出决策,以减少层层审批带来的效率滞后。

2012 年年初,佩奇又对会议流程进行了修改,规定参会人员不得超过十人,并且每人必须提出自己的想法,否则就没必要开会。同时,谷歌曾长达 20 关的面试也被简化到现在的 4 ~ 5 关。

虽然成功恢复了谷歌的紧迫感和竞争力,但佩奇仍然面临众多挑战。与苹果的移动霸主之争激烈依旧,亚马逊也已成长为消费者专用搜索引擎,蚕食着谷歌利润最丰厚的业务。投资者都不看好移动广告前景,而广告恰恰是谷歌的核心业务。不过,最令谷歌忧心忡忡的恐怕还是与监管者的斗争。美国和欧盟监管者长达数年的调查可能会引发轰动业界的反垄断诉讼,甚至拖慢谷歌未来几年的创新步伐。

佩奇虽然得到了广泛的关注和认可,但对他的有些做法,用户却觉得难以接受。

很多人认为,Google 开始虎视眈眈地盯着用户口袋里的钱,从定制广告上就看到了它的野心。2009 年 3 月,Google 允许广告商按照用户的兴趣爱好投放精准广告的做法惹来多方争议。它的原理是通过分析搜索数据,监视用户访问了哪些网站,再从这些网站的访问记录里分析出个人偏好,最后选择出同用户兴趣相匹配的广告。佩奇力推这种做法,遭到各地网友抵制。曾经,Google 因反对中国的互联网审查制度而退出中国,如今,他们却在为自己的审查找合适的理由。

还有人指责,Google 和 Apple 激烈的收购大战,是在争夺网络霸主地位。不论外界怎样评价,佩奇都有个更大的野心:要将世界上的所有图书数字化。在许多人看来,这是妄想,但佩奇不这么看。也许花费会很大,但还是有可能实现的。为了说服别人,佩奇在办公室亲自扫描了一本书,并详细记录了进度。

此外,谷歌还在推行无人驾驶汽车计划。用佩奇自己的话说:这代表着交通的未来。在多数人眼中,这种由电脑驾驶的汽车有三个最显著的特色:荒谬、危险、无趣。但工程师出身的佩奇，却以饱含理性的逻辑思维来看待无人驾驶汽车。

身为两个孩子的父亲，佩奇坚持认为这个"宠物计划"准备就绪时，可以极大地提升道路安全性。他说，谷歌很快就能模拟你的驾驶方式，"而且可以保证你不会死于车祸，也不会撞死别人。"

此外，还有一件很能体现 Google 性格的事。保留 I'm Feeling Lucky 按钮，代价是每年 1.1 亿美元的"使用费"。它的原理是穿过所有搜索结果，直接带你去第一个搜索到的网站。而直接进入目标网站是不能带来广告收入的。之所以这样做，是因为这个按钮已经成为了 Google 传统的一部分。

也许，佩奇根本不在乎是否能够独占整个市场，他只是想打破不平等，给弱者以获取资源的权利。当他发现对于有些不平等，凭借他自己的力量根本无法抵抗时，他宁愿退出也不妥协。这便是拉里·佩奇，和他以不作恶为信条的 Google。

成功＝一个梦想＋勤奋地追求。记住艰难困苦，玉汝于成。

相信自己，即使遭遇失败和挫折，也能直面惨淡的人生，在困苦中不断磨炼自己的意志，如此，才能破茧成蝶；而取得成功，必须有非凡的忍耐力，如此，才不会因一时的失意而意志消沉，一蹶不振，同时要有一颗坚强的心，忍他人所不能忍，脚踏实地，一步一个脚印，朝着成功迈进。

忠告箴言

在通往成功的道路上永远都会有险境和困境存在，我们很多人很多时候遇到挫折时，或者认为自己时运不济，或者觉得自己能力不足，于是一蹶不振、意志消沉。其实，困难和险境是不足为惧的，只要我们相信自己，脚踏实地，哪怕遭遇失败，也能以坚强的意志克服，从而不断地求索，不断地追求，不断地奋斗，那么我们终将登上事业的巅峰。

第 三 章

用创新颠覆规则,直到成为规则的制订者

乔布斯被美国总统奥巴马评价为美国最伟大的创新领袖之一,他觉得乔布斯以他人没有的勇气去创造新的事物,并且带着这种执着的精神去影响这个世界,同时他超人的才能确实让他成为了能够改变世界的人。在创新上有伟大影响力的史蒂夫·乔布斯曾用这句话鼓励年轻人:不要让他人意见的噪声淹没你内心深处的声音,要有勇气听从内心和直觉的召唤。……创新无极限!只要敢想,没什么不可能……不要拖延,立刻创新!

忠告 26　不能适应规则,就来打破规则

　　你会发现经历越丰富的人,创新的能力就会越强。可是令人遗憾的是,不管哪个行业,多数人是缺乏丰富经历的人。所以,他们没有可以挖掘的经历,只能提出可行的解决方案。

——乔布斯

　　只有敢于不走常规道路的人,才能开创出自己的一片天地,获得自己想要的东西。这些人时常能冲破自己的思维限制,打破常规,在"与众不同"上下功夫,用出乎意料的经营奇招,获得意想不到的效果。

1. 在你还不能领先时,要敢于打破常规的创新体系

　　2004 年在接受《商业周刊》杂志记者采访时乔布斯说道:"我们没有专门的创新系统。这并不意味着我们公司没有科学的流程。苹果公司是一家纪律严明的公司,我们拥有了不起的生产流程,但生产流程本身并不重要。重要的是怎样合理利用流程,使得公司运作更加有效。"乔布斯是一个不按常理出牌的人。在创新上他不喜欢受条条框框的约束。

　　所以在苹果公司,没有诸如创新中心一类的部门,也没有专门的创新系统。

　　苹果公司的创新体系只围绕三条规则:

　　第一,如何定位目标消费群体? 苹果产品的目标消费群体是什么?

　　第二,密切关注不断涌现的新技术,掌握最新理念,与新技术开发保持同步。

　　第三,不断学习,善于接受新事物,富有创意以及打破传统思维,抛弃过时的想法。

　　在靠技术争取胜利的年代,乔布斯对于技术创新十分重视。不过,随着时代的进步,目前竞争的关键点是用户体验,乔布斯当然清楚地知道这一点,所以在苹果公司的创新中,他始终都认为客户体验相当重要。从 iMac、iPod、iPhone 到 iPad,如果从技术创新的概念来讲,它们的含金量微乎其微。但这些产品却能以"创意"为卖点,贴近消费者的喜好,让消费者爱不释手。

　　如果仅仅想靠技术战在激烈的市场竞争中让自己的产品胜出,这是不可能的。

　　在乔布斯重返苹果公司的时候,他曾大声呵斥经理们:"好吧,你们告诉我这里出了什么事! 我们的产品有问题,那么,我们的产品出了什么问题呢? 我们的产品极为令人失望,它不再有任何吸引力!"在乔布斯离开苹果以后,苹果的产品与其他公司的产品没有什么差异,乔布斯是无法容忍这样的事情的,因为无差异化产品的公司是无法取得领先地位的。当乔布斯回到苹果以后,他要做的第一件事情就是让苹果"与众不同"。

　　2001 年,苹果公司推出音乐播放器 iPod,从此,长期统治网上音乐销售的天下。

　　2007 年,第一代苹果手机 iPhone 问世,苹果公司颠覆了大众对智能手机的定义。

　　2010 年 4 月,苹果推出个人平板电脑 iPad,打破了平板电脑模式的僵局。

　　稍微细心的人会发现,其实在 iPod 之前,就已经有了 MP3,并且统治着音乐播放器市场;在

iPhone 诞生之前,智能手机也已经是手机的发展趋势;在 iPad 问世之前,微软早在十年前就提出了平板电脑概念。在许多产品战略上,乔布斯并不是最初的开创者,但他却也不是随波逐流的人。当乔布斯发现在某个领域,其他人已经制定了完整的条款规则时,想要领先,往往只能开辟一条新的创新之路。只有打破原来的规则,才能成为新规则的制定者。

如此看来,乔布斯其实也是一个可怕的破坏者,他对整个主流市场的破坏性是难以估计的。他用自己伟大的创造力,跑出了新的亮点,他打破了新的纪录,把竞争对手们远远地抛在身后。

在竞争中,模仿竞争对手的产品或者创意也许可以在短时间内产生效果,但是非凡的模仿能力无法让你成为一名创新的领袖。模仿仅仅是模仿,而不是创新。创新是需要你开辟出一条新的道路。

2. 在创新前要反思我们是否拥有冒险的魄力

为什么苹果公司的创新法则是其他公司不能仿效的呢? 这是因为创新需要一种别人无法拥有的魄力,一种甘冒失败的风险坚持创新的魄力。乔布斯 1998 年回归苹果公司后,他将公司的产品数量从 350 个砍到 10 个需要魄力;他将键盘从智能手机的面板上取消时需要魄力,将按键置入触屏需要魄力,如此苹果生产的 iPhone 才能诞生;将操作系统的一部分代码删除需要魄力,就像苹果对"雪豹"所做的那样;将风扇从电脑上取消需要魄力,就像乔布斯对 Apple II 所做的那样;将主页上的信息删减得只剩下一件产品需要魄力,就像苹果网站所显示的那样。

年轻人可以试问自己,你有不怕失败敢于尝试的魄力吗? 在创新的道路上,乔布斯选择了一条异于常人的路,这条看起来风险巨大的道路,其实是一种超越。只有冒险才能拒绝平庸,这就是苹果能成功的关键。

改变世界的神奇钥匙就是创新,而乔布斯改变世界的手段就是在个人电脑、网络音乐和智能手机等方面制作出精湛的产品。这些产品让世人们爱不释手,更在潜移默化中间改变着世人的生活质量与生活方式,拓宽着世人的认知能力和视野。

不论是企业还是个人,改变世界的梦想,是成功的前提条件,是所有创新者出发的起点。当然,并不是每个人都能改变世界,机遇只留给那些为梦想有所准备的人。只要你有一颗不甘平庸的心,一颗对于新事物不断追求的心,一切都有改变的可能。没有成果时,众人或笑他痴;创造奇迹时,他不会笑众人愚。这便是创新的气度。

3. 要打破常规,源动力是关键

好奇心、想象力和批判性思维能力是创造性的三个基本元素。它们之间是相互联系的:

好奇心是驱动力,推动我们去探寻;依靠想象力,我们可以拓展思维空间;而批判性思维让我们挑战已有的知识,永远去寻找新的、更好的答案。

年仅 17 岁的乔布斯做出了退学的决定。退学以后,解脱的乔布斯却不知道自己想要做什么,他在学校中四处晃悠。某次,在校园中他发现一张制作和设计都很精美的海报,上面写有非常漂亮的美术字体。

乔布斯对美术字体产生了好奇心,他选择在校园里旁听,他学会了美术字体,也知道了怎样在不同的字母组合之中改变空白间距,以及怎样才能做出最棒的印刷式样。那种文字的美、历史感和艺术的精妙,让他深深地着迷。

10 年以后,乔布斯在设计第一台 Macintosh 电脑的时候,当年在大学里旁听的知识终于被派上了用场,他把当时所学的东西都设计在这台电脑里。这是世界上第一台使用了漂亮的印刷字体的电脑,丰富的字体,以及赏心悦目的字体间距,让他大获成功。这个创造性的设计,直接影响和改变了后来的电脑。

史蒂夫·乔布斯,他就是世界上第一台个人电脑的发明者,美国苹果公司创始人和前任 CEO,一个因为怀揣着好奇心而改变了世界的传奇人物。

爱因斯坦说:"兴趣是最好的老师。"在人生中,我们需要知道自己的兴趣爱好是什么,让兴趣的好奇心牵引着你向前走,即使遇到困难,你也最终能到达成功的终点。

微软公司盖茨对乔布斯非常欣赏,但发现乔布斯是一个彻底的"怪人"。时过 30 年以后,盖茨如此评价道:乔布斯虽不懂太多科技,但具有知道什么会受欢迎的本能。乔布斯则说,盖茨基本上缺乏想象力,也从未发明任何东西,只是无耻地攫取别人的构想。

清华大学经济管理学院院长钱颖一教授在论中国教育扼杀创力时说:如果一个人学会了人类的全部知识,但若没有好奇心、想象力、批判性思维能力,他也只能是一个有知识的人,而不可能是一个有创造能力的人。同样,如果一个国家,教育只是致力于灌输知识,而不注重于培养能力,特别是好奇心、想象力和批判性思维能力,那么,这个国家可以在经济发展的追赶阶段表现出色,但很难进入引领世界的地位。

创新工场 CEO 李开复先生在谈论如何培养当代大学生创新思维时给出了四点建议:第一,好奇心,学会发问;第二,批判性思维,不要僵化地认为每件事情只有一个标准答案;第三,一个很好的创新很可能看起来是非常简单的,对用户来说,简约可能更美;第四,跳出框框思考问题。

4. 打破常规需要养成反复判断的习惯

任何一种创新,都意味着改变既有的思维模式、行为习惯或者观念态度,这是乔布斯给我们的启示。如果说传统的手机使用拨号键盘输入指令和传输信息是一种固有的行为习惯,那么乔布斯改变了我们的行为习惯,并且过程是美妙的。

(1)如何养成反复判断的习惯

成大事的人常常会自我反省,从判断的习惯中找到其他与众不同的方法,又从新的方法中找到创意的闪光点。这是他们超于常人的判断力,如此他们也很容易在智力上高于别人。反复的判断和反省是一种智力游戏,这种游戏可以强化和训练你的判断逻辑。

这里为大家介绍两种有助于强化积极判断力的游戏:

一是闪电游戏。

第一步,依照你既有的能力、技能,想出能依靠它填饱肚子的途径。

第二步,假设你被闪电击中,控制你拥有能力、技能的脑部机能已完全丧失。此时,你能想出其他生存之道吗? 如果你已经找到,则想一想如何去拓展这种能力。

第三步,再用一次上一方法,但这次被闪电击中之后,仅留下一种能力。你认为你所拥有的技能中,何者可使你成大事?

二是判断的弹性游戏。

第一步,假设你一个人被困在蛮荒的孤岛上,除了一支笔,身边没有任何东西。现在,你能用这支笔找到几个生存之道?

举例来说:

第一,先使用笔头刺死青蛙,或挖出蜗牛肉。

第二，如果你发现毒菇之类的植物，可利用它与原子笔做成吹箭，当作可杀死野兽的防身武器。

第三，若发现一件棘手的事情——食人族住在这孤岛的另一边。此时可先想办法化妆成食人族的模样，他们正向着你挥动尖利的茅。在逃亡中，你可利用笔杆，探测追迹者动静。只要将笔杆的一端放在地面上，就可像听诊器一样，听到他们的脚步声。

第四，当无论你如何往前跑，食人族的脚步还是比你快时，你可在他们越来越逼近时跳入河中，而把笔杆当作吸气孔，并祈祷他们把笔杆看成竹子。

第五，如果很不幸，明亮的蓝色笔杆被食人族认出。结果你被他们从水中拉出，并像烤乳猪般地被捆在火架上。

此时，酋长的女儿吃鱼时不小心被鱼刺卡住，几乎无法呼吸。这是你求生的转机，你可以原子笔作为手术的工具。当酋长的女儿奇迹般地得救后，为感谢你的救命之恩，酋长决定让你们两个结婚，你的余生就可过着王侯般的生活（若你是女性，那么，你解救的就是酋长的儿子）。

第二步，原子笔的使用方法，至少有以上这五种，你可将其改写或加写。

第三步，现在，把此游戏中的原子笔以你的特别能力、才能代之，并做同样的尝试。你仍应先分成几个部分，以能达成自己的目标为原则。

从这两个判断的游戏中你收获了什么呢？我们会发现成就大事的人他的判断都是带有个性的，越个性的判断越是有价值的。人生的失败常常是由于判断的失误造成的，而非行动的失败。想成就大事就要依靠在判断力上的突破，从而才能引导行为成就一番事业。

（2）如何养成自我暗示的习惯

自我暗示的方法是依靠你自己的思想来决定行动力的，是助你一臂之力，还是落井下石，都与之息息相关。

如果你是个对自己持否定判断的人，那么我们应该知道这些否定判断是哪些，这样才能在操作中避开它们。例如打高尔夫球的人应该知道哪里是有沙坑和沙陷的，这样他就不会一直想着不要打入坑洼的地方，而是心中担心坑洼的地方，但是眼睛却专注着那片适宜的草地。正是这种"否定的判断"指引着我们向着成功之路前进。在这其中，有些地方是值得我们注意的：

一是对否定面的注意程度，只要足以使我们警觉到危险即可。

二是我们要认清否定面所代表的意思——代表我们所不希望的东西，代表不会给我们带来真正幸福的东西。

三是我们要采取补救的行动。

这些注意事项会让我们形成条件反射，自动地去转换，它们会帮助我们去避开可能引起失败的地方，从而在追寻梦想的路上获得成功。

（3）如何克服因循守旧的障碍

我们常听到一句玩笑话："人与人最大的差距就是，他出门去买苹果 4 代，而我出门去买 4 袋苹果。"这句话道明了苹果在人们生活中是无孔不入的，同时从另外一个方面也表明苹果产品传达给全世界的一种思想：因循守旧，永远跟不上时代的人是最可怕的。

现如今 iPhone 俨然成为了手机的代名词，iPad 俨然就是电脑的代名词。

苹果创造出了席卷全球的大众时尚文化，让人们心甘情愿地把积攒下来的钱用来购买其产品。

每个人都会说出很多条苹果产品受欢迎的原因，但是会有一些共同点，比如苹果的"cool"。

不管竞争对手、产品评论员讲什么，苹果的产品总是特立独行。苹果前首席执行官史蒂夫·乔布斯从不为科技行业的教条所束缚。早在 20 世纪 90 年代，当乔布斯带领团队打造 Mac 的时候，就经常指导工程师们，电脑的外观设计应该是什么样子。

"一次，他在梅西百货看到了一个外形不错的大蒜碾碎器，于是就要求设计师按照那种方法设计 Mac。"苹果团队工程师、《硅谷革命：打造麦金塔的非凡岁月》一书的作者回忆道。还有一次，乔布斯还想要 iMac 看起来像保时捷。苹果人明白，随大流的设计永远不能吸引人，亦步亦趋也永远不能创造奇迹。

苹果总是不断地在否定自己的成绩，没有哪一家公司像苹果那样对于其领域中的事物反复地进行思考。

在过去的短短几年时间里，苹果就对自己所生产的笔记本电脑进行了大刀阔斧的改革，这也是笔记本电脑领域中有史以来最大规模的一次革新。苹果无情地抛弃了过时的生产组装基地。正是苹果有着抛弃过去的决心，他才能够生产出更好的产品，才能在竞争中名列前茅，占有一席之地。

苹果公司的精神完全继承了史蒂夫·乔布斯这位创始人、教父的精神。也可以说，正是乔布斯的创新精神成就了今天的苹果公司。乔布斯最讨厌保守、不思进取，他把创新提高到一个新的高度。他说："我们的时间很有限，所以不要将它们浪费在重复其他人的生活上。不要被教条束缚，那意味着你和其他人思考的结果一起生活。不要被别人的观念左右了你自己的思想。更重要的是，你要有勇气按照直觉去做决定，它们在某种程度上知道你想要成为什么样子，所有其他的事情都是次要的。"

乔布斯的言行和故事会给很多企业家带来启发，同时也给年轻人留下了深刻的印象。我们应该不断地提高自己，不断地塑造和锤炼，做一个崭新的自我。只有不断地创新和进取，人生的道路才能走得长远，也不会在成功的道路上迷失方向。不论是创业还是生活，确实需要像乔布斯那样找到自己的精神支柱，并全心全意地付出，不断地突破，追求完美。

因循守旧确实是成功路上的一大障碍。我们不能抱着鸵鸟的心态，指望着不作出努力而事情便变得有所好转，从而将就着过日子。如果你不改变这种习惯，那么转机永远不会出现。事物都会有一个可悲的趋势，那就是它们永远不会自我转变。总是期望和希望，这是毫无益处的，没有行动，只靠意念是无法带你到目的地的。

罗斯的故事就是个很好的例子：

罗斯从小就想成为一名心理学家。在读高中的时候，她便省吃俭用。在其高中毕业不久以后，父亲患了重病，母亲由于要照顾她的弟弟妹妹，只能抽出部分时间出去工作，而她父亲的伤病补助费也是极有限的，于是她不得不放弃上大学的梦想。她把高中积攒的钱用来学习打字和速写，从而找到了一份文秘的工作。读夜大的念头多次在罗斯的脑海中出现，但是终究因为一个又一个原因，她不断地推迟自己读夜大的计划，最终罗斯也未能读上夜大。

"我真不明白，贝特丝，"她对自己最好的朋友吐露心事时说，"我真的愿意学习某些大学课程，但我要想获得心理学硕士学位，路途是如此遥远。首先，我得在大学文科熬四年，然后在研究生院再熬两年多。贝特丝，因为我只能在晚上去上课，我要到 80 岁才能取得硕士学位。"

其实，罗斯犯了一个思维错误，她看到的是 6 年的全日制学习，并把六年换算成 12 年或者 15 年，因为她只能在晚上才能学习。可是，如果罗斯把大的目标分解成阶段性的目标，一点儿一点儿地去实现，相信她最终会实现自己的愿望。

因此，因循守旧是吞噬你成功的黑洞，你只有从中走出来才能走向通往成功的路。人生难免会遇到瓶颈，在瓶颈期我们会处在尴尬的境地，不能进也不能退，此时此刻，只有创新才是唯一的出路。

（4）如何换一个角度看问题

乔布斯执着地专注于自己认定的方向，并不断地努力创新，最终取得了令人骄傲的成就。他用心打造的产品都非常出色，苹果也不断地引领其所在领域一次又一次的风潮，推出一款又一款令人艳羡的产品。

大多数人不愿意创新，或者说不敢创新，他们脑海中的得失观念非常严重，风险的价值标尺已经根深蒂固，这也是他们不能常常换角度思考问题的原因。

生活中很多有创意的想法都是因为换了一个角度思考才产生的。伟大的爱因斯坦说过："把一个旧的问题从新的角度来看是需要创意的想象力，这成就了科学上真正的进步。"

著名的化学家罗勃·梭特曼在发现带糖的离子对人体很重要时，为了证明他的发现，他想了很多的方法，但是都没能成功。有一天，他突然站在了无机化学的对立面，从有机化学的角度来分析问题，从而解决了这个问题，获得了成功。

一家大公司的高层管理者麦克目前正处在一个两难的境地，一方面，他很热爱自己的工作，也很满意自己的待遇。

但是令他为难的是，麦克非常讨厌他的上司，虽然每次都忍受，但是最近麦克觉得自己已经到了忍无可忍的地步了。在经过深思熟虑以后，他找到了猎头公司想谋求另外一家公司的高级主管的职位。猎头公司给麦克的答案是，以麦克的条件，重新谋求一个职位是很容易的事情。

麦克把自己的打算告诉了妻子。他的妻子是一名教师，那天正好是她教学生该如何重新界定问题，也就是站在问题的另一个方面思考问题，把正面对的问题颠倒过来看，不要老是站在固有的角度解读问题，同时也要和别人看问题的角度不同。妻子把自己上课的内容讲给了麦克听，麦克受到了很大的启发，在他的脑海中浮现了一个大胆的想法。

第二天，麦克来到猎头公司，他这次是来拜托猎头公司的人帮助他的上司找一份好工作。此后不久，麦克的上司接到了猎头公司打的电话，想请他到别的公司任高管。上司并不知道这是麦克和猎头公司操作的结果，上司恰好也厌倦了眼前的工作，没有多加考虑，麦克的上司就接受了猎头介绍的新工作。

这件事情最奇妙的地方就在于，上司辞职换了新工作，原本上司的职位就被空置了出来。麦克就向上级申请了这个职位，最终麦克坐上了以前上司所在的位置。

在这个真实的小故事当中，麦克原本想通过换工作来躲开自己讨厌的上司，但是他妻子的一席话改变了他思考问题的方式，那就是麦克要替自己的上司找一份新的工作。结果很令人满意，麦克不仅不用离开自己热爱的公司，而且也得到了升职，还摆脱了让自己讨厌的上司。

由此，只要你努力地付出，生活一定会对你的付出予以回报。换个角度思考问题，会用更加开阔的视角看问题，我们要相信：没有付出就没有回报。

在日常生活中，我们可以训练自己换角度思考问题。例如，年轻的妈妈想对婴儿床做一下改造，让婴儿床和父母的大床连在一起，如此一来就可以在夜里照看宝宝。可是年轻妈妈在改造婴儿床的时候遇到了麻烦。年轻妈妈想保留一个可以上下伸缩的护栏，而拆除另外一边的护栏，可是另外一边的护栏却起着支撑小床的作用，如果拆掉小床就不能用了。所以年轻妈妈放弃了改造婴儿床的想法，直到某一天，这位妈妈突然发现，因为小床和大床合并在了一起，原来起到支撑作用的护栏就失去了原来的功能，即使是拆掉了也不会影响婴儿床的牢固性，这个复杂的问题就这样顺利解决了。如果她不换一个角度，她可能总也看不到这一点，而使自己陷入烦恼。

在现实生活中，当我们解决问题时，时常会遇到瓶颈，这是由于我们只在同一角度停留造成的，如果能换一个角度考虑问题，情况就会得到改观，创意就会变得有弹性，记住，任何创意只要能转换视角，就会有新意产生。

（5）如何创新突破"人生瓶颈"

人生的道路上会遇到很多障碍，在这个时刻，我们要学会换个角度思考问题。成大事者的好习惯是：如果这条路不适合自己，就立即改换方式，重新选择另外一条路子。

我们形容顽固不化的人常说他是"一条路上跑到底"，"头碰南墙不转弯"。这种思维思考问题的人一开始方向就是错误的，他们也注定不会做成大事。还有一种就是当初他们的方向是正确的，但是因为环境发生了变化后，他们没有及时地调整自己的方向，最后导致失败的结果。杜邦家族就懂得这个道理，他们懂得随机应变。"我们必须适时改变公司的生产内容和方式，必要的时候要舍得付出大的代价以求创新。只有如此，才能保证我们杜邦永远以一种崭新的面貌来参与日益激烈的市场竞争。"这是一位杜邦权威对他的家族和整个杜邦公司的训诫。杜邦是世界上少有的几家为了创新而展开研究工作，并且舍得投入大量资金的公司。每天，在威尔明顿附近的杜邦实验研究中心，数以千计的科学家和助手们总是在忙于为杜邦研制成本更低廉的新产品。数以千万计的美元终于换来了层出不穷的发明：高级瓷漆、奥纶、涤纶、氯丁橡胶以及革新轮胎和软管工业的人造橡胶。这里还产生了使干化市场发生大变革的防潮玻璃纸，以及塑料新时代的象征——甲基丙烯酸。也正是在这里研制成了使杜邦赚钱最多的产品——尼龙。

在这个变化多端的世界中，谁的人生都不是平坦顺畅的，我们研究那些成功人士的经验，他们在走向成功的路上也并非是一帆风顺的，他们知道灵活地变通，知道如何通过创新来突破"人生瓶颈"。

5. 穷小子也能打开成功之门

萧伯纳曾说："明智的人使自己适应世界，而不明智的人坚持要世界适应自己。"莫里哀也曾说："变通是才智的试金石。变通是天地间最大的智慧，是才能中的才能、智慧中的智慧。"

乔布斯在印度旅行结束以后，就有一个美好的期望，希望某一天在这个宗教世俗化的社会中，在美国开创一家公司，这家公司会把商业力量和宗教感结合起来。

乔布斯的事业发展也非一帆风顺，而是跌宕起伏。在乔布斯 25 岁的时候，苹果公司上市，此时乔布斯的身价高达 2 亿美元。但是不久就因为其本身的性格缺陷，乔布斯被董事会踢出局，开始了他在苹果公司以外的 12 年漂泊。在乔布斯 30 岁左右的时候，从天而降的灾难差点让其崩溃，乔布斯去了前苏联，想开设一家电脑学校，后来又跑到法国的南部，想用"孤独的艺术家"的身份申请移民……这一切逃避的行为都没产生任何意义。这种类似的故事在硅谷中并不是第一次听说，令人难以想象的是，在科技发达的硅谷，许多创富故事竟然都是围绕古希腊神话中最古老的"父子"命题展开的——王子先是天赋神力的降生，但遭到父王的放逐，在外面斩妖除魔积累了一身本领，最后王者归来，摘得王冠。

作为毫无背景的穷小子，如果你拥有成功的梦想，并且想努力把梦想变成现实，那么最简捷的方法就是变通灵活。

假如你和一大群人去寻找一座金山,当你们沿着一条大路前进时,走着走着,突然前方出现了一条大河,河水奔腾不息,浩荡东流,挡住了前进的道路。金山就在河的对岸,极目能见,但是面前的这条河却使你们陷入了困境。

那么,究竟谁才能渡过这条河到达对岸呢? 正确的答案是:只有善于改变自己的人才能到达成功的彼岸。一些人看着河里的鱼,改变了陆地行走的姿势和习惯,他们学会了游泳,游过了这条河,到达了金山;另一些人临河沉思,偶然看见了一块圆木在河里漂浮,于是有了变化的灵感,意识到圆木能将他们带到对岸,结果他们发明了船,同样到达了金山。

所以,渡过河的人都变成了成功者,他们成功的秘诀就在于善于改变,而这种改变就是我们所说的变通。穷则变,变则通。遇到困难就要改变,只有改变,才能克服困难,走向成功。由此可见,变通就是你遇到困难的变化时所采取的方法和手段。就像游泳过河的人一样,他改变了自己,由双脚着地行走变成了双臂划水游泳。这种改变的特点在于改变自身,让自己去适应环境,从而克服困难。

当还是穷小子的你拥有了天地间最大的智慧时,那么你离成功还会远吗?

一位公司的总裁欲招一名助理,三人前来应聘:第一位是学历较高的博士;第二位是有十年工作经验的职场老手;第三位是刚出校门也无经验的毛头小子。总裁让第一位进来面试,示意让博士坐下,博士环视一周没有椅子,就说:"我们就站着谈吧";第二位进来后总经理也是示意其坐下,这位职场老手发现没有椅子可坐,就回答道:"这些年始终习惯站着工作,我们就这么谈吧";第三位进来后总经理还是示意其坐下,这个毛头小子发现室内没有椅子可坐,就说:"我可以去找把椅子坐下来和你交谈吗"? 结果第三位应聘者被录用了。总裁告诉他,我们公司缺少的就是你这种懂得适时变通的人,相信你在这里一定会做出一番成就的。进入公司几年的时间,他工作认真,任何问题到了他的手中就不再是问题,因为他总能灵活地解决各种棘手的问题,其善于变通的头脑也让他最终成为了这家公司的董事长。

6. 要善用颠覆常规的方式达到成功

有一个很经典的话题,故事取材自联邦快递"使命必达"的一个广告场景:

一个风雪交加的晚上,一家特快专递公司要送一个非常重要的包裹给客户,送包裹的员工快到客户家时才发现,这位客户住在山顶上大雪已经封死了上山的必经之路,而约定包裹送达的最后期限马上就要到了! 于是这位员工当机立断,在没有请示公司的情况下自己做主雇了一架直升飞机,并且自己用信用卡支付了所有费用,把包裹送了上去。客户感动万分,马上向当地媒体通报了这件事,于是这家公司声名大振。

如果你是这位员工的经理,你会如何处理此事呢?

在这个故事中,这位快递员使用了一种彻底颠覆常规的方式实现了公司对客户的承诺"使命必达",而这种夸张的超乎想象的方式却是新闻媒体最为关注的题材,他成功地用这样一个事件为公司做了一个可以产生轰动效应的广告。因此,在这个事件中,他是一个英雄,一个以一己之力在最困难的情况下践行公司价值的英雄,他成功地捍卫了公司对客户的承诺"使命必达"。

对公司来讲,这是一次很具有震撼效果的广告。这位员工的行为无论是从事实的本身还是事件的效果,无一不是在向公司的客户以及整个市场传达着这样地商业价值:无论条件怎么恶劣,我们始终如一地坚持着"使命必达"的这样一种承诺和信念。新闻传播带来的广告效应所产生的价值要远远比制作一些精美的海报或者电视广告划算得多。

这种行为是有积极意义并且产生了积极的效果的,是需要公司通过褒奖的方式进行鼓励和渲染的。

当你陷入山重水复疑无路的境地,且莫彷徨、畏缩,不妨另辟蹊径,从没有路的地方踏出路来,从只有荆棘的地方开辟出路来,往往就能走进柳暗花明又一村的胜境。学会变通,让变通的智慧把你引向成功的坦途,也是你棋高一着的标志。因此,追求成功的人,只有具备变通的精神,才能踏上成功的道路。从穷小子到成功人士的跨越其实很简单,只要你掌握了变通这门艺术。

忠告箴言

学会不同思考方式——成大事者常常从反面去判断问题,去总结教训,因循守旧者的典型特征总是抱着自己的老观念不放,不去主动接受新鲜的思维,进行脑力革命。这本身就是思维上的惰性使然。成大事者必须要时刻学会"洗脑",摒弃因循守旧,创新求变,才会有真正的成功!

忠告 27 打破陈规,强化自己的办事能力

当你不能领先的时候,打破旧的游戏规则。

——乔布斯

2001 年,苹果公司推出音乐播放器 iPod,从此,长期统治网上音乐销售的天下。2007 年,第一代苹果手机 iPhone 问世,从此苹果公司颠覆了大众对智能手机的定义。2010 年 4 月,苹果推出个人平板电脑 iPad,打破了平板电脑模式的僵局。

在生活中,作为引领风潮之人,乔布斯曾经感叹道:太多事感到遗憾,但最大的遗憾莫过于那些你没去做的事。如果早明白这些,我可以把事情做得更好些,但又怎么样呢? 关键是要把握现在,生命是短暂的,不久以后,我们都将走到尽头,这就是现实。过去已经过去,未来尚未到来,现在才最珍贵! 把握当下,开始改变,付诸行动,别让遗憾继续,一切都来得及!

能成为传奇的人,他的故事一定不是一种偶然。乔布斯除了拥有聪明的才智,他敢于创新,善于学习与思考,并常常打破常规地寻找一条只属于自己的路。在现实当中,我们多数人常常混沌不清,不知道如何去做才能获得成功。

1.不要在陈旧的观念中安于现状,要勇于打破自己的局限

有个顽童无意间在悬崖边鹰巢发现了一只老鹰的蛋,他一时兴起,将这颗蛋带回父亲的农庄,放在母鸡的窝里,想看看能不能孵出小鹰来。

果然如顽童所期望的那样,那只蛋孵出了一只小鹰。小鹰跟着同窝的小鸡一起长大,每天在农庄里追逐主人喂饲的谷粒,一直以为自己是只小鸡。

一天,母鸡焦急地咯咯大叫,召唤小鸡们赶紧躲回鸡舍内,慌乱之际,只见一只雄壮的老鹰俯冲而下,小鹰也和小鸡一样,四处逃窜。

经过这次事件后,小鹰每次看见在远处天空盘旋的老鹰的身影,总是不禁喃喃自语:"我若是能像老鹰那样,自由地在天空翱翔,不知该有多好。"

而一旁的小鸡总会提醒它:"别傻了,你只不过是只小鸡,是不可能高飞的,别做那种白日梦了!"

小鹰想想也对,自己不过是只小鸡,也就回过头,去和其他小鸡追逐主人撒下的谷料。

直到有一天,一位驯兽师和朋友路过农庄,看见这只小鹰,便兴致勃勃地要教会小鹰飞翔,而他的朋友则认为小鹰的翅膀已经退化无力,劝驯兽师打消这个念头。

驯兽师却不这么想,他将小鹰带到农舍的屋顶上,认为由高处将小鹰掷下,它自然会展翅高飞。不料小鹰只轻拍了几下翅膀,便落到鸡群当中,和小鸡们四处找寻食物。

驯兽师仍不死心,再次带着小鹰来到农庄内最高的树上掷出小鹰。小鹰害怕之余,本能地展开翅膀,飞了一段距离,看见地上的小鸡们正在追寻谷粒,便立时停了下来,加入鸡群中争食,

再也不肯飞了。

在朋友的嘲笑声中,驯兽师这次将小鹰带到悬崖上。小鹰用锐利的眼光看去,大树、农庄、溪流都在脚下,而且变得十分渺小。待驯兽师的手一放开,小鹰便展开宽阔的巨翼,终于实现了它的梦想,自由地翱翔于天际。

其实,我们每个人都曾经如同这只小鹰一般,拥有过翱翔天际、悠游自在的梦想。遗憾的是,这些伟大的梦想,往往也就在周围亲友的一句句"别傻了""不可能"声中逐渐萎缩,甚至破灭。

就算侥幸遇上一位懂得欣赏我们的驯兽师,硬将我们带到更高的领域,我们也往往会像小鹰回头望见地上争食的鸡群一般,再次飞回地上,加入往日那个不敢有梦想的群体里。

所以,我们要勇于突破自己的局限。用新的眼光去看世界,切莫在陈旧的观念中安于现状,切莫让自己失去向上的勇气和动力。

2. 学会管理好自己,管理好时间

乔布斯除了吸引外人的非凡魅力以外,最重要的是,他是一名实干家,他总是为自己的目标努力地去奋斗,对于制订好的计划,立刻去执行,而不总是在想象未来如何如何。阿塔里公司奠基人诺兰·布什内尔是这样评价乔布斯的,他说:"当他想做某件事时,他给我的计划表都是按天和星期计划的,而不是按月或年计划,我喜欢他的这种行事风格"。

现在的年轻人,总是很善于做计划,但却不善于把计划实施,缺乏时间管理的经验,这种行为习惯被我们称为"拖延症"。或者说有些人做事情很不稳重,毫无章法可言。常听到一些关于苹果公司的故事,在第一个 iPhone 出来时,乔布斯就准备好了后面的 25 代产品。虽说这个故事有些夸张,但也从侧面反映了乔布斯是一个制作超前计划,为了应对市场变化做好准备之人。

如果你不想被工作和生活所累,事事受到限制,那么最应该做的是学会制订计划,这样不仅可以提高工作效率,还可以把握大局。

要想成为一个擅长有效时间管理的人,不妨学以下几种非常好用的提高工作效率的方法,从而帮你提高办事能力。

(1)学习经常说 NO。你要知道自己目前最重要的工作是什么。当有人需要你帮忙,而这件事又并不是你优先要做的,那么就请说不。你完全不需要用一个很长的解释或借口去告诉对方为什么你不能答应他的要求。

(2)尽可能分配任务。我们常常觉得自己什么都能自己干,或是不相信别人也能像我们一样全心全力去完成某个任务。这些都是幻想,因为没有人有足够的时间万事大包大揽。其他的同事也许会更轻松地处理好一些工作。你还在认为除了你没有人能做好某件事吗?赶紧把这个想法抛弃吧!

(3)不要事事必须完美。有一些工作即使完成得不那么完美也是成功的。要事事都做得完美,会让你的速度减慢很多,还会给你的工作和生活带来不必要的压力。

(4)工作最好一次完成,不可时断时续。研究发现,造成职员浪费时间最多的是时断时续的工作方式。因为重新工作时,需要花时间调整大脑活动及注意力,才能在停顿的地方接下去做。

(5)事前有准备。偶发延误是最浪费时间的情况,避免这种情况出现的唯一办法是预先安排工作。事前有准备,你能把本来会失去的时间化为有用的时间。

（6）改进工作方法。简单事情处理改进的余地不大，但一些复杂事物的处理，多动动脑子，往往可以找到减少处理时间的办法。

（7）充分利用零碎时间。实际工作中，你会发现有很多没有工作任务的小时间片段，时间长了，这些小的时间片段累计起来很可观。因此你要学会利用时间片段，做一些有用的事情。这样，在相同的时间内，可能你所做的事情比别人多很多。

（8）注重劳逸结合。计划不要排得满满的，一是要安排适当的休息时间，二是要留有一些余量，因为一项工作到底要多少时间你不一定能准确计算。不会休息就不会工作，适当的休息反而有助于提高整个工作效率，减少工作中的差错。

人的一生绝大部分时间都是在工作，我们必须想方设法掌控好自己的工作时间。当你在有限的工作时间内，将所有预定的工作全部做完而且井井有条，不再觉得有许多忙不完的事，不再觉得工作纷繁复杂，还需要经常加班加点，不再会遗忘某些重要事情，那么，恭喜你，你已经有效地掌控了自己的时间，成了时间的主人。

3. 学会简化，少即是多

众所周知，乔布斯是个不走寻常路之人，比和在个人 PC 上使用图形用户界面，iPhone 在外观、手感和功能上有很大创新，iPad 产品则是结合了智能手机和笔记本电脑的功能。在乔布斯重新执掌苹果的十多年中，苹果从一个即将陨落的新星，摇身一变成为铆足了劲儿赚钱的印钞机器。乔布斯不仅仅是研发新的产品，他还制定新的游戏规则。iPod，iPhone 和 iPad，与 iTune 一道，带来了巨大的冲击，迫使很多音乐和电信行业的厂商们改变了它们的商业模式。

可以说"简化"是苹果设计过程中最重要的环节之一。少即是多，这是乔布斯的理论。"苹果的核心优势就是知道如何让复杂的高科技为普通大众所理解。随着科技日趋复杂，这一点就变得越来越重要。"乔布斯在接受《纽约时报杂志》采访时说道。

乔布斯接任后召开的一个特别董事会议中，他直接把在墙壁上展示的近 20 种苹果产品一一拿掉，仅仅留下 4 种产品，乔布斯对此的解释是，他将通过差异化市场地位给苹果以新生命。

我们从乔布斯的故事中可以看出乔布斯的这种执行能力和创造力。他知道什么才是用户想要的，并能贯彻行动。如果问 ipod 创新表现在哪几个方面？肯定有人会回应说是掌握了技术。但是技术已经存在了，其他厂商已经在大量生产 MP3 的音乐播放器了。经过讨论，得出了一个有内涵的结论：ipod 的成功就是因为洞察到了市场的需求，并且苹果贯彻执行了自己的计划。当时，Napster 已经建立了一个繁荣的音乐唱片市场，其用户可以以文件共享的方式交换下载的音乐 MP3。Napster 的游戏最终被定性为非法（本质上是基于盗版），但是乔布斯看到了技术可以为唱片工业建立一个合法市场来保证利润来源。这个市场还存在很大的潜力，且会有一个崭新的社会形象。乔布斯将解放音乐爱好者，让他们可以自由购买，合法且负担得起。这个产品不仅使用方便简单，外形时尚，而且可以卖个好价钱，赚到足够多的钱。后来的事情大家都知道了，MP3 是史上最畅销的播放器，而 iPod 使苹果的品牌在用户中获得了前所未有的高度，为 Mac 销售巨大的推力，并重新建立了公司作为创新领袖的声誉。

乔布斯是个注重细节的人，他注重产品，不管软件还是产品的设计，包括金属、塑料和玻璃等方面,乔布斯和专家们一起花费了大量的精力与时间。

每周一早上,乔布斯都会召开一个例会,他把大家召集到一起,然后来审视产品,检讨目前的设计和执行情况。这种例会他一直严格执行了十多年,在这期间联合多种专业创造了惊人的产品。这是把一个运动队变为不可逾越的冠军的方法。乔布斯是少数这种精益求精 CEO 中的一员。

乔布斯是如何一手缔造这个帝国形式的呢?相信对这个问题很多人都想知道答案。在此之前,手机制造商的利润空间和品牌是被电信运营商所控制的。而乔布斯却让苹果在手机市场上不仅占有了最大的份额,而且他缔造的这个帝国所创造的利润是其他厂商从未享有的新利润。追求完美的乔布斯制作了最好最完美的手机。他自始至终都极力地维护自己的品牌和利润,他把 iPhone 给了一个独家运营商——AT&T。作为交换,苹果拿到了他想要的卖价,是电信行业的头一次,通过手机的使用费(由用户支付的较高的服务费率来支撑)从运营商的利润中分得一杯羹,这简直是难以想象的。乔布斯通过手机的应用软件获得了大笔的收益。乔布斯的苹果公司的商业价值再次得到提升。乔布斯凭借敏锐的商业嗅觉、管理的勇气和胆识,扭转了强大的运营商和卑微的手机供应商之间的权力制衡。

如果仔细观察,你会发现乔布斯是个爱想象的家伙,他不仅在想客户需要什么,同时也把想象扩大到了未来,未来他们会需要什么。他不断地在外界世界中探索,寻找新的出发点,也寻找可以创造的新机遇的引线。然后,他构想并执行,包括创造出众的产品,这带来了很高的利润空间和品牌认同,也包括让产品利润最大化的商业模式。

乔布斯从来不把他的产品看作一种物件,他认为那是一种体验。他清楚每个产品的触感和样式,于是他总是试图把每一种产品做得近乎完美。似乎乔布斯天生就对产品有一种独特的感觉,他的产品总是设计优雅,简单易用。他总是结合不同的专业知识去制作自己的产品,并时刻关注消费者的用户体验。他精确地找出什么问题应该被解决,即使看上去不太可能,也会去寻找最能解决问题的人,无论他们的境况如何。

他善于沟通,他总是简单地表达自己的观点,然后倾听大众的心声。他利用创新的品牌去炒作热点,并能在新产品的基础上去研究新的用户需求。他把消费者、雇员和合作伙伴连接起来,并把他们变成狂热的粉丝。

乔布斯就是拥有这样一种众多才智大师们所追求的洞察力。他知道属下的核心才能,然后去找他们真正合适的职位。他似乎每时每刻都激情四射,不管是怎样重复的工作,而且年复一年。他针对性地培养那些具有特别才能的骨干,让他们用心地做好自己的工作。他花费了大量的时间和精力在人身上,因为他理解一个基本的事实:最终是人创造了那些业绩。

4. 勇于挑战极限,不循规蹈矩

很多人都有这样的疑惑:为什么乔布斯可以创造这些奇迹?这是因为他总是在寻找那些真正具有打破常规特质的人才。乔布斯手下的这些人才都不是按常理出牌之人,他们都喜欢挑战,做那些别人认为不可能的事情。所以在选拔人才的时候,乔布斯的方式也往往是不按常理的。虽说领导者都喜欢温顺听话的员工,但是如果要创造奇迹,这些温顺的员工却起不到大的作用,这时这些不遵循常规的人就是成功的关键。

1982 年 1 月,乔布斯在年度主管会议中展示了麦金塔电脑计划。在这个计划展开之前,乔布斯已经为麦金塔电脑计划选拔了合适的员工,为了确保计划可以顺利进行并且出色地完成,每一个小组成员都是顶尖的人才,且符合岗位的标准。当时选拔人才时,乔布斯的面试问题甚至是这样的:"你在何时丧失的童贞?"他要看看应聘者在被问到这样的问题时会怎样反应,其实他并不在乎应聘者的答案是什么。乔布斯所看重的是应聘者的答案是否具有创意性,是否足够"疯狂"。因为他需要的是真正能打破常规的员工。

5. 要敢梦想,做自己想法的主人

乔布斯于2005年在斯坦福大学毕业典礼中发表的讲话中曾谈到这样的事情,在其职业生涯中曾经被苹果公司炒过鱿鱼,这件事情使他得到了人生中很棒的经历,正是在此期间,乔布斯的创造力得到了解放,他把所有的精力都放在自己喜爱的工作当中。他按照自己的意愿成立了电脑动画的制作公司,然后再度回到苹果,领导了苹果的复兴。他告诫年轻人要敢于追寻自己的梦想。

现实中很多年轻人墨守成规安于现状。作为新时代的年轻人我们应该善于和敢于打破局限,千万不要沉浸在陈旧的观念当中,不要让自己积极向上的动力和勇气消失殆尽。

在做出人生的重要抉择的时候,很多人不是想到自己的决定会带来什么,而是首先会顾虑别人的眼光:"我这么做别人会怎么想呢?"这种顾虑是大部分人都会有的想法,也是一种最常见的、具有破坏性的消极心理。这种消极状态在我们的日常生活当中是随处可见的。从每天的出门开始,我们中的许多人总会顾虑重重:比如如果这样做别人会怎么看? 如果我在会议上多发言,别人是不是认为我特别爱出风头? 这件衣服很时尚很个性,我很喜欢,但是别人会不会因为这样衣服而议论我呢? 等等,诸如此类。

我们总是用"别人"的眼光把自己套在一个无形的牢笼当中。可是你有没有发现这种"别人会怎样想"的思维正在束缚着我们的创造力,使我们原有的创造热情消耗殆尽呢?

要想做生活中的主人,不被他人的思想所左右,你不妨试一试下面的方法:

(1)"别人"的看法固然重要,但是不能盲目地遵从。如果你想活在"别人的想法"的世界当中,那么你就尽管地模仿别人的生活吧。如果你不想,那么你最好按照自己内心的想法去生活,去做事情。只要你的所作所为没有伤害他人,你就可以想怎么做就怎么做,这跟"别人"有什么关系。

(2)你一定要结交一些不在乎闲言碎语的朋友。这样的朋友可以帮助你走出"别人的想法"的生活,会给你开解和好的建议,这样你就不必恐惧自己所做出的选择。

你必须提醒自己"别人"不会总是最好的,只有坚持自己的想法,你才能成功。

6. 本来无望的事大胆尝试,往往能成功

在苹果开设专卖店不久以后,施密特开始担任苹果董事。细心的消费者会发现,早期的店中会同时销售Mac机和PC机。但后来由于微软Windows操作系统取得了垄断地位,消费者便不再购买Mac机。随着Mac机的发行渠道越来越少,那些同时销售Mac机和PC机的销售商也逐步减少。当时生产商的普遍观点是千万不能得罪销售商,因为销售商是他们的"衣食父母"。乔布斯却在综合衡量以后决定开设苹果产品的专卖店,并且使这种模式成为消费者的一种生活方式。乔布斯知道,用户在使用产品的过程中肯定会遇到各种各样的问题,他们此时肯定需要获得帮助。当苹果开通专卖店的时候,有些人认为这种行为很愚蠢,并且断定这种决策可能让苹果垮掉。但是,时间证明了一切,自从苹果开通专卖店以后,产品销售可以自主,并且提供了

更好的用户体验。这无疑是乔布斯最大胆的决定之一,目前苹果专卖店应该是美国市场上毛收入最高的零售店。

莎士比亚说:"本来无望的事大胆尝试,往往能成功。"大胆尝试常常会带给你更多成功的机会。

1973 年,美国最成功的广告人之一 S·肯尼迪高中毕业,这是他本人获得的最高学历。他想谋求一份工作,并打算从专业销售开始做起。他梦想将来公司能给他配备一辆最棒的汽车,有一份不错的薪水,加上奖金和佣金,每天能西装笔挺地上班,还有不错的外地出差机会。一次,肯尼迪偶然发现了一则招聘广告:一家出版公司的全国销售经理要在本城待两天,只为了招聘一位负责 5 个州内各书店、百货公司和零售业的业务代表。肯尼迪梦想在将来成为作家或出版家,所以"出版"二字对他来说是有吸引力的。广告又说,起初月薪 1 600 美元到 2 000 美元,外加佣金、奖金、公务费和公司配车。这正是他梦寐以求的工作。

他遇到了理想的工作,但是他却不是理想工作的合适人选。他在面试的时候,全国业务经理客气地对肯尼迪说道,他不是他们正在找的人。原因有三:第一,肯尼迪太年轻;第二,他没有工作经验;第三,他没读过大学。这份工作是为年龄在 35 岁到 40 岁之间、大学毕业,并具有相当丰富经验的人准备的,刚出校门的毛头小伙子显然不适合。而且该公司此时已经有几位应聘者待定。肯尼迪竭力毛遂自荐,但招聘者态度坚决——他就是不够格。

肯尼迪并没有泄气,他拿出了自己的绝招,他说道:"瞧,你们这个地区缺商务代表已达 6 个月了,再缺 3 个月也不至于要命吧。看看我的主意:让我做 3 个月,公司只负担公务费,我不要工资,还开我自己的车。如果我向你们证明我胜任这份工作,你们再以半薪雇用我 3 个月,不过我要全额佣金和奖金,还得给我配车。如果这 3 个月我仍胜任这份工作,你们就用正常条件录用我。"

肯尼迪的建议被公司接受了。在工作中,他花心思重新整理了销售的流程,且创下了三项纪录:短期内在困难重重的地区扭转乾坤;3 个月内,让更多新客户的产品摆满他们的整个摊位;争取到新的非书店连锁店的大公司;等等。显然 3 个月以后,公司给肯尼迪配车、全额工资、全额佣金和奖金,满足了当初他提出的所有要求。

一个追求成功的人,总是在路上不停地努力创造,不停地思考,不断地开拓新的道路,跳出传统的思维模式,只有如此他才能领先于别人。

乔布斯是个标新立异,非同凡响之人。乔布斯是独一无二的,不是每个人都能超越的。我们要从乔布斯身上学习创新,懂得创造的重要性。尤其是在科学技术日益更新的今天,在竞争如此激烈的社会中,创新更是取得成功、实现自我价值的必经之路。

当我们突破陈旧思维,追求更大的成功时,切忌好高骛远,被他人的成功所迷惑,从而失去目标的准确性和可行性。创新表现的不仅是对原有知识的汲取,同时也是对知识的重新运用,我们要把原来的东西升华到一个更高的层次,我们在追求一种卓越的意识。这是一种发现问题、积极探求的心理取向,是一种主动改变自己并改变环境的应变能力。

我们每个人都有可能成为创新的人,只要我们拥有创新的意识和理念,并且敢于去实践,有一种抉择的魄力,还要有抛弃陈规的勇气,在不断吸取新知识的过程中不断地磨炼。为了不断完善、精益求精,必须研究新情况、追求新方法,促使自己突破原来条条框框的限制。

忠告箴言

　　年轻人碰到通过各种途径都行不通的时候，要有不怕失败的良好心态，抱着不妨试一试的精神。要知道，我们不可能一辈子都守着成见或按既定的模式去生活。

　　也许我们太习惯在传统或知识中打转，以致无法灵活变通。请回到最基本、最单纯的起点，重新思考一下自己所面对的问题，不光是用外在的规范和约束，而是感知内心最直接的体会。

忠告 28　创新就是让人一眼就看出与众不同来

"不要被教条所束缚，那样就意味着被动地接受别人的思想成果。……不要让他人观点的声音压过你自己内心的声音。最重要的是，必须有足够的勇气，按照自己的想法和直觉行事。"

——乔布斯

对手往往是最了解自己的人，盖茨作为乔布斯惺惺相惜的劲敌，他这样评价乔布斯二次归来时的王者霸气：对产品的激情、对设计的重视，不放过产品设计中的微小细节，专注于"做出好产品、不断做出好产品"这一目标，以至成为艺术品。

乔布斯的确与众不同，曾经有人向他了解市场业绩和财务报表时，他的回应却是"当你将精力花在做正确的事情，不断打磨人们为之依赖的产品时，公司的财务报表自己会说话"。与只顾业绩的 CEO 们的迥异之处在于：苹果的用户会从对 iPhone、iPad 的把玩中体会到这些产品中由设计者所赋予的灵感，而这种"灵感"的诞生往往需要人特别专注于某一产品。

1. 与众不同需要拥有穿透现象迷雾的犀利目光

习惯用右脑还是左脑思考都非关键所在，重点是你是否能前瞻性地透过现象的迷雾发现未来的焦点，从而创造价值。

早在 20 世纪 70 年代，对于电脑，人们仅仅会联想到科幻电影中紧锁在大门后面堆放的那些神秘机器，与普通大众的日常生活遥不可及。

乔布斯阴差阳错走进了鲜有人问津的电脑业余爱好者的天地。之后，乔布斯在父亲的车库里，与好友史蒂夫·沃兹雅克研发出苹果一代产品——一种最原始的电脑。这种电脑与今天你常见的相去甚远，它不仅没有显示器和键盘等外部设备，甚至还需要顾客自己动手组装。

那时，乔布斯一直秉承"科技应是改善人类生活的力量"，他相信，电脑将成为一款优雅、便捷、轻松掌握且能与世界互联的时尚产品。

1984 年，苹果发布了呕心沥血的产品——麦金托什电脑（Macintosh）。不过，在电脑发烧友们那里，麦金托什被评价为一个花哨的大玩具。他们坚信，电脑是服务于商务工作的专业产品，应由也只能由 IT 技术人员和系统工程师来操作。但乔布斯却反其道而行，他执着地创新，通过对图形操作界面、鼠标、改变电脑尺寸来向全世界证明，电脑是应该为普通大众服务的。

有一天，带着电话簿的乔布斯在进入设计师会议室后，将电话簿重重地摔到桌子上，向一脸茫然的设计师们大吼："这是麦金托什电脑能够做出的最大尺寸，绝对不能超过它，否则普通消费者会受不了。还有，我受够了所有这些方正、矮胖，样子像丑陋箱子的电脑。为什么我们不能制造一台更高，而不是更宽的电脑呢？"

房间里的所有设计师被乔布斯的要求吓到了——那本电话簿只有当时电脑一半的尺寸，如果要缩小一半，将如此多的零件塞到小盒子里几乎是难以做到的。但是最终在乔布斯带领下，有着非凡的设计灵感和想象力的苹果团队如愿实现了这个想法。

麦金托什无疑是具有里程碑意义的个人电脑。乔布斯曾自诩是电话发明者亚历山大·贝尔那样的人物，"我们希望造出像第一部电话机那样的产品"，乔布斯说，"我们就要麦金托什成为了电脑领域中的第一部电话机。"事实上，麦金托什成为电脑领域的领头羊。它引领了持续数十年的计算方式，用户可以通过点击图像而非输入命令来控制，使电脑变得性感起来。随后，以乔布斯为代表的行业先锋发现了普通大众的潜在消费力，个人计算机的时代也步步逼近。

年轻人只有善于发现，才能得到成功的青睐。在我们的周遭潜藏着无数的机会等待我们的发现，虽然善于捕捉机会是一种实力，但更睿智的人懂得去创造机会。一个夺目创意可能就会彻底改变我们的人生，我们也将收获成功的掌声。

2. 与众不同需要拥有大胆冒险置之死地而后生精神

以创新闻名遐迩的苹果公司，除了坚持向消费者提供非凡产品用户体验外，同时从 2001 年也开始注重通过在体验店零售的方式来亲近消费者。七年间，苹果已成功在美国、英国、加拿大、意大利和日本开设了 205 家零售店，全球有 2.75 亿人次到体验店试玩或购买旗下产品。2012 年夏季，中国的果粉们将会在北京有机会走进苹果体验店。

苹果零售店与其他苹果的产品一样提供"体验"式消费，为苹果公司带来了额外经济利润。据苹果公司 2008 年第一季度财政报表显示，零售店为苹果公司带来 20% 左右的销售收入，销售额比上年同期提升了 53 个百分点。

2007 年 3 月，苹果零售店被美国《财富》杂志评为全美最佳零售商店。由金融分析师所提供的数据显示，现在苹果零售店每平方英尺的年销售额为 4 032 美元。相较之下，珠宝大亨蒂凡尼的同条件下的年销售额为 2 666 美元，消费电子零售巨头百思买则为 971 美元。

其实，诺基亚、三星、索尼等电子产业名企也在全球主要城市设置了其产品的"体验店"。可以说，各名企虽然名义上是以销售为目的的体验零售店，但这些所谓的"旗舰店"实际上主要履行的是展示的功能，而这些公司也不在乎能带来多少销售额。但苹果体验店在零售业的销售利润简直是个奇迹般的数字：全球 205 家自营门店在 2007 财年里为苹果公司带来 41 亿美元的收入，利润率达 14% 之高。

乔布斯有开零售店的想法初衷并非提供简单的"体验"，更多的是出于苹果要生存的考量。

1997 年乔布斯二次回归后，虽然开发 iMac 等系列新颖产品重新焕发了苹果员工的活力，销售业绩却没有太大起色。这种结果究其原因，主要是分散的"授权零售商"导致的。得到授权的授权零售商虽分布广数量多，但水平却参差不齐，没有实力相当的销售人员来负责向顾客和大客户销售电脑，采取的展示和宣传也千差万别，以致苹果整体品牌形象混乱而无法吸引消费者。

苹果通过西尔斯百货和电脑美国这两大零售连锁店作为面向大众消费的主战场。却由于苹果电脑长久的小众性而无法得到有效的展示空间，更不用提连锁店店员能对消费者作出恰当详尽的技术解答。乔布斯曾懊恼地说，买电脑已经取代买汽车成为最痛苦的一种购买体验。

对于追求完美主义的乔布斯来说这种状况是无法忍受的。1998 年，懊恼的乔布斯一怒之下终结了与这两大零售连锁店的合作。于是，乔布斯决定以一种新的方式主导一场电子零售游戏：由于电脑作为高价格、低购买频率的产品，传统的零售店往往会选址于便宜却人流稀少的地段。苹果公司则决定与传统背道而驰，将零售店专门开在地段繁华的市中心。

热闹的商业中心区往往是苹果零售店的首选,譬如在英国、美国和日本等发达国家城市的商业中心区都有苹果的身影,甚至是高档的消费区。因为消费者深知,广大消费者并不会主动寻觅和购买他们其实并不熟悉和了解的苹果产品,所以选址很重要。

通常,在传统的零售店里往往会配备一定的服务人员,有店员之称的这类人承担着销售的任务,其实际工资与销售多少有密切关系。而在苹果零售店里,这些店员大部分所履行的职责并非是传统的销售,他们专门负责向进店的顾客提供如何使用苹果产品的服务,对他们进行品牌的详尽介绍,告诉他们苹果产品的美妙所在。苹果公司的海外零售市场总监史蒂文·凯诺对《环球企业家》说:“只要愿意,任何人都可以待上一整天。”也就是,与以往的零售店相比,苹果公司的店员在你即使不购买的状况下也不会介意你待上一天时间。

史蒂文·凯诺说:“我们最大的诀窍是,这里是能集合购买、维修和服务体验的地方。只要用户一想到任何和苹果有相关的地方,都会想到要来这里。”这就是乔布斯创立苹果零售店的一大初衷之一,能以时尚明亮高端装修设计的店面来吸引人潮拥挤的逛街者,他们大多从未使用或了解过苹果产品,这样,就可以进入零售店得到“体验”,构建内心对苹果品牌的认可。

由乔布斯 2000 年从 Target 挖到的朗·约翰森曾透露过:“乔布斯从骨子里觉得苹果就应该做零售。”

乔布斯的动作并非你看到的这些,在成功挖到朗·约翰森的一年前,乔布斯早已经将服装业新军 GAP 公司的总裁米勒德·德雷克斯勒引入了苹果董事会。这位 GAP 的当家人将 GAP 门店简洁、舒适、人性化店设计风格融入到苹果零售店之中。

我们可以通过旧金山零售店一探苹果零售店的人性化。

旧金山的苹果零售店分为两层:第一层是体验区,配备了苹果几乎所有系列的产品,如 iPhone、iPod、Apple TV、MacBook、Mac 机。在体验区,这些产品不仅仅是展示品,而是允许用户任意试用。譬如说,用户可以用 iPhone 打电话给美国的朋友,可以用 iPod Touch 浏览感兴趣的网站,也可以用 Apple TV 看完他们喜欢的好莱坞电影。

第二层则更多的是苹果精心经营的社区。在旧金山右侧设置的是被称为“Genius Bar”的客户服务区。在这个区域,一条酒吧式的长桌两旁 25 个苹果员工和顾客一字排开,顾客在这里能得到各类问题的解答或者完成产品的维修。顾客预约号的排序滚动出现在苹果员工身后的一块屏幕上。一旦屏幕上出现预约号,顾客就可以向苹果员工进行咨询。顾客可以通过两种途径完成预约:一是可以选择登录苹果官方网站完成;二是可以直接在第一层的体验区来得到预约。

在“Genius Bar”的对面被苹果称之为“One – to – One”的服务项目,这是苹果零售店和其他公司零售店区别最大的地方。任何通过网络、电话预约的用户都能在这里得到关于苹果产品的由苹果员工进行的各种专业训练。这个区域的隔壁是苹果的员工和顾客进行讲解的一个小型教室。通常,零售店课程开放时间为上午 11 点到下午 6 点,且每个时段课程各有安排,而课表会每个月更新一次。而这个“One – to – One”的服务项目并非免费,会收取约 99 美元的年费,这实际就成为零售店一个重要的利润来源。据统计数据显示,仅 2007 年就有 100 万人次接受了这样的专业培训;在旧金山的零售店进行这样的服务员工,也由最初的 5 ~ 7 名扩充到现在的 30 人。

令史蒂文·凯诺自豪的远远不止这些,他更骄傲的是苹果公司对员工的重视。这种重视不仅体现在旧金山零售店的 200 多名员工全都是正式员工,更多地体现在零售店的细节处。这种温馨的大家庭式的关爱每个进入零售店的顾客都能体会到。譬如,在零售店的橱窗内,摆放着真人大小的年轻、充满活力的员工照片,而非最时髦的苹果产品。史蒂文·凯诺自豪道:“这是其他任何公司都没有的举动。"

在这次重新推置电器零售商发起的零售规则的游戏中，乔布斯的置之死地而后生的举动，不仅仅在于挖来流行时装品牌 GAP 公司原总裁米基·德雷克斯勒加入苹果董事会，和随后挖来 Target 零售店的前高管罗恩·约翰逊主管零售业务。同时，乔布斯拒绝复制那些关闭这些零售商店而向戴尔学习网络直销经验，希望削减运营成本的所谓出路。在经济低潮期，乔布斯逆行的孤注一掷在他人看来是可笑的。因为在那时除了服装和化妆品之外，其他形式的零售商鲜见成功的案例。香奈儿营销零售顾问大卫·戈尔斯坦嘲笑道："我可以给苹果两年的时间去证明他们犯下了多么严重的错误。"

乔布斯开始背水一战。

其实在当时，由苹果旗下仅有四款产品来布置充盈整个零售店的具体操作并不可行。所以约翰逊灵机一动，既然开设的零售店有多余的空间，何不采用"用户体验"来反其道地进行"购买体验"。苹果零售店坚持以"为顾客创造不一样的体验"为设计标准，力图带给用户如沐阳光般的温暖体验，令其仿佛置身于一个明朗温和的图书馆中，自然、惬意、安静、放松，领略一种额外福利的馈赠与享受。苹果零售商店是一种情感和视觉的完美结合，小到店内电脑等电子消费品错落有致的陈列、天才吧、影音室的点缀配置，大到对店员如何对顾客耐心指导和良好沟通的要求。总之，正如乔布斯在一份保密的《培训手册》中严格规范员工与顾客互动的方式、该怎样用言语表达对顾客的丰富感情的规定那样，苹果对客户体验的控制延伸到你不能想象的最微小的细节。

苹果店销售人员大卫·安普罗斯将这种追求完美的销售服务形容为：你永远不是在试图敲定一笔销售交易，而是为消费者找到解决方案，找到他们的痛点。

而今天，论每平方英尺的销售额，苹果旗舰店比隔壁蒂凡尼珠宝超出的多得多：苹果零售店约达到 4 032 美元，而蒂凡尼却仅在 2 600 美元左右，这让当年嘲笑乔布斯的人们都保持了沉默。

3. 最畅销的音乐播放器，也是音乐产业的救星

从 2000 年开始，在乔布斯革新的众多产业中音乐产业是最重要的一个。

热爱摇滚乐，崇拜鲍勃·迪伦和甲壳虫乐队的乔布斯曾这样形容他与音乐结下的不解之缘："音乐流淌在我的血液里。"可令乔布斯扼腕叹息的是，二次回归的他已经错失了 20 世纪末兴起的数字音乐浪潮，他自己说感觉被时代抛弃，"那时我感觉自己像个傻瓜，我以为我们已经错失良机了。"

重新回到苹果公司的乔布斯面对那时正处于过渡期和混乱交替的音乐行业，精明的他，并不想再度错失良机。那个时期，消费者有人愿意为在线音乐付钱，Napster、电驴等非法下载软件正严重威胁传统音乐行业的发展。乔布斯说，"瞧着几大唱片公司和技术公司互相恐吓要将对方告上法庭是件痛苦的事情，所以我们想，与其干坐在这里看双方互相扔石头，还不如干点实际的。"乔布斯深深体会到，他要彻底改变人们对消费音乐的体验方式。乔布斯充满智慧地说，既然不能用强制方式令人们停止下载盗版音乐，那为何不换个角度通过提供更优秀的听歌媒介，改变消费者的传统消费方式，以更好的体验引导消费者重新愿意付费下载正版音乐。

于是，2001 年 1 月，苹果推出其历史上最具革命性的创新产品——音乐软件 iTunes。iTunes 使乔布斯清晰地看到，音乐将发生一场革命性的巨变。几个月后，苹果又推出 iPod 音乐播放器。

即便如此，乔布斯发起的这场革新之战面对的不仅是被互联网宠坏的歌迷们，更是整个唱

片业,以至于令乔布斯感叹,"那简直是一场根本打不赢的战役"。乔布斯选择从行业领头羊环球唱片公司下手,他试图让对方相信,iPod 的购买用户并不多,不会撼动传统媒体,再多也只能影响 5% 环球唱片。通过这种策略,iTunes 成为唯一一家联合了全球五大唱片公司的在线音乐商店。2003 年 4 月,iTunes 音乐商店正式开张,它的虚拟货架上也如愿摆着 20 万首歌曲。开张后一周内,消费者在 iTunes 音乐商店购买了 100 多万首歌。

无可厚非,iTunes 是音乐产业的一个转折点,更是整个音乐行业的救星,将音乐产业从毁灭性的恶性循环中拉出来。现在 iTunes 音乐商店已经有超过 2 000 万首歌曲,迄今售出了超过 160 亿首歌曲。乔布斯开创了一个通过移动设备消费音乐的新模式。

在 iPod 和 iTunes 问世之前,大多数科技行业的制造商通常以卖硬件来卖软件,而苹果恰恰是反其道而行的。IDC 分析师德尔·普雷特这样点评后,他更是将乔布斯的这一"杰作"之举形象地比喻为:"别人卖刀架是为了卖刀片,而乔布斯卖刀片是为了卖刀架。"

iPod 与 iTunes 的完美配合完全实现了乔布斯的愿望。iPod 与 iTunes 成为"端到端"产品的经典模范;做管理 iPod 的工具计算机则成为数字音乐中枢;iTunes Store 则让用户形成了付费购买音乐的习惯,同时音乐出版商以版权获得更丰厚的收益。在 iPod 诞生十周年之际,它无疑堪称最畅销的数字音乐播放器,同时更是音乐产业的救星。

对于每个人而言,创造的理念都是一切财富的起源,它是想象力的产品。只要看一看以下两个在美国妇孺皆知、家喻户晓的故事可能更能让你体味到想象力在自我创新中所扮演的角色。

故事发生在一百年前,某天,一位年老的乡下医生驾着马车来到镇上的一家药房,在拴靠马车后默默地从后门走进这家药房,这位老人打算与这家药房的年轻药剂师做一场生意。

这位老医生和药剂师在药品柜后面师谈了足足一个多钟头后,那位年轻的药剂师跟着老医生来到他的马车前,带回来一个老式的铜壶被他放在商品的后面。

年轻人拿到那只铜壶后,仔细检查结构,一边用木制橹状的大木板搅动壶里,看明白后,年轻人果决定用手伸入贴身的袋里,取他出全部的积蓄——500 美元,交给老医生。

然后老医生就交给年轻人一张写着秘密方程式的小纸张,就是铜壶里那种令人生津解渴的饮料的制作方法。这个方程式是老医生多年的心血。

年轻人对老医生的创意有极大的信心,直觉告诉他这种饮品会成为受人欢迎的产品,于是他倾其一生的积蓄,将这个创意买下来。

没过多久,年轻的药剂师运用他的想象力,将一种秘密成分加进这古老的铜壶所载的饮料里,他的这一创举,令铜壶里的饮品甘美无比,独一无二。

有了老医生的创意以及年轻药剂师的创新,这个古铜壶就如同阿拉丁神灯一般,有无法估计的金子流出,历经百年不衰。因为这个铜壶里的饮料,经过年轻药剂师的秘密配方,就是如今众所周知的可口可乐。如果没有创新,就没有今天的可口可乐。

4. 一块可以弹钢琴的玻璃

iPhone 与 iPad 的开发事实上经过了相当长的过程,是乔布斯带领的苹果团队经历了反复尝试的结果。在众多夺人眼球的设计要素中,毫无疑问的是,给人留下最深刻印象的还是那块多触点的玻璃。

在 2010 年发布会被问及为何会在 iPhone 问世后再推出 iPad,乔布斯欣然回答道:"告诉你,实际上我们是从平板电脑开始的。我当时想要一块可以作为显示设备的玻璃,同时也可以支持多点触摸。我把想法告诉我们的硬件工程师。6 个月后，他们拿回来一块神奇的玻璃。于是，我把一块玻璃送给我们卓越的 UI 设计师。设计师就基于这块玻璃，创造出了惯性平滑卷动之类全新的用户体验。我当时想：'我的天，我们可以把平板电脑的想法扔到一边，先用这块玻璃做一部手机。于是，我们就开始研制手机。'"

乔布斯回答得生动有趣，像是在开玩笑，可实际上他一直在心底有一个开发手机和平板电脑的构思。他一直保持高度关注，并等到时机成熟。而多触点玻璃在被苹果公司工程师研究出来后，乔布斯终于等来了他大放异彩的时刻。

2007 年 1 月，在 Macworld 发布会上，乔布斯像以往一样首先介绍了苹果电脑和 iPod 系列的新产品，然后在突然的停顿后，他充满感染力地说："这一天，我期待了整整两年半。每隔一段时间，就会有一件革命性的产品改变世界。1984 年，苹果发布的 Macintosh 改变了整个计算机产业。2001 年，苹果发布的 iPod 改变了整个音乐产业。今天，我们要发布 3 件同一重量级的革命性产品。"

刹那间在场的听众被这则消息震惊了，如此重量级的产品有 3 件之多？这会是真的吗?！

"第一件产品，"乔布斯继续说，"是一台宽屏幕、可触摸控制的 iPod；第二件产品，是一台革命性的手机；第三件产品，是一台前所未有的互联网通信工具。这三件产品并不是独立的设备，它们是一台设备。我们把它叫作 iPhone。今天，苹果要重新发明手机。"

继 iPod 颠覆了音乐产业后，乔布斯开始谋划推出 iPhone 手机，起航挺进通信产业。乔布斯觉得苹果此时进入有很大的成功机会，他说，我们都用过手机，体验总是极其恐怖。软件烂得一塌糊涂，硬件也不怎么样，每个人都痛恨自己的手机。

于是乔布斯对 iPhone 的定位就是重新发明手机。工程师按照乔布斯的想法试验各种触摸显示技术。大约 6 个月后，原形机出来了。不过，当看到这款橡皮带缠绕着的电子产品时，乔布斯惊呼："上帝，我们其实可以拿它做一部电话"，"我们可以做到的，让我们试试看吧"。乔布斯果断地决定暂停平板电脑的计划，他认为开发电话更为重要。2007 年，iPhone 终于横空出世。iPhone 是人类历史上第一次将计算机操作系统装进手机。在某种意义上说，iPhone 的推出是苹果历史的回归，它仿佛回到了鼓励全世界的软件开发商给苹果二代电脑开发程序的时代。iPhone 改变了智能手机业的发展格局。曾经被冷落的手机软件重新受到重视。

在 iPhone 之前，智能手机已经成为很多人的掌中必需品。在 2007 年 Macworld 大会上，乔布斯展示了 iPhone 的原形产品。一夜之间，诺基亚、摩托罗拉、RIM 和三星都成了它的竞争对手。许多人怀疑苹果能否在具有黑莓这样重量级对手的手机市场取得一席之位。

如果说，在第一发布会上人们怀疑乔布斯对 iPhone 的这一论断的话，如今各大苹果零售店门前的排队长龙，大街上几乎人手一台的 iPhone，这都再次证明了乔布斯的实力。甚至在中国地区，每次新品发布时期就会有大量"黄牛"挤在专卖店门口，组织数百人排队，在第一时间抢购所有可以买到的手机。三年后，于 2010 年发布的 iPhone4 无疑将 iPhone 的销售推向了一个高潮。也是 iPhone4 打进了中国市场，从那年 9 月到次年春节前夕，iPhone4 无论是在苹果中国官网还是北京上海、实体零售店，都出现了一机难求的火爆景象。

目前，iPhone 的 AppStore 平台上有超过 140 万种的应用程序。截至 2010 年，苹果已经售出了 7370 万部智能手机，通过产品和相关服务获得了 456 亿美元的营业收入。不仅如此，iPhone 基于收入分成、长期市场排他性协议正在改变通信行业的游戏规则。在其他运营商发展新用户困难重重之际，iPhone 成为推动其合作伙伴 ATT 用户增长的关键动力。而手机厂商纷纷模仿 iPhone 的设计，采用大尺寸的触摸屏设计。甚至连一直取笑 iPhone 没有物理键盘的 RIM 管理层也高调发布数款触摸屏黑莓产品。

iPhone 手机如此火爆的一个重要原因是其出色的外部硬件设计——令人眼前一亮的多点触控玻璃屏幕设计。虽然说，iPhone 因为触摸屏而提前抢了 iPad 的风头，但乔布斯最初更看重平板电脑的开发工作。事实上，早在 1993 年，苹果就已经推出支持手写功能的牛顿（Newton）PDA，但这个东西被重返苹果的乔布斯扼杀了。他发现，牛顿配备的铁笔是如此麻烦，于是他想到了触摸屏。苹果在 iPhone 上面所使用的触摸屏技术堪称过去十年最重要的革新，"它让你直接触摸到数据本身"。所以在 iPhone 大获成功后，与 iPhone 采用一样多点触控玻璃屏和 iOS 操作系统的 iPad 于 2010 年 1 月正式发布，且在同年 4 月正式上市时成功掀起全球抢购热潮。

5. 宗教式的营销手段

乔布斯一直把广告放在与技术创新同等重要的位置。这也是苹果如此深入人心的另一大法宝。

乔布斯在创业初期就敏锐地嗅到，广大技术欠佳但兴趣十足的男性群体会是其产品最主要的消费群体。于是他放弃《大众电子学》而选择《花花公子》来投放苹果电脑的广告，其实不必大惊小怪，乔布斯在 1984 年就曾花费 80 万美元的重金为推出的第一台麦金托什电脑造势，并在著名的"超级碗"橄榄球赛投资广告。

乔布斯不是在营销产品而是在贩卖情感和文化。乔布斯不愧深谙这种"宗教式营销"。他超自然的洞悉力和想象力产生的影响力有让消费者自觉成为苹果信徒的魔力，他能呼唤起追随者的忠诚。所以，他从一开始就把自己塑造为正义的化身、挑战权威的叛逆者，对手则是像 IBM 和微软这样的行业巨头。

乔布斯在一次接受《花花公子》的采访中信誓旦旦地表示，"一旦 IBM 控制了某块市场，他们通常会停止创新，创新因此将不复存在，苹果给大家提供另一条出路。"曾经将 IBM 视为恶魔的苹果公司，于 1984 年把与 IBM 之间的竞争看成一次拯救世界的行动。乔布斯很煽情地对"信徒"说："IBM 希望主宰整个计算机行业，并将枪口对准苹果——我们是阻止 IBM 控制整个产业的最后一道防线；如果我们犯了致命的错误让 IBM 取得了胜利，人们将迎来长达 20 年的计算机世界的黑暗时代。"

"苹果教父"乔布斯清楚地明白运用有效的广告宣传，大打情感牌，使人们相信苹果是特立独行、正义的完美化身。乔布斯最令人印象深刻的是 1997 年二次回归苹果时展开的"不同凡响"的广告运动。这只是 60 秒钟的广告，画面中出现爱因斯坦、毕加索、甘地、阿里等历史人物，"他们特立独行，他们桀骜不驯，他们是麻烦制造者，他们是采用另类思维方式的一群人。有人把他们当作疯子，但在我们眼里他们是天才，因为他们改变了世界。"当 iPad II 推出时，乔布斯的演讲重点居然不在这款平板电脑本身，而是将大部分时间花在这个产品的"智能封面"上——一块带有磁性转轴的塑料片而已。

对佛学情有独钟的乔布斯在年轻时光着脚跑去了印度修行。他的这种宗教情怀渗透在日后苹果的营销模式中，譬如声势浩大的情感营销。

那么，我们年轻人如何才能做到与众不同呢？

第一，要有创造精神。创造精神是一种推陈出新、追求创意的鲜明意识，是一种勇于思索，积极探求的心理取向；创造精神是一种善于把握机会的机敏和灵性，是一种积极改变自己及改变环境的应变能力。当今社会，拥有了敢为天下先的创造精神就等于拥有了成功的砝码。但是如果你停滞不前了，那么等待你的就是被社会发展的潮流所淘汰，所以，在当今世界中，我们必须要有创新进取的精神。

第二，培养自己的创新意识。难能可贵的创新意识在最初总是非常微弱和模糊，甚至稍纵即逝的。陷于惯性思维定式的人们往往错失了这种灵光一闪的创新意识，拘泥于固有的思维模式中。如果要想真正发挥自己的创造潜能，不仅要具备敢于创造的勇气，更需要有效地增强自己的创新意识。

第三，快乐地生活，幸福寓于创新之中。前苏联教育家苏霍姆林斯基在《给儿子的信》中写道："什么是生活的最大乐趣？我认为，这种乐趣寓于与艺术相似的创新性劳动之中，寓于高超的技艺之中。如果一个人热爱自己所从事的劳动，他一定会竭尽全力使其劳动过程和劳动成果充满美好的东西，生活的幸福就寓于这种劳动之中。"无疑，这些观点告诉我们，创新是幸福的源泉之一，能丰富我们的生活，使之生趣盎然。

忠告箴言

创新能力的培养，固然需要全新的素质教育氛围和先进社会文化环境的熏染，但对于个人来说，关键在于发展创新个性的心理品质。事实上，人的创造潜能是与生俱来的，只要愿意发掘，人人都可以开发自己的创新潜能，成为创造性的人。成为创造性的人，是做人的最高价值取向，而且乐趣无穷。

忠告 29　人生具有无限的可能性，相信一切皆有可能

如果有努力、决心和远见，凡事皆有可能。尽管史蒂夫·乔布斯是有史以来最伟大的 CEO，是现代计算机之父，说到底，他只是一个凡人。他是丈夫、父亲、朋友，就像你我一样。我们可以像他那样特别——如果我们学到他的经验并把这些经验用于自己的生活。当乔布斯 20 世纪 90 年代回到苹果时，苹果距离破产只有几周之遥，但它现在是世界最大的公司。如果你继续遵守以上这些简单的教训，生活中一切皆有可能。

——美国《福布斯》双周刊网站

无论苹果曾经多么低落，也无论苹果现在多么辉煌，只要苹果失去创新的动力、前进的方向，它也会像摩托罗拉一样没落，也会像诺基亚一样被替代。借用时下一句比较流行的话说就是：一切皆有可能。

1. 要想使一切有可能，自信心不能少

在做任何事情以前，如果能够充分肯定自我，就等于已经成功了一半。自信心就是成功的催化剂。作为现代人，我们也许已经习惯了用别人的目光看世界，早已对盲从时代的"潮流"无动于衷，甚至放弃了曾经的梦想，在许多人看来，梦想原本就是成功者的专利，可实际情况却是，梦想与现实之间其实仅有两字之隔——改变。乔布斯说："自信源于自律。"

乔布斯第一次的信心，产生于他 20 岁时创立苹果电脑公司。他拼命工作，让苹果电脑在 10 年内从一间车库里的小作坊，发展成为一家员工超过 4 000 人，市价 20 亿美金的公司，因为他推出了一个很棒的产品——麦金塔电脑。没有人要他冒险去创立苹果电脑，但他做到了，因此他在心中累积了一次相信自己的信心。这个信心在他 30 岁与苹果公司分道扬镳时就派上了用场。因为与董事会对公司未来的愿景不同，董事会在乔布斯 30 岁时炒了他鱿鱼。乔布斯说："曾经是我整个生活重心的东西不见了，令我不知所措。"但渐渐地，乔布斯发现，他还是喜爱着他曾做过的事情，被苹果扫地出门的事件丝毫没有改变他的兴趣。他虽被否定了，但他还是爱做那些事情，所以他决定从头做起。

接下来 5 年，乔布斯开了一家叫作 NeXT 的公司，又开了一家叫作 Pixar 的公司，Pixar 接着制作了世界上第一部全电脑动画电影《玩具总动员》，现在是世界上最成功的动画制作公司。然后，苹果电脑买下了 NeXT，乔布斯又回到了苹果，NeXT 发展的技术也成了苹果电脑后来的技术核心。现在苹果电脑又创造出音乐产业的革命性产品 iPod。一次信心埋下另外三次成功的基础。

为什么乔布斯可以不断成功？如果乔布斯不曾成功地创建苹果公司，他不可能会有那么坚强的信心，在被炒鱿鱼的人生最低潮时刻，居然还可以连续创造出两个难度更高的 Pixar 动画公司及 NeXT 电脑公司。

从乔布斯的例子可以看出,一个人能否成功创业,从他还在员工阶段,能否不断超越一个员工应有的水准,应该就可以看得出端倪。因为每一次杰出的表现,最终都会转化成对自己的信心,为日后成功打下坚实的基础。

正如乔布斯所说:"不要丧失信心。这是这些年来让我继续走下去的唯一理由。"

自律,其实就是有自己的行为准则和有智慧做出正确判断的能力。当你有了这种能力,你自然就有了信心,因为自信就是相信自己,相信自己的世界观、价值观、人生观,等等。

一个不自律的人是没法充满信心的。一个自信的人肯定是自身在各方面都比较超群的人,否则不叫自信,只能叫自负了。但是只有严格自律,你才可能在各方面都出类拔萃、能力超群。

乔布斯在任何时候都不会丧失信心,也正是因为这一点,才使他不断在前行。作为现代青年,我们不妨也坚定自己的自信心。那么,如何增强自己的自信心呢? 第一,抓住空当,使自己的热情能够保持;第二,写下让你感到骄傲的努力;第三,准备一个"奖状"公布栏;第四,停止任何负面的、责备自己的想法,专注于如何解决问题。

2. 敢想敢做敢成败

我们知道创新是苹果公司的生命所在,正是因为乔布斯把握住了市场的脉搏,开发出一系列外形时尚、功能强大的苹果系列。虽然乔布斯给出苹果发展的方向,但是苹果仍然需要寻找像乔布斯式的灵感、敏锐和智慧。问题是像乔布斯这样的人才是可遇而不可求的,他的离去已经是苹果一个时代的终结。库克能超越乔布斯吗? 估计他自己也没有信心,库克需要走自己的路,不要被乔布斯笼罩,才会有出路!

今天 iPhone 手机赢了,赢得那么自然,似乎是水到渠成,但是谁敢说:这一切是不可以逾越的呢? 让我们在学习、汲取他人优点的同时,找到他的致命弱点,让我们以更快、更高、更好的速度超越他,相信只要敢想敢做,一切皆有可能。

如今,市场呈现百花齐放百家争鸣的格局,而 IT 行业虽然差距微乎其微,但竞争更加惨烈。手机原本只是一个通信工具,但是随着网络时代的发展,随着新新人类的需求,手机已经不再是单纯的交通工具,而成为生活、工作乃至生命中重要的部分。苹果应运而生,很快便成为市场的宠儿。

但是谁能预测,以后小小新人类又会对手机提出什么样的诉求呢? 如果你现在已经深入到生活,从下一代对手机的诉求中找到灵感,也许你生产出来的"香蕉"一样会超越"苹果"的成就。

再说清楚一点就是,模仿的路是行不通的,模仿是死路一条,不要以为模仿成功者就能获得成功。

很多人一味地模仿成功者,请问成功了吗? 各行各业都充斥着模仿,但是结果呢? 可见,任何行业都是第一个吃螃蟹的企业成为强者,市场的规律和人一样:喜新厌旧。模仿是愚人游戏,超越模仿才是勇敢者的游戏。

其实,无论库克还是乔布斯,或者其他人,大都感受到市场的压力。没有谁能永驻潮头,想比别人强,首先要自强。我们从苹果还能学习到什么?

(1)紧扣年轻人的消费趋向至关重要。就像十年前,真不敢想象网购会如此的波澜壮阔。淘宝商城曾在一天的交易额超过 30 亿元的纪录,而消费的主体就是年轻人。你了解年轻人吗? 你知道他们想要什么吗?

(2)时尚是不变的主题。年轻人喜欢的一定是时尚的,时尚其实就是大胆的创新,而这里的创新是有的放矢，必须建立在年轻人对时尚理解和认知的基础之上。深入生活，也许灵感会层出不穷。

（3）走自己的路。模仿是模仿不出世界级品牌的，世界级品牌一定是民族的、特色的、独有的，坚持走自己的路，也不要让别人无路可走，因为让别人无路可走，自己的路也会越走越窄。

二十几岁的年轻人的最大特点就是敢想敢做。敢想可以使一个人的能力发挥到极致，也可以让一个人献出一切，排除所有障碍。敢想使人全速前进而无后顾之忧。凡是能排除所有障碍的人，常常会屡建奇功或有意想不到的收获。

年纪轻轻不要埋怨自己的命运不好，因为唯有行动才可以改变你的命运。行动就是力量，十个空洞的幻想不如一个实际的行动。我们总是在憧憬，总是有计划而不去执行，其结果只能是一事无成。成功，一定要敢想，而且更要敢做！

无论是过去还是现在，许多成功人士在工作中都充满活力。他们以罕见的激情和热情投入工作，为自己执着追求的事业献身。

才能和本领只属于那些辛勤工作的人，权力和荣耀也只属于那些埋头苦干的人，那些无所事事的人总是无能之辈。

3. 规划自己的理想与未来

现实中，大量的职场人士处于混沌之中，不知道什么才是自己的兴趣所在，在这种状况下，怎能收获成功呢？乔布斯斯说过："成就一番伟业的唯一途径，就是热爱自己的事业。如果你还没能找到让自己热爱的事业，继续寻找，不要放弃。"

当今中国，很难培养像乔布斯一样影响人类进步的人，因为大家不可能像乔布斯一样规划自己的职业和未来。乔布斯用指引自己前进的梦想、不断提升的能力让自己脱颖于世界，成为改变世界历史的推动者。

杨小姐，一家世界 500 强外资制药公司的 HR 人员。回顾杨小姐的择业经历，你会惊讶于她一路的顺畅。其实，"功夫在诗外"，杨小姐在就业上的确没走什么弯路，但在就业之前，却花了大量的时间和精力来主动进行个人职业规划，这或许就是她成功的原因吧！

杨小姐 2002 年从某大学行政管理专业本科毕业后直升同专业研究生。一年之后，颇有前瞻意识的她便开始考虑自己的就业问题。"当初本科毕业时，对'职业规划'可以说毫无概念，由于准备继续深造，就业压力不大，我只是上学校就业指导中心的网站做过职业测评，初步了解一下自己的性格、适合从事的职业方向等。可等到真的面临就业问题，这些肯定是远远不够的，我需要更系统、更全面的思考和指导。"杨小姐说。

在职业规划方面，杨小姐采取了三个步骤：

首先，她积极与自己的导师、同学交流，请他们分析自己有什么优缺点，适合从事什么样的工作。

其次，充分重视社会实践活动。从研二开始，杨小姐先后进入政府机关和企业实习。实习的好处显而易见，直接帮助杨小姐筛选出了大致的就业方向。"本来，与行政管理专业最对口的职业应该是公务员，可在人事局实习了 3 个月之后，我感到自己实在不适合政府工作。"接着，她进入一家美资公司实习半年，通过这段愉快的实习经历，她坚定了一个信念：去企业工作。

再次，寻求外力支持，即专业的职业指导。研三的时候，杨小姐参加了一个职业生涯俱乐部，在这里，她第一次接触到了系统的职业规划理论和理念。"虽然学校也有就业指导中心，但这里完全不一样，讲师都是大企业的 HR，和市场联系更加紧密。刚开始是讲授如何面试、如何写简历等基础内容,慢慢地,就有市场、销售等多个领域的资深人士来授课,我们渐渐了解到企业的架构、各个领域的职能,自己也能对号入座,看自己更适合进入哪个领域了。"杨小姐说。参加俱乐部的都是还未毕业的在校生,来自不同学校,大家有着相似的年龄、相近的想法,在一起能分享到很多宝贵的经验,既能帮助他人,也帮助了自己。

临近毕业的时候,适逢杨小姐现在就职的公司推出实习生计划,杨小姐把简历寄了过去。很快,杨小姐进入公司实习。本来对方是不打算留用实习生的,但杨小姐出色的表现打动了公司,3个月后,她成为了其中正式一员。至今,她在那里已经工作一年多了,"回想起来,一切都很顺利,除了运气,未雨绸缪、早做规划也很重要。"杨小姐笑着给出了自己的建议。

(1)要有梦想

乔布斯当初辍学而不搬出学校,就是为了做自己感兴趣的事,而不是浪费时间和精力。这不是在提倡辍学,而是从乔布斯的这段经历中认识到兴趣的重要性。在职业规划中,职业定位的重要参照坐标之一,就是兴趣。兴趣是个人积极探究某事物的强烈的认识倾向,并力求认识掌握这个事物,它会促使个人经常参与和展开与之相关的实践和活动。而在工作中,兴趣则能让个人最大限度地发挥主观能动性和创造性,这样,工作起来才有劲头,才有成就感。

无论遭遇到多少磨难,无论生活状况如何变化,乔布斯用技术改变世界的梦想始终都没有变,即使被自己亲自创始的苹果抛弃。

真正有梦想的人,是充满激情的,是能为了实现梦想舍弃很多东西,克服很多困苦,想尽一切办法,不实现目标绝不罢休的人。如果你不能纯粹地拥有自己的梦想,并为之努力奋斗,哪怕付出生命也在所不惜,那么,你可能成为不了乔布斯,更不可能像乔布斯一样规划未来。

不少职场中人虽然在一个工作岗位干了多年,但始终碌碌无为,始终觉得自己的收入和付出不对等,所以干脆混日子。在职场上有句流行的话:"拿两千块,做事也要做出两万块的范儿!"要想拿高薪,自己做的事也要值那个价。职业规划师认为,个人收入和个人商业价值是成正比的,天上不会掉馅饼。乔布斯的成功是靠他不懈的努力和长久的执着才累积起来的。没有人会一夜成功。

(2)培养自己预见未来的能力

乔布斯认为,计算机将成为消费类产品。在20世纪80年代早期,这是一个令人吃惊的想法,因为当时人们认为个人电脑只是体积小一点的大型机。这也是IBM的看法。另一些人则认为,个人电脑可能类似游戏机,因为当时已有数款游戏机面市。但乔布斯的看法完全不同,他认为电脑将改变世界,帮助人们获得此前不敢想象的能力。电脑并不是游戏机,也不是将大型机小型化。

乔布斯有战略眼光,他具备常人没有的洞悉预见未来的能力。乔布斯要求不断改变,说明他具有超人的学习能力。乔布斯能得到很多大企业家和客户的青睐,说明他有很强的营销自我和企业的能力。他的口才、表达能力、管理能力等,也许不是最好的,甚至有时因为个人经验欠缺带来很多的损失,但是这并不影响乔布斯本人的核心竞争力的发挥。

一个人具备很多的基本能力和技能,而能够始终让自己立于不败之地的能力,就是能把握纷繁复杂现象背后的规律,始终凝练自己不同于别人的核心竞争能力。有时这种能力可能仅体现为技能和单项能力,而乔布斯,其核心竞争力却是在不断创新背后的一种综合能力的体现。

年轻人,你们能否为了自己的人生梦想,不断忘我地追求进步,不断提升自己的核心竞争力,做一个与众不同的"能人"呢?

（3）力求脱颖而出

乔布斯关于梦想、创新、改变、心态等的经典语录，必将为大家带来启迪。能在竞争中脱颖而出，说明你具备了成功的经历，有了成功的体验。乔布斯一是拥有坚忍不拔、百折不挠的心态；二是拥有寻求改变，不断创新的思维；三是与超一流的优秀人才团队为伍，让他能克服任何困难，"以领先五年"的霸气，屹立于竞争激烈的技术前沿，不断书写新的神话。那么，作为大学生或者刚刚参加工作的年轻人，你是否也能像乔布斯一样，努力具备这些让自己脱颖而出的素质呢？

（4）拥有"空杯"心态

乔布斯信奉佛教。佛教中有一句话：初学者的心态。它是指不要无端猜测、不要武断，也不要偏见。初学者的心态正如一个新生儿面对这个世界一样，永远充满好奇、求知欲。

初学者的心态，其实也是大家所熟知的"空杯"心态。无论是刚步入职场的新人，或是即将进行转型的职场人，还是在职场上打拼多年的资深人士，这一点同等重要。有些刚步入职场的新人，没有找准自己的团队定位，就急于锋芒毕露，认为自己都会了，这种态度对后期的发展很不利，只有低调、好学才能让上司或老板愿意教你更多的东西，也愿意多提拔你。而对于要转型的职场人，如果转型跨度较大，那么之前的工作成绩和积累可以说是"清零"了，很多事要从头开始。此时，积极主动地学习才可能在新的领域中创造出价值。

4. 只要有梦想，一切皆有可能

把梦想交给自己，别让别人偷走自己的梦想。30 年河东，30 年河西，只要有自己的梦想，一切皆有可能。

19 世纪初，美国一座偏远的小镇里住着一位远近闻名的富商，富商有个 19 岁的儿子叫伯杰。一天晚餐后，伯杰欣赏着深秋美妙的月色。突然，他看见窗外的街灯下站着一个和他年纪相仿的青年，那青年身着一件破旧的外套，清瘦的身材显得十分羸弱。伯杰走下楼去，问那青年为何长时间地站在那里，青年满怀忧郁地对他说："我有一个梦想，就是自己能拥有一座宁静的公寓，晚饭后能站在窗前欣赏美妙的月色。可是，这些对我来说简直太遥远了。"伯杰说："那么请你告诉我，离你最近的梦想是什么？""我想，就是能够躺在一张宽敞的床上舒服地睡上一觉。"伯杰拍了拍他的肩膀说："朋友，今天晚上我可以让你梦想成真。"于是，伯杰领着他走进了富丽堂皇的公寓，把他带到自己的房间，指着那张豪华的软床说："这是我的卧室，睡在这儿，保证在天堂一样舒适。"

第二天清晨，伯杰早早就起床了。他轻轻推开自己卧室的门，却发现床上一切都整整齐齐，分明没有人睡过。伯杰疑惑地走到花园里，他发现那个青年人正躺在花园的一条长椅上甜甜地睡着。

伯杰叫醒了他，不解地问："你为什么睡在这里？"青年笑笑说：你给我这些已经足够了，谢谢……"说完，青年头也不回地走了。"

30 年后的一天，伯杰突然收到一封精美的请柬，一位自称是他"30 年前的朋友"的男士邀请他参加一个度假村的落成庆典。

在那里，他不仅领略了典雅的建筑，也见了众多社会名流。接着，他看到了即兴发言的庄园主。

"今天，我首先感谢的是在我成功的路上第一个帮助我的人。他就是我 30 年前的朋友伯杰……"说完，亿在众人的掌声中，径直走到了伯杰面前，并紧紧地拥抱他。此时，伯杰才恍然大悟，眼前这位名声赫赫的钢材大亨特纳，原来就是 30 年前那位贫困的青年。酒会上，特纳对伯杰说："当你把我带进寝室的时候，我真不敢相信梦想就在眼前。那一瞬间，我突然明白，那张床不属于我，这样得来的梦想是短暂的。我应该远离它。我要把自己的梦想交给自己，去寻找真正属于我的那张床！现在，我终于找到了。"

5. 只要用心去做，一切皆有可能

在非洲中部干旱的大草原上，有一种体形肥胖臃肿的巨蜂。巨蜂的翅膀非常小，脖子也很粗短。但是这种蜂在非洲大草原上能够连续飞行 250 千米，飞行高度也是一般蜂类所不能及的。它们非常聪明，平时藏在岩石缝隙或者草丛里，一旦有了食物立即振翅飞起。尤其是当它们发现这一地区即将面临极度干旱的时候，它们就会成群结队地迅速逃离，向着水草丰美的地方飞行。这种强健的蜂被科学家称为"非洲蜂"。

科学家们对这种蜂充满了好奇。因为根据生物学的理论，这种蜂体形肥胖臃肿而翅膀却非常短小，在能够飞行的物种当中，它们的飞行条件是最差的。从飞行的先天条件来说，它们甚至连鸡、鸭都不如；从流体力学来分析，它们的身体和翅膀的比例根本是不能够起飞的，即使人们用力把它们扔到天空去，它们的翅膀也不可能产生承载肥胖身体的浮力，会立刻掉下来摔死。但事实却是，非洲蜂不仅能飞，而且是飞行队伍里最为强健、最有耐力、飞得最远的物种之一。

哲学家们对此给出了合理的解释：非洲蜂天资低劣，但它们必须生存，而且只有学会长途飞行的本领，才能够在气候恶劣的非洲大草原活下去。简单地说，若是非洲蜂不能飞行，它就只有死路一条。

什么叫"置之死地而后生"？非洲蜂给出了很好回答。非洲蜂更让我们相信，在一个执着顽强的生命里，没有什么叫做"不可能"。不是吗，在飞机翱翔于蓝天之前，有谁相信人类能够随意在云海漫步？在电话诞生之前，有谁相信隔着万水千山你我能够自由交谈？在蒸汽机问世之前，又有谁相信那些复杂笨重的机器能够自行运转……然而，一代又一代人不懈地努力，使无数看似不可能的梦想变成了现实。生命本身就是神奇的，每一个人的身上都蕴藏着无数的奇迹。只要用心去做，一切皆有可能。

总而言之，世上没有什么不可能，切记不要将自己装在自己设的笼子里。只要前行的道路你充满自信，用心去做，就一切皆有可能。

忠告箴言

自强不息的精神才可以创造一切可能。自强，不是一定非要成为一位名人，创立一番不一般的事业。自强，它并不只是成功人士的专利。作为一个普通人，我们也可以为了自己的理想，为了自己的目标奋斗不止。一个人无论事业上取得怎样的成就，都应该保持积极向上的精神。自强不息，不仅仅是超越别人，更重要的是超越自己。

忠告 30　创造的灵感无穷无尽,要有卡梅隆梦一般的灵感

灵感是偷得的。好的艺术家复制作品,伟大的艺术家窃取灵感。

——乔布斯

一个人的创意并非是并非是如海市蜃楼般的幻影,成大事者要把握好它,并以此为行动的目标。

1. 灵感并非是如海市蜃楼般的幻影

人与一般动物最大的差别在于,人是会思考、懂创造且能迸发无限创意的。有了思想就能产生创意,有了创意才可以促使人们更快地走向成功。人生没有创意定会了无生趣,像被风吹动的浮萍般随波逐流,反之有了创意的生活,抓住身边的机会,就会拥有一个别样的人生。我们不妨先来读一下关于詹姆斯卡梅隆的故事:

詹姆斯·卡梅隆,1954 年 8 月 16 日生于加拿大,著名电影导演,擅长拍摄动作片以及科幻电影。他导演的这些电影经常超出预定计划以及预算,不过都很卖座。1984 年推出自编自导的科幻片《魔鬼终结者》后,使他一夜成名。多才多艺的他除导演外,又是编剧还是制作和剪辑,他的电影主题往往试图探讨人和技术之间的关系。目前电影票房史上最卖座的两部电影《泰坦尼克号》(1997 年)和《阿凡达》(2009 年)都是他执导的作品。2012 年 3 月 29 日,詹姆斯·卡梅隆进行了首次单人下潜至马里亚纳海沟最深处的探险,其透露潜水器因海底巨大压力缩短了 7 厘米。

无疑,詹姆斯·卡梅隆是 20 世纪最引人注目的导演之一,他曾经两度创造电影投资的最高纪录,拍摄过两部世界上有史以来最卖座的影片,平了一部影片获得奥斯卡奖数目的纪录,并且每一部影片都为以后的电影树立了技术的标杆。在说起詹姆斯·卡梅隆的时候,人们不免要提到另一位杰出的商业片导演斯蒂文·斯皮尔伯格,能跟这位 20 世纪的电影巨人相提并论,本身就说明了卡梅隆在人们心目中的崇高地位。

跟他合作过《泰坦尼克号》的凯特·温斯莱特曾坦言,如果没有一大笔片酬,那么她将不打算再跟卡梅隆合作。她承认卡梅隆是个好人,但脾气太差了。有人甚至描述说,"跟卡梅隆一起工作简直是场噩梦。"这样的人际关系让很多人跟卡梅隆有过短暂合作后避之不及。但同时,也有许多人为卡梅隆的才华倾倒。一些演职人员跟随卡梅隆多年,成为卡梅隆的固定合作伙伴。

总之,詹姆斯·卡梅隆是人类电影史上不可或缺的闪亮之星,指引并推动着电影艺术的发展。

同卡梅隆一样,史蒂夫·乔布斯曾被 SAP 联席 CEO 吉姆·哈格曼·什纳波称为是苹果公司乃至整个世界的灵感创意之源,但他的脾气也不是怎样的好。"史蒂夫·乔布斯给世人以灵感,为了让他的遗产传承下去,我们所有人都应当明白创新的重要性。这个世界需要创新。"什

纳波说，"我认为史蒂夫·乔布斯是少有的那种以自己的完美主义精神来设定创新标准的人,他以此来追求那些破天荒的想法。他为人们对创新的理解、对科技的运用带来了无限变化。"

对于乔布斯而言,生活处处都隐藏着灵感——吃饭、喝茶、运动……乔布斯在成长过程中经历的每件事都可能成为他灵感来源的对象。当他感觉毫无头绪、灵感枯竭、渴望新点子新想法出现时,乔布斯就会从日常那些平凡琐碎的生活小事中寻找与电脑设计相关的宝贵灵感。然后把那些亮点放到电脑制作中的每一个细节处,显卡、硬盘、音响甚至是损害人们眼睛的电脑屏幕上的那些闪动的颗粒。对乔布斯来说,一台完美的计算机其实就是把一些看似不相关的东西整合起来:比如他可以将在美术课堂上所学到的漂亮字体灵活运用到电脑中,并创造出形式多样的艺术字等。

2. 灵感是偷来的

乔布斯毫不避讳地承认自己一个高级"盗窃师",他愿意承认自己在一定程度上采用了"窃取"的方式来获得灵感,换言之,将他人的创意转化为自己的东西。正如乔布斯所说:"并不是每个人都要种粮食给自己吃,也不是每个人都需要做自己穿的衣服,我们说着别人发明的语言,使用别人发明的数字……我们一直在使用别人的成果。使用人类已有的经验和知识来创造是一件了不起的事。"

乔布斯从不以偷窃别人的伟大作品为耻。反而乔布斯经常会组织员工到博物馆或者艺术展观看各种新奇的展览,期望帮助他们在这些艺术品或建筑中获得设计启发。乔布斯认为,只有让大脑不断接受各种创意的超刺激,创造力才能得到激发,如果只是闭门造车、盯着某件物品冥思苦想,是无法突破思维定式而获得创新的。所以何必因为偷学伟大的创意而心怀惭愧呢!苹果 Mac 的伟大不也正是因为它巧妙融合了许多音乐家、诗人、艺术家和历史学家的创意吗?其实完全值得一试的是从其他领域的创新高手那里偷来创意并应用到你的事业中。

窃取伟大的创意其实并不容易,这不仅需要完全吃透别人的创意,更重要的是,能够利用伟大的创意创作出属于自己风格的作品。

乔布斯经常留心收集生活中的点点滴滴,经过这样不断地积累,他的灵感才能如充满活力的泉水般厚积薄发。

乔布斯曾经这样说:"只有静下心来回顾过去的时候,你才能将从前的一点一滴串联起来。因此你必须相信,那些貌似不起眼的小点滴一定会在未来的某个时刻、某个境况下被连起来,成就你的灵感。你需要坚信一些元素——比如你的勇气、决心、活力、激情,等等。而最重要的是,你要有勇气追随你的心声,相信自己的直觉。"

乔布斯对设计的痴迷众所周知,通常你可以从苹果的产品中感受到这些,可这只是一部分,你要知道他曾经因为买了 Miele 的洗衣机和烘干机而兴奋地说,没有哪件高科技产品可以让他如此兴奋,你就会知道他对设计的痴迷程度远不止我们看到的那些,这里为你列出了 13 件在设计方面给乔布斯启发和灵感的产品。

以下这份列表是乔布斯在生活中对名品牌借鉴的简单罗列:

（1）乔布斯希望第一台麦金塔电脑拥有保时捷的感觉,而不是法拉利。

（2）乔布斯一直开梅赛德斯奔驰,而且喜欢复古风格的。

（3）从 Braun 的设计,你可以看出其对苹果产品的影响。

（4）Isaac 称乔布斯很欣赏 Henckel 的刀。

（5）在乔布斯的第一个 Mac 办公室里放了一台 Bsendorfer 的钢琴。

(6)乔布斯开宝马的摩托车,并且放了一辆在大厅里。

(7)RichsondSapper 台灯可以看出年轻时乔布斯的品位。

(8)年轻时的乔布斯还喜欢 Bang&Olufson 音响设备的外观。

(9)乔布斯喜欢在百货店里逛,只是为了看 Cuisinart(美国著名的厨房家电品牌)的设计。

(10)年轻时的乔布斯拥有一台索尼的特丽珑电视机。

(11)乔布斯很喜欢 RayEames 设计的椅子。

(12)一直以来,乔布斯家里都有一台 Tiffany 的台灯。

(13)洗衣机和烘干机都是德国的 Miele,乔布斯说它们比任何一件高科技产品都更能令他兴奋不已。

从这份简单的列表想必你能一窥乔布斯在生活中是如何通过借鉴其他品牌的产品而获得灵感的。下面我们具体以奔驰汽车为例来看看乔布斯是如何巧妙"窃取"创意的。

有一天,在苹果公司总部的停车场,乔布斯开着车横冲直撞,被恰好路过的苹果公司总裁斯卡利看到,以为乔布斯在进行汽车检查。其实不然,乔布斯是在观察分析这些汽车各种设计方面的细节,思考有何可利用的元素运用到苹果公司的产品设计上。乔布斯说:"奔驰的设计,那些恰到好处的细节,与流线型线条之间的比例十分和谐。这几年,他们在设计上变得更加柔和了,但是在细节上却变得更加精致了。这正是我们的麦金塔电脑可以借鉴的。"

3. 奋力拼搏让创意实现

摩洛·路易尚在 20 岁和 32 岁两次成功的拼搏决定了他非凡的成就。

在爱好音乐戏剧的家庭环境的熏陶之下,摩洛几乎能演奏所有乐器。

19 岁摩洛随家人迁居到纽约。在纽约,他在 Veiw 广告公司找到一份一周 14 美元的差事。摩洛曾回忆过当时的情景:

"那时候我经常跑外勤,工作非常忙碌,成天像发疯似的,日子也过得特别快。6 点下班后,我还到哥伦比亚大学上夜大,主修广告。有时候,由于工作尚未做完,所以下课后,我还得从学校赶回办公室继续做未完成的工作,从 11 点一直工作到第二天凌晨 2 点。"

20 岁时,摩洛准备进行他人生中的第一次拼搏,他辞去了旁人梦寐以求的职位,毅然决然放弃了在广告公司内前途光明的工作,决心自己创业。他的想法是说服各大百货公司、CBS 电视公司成为纽约交响乐节目的共同赞助人。如果想法成功了,这不仅可以提高这些公司的形象,还可以增加交响乐的听众来提升业绩。

这种性质的工作在当时来说还是首创,人们感到很陌生,接受起来很难,而且同时说服多家互无关联的百货公司,融合各公司的意见进行整合,这种事过去从未有人完成过,更别说要他们拿出几百万元的资金来赞助。所以,做起来自然困难重重,大家普遍断言摩洛一定会失败。

尽管如此,摩洛仍然十分卖力地进行说服工作,完全投身于未知的世界,从事创意的开发。后来他的成绩是令人满意的,也做得相当成功。事实上,他的创意普遍得到认同,也得到许多家百货公司的合约。另外,他向 CBS 电台提出的企划案也顺利被接受,此后的十个星期,他干劲十足地与电台经理一同展开一连串的广告活动。不过,这段期间内他没有任何收入。

计划眼看着就要步入最后的成功阶段,但由于合约内某些细节未能达成而终告流产,他的梦也随之破灭。"塞翁失马,焉知非福。"此事结束之后,CBS 公司马上来进行挖角,雇用他为纽约办事处新设销售业务部门的负责人,并支付给他三倍于以往的薪水。

如果你肯为自己的创意奋力拼搏,则机会随时都会在你身边,而摩洛的幸运也同样能在你身上发生。

在 CBS 服务几年之后，摩洛再度回到广告界工作，但这次不是从基层做起，而是直跃龙门担任华纳影片公司业务的"汤普生智囊公司"的副总经理。

那个时代，电视处于摇篮期。但摩洛和该公司负责人爱德·沙瑞皆看好它的远景，认为电视必将飞快发展，大有可为，故二人便专心致力于这种传播媒体的推广。由他们公司所提供的多样化综艺节目，为 CBS 公司带来空前的大成功。

这便是摩洛人生中的第二次拼搏。为了这次拼搏，他再次放弃原来可以平步青云的机会，走入另一个未知的世界。最初两年，他仅是纯义务性地在《街上干杯》的节目中帮忙，没想到竟使该节目大受欢迎，时至今日仍是最受欢迎的综艺节目之一。它的播映从未间断，这是在竞争激烈的电视界内非常难能可贵的现象。除了节目成功之外，他在 1951 年被 CBS 公司任命为所有喜剧和综艺节目的制作主任。

就这样，摩洛的两次冒险、两次游向激流中央最后皆获得了成功，接下来不知他又将游向如何危险的激流当中。在祝福他成功之余，也希望人们都能以他为榜样，积极掌握自己的人生。

摩洛的经验中的确有许多值得我们学习的地方，如果他也只是把他最开始的创意看作创意，而不为此奋力拼搏，他也同样难取得如此成就。

对于乔布斯的下属来说，他们常常被他称呼为蠢货、什么都做不好。按艾萨克森的说法，就连乔纳森这位苹果无与伦比的首席设计都时不时遭到一顿痛骂。有一次，乔纳森专门为乔布斯挑选了一家伦敦的酒店，而乔布斯在准备入住时却说这家酒店是"一坨屎"，然后摔门而出。"在他看来，正常的社会交往规范对他并不适用。"乔纳森这样告诉艾萨克森。乔布斯还把对这些规范的嘲讽发展到了办公室之外：对几乎没有时间陪在身边的家人是这样，对陌生人也是如此，他们只要触怒他，他都会毫无顾忌地发火。

乔布斯离开我们已经有一段时间了，但是他的传记依然很畅销。对于企业家来说，他的故事被封为圣经，是必读的书籍——它既是真理，同时也反真理。某些人从故事中感受到了乔布斯的这种为了目标坚持的精神，哪怕会因此对员工或商业伙伴造成精神负担。对另一部分人而言，乔布斯就好比一面警世的镜子：他改变了世界，但为此付出的代价却是他身边几乎所有的人都和他疏远。

其实这种想法在我们内心深处是矛盾的，但有又很多人是渴望的：我们想在工作中获得成功，但我们同样也想在家人身上获得满足。对那些想和乔布斯一样，"活着，就是为了改变世界"的人来说，他会一生都在坎坷当中起伏："学习乔布斯，值得吗？"

这些人可以说是"乔布斯的党羽"。他们作为远见者、竞争者、公司老板在商场上打拼，他们学习乔布斯，然后表现积极进取，同时也变得咄咄逼人。他们正在享受这种独裁者的快乐。工作已然是他们生命的中心，而乔布斯的故事则让他们更加坚定决心，加倍坚持自己的选择。

TwoFour 是一家服务金融机构的软件公司，其 CEO 史蒂夫·戴维斯想好好谈谈乔布斯对他的生活和事业带来的影响。他表示，他会有意识地避开家庭生活一些方面的事情，因为他相信，那些做不到 24 小时扑在事业上的人，是不会创业成功的。幸运的是，戴维斯的妻子愿意从旁弥补。

在讲述这些选择时，戴维斯语调平淡。可当讲到创业的紧张和不确定时，他声调提高，声音里充满热情，他热爱创业过程中的每时每刻。他并没有为公司准备企业安全网，当他的律师来电向他咨询合同问题时，戴维斯需要做出决定。这个决定要如何做呢？他承认自己并不知道。在享受独裁的快感的同时，他也有可能会犯错。"办公司的人都是与其他人不一样的，我们愿意失败。看看乔布斯，他栽过大跟头，但他还是坚持着走了下去。他异于常人，在自己独特的道路上前进，你要么和他一道，要么就别挡道。"

苹果每天都在倾听他们的消费者。然而，真正隐藏在苹果背后那个包含了"我"字的创新秘密，却并非来自于用户的声音，而是引导消费者用全新的方式思考应对问题的解决方案。这就是乔布斯说苹果摒弃焦点小组的含义。他绝不是建议你对消费者的心声听之不闻。他真正倡导的是走近消费者，近得那么亲密无间，在他们自己都没意识到之前，就告诉他们什么才是他们真正需要的东西。

意大利管理学教授罗伯特·韦尔甘蒂有一个很有说服力的论断，即带来重大革新的公司都会提出一个愿景，或者被他称之为"建议"，告诉我们应该去追求的事物。"这种领悟事物的洞察力并不是从用户向苹果传递的，而是相反的路径，我们去聆听苹果的声音远比它聆听我们的多。"韦尔甘蒂说，"听取消费者建议对于渐进的革新是可行的，但绝难产生重大突破。"如果找一个词更好地形容苹果带给我们的启发，韦尔甘蒂提出一个"技术灵感"的概念。这是一种关于消费者在未来想要什么的先见之明。苹果通过这种方式改变了你对世界的认知。韦尔甘蒂认为，与其说苹果采用的是用户中心的创新驱动模式，不如说它被一种更有深度的模式驱动，即消费者价值。"如果你将目光聚焦于如何以提供给消费者的产品而自豪，你的公司最终必将成功，股东权益也自然随之体现。许多首席执行官和一线经理们过于关注股东权益，以至于将利润的最终来源——消费者价值抛之脑后。"即使从金钱上考量，苹果也是一个超级成功的公司，因为它将重心放在了核心消费者的需求上。乔布斯曾经用苹果 II 电脑将技术的灵感注入我们的大脑，直至今天，他依然在最令人关注的音乐、电信和移动处理领域迸发着他的灵感。

"是什么特质让创新家与众不同？"心理学家一直在寻找这个问题的答案。哈佛大学的研究人员恐怕是对这个问题研究最深入的。他们用六年的时间走访了 3 000 名公司高管，得出了非常有趣的结论。其实这些调查者当初去直接问问乔布斯的话，能节省很多时间。根据他们的结论，创新者和头脑僵化的专业人士之间最重要的差别就是"整合能力"，即将各个不同领域内看似无关的问题、困难或想法成功地联系在一起的能力。"我们的阅历和知识越多样化，头脑中产生的关联就越多。新信息的输入会激发新的思想关联。在有些人的头脑中就可以冒出新奇的创意。"

哈佛大学这项历时三年的研究计划佐证了乔布斯 15 年前对记者说的一番话："创造力就是整合事物的能力。"

研究人员是这么说的："当你问那些创意大师们，他们是如何做到这一切的时候，他们都觉得有点儿不好意思，因为他们没觉得自己'做'了什么。他们只是看到了一些东西，不久之后创意便在脑海里清晰地出现了。这是因为他们有能力将已经取得的各种经历相互联系，整合出全新的思想。他们的能力来自于更多的阅历和人生体验，或来自于对人生经历更多的思考。很不幸，这是些珍稀品种。这些行业中的许多人都不曾有过那么丰富的阅历，没有足够的闪光点用来整合，所以只能屈就于非常单线条的解决问题方式，看待问题缺乏广阔的视野和宽泛的角度。越是见多识广的人，越能创造出更好的设计。"

当然，我们无法真正探究乔布斯人脑中的神经元和突触处理信息时是否灵光四射，异于常人。然而研究创新过程这个领域的顶级科学家，都赞同乔布斯接二连三的创意背后的一个原因，也正如哈佛的研究人员观察到的那样："他穷尽一生都在探索新的、互不相关的事物——美术字艺术、在印度闭关之地的静修冥想、奔驰汽车的精妙细节。"

一篇名为《创新家的 DNA》的论文发表在 2009 年 12 月期的《哈佛商业评论》上。进行此项研究的三位教授给出了一个很有趣的对比。首先，假想你有一个一模一样的双胞胎，大脑和天生的才能也相同。你们俩各自接受了一个在商业领域创业的任务，期限为一周。"那七天里，你把自己关在房间里苦思冥想；而你的双胞胎兄弟却做了如下几件事：①去找十个人探讨这份新事业——其中有一位工程师、一位音乐节、一位家庭妇男和一位设计师；②拜访了三家创新型的新公司，观察他们在做什么；③尝试了五种刚刚上市的产品；④把自己的创业蓝本给五个人看；⑤问自己一个问题，'如果我试试这个怎么样'……最后看谁的想法更有创意更具可操作性，你会把宝押给谁？"在这个例子里，乔布斯当你的双胞胎兄弟再合适不过了。他在激发灵感上比绝大多数人做得都好，因为他擅于展开联想，将看似无关的事物整合到一起。最重要的是，他是有意而为之的。他并不是每一次都清楚这些看似无关的小经历将如何串在一起，将指向何方，但他对此有足够强大的信念。

4. 善用突来的灵感有可能助你成功

凡想成就一番事业的人，勇气、激情和创新能力都不可缺少，其中运用自己的灵感来帮助自己创新创造也不失为一个好的方法。有一个人就很好地运用了自己的灵感，创出了一番事业。

首都北京一直是交通拥堵严重的都市，但有人却在堵车时想出了生财之道、创业之路——这就是北京捷讯畅达科技发展有限公司的董事长张皖。

比电话查询更快捷，比网络查询更方便，比 GPS 更准确——只要发条短信，甚至不必完全知道正确的地名，当前最快的出行方案就会以短信的形式发回手机上。"路况通"，这个捷讯畅达的主打产品，这个申请了十多项专利技术的高智能城市道路出行服务系统，却是源于张皖在堵车时的一个单纯的想法。用张皖自己的话说："本来是被堵车激发的一个无意的主意，却一不小心做成了国际领先技术。"

说起当初为什么会选择开发这样的产品，张皖笑笑说："其实是堵车堵来的。"

根据有关部门发布的数据显示，2006 年是北京机动化快速发展的时期，2006 年北京新增机动车 37 万辆，净增机动车达到 28.7 万辆，2006 年年底北京市拥有机动车总数达到 287.6 万辆。这个数字在全国是最快的，同时在国际上也是少有的。

张皖的创业理念，正是催生于这样的交通现状。刚大学毕业的时候，张皖住在北京南五环，上班却在西二环，每天上下班要穿过 7 个区。"本来路程就很远，每天还要花大量的时间在堵车上，有时候甚至堵在路上的时间比正常到单位的时间还要长。常常是起得比谁都早，却还是踩着点到单位。"回想起当初漫长的上下班时间，张皖皱着眉直摇头。

年轻人总是有些急性子，在路上堵的时间长了，有那么几次张皖终于失去了耐心。眼看着上班就要迟到，一咬牙顺着主路最近的出口拐上了别的路。然而，出乎他意料的是另外一条路的情况要好得多，最后基本可以算是顺畅地到达了单位。"从此以后，我开始尝试走各种不同的线路，虽然不是每次都能成功，但我发现，很多二、三级路的拥堵状况大都比主要交通线路的情况好得多。"张皖说。

"有的时候等得不耐烦了，真的很想换条路走。这时候，如果有一种方法能让排在长龙里的人都能及时地知道哪条路比较顺畅，让他们有更快的选择，把各条路都合理搭配利用起来，交通拥堵的状况一定会得到很大的缓解，我们大家也就都节省了时间。"张皖两手一摊，"这就是我最初的想法。"

和其他年轻人一样，发短信是张皖生活中重要的一部分。所以，当张皖思考开发用一种最方便的查询工具时，很自然地便想到了短信。有了这个想法，张皖开始广泛寻找各方面专家和技术人员咨询，发现用短信实现道路导航是完全有可能的。得到了理论上的支持，张皖越发坚定了自己的意念："使用电话查询，受接听人员数量规模的影响，有一定查询量的上限；使用网络查询并不能做到随时随地；而用过 GPS 的人都知道，很多最新的路况并不能及时反映出来。综合这些，我觉得开发短信查询的前景相当可观。"

认定了这条路，张皖找到了自己的几个好兄弟，想法一说出来就得到了大家的支持。几个年轻人都觉得干成这件事，不仅是成就自己的事业，也是一件利国利民、为大家服务的好事。几个"热血青年"一拍即合，干，干就要干成、干好。为了能使想法尽快成型，张皖义无反顾地辞去了自己已经干出一些名堂的高薪工作，全心全意地开始了产品的研究开发工作。正如他在印在自己的名片后面的一句话所说："我们专做一件事，所以我们更用心！"

经过 16 个月夜以继日地研究，一个成型的产品终于面世了。张皖说："连我也没想到这个产品居然具有世界领先水平，我们目前已经申请了十几项国家专利。"张皖和创业团队精心的给它起了个名字"路况通"，希望它能够像它的名字一样，及时快捷、准确地告知需要的人路况。

5. 学会每天都寻找灵感并保存灵感

灵感往往无处不在，只要我们乐于每天寻找灵感，并将其保存，如果有一天再将灵感用来创造，那将助推我们梦想实现的步伐。

理发时碎发纷飞，粘在脖子、衣服上，又痒又不好清理。能不能用静电吸附碎发，解决这个问题？这个曾被田炳樟记在"灵感目录"里的想法已经付诸现实，《一种新型处理碎发的装置》正在申请专利。

田炳樟是西北工业大学探测指导与控制专业大三学生。这个不大情愿被称为"90 后"的男孩，拥有 7 项已经公开、4 项正在被受理的国家专利。

田炳樟从小就对物理很感兴趣。初中时做一道物理题时产生的想法让他记忆犹新："如果在高速公路两个收费站之间，以标准时间为基准，测量过往车辆的行驶时间，就能计算出是否超速。"后来，田炳樟发现自己存在脑子里的想法被别人搬进了现实，觉得"挺后悔"。

从那以后，田炳樟养成了把生活中闪现的灵感记下来的习惯。"我曾经在网上看过这样一篇帖子。"田炳樟说，"作者说，他打开很久以前的文曲星，发现当时记录的许多'幻想'现在都已经实现，比如基于手机网络发送邮件等等。"这让田炳樟深有感触，"很多想法一闪即逝，记下来才有付诸实践的可能。"

田炳樟喜欢举这样一个例子："航天器再先进，表面也得喷涂吧？也要用到钢结构吧？如果钢结构能够创新，对于航天器来说就会是特别重要的一个进步。"田炳樟相信，越基础、越贴近生活的科技创新越难，科技含量越高，意义也越重大。"现在如果有人宣布他能把螺丝钉的松紧度改成现在的两倍，那一定会轰动的。"

这次，田炳樟带来的参赛作品是《绝缘漆节能快速烘干技术及设备》。项目针对目前国内乃至国际烘干绝缘漆所需时间较长、能源利用率低、烘干效果较差等问题，利用共振的原理通过红外辐射直接加热绝缘漆中的树脂材料，设计出无污染、低成本的新型炉体。"我们的项目通过中科院技术查新，得出结论是能源节电率达到 63.5%，工效提高 3 倍。"田炳樟指着海报上醒目的红体字说，"我们已经成立了公司，合作的几位同学都在公司有股份。"此时的田炳樟摇身一变，又多了一个西安集浪涂装科技有限公司法人的身份。

田炳樟曾悄悄告诉记者："其实以前看动画片《高达》，我也想过要做一个真的高达出来（注：机器人，日本著名系列动画片主角）。"虽然这个想法有些许不切实际，有悖于"返璞归真"

的科技创新原则,田炳樟还是偷偷把它藏在了自己"灵感目录"的某一页。

每个人都可以成为英才,因为每个人都有出众的地方,都具有从事世界上某一项工作的特殊素质。但现实却是不少人都在成为英才的道路上慢慢迷失方向,在自己不适宜的目标和位置上发挥自己不擅长的能力而堕为庸才。如果你不甘心自己的命运如此被摆布,那么就请你从现在起捍卫你的个性,唤醒自己的潜能!

忠告箴言

灵感来自生活,创意来自想象。在不断吸取新事物的同时,你的信息量和思维空间也在不断扩大。在条件允许的前提下,利用你所得到的知识,创造你想创造的奇迹。就如人们在没有电灯之前想象有一种可以长时间照明的东西,灯头可以朝下,然后爱迪生就用他所学的知识反复实验发明了钨丝做灯芯的电灯一样。

世界因想象而改变,奇迹因想象而出现。我们生活的世界离不开想象。我们正是掌握知识、创造财富的年龄,学习过程中一定要多想,并利用所学的知识多实践。不要抱着书本读死书,这样对你没有一点好处。读书的目的不是为了读而读,而是为了用而读。大胆想象,努力实践,你将会大有收获。

忠告 31 一技之长不等于只有一项技能

当我与乔布斯见面 5 分钟后,我便想不顾一切地加盟苹果。

——库克在奥本大学的毕业典礼上说

一技之长是一个人社会价值的体现。但在中国有不少人上完大学读完研究生,结果进入社会却无一技能,空有一肚子理论,眼高手低。也有的人不惜花费巨资用虚假的学历来为自己装点门面。为什么会有这么多人"学历崇拜"和"学历歧视"呢? 在中国社会已经形成共识:学历是一个青年步入社会的通行证、敲门砖,没有高学历意味着没有好前途。想必我们了解过乔布斯的经历就会明白:学历并不是一个人成功与否的决定因素,有了学历并不一定说明你拥有一技之长,而拥有一技之长不等于你只有一项技能。

从前,一名学者急着赶船去对面的小镇。船夫就渡他过去。在船上,学者就问船夫:"你懂得数学和哲学吗?"船夫摇摇头说:"不懂……"学者说:"我的朋友啊,你失去了你一半的生命!"过了一会儿,风浪太大,船翻了,船夫问学者:"你会游泳吗?"学者说:"不会……"船夫说:"我的朋友啊,你失去了你整个的生命啊!"

由此可以看出,任何人不能只懂得一样知识或技能,你还必须懂得一些基本的技能,就像这位学者,也许他懂得游泳,也就不会有这次生命危险!

1. 每个人都有上帝赋予的特长,需要你用心地珍惜和挖掘它

我们都知道乔布斯的"最高学历"只有高中,在他的教育经历里只有:1968 ~ 1972 年 Homestead 高中;1972 ~ 1974 年里德学院(大学退学)。乔布斯几乎没有什么可以炫耀的学历,甚至是一个"低学历者"。然而,他却成为了"苹果教父",一生有超过 300 多项的发明专利,生平七次登上《时代》封面,2009 年被财富杂志评选为这十年美国最佳 CEO……无疑,他创造了巨大财富,更创造了有形的、无形的价值。有观点认为,乔布斯能够取得如此的辉煌成就与他的学历无关,是因为他的技能制胜。

无论是就业,还是创业,学历都是一道槛。"学历歧视"也屡见不鲜。据一项调查结果显示,有 12.8% 的城镇居民在就业时遇到过不同类别的就业歧视。在遇到过就业歧视的受访者中,学历歧视是最司空见惯的,74.4% 的人表示遇到过学历歧视,年龄歧视占 47.6%,经验歧视占 33.9%。值得注意的是,各种新兴的就业歧视现象也在不断出现,如非名校歧视(14.1%)等。因为学历歧视,将多少人才和有人才资质者拒之门外? 有人说,倘若纠缠于学历,那么小学文凭的沈从文成不了教授,初中毕业生的华罗庚更是上不了清华讲台。

乔布斯出生于 1955 年 2 月 24 日,双鱼座。喜欢"天才转世论"的人不难发现,1955 年正是爱因斯坦去世的年份,但乔布斯生下来,可没有表现出任何在基础物理学或宇宙学方面的敏锐直觉。他一出生,就被正在攻读研究生学位,无力结婚并抚养孩子的亲生父母送给了旧金山的

保罗·乔布斯一家收养。没过几年，保罗·乔布斯就带着全家搬到了后来的硅谷核心区——山景城。

在山景城的蒙塔洛马小学，乔布斯虽然学习成绩不错，但绝不是个听话的好孩子，恶作剧是他的拿手好戏。在他眼中，做作业纯属浪费时间，听老师的话也完全是大人的无聊说教。他屡屡因为调皮捣蛋而被学校勒令退学。他还是个爱哭的、不合群的男孩子，被同学戏弄后，他会悄悄躲到角落里流眼泪。一位老师为了调动他的积极性，居然用钱来贿赂他，只要他做完作业，就给他 5 美元。

初中第一年，乔布斯是在山景城的克里腾登中学度过的。和蒙塔洛马小学相比，这所学校简直就是地狱。小混混成群结队，无赖学生惹是生非，警察经常因为学生打架而光顾校园。乔布斯虽然顽劣、孤僻，但绝不是无赖，也没有《逃学威龙》里周星星的本事。忍无可忍时，年仅 11 岁的乔布斯毅然找到父亲保罗·乔布斯，告诉他说："这学校糟透了。我要是再读下去，非要混到监狱里不可。""可我们住在这里，按就近的学区，上这所学校最方便呀！""我不管，"少年的乔布斯已经显露出了个性上的倔强和坚持，"宁肯不上学，我也不要在无赖扎堆儿的地方读书。"

无奈之下，为了能靠近一个好学区，让乔布斯读一所好学校，保罗·乔布斯只好选择又一次搬家。一家人搬到了洛斯阿尔托斯的克里斯特路 11161 号。苹果迷们应该记住这条街和这个门牌号码，乔布斯一家搬到这里差不多八九年后，苹果公司就诞生在这所房子的一间卧室里。后来，大约在 1983 年，这所房子的门牌号被换成了 2066 号——如果今天去膜拜，记得不要找错了地方。

搬了新家，乔布斯也如愿以偿，进入了更好的学校。他先后在位于库比蒂诺的两所中学——库比蒂诺中学和霍姆斯泰德高中读书。在中学，乔布斯参加了电子学兴趣班，接触到了不少电子学方面的知识，也跟着老师做了许多电路实验。

乔布斯的邻居拉里·朗是惠普的工程师，他经常带着乔布斯和一群小孩子到惠普，给孩子们讲电路原理，教孩子们用电脑。12 岁的乔布斯在惠普第一次看见了电脑。他觉得，电脑真是个神奇的东西。

有一次，乔布斯想组装一个电子设备，却又缺少元件。小小年纪的他居然想起，既然惠普是最好的电子产品制造商，那惠普的老板一定有办法帮他解决问题。乔布斯从公共电话本上查出惠普创始人威廉·休利特的电话号码，抄起电话就直接打给休利特。

没想到，休利特居然真的接了电话。当休利特知道电话那头不仅是个慕名求助的毛头小伙子，而且还是一个小小的电子爱好者时，他有些哭笑不得。但善良的休利特还是耐心地跟乔布斯聊了 20 多分钟，最后，休利特不但给乔布斯提供了元件，还为他安排了一份暑期在惠普实习的工作。这让乔布斯大喜过望。

"那年夏天，我在惠普学到了很多很多东西。"乔布斯后来回忆说。

说来神奇，乔布斯进入霍姆斯泰德高中时，另一个史蒂夫——史蒂夫·沃兹刚刚从同一所高中毕业。两个同为霍姆斯泰德高中校友的史蒂夫，就这样擦肩而过。

史蒂夫·沃兹比乔布斯大 5 岁，住在紧挨着库比蒂诺的森尼韦尔。沃兹有个神秘的老爸，从记事时起，沃兹就只知道老爸是工程师，在洛克希德公司工作，负责高度机密的军事项目。沃兹小时候凭着自己的聪明劲儿，偶然侦察出老爸当时从事的项目和著名的"北极星"潜射弹道导弹有关。军事迷们一定知道，"北极星"在潜射弹道导弹发展史上的地位，差不多相当于 Apple Ⅰ在个人电脑历史上的位置。有这么牛的老爸,沃兹从小就受益匪浅。他至少从老爸身上学到了两样东西:一是极度忠诚、守信的价值观;二是对工程技术的热爱。

一生对家人保守秘密并不容易,沃兹的老爸做到了。他告诉沃兹说:"我是个信守诺言的人。"他还告诉沃兹说:"撒谎比做错事更可怕,甚至和谋杀差不多。"这些话从小就在沃兹心里扎下了根。沃兹后来在自传中回忆说:"直到今天,我从没撒过谎,一点儿都没有。当然,善意的恶作剧除外。为了娱乐而开的玩笑不能算是撒谎。"

的确,沃兹一生心胸坦荡,既没有欺骗过别人,也没有因别人(包括乔布斯)的欺骗而怀恨在心。但正如他自己所说,善意的恶作剧除外——这是因为,沃兹虽然从小就害羞、内向,却像乔布斯一样,是个善于搞怪的大师。

沃兹在霍姆斯泰德高中读书时,就用废旧电池自制过一个看上去像是爆炸装置的圆筒,然后把它放进同学的衣帽柜。那个圆筒不但带着几根花花绿绿的导线,还会滴答滴答乱响。这起恶作剧的结果是,当时的霍姆斯泰德高中校长冒着"生命危险"捧着沃兹的杰作,把它丢到开阔的操场中间,然后打电话叫警察来甄别"炸弹"的真伪。

即便上了大学,沃兹也天性不改。在科罗拉多大学博尔德分校上大学一年级时,老师在课堂上用闭路电视教学,沃兹就自制了一个可以直接干扰闭路电视的遥控器藏在课桌里。结果,老师讲课时,闭路电视的图像总是不清楚,老师以为是电视信号的问题,就去调试电视机。没想到,老师只要抬起一只胳膊或一条腿,信号就恢复正常。沃兹的小把戏骗过了一位天真且富有奉献精神的老师,他为了保证教学质量,竟站在讲台上辛苦地悬空抬着一条腿,坚持把课讲下去。

玩闹归玩闹,因为有老爸的言传身教,沃兹从小在电子学方面表现出来的兴趣和天分可是无人能及的。他七八岁时就了解了电流、电阻、电压之类的基本知识,在老爸的指导下弄懂了灯泡为什么会发光的物理学原理。据沃兹自己说,他六年级时做过一次智商测试,结果是惊人的200 + !

很小的时候,当沃兹看到老爸在一堆电子设备前工作,努力使示波器显示某种特定波形的时候,他就很认真地想:"哎呀,老爸生活在怎样一个神奇的世界里呀! 在这个世界里,人们知道如何把这些小元件组装起来,让它们协同工作,实现某种功能——这些人一定是世界上最聪明的人。"

沃兹自己就是这群最聪明的人中的一员。

小学四年级时,沃兹从父母那里收到了一份圣诞礼物——一套业余电子爱好者的工具和电子元件套装。有了这些电线、晶体管和开关,沃兹不但学到了更多的电子知识,还拥有了人生第一个宏伟的工程计划——帮自己和邻居小伙伴们开发一套房屋到房屋间的"远程"通信装置。他和小伙伴们一道,集齐了所有必要的装备和工具,自己设计电路、搭接电线、调试信号。项目完成的那天,沃兹和小伙伴们兴奋得彻夜难眠。他们在午夜拿起话筒,相互拨通,然后对着话筒说:"嘿,这玩意儿真酷! 你能听见我吗?"

"嘿,按你那边儿的呼叫按钮,让我们看看那个按钮好使不?"

"试试我的蜂鸣器,呼叫我一次!"

"……"

一群十一二岁的小孩子,在沃兹的率领下,第一次体验到了工程师完成一个项目的满足感。很快,他们就把这套通信系统改装成了和家长捉迷藏的工具。沃兹把蜂鸣器换成了闪烁的灯泡。午夜时分,小伙伴们互相用这套无声的通信装置发暗号,一起爬窗户溜出家门,去外面骑自行车、聊天或是搞恶作剧。

乔布斯很神奇的一点,就是他可以透过包括 iPhone、平板电脑把整个的产品做成一个很多消费者都很崇拜的产品,并且能够做成艺术品,这一点非常了不得,也是乔布斯最伟大、最传奇的之处。

每个人都有上帝赋予的特长,好好地珍惜和挖掘它,并学会用特长的亮点来赚钱,乔布斯做到了这一点。

2. 要善于把自己的特长亮出来

最初,著名大作家大仲马只是法国一位贫困潦倒的年轻人。后来由于无奈,大仲马流浪到巴黎,找到了父亲的好友,希望他能为自己找到一个谋生的差事。父亲的好友问他有什么专长,比如说会数学、物理、历史、会计什么的。只见大仲马窘迫地低下了头,羞愧地说:"我似乎一无所长。"父亲的好友想了想说:"那你先写下你的地址,我总得给你找个活做啊!"年轻人不好意思地把自己的住址写下,刚想转身离去时,却被父亲的朋友一把拉住说:"年轻人,你怎么说你没有特长呢? 你的名字写得多好啊……""能写好自己的名字也叫特长?"年轻人不解地转过身疑惑地看着父亲的好友。"当然,字反映了一个人的文化修养,一个人的内涵……"父亲的好友意味深长地对他说:"人要有自信心,找工作之前,首先要找到自己的特长,并要把自己的特长发挥到极致……"听了父亲好友的一席话,年轻人使劲地点点头,后来他结合自己的特长找了一所中学教授法文,度过了一段艰苦的岁月,也就是从那时开始,这位年轻人认识到了自己在文学方面的天赋和特长,并开始发挥这个特长,最终成为18世纪法国最著名的作家之一。

其实,我们这些的平凡之辈,都拥有一些诸如"能把名字写好"这类小小的特长。只要我们善于挖掘,就能把自己的亮点展示出来!

世界著名的雅虎公司总裁杨致远,他的大事业也是从一项技艺开始的。杨致远在就读美国斯坦福大学时,是一个不折不扣的网络发烧友。他的网络技艺非常高,属于"大虾"级高手。当时因特网已经有相当多的网址,但没有任何分类,也没有任何系统引导人们迅速、简便地查找他们所需要的网址。

杨致远和朋友们沉浸在万维网中,收集各种资料,将全球网址分为艺术、教育、卫生、新闻、娱乐、科学等14类,并将他们自己编写的对网络资料分类的软件戏称为雅虎(YAHOO!)。没有想到的是,就是这个随口叫出的 YAHOO! 得到了许许多多人的青睐,成千上万的网友开始使用YAHOO! 在网上冲浪。

1995年,由水杉基金会投资100万美元,雅虎公司正式成立。1996年,雅虎在纽约华尔街证券市场上市。

试想,杨致远如果没有网上冲浪的真功夫,不是把网络玩得溜溜转,他就算是学富五车,拿到了洋文凭,戴上了博士帽,也并未见得能办起今日的大公司,成为风云人物。

3. 一技之长能让你"长风破浪济沧海"

人生在世,如果有一技在身,就等于在为自己创造机会,怕就怕"样样精通,样样稀松",还是为自己备一份潜在的能力吧。待机会来临时,一技之长也能让人"长风破浪济沧海",谱写人生的辉煌，抵达成功的彼岸。

也许你不信，很多人终其一生，都不知道自己有特长，当然更谈不上发挥和利用它们了，其实，每个平淡无奇的生命中，都蕴藏着一座丰富的金矿，只要你肯挖掘，你就会挖出令自己都惊讶不已的宝藏来。

有一技之长的人永远是不会变成乞丐的，拥有一技之长就是一个人的核心竞争力。在竞争激烈的现代社会，一个人如果愿静下心来专攻一业，则必有所成。

比如：比尔·盖茨专门研究计算机软件，结果成了世界首富；沃伦·巴菲特专门研究股票，结果成了股票投资专家、亿万富翁。

又如：我国辽宁省锦州市西北市郊的农村姑娘吴桂花也许是天生脑子笨，上小学时，算术、语文从未及格过。上初中，学校不收，父母百般恳求，再加上初中是普及九年制义务教育，学校总算收下了。学校却还做了一个约定，如果一年没有长进，桂花就得自动退学。一年到了，小桂花的学习还是没有进步，父母只好把她领回家。一天，孩子的舅舅从城里来了，知道了桂花的情况，就把桂花带到他开的饭店去当服务员。那一年，桂花才15岁。几个月后的一天，舅舅来到一个雅间，看到桌子上摆着一小盘雕花，是用苹果雕的，玲珑剔透，让人百看不厌。舅舅仔细端详着，赞不绝口，问道："是谁雕的？"这雅间服务员是桂花，桂花说："是我。"舅舅一脸疑惑地看着她："真的？"桂花马上拿出一个苹果，当场雕了起来。她的刀法非常娴熟，只用了几分钟，一只雕花苹果便做成了。舅舅特别激动："真没想到，你还有这个特长。"桂花说："我家有个苹果园，我放学没事就到苹果园去。地上苹果多，我就拿一把小刀削着吃。吃不了，就削着玩，渐渐地就开始雕刻。我天天去果园，从不间断，现在已经七八年了。""太好了，这回你有用武之地了。"舅舅说。从此以后，饭店宴席上，只要摆上吴桂花雕的龙凤鲜花，就会使席面增辉，令顾客称赞不已。有时客人要求见见雕花人，当他们一看站在面前的是个十五六岁的小姑娘时，都惊诧不已。客人兴致高时，要吴桂花当场献艺。吴桂花17岁那年，参加了在美国举行的世界宴会雕花大奖赛，一举夺魁。当桂花走下领奖台，记者们一下子都围了过来，争着问道："你的天才是怎么发展起来的？"翻译把问话告诉吴桂花，桂花回答说："我不是天才，我是一个笨女孩。老天只给我苹果，别的什么都没有了。"是的，老天只给了她苹果，但这并没有影响她创造生命的辉煌。兴趣是人生的"雕刻家"，而专注便是一把灵巧的刻刀，有了这些就足够了，就可以雕出芬芳而璀璨的人生。由此可见，吴桂花是由于长期从事一项专门研究而成为某个领域的专家的，结果成就了一番事业。

再如：我国河北石家庄二中高一学生王小平，退学后专门研究成功学。17岁，就登上全国教育学术研讨会讲坛，给专家做关于"大成教育"的学术报告，引起轰动；18岁，在高校主讲"大成教育系列讲座"，精彩的演讲和机智的答问，赢得阵阵掌声，被多家媒体报道，同年在报纸开设《大成学趣谈》专栏；19岁，与人合著《大成奥秘——超越美国成功学》，被认为"是一部具有中国特色的成功学巨著"；20岁，独立写出《本领恐慌》一书；23岁，成立了北京人类大成教科文研究院。

如果你想把你的一技之长转化为你的特长，方法很简单：做你喜欢的事，做你擅长的事，在你最感兴趣的领域施展你的天赋。我们的才能和长处是有限的，要想成就一番事业，就必须把我们有限的才能和长处尽最大可能发挥出来。

如果我们没有办法将自身有限的特长发挥得淋漓尽致，就只能成为平庸之辈。当今社会是一个机会均等而又竞争激烈的社会，一个人要在激烈竞争的社会上立足，也必须有个人的核心竞争力——这个核心竞争力就是一技之长。什么是核心竞争力？先讲一个故事：中国神话故事里的吕洞宾看见一个乞丐可怜,就在路边捡了一块石头,用手指一点,那块石头就变成了金砖。他将金砖递给乞丐,乞丐不接。吕洞宾好奇地问：“你为什么不要金砖？”乞丐回答说：“我想要你那点石成金的手指。”

这点石成金的手指,大概就是核心竞争力,乞丐所要的是核心竞争力。何谓“核心竞争力”？《哈佛商业评论》说,“核心竞争力是在某一组织内部经过整合了的知识和技能,是企业在经营过程中形成的不易被对手效仿的、能带来超额利润的、独特的能力”。

个人的核心竞争力,就是要有“绝招”、有“一技之长”。即个人独特的竞争优势,个人在未来社会竞争中能够取得主动权的核心能力。拥有它,就拥有了竞争资本,就有了找到出路的秘密武器。

姚明的一技之长是什么？——打篮球。宋祖英的一技之长是什么？——唱歌。聂卫平的一技之长是什么？——下棋。

“三百六十行,行行出状元。”只要在任何一个领域,有了一技之长,就会拥有“了不起”的出路。如果你武功独步天下,你就会被推为武林盟主;如果跑步跑得最快,就会成为“世界飞人”;如果写得一手好字,就会被捧为书法大师;如果歌唱得出了名,那么就会成为歌唱家……

有一技之长的人永远有出路,而且有“大出路”。只要我们潜心于某一事业,都可以成为某一领域的行家里手,都可以有大作为。如：比尔·盖茨潜心研究计算机软件,结果成为世界首富等等。这样的人和事不胜枚举,那么,从中我们应受到什么启示呢？

第一,寻找出路,就必须打造自己的核心竞争力。核心竞争力,就是一种“过硬本领”。

第二,拼命读书是为了什么？是为了找出路,是为了打造核心竞争力。那么,通过社会实践,从小培养一技之长,也能打造好自己的核心竞争力。

第三,放大闪光点,把优点发挥得淋漓尽致。这是因为我们每个人都有很多不足之处,样样都行也不现实。但每个人的优点都有闪光之处。我们的努力,就是要将其发挥到极致。否则,就会成为平庸之辈,就不会形成核心竞争力,也就不会有好的出路。如果不能在一个领域或一个方面领先,就应该考虑调整自己,或改变发展方向,另辟蹊径。

第四,专注、坚持,一生做好一件事。通过“细分市场”和“差异化”,于细微处打造自己的核心竞争力。能在某一细微处“冒尖”,使他人望尘莫及。在某一个点上打造核心竞争力,便是人生的成功。一个人要出人头地,要有好的出路,就必须走个性化、差异化发展之路。

第五,时刻都应反省自己有什么本事？本事差在哪里？需要练就什么本事？怎样练就本事？

第六,核心竞争力的培养也是个渐进的过程,经久历练,乃成大器。核心竞争力的培养不能一蹴而就,冰冻三尺非一日之寒,需要长年累月地积累,必须有沉浸其中十年、二十年以上的决心,甚至毕生都要为之努力。

4. 人人有专长,但更需要懂得发挥专长

人人有专长,那怎样看待专长呢？

首先主要的是学会“自我分析”。“自我分析”就是分析自己的优点,分析自己的缺点,分析自己的专长,分析自己的兴趣。

每一个人都要了解自己的专长是什么。也就是说,我们可以做的就是学会把自己的专长发

挥到一个专业水准,这才是明智之举。由于高科技的不断发展,我们的生活也日趋丰富,故而不要在这多姿多彩的世界中迷失自我! 学会客观分析,充分发挥自己的专长。

有这一则故事:有个鲁国人擅长编草鞋,他妻子擅长织白绢。他想迁到越国去。友人对他说:"你到越国去,一定会贫穷的。""为什么?""草鞋,是用来穿着走路的,但越国人习惯于赤足走路;白绢,是用来做帽子的,但越国人习惯于披头散发。凭着你的长处,到用不到的地方去,这样,要使自己不贫穷,难道可能吗?"

这个故事告诉我们:一个人要发挥其专长,就必须适合社会环境需要。如果脱离社会环境的需要,其专长也就失去了价值。因此,我们要根据社会得需要,决定自己的行动,更好地去发挥自己的专长。

还有这样一个故事:有个人每天扛着两个桶去溪中提水。其中一个桶是有裂痕的。每回走到家,桶的水只剩下一半。因此,他每天只能提回一桶半的水。日复如是,装满水的桶对于自己的成就感到很自豪,而有裂痕的桶对于自己的缺陷却越来越自卑,更对于自己只能够完成一半的使命而感到沮丧。两年来,这人都只提着一桶半的水回家。

有一天,有裂痕的桶忍不住告诉主人:"主人,我感到很羞耻,真对不起,因为我,您得不到您辛苦付出后所应该得到的。"

主人回答它:"你没有注意到,回家的路上,在你这一边有一排花吗? 我一直知道你的不足,所以在这一边撒下了花种,每次我们回来,你都在为我浇花。如果没有独特的你,这两年来,我怎么会有鲜花来把我的家点缀得那么美呢?"

这个故事告诉我们:每个人都有缺点,每个人都是有裂痕的桶,可是我们应该用爱心去帮他们把他们的特长发挥出来,化腐朽为传奇。

可见,一个人学会"自我分析",发挥自己的专长到一个高的水准,那么前途可能一片光明。

5. 专长大固然重要,但更要懂得取长补短

成功的犹太人很注重全面而平衡地发展,他们认为一个人如果只具有某一方面的特长,却缺乏多种综合能力,也很难取得成功。因此,不断取长补短,使自己拥有更多的能力,才能更好地适应这个社会。

犹太人认为,如果只注重发挥自己的特长,会容易忽视真正兴趣和平衡发展。虽然这会使自己的专长越来越突出,但却会使自己的短项越来越弱。

一个学习成绩优异的学生并不见得将来就会有所作为,在犹太家庭中家长不会让成绩已经不错的学生再花时间去参加课外补习,反而鼓励他们跳出书本多参与其他活动,掌握一些自己缺乏却非常实用的人生技能。他们很信奉"木桶原理":用同样多的木板条做木桶,只有每个板条长度相同时,才能够容纳最多体积的水;如果板条长短不一,不管长的多长,水只能装到最短的板条处。同样,我们也可以用这个原理来衡量一个人,其平均能力只能与最弱点看齐。

记住这"木桶原理",就会懂得"取长补短"的必要。但这并不是说让人放弃专长,而是说除了专长以外,还要比较均衡地具备其他方面的能力。比如科研人员不能光顾着研究,同时也应该具备一定的交际能力。犹太民族散居在世界各地,对于他们来说,掌握多种语言和了解各国主流文化是非常重要的。犹太人的适应能力很强,大多数犹太人也知道如何取长补短,而这正是犹太民族在世界经济大潮中迅速发展的法宝。

聪明的犹太人在社会交往中很容易看到别人身上的优点,从而取长补短。

因此,我们不要寄希望于找窍门、找捷径,不要做靠"小聪明"取胜的"聪明人",更不要做专事投机取巧的小人,要有大智慧,做依靠真本事吃饭的"老实人"。请牢牢记住打造出路的"大气法则",这便是学习、学习、再学习,修炼、修炼、再修炼。

忠告箴言

在当今社会,没有一技之长是站不稳脚跟的,甚至很难生存下去。因此,年轻人首先应该发展自己的一技之长。其实,只要你愿意挖掘自己的潜力,你自己就是一座宝库。而如果你还能像乔布斯那样善于利用它们,那么你的人生也就不会平淡无奇!

忠告32   尽全力打造你的优势

　　打造个人优势依然与核心故事有关联。你要把你的优势和你周围所发生的人和事,把它联系起来,打造你的核心故事,打造你的优势。

——乔布斯

　　迈克尔·格雷夫斯曾经回忆道:"在我年轻的时候,唯一擅长的就是画画。我妈妈建议我考虑能够用得上画画的职业,比如建筑设计。我那时对建筑所知不多,也不清楚它在文化范畴中的意义,直到有一天我去了罗马。我学会了从另外的角度去审视建筑。当你观察一座罗马早期的庙宇时,能看出那些地板、天花板、墙壁、柱子、房顶、窗户各自的作用。那种对心灵的触动让你恍然大悟:'啊,这些就是建筑整体布局中的各个组成元素!'"

1.做最擅长的,放弃不擅长的

　　乔布斯曾经说过:"好的艺术家复制作品,伟大的艺术家窃取灵感。"这是乔布斯职业生涯中被人误解最深的一句话。有些批评家就引用了它来印证"乔布斯没有原创思想"的观点。如果你去读一读整个原文时,就会明白乔布斯当时谈论的是在计算机产业之外寻找灵感这个观点——换句话说就是将貌似无关的事物联想在一起。整个引文是这样的:"要让自己沉浸在人类创造出的最美好的事物中,尽力让那些精华为己所用。毕加索有一句格言是这样说的:'好的艺术家复制作品,伟大的艺术家窃取灵感'。我们从不为自己偷学伟大创意而惭愧。Mac 之所以伟大,其中一个原因是创造它的是一群音乐家、诗人、艺术家、动物学家和历史学家,而他们恰恰还是世界上最好的计算机科学家。"如果我们在完整语境下重读这句话,就能明白乔布斯并不是在谈论窃取灵感,而是在强调联想和整合这些理念,强调拥有多样化的体验以激活创新过程。

　　对于史蒂夫·乔布斯来讲,他虽然是一个头上顶着无数光环的硅谷神人,但是早年时期的他所表现出来的缺点比优点多。

　　比如,他不懂技术。他既不懂硬件设计,也不懂软件开发。在早期的 Macintosh 开发中,作为一个技术管理者,乔布斯很想在设计项目的关键部分烙上自己的印记,能满足他这一需求的,也只有计算机的机箱了,因为只有机箱不需要专业技术含量。而乔布斯也就顺理成章地将其看作自己的设计领域,于是,他就不断要求设计出尺寸更小、外形更完美的产品。

　　但乔布斯依然成功了,而且比我们任何人都成功。这是因为聪明的乔布斯把优点发挥到了极限,在重大利益面前,人们可以对他的缺点忽略不计。

　　他知道尊重"用户体验",懂得如何从用户的角度去思考问题,苹果公司开启了在计算机中安装风扇的设计创新,因为他担心噪声会让用户"心神不宁";此外,苹果的机箱总是能比同类产品更小更精致,显示器总是更漂亮。不仅如此,在 20 世纪 70 年代末期,美国一般电子产品的保修期都是 90 天,而乔布斯却坚持将苹果产品延长到一年,因为他懂得这样做更能赢得客户的信任和对苹果产品的忠诚。

乔布斯还知道从市场的角度考虑问题。为此，他会为设计项目制定出苛刻的时间表，并对设计过程进行严格控制，这使得苹果公司经常能够抢占市场先机。

不管是从用户角度还是市场角度去思考，都说明了乔布斯的前瞻性思考能力，而这恰恰是创业者最需要的优秀特质。

除此之外，乔布斯还善于选人、用人。也许是深知自己在技术上知之甚少的缘故，乔布斯总是能够找到可以弥补其技术不足的合作伙伴，当然也包括招聘到众多拥有天赋的工程师。乔布斯还有一个最大的优点就是自信。他知道自信的重要意义。对于自己认定的事情，他总是表现得非常自信，哪怕是厚着脸皮软磨硬泡，他也在所不惜。在创业初期，面对合作伙伴的怀疑，他非常坚定，并不断地给伙伴打气、鼓劲。在创业过程中，这种自信的特质让苹果公司获得了许多重要客户，这些客户后来被证明对苹果公司的发展都起到了非常重要的作用。很多人说乔布斯"居高自傲"，其实这正是他自信的表现。

自信的力量是强大的，如果你问苹果电脑公司和乔布斯为何能一再成功？那就是拥有强大的自信！也正如乔布斯所说的："不要丧失信心。这是这些年来让我继续走下去的唯一理由。"

乔布斯能够成功，并不是他比我们特别，是因为他发挥出了自己的优势，或许只比我们好一点点，多付出了一点点，多工作了一点点。

那么，反过来，如果我们也能好一点点，多付出一点点，多工作一点点，那成功的行列里肯定也有我们！

我们常常为了弥补自己的劣势而费尽心机，而对自己的优势视而不见，最终陷入了这样一种困境：劣势仍旧是劣势，优势也不再成为优势。其实，每个人都应该明白这样一个道理：做自己最擅长的工作，将优势发挥到极致，就可以成为最棒的。

有些人选择弥补劣势，企图做到各方面均衡发展，但当他投入了人力、物力、精力、财力后，才发现劣势经过弥补也不会转变为优势，将目光局限在劣势，会阻碍自身的发展。更多的成功者做出的是另外一种选择——发挥自己的优势。管理学大师德鲁克也在一直强调发挥优势胜于弥补劣势。成功就必须集中经营焦点，以小博大也必须集中经营焦点，把所有精力投放在最有希望成功的事业上。

企业开拓市场要懂得焦点策略，即只需要注意三个方面：一是聚焦你最擅长做的事；二是聚焦你的 VIP 客户；三是聚焦你的高利润市场。

也就是说，你必须放弃你不擅长的事情，必须放弃你的劣质客户，必须放弃你的低利润市场。麦当劳是运用焦点策略很成功的案例，它把焦点只放在 25 项产品上，试问，中国哪家餐厅只有区区 25 个菜？又有哪家餐厅能有麦当劳的规模？有哪家餐厅能有麦当劳的利润？在它的 25 项产品中，最赚钱的是什么？不是汉堡包、麦香鱼、薯条，而是可口可乐。按照常人的思维，永远想一切都自己来做，那么麦当劳就不可能有今天的规模。你什么都做，却可能什么都不是。

湾仔码头水饺在香港已是家喻户晓，老板臧健和也因此被喻为"水饺皇后"，并被一家香港媒体评选为香港 25 名杰出女性之一。

臧健和曾经说："创业时一定要有一个真正属于自己的好产品，一个能够赢得顾客口碑的产品，一个让顾客在你的小店里排队的产品。有了这样的'拳头'产品，你才有可能闯出更大的天空。"20 世纪的最后 20 年，可谓是香港的黄金时期，炒楼炒股，沸沸扬扬，就是想不发财都难。而这 20 年，也是臧健和从创业到成功的 20 年，可为什么在到处都是商机的香港，臧健和却一直紧抱着几元钱一袋饺子的小生意不肯放手呢？

这正是臧健和的赚钱智慧之一——做自己擅长的事情。

这是她自己在创业中的感悟。当房产股市风起云涌，一夜暴富者层出不穷时，臧健和也不是没想过在金融地产的财富之海中打捞一笔，满载而归。

那些年里，她也买过股票，但并没有赚到什么钱。她买进的时候是 80 多港元，后来涨到 100 多港元，经纪人建议她抛，可她却觉得还是等一下再说，结果这一等，反而跌得惨不忍睹。

炒房她也尝试过，但似乎比炒股更不在行。臧健和第一次买楼是 1983 年，住了 11 年，30 万港元买进 300 万港元卖出，算是赚了一笔。但后来她买的房子比较豪华，花了 1500 万港元，1994 年年底的时候买进，到 1997 年的时候已经升到 2500 万港元了，但她因为种种原因没卖，因此错过了好时机。

经过无数次尝试，臧健和渐渐地明白了，既然她会包饺子，就要把包饺子当成自己的终身事业，把它做好，并且自己也有信心、有能力把它做好。别的呢？既然不是办不好就是不会办，而且还会因分心而影响到自己的生意，那就干脆不做，还是专心专意地包饺子比较好。

包饺子的确是臧健和最擅长的事。臧健和最初的水饺是典型的北方包法，皮厚、味浓、馅咸、肥腻，后来她针对香港人的口味，不断地加以改进。薄皮大馅、鲜美多汁的水饺终于得到了顾客的认同。有一段时间，每天都会有数十位顾客排队等在湾仔码头她的摊档前吃水饺。

后来臧健和在给香港大学生讲课的时候告诉他们："要做自己擅长的事情，不要做自己不熟悉的东西。要做比较有把握的事情，但要敢担风险，因为这样的风险是你能承担的。"

在金融市场上，许多经济学家由于缺乏实际经验而导致投资失败的例子也比比皆是，格林斯潘就是其中的一个代表。

前美国联邦储备委员会主席格林斯潘可谓鼎鼎大名，他在 20 世纪 80 年代也曾经耐不住寂寞，在股票市场上小试牛刀。他与朋友合开了一家公司，专门向人提供股票投资的建议以及代理股票买卖。结果相当多的客户中招，后来格林斯潘获得的收入连租金、水电、办公费都不够支付，只好在赔了几百万美元之后惨败收场，从此专心做经济理论及宏观经济趋势的研究工作，不再沾手股票。

一个人如果具有强于别人的核心优势，他就可以做到出类拔萃，一个企业也是如此。但核心优势是什么？管理大师德鲁克说："核心优势，能将生产商的特别能力与顾客所重视的价值有效地融合在一起。"对于企业管理者来说，明确企业的核心优势至关重要，它关系到企业的前途命运。

企业要在同行业中居于龙头地位，就要具备同行业其他企业根本无法仿效，或是远不能及的优势。这种优势，最终将企业的能力与客户最看重的有效价值完美地融合在一起。

2. 要有自己的特长或核心技术

无论自己的公司经营什么，都一定要有自己的特长或者核心技术。

在美国《时代周刊》所评选出的 2005 年度"全球最具有影响力的 100 人"中，华为公司总裁任正非作为中国唯一人选荣登榜位。一个成立不到 20 年的民营企业，在如此短的时间内一跃成为世界级企业，并成为中国市场上最具有竞争力的企业，人们不禁要问其成功的秘诀是什么？答案是华为公司具有战略思考力和自主知识产权创新力。

华为公司成立于 1987 年，注册资金为 2.1 万元，由企业员工持股的民营企业，主要从事通信网络技术与产品生产，也是国内电信市场主要供应商之一。早在 20 世纪 90 年代初，华为为了取得市场上的技术优势，几乎把多年积累的利润全部投入到研究小型交换机上，以形成局部突破。当时华为面临着两种选择:一是依靠已取得的第一代交换机的市场优势坐享其成而致力于扩大市场份额;二是当时正值房地产业市场非常好,只要投入就能赚钱。然而,华为却把目光瞄向更远的目标,他们选择另外一条风险性大,但有发展前景的道路——大容量数字程序交换机开发上,并将所获得的利润又全部投入于交换机的升级换代产品研究之中。正是这种具有远见卓识的战略思考力和在自主知识产权上的长期巨额投入,使华为在最短的时间内拥有了全球最先进的核心技术而跻身于海外的高端产品市场,并获取了年销售收入50亿美元的丰硕回报。

正如方正集团董事长魏新所说:"一项原创性核心技术托起了一个企业,开创了一个市场,改变了一个行业。"

瑞士最有亮点的产业是钟表业,瑞士钟表业领航全球的秘诀,其各种缘由也许并非为一般人所了解。据估计,全球每年生产12亿~13亿只手表,其中中国出口约8.85亿只,日本大概生产5000万只,瑞士差不多生产3000万只。尽管瑞士表在数量上不占优势,然而在产值上却独占鳌头。瑞士表成功的秘诀在于它有自己的技术,它发展的是具有品牌地位的现代作坊制度,以其精湛的设计、昂贵的手工艺,领先于其他国家的现代化机械生产。虽然相对来说生产规模小,但它们更专、更精。

在做专、做精、做品牌方面,瑞士是世界的一面镜子。一块表,它们做了200多年,做出了令人艳羡的大品牌;一把小小的折叠刀,它们居然也做了100多年,做成了众人皆知的"瑞士军刀"。

技术是企业做成大事业的前提。在德国几乎没有人不使用于1761年创建的法贝尔—卡斯特尔公司出品的铅笔。它已经有251年的历史,它的存在本身就是一个奇迹。它的第四代传人于1841年研制出六菱形的铅笔,这是铅笔发明史的一大突破。法贝尔还为铅笔确定了有关长度、粗细和硬度的标准,并首次在笔上标上公司名字A.W.法贝尔,因此成为欧洲第一品牌产品。1993年,公司做新的调整时,他们把家庭传统、产品质量、品牌形象和环境意识作为追求目标。做了251年的A.W.法贝尔铅笔,今天仍然称雄于世。

像这样的例子太多了,从这些例子中,我们不难发现企业成长的一些基本法则,最重要的就是把自己的技术优势发挥出来。

3. 核心竞争力是企业的制胜法宝

1990年,普拉哈拉德和哈莫在《哈佛商业评论》中首先提出这样的一个概念——核心竞争力。核心竞争力是指公司的主要能力,即让公司在竞争中处于优势地位的强项,是其他对手很难达到或者无法具备的一种能力。核心竞争力主要是关乎各种技术和对应组织之间的协调和配合,可以给企业带来长期竞争优势和超平均利润。

IBM在它100多年的发展史上,不乏导致企业灭亡的生存危机,而每一次它都能"侥幸"生存下来并成为世界500强之一。如果一定要说技术是它的核心竞争力,那也要加上"不断使顾客满意"的技术才可能成为它的核心竞争力,支撑其技术的是企业的核心价值观。

可见,核心竞争力使企业保持长期稳定的竞争优势,是企业的制胜法宝,企业要发展,就必须重视提升核心竞争力。

通过控制产业链的每个环节,苹果对产品具有绝对的话语权。相反,如果是"组装模式",则常常会受制于人,比如微软新开发一个软件系统,需要新的硬件支持,如果硬件厂商没有及时跟进,微软就不能从新产品中获益。因为苹果同时控制着软件和硬件的研发和生产,所以在苹果并不会出现这样的问题。

在产品的开发过程中，掌控绝对的话语权，容易控制产品的质量。苹果严密控制着各项技术环节，这让那些企图跟进或者盗版的人无从下手。苹果产品中运行的都是正版的程序，这自然会让产品更加稳定。而且，苹果只有两三种产品系列，大部分电脑硬件都一样，这自然会让其提供的软件产品更加稳定。但是，微软却要给成千上万个像戴尔那样的公司提供软件产品，微软的软件产品必须支持很多种不同的硬件平台。由于存在太多变量，这使微软的产品不可能具备像苹果一样的稳定性。就像专业人士分析的那样："完全开放的 Windows 成了病毒、木马、恶意软件的世界。如何避免这一情况？答案是像苹果一样封闭。"

如果苹果电脑出了问题，只需要和苹果公司的客服联系，就可以及时解决。但是，如果使用"兼容厂商硬件 + 微软软件"的电脑出了问题，用户给戴尔的客服中心打电话，客服中心的人会把责任归咎于微软的软件；如果给微软公司打电话，微软会将责任归咎于硬件制造商。产品问题可能会非常难解决。

现在的用户越来越追求个人体验，人们希望在使用产品的时候能够得到愉悦的感受，而不仅仅像当初那样追求便宜的商品。正是因为这样的需求变化，苹果的产品才会越来越受到欢迎。这也是苹果核心竞争力的体现。

很多人往往并不了解自己的优势，很多企业也并不了解自己的核心优势。作为企业家和经理人，应该发现所在企业的优势，改善那些劣势。任何成功的企业都是靠优势取得业绩，而不可能靠劣势获得发展。核心竞争力是企业的制胜法宝。

为什么有的企业昙花一现？有的中途陨落？有的历经坎坷仍生生不息？原因就在于核心竞争力的差别。

曾经在国内辉煌一时的巨人集团、飞龙集团、亚细亚集团、秦池集团等如今怎么样了？谁也不会怀疑它们曾经拥有过较强的核心竞争力，其由盛而衰只是由于核心竞争力的丧失。因此，维持核心竞争力是每个企业，尤其是那些已经获得成功的企业所面临的重要课题。

创新思维是企业发展的动力源，也是企业长盛不衰的根本原因。人同企业一样，要发展，就要不断打开思路，找到自己适合的创新道路，不断在创新上下功夫。

事实上，人的精力是有限的，因此，不应把一生的重点放在不断改进自己的缺点上面，把自己培养成一个完美的人；而应经常分析，并发现自己的优点，然后再持续不断将其发扬光大，从而形成自己独特的优势，成为某一个领域的专家、强人。获取成功的一个重要因素在于尽早发现自己的优势，然后无限将其放大。这才是乔布斯留给人们最大的遗产。

忠告箴言

"人人都有优势！"不要对自己没有信心，只是我们用心观察、深入发掘就会发现自己的优势。发掘优势的最有效方法就是：对于有些事情，你一定做起来倍感轻松，而且充满激情，并且还会忘记时间的存在，那这就是你的优势。如果你能够将这一优势与周围的人和事情联系起来，那么你就找到了让你人生不断向前的不竭动力。

忠告 33 好学若饥,谦卑若愚

我年轻的时候,有一本令人惊叹的杂志叫作《全球概览》,是我们那一代人的圣经之一。……斯图尔特和他的团队发行了几期《全球概览》。……那是 70 年代中期,我正处在你们这个年龄。最后一期的封底是清晨一条乡村小路的照片,如果你喜欢冒险,你可能会去那样的地方远足。下面是一行字:好学若饥,谦卑若愚。这是他们离开时的告别。好学若饥,谦卑若愚。我一直希望自己是这样。今天,你们要离开校门开始新的生活,我希望你们也这样。

——乔布斯

如今,关于乔布斯的传记以及他的名言纷纷被广大的年轻人所学习。在这其中我们都在品味乔布斯的故事,启迪自己的人生。其实,人生是需要认真经营的,年轻人尽管不知道自己的将来会怎样,但是懂得厚积薄发,上下求索,最后必然会迎来历久弥新的美好。如果我们拥有了乔布斯这种跟着自己的感觉和直觉走的勇气,拥有这种好学若饥,谦卑若愚的心境,那么人生也就充满了意义。

1. 拥有好学若饥,谦卑若愚的心境

这里,让我们再次品味史蒂夫·乔布斯 2005 年为斯坦福大学的毕业生们所作的演讲中最精彩的部分,无关苹果,而是有关人生:

很荣幸和大家一道参加这所世界上最好的一座大学的毕业典礼。我大学没毕业,说实话,这是我第一次离大学毕业典礼这么近。今天我想给大家讲三个我自己的故事,不讲别的,也不讲大道理,就讲三个故事。

第一个故事讲的是点与点之间的关系。我在里德学院(Reed College) 只读了六个月就退学了,此后便在学校里旁听,又过了大约一年半,我彻底离开。那么,我为什么退学呢?

这得从我出生前讲起。我的生母是一名年轻的未婚在校研究生,她决定将我送给别人收养。她非常希望收养我的是有大学学历的人,所以把一切都安排好了,我一出生就交给一对律师夫妇收养。没想到我落地的刹那间,那对夫妇却决定收养一名女孩。就这样,我的养父母——当时他们还在登记册上排队等着呢——半夜三更接到一个电话:"我们这儿有一个没人要的男婴,你们要么?""当然要。"他们回答。但是,我的生母后来发现我的养母不是大学毕业生,我的养父甚至连中学都没有毕业,所以她拒绝在最后的收养文件上签字。不过,没过几个月她就心软了,因为我的养父母许诺日后一定送我上大学。

17 年后,我真的进了大学。当时我很天真,选了一所学费几乎和斯坦福大学一样昂贵的学校,当工人的养父母倾其所有的积蓄为我支付了大学学费。读了六个月后,我却看不出上学有什么意义。我既不知道自己这一生想干什么,也不知道大学是否能够帮我弄明白自己想干什

么。这时，我就要花光父母一辈子节省下来的钱了。所以，我决定退学，并且坚信日后会证明我这样做是对的。当年做出这个决定时心里直打鼓，但现在回想起来，这还真是我有生以来做出的最好的决定之一。从退学那一刻起，我就可以不再选那些我毫无兴趣的必修课，开始旁听一些看上去有意思的课。那些日子一点儿都不浪漫。我没有宿舍，只能睡在朋友房间的地板上。我去退还可乐瓶，用那五分钱的押金来买吃的。每个星期天晚上我都要走七英里，到城那头的黑尔—科里施纳礼拜堂去，吃每周才能享用一次的美餐。我喜欢这样。我凭着好奇心和直觉所干的这些事情，有许多后来都证明是无价之宝。我给大家举个例子：

当时，里德学院的书法课大概是全国最好的。校园里所有的公告栏和每个抽屉标签上的字都写得非常漂亮。当时我已经退学，不用正常上课，所以我决定选一门书法课，学学怎么写好字。我学习写带短截线和不带短截线的印刷字体，根据不同字母组合调整其间距，以及怎样把版式调整得好上加好。这门课太棒了，既有历史价值，又有艺术造诣，这一点科学就做不到，而我觉得它妙不可言。当时我并不指望书法在以后的生活中能有什么实用价值。但是，十年之后，我们在设计第一台 Macintosh 计算机时，它一下子浮现在我眼前。于是，我们把这些东西全都设计进了计算机中。这是第一台有这么漂亮的文字版式的计算机。要不是我当初在大学里偶然选了这么一门课，Macintosh 计算机绝不会有那么多种印刷字体或间距安排合理的字号。要不是 Windows 照搬了 Macintosh，个人电脑可能不会有这些字体和字号。要不是退了学，我决不会碰巧选了这门书法课，个人电脑也可能不会有现在这些漂亮的版式了。当然，我在大学里不可能从这一点上看到它与将来的关系。十年之后再回头看，两者之间的关系就非常、非常清楚了。你们同样不可能从现在这个点上看到将来；只有回头看时，才会发现它们之间的关系。所以，要相信这些点迟早会连接到一起。你们必须信赖某些东西——直觉、归宿、生命，还有毅力，等等。这样做从来没有让我的希望落空过，而且还彻底改变了我的生活。

我的第二个故事是关于好恶与得失。幸运的是，我在很小的时候就发现自己喜欢做什么。我在 20 岁时和沃兹（Woz，苹果公司创始人之一）在我父母的车库里办起了苹果公司。我们干得很卖力，十年后，苹果公司就从车库里只有我们两个人发展成为一个拥有 20 亿元资产、4000 名员工的大企业。那时，我们刚刚推出了我们最好的产品——Macintosh 电脑。可后来，我被解雇了。你怎么会被自己办的公司解雇呢？是这样，随着苹果公司越做越大，我们聘了一位我认为非常有才华的人与我一道管理公司。在开始的一年多里，一切都很顺利。可是，随后我俩对公司前景的看法开始出现分歧，最后我俩反目了。这时，董事会站在了他那一边，所以在 30 岁那年，我离开了公司，而且这件事闹得满城风雨。我成年后的整个生活重心都没有了，这使我心力交瘁。

一连几个月，我真的不知道应该怎么办。我感到自己给老一代的创业者丢了脸——因为我扔掉了交到自己手里的接力棒。我去见了戴维帕卡德（惠普公司创始人之一）和鲍勃；诺伊斯（Bob Noyce，英特尔公司创建者之一），想为把事情搞得这么糟糕说声道歉。这次失败弄得沸沸扬扬的，我甚至想过逃离硅谷。但是，渐渐地，我开始有了一个想法——我仍然热爱我过去做的一切。在苹果公司发生的这些风波丝毫没有改变这一点。我虽然被拒之门外，但我仍然深爱我的事业。于是，我决定从头开始。

虽然当时我并没有意识到，但事实证明，被苹果公司炒鱿鱼是我一生中碰到的最好的事情。尽管前景未卜，但从头开始的轻松感取代了保持成功的沉重感。这使我进入了一生中最富有创造力的时期之一。在此后的五年里，我开了一家名叫 NeXT 的公司和一家叫皮克斯的公司，我还爱上一位了不起的女人，后来娶了她。皮克斯公司推出了世界上第一部用电脑制作的动画片

《玩具总动员》，它现在是全球最成功的动画制作室。世道轮回，苹果公司买下 NeXT 后，我又回到了苹果公司，我们在 NeXT 公司开发的技术成了苹果公司这次重新崛起的核心。我和劳伦娜也建立了美满的家庭。

我确信，如果不是被苹果公司解雇，这一切决不可能发生。这是一剂苦药，可我认为苦药利于病。有时生活会当头给你一棒，但不要灰心。我坚信让我一往无前的唯一力量就是我热爱我所做的一切。所以，一定得知道自己喜欢什么，选择爱人时如此，选择工作时同样如此。工作将是生活中的一大部分，让自己真正满意的唯一办法，是做自己认为是有意义的工作；做有意义的工作的唯一办法，是热爱自己的工作。你们如果还没有发现自己喜欢什么，那就不断地去寻找，不要急于做出决定。就像一切要凭着感觉去做的事情一样，一旦找到了自己喜欢的事，感觉就会告诉你。就像任何一种美妙的东西，历久弥新。所以说，要不断地寻找，直到找到自己喜欢的东西，不要半途而废。

我的第三个故事与死亡有关。17 岁那年，我读到过这样一段话，大意是："如果把每一天都当作生命的最后一天，总有一天你会如愿以偿。"我记住了这句话，从那时起，33 年过去了，我每天早晨都对着镜子自问："假如今天是生命的最后一天，我还会去做今天要做的事吗？"如果一连许多天我的回答都是"不"，我知道自己应该有所改变了。

让我能够做出人生重大抉择的最主要办法是，记住生命随时都有可能结束。因为几乎所有的东西——所有对自身之外的企求、所有的尊严、所有对困窘和失败的恐惧——在死亡来临时都将不复存在，只剩下真正重要的东西。记住自己随时都会死去，这是我所知道的防止患得患失的最好方法。你已经一无所有了，还有什么理由不跟着自己的感觉走呢。

大约一年前，我被诊断患了癌症。那天早上七点半，我做了一次扫描检查，结果清楚地表明我的胰腺上长了一个瘤子，可那时我连胰腺是什么还不知道呢！医生告诉我说，几乎可以确诊这是一种无法治愈的恶性肿瘤，我最多还能活 3～6 个月。医生建议我回去把一切都安排好，其实这是在暗示"准备后事"。也就是说，把今后十年要跟孩子们说的事情在这几个月内嘱咐完；也就是说，把一切都安排妥当，尽可能不给家人留麻烦；也就是说，去跟大家诀别。

那一整天里，我的脑子一直没离开这个诊断。到了晚上，我做了一次组织切片检查，他们把一个内窥镜通过喉咙穿过我的胃进入肠子，用针头在胰腺的瘤子上取了一些细胞组织。当时我用了麻醉剂，陪在一旁的妻子后来告诉我，医生在显微镜里看了细胞之后叫了起来，原来这是一种少见的可以通过外科手术治愈的恶性肿瘤。我做了手术，现在好了。

这是我和死神离得最近的一次，我希望也是今后几十年里最近的一次。有了这次经历之后，现在我可以更加实在地和你们谈论死亡，而不是纯粹纸上谈兵，那就是：谁都不愿意死。就是那些想进天堂的人也不愿意死后再进。然而，死亡是我们共同的归宿，没人能摆脱。我们注定会死，因为死亡很可能是生命最好的一项发明。它推进生命的变迁，旧的不去，新的不来。现在，你们就是新的，但在不久的将来，你们也会逐渐成为旧的，也会被淘汰。对不起，话说得太过分了，不过这是千真万确的。

你们的时间都有限，所以不要按照别人的意愿去活，这是浪费时间。不要囿于成见，那是在按照别人设想的结果而活。不要让别人观点的聒噪声淹没自己的心声。最主要的是，要有跟着自己感觉和直觉走的勇气。无论如何，感觉和直觉早就知道你到底想成为什么样的人，其他都是次要的。

我年轻时有一本非常好的刊物，叫《全球概览》，这是我那代人的宝书之一，创办人名叫斯图尔特·布兰德，就住在离这儿不远的门洛帕克市。他用诗一般的语言把刊物办得生动活泼。

那是 20 世纪 60 年代末，还没有个人电脑和桌面印刷系统，全靠打字机、剪刀和宝丽莱照相机。它就像一种纸质的 Google，却比 Google 早问世了 35 年。这份刊物太完美了，查阅手段齐备、构思不凡。斯图尔特和他的同事们出了好几期《全球概览》，到最后办不下去时，他们出了最后一期。那是 20 世纪 70 年代中期，我也就是你们现在的年纪。最后一期的封底上是一张清晨乡间小路的照片，就是那种爱冒险的人等在那儿搭便车的那种小路。照片下面写道：好学若饥，谦卑若愚。那是他们停刊前的告别辞。求知若渴，大智若愚。这也是我一直想做到的。眼下正值诸位大学毕业、开始新生活之际，我同样愿大家：好学若饥，谦卑若愚。

乔布斯终究已经远去，我们去复制他的人生简直是天大的玩笑，然而他的精神却值得我们年轻人体会，也许对你我都有所帮助，也许你的人生也会因为体悟了乔布斯的这篇演讲而增添些许亮丽的色彩，也许你从此也会好学若饥，谦卑若愚，这对于我们是一笔不小的财富。

乔布斯的经历也告诉我们，没有人能快速通过学习成为一名伟大的成功者。游戏规则就是不断学习，你首先要学会喜欢学习的过程。如果你想成功，从现在起重视点点滴滴的学习，它们都会是你成功路上的基石，如果你不进行持续的学习，其他人就会超越你。

2. 学无止境是一种走向成功的能力

一个人要想生活得更好，仅有工作技能是不够的，还必须不断地学习。学习不仅是为了谋生，更是为了创造好的生活。面对竞争日益激烈的现代社会，只有树立终生学习的观念，才不会落后于他人，落后于社会。

只有不断学习新知识，才能激发新思维，才能勇于否定自我，在成绩中找不足，在荣誉前思危机，在顺境中不陶醉，在逆境中不气馁。在乔布斯的创新思考中，争执和辩论占据着核心地位。他享受着在争论中学习新的东西，乔布斯喜欢智力上的战斗。不断学习并不只是一个口号，而是实实在在引领我们不断前进的精神动力，是我们事业取得成功的新起点。只有不断学习，才能不断进步，只有不断学习，才能使我们的事业不断焕发出青春的火花。

人的天才只是火花，要想使它成熊熊火焰，那就只有学习，再学习！

有这样一篇报道：惠普公司董事长兼首席执行官卡莉·费奥瑞纳女士，"全球第一女CEO"，不管出现在什么场合，她的金色短发、美丽容貌、红色套装以及自信而乐观的微笑都叫每一个人着迷。而让人倾倒的，绝不仅仅是她的女性魅力，更是她所表现出来的坚强、果断和魄力。

面对这样一个"集美丽、智慧、财富、权力于一身"的女人，从秘书工作开始职业生涯的她是如何提升自我价值，一步步走向成功，并最终从男性主宰的权力世界中脱颖而出的呢？

卡莉并不是技术人员出身，作为 HP 这样一家以技术创新领先的公司的 CEO，卡莉有很多东西需要学习，她常常感到最迫切需要补充的是知识。卡莉自己说："我一直在技术公司工作，我知道技术是什么，对技术有宏观的了解，同时我也了解领导力和管理方面的东西。换句话说，我知道自己懂什么，同样也知道自己不懂什么。"

学习是一个人成功的最基本要素。这里说的不断学习，是在工作中不断总结过去的经验，不断适应新的环境和新的变化，不断体会更好的工作方法和效率。有人说，在 21 世纪，人们比的不是学习，而是学习的速度，每个人都在想如何增进自己的学习速度，进而改善自己人生的品质。

学无止境是一种走向成功的能力，是一种使自己更轻松地前进的智慧。没有终生学习的精神，人们的生活也会变得平淡无奇。不善于学习、不善于把知识变成能力的人，就会像无头苍蝇一样四处乱撞，就会华而不实，很难获得真正的提高。这样的人，终其一生难成大事。

"情况总是在不断地变化，要使自己的思想适应新的情况，就得不断地学习"。成功的人都非常善于调动自己的知识和经验积累，善于向别人学习，把所学到的知识消化后为自己所用，使新的知识转化为自己新的能力，在不断创新中把所学用到实际中去。

人一旦停止了学习，他就会成为社会的落伍者，他将在快速发展的社会里找不到自己的位置。人人都渴望成功，人人都想得到成功的秘诀，然而成功并非唾手可得，即使现在你有小小的成绩，但是，一旦你停止了学习，整个世界将从你身旁呼啸而过。

要想使自己的事业不在低谷中持续徘徊，就必须不断学习，通过学习来确定继续前进的动力。找到了不断前进的动力，就能重新鼓舞起人的斗志，就能凝聚成新的奋斗目标，使我们的事业继续朝着良好的方向发展。

苹果公司之所以能够成为全球卓越的企业，离不开公司不断学习的精神。乔布斯和他的团队有问鼎的雄心并真的攫取皇冠在手，就在于他超强的学习能力。他在学习方面无与伦比，每次都是随着市场的发展而有目的的学习，因此总能抢在他人之前掌控局面。

让我们细细品味乔布斯演讲稿中的每一句话，我们会懂得：不管你是涉世未深的青年，还是经验丰富的长者；不管你胸无点墨，还是学富五车，在前进的路上，我们都需要怀抱好学若饥，谦卑若愚的心态。

忠告箴言

人生的这条路并不漫长，眼睛所能看到的只是那么一点点远。人生之路如何行走？不同的人会走出不同的版本。也许是不断的挫折、失败，但也有可能有一天终会柳暗花明。只要拥有这种好学若饥、谦卑若愚的心态，我们也定可以活出自己的精彩。

忠告 34　走出思维的框框,开辟一个新天地

创新无极限! 只要敢想,没有什么不可能,立即跳出思维的框框吧!

——乔布斯

我们平常在思考问题时经常会不自觉地跳入思维定式的框框,但思维定式却不利于创新思考;要进行创新思考,必须突破思维定式。思维定式能使思考者省去许多摸索、试探的思考步骤,不走或少走弯路,大大缩短思考的时间,提高思考的效率;还能使思考者在思考过程中感到驾轻就熟、轻松愉快。但思维定式却不利于创新思考;要进行创新思考,必须突破思维定式。

乔布斯对创新的诠释可谓是比别人更胜一筹。他说:"创新无极限! 只要敢想,没有什么是不可能。"他的创新不单单是跳出思维定式的框框,而更多的时候他是个思维创新的整合者。他将艺术与人性化完美的融合于技术之中,而这,正好可以契合现代人的审美、消费需求。

1. 打破常规思路需要有"颠覆"的勇气

当乔布斯担任苹果公司临时首席执行官的时候,为了重新"复兴"苹果公司,他下令终止研发牛顿掌上电脑,而将最终研发的目标落在了音乐领域。

乔布斯本身就是个矛盾体,他既成熟、稳重,又具有独有的冒险秉性和胆量。他经过反复调研、思考,毅然决然地取消研发牛顿掌上电脑,从事音乐领域的产品研发。对音乐领域的研发虽然是一次冒险,但也是一次大胆的尝试和突破。乔布斯相信音乐的享受即将占领人们更多的精力和时间。事实证明,他的创新取得了成功,使苹果公司成为一家音乐领域的商业公司。

冒险在许多人眼里就是不切实际,疯狂的表现,而且他们也无法理解那些总喜欢走擦边球的人为什么反而能够获得巨大的成功。现在许多行业都不乏一些冒险的赌徒,尤其是科技行业,冒险的程度越高,产品更新研发的速度也就越快,相应回报也就越高,那些"一夜暴富"的暴发户常常在发了之后被人们所知晓,因此会被人们从潜意识里认为是瞎猫碰到死耗子。其实,冒险也是一项非常难得的素质。冒险并不是毫无根据的激进,或者像没头苍蝇一样乱碰乱撞,冒险是建立在对市场的透彻分析、对资源的有效整合、对信息的敏锐观察、对发展前景的合理规划上的,他们不会贸然地意气用事,用感情支配理性,他们冒险的目标是经过自己的努力可以得到的,而且那个目标值得自己去冒险。具有冒险精神的人其手里掌握着先机,所以能够最快地掌握住机会,结果自然就胜人一筹了。

创业本身就是一项冒险的事业,机会往往不是人人都能察觉得到的,所以,在别人还未察觉到机会的时候,拥有冒险精神的人才能紧紧地把握住机会。当然,社会是瞬息万变的,未来的市场也是瞬息万变的。冒险也有失败,创业也有跌倒的概率,因为,冒险的同时就会伴随风险,风险和冒险是相互依存的,有冒险就会有风险,而且正是因为有风险,才会有高收获。

人生就像是一场赌注,只有敢赌,才有颠覆的机会。你的明天就可能比今天更好,这也是一

· 242 ·

种创新的方式。

想要创新就要具有"颠覆"的勇气,就是要跟过去完全不一样,拿出一个全新的创意,让所有的一切都是全新的。

唐纳德·克利夫顿在大学里学的是数学和教育心理学专业。毕业后,作为一位有执照的心理学家,他曾在内布拉斯加——林肯大学从事教育心理学研究和教育工作达19年之久。他撰写了200多个案例,涉及多种行业和人群,他和保拉·尼尔森合著了《飞向成功》,并且和马克斯·白金汉合著了畅销书《现在,发现你的优势》。1969年,他辞职创办了SRI公司,主要从事人才选拔、管理研究和调查研究,在业内享有盛誉。1988年,SRI公司与盖洛普公司合并。他是盖洛普公司的前董事长,现为盖洛普国际研究和教育中心的主席,同时也是该中心的世界领导人研究的首席案例撰稿人。

克利夫顿作为成功心理学的创始人之一,在20世纪末完成的行为科学研究成果《首先,打破一切常规》在美国出版后,好评如潮,长时间位居《纽约时报》、《华尔街日报》、《商业周刊》等商业类畅销书排行榜的榜首,并成为美国著名商学院的教材,在哈佛大学引起了强烈反响。

唐纳德·克利夫顿博士在自己的著作中指出,世界顶级管理者的成功秘诀首先就是打破一切常规。做到打破常规首先就是要有自己的本色,回归真实的自我;其次就是增强自己的自知之明,也是要知道自己的优势。优秀的世界级管理者的特点是规矩比较少,不喜欢受太多条条框框的束缚,他们关注的是怎样可以使他们管理的员工的思想能够充分地发挥出来。

唐纳德·克利夫顿博士强调,要想打破常规,不可或缺的是自信和勇气,因为打破常规有时候意味着要冒很大的风险。他说:"你打破常规是为了让具体的每一个人都获利,获得益处,实际上你是为了每个人的利益去打破常规的。而我觉得打破常规,甚至为了当事人而打破常规的最大的风险就是常常连当事人都表示并不理解你。"

2. 发掘你的"第四只眼"

所谓"第四只眼",本质上说的是人的独创性,而且每个人的独创性又各不相同。独创性就是要打破常规,追求与众不同,对同一事物有个人不同的观点,就要求思维具有求异性。"第四只眼"常常指用一种近乎挑剔的眼光看问题,并总是能提出与众不同的、罕见的、非常规的想法。

有一位画师收了几位徒弟。为了考验徒弟们的天赋,画师给了每位徒弟一张白纸,出了一道题,要大家用最简练的笔墨在有限的纸上画出最多的骆驼。结果当答卷交上来时,师傅发现,几个徒弟的画法有很大的差异。

几个年龄较大的徒弟想法很普通,有的在纸上画了许多小骆驼,有的干脆用细笔密密麻麻地在纸上画了大量的圆点,用圆点表示骆驼。但这些画都被画师认为缺乏创意。因为这几幅画的思路是一样的,即尽可能地画更多的骆驼,而纸上无论画多少,都是有限的。只有小徒弟的画最有独创性:他画了一条弯弯的曲线表示山峰和山谷,画上只画了一只骆驼从山谷中走出来,另一只骆驼只露出一个头和半截脖子。这就给人以无限的遐想,谁也不知道会从山谷里走出多少只骆驼,或许就是这一两头,或许三四头,或许是一个庞大的骆驼群……

费涅克是一名美国商人,他住在闹市之中,深知城市居民饱受各种噪声干扰之苦。在一次旅游中,小瀑布的水声激发了他的灵感。于是他用立体声录音机录下了许多小溪、小瀑布、小河流水发出的声音,还录下了许多鸟鸣的声音。然后,将复制整理的录音带高价出售给那些久居闹市的人们,把他们带进了大自然美妙的境界中,使人们能够在"水声"的陪伴下安然进入梦乡。费涅克也因此而获得了巨大的利润。

弗雷德里克·图德被称为"冰王"，他因为经营人们认为不值钱的冰而发了大财。图德的想法很简单：把冰从不值钱的地方运到可卖高价的地方。这个大胆的想法，曾使同时代的人感到迷惑和可笑。不管别人怎么想、怎么说，图德全力以赴地忙于运冰，随之而来的是滚滚财源。仅 1856 年，图德就向菲律宾、中国、澳大利亚、西印度群岛等地用船运送了万吨冰。天道酬勤，图德从司空见惯的冰中获取了大笔利润。可以说，到了 19 世纪中期，图德已经牢牢地确立了自己的冰王地位。

浅野总一郎 23 岁时走出故乡的小山村，来到了满眼繁华的城市——东京。当时浅野总一郎身无分文，吃饭都成了问题。当浅野总一郎一筹莫展时他发现了一口泉眼，那里的水非常清凉，非常可口。他想："这里的水这么好喝，我干脆卖水算了。"于是，他捡来卖水的工具，在路旁摆起了卖水的小摊，开始了他的卖水生涯。两年后，25 岁的浅野总一郎已赚了他的第一桶金，开始转向经营煤炭……

在许多人眼中根本不值钱的东西，但在一些人那里却可以创造出令人耳目一新、为之一振的财富，这就是"第四只眼"的力量。

3. 换一种思维方式思考问题

一个木匠，造一手好门，他费了多日给自家造了一个门，他想这门用料实在、做工精良，一定会经久耐用。后来，门上的钉子锈了，掉下一块板，木匠找出一个钉子补上，门又完好如初。后来又掉下一颗钉子，木匠就又换上一颗钉子；后来，又一块木板朽了，木匠就又找出一块板换上；后来，门闩损了，木匠就又换了一个门闩；再后来门轴坏了，木匠就又换上一个门轴……于是若干年后，这个门虽然无数次破损，但经过木匠的精心修理，仍坚固耐用。木匠对此甚是自豪，多亏有了这门手艺，不然门坏了还不知如何是好。

忽然有一天邻居对他说："你是木匠，你看看你们家这门？"木匠仔细一看，才发觉邻居家的门一个个样式新颖、质地优良，而自己家的门却又老又破，长满了补丁。于是木匠很是纳闷，但又禁不住笑了："是自己的这门手艺阻碍了自己家门的发展。"于是木匠一阵叹息："学一门手艺很重要，但换一种思维更重要，行业上的造诣是一笔财富，但也是一扇门，能关住自己。"

当一个人形成了某一种根深蒂固的习惯方式之后换一种思维是非常重要的。作为年轻人，我们从中能获得何种启示呢？成功的基本原理大多是有共性的，为了不被现有的规则封闭自己，为了不被"行业上的造诣"关住自己，为了使自己的视野更加开阔，我们需要敞开心扉，打破常规，成就自己。

换一种思维方式思考方式就是换一种方式去感知事物，用新方法思考老问题。苹果体验店的诞生就是乔布斯换一种思考方式所取得的成果。当初，苹果决定涉足零售市场完全是出于自身迫切的需要。2000 年前后，无论是苹果还是其他品牌，都依靠电器零售商去推销他们的产品。当时的零售商就是只管卖货。这些电器卖场的员工对苹果产品的特点知之甚少，他们都不怎么懂苹果产品更别说向顾客介绍了，这使得苹果当时在美国计算机市场中的占有率仅为3%。所以要想抢占市场份额，就必须采取措施改善零售体验。虽然乔布斯并不熟悉零售领域，但是他下定决心："我们必须换一种思考方式，创造出一种新模式。"乔布斯换了一种思维方式思考，当他在头脑中想象着苹果零售店的模式时，他希望苹果零售店能够像苹果电脑一样，为人们的生活带来轻松、便利，让人们生活更加丰富多彩。于是，乔布斯将苹果专卖店的理念定位在"让生活丰富多彩"上，打破了传统零售业店铺在设计、选址和管理上的模式，建立了能够为顾客提供解决方案的精品店铺。

相对于传统的零售行业,苹果专卖店创造了一种全新的顾客体验模式。苹果并非为了开店而开店,在苹果专卖店中没有收款员、售货员,只有提供服务的咨询师和专家。苹果的第一家专卖店在不到5年时间里就达到了10亿美元的营业额。这个神奇的数字是历史上其他任何零售商都望尘莫及的。如今,苹果在全世界已经开了287家门店,每个季度都会带来超过10亿美元的销售额。通过走与众不同的路线,苹果零售商已经成为世界上最赚钱的零售商。

乔布斯眼中看到的世界与我们眼中看到的世界并没有什么不同,但他对事物的理解和感知却与我们大不一样。换一种思维方式思考绝非易事,只有强迫自己跳出肉体和精神上的舒适区,从以前的经验桎梏中解放出来,并强迫大脑做出全新的判断,令人赞叹的创意才会源源不断而来。

创新不仅由你的思维来决定,也由你的目标来决定。当你看清了趋势,确立了强大的目标,才能引爆创新能量。

4. 勇于突破思维定式

大部分人会将苹果这一品牌与李维斯、可口可乐、迪士尼、耐克等这些国际知名品牌放在一起。即使创建一个不及苹果公司优秀的品牌也需要数十亿美元,然而苹果公司丝毫没有利用这一财产。乔布斯在1998年接受《时代周刊》杂志采访时说:"虽然苹果公司的产品不是最好的,但是公司品牌非常有市场价值。苹果公司的品牌是公司的核心竞争力之一。"

无论从内部工作人员还是从外部合作机构,乔布斯都时刻关注为苹果公司注入创新力。在三家为公司提供服务的顶级品牌机构中,乔布斯最终选中了曾经为第一代麦金塔电脑制作那则著名广告的李岱艾广告公司(TBWA Chiat/Day)。在乔布斯的推动下,李岱艾广告公司为苹果公司创造出了"不同凡'想'"系列广告。

乔布斯所强调的"突破思维定式"的理念,被李岱艾广告公司淋漓尽致地表现了出来。对于一个优秀品牌的诞生来说,有好的产品只是一个基础,更关键的在于是否拥有品牌精神和能打动消费者的强大气场。

5. 勇于拆掉思维的墙

我们这里所说的思维的墙就是指人的思维模式。每个人的体验、经历、教育环境、生活环境不同,决定了他们的思维模式也不同,什么样的思维模式,决定什么样的命运。

总结起来,人形成的固定思维模式主要来源于三个方面:

第一,自然世界。这主要是从我们的感官体验而来。比如说,你小时候被蛇咬了,可能你一辈子都会害怕蛇。

第二,概念模式。这主要是来自于我们从别人那里获得的信息或受到的教育,是社会与文化对我们作用的结果。比如说,你把狗、猫、兔子归入动物一类,把草、树、花归入植物一类。

第三,逻辑推论和归纳。这一方面的思维定式主要来源于人生经历。比如说,生活在和睦家庭里的孩子,容易得出一个所有家庭的孩子都是幸福美满的结论;再比如说,一个人只见过长两条腿的鸡就得出世上没有长三条腿的鸡的结论。

这样说,并不是说既定的思维模式就是错的,思维模式没有对错之分,只是在不同的地方有不同的作用。打个比方,当你不小心落入瀑布下的旋涡流中时,如果你尽全力向岸边游,你会耗尽力量最终被吸入旋涡底部而丧生;而如果你向旋涡中心游,潜入底部再游出来,你就能轻而易举地逃出来。如此看来,落水后向岸边游并不是在任何时候都是正确的。

也就是说,被我们奉为真理的思维模式也有其局限性,在不断发展、日新月异的生存领域里,有些进入"旋涡"里的人,仍然在用过去"往岸边游"的方式游泳,最后却是一无所获。所以,我们必须拆掉思维的墙,在不同的地方灵活运用不同的思维方式。

贝尔发明第一部电话机之前,世人都预言总有一天,电报机会出现在每一个美国人的办公桌上,但是,乔布斯不相信,他认为绝大多数人不会去学习复杂的摩斯密码。当贝尔发明了电话之后,乔布斯想到的却是让每个桌上都摆上他的 Mac,他要设计一个像电话簿一样大小的电脑,他要创造计算机领域的第一台"电话"。这个创意让乔布斯的设计师们既激动又震惊,因为这么大的电脑只是当时市场上电脑的 1/3 大小,他们正在与 Mac 一起改变历史。

乔布斯能够有如此创意,是因为他的脑海时刻都在想着改变过去,时刻都想着拆掉思维的墙。事实上,我们也可以改变,即使改变不了过去,但是却能够改变过去形成的看法,慢慢地一点一点地学习改变,最后才能变得更有创意。

你需要从外界时刻接受新鲜事物,让你意识到这个世界不是你过去所看到的样子,有了差距体验后,你的思考便会慢慢改变,慢慢地,你的想象世界便开启了。最后,你终于可以超越过去的思维模式,更换固定的思维模式了。

开阔你的视野,体验更丰富的生活,跳出心理的"适应区",你的新方法就会越来越得心应手。

6. 运用逆向思维有可能帮你"扭转乾坤"

悖于常理的逆向思维可以让你突破思维禁锢,为自己开创一片更广阔的想象空间。

在现实生活中,人们在解决问题时,时常会遇到无法突破的瓶颈,这是由于人们往往只会朝一个方向看问题造成的,如果能换一换视角,逆转思维来考虑问题,情况就会大大改观,事情也会变得更有弹性,甚至让人获得意外的惊喜。

李嘉诚在香港地产业的成功正是他运用了逆向思维的结果。1967 年年底,作为香港经济核心的房地产业转入低潮,许多房屋售价低得叫人难以置信,众多新落成的楼宇无人问津。地产商、建筑商全都焦头烂额、一筹莫展。李嘉诚长江集团旗下的建筑工地也被迫停工,损失惨重,几乎全军覆没。

但李嘉诚临危不乱,沉着应变,冷静分析了当时的形势,他认为香港的地产业不会就此垮掉,动乱只是暂时的,前途一定是美好的,于是他毅然决然地在整个地产行市都在抛售的大势中逆流而行,不动声色地大量吃进。别人认为他的这种"逆势而行"是很傻的行为,有的为他捏一把汗,有的在等着看他的笑话。

但事实证明李嘉诚的做法是正确的,他获得了成功。20 世纪 70 年代初,香港的房地产价格开始回升,李嘉诚从中获得了 200% 的高利润。到了 1976 年,李嘉诚公司的净产值达到 5 亿多港元,成为了香港最大的华资房地产企业。

李嘉诚之所以能够把眼前的灾难变成自己未来成功的机会,其主要原因在于他独特的思维方式。最危险的地方人人都惧怕,不愿意去,可有句俗话说得好"最危险的地方也是最安全的地方",人们都避而远之就没有人会发现里面的商机,有眼光的人会逆思维而行,把握全局,扭转乾坤。

在瞬息万变的社会中,并不是所有的事情都会一帆风顺,当遇到挫折时我们要学会运用逆向思维,发现它好的地方,因为任何问题本来就是一分为二的,有好的一面必然有不好的一面,有不好的一面也必然会有好的一面,只是在有些时候往往是利大于弊和弊大于利的区别。事物发展变化有一定的因果联系，既可以由因及果，也可以由果及因，具有顺推和反推的交换作用，突破习惯思维定式的束缚，就可以获得认识上的自由。逆向思维要从结果入手，反向思考，步步深入，直到得出正确答案。

一个人的思维能力要提高，关键要改变观念，转换思维模式，尝试从不同的视角发现问题、认识问题并解决问题。

总而言之，如今的社会故步自封的人恐怕难以在事业上取得大发展，而勇于走出思维框框的年轻人其前途才会无量，才会创造一片新的天地。年轻朋友，纵使我们不可能成为第二个乔布斯，但乔布斯的这种不受常规思维禁锢的做法值得我们借鉴，我们才会免于落后，不落窠臼，人生才会走得精彩！

忠告箴言

人生旅途中，不少年轻人依然是经年累月地陷入一种思维定式，从未尝试过换种思路考虑问题，所以他们中的很多人走不出宿命般的可悲结局；而倘若换个角度思考问题，也许就可以看到许多别样的人生风景，甚至可以创造出新的奇迹。比如常爬山的应该去涉涉水，常跳高的应该去打打球，常划船的应该去驾驾车。换个位置，换个角度，换个思路，也许我们的面前将会是一番新的天地。

忠告 35　营销对路的方法:去寻找更简洁的商业模式

这是我的一个秘诀——聚焦和简化。简单比复杂更难:你必须辛勤工作理清思路并使之简单化。但是这一切到最后都是值得的,因为一旦你做到了,你便创造了奇迹。

——乔布斯

聚焦和简化既是一种思维定式,也是一门团队管理哲学,它对于企业的发展至关重要,尤其是对于讲究创新和知识性思考的行业来说,它绝对可以称得上是"黄金法则",是企业独占鳌头的法宝,也是个人人生所应追求的。

1. 简单的力量

最近,一部叫《泰囧》的国产电影大卖,创造了多项中国电影新纪录。投资该电影的是一家叫光线传媒的 A 股上市公司。影院排队大笑之余,有心的投资者就想,影片这么火爆,公司肯定赚大了,那股票也应该涨。这个简单的共鸣,使得光线传媒的股价在《泰囧》上映以来的短短 15 个交易日内大涨 74%,前后一个月内最大涨幅 93%,几近翻番。看《泰囧》买光线的投资者,赚了个钱袋满满。

投资有时就是这么简单。股神巴菲特讲来讲去的投资秘诀无外乎就是"投资好公司"、"低买高卖"那么几条,听起来都是简单得不能再简单的常识。他解释自己放心持有吉利公司股票的时候说,"全世界有 20 亿成年男人,即使在我睡觉的时候,他们的胡子都在继续生长。"这是一个简单的常识。与此对应的简单事实是,用过吉列刮胡刀片的男人,基本都不再用别的了,吉列占有男人剃须市场 60% 以上的份额。

互联网改变世界的核心,也在于简单的力量。中间层没了,世界扁平了,一切都 CLEAR 了。如果信息的不对称性被互联网完全消解,金融投资业还拿什么来博弈?如果网贷盛行、交易自动、90% 的金融需求都可以通过互联网得到满足,今天的银行业还有存在的必要吗?简单的移动、互联,正在摧毁整个旧的世界。

2. 有必要了解何为苹果制胜的方法

所有的苹果产品都有一个明显的特征,那就是简洁。简洁,并不是删除了事,它强调的是将麻烦的东西变得简单明了。对于用户来说,使他们应用起产品来能够得心应手,对于研究者来说,他们要解决掉所有的难题,而让用户享受到超完美的体验。

随着网络经济引起人们的普遍关注,使得商业模式这一概念也被重视起来。那么,到底什么是商业模式?

美国著名投资商罗伯森曾对亚信公司的创始人田溯宁说:"商业模式就是一块钱在你的公司里转了一圈,最后变成了一块一,这增加的部分就是商业模式所带来的增值部分。"追根究底,商业模式所追求的就是做什么,怎么做,怎么盈利? 它的实质内容就是创新。创新存在于企业经营的整个过程中,它在企业资源开发、研发模式、制造方式、营销体系、市场流通等每一个环节中,都是不可或缺的重要因素,每个环节上的创新都会成为一种商业模式,而且是成功的商业模式。

对于制造业来说,这种商业模式的运作更是体现得淋漓尽致。制造业经过了手工作坊、工厂式、福特式等商业模式阶段,每一阶段的生产方式都是一种新的商业模式。

"我接任苹果公司的时候,看到的是数目繁多的产品,"乔布斯在后来的回忆中说,"太不可思议了。于是我开始问公司员工,为什么推荐 3400 而非 4400? 为什么直接跳到 6500,而非7300? 三个星期后,我依然无法弄清楚到底是为什么。如果连我都无法弄懂这一点,我们的顾客怎么可能弄清楚?"

当时一名苹果公司的工程师告诉乔布斯,在苹果公司总部的墙上贴着一张流程图,流程图的标题为"教你如何选择麦金塔电脑",它的本意是指导顾客怎么去选择一台好的电脑。可是,这张流程图却显示出了一些弊端。这名工程师说:"当你需要借助流程图才能选出自己想要的麦金塔电脑的时候,这里面肯定会有问题。"

苹果公司的组织结构也是如此。苹果公司虽然是《财富》500 强企业,但是它的机构臃肿,公司的工程师有几千名,管理员的数量更是数不胜数。苹果公司高科技小组负责人唐·诺曼(Don Norman)说:"在乔布斯接任之前,苹果公司卓越、精力充沛但却混乱不堪,没能发挥出其强大功能。"高科技小组就是苹果公司的研发部,很多重要技术就是由他们创造出来的。

"我 1993 年加入苹果公司的时候,它真是太了不起了,你可以做许多富有创造力和创新性的事情,但是公司结构一片混乱。在一个部门里,需要一些富有创造力的人,而其他人则负责做事情。"诺曼说。苹果公司的工程师具有丰富的想象力和创新性,他们往往因此而受到奖励。但是,他们整天都在进行发明创造,而忽视了公司规定的事情。对于他们,管理者往往是无可奈何。公司领导人的命令早就传达下去了,可是,几个月后却没有人执行。"太荒唐了。"诺曼说。

苹果公司的最大软件合作商——Adobe 公司的约翰·沃洛克(John Warnock)说,当乔布斯又回到苹果公司以后,这一情况才慢慢得到改观。"他意志坚定地来到了苹果公司,你要么与公司签约继续工作,要么就离开。"沃洛克说,"要以一种理念经营苹果公司——直接,有力。任何人都不可能轻易做到这一点:每次遇到问题,都非常猛烈地去处理。我认为,在 NeXT 公司的几年时间里,他成熟了,并且他从来没有这么成熟过。"

在 1998 年接受《财富》杂志的采访时,乔布斯说:"我们所需的只是四大产品平台,如果我们能够成功构建这些平台的话,我们就能够将 A 级团队投入到每一个项目中,而不需要使用 B级或者 C 级团队。也就是说,我们可以更加迅速地完成任务。这样的组织结构非常流畅、简单,容易看明白,而且责任非常明确。一切都简化了,这正是我的信条——聚焦与简化。"

乔布斯很喜欢小团队的运作模式,因为这种方式更简化、直接。

在后来乔布斯领导苹果公司时,他就要求苹果公司应该拥有更加简化、有效而且直接的组织模式。他又制定了新的管理流程图,简单而又明白:工程部负责人一人,软件开发负责人一人,设计团队领导一人,公司运营责任人一人,全球销售负责人一人。

乔布斯认为,公司应该制定一条清晰的链式结构,即让公司的每一名员工都清楚,他们要向谁汇报工作的进展情况,以及他们要具体做哪些工作。

艾弗跟别的设计师一样，也喜欢分析一些设计理念及构想。而乔布斯更注重直觉感受。他能直言不讳地指出他喜欢哪些模型和设计草图。艾弗所要做的就是根据乔布斯的这些喜好，去完善这些模型及草图的设计。艾弗最崇拜的人是德国工业设计大师迪特·拉姆斯。他现在工作于博朗电器公司。拉姆斯最值得学习的设计理念就是"少而优"。

乔布斯和艾弗也正在探索怎么才能把每一个繁杂的设计变得简洁明了。从乔布斯在第一本苹果手册里倡导"至繁归于至简"开始，乔布斯就把简洁当成自己的奋斗目标。"要把一件东西变得简单，还要真正地认识到潜在的挑战，并找出漂亮的解决方案。"乔布斯说，"这需要付出很多努力。"

把一切东西变得简单，并不是不重视它的复杂性，而是把这种复杂性简单化。

乔布斯眼中的简洁，不是表面上的，而是有真正意义的。他和艾弗在这一点上达成了共识，乔布斯也找到了自己的"精神伴侣"——艾弗。

艾弗曾经表达过他对简洁的看法：为什么我们喜欢简单的东西呢？因为它们对于我们来说具有可操控性，易于为我们所掌握。如果我们能够找到复杂中隐藏的规律，我们还是可以控制这些产品的。简洁，不能停留在表面，也不仅仅是把繁杂的东西都处理掉，而是要深究它。越深越能达到好的效果。我们要好好地把握"简洁"，领会它的每一个部分的精髓，以及它是如何制造的。这样你才能判断出哪些是不重要的部件，是能够完全忽略不计的。

在重新领导苹果公司后，乔布斯曾对《财富》杂志说："在大多数人看来，设计就和镶嵌工艺差不多，但是对我而言，'设计'一词绝无任何引申含义。设计是一个人工作品的核心灵魂，最终由外壳表达出来。"如此这般，苹果的产品设计和工程制造就能够融为一体。对于苹果 PowerMac 系列产品，艾弗是这么说的："只要不是绝对必需的部件，我们都会想办法去掉，为达成这一目标，就需要设计师、产品开发人员、工程师以及制作团队的通力合作。我们一次次地返回到最初，不断地问自己：'我们需要那个部分吗？我们能用它实现其他部分的功能吗？'"

有一次，乔布斯和艾弗在法国的一家厨具专卖店里参观的时候，他们突然就明白了产品设计、产品本质和产品制造这三者之间到底是如何联系在一起的。

当时艾弗一眼看上了一把锋利的刀子，就拿起来观看，不过，他摇了摇头放下了，乔布斯跟他的反应一样。艾弗说："刀把和刀片之间明显有一丝胶黏的痕迹，正因为我们都发现了，才放弃了它。"

3. 懂得"简单"的人走得更好

乔布斯的一生扮演了很多的角色，例如，商人、玩家、管理者、创新人、设计师、行为方式的驾驭者……也许最能概括他的一个词应该就是"简单"了。这里我们有必要了解乔布斯的"简单"人生！

（1）认知简单

乔布斯最后一次面对媒体的时候展示了一幅图。图上画着一个十字路口，在两条相交的道边各画着一块路牌，分别写着"技术"和"人文"。乔布斯指着"人文"说，苹果就是在这里把对手打垮了。

确实，苹果产品之所以能深入人心，不是因为它的新技术，而是由于它的新理念和新体验，也就是"人文"。正是因为用户喜欢这种体验，才将使用苹果产品作为自己的骄傲。所以，苹果才能立于不败之地，成为同行里的佼佼者。

(2)融入简单

乔布斯曾去过遥远的印度修行,在那里,他学会了"简单";在那里,他找到了精神依托。所以,人们都说,乔布斯正是把这种简单的思想贯穿到了世俗的生活中,才养成了他特立独行、我行我素的作风,不仅是乔布斯本人,就连苹果产品都带着这样一种风格。

"我有这样一句魔咒——专注与简单。简单之所以比复杂更难,是因为你必须努力地清空你的大脑,让它变得简单。但这种努力最终被证实为有价值,因为你一旦进入那种境界,便可以撼动大山。"当乔布斯评价自己时,他如是说。

(3)定义简单

乔布斯的一生出遭遇了各种坎坷,包括被遗弃、被排挤。乔布斯开始创业的时候是在一个车库里。他的一个学电子的朋友把他介绍给了一个效力于惠普公司的工程师,之后,他们开始了他们的共同创业之路。

(4)性情简单

可以说,乔布斯是给了苹果生命的人,他创办了苹果,后来又拯救了苹果,他对于苹果有着很深厚的感情。

时任苹果公司副总裁的杰伊・埃利奥特曾经说过,在业务层面,乔布斯每天都在做新尝试;在管理层面,他无法容忍办公室政治和官僚作风。然而,乔布斯性格中的那种固执和硬派,以及他那句"不听话就滚蛋"的口头禅时常让他的下属无法忍受。埃利奥特曾经也就目睹了1985年乔布斯与时任首席执行官约翰・斯卡利的一系列言语交锋。他俩对公司的定位、产品的落点以及发展的方向各有所想,完全无法契合。

1985年在夏威夷举行的一次销售会议上,两人大动干戈,"相互对怒",不久后,乔布斯宣布离开,自称"被解雇"。

直至20世纪90年代中期,乔布斯回归苹果,担任顾问。不久后,他出任首席执行官,开始拯救"半死不活"的苹果。

(5)专注简单

佛家有云:大象无形,大音希声。意即所有的事物归根结底都归属简单,世间所有的事物莫不如此。在当下的市场经济环境下,简单也同样适用,在电子消费品行业,乔布斯有四五项"大作"值得追忆。这些在苹果发展历程中具有里程碑意义的"大作"可以看到一个共同特点:简单。

借用乔布斯自己话,自打重返苹果后,他一直在思考一个问题,那就是做减法。

产品理念的精简化注定要付出更多。在苹果内部,研发团队每周要举行两次例会,一次可畅谈灵感,另一次畅谈如何将上一套灵感否定出局。在肯定与否定中最终存活下来的灵感才可能成为汇报给乔布斯的设计方案。

要将集高科技于一身的电子消费品做到使用户简单地使用,并非一蹴而就的,这就要求我们必须做到专注,专注简单,才可创造出不简单的产品。

(6)真实简单

真实的乔布斯就是那么简单。在近些年的新品发布会上,他总是穿一件白色衬衫,或是套一件白色套衫,甚至就是披一块白布出场。这与早年间他身穿高领上装四处寻找资助商的风格已大相径庭。

真实,能给人信任,让人充满安全感,因为它就是那么简单,没有口蜜腹剑,没有阴谋诡计,没有弄虚作假。在当今激烈的市场竞争环境下,拥有一份真实,怀揣一颗简单的心,你将走得更好。

（7）防止功能膨胀

古人云:过犹不及。任何事都有一个限度,若一味地追求超越,追求完美,就会使事物的发展背离你的初衷,在有些情况下,适可而止是最好的选择。众所周知,工程师只想干有创意、有挑战,且令人振奋的项目,而商人却只想干能赚钱的项目。任何有过科技行业从业经历的人都明白,这两类人存在与生俱来的矛盾。双方妥协的结果就是产品适用范围蔓延、功能膨胀,从而催生令人困惑、失去重点的产品。iPod 诞生前的 MP3 播放器以及 iPhone 诞生前的智能手机,都存在相同的弊端。但苹果的创新恰恰在于将这些产品进行提炼,让它们回归自己的根本目的,然后为其赋予简单而有吸引力的使用方式。正如乔布斯所说:"减法使人进步。"

（8）设计一套能够持续为用户创造价值的商业模式

企业若想自己生产的产品能获得消费者的青睐,就必须定位用户。要创造用户价值就需要设计一套商业模式,确保这种价值能够反复创造。聘请重视用户体验的员工和开设零售店,是苹果创造用户价值的两个主要渠道。然而,iTunes 同样应被视为其商业模式的组成部分。尽管 iTunes 本身并未给苹果创造太多利润,但 iTunes 桌面软件和 iTunes 音乐商店还是增加了苹果硬件产品的价值。从消费者的角度来讲,这种将硬件与内容相整合的方式,提供了巨大的价值,提升了用户忠诚度,并增加了各项业务的收入。因此,设计一套能够持续为用户创造价值的商业模式,无论对于企业自身,还是对于消费者而言,都将是有利的。

（9）必要时可以革自己的命

当今社会的发展日新月异,每天都在发生着新变化,企业的发展模式必须符合市场规律,因此,企业必须做到顺应市场的潮流,进行改革。对于深谙营销之道的企业而言,如果拥有更好的产品,便应勇于革自己的命。苹果至少两度为之:第一次,苹果放弃了 iPod Mini,转而力推 iPod Nano;第二次,尽管 iPod 仍然可以提供独特的功能,但由于 iPhone 同样具备音乐播放功能,因此有可能对 iPod 造成冲击,但苹果还是冒险发布了 iPhone。很多企业或许都担心新产品会对现有的支柱产品造成冲击,但苹果却深谙这样一个道理:如果你不革自己的命,其他企业就会革你的命。这对于企业来说是至关重要的,因此,企业必须进行革新,适应市场的发展。

1997 年,乔布斯重返苹果,受命于危难之际,当时苹果公司已经陷入了绝境,濒临崩溃的边缘。在乔布斯离开苹果的几年之内,苹果公司的业绩一路下滑,从全球最大的电脑公司之一变成了几乎没有竞争力的失败者。公司资金与市场份额都大大缩水。再没有人买苹果电脑,股价低得可怜,股票犹如废纸一般,媒体预测苹果公司很快就会破产并成为历史。

怀揣着重新树立苹果昔日地位的梦想,乔布斯重返公司的第一天,就召集公司高层开会。当时的 CEO 吉尔·阿梅里奥已经步履维艰地经营公司 18 个月了,虽然他对公司进行了改进修补,但却没能重燃苹果富有创新能力的灵魂之火。在会上,他说了一句:"是时候离开了。"然后,静静地离开了会议室。人们还没能反应过来,乔布斯就走进了会议室。他看起来就像个流浪汉,穿着短裤和拖鞋,胡子也有好几天没有刮了。他重重地往椅子上一坐,然后慢慢地转着椅子:"跟我说说这个地方到底出了什么问题?"还没等人回答,他突然大喊道,"问题就出在产品上。公司产品实在是太糟糕了! 这些产品已经一点吸引力都没有了。"

虽然苹果曾一度陷入绝境,但由于乔布斯的重返,使苹果获得了生机,而这一切都源于对公司的"革命"。1994 年,在全球价值数十亿美元的个人电脑市场中,苹果占有约 10% 的市场份额。当时,苹果公司是仅次于巨人 IBM 公司的全球第二大电脑生产商。1995 年,苹果公司售出的电脑数量达到了空前水平——全球销售 470 万台麦金塔电脑;但是苹果希望销售更多,成为像微软一样的大公司。

　　在当今竞争激烈的市场经济环境下,对于一个企业而言,专注简单,崇尚简单,将繁杂的消费品变成使用户易于操作的商品,将对企业是一笔巨大的财富。

　　总而言之,这里我们了解乔布斯带领苹果寻找采用更简洁的商业模式,旨在希望年轻人从中体会乔布斯所追求的"简洁"精髓,其实企业发展同个人发展一样,都需要"简洁"才能制胜。年轻人可以借鉴如此的精神,从而指导自己的人生,它也可以称得上是我们人生的"黄金法则",也是活出真我的法宝,你不妨现在就开始给自己的人生做减法吧!

忠告箴言

　　寻找一套简单的商业模式,对于企业而言,能充分提高企业的运作效率和经济效益。对于个人尤其是年轻人而言,随着当今社会生活节奏的加快,人们更崇尚于简洁的生活方式。记住,拥有一份真诚,怀揣一颗简单的心,你将走得更好!

忠告 36　仿照不能照抄，创新才能生存

> 如果你正处于一个上升的朝阳行业，那么尝试去寻找更有效的解决方案：更招消费者喜爱、更简洁的商业模式；如果你正处于一个日渐萎缩的行业，那么赶紧在自己变得跟不上时代之前抽身而出，去换个工作或者转换行业。不要拖延，立刻开始创新！
>
> ——乔布斯

创新是一个人成功的必备条件，而因循守旧、缺乏创新，只能走向没落，无所作为。模仿只能跟在别人身后，亦步亦趋，终究不会有什么发展。照抄的人只是在重复别人的故事，最后只能被淘汰，哪怕你付出再多努力，上帝也不会怜悯你。因此，有志青年必须学会创新，另辟蹊径，不要拼命地往一条路上挤，要小心因无力与他人对抗而被淘汰出局。

如果你只是在模仿别人，可能你会一时成功，但你就永远是个复制品，过不了多久就会被遗忘。模仿是必要的，创新才是必须的。没有模仿，你进不了门；但没有创新，只能在模仿中等死。创业能够成功的根本和关键在于创新。

1. 创新有风险，但没有创新，就谈不上发展

"创新是创造了一种资源。"但是想创新，就必须要有风险意识。风险与冒险不是一码事，冒险的结果是前途莫测，成败都难以把握。

我们来看看"苹果"为何能够笑傲江湖呢？无可厚非，是"创新"二字使其成为传奇。尽管在创新的道路上充满不可估量的风险，但没有创新，苹果就谈不上发展，更谈不上今天的辉煌，也不会有苹果迷对任何一款苹果产品的疯狂追捧。在竞争异常激烈的今天，人们越来越发现创新对一个企业、一个人尤其年轻人的未来前途的重要性。

"苹果的药方不是削减成本。苹果的药方是要用创新走出当前的困境。"乔布斯深知为达到目标，需要思想的创新，理论的创新，行动的创新，并开发新产品。"苹果"的成功是技术创新的典范，乔布斯的成功是商业模式创新的标杆。当"苹果"遇上乔布斯，"苹果"就开始创新不断。在这个变化迅速的世界中，想要生存下去就要学会创新，这就是乔布斯和"苹果"能一直保持不败的原因。

生存就必须学会不断创新，这样企业、个人才不会很快被社会淘汰！

在乔布斯眼里：满足客户需求是平庸公司所为，引导客户需求是高手之道。领先数步没有成为先烈，还为人疯狂喜爱并大掏腰包，乔布斯带领下的苹果公司做到了。糖果设计师设计的 iMac 出现后，人们才认识到电脑外壳原来可以是彩色的、透明的；iPod 的可人设计 + 在线购买的 iTunes 音乐商店打造了全程的音乐体验；iPhone 的发布让大家发现手机是可以没有键盘和触摸笔的，最好的操作工具是与生俱来、不会遗失、操作自如的手指。

李书福曾经说过这样的话："别人没做，我们更应该做。即使无力回天，也可留下一个时间

上的思考。世界上任何一个能够做大、做强、做好的企业不可能用别人的品牌。我不反对'挪威的森林',但更好的是,我们要在自己的土地上长出雄伟粗壮的白桦林!"

在当今这种经济情况下,创新能力如何、创新成果多少,成为在激烈的竞争中站得住脚的重要因素。鼓励、推进创新,成为实现发展进步的迫切需要。谁也不愿永远做一个"克隆"的产物。

如今乔布斯的苹果公司声名鹊起,不仅仅在于他为新技术提供时尚的设计,更重要的是,他把新技术和卓越的商业模式完美结合,"苹果"的创新不是硬件层面上的,而是让数字音乐下载变得更加简单易行,用户能够实现"苹果"带来的完美体验。

在竞争异常激烈的今天,人们越来越发现创意与创新的重要性。没有创新,我们只能在原地停留,想要成功创新是关键。

很多走在创业路上的朋友,为何屡屡失败,其根本原因就是只模仿,不创新,看到别人做什么赚钱,就跟着去做,照搬照抄,结果可想而知。没有创新,只能吃别人剩下的。如果一直都是在模仿,就算取得了短暂的成功,那又有什么意义呢?长久下来,脑子里对于创新的概念也就越来越少,也就越来越笨,越来越不灵活,一点创新意识都没有了。

只有我们不断进步,不断提高自己,有新的东西出来,我们才不会被淘汰。在今天的电子消费品市场"苹果"永远处于领先的地位,那正是由于"苹果"的不断进步,不断创新。每一次"苹果"的产品都能让人为之疯狂,那是因为它是新的不是重复的,而且是永远不能被超越的。

就拿红遍全球的 iPhone 手机来说,从未涉及过通信领域的苹果公司创下了一个业内奇迹。如今,iPhone 手机已经推出了两个版本,分别是 iPhone 和 iPhone 3G。而针对这两款手机所发起的"超级模仿秀"也在如火如荼地展开,这些手机虽然模样与 iPhone 相似,但是论综合实力却没有一个是 iPhone 的对手,究竟是什么"秘籍"让 iPhone 一直被模仿,却从未被超越呢?

"苹果"手机暴利畅销,虽然有无数公司眼红,但当下无人能敌,这就是自主创新的结果。自主创新,说到底,就是打造具有绝对竞争优势和核心竞争力"苹果"产品。

"崇尚创新,宽容失败",决不是一句简单的口号,这种精神只有潜移默化到我们的灵魂深处,落实到实际行动上,才能成就自我。

创新的重要性已经涉及我们身边的方方面面,从学习到工作,创新都会给我们带来奇迹般的效果。没有创新,就没有发展。

2. 创新,应从概念上跟进,从行动上超越

创新,应从概念上跟进,从行动上超越,"苹果"的创新不但体现在产品上,还体现在思想上。硬件对"苹果"很重要——但乔布斯非常清楚,软件更重要。"多年前,我们最具前瞻性的观点之一,就是不要涉足任何我们不具备核心技术的领域。"乔布斯说,"我们意识到,对于绝大多数未来的消费类电子产品而言,软件都将是核心技术。"

2001 年 9 月,"苹果"推出了 iTunes 音乐商店,用于人们对音乐下载。一个月后,音乐播放器 iPod 面世。这种组合在当时的业界看来是非常不可思议的——不论是硬件产品 iPod 还是软件产品 iTunes,相对于外界来说都是一个完全封闭的体系。用户最初只能通过在电脑上播放一张一张的 CD,将其转化成 MP3 格式,再通过 iTunes 导入到 iPod 中。有声音质疑 iPod:这个价格昂贵的小东西能否成为打破当时音乐播放器格局的产品?

为了解决将音乐从 CD 导入 iPod 的麻烦,乔布斯充分利用了自己的 iTunes,推出了网上应

用音乐商店,用户可以直接在商店购买和下载歌曲,并通过 iTunes 传入 iPod 中,可以以单曲形式出售而不必购买整张专辑,这也使得付费数字音乐逐渐成为互联网娱乐的主流。也就是说,"苹果"为用户提供的是软件和硬件,而内容则由各大唱片公司提供。

iPod 的成功开启了"软件 + 硬件平台"的先河。它创新的并不仅仅是某一款软件或者某一种硬件,而是开创了一种全新的商业模式,并打破了传统的"由不同厂商制造不同部件,组装到一起形成完整的机器,并由另一方提供运行的软件"的模式。

事实上,乔布斯没有等太久,他所选择的方向的魅力就呈现出来了。如果说 iPod + iTunes 只是"产品 + 内容"模式的一个探路石,那么 iPhone + App Store 的模式就是真正的巅峰,只不过 App Store 利用公布软件开发套件 SDK,网罗了更大规模的第三方软件开发群体。结果显而易见——经济危机时,几乎所有厂商的营收和盈利都下跌,唯独"苹果"的销售增长了 12%。

你可以不用"苹果",但不能阻止"苹果"流行;你可以不喜欢"苹果",但不能否认 iPod、iPhone 的影响力。在激烈的市场竞争中,iPod 居然能做到"人挡杀人,佛挡杀佛",大牌如微软,专业如索尼,无不在"苹果"面前栽了跟头。

"今天不成为创新型经营者,明天就必将被淘汰。"这句话听起来好像有点危言耸听,但却是时代发展的必然。"苹果"产品的成功更是说明了,技术在不断发展,观念在不停更新,这些都是离不开创新,没有创新,就没有进步。无论是学术成果,还是企业经营,都不可以闭门造车,故步自封,夜郎自大。做学问的学者要更新自己的观念,像乔布斯这样的企业家更是如此。

我们借鉴的同时更重要的是创新。创新的路不是平坦的,不可能一蹴而就,也不会一帆风顺。对于创新者而言,还要有知难而上的勇气和自信自强的品质,创新就是从无到有、从有到优,更高更好;创新就是超一流,就是要做同行的领跑者和领军人。

3. 模仿是成功的捷径

曾经,美国某报纸上以《一个针孔价值百万美元》为大标题,竞相报道了一个小发明。据说,这一发明就是通过模仿来完成的。让我们来具体看看这件事:

发明者的灵感来源于美国制糖公司为了解决砂糖变潮问题,在糖包装盒上开一个小孔的方法。当时美国制糖公司每次把糖输出到南美时,砂糖都在海运中变得潮湿,损失很大。为了解决这个问题,他们花费了许多时间和金钱,邀请专家针对这一问题进行研究,但一直以来都没有找到合适的解决方法。

其间,这家公司有个工人,他也在动脑筋,希望能够想出一个简单的防潮法。后来他将思路一转,终于发现在糖包装盒的角落上戳个针孔,使它通风,就可以使糖避免潮湿,达到防潮目的。

该公司采用了这个方法,结果真的使砂糖横渡大西洋而不至于潮湿了。也因此,这位工人为自己赢来了丰厚的酬金。

这个消息一经传播,立即激起一股模仿热,其中一位先生更是对此感兴趣。他希望自己也能够戳个洞防湿或防蒸汽,以获得专利权,抱着这个想法,他开始进行研究。

他到处进行戳孔实验,最后竟然发现在打火机的火芯盖上钻个小孔,可使普通注一次油只能维持 10 天的打火机维持长达 50 天。

对此,这位先生感到十分激动与惊喜,他把实验范围又扩大到各种打火机,结果证实了每个钻孔的打火机都能够灌一次油保持50天以上。

紧接着,这位先生向政府申请专利,然后开始大量生产这样的打火机,结果销路极佳,赚取了大量的财富。

可以肯定地说,倘若没有这样一个模仿,他是不会取得这样的成功的。但要清楚模仿与创新并不矛盾,不能把二者割裂开来。

别人的成功可有借鉴地学习,对于别人的成功经验,如果熟视无睹,那是一个"傻瓜"。因为那是别人用金钱甚至是血与泪换来的宝贵经验,肯定有值得创业者学习与借鉴之处。但是我们不能一味地模仿,那样只能永远都没办法凸显出自己的特色,并得到人们的认可。

如果企业处在世界领先水平,可能创新多一些,借鉴少一些;如果处在落后水平,那么学习借鉴多一些,创新少一些是明智的。这也是尽快接近世界先进水平的一条捷径! 牛顿曾经说过:我之所以比别人强一点,是因为我是站在了巨人的肩膀上。可见,学习借鉴他人的知识是多么重要。

创新总是建立在模仿的基础上,而模仿通常也一定包含着创新,偏执任何一方面,都不会令你持久地获得成功。懂得选择、吸收、消化别人的好东西,并能为自己所用,这本身就是一个极聪明的创新。日本丰田汽车的成功秘诀就可以说是起步于模仿,成功于创新。

丰田喜一郎是日本丰田汽车公司的创始人,他的父亲是"日本的发明王"丰田佐吉。丰田佐吉的一生中取得了84项专利并创造出35项最新实用方案。照理说,喜一郎完全可以做一个靠吃祖业过活的公子,然而他没有选择那样的生活。1933年,喜一郎迷上了汽车。就在这一年,喜一郎获准设立汽车部,并将一间仓库的一角作为汽车研制的地点。喜一郎以此为基地,于当年4月购回一台美国"雪佛莱"汽车发动机进行反复拆装、研究、分析、测绘。5个月后,喜一郎着手试制汽车发动机,拉开了汽车生产的序幕。1934年,他托人从国外购回一辆德国产的前轮驱动汽车,经过连续两年的研究,于1935年8月造出了第一辆"丰田"牌汽车——也是日本第一辆国产汽车。根据流体力学原理,这辆样车采用了流线型车身和脊梁式车架结构,配以四轮独立悬架构成了一种全新的车体机制,最高时速达到87千米。

后来,喜一郎另立门户成立了"丰田汽车工业株式会社",地址在日本爱知县举田町,创业资金为1 200万日元,拥有职员300多人。

喜一郎颇有自己独到的思路,他自一开始组织汽车生产就注意到了从基础工业入手着眼于整体素质的提高,使材料工业、机械制造、汽车零部件业与汽车工业同步发展,为汽车的大批量生产创造了必要的条件。因此,日本人称他是"日本大批量汽车生产之父"。

为提高生产率,喜一郎还远赴美国学习亨利·福特的生产系统。归国时,他已经完全掌握了福特的传送带思想,并下定决心在日本的小规模汽车生产中加以改造应用。后来,喜一郎还摸索出一套对汽车生产过程进行科学管理的方法,这种方法就是后来一度风靡全球的"丰田生产方式"。今天,"丰田生产方式"已成为世界许多国家争相学习的先进经验。

丰田汽车的成绩是有目共睹的,喜一郎说,他在全力以赴开发日本第一辆汽车时的思想是:"不是照搬美国,而要结合本国国情创造性地运用批量生产方式,生产出性能和价格两方面都能与外国车抗衡的国产车。"

丰田喜一郎的成功其实就是在学习与借鉴的基础上再加以创新。所以可以说,学习和借鉴是创新思维的源泉。但需要指出的是,学习和借鉴不是简单地生搬硬套。我们要做的是,吸取其精华运用于实践中,追求的是神似而非形似。《孙子兵法》在中国是妇孺皆知的兵书,日本松下、东芝等著名企业采用其计谋，成功地打入国际市场，成为"克敌制胜"的法宝，"兵书"变成了"商书"。模仿产品者被称之为"假冒、抄袭"，而经营理念和管理上的模仿被尊为"学习"。因此，这不是简单地"抄袭"，而是在根本思想、重大策略上借鉴已有的他人的思想。这一点是不用怀疑的。

"创新才是企业发展的根本"，但是战略模仿对企业来讲，不只可以称为一个机会点，还可以说是一种非常有价值的选择。可以说，模仿就是一种创新。创新不是非要另外立一个东西，只要能对你过去的做法进行一种改变，而这种改变又能带来一种绩效，就可以看作一种创新。

虽然说创新是现代市场所提倡的，但并不是绝对的否定模仿，创新与模仿是一个问题的两个方面，两者是对立统一的。

所以，当我们处于迷失状态时，不妨借别人的"智慧"寻找一条适合自己发展的道路，并在模仿中让自己快速地发展起来。成功最重要的秘诀，就是要用已经证明有效的成功方法。你必须向成功者学习，做成功者所做的事情，了解成功者的思考模式并运用到自己身上，然后再以自己的风格创出一套自己的成功哲学和理论。

"要以开阔的心态和眼界去模仿，并且在模仿中重新建立适合企业本地化生存的新规则。""模仿"的核心是倡导学习精神，模仿的大忌是"照搬"，然而重新建立新规则对管理者能力的挑战也是巨大的。如何将模仿的战略与创新的精神作为企业的一种文化让每一个员工认同，需要CEO 的推动。

我们并不是严禁模仿，而是强调要创造性地学习模仿他人可以为我所用的地方。对于年轻人而言，我们也可以从中借鉴有利于我们成功的地方。对于一个企业而言，确定经营策略是一件十分不容易的事，而且极冒风险。但是我们仍倡导有效的合法的模仿，这是提高企业自主开发水平的一种好办法，卓有成效的模仿可帮助企业少走很多弯路。耐克公司由于在许多方面都模仿了阿迪达斯公司成功的经营策略，因而稳健地发展，并且成功的概率很高。耐克公司的这种策略对许多企业来说都具有借鉴意义。

鲍尔曼和耐特于 1957 年在美国俄勒冈州认识，两人相约每人投资 500 美元成立了蓝带运动公司，在美国代理虎牌运动鞋。1968 年，蓝带公司与虎牌公司的合作关系正式结束，又成立了一个新公司，起名为"耐克"。至 1979 年，耐克占领了运动鞋市场 50% 的份额。更重要的是，耐克重新建立了在技术上的霸主地位：耐克气垫技术。至 1991 年，耐克成为全球上唯一一家资产超过 30 亿美元的体育和健身公司。5 年后，其资产更是增长到了 65 亿美元。尽管经营形势良好，但耐克仍在不断地寻求着更大的发展。

耐克公司为什么能够取得如此瞩目的成就呢？固然，耐克公司成功有很多方面的因素，但其中最关键的因素就是其成功的经营策略，具体表现为模仿策略。

耐克公司以阿迪达斯公司的制品为模型进行仿造。在经营策略上，耐克公司没有多少标新立异，在很多方面它还是沿袭了阿迪达斯公司几十年前树立起来的制鞋业公认的成功市场策略。

事实上，模仿其实就是某种程度上的创新，它也是一种超越竞争的战略思想。创造性模仿是指企业将其产品、服务和其他业务活动与自己最强的竞争对手或某一方面的领先者进行连续对比，目的是发现自己的优势和不足，或寻找行业领先者之所以会领先的内在原因，以便为企业开发新产品、开展市场营销活动、制订恰当的发展目标和发展战略提供依据。这一管理模式就是创造性地模仿行业内的领先者。

4. 好的艺术家只是照抄,而伟大的艺术家是窃取灵感

今天,乔布斯和苹果成了不少人崇拜的对象,大家开始学乔布斯做手机、做 AppStore、做各种 Pad。齐白石说过一句话:"学我者生,似我者死。"意思是,抄袭商业模式表面上来看最省劲,但简单抄袭肯定死,真正学到精髓的才可能生存。

现在多数人都认为是苹果创造出第一台带图形界面的电脑,但是熟悉 IT 历史的人可能知道,图形界面和位图显示最早是由施乐公司帕乐奥图研究中心提出来的。1979 年 12 月,乔布斯和同事们参观了施乐的研究成果,看到图形界面这些研究时,苹果的同事们都惊呆了,而乔布斯更是兴奋得手舞足蹈。后来据苹果的工程师回忆说,他不知道他有没有看清楚整个演示,但乔布斯问了很多问题,而且每展示一部分,乔布斯都会发出惊叹并提出自己的想法。

乔布斯敏锐的产品洞察性使他知道图形界面在电脑上应用会带来颠覆性的改变,并在当时已经深信这项技术将改变世界。回到公司后他随即开始了苹果对图形界面电脑的开发项目,除了模仿施乐的图形界面形式,也对文本框、下拉菜单以及鼠标改进等做了很大创新。

1984 年 1 月 24 日,苹果在迪安扎社区学院的弗林特礼堂举行发布会,大会上发布了具有图形用户界面的 Macintosh,这款电脑真正地带给了人们无比的惊叹,彻底方便了人们对电脑的使用习惯。产品发布后 Macintosh 销量直线上升,苹果从此真正成为了个人电脑的领先品牌。

苹果公司对施乐图形界面的这次技术盗窃,有时被形容为工业史上最严重的抢劫行为之一,但是乔布斯偶尔也会骄傲地承认这一说法:"归根结底,我们只是想尽量了解有史以来最棒的发明,然后将它运用到我们正在做的事情中。"他有一次说,"毕加索不是说过么:'好的艺术家只是照抄,而伟大的艺术家窃取灵感。'在窃取伟大的灵感这方面,我们一直都是厚颜无耻的。他们都是一帮蠢货,对电脑的巨大商业潜力根本一无所知。在这场计算机行业最伟大的胜利之战中,施乐是完败了。施乐本来有机会可以称霸整个计算机行业的。"

苹果对施乐图形界面技术的掠夺到底应不应该也已经不值得讨论了,但我们应该感谢乔布斯的海盗掠夺性,因为没有他的这次掠夺,我们也许还在用语言输入命令来操作电脑。也许你会问:施乐公司就不能将图形界面技术发扬光大吗? 其实,1981 年施乐就推出了他们的"施乐之星"电脑,这是世界上第一台使用用户图形界面、鼠标、位图显示、窗口以及桌面概念的电脑,但它运行缓慢、售价昂贵,全球只卖出去了 3 万台。

对于企业而言,创新的作用主要体现在以下四个方面:第一,使竞争对手始终无法超越自己。模仿者永远只能跟在创新者身后,为保持领先地位,任何一个有志创大业的企业都必须不停顿地创新,勇于超越自己,将竞争对手甩在身后。第二,创新的产品引导用户消费。一个企业要实现超越竞争,就要勇于创新,不断推出自己的新产品,引导用户,占领新的消费领域,在市场中树立自己的品牌。第三,创新能够帮助企业积极开辟新的战场。第四,创新能够让竞争者找不到施力点。

对于个人而言,在这个社会上,任何竞争、任何创新都离不开人才。尽管创新的人并不能百分之百地成功,但这种精神实在可贵。"如果你正处于一个上升的朝阳行业,那么尝试去寻找更有效的解决方案,更招消费者喜爱、更简洁的商业模式;如果你正处于一个日渐萎缩的行业,那

么赶紧在自己变得跟不上时代之前抽身而出，去换个工作或者转换行业。不要拖延，立刻开始创新！"细细品味乔布斯的这段话，领略其中的精髓！

　　现实中，运用模仿的方法来获得成功，可以说是一种借鉴他人经验来获得自身成功的方法，许多人能解决问题或是获得成功，都是在模仿的基础上进行创新，然后再加入自己独特的元素，从而将原本属于他人的东西变成自己的东西。

忠告箴言

　　一个民族或企业只要拥有思考和创新的不竭动力，那么它才能永葆兴旺发达；一个人只有不断追求创新，他的事业才能永葆生机。当代社会中的竞争使年轻人只有两条路可走：要么通过创新闯出一条自己的路，要么被社会所淘汰。懂得创新的人，他的追求永无止境，他的眼光并不仅仅停留在当前，而是勇于打破常规，投向未来。我们何不尝试做一个追求创新的人呢？

忠告 37 从不犯错意味着从来没有真正活过

我是我所知唯一一个在一年中失去2.5亿美元的人,这对我的成长很有帮助。犯错误不等于错误。从来没有哪个成功的人没有失败过或者犯过错误;相反,成功的人都是犯了错误之后,做出改正,然后下次就不会再错了,他们把错误当成一个警告而不是彻底的失败。从不犯错意味着从来没有真正活过。

——乔布斯

现实生活中,很多人都怕犯错,认为犯错就是失败的表现,因此对犯错总是抱着一种拒绝的态度,殊不知,若从错误中汲取教训,能使自己得到更大的进步,"人非圣贤,孰能无过,过而能改,善莫大焉。"说的就是这个道理。是的,天底下没有一个人是绝对完美的。犯错就跟吃饭一样,没有一个人不需要吃饭,就像天底下没有一个人不会犯错一样。

其实,人从小到大、从大到老,就是在不断犯错误、不断改正错误的过程中成长、成熟起来的。害怕犯错误,就会止步不前。犯错并不可怕,可怕的是有些人明知犯了错还不肯改正,那就错上加错。等到不能再犯错时,恐怕后悔都来不及了。

1.犯错误不等于错误,但问题是你是否懂得吸取教训

大凡成功的人都是从错误中一步步成长起来的,从来没有哪个成功的人没有失败过或者犯过错误,相反,成功的人在犯了错误之后,会找原因做出改正,保证自己下次不会再犯错,他们把错误当成一个警告而不是彻底的失败。在乔布斯的人生字典中,从不犯错意味着从来没有真正活过。这其实就是失败是成功之母的另一种阐释,只是乔布斯把犯错上升到了一种高度。但犯错误不等于错误也有个前提,就是你必须从错误中总结出有效的经验教训,否则犯错误就不仅仅是错误,还是下一个错误的开始。

战国时候有七个大国,它们分别是秦、齐、楚、燕、韩、赵、魏,历史上称之为"战国七雄"。其中,又数秦国最强大。秦国常常欺侮赵国。有一次,赵王派一个大臣的手下人蔺相如到秦国去交涉。蔺相如见了秦王,凭着机智和勇敢,给赵国争得了不少面子。秦王见赵国有这样的人才,就不敢再小看赵国了。赵王看蔺相如这么能干,就封他为"上卿"(相当于后来的宰相)。

赵王这么看重蔺相如,可气坏了赵国的大将军廉颇。他想:我为赵国拼命打仗,功劳难道不如蔺相如吗? 蔺相如光凭一张嘴,有什么了不起的本领,地位倒比我还高! 他越想越不服气,于是就怒气冲冲地说:"我要是碰到蔺相如,要当面给他点儿难堪,看他能把我怎么样!"廉颇的这些话传到了蔺相如耳朵里。蔺相如立刻吩咐他手下的人,叫他们以后要是碰到廉颇手下的人,千万要让着点儿,不要和他们争吵。他自己坐车出门,只要听说廉颇打前面来了,就叫马车夫把车子赶到小巷子里,等廉颇过去了再走。

廉颇手下的人看到上卿这么让着自己的主人，更加得意忘形了，见了蔺相如手下的人，就嘲笑他们。蔺相如手下的人受不了这个气，就跟蔺相如说："您的地位比廉将军高，他骂您，您反而躲着他，让着他，他越发不把您放在眼里啦！这么下去，我们可受不了。"

蔺相如心平气和地问他们："廉将军跟秦王相比，哪一个厉害呢？"大伙儿说："那当然是秦王厉害。"蔺相如说："对呀！我见了秦王都不怕，难道还怕廉将军吗？要知道，秦国现在不敢来打赵国，就是因为国内文官武将一条心。我们两人好比是两只老虎，两只老虎要是打起架来，不免有一只要受伤，甚至死掉，这就给秦国造成了进攻赵国的好机会。你们想想，国家的事儿要紧，还是私人的面子要紧？"

蔺相如手下的人听了这一番话，非常感动，以后看见廉颇手下的人，都小心谨慎，总是让着他们。

蔺相如的这番话，后来传到了廉颇的耳朵里。廉颇惭愧极了。于是他脱下战袍，背了一捆荆条，直奔蔺相如家。蔺相如连忙出来迎接廉颇。廉颇对着蔺相如跪了下来，双手捧着荆条，请蔺相如鞭打自己。蔺相如把荆条扔在地上，急忙用双手扶起廉颇，给他穿好衣服，拉着他的手请他坐下。

蔺相如和廉颇从此成了很要好的朋友。这两个人一文一武，同心协力为国家办事，秦国因此更不敢欺侮赵国了。"负荆请罪"也就成了一句成语，表示向别人道歉、承认错误的意思。

将相和的故事中，廉颇敢于承认自己先前所犯的错误，从而负荆请罪，将相和好，共同捍卫赵国的安全。这个故事也成为一段佳话被流传青史。可见，犯错了并不可怕，可怕的是不敢承认错误，只要敢于直面错误，得到的就会更多。

2. 不要在错误上停滞不前

"我所犯的错误比其他任何人都多。"宜家公司的创始人英格瓦·坎普拉德说。这位来自瑞典北部、创立了家具折扣销售巨头的人称自己是一位"农场男孩"，而他是世界上最富有的十人之一。如同史考伯和其他高盈利的企业家一样，坎普拉德也具有诵读困难的缺陷。

大多数人认为学习能力差是弱点或者一种缺陷，但是优秀的领导人往往将其转变为智慧。他们会利用自身的独特性——无论是好的还是坏的，他们都会把事情做好。坎普拉德相信他的努力会使他变得更为坚强，使他更下定决心让事情变得简单、更能为普通人所接受。

关键是你每时每刻都必须向他人学习，这样你才能修正那些有问题的方面。"因为我犯了太多的错，因此我雇了100 000人为我工作。"坎普拉德说。

在同事的眼中，乔布斯"知道他想要什么，但并不那么明确"。Macintosh 最初的诞生，一部分是对未知领域的探索，另一部分则是某种技术实验，在这个过程中，前进和倒退都在所难免。

乔布斯是苹果公司的最终裁决人，他敏锐的嗅觉和决断力，是苹果成功的要素——不仅仅是对成功的决断，还有对错误的决断。对自己曾经犯的错误，他毫不避讳。

可见，乔布斯并不像人们所想的那么固执；相反，他很灵活、乐意改变。

计算机科学家史蒂夫·卡普斯称，1984 年出产的 Macintosh 电脑在开发时决策过程是不间断的，试验和产品开发同时进行，其中遭遇了很多挫折。参与了 Macintosh 软件开发的卡普斯称，乔布斯知道自己想要什么，但又不是十分明确。

卡普斯回忆道，乔布斯是无数硬件、软件和设计选择的最终仲裁者。卡普斯说："他是敏锐和果断的结合体，我认为这是他成功的原因。"

即使犯了错误，乔布斯也果断地承认。比如说，他主张使用一种软盘，但团队中的其他成员更倾向于另一种设计。他们暗中还继续开发自己的软盘项目。当团队最终向乔布斯展示成果，他接受了。卡普斯说："他很快转变。不纠结自己的错误。给我上了一课。"

一个失败者不一定能转变成一个成功者，但是一个成功者一定曾经是个失败者。由此可见，失败好比成功道路上的"出天花"，能够挺过去，前面就是金光大道。

如果将幸福、欢乐比作太阳。那么，不幸、失败、挫折就可以比作月亮。人不能只期求永远在阳光下生活，在生活中从没有失败和挫折是不现实的。挫折是成功的入场券，能使人走向成熟，取得成功。

硅谷有着"创业大本营"的美誉，在这里，每年都有数以万计的企业倒下，同时也有成千上万的创业者一夜暴富。美国知名创业教练约翰·奈斯汉说："造就硅谷成功神话的秘密，就是失败。失败的结果或许令人难堪，但却是取之不尽的活教材，在失败过程中所累积的努力与经验，都是缔造下一次成功的宝贵基础。"成功需要经验积累，创业的过程就是在不断的失败中摸爬滚打。只有在失败中不断积累经验，不断前行，才有可能到达成功彼岸。美国 3M 公司有一句关于创业的"至理名言"：为了发现王子，你必须与无数只青蛙接吻。对于创业家来说，必须有勇气直面困境，敢于与失败"接吻"。

3. 不要怕犯错误

在生活中有这样一些人，他们对待错误唯恐避之不及，害怕犯错，这是一种缺乏勇气的表现，这样的人是难以成大事的。不犯错者往往一事无成。失败了，坦然面对，跌倒重来。一辈子不做事，就一辈子不会犯错！

人一生所可能犯的最大错误是，因为怕犯错而不敢尝试。

爱迪生失败过。他犯了一千次错误，他用了一千种不合适的材料去做灯丝。有人问他："失败一千次的感觉如何？"

这位坚毅的发明家回答："电灯是第一千零一次的尝试而成功的！"赢家不怕犯错，怕只怕因犯错而不敢尝试。

自信的人，他不会用谎言掩饰自己的错误，他能够勇敢率直地阐述他的理念和立场，他也能够认真、耐心去聆听与自己不同的声音，坦然面对错误，用努力换取成功。

错误和失败具有这样的个性：你越是怕它恨它，它就像魔鬼，越是欺负你；你越是爱它愿意接受它，它就像天使，越会帮助你。

很多人在做事之前，总是希望设计出一种最完美的方案、一种避免犯错的方案。当然，这无可厚非。但殊不知，计划不如变化快！今天计划好的事情，明天很可能因为情况变化而导致失败。世界上没有一套方案是可以完全避免失败的。

那么，当我们遇到或可能遇到错误、失败时，我们应该放弃、回避，还是应该积极地想办法解决，像威廉·瑞格理一样用创意来另辟蹊径呢？

机遇总会在犯错的过程中被发现。只有经历了错误的尝试，才能清晰地找准成功的方位。

所以，做事业的过程中，我们要做的只是：调整，调整，再调整。在错误中总结，在错误中提高。每次错误都会让我们离成功更近一点。

没有错误何来正确？没有失败何来成功？大胆犯错，错中求胜才是克敌制胜之道！

很多时候，错误是可以弥补的。错是自己犯的，就一定要自己去承担后果，并不是遮遮掩掩的。我们要勇敢地面对错误，战胜困难。

世界上有许多错误是可以避免的。只要人们多加约束自己，错误就可以少犯。不过人毕竟是血肉之躯,犯错总是在所难免。

不要害怕犯错,但也不要错上加错。我们要坦然面对它。错误提供了获取新知识的机会,一个人错误犯得越多,他从错误中所汲取和学到的东西也就越多,进步也就会越快。真正的强者是在失败之后,对自己的力量进行重新估价,从自己的经营策略、经营方式方面,进行认真的分析研究,找出自己的差距和不足;或是扬长避短,充分发挥自己的优势,最后击败对手;或是转向其他领域,找到自己正确的位置,寻求新的经营成功之路。

可能一些人做的每件事都是对的,但问题是他们只想避免做错事,而不敢去尝试一些新东西,不去接触新的技术,不去接受新的事物,他们总是试图掩饰自己的弱点而不去勇敢地克服它,因此,他们往往是在原地踏步,甚至越来越糟糕。

勇于尝试和接受新的事物,勇于去犯错,并在犯错中成长,避免同样的错误发生。不要害怕什么,不要说谎、指责别人、开脱责任、半途而废,不要否认自己的错误,正确面对问题,不断问自己,我到底从这些错误中学到了什么。你害怕犯错吗?

4. 允许自己犯错

人不可能不犯错误,但有些人却总是想方设法地在掩饰自己的错误,这样的人犯的错误只能是越来越多;相反,正确地面对错误,然后认真改正,则能减少错误的发生。

没有人喜欢犯错误,可是人总会有犯错的时候。其实犯错没有什么大不了的,只要以后不犯同一个错误就可以了。所谓"吃一堑,长一智"也是同样的道理。如果我们能换一个角度去看待所犯的错误,未尝就不是一件好事。如果人人都能从错误中吸取教训,就会少很多在同一个地方跌倒的人。

错误和考验铺设了一条崎岖坎坷的道路,但是对于那些充满勇气、坚韧不拔和冒险精神的人来说,它也是一条通往成功的路。

如果一个人在工作中从来没有犯过错误,那并不是一件很好的事情。当然,一些关系到生命危险和对组织有重大影响的错误你不能去犯。

中国有个成语叫"吃一堑,长一智"。失败一次,犯一次错误,你就会获得经验,增长智慧,甚至有更多更好的机会。

日本一家电气公司的老板准备物色一位员工去完成一项重要工作,在对众多应聘者进行筛选时,他只问一个问题——在以往的工作中你犯过多少错误。他最终把工作交给了犯多次错误的一个员工。开始工作前,他交给该员工一本《错误备忘录》,并嘱咐道:"你犯过的错误都属于你的工作成绩,但是你要记住,同样的错误属于你的永远只有一次。"

其实,你不用担心你的上司、你的老板会对你怎么样。一般来说,只要你承认错误,知错即改,上司、老板是会原谅你的。如果他不原谅你,那你离开这样的上司、这样的老板并不是坏事。因为,这说明他的胸怀不宽广,如果你的能力比他强了,他不一定能容得下你。

一位管理者非常担心他会丢掉工作,因为他刚刚犯了一个重大错误,造成公司损失 10 万元,公司的领导对他说:我刚刚为你的职业发展投资了 10 万元,我为什么要解雇你? 公司交了学费,公司是在培养员工。

很多公司都有这样的文化,允许员工犯错误。有一个很著名的显示器品牌,叫优派,他的老板叫朱家良,他鼓励员工犯错误。朱家良说,在优派如果一个员工连续三年一点错误都没有犯,公司就会请他离开。

5. 错误与偶然中的机会

在犹太人看来,错误有时候也是机会,充分利用它,就能够促进自己的发展。犹太人在经商的过程中利用错误创造机会的例子有很多。机会常常乔装打扮以问题的面目出现,对某一重要问题的解决本身就为成功创造财富提供了良机。

《塔木德》上有两句经典的话:"愚者错过机会,智者把握机会,弱者等待机会,强者创造机会。""悲观者只看见机会后面的问题,乐观者却看见后面的机会。"乐观的人,不仅能看到眼前的问题,还能发现问题后面的机会。

一家犹太工厂的工人在生产呢布的时候,由于工作的失误,生产出来的几匹呢布染上了白点,这一下问题就大了,按规定,这样的呢布不能出厂,只能作废。

正当领导决定把这些布拿去销毁时,厂里有一个工人来到领导办公室,说他愿意贱价买下这些布。厂领导马上点头同意。他拿到布后,以比正常呢布更贵的价格在市场上出售,并取了一个十分动听的名字——"雪花呢"。结果,这种新款的呢布引起了人们的注意,几分钟之内即被抢购一空。不久,"雪花呢"成为市场流行时尚的宠儿,这个工人从此专门生产这种"错误"呢布,结果发了一笔大财。

法国著名的矿泉水"碧绿液"不仅畅销全国,还出口到美国和日本等国家。但是1989年发生的一件意外事件却使"碧绿液"公司遭受了沉重的打击。

当年2月,美国食品卫生部门在抽样检查中,发现部分"碧绿液"矿泉水含有超过规定标准2倍的苯,长期饮用不利于身体健康,甚至会致癌。消息传出后,"碧绿液"矿泉水的销量直线下降。怎样应对这一问题呢?将不合格产品全部回收,登报向广大消费者致歉?这样做对恢复碧绿液公司名声所起的作用不大。不如来得干脆一点,将现有的矿泉水全部销毁,

于是,碧绿液公司马上举行记者招待会,在会上向记者们宣布:把同一批销售到世界各地的1.6亿瓶矿泉水全部就地销毁,公司将会生产出新产品进行补偿。这个消息一出,会场上沸腾了,记者们都感到非常吃惊:1.6亿瓶矿泉水的价值是2亿多法郎呀,为几十瓶不合格的矿泉水而销毁它们,值得吗?

碧绿液却有自己的看法,他们认为,虽然销毁1.6亿瓶矿泉水会造成公司2亿多法郎直接损失,但这样做却为公司赢得了信誉和名声。对于碧绿液公司的奇特做法,新闻媒介进行了整版报道,大肆渲染。消息很快在美国和全世界传开,碧绿液公司对顾客负责、为顾客着想的美名四海皆知。如果当时碧绿液公司没有销毁这1.6亿瓶价值2亿多法郎的矿泉水,而是直接花2亿法郎来为"碧绿液"矿泉水做广告,肯定不会产生如此轰动的效应,不会具有这么大的感染力。

碧绿液公司的壮举实属罕见,世界各地的新闻媒介都给予了高度的关注。"碧绿液"矿泉水新产品上市的那一天,巴黎几乎所有的新闻媒介都作了大张旗鼓的报道,许多报纸用整版刊登了"碧绿液"的广告。电视台的广告更独具匠心:在电视屏幕上出现了人们熟悉的那只葫芦状的绿色玻璃瓶,一滴矿泉水从瓶口滑落,犹如一滴眼泪。同时画外音出来了:一个受委屈的小姑娘在哭泣,一个父亲般的声音劝慰她:"不要哭,大家依然喜欢你。"小姑娘回答道:"我不是哭,我是高兴啊!"

在意外的打击面前,碧绿液公司并没有消沉下去,而是急中生智,采取良策克服困难,反而提高了知名度。

除了错误的机会外,犹太人还善于抓住偶然的机会发财。

犹太人爱德华·包克是美国《妇女家庭》杂志的编辑,他从小就为自己树立了一个目标:将来一定要创办一种杂志。由于目标明确,所以他对每个机会都非常留心。有一回,他看见一个人打开一包纸烟时,从中抽出一张纸条,随即把它扔在地上。包克将纸条捡了起来,见那上面印着一个著名女演员的照片,下面有一行字:这是一套照片中的一幅。包克把纸片翻过来,发现它的背面竟是空白的。

包克马上意识到这是个机会,不容错过。他推断:如果充分利用这些印有照片的纸片,将照片上人物的小传印在它的背面,价值就可大大提高。于是,他走到印刷这种纸烟附件的公司,向经理说出了他的想法。这位经理立即说道:"如果你给我写 100 位美国名人小传,每篇 100 字,我将每篇付给你 10 美元。"

这就是包克最早的写作任务。他的小传的需要量逐渐增多,这使他变得更加忙碌,他不得不请人来帮忙,于是他聘请了自己的弟弟,付给每篇 5 美元的稿费。不久,包克又请了 5 名新闻记者。后来,他经过不懈的奋斗,终于成了著名的编辑。

可见,偶然的机会,有时就是这样,只要把握住了,就能使一个愿望变成现实。

6. 只有"大胆犯错",才能清晰地找准成功的方向

1876 年的美国,一位二十来岁的年轻人只身来到芝加哥,他一无文化,二无特长,为了生存,只好帮商店卖起了肥皂。随后,他发现发酵粉利润高,立刻投入了自己所有的老本购进了一批发酵粉。结果他发现自己犯了一个错误:因为当地做发酵粉生意的远比卖肥皂的多,自己根本不是他们的对手。

眼见着发酵粉如果不及时处置,损失十分巨大,年轻人一咬牙,决定将错就错,索性将身边仅有的两大箱口香糖贡献出来,凡是来到本店惠顾的客户,每买一包发酵粉,都可以获得赠送两包口香糖。很快地,他手中的发酵粉处理一空。

在随后的经营里,这个年轻人又发现:口香糖在市面上已经越来越流行,虽然是个薄利行业,但因为数目庞大,发展前景要比发酵粉好。他当即脑瓜子一转,又集结起所有的家当,把宝押在口香糖上了。营销过程中,他积极听取顾客的意见,配合厂家改良口香糖的包装和口味,后来他感觉这种配合局限性很大,索性倾其所有,自己办起了口香糖厂。

1883 年,他的"箭牌"口香糖正式面世。但在当时,市场上口香糖已有十多个品种,人们对这支生力军接受的速度非常慢,他一下子又陷入了困境。这时候,他想了一个更为冒险的招数:搜集全美各地的电话簿,然后按照上面的地址,给每人寄去 4 块口香糖和一份意见表。

这些铺天盖地的信和口香糖几乎耗尽了年轻人的全部家当,同时也几乎在一夜之间,"箭牌"口香糖迅速风靡全国。到 1920 年,"箭牌"已经达到年销售量 90 亿美元,成为当时世界上最大的营销单一产品的公司。这位惯于"错中求胜"的年轻人,就是"箭牌"口香糖的创始人威廉·瑞格理。

不仅如此,接下来的大半个世纪,"箭牌"口香糖还干过几件忙中出错的事情:20 世纪 60 年代,公司投资 1 000 多万美元成立了保健产品分部,并推出了抗酸口香糖。但由于糖里添加了有争议的药物成分,新产品没上市便被查禁,胎死腹中。为了抢占市场优势,他们更是投入巨资,大胆收购一些竞争对手,以至于几度陷入严重的经营和生产危机。

昏招迭出的"箭牌"最后的命运如何呢?到今天,"箭牌融入生活每一天"的广告词已经家喻户晓,"箭牌"口香糖也已成为年销售额逾 50 亿美元的跨国集团公司。说起成功的奥秘,第三代传人小瑞格理一语道破了天机:那就是"大胆犯错"——须知机遇只有在犯错的过程中才能发

现,只有经历犯错的尝试,才能清晰地找准成功的方位。

现在有些人无论做任何事情,都会有前怕狼后怕虎的情绪。做事缩手缩脚,举足不定。他们以为这样做是很保险的,是加上这样做似乎很保险,但是成功的机会也是很少的。因此,但凡我们在做任何事情的时候,胆要大心要细。既不要怕犯错误,也要总结自己偶然犯错的经验教训,说不定明天你就会获得巨大的成功。

没有人不会犯错,犯错是最好的学习途径。犯错指引我们走正确与光明的道路。我们是否愿意敞开心扉,重新去认识"犯错"这位"老师"呢?

忠告箴言

"人非圣贤,孰能无过,过而能改,善莫大焉。"每个人都会犯错误,犯错误是一种非常正常的现象,重要的是我们不应害怕错误,应从错误中汲取教训,这样,才能获得进步。不犯错的人生是不饱满的,人生,就是一个不断犯错的过程,也是一个从错误中不断成长的过程。"从未犯错意味着从来没有真正活过。"年轻人不妨仔细体味其中的内涵,想必你定会大受启发。

忠告 38　35 岁前也要走自己的路，让别人跟着你走

只要认为自己是对的，就不要理会别人去说什么。

——乔布斯

乔布斯之所以能够取得如此辉煌的成就，很重要的一点就在于他走出了一条属于自己的道路，不重复他人的步调，从而使苹果在繁芜的电子产业中走出了一条与众不同的道路，引得众多企业争相模仿。生活中，我们不少人太习惯于走别人走过的路。我们甚至偏执地认为走大多数人走过的路不会错。但是，回过头来仔细察看我们身边的那些成功人士，他们中绝大多数人正是因为走了与众不同的路才获得成功。成功可以复制，人生之路不能复制。在人生的漫漫旅途中，我们应该勇于走别人没有走过的路。唯有这样，才能走出自己的人生之路。

1. 不要等待别人为你开门

美国密歇根州有一位参议员，他起初是卖爆米花、报纸的小贩，后来进入一家律师事务所打杂。工作闲暇时，他就抽空阅读法律书籍，24 岁，他成功地跻身律师界，找到了自己的路。打杂虽然无聊，但他没有苦等，而是牢牢地抓住手边的东西。

许多年前，一个 10 岁的小男孩，在美国伊利诺伊州的一座小火车站里当差跑腿，并利用业余时间研究电报按键。13 岁，他成为一名正式的电报员；38 岁，他当上了铁路公司总裁；去世前，他是加拿大太平洋铁路公司总裁，收藏的艺术品价值高达数百万美元，并被授予爵位，人们公认他是世上最了不起的铁路公司总裁。他并没有天真地等待机会降临，反而像鼹鼠一样，从他所在的地方着手，不断地向前挖通自己的道路。

詹姆斯·希尔的儿子，起初在大北方铁路公司的火车上担任刹车控制员。因为他的工作表现十分出色而被提拔为总工程师。当他被提升到这个职位时，他的上司才震惊地发现，原来他是西北部最有钱的"铁路大王"的儿子。

由此可见，只有积极主动地做，才能获得自己想要的，记住：天上不会掉馅饼，幸福也不会自己开门。要想活得更好，必须抛弃被动等待的习惯，行动起来。没有什么比"起而行"更重要——不管你面对的是什么，一定都要有所行动。一个挨家挨户推销打蛋器的小伙子，抵得上 40 个"等待别人开门"的年轻人。

2. 我思故我在，做真实的自己

乔布斯的成长充满苦涩艰辛。小乔布斯是一段非婚恋情的结晶，一出生就被送给了养父母——一对没有大学学历的蓝领工人。养父母含辛茹苦、耗尽家财，将乔布斯送进了花费不菲的名牌大学。但乔布斯对这种按一定程式送到嘴边的"知识苹果"不感兴趣，6 个月后，他选择了退学，似乎距离摘取智慧之果的目标越来越远。

可是,失学后的乔布斯到处游荡蹭课,竟找到了适合自己的学习方法,也就是说,他找到了"咬""智慧苹果"的方法,这才有了乔布斯与"苹果"后来的一段佳话。

每个人都会遇到人生的十字路口,而该走向哪个路口,往往决定着一个人一生的命运。乔布斯的故事告诉我们:当这些抉择时刻来临时,要不盲从旧规、不取媚大众,而是听从自己内心的呼唤,走自己的路,做真实的自己。这种人生态度所折射出的"Know your self"(知道你自己)、"Be your self"(成为你自己)精神正是铭刻在希腊神殿上的哲学箴言给我们的启示。

当乔布斯后来回忆起人生中这第一个重要抉择时,说:"我跟着我的直觉和好奇心走,遇到的很多东西,此后被证明是无价之宝……那的确是我这一生中最棒的决定之一。"但这一切并不是没有风险。乔布斯说,"我当时确实非常害怕……你必须要相信某些东西:你的勇气、目的、生命、因缘……这个过程从来没有令我失望,只是让我的生命更加与众不同"。与众不同,成为你自己,这正是乔布斯后来成功的秘密所在。正因为如此,当乔布斯后来命名让他获得巨大成功的系列数码智能产品 iMac、iPod、iPhone、iPad 时,毫不犹豫地以"i"来冠名,这个"i",不仅意指 intelligence(智能),更意指哲学上的"自我"概念。同样也因为此,乔布斯将著名哲学家笛卡尔的名言"我思,故我在"改了一个字,巧妙地用在他的 iMac 上市时所用的广告词中:我思,故"我 Mac"。

纵观人类的文明史,那些取得成就的人,大凡都是有着自己独特的想法的人,他们敢于打破传统的观点,敢于突破传统思维的限制,不盲目跟风,而是坚信自己的观点,从而走出来一条属于自己的成功之路。而我们大多数人都会犯这样的错误,不敢坚持自己的观点,不敢标新立异,不敢与众不同,总是对自己的梦想抱着怀疑的态度,而对别人的梦想偏爱有加。当我们看到别人都在追逐同一个梦想时,就会忍不住想:"我的方向是不是错了? 我的梦想是不是太不切合实际了?"于是,犹豫再三,终于还是决定跟着别人的脚步走,空掷青春,虚耗精力。

只有大胆走自己的路,不盲目跟风,才能做出一番值得称道的成绩。

记住,在人生的航船上,只有你才是舵手,掌握航船前行方向的只有你,没有人可以取代你的位置。千万不要随波逐流、人云亦云,否则,你只会永远跟随着前人留下的足迹,而不会开辟出一条属于自己的航路。

3.自己来设计自己的人生,用野心激励自己实现梦想

没有人会帮助你设计未来,也没有人会决定你的未来,只有自己才能决定自己的人生,记住:扼住生命的咽喉。牢牢地掌握住自己的命运,才能使自己的未来走向成功。

乔布斯为我们树立了典型的榜样,年轻人都在四处寻求帮助和指引,他们中的许多人都将目光投向了乔布斯。在一项 Junior Achievement 组织的调查问卷中,1 000 名年龄从 12 岁到 17 岁的青少年被问及谁是他们最崇拜的企业家。史蒂夫·乔布斯以高达 35% 的得票率雄踞榜首。

哈佛大学的教授南茜·科恩则将乔布斯和过去 200 年来其他显赫一时的创业家们相提并论,如乔舒亚·威基伍德、约翰·洛克菲勒、安德鲁·卡耐基,亨利·福特以及雅诗兰黛夫人。他们身上都闪耀着相同的特质:强大的内心驱动力、永远旺盛的好奇心和丰富的想象力。"乔布斯恰好在一个正经历着意义深远的经济、社会和技术变革的时代登上了历史舞台,我们把它叫作信息革命时代。"科恩这样写道。"威基伍德这位 18 世纪的英国瓷器大师,开创了第一个真正意义上面向消费者的品牌,而他所成长的工业革命时期正经历着另一段重大历史变革;洛克菲勒在 19 世纪七八十年代奠定了现代石油工业的基石,那也正是铁路以及随后诞生的大规模生

产将美国从一个农业社会转变为工业社会的时期。"科恩断言,在社会大变革中人人都有机会,而像乔布斯、洛克菲勒和其他创新家这样的人就紧紧抓住了改天换地的机会。

乔布斯将个人电脑带给了全世界,当个人电脑群雄逐鹿时,他已经不满足于仅在个人电脑上的发展,而是将目标锁定在互联时代,于是,当 iMac 出现时,全世界再一次为之疯狂。随后,人们发现苹果所推出的一系列产品的名称,都有一个惊人的相似点,那就是这些产品名称前都加上了那个决定性的、小写的字母"i",而这个"i"有两层含义:一是互联网(Internet);二是个人(Individual)。

1998 年 5 月 6 日,乔布斯向世人介绍了一款划时代的产品——iMac!

这款产品是乔布斯回归苹果后的经典之作,它标志着互联网时代的到来,而促使这次变革的是他对于未来的准确判断。在 iMac 面世的前几年,苹果公司一直在走下坡路,市场占有率也逐渐下降,业务量不断萎缩。这一困境迫使苹果内部不断裁员,以致员工们怨声载道。在内忧外患的情况之下,苹果公司游离于破产的边缘。就在这时,乔布斯的回归,才让苹果上下窥见了一线生机。

这一次乔布斯力挽狂澜的源头,正是他的互联网野心。

回到苹果的乔布斯发现了一系列问题,如苹果的业务范围太杂。以打印机行业为例,当苹果推出了与惠普差不多的产品时,惠普早已通过卖墨盒赚走一大笔钱。因此,乔布斯决定先砍掉类似这样的业务,然后,产品线上其他没有发展的产品也被悉数搁浅。他将火力集中在台式和便携电脑上,并细分为专业级和消费级。当苹果的资源都集中在这一领域发展时,苹果才逐渐走向了复苏。

就是在这段时期,乔布斯预见到了互联网时代的到来,因此,随着 iMac 的面世,苹果也摆脱了昔日的观念,之后有关互联网的一系列产品,如 PowerBook、iBook 等同时发力,将苹果再次推向了辉煌。到了 1999 年年底,苹果电脑公司的总营业额达到了 61 亿美元,其净利润则超过了 6 亿美元,足足是前一年度的两倍。当时,有杂志用这样的词汇评价乔布斯:"令人厌烦但是却能赚钱!"

从此以后,乔布斯便将苹果的重心转向了互联网。

2000 年年初,iBook 成为美国最畅销的笔记本电脑,而借着 iBook 以及 PowerBook 的总销售量,苹果电脑公司在笔记本电脑市场上的占有率达到了 10%。在 2000 年 1 月召开的 MacWorld Expo 上,乔布斯宣布正式成为苹果电脑公司的总裁,取消头衔前面的"代理",与此同时,他还建议员工在自己的头衔前保留一个英文字母"i",称他为"i 总裁"。

其实,乔布斯想借"i"这个英文字母,证明他"互联网"野心的成功!

野心,是对未来的一种自信。乔布斯的野心却并不是一时兴起,而是建立在一种远见、判断力以及前瞻性之上。正因为如此,他才会在 2000 年的 MacWorld Expo 大会上,情不自禁地发出了一句豪言壮语:"未来 10 年内,苹果电脑公司将是在网络方面获利最多的 10 家企业之一。"就这样,对于互联网时代到来的准确预见,让乔布斯一举实现了自己改变世界的梦想。

乔布斯的经历告诉我们,成功必不可少的一项前提即要有一个前瞻的目标,他亦是在对互联时代的准确判断之上,才产生了发展互联网的野心。与之相比,我们常会觉得人生有很多可以实践的目标,但在实施的过程中却总不能顺利完成。这其中的关键,就是因为我们没有足够的远见,选择了一个不可能成功的目标,因此,我们必须制定具有前瞻性的目标,才能提高成功的把握!

生活中,我们随处可见这样一群人,他们经常毫无目标地随波逐流,既没有固定的方向,也不知道停靠在何方，他们做任何事都不知道其意义所在，只是被裹挟在拥挤的人流中被动前进，于是，他们只能浑浑噩噩地虚度光阴，荒废自己的青春岁月。显然，这些人势必会被世界遗弃，因为没有目标就不可能获得成功，唯有积极地去追寻目标，才能发现改变人生的机遇。

然而，光有目标亦无法成功，还必须具备可以实现目标的洞察力和前瞻性。

野心不仅能使自己迈向成功，也能激励他人实现自己的梦想！

苹果公司前战略和营销副总裁特里普·霍金斯曾评价乔布斯道："史蒂夫的抱负中蕴含的力量大得吓人，当史蒂夫对一件事坚定不移时，可以说那股力量能摧毁一切障碍，吓得所有异议和困难都不敢出现了。"由此可见，乔布斯将自己领导的魅力已经发挥得淋漓尽致。他用自己的一生，给那些缺乏领导野心和魅力的人，树立了一个学习的标杆。

乔布斯最令人着迷之处，就在于他怀抱着改变世界的野心。

PPT的发明者坎贝尔，年轻时曾在丹佛一家小软件公司当程序设计员。1977年，他为苹果电脑写了一个关于基础会计的软件，乔布斯非常欣赏这个年轻的电脑高手，便打电话邀请他来加州见面。当时的乔布斯还默默无闻，坎贝尔也没怎么听说过他，因此，在会见乔布斯之前，坎贝尔马不停蹄地拜访了多家公司，希望能找到适合自己的职位。

坎贝尔拜访的第一家公司，就是苹果公司的竞争对手泰迪。当坎贝尔询问泰迪的高管，他们对个人电脑的未来有什么看法时，泰迪的高管说道："我觉得它会成为人们在圣诞节相互赠送的大礼，它简直就是下一个民用波段收音机！"民用波段收音机是当时最时尚的产品，泰迪的高管认为电脑也会成为一种时尚，然而，坎贝尔对于这一答案并不感兴趣。

紧接着，坎贝尔又去了其他几家公司，并问了同样的问题，但他们的答案都没有打动坎贝尔，最后，坎贝尔才见到了乔布斯。坎贝尔回忆道："乔布斯讲的故事太精彩了，他滔滔不绝地讲了一个小时，关于个人电脑如何改变世界，他为我描述了一幅美丽的蓝图：在未来，我们的工作、教育、娱乐等一切都将被个人电脑所改变。我想，没有人能抗拒这么美丽的梦想。"

乔布斯用他的远见和宏图震撼了坎贝尔，坎贝尔当即加入了苹果公司。30多年以后，每当坎贝尔回忆起与乔布斯会面的情景，都会兴奋不已，他说道："史蒂夫是一个怀抱着改变世界野心的人，他能够看到海的那头。"与此同时，坎贝尔认为这正是乔布斯与其他领导人最为不同之处。

创业之初，苹果公司能吸引大量投资的关键，也在于乔布斯这种令人深深折服的野心。当他创立人生中的第二家公司NeXT时，他不但将苹果研发团队的核心力吸引到自己身边，还成功地吸引了不少机构和个人来投资，如佳能公司就向他投资了一亿美元，就连竞争对手微软的比尔·盖茨，也给他投资了一笔不小的资金。

苹果公司创立之初，像沃兹·尼亚克、杰夫·拉金斯、迈克·马库拉这些合作伙伴，也都加入到了乔布斯的寻梦之旅中，没有这些人，也就没有苹果的今天。如今，乔布斯的身边也有一群才华横溢、富有智慧的人，如设计师乔纳森·伊夫、总裁蒂姆·库克、营销副总裁菲利普·席勒等。如果不是被乔布斯的雄心壮志所吸引，这些人也不会始终如一地跟随着乔布斯！

若想领导一群人与自己并肩作战，而且跟自己同一条心去奋斗，其中的关键就在于我们是否具有领袖的野心。如果领导者不能以自己的野心去征服员工，便不可能激起他们的工作热情，员工也不可能有更大的作为，最后只会形成一盘散沙，成功自然也就成了自己一厢情愿的奢望。乔布斯正是明白了这一点，才迫不及待地将自己的野心公之于世。事实证明，他的做法如此正确。

一个人要想征服一群人，可想而知他所蕴含的力量必须十分强大，而这些力量的源泉就是野心。只有有野心，才能够激发团队全体成员内心的潜力，因此，一位优秀的领导者所要做的，便是将自己的野心暴露给员工、竞争对手，并以此点燃员工们的工作热情，给对手以心理上的打击。做到这一点，我们离成功也就不远了！

马丁·路德说："即使我知道明天世界会毁灭，我仍会种下我的苹果树。"就让我们沿着这样的人生信念一路走下去吧！

4. 要敢于梦想并忠实于梦想

年轻人要敢于梦想，并忠实于梦想。很多人，由于自己身份卑微而不敢去梦想，因为自己的平凡，不敢立下宏伟大志，或者因为自己先天的不足，而不敢去追求美好的生活。他们常常嗤笑自己的理想是痴人说梦，而事实上，正是因为心中的怯懦，才使他们自己与姗姗来迟的机遇擦肩而过，从而无法领略成功人生的美丽风景。

梦想就像我们心中的一座灯塔，为你指引着明确的方向。克林顿从学生时代就想着有一天要做美国总统，最后他真的做了 8 年美国总统。所以，怀有一个或多个诚挚的梦想，会指引我们大踏步地前进。而敢于梦想就是你改变命运的第一步，当你勇敢地为自己设定一个梦想的时候，可能也就意味着你开始踏上了成功之路。

梦想是成功的动力，因此，年轻人应当志向高远，你有多么强烈的欲望，就能爆发出多大的力量，也才有更大的能力去改变自己的命运。

托马斯·约翰·沃森是 IBM 公司的创始人。沃森在 1896 年进入美国全国收款机公司担任推销员，在 1914 年进入计算指标记录公司担任公司经理，1924 年改计算指标记录公司为国际商用机器公司，即 IBM 公司，成为 IBM 公司的创始人。

老沃森是 20 世纪前期伟大的企业家之一，他因说服商家们放弃账簿而使用穿孔卡这种原始的会计机器来计账而使 IBM 公司闻名遐迩。

在 1956 年，小沃森取代父亲成为首席执行官之后，将 IBM 引入计算机行业，使公司有了前所未有的、长期的、惊人的迅猛发展。在美国战后繁荣时期，每当人们谈论到美国公司和创始人的话题时，脑海中就会涌现出这家公司。到 1971 年，IBM 公司已经彻底击败了通用电气公司、美国无线电公司等这些同行业的竞争对手。他当时创造的财富超过了商业史上任何一家公司。1987 年，美国《财富》杂志宣布，沃森或许是"当代最伟大的企业家"。

能够成就 IBM 的辉煌，并非老沃森给了小沃森什么特殊的照顾，如果有的话，也只是小沃森得到的那个忠告：一个人的成就往往不会高过他的梦想，就像一座房子不可能盖得比设计图更好一样，你的人生将来达到何种高度，取决于你拥有怎样的梦想，以及你的梦想在你的人生当中是不是具有支配地位，并能够引导你的行为。

成功人士之所以能够超凡脱俗，就在于他们敢于梦想，并忠实于自己的梦想，他们坚信自己能够成为一个成功的人，而且不偏离自己期望的轨道，因此他们能够创造出奇迹。

沃森的梦想最初形成于他看到的一辆小马车。小的时候，他和同伴们在马路边嬉戏玩耍，一辆豪华的马车趾高气扬地掠过泥泞的道路，溅了沃森和他的伙伴们一身脏泥水。沃森擦掉脸上的水渍，暗暗发誓："将来我一定也要有这么一辆马车！"

一辆马车在当时那是权力和身份的象征，而沃森只是一个伐木工的儿子，想拥有这样的马车，听起来简直是在痴人说梦。

一个人可以没钱，没有背景，没有学历，但是只要有自己的梦想，能够为自己的梦想付出努力，这就足够了。

沃森做了几份临时的工作,后来做了一名沿街叫卖的推销员,虽然工作辛苦,但沃森从没有怀疑过自己的能力,他总是从对客户有利的角度来推销,甚至,当时美国农户不富裕的时候,沃森还允许他们用家畜、燕麦来支付,再将交易的物品拿到市场上去出售,换回现金,虽然这样的交易方式让沃森付出更多的辛苦,但却使他的客户越来越多。

沃森成为了当时最棒的推销员,但是每周12美元的收入是不可能让他买到一辆马车的。后来他做了一名股票推销员,沃森干得十分卖力,业绩十分突出,然而正当沃森为自己即将到手的提成暗暗欣喜时,他的老板卷款而逃。沃森白忙了一场,两手空空。

但是沃森并没有放弃他的梦想,终于他受雇于信誉卓著的现金出纳公司,他的老板就是"现代销售之父"帕特森。在他的指导下,沃森很快成为了最优秀的推销员。10年之后,他成为了公司的副总经理,收入也十分丰厚。可是,那时候马车已经过时了,于是沃森拥有了自己的小轿车。他从一个伐木工人的儿子变成了一个拥有自己的轿车的成功者。

到这个时候,拥有一辆车子已经不是沃森当时认为的"出人头地"的全部内涵,他拥有了更大的梦想:他要成为老板,最后他拥有了自己的计算制表记录公司,并使之成了他为之终身奋斗的事业。

沃森凭借自己的努力成就了自己的梦想,并赢得了全世界的尊重。

梦想确实并不具有真实性,但它不同于胡思乱想,也并非精神上的自我安慰。当你拥有自己的梦想时,千万不可去打击自己,即便这是一种胡思乱想。因为没有这种想法就不会有行动的支撑点,没有梦想的美好图景就不会有现实的结构。如果你渴望成功,那么就让你的梦想去支配你的行动吧,有了为梦想奋斗的决心,才能最终心想事成!

梦想成就了今天的一切。

你有梦想吗?梦想是很多人成功的动力。关于这一点,莎士比亚曾经说过一句非常有哲理的话:"从腐朽中发现神奇,从平常中找到非常。"

有些人认为,艺术家、音乐家和诗人才需要想象力,普通人并不需要。但是事实告诉我们:包括工业界的巨头和商界领袖在内的所有卓越的人都是有梦想的人,怀揣着伟大的梦想,并持之以恒地努力,全力以赴地奋斗,最终才能梦想成真。

在人类历史上,如果没有梦想者,历史将会变得枯燥无味。前进的引路人和人类的急先锋就是这些梦想者,他们毕生劳苦,不辞艰辛,替人类开辟出平坦的大道。那些目光远大、集胆量和魄力于一身的人是这个世界上最有贡献、最有价值的人。他们用自己的智慧和知识造福人类,将那些目光短浅、不思进取而又迷信的人解救出来。这些梦想者还将常人难以实现的事情一一化为现实。

如果没有那些去美洲西部开辟领地的梦想者,那么美国人至今还可能只在大西洋沿岸活动。在大海中迷航的船因为马可尼发明的无线电信号而找到了回家的路。莫尔发明电报,使消息得以在世界各地传递,将整个世界串联起来。勇敢的罗杰斯先生驾驶飞机实现了飞跃欧洲大陆的梦想。经过数不清的失败,无线电报才把美洲大陆连接起来,使费尔特实现了自己的梦想。原来只是贫困矿工的斯蒂芬孙制造了火车机车,使人类的交通工具有了划时代的突破,运输能力也得到空前的提高。

过去各个时代的梦想才成就了今天的一切。

5. 作为生活的创造者,你完全有能力改变自己的生活

我们一来到这个世界上,就被人所领导着。从小,我们被父母领导;上学,我们被老师领导;

进入社会后，又被上司领导；即使有一天，我们自己做了领导，依然还要被更高的上级所领导。实际上，我们能够真正领导的人只有一个——那就是我们自己。

乔布斯的成功告诉我们，尤其是年轻人，每个人的生命都是有限的，所以不要浪费时间活在别人的生活里。一个人立身处世，应该在意别人的评价和看法，把别人的意见当成自己的一面镜子，有则改之，无则加勉，但是，如果太在意别人对自己的看法，就会患得患失，迷失自我。人生毕竟是自己的，别人的建议可以作为参考，但不应该成为自己心中的坐标。

仔细观察周围的人，你会发现一个无法忽略的事实：好多人迷失了自己，放弃了掌握自己未来的主动权，工作中永远是被领导着，他们中绝大多数都生活得并不开心，过着没有成就感且毫无目标的生活。

乔布斯从来都不是活在别人的世界里，否则就没有今天的"苹果"神话，他说："不要犹豫，这是你的生活，你拥有绝对的自主权来决定如何生活，不要被其他人的想法和看法所束缚。"

确实是这样，不论你想成为什么样的人，都应该活出自我，给自己一个培养创造力的机会，不要害怕，不要担心，过自己选择的生活，做自己的领导，掌握自己的人生。我们应该为自己的目标而活，至于任何方法，都只是工具，而不应该摆在第一位。

与其他人不同的是，乔布斯有自己的看法：作为生活的创造者，你完全有能力改变自己的生活，你不能指望别人来解决你的问题，也从不在乎别人的眼光。乔布斯的思维和做法与主流的价值观形成了强烈的冲突，他在做自己：在大学就主动退学；走别人没有走过的路；偏执地追求完美……如此种种贯穿着他创业生涯的始终。乔布斯很有自己的主见，完全把控着自己的生活。

不要让任何人的意见淹没了你内在的心声，乔布斯就是这样做自己，把自己的命运牢牢地抓在自己的手中。

忠告箴言

成功是每个人都渴望的，但是要想获得成功不是轻易就能获取的，必须开辟出一条与众不同的道路。这样就会使你更加坚信自己的目标，并为之不断奋斗。年轻人始终要铭记，哪怕自己接近 35 岁或已经 35 岁，也要相信自己，要懂得"起而行"，才会有所收获，不要一味地等待机会的来临，因为天上不会掉馅饼。只有自己扼住命运的咽喉，成功才会离你愈来愈近。

第 四 章
把有限的时间,投入到无限的事业当中

　　有人对自己的工作毫无兴趣,整天无所事事,无精打采;也有人总是在抱怨工作任务繁重、领导可恶、企业没有前途;更有人总是选择认为自己合适的工作,于是不停地换工作,看似整天都在忙碌,殊不知这是徒劳的,对你的工作根本没有任何帮助。时间是不会倒流的,如果浪费了时间,时间也会无情地抛弃你,珍惜时间,时间也会给你回报。乔布斯说过:"没人想死;即使想去天堂的人,也是希望能活着进去。你们的时间有限,所以不要把时间浪费在别人的生活里。"是的,人的生命是有限的,流年似水,没有多少时间可以用来挥霍,没有多少年华值得浪费。只有将有限的时间投入到无限的事业中,孜孜不倦地努力,当你年老的时候,才不会因为虚度年华而悔恨,才不会因为一生碌碌无为而遗憾,你的人生也会因为珍惜时间而饱满。

忠告 39　做时间的主人,把时间当成你的助手

在经历了这次与死神擦肩而过的经验之后,死亡对我来说只是一项有效的判断工具,并且只是一个纯粹的理性概念,我能够更肯定地告诉你们以下事实:"没人想死;即使想去天堂的人,也是希望能活着进去。你们的时间有限,所以不要把时间浪费在别人的生活里。"

——乔布斯

世上对人类而言最珍贵的是什么? 是钻石、黄金、珍珠还是其他什么? 其实这些都是身外之物,最珍贵的东西莫过于掌握在我们手中的时间。时间弥足珍贵,一旦失去便无法追回。人生短短不过百载,古往今来,凡成大事者都会节约时间,用全部的精力投身于做尽可能多的事情。

1. 时间就是财富

时间比金子更宝贵,珍惜时间就是珍惜我们的财产,珍惜我们的生命。电话的发明者贝尔在研制电话机时,另一个叫格雷的人同时也在进行这项试验。两个人几乎在同一时间获得了突破,但是贝尔却早格雷两个小时到达专利局,当然,这两人是不知道对方也在研究电话机的,但就是这两个小时成就了贝尔,使他取得了举世瞩目的成功与荣誉。

成功人士之所以能取得成功,关键的一个因素就在于他们意识到了时间的宝贵,并对时间倍加珍惜。世界上最重要的东西是什么? 是生命。你的答案是对的,但不确切,最确切的应该是时间。"你热爱生命吗? 那么,别浪费时间,因为生命就是由时间构成的。"

所以,如果你想获得成功,必须视时间如生命,如对待自己的生命一般对待时间。人生最宝贵的财产是你的时间,好好地利用时间,不要浪费时间,请记住浪费时间就等于浪费生命,节约你的每一分、每一秒,就等于将自己的生命延长。

当你充分利用时间的时候,你就会知道时间给予你的回报有很多。谁都懂得"一寸光阴一寸金,寸金难买寸光阴"。但是在现实中,一旦要求人们抓紧时间努力工作的时候,大多数人总是有许多的借口,这样时间就在借口当中流逝了。人生短短几十载,生命有限,因此想成就一番伟业,只有珍惜时间。纵观人类的发展史,只有那些善于利用时间、懂得时间宝贵的人,才能成就一番事业。我国伟大的文学家、思想家鲁迅先生有一句至理名言:"时间就是生命,无端的空耗别人的时间,其实无异于谋财害命。"

时间对于人类的价值非比寻常,它与人生的发展和成功紧密相关。一个人在时间面前如果是个弱者,他将永远不是一个强者,只会在时光的流逝中,年华老去,一事无成。放弃时间的人,时间也同样放弃了他。

鲁迅先生惜时如命,他把别人喝咖啡、聊天的时间都用在工作和学习上。鲁迅还通过各种

形式鞭策自己珍惜时间,刻苦学习和工作。在北京的一段时间内,他的卧室兼书房里,挂着一副对联,集录了我国古代伟大诗人屈原的两句诗,上联是"望崦嵫而勿迫",下联为"恐鹈鴂之先鸣",意思是:看见夕阳西下心里还不焦急,怕的是一年又过去了,报春的杜鹃又早早啼叫。书房墙上还挂着一张藤野先生的照片,他是鲁迅最崇敬的日本老师。鲁迅在《朝花夕拾》中写道:"每当夜间疲倦,正想偷懒时,仰面在灯光中瞥见他黑瘦的面貌,似乎正要说出抑扬顿挫的话来,便使我忽又良心发现,而且增加勇气了,于是点上一支烟,再继续写些为'正人君子'之流所深恶痛疾的文字。"鲁迅用这朝夕相处的对联和照片督促自己不要浪费时间,抓紧时间。正是因为有了这种惜时如命的精神,鲁迅在他55岁的生命历程中,写下了广泛涉及自然、社会科学等许多领域的著作,一生著译4 000多万字,给后人留下了一份宝贵的文化遗产。

齐白石是我国著名的国画大师,在他60多年的作画生涯中,据说只有两次间断,10天没有动笔。一次是他63岁时生了一场大病,几乎不省人事;另一次是64岁时母亲病故,他因悲伤过度,而没有作画。85岁那年,有一次他连画4张条幅,已经非常疲惫,可他仍要坚持再画一张。画毕,他在条幅上题写了这样的话:"昨日大风雨,心绪不宁不曾作画,今朝制此一张补充之,不教一日空闲过也。"齐白石在追求艺术的道路上,非常爱惜时间,始终不停地辛勤探索,终于成为了一代国画大师,取得了非凡的成就。

著名的进化论的奠基人、英国的生物学家达尔文从剑桥大学毕业后还是个无名小辈,后来他参加了环球考察,他在"贝格尔"号轮船上,从不浪费一天时间,并进行了大量的考察,搜集了足够研究50年的动植物标本。当别人在休息时,他却坚持写航海日记,还一直与国内的科学界朋友保持书信联系,其中不少信件很快就被当作学术论文发表了。当他完成了自己的考察,回到阔别了6年的祖国时,惊讶地发现自己已被冠上了海洋生物学专家的头衔。当他取得成功后,有人问他何以能做出那么巨大的成绩时,他这样回答:"我从来不认为半小时是微不足道的很短的一段时间。"

一家公司为了提高开会的质量,老板想了一个办法,买了一个闹钟,规定开会时每个人的发言只为6分钟,这个措施不但提高了会议的效率,也让员工分外珍惜开会的时间,把握发言时间。

而一位中国的保险人员自创了"1分钟守则",他要求客户给予他1分钟的时间介绍自己的工作服务项目,1分钟到了,他立即停止自己的话题,并对对方给予他1分钟的时间表示感谢,由于他严格遵守自己的"1分钟守则",所以在一天的工作中,取得了非常高的效率。

"1分钟到了,我说完了!"信守1分钟,既保住了他的尊严也能让他人珍惜这1分钟的服务。

如果你每天要花一个小时去干那些你不想干的事,那么折算下来相当于每年32个工作日,也就是说一年里的休假就这样浪费掉了,而你还在抱怨时间不够用。

由于我们的"时间预算"是不能超支的,时间是没有信贷额度的,所以常常感到时间不够用。有人经常说"我没有时间",这不仅是错误的,久而久之你会为此付出代价,因为你有可能会错过女儿的第一次舞台表演、儿子的第一个进球、父母的生日,或者为自己开启成功之门的某一次好机会。不要用"时间不够"的借口阻止你去做重要的事情,不要让自己的理想和愿望葬送在工作的负担下,要把你的时间夺回来!

2.时间需要规划

英国著名的《帕金森定律》一书中有一段生动的描述:"一位闲来无事的老太太为了给远方

的外甥女寄张明信片,足足花了一整天的时间:找明信片要一个钟头,寻眼镜又一个钟头,查地址半个钟头,寄语一个钟头零一刻,然后,送往邻街的邮筒,究竟要不要带雨伞出门,这一考虑又用去了 20 分钟。就这样,一个麻利的人在 3 分钟里可以办完的事,而另一个人却要用一整天的时间犹豫、焦虑和操劳,最后还不免累得半死不活。"现实生活中,像上述故事中的老太太一样的人大有人在,工作中稍不如意,遇到一点困难,就放下不干了或等待明天再干,认为反正明天还有时间,这样一拖再拖,导致很多事情给拖拉下来,而时间却在不知不觉间悄无声息地流逝了。如果你有这样的习惯,那你就相当于在浪费自己的生命。

例如,假定你有一份很长的报告要写,就不要以"一次只做一个小时左右"的观点去想,而要先拟好大纲,或做好调查研究,或写下引言等。如此,你每前进一步,你就可以有完成某一件特定事情的感觉,并且明确知道你下一步该做什么。下一次继续做的时候,你就不需要再重新去理清头绪,也就不会有心智阻碍和心理负担。

然后再把整体工作分成许多部分去做,你就会养成"强制去完成"的良好习惯。这样你每天会省下很多时间。

将时间分成一小段一小段来利用。有时候我们总是觉得,一大块一大块的时间不好找,所以干什么事情总觉得时间很紧,不够用,比如上班族想要学习"充电",却总是认为每天上班 8 小时,有时还得加班,根本没有什么时间。其实这都是在找借口,如果你能充分利用一些生活、工作间隙的时间,就能获取一些额外的时间。据有关统计表明:用"分"来计算时间的人,比用"时"来计算时间的人,其时间会多出 60 倍。

无论工作有多忙,你都应该抽出一些时间进行规划。越是认为自己时间不够,你越应该认真仔细地规划自己的时间。例如,你可以在每天开始或结束的时候抽出几分钟来进行规划——你会发现,你将因此得到数倍的回报。

有时你可能会感觉自己非常忙碌,根本拿不出时间来进行规划。没关系,或许你真的没有时间。但请仔细想一想,假如不去进行规划,你就很难抽出时间去做自己想做的事情,而且你将根本不可能辨别出到底哪些事情对你来说才是真正重要的。即使你把大部分时间都用来完成 A 级活动,但你很可能并没有利用时间来做 A 级活动中最主要的部分,即没有解决主要矛盾的主要方面。所以,即使再忙,也应该利用一些时间进行提前规划,这样能帮助你挤出更多的时间。

规划通常最适合在早晨起床时或晚上睡觉之前进行。一般情况下,人们在早晨的时候都会比较清醒,在这个时候进行规划可以帮助你一天都保持十足的劲头。当你对自己要完成的任务比较明确时,就可以根据自己的规划一步步实现,才会有条不紊地完成。

在晚上进行规划同样具有一定的优势。因为这个时间你会对自己当天所遗留下来的任务很清楚,所以你会对第二天的任务安排更有选择性。当你一天的工作安排妥当之后,你就不会再浪费时间去考虑哪些事情该做,哪些事情不该做了。晚上进行规划还有另外一个优势:你大脑中的潜意识会在夜间不断工作,这样可以为你第二天的工作提供许多不错的方案,甚至还可以为问题的解决找到更多的解决方法,这样,你第二天的工作状态将会更佳,工作效率也会随之提高。

因为早晨规划和晚上规划都有其优势,所以建议大家不妨尝试在每天的早晨和晚上都进行规划。

很多公司的执行官都有这么一个习惯:在完成第二天的工作规划之前,他们绝不会离开自己的办公室。还有的人喜欢早 15 分钟到达办公室,以便利用这段时间修改原定计划。当然,每天都会遇到一些意外的事情，从而打断我们之前的安排，每当出现这种情况时，我们就需要根据实际情况调整自己的计划。

如同许多人可以改变自己的饮食习惯一样，你也可以成功地改变自己的时间管理方式。如果你觉得自己将大部分时间都投入到工作中，却没有足够的时间用来陪家人和朋友，建议你现在就养成按时下班的习惯——即便其他同事仍在加班，这样你可以开始安排更多的周末时间陪家人和朋友。

你觉得自己在保龄球上花了太多时间，结果却没有足够的时间参加文艺活动吗？没关系，你可以从现在开始减少打保龄球的时间。你觉得自己在家务上花了大把的时间，结果却没有足够的时间去做那些令自己充满激情的事情吗？建议你就先让家具上的灰尘在那里停留一两天吧。

很少有人会喜欢对自己的一举一动进行记录，但你却可以努力规划好自己的时间，只有规划好自己的时间，你才可以找到更多的空闲，即使太忙。记住：你总是可以找到时间来做那些对自己重要的事情。

如果你还没有养成规划的习惯，那么现在就开始培养吧。每天在同样的时间里重复同样的事情可以使你的工作更加有效率——因为你不用花时间来做决定。习惯产生的力量是巨大的，事实证明，人们在做那些习惯性的事情——例如打电话、订餐、读书、上课或者是参加会议的时候，他们的效率总是很高的。

年轻时的乔布斯每天凌晨四点就起床，九点半前把一天工作全部做完。他这样说道：自由来自自信，而自信来自自律。要想做到自律，先学会克制自己，制作严格的日程表控制生活，才能在这种自律中不断地磨炼出自信。自信是对事情的控制能力，如果连最基本的时间都控制不了，自信就无从谈起。正是有了这种对事件的掌控，才使苹果在乔布斯的带领下，以惊人的速度创造了令业界惊奇的成就。

乔布斯为何如此重视企业发展的速度？因为他知道时间的价值。2003 年乔布斯被查出患有胰腺癌后，医生告诉其生命最多只有 3 个月到 6 个月。但 2004 年手术后，他又在人间多停留了 7 年。这次与死神差点握手的经历，让这位"苹果教父"对时间产生了紧迫感："时间很有限，所以不要将它们浪费在重复其他人的生活上。"

3. 你自己决定时间

上帝对谁都很公平，他赋予每个人一天的时间都是 24 小时。但是能成大事者却善于把 24 小时变成 25 小时，而庸碌无为者却浪费了大把大把的时间。所以，要成大事就立刻行动吧！

我们经常会因为他人的原因而导致自己的时间不够，但切不可将责任推卸给他人，因为如何支配时间是你自己决定的。在自己的人生道路上，要主动支配时间，才能踏上成功之旅。

朱自清在他的名篇《匆匆》中写道："洗手的时候，日子从水盆里过去；吃饭的时候，日子从饭碗里过去；默默时，便从凝然的双眼前过去；我觉察他去的匆匆了，伸出手遮挽着时，他又从遮挽的手边过去……"是的，时间在匆匆地流逝，抓住了，成功将离你愈来愈近；抓不住，失败将离你愈来愈近。最会算时间账并付诸行动的有两个典型人物：一是宋代诗人陆游，他规定自己"日课诗一首"，并严格遵守，雷打不动，坚持下来，一生写了一万多首诗，享誉中国诗坛。另外一人便是日本软件银行总裁孙正义，在美国留学期间，他规定自己"每天一项发明"，其方法很独特：每天从字典中选取 3 个词，然后组合一个新东西，这样慢慢积累，终于产生了巨大的效果。他以 1 亿日元的价格将其发明的"可以发声的多国语言翻译机"卖给日本夏普公司。孙正义说，"每天一项发明"是他成功的"秘诀"。由此看来,成功属于那些既会算时间账又知道怎么去行动的人。

有一位专家曾经设计过这样一个游戏:他把十几个学员平均分为两队,要求他们将放在地上的两串钥匙捡起来,并从队首传到队尾。规则是必须按照顺序传递,而且每个人的手必须要接触到钥匙。

比赛开始并计时。两队的第一反应都是按照专家做过的示范:捡起一串,迅速传递完毕,再传另一串,结果所用的时间都是 15 秒左右。

专家看完实验,提示道:"仔细想想,时间还可以再缩短。"

其中一队似乎想到了方法,于是把两串钥匙拴在一起同时传,这次只用了 5 秒的时间。

专家再次提醒道:"时间还可以再减短,你们再仔细想想!"

"怎么可能?!"学员们面面相觑,不太相信。

这时,看表演的人群中有个人说道:"只是要求钥匙按顺序从手上经过,不一定非得传啊!"

另一队如醍醐灌顶,他们完全抛开了传递方式,每个人都伸出一只手扣成圆桶状,摞在一起,形成一个通道,让钥匙像自由落体一样从上落下来,这样既按照了顺序,同时也接触了每个人的手,符合专家的要求,所用的时间仅仅是 0.5 秒!

要想真正的地掌握时间,你至少应该做到以下几点:

(1)拒绝拖拉。办事要拒绝拖拉、疲沓的态度,以免误事。繁忙的工作会占满我们所有的时间。避免帕金森定律产生作用的办法似乎很明显:为某一工作定出较短的时间;确定工作的重要程度;委托他人帮忙。

(2)安排时间表。在工作中,我们要安排好时间,这样才能有条不紊地做好事情,并且掌控好时间。

(3)养成有计划工作的习惯。养成有计划工作的习惯,会使你的工作效率得到提高,即使中途有其他的事情插进来,也能应付自如,否则,你将陷入各种烦乱的事情之中,这不利于工作的进行。

(4)善用零碎时间。华罗庚说:"时间是由分秒积成的,善于利用零星时间的人,才会做出更大的成绩来。"东汉时著名学者董遇,幼时失去双亲,生活艰难,但他好学不倦,利用一切可以利用的时间学习。董遇曾经说:"我是利用'三余'来学习的。""三余",即"冬者岁之余,夜者日之余,阴雨者晴之余。"意即在冬闲、晚上、阴雨天不能外出劳作的时候,他都用来学习,这样不断地日积月累,终有所成,成为著名学者。将零碎的时间合理地运用到学习和工作中,积少成多,将会是一个惊人的数字。

颜真卿在《劝学》中说道:"三更灯火五更鸡,正是男儿读书时。"教育我们在学习中须珍惜时间。

《明日歌》中说道:"明日复明日,明日何其多。我生待明日,万事成蹉跎。"教育我们做任何事都要珍惜时间,不可拖延,否则将一事无成。

富兰克林说:"时间是构筑生命的材料。"教育我们生命是由一分一秒的时间所累积起来的。要规划好自己的时间,并主动去支配它,并且要善于利用零碎的时间。如此,我们的生命才能构成一个完整的整体。

4. 如何做时间的主人

任何一个人,如果失去钱财,可以再赚回来;失去知识,可以再学回来;但如果失去时间,就无论如何再也找不回来了。

因此,我们在生活中,如果珍惜时间,就做了时间的主人;如果浪费时间,就做了时间的奴隶。如果我们不合理利用时间,时间就会把我们的青春耗尽。

那些不珍惜时间的人,必然陷在麻烦和空虚中,一事无成。在一个珍惜时间的人的脑子里经常居于最高位置的想法应是:我是不是在做无意义的工作呢?我的贡献是什么?这种人最知道时间的价值,在任何情况下都不会浪费时间。他们在充分利用时间上技巧娴熟,不允许在工作日里出现空闲。

珍惜时间,就要学会做时间的主人,要懂得合理支配时间。过去已经是一去不回,未来只是意念中的事。世界上每一件事情的完成,都是由于某个人或某些人认识到今天才是行动的唯一时间。

著名教育家班杰明·芬克尔曾经接到一个青年的求教电话,之后他与那个向往成功、渴望指点的青年约好了见面的时间和地点。待那个青年如约而至的时候,班杰明的房门大敞着,眼前的景象却令青年颇感意外——班杰明的房间里乱七八糟、狼藉一片。没等青年开口,班杰明就招呼道:"你看看我这房间,太不整洁了,请你在门外等候一分钟,我收拾一下,你再进来吧。"班杰明一边说着一边轻轻地关上了房门。

不到一分钟的时间,班杰明就又打开了房门,并热情地把青年让进客厅。这时,青年的眼前展现出另一番景象——房间内的一切已变得井然有序,而且有两杯刚刚倒好的红酒,在淡淡的香气里还漾着微波。可是,没等青年把满腹的有关人生和事业的疑难问题向班杰明讲出来,班杰明就非常客气地说道:"干杯。你可以走了。"

青年手持酒杯一下子愣住了,既尴尬又非常遗憾地说:"可是,我……我还没向您请教呢……"

"这些……难道还不够吗?"班杰明一边微笑一边扫视着自己的房间,轻言细语地说:"你进来又有一分钟了。"

"一分钟……一分钟……"青年若有所思地说:"我懂了,您让我明白了一分钟的时间可以做许多事情,可以改变许多事情的深刻道理。"

班杰明会心地笑了。青年把杯里的红酒一饮而尽,向班杰明连连道谢后,开心地走了。

只要我们能够把握好时间,充分利用生命中的每一分钟,我们就能够实现自己心中的梦想。

一分钟,甚至一秒钟,虽然非常短暂,但是如果每一分、每一秒都利用起来,日积月累,就能够干出不俗的成绩来。

在生活中,常常会出现一些意想不到的事情。这些小插曲常常破坏你的情绪,产生不良的影响。但一定不要让它们过多地占据你的时间,不然,你的生命中除了烦恼,就没有别的东西了。

时间就是金钱,节省时间就是为自己赚钱,这是一种重要技能。但可悲的是,许多人并没有意识到这一点,他们还在一分一秒地浪费着自己的时间,并在不自觉中消耗着自己的时间。正如水桶底下的一个小洞,水会慢慢流走,这和把整桶水倒掉没有什么区别。

那么,如何才能有效利用时间,做时间的主人呢?

(1)合理安排固定项目。这里所说的固定项目,如吃饭、睡觉等。把固定的项目安排完以后,你可以看到还剩哪些时间供你支配。注意在项目之间安排休息间隔,例如每50分钟休息10分钟。

(2)把时间切割成小块。如果有一个巨大的任务把你压得喘不过气来,你可以试着把它分成小块,使它易于管理,然后相应地安排你的时间。

（3）充分利用零碎时间。将时间表中的时间"剪出"大块时间以后,剩下的边角余料是不能浪费的。比如你可以用它复习学过的知识,做一两节操,背几个单词。一个利用小块时间的技巧是:把你不愿做的事情分成小段,然后在做其他事情的间隙每次完成一小点,这样会不知不觉地做完讨厌的事情。

（4）设定好做事的起止时间。这样做的优势是:可以防止项目之间互相干扰,也可以防止你把事情拖到最后一分钟才做。

（5）留出应急的时间。一个被填满的计划表是没有"防御"性能的,如果稍有意外,整个计划都会"破碎",无法执行。很有可能会有突发事件,如朋友聚会、生病,等等。

这样,每过一段时间,自己就回顾一下,重新审视一下自己的时间和计划,然后找出不足,改正它。如果你以前从未好好计划过你的时间,从头开始会有点困难。不过,时间管理和其他事情一样,你做得越多,就会做得越好。

只有这样,你才能把握好时间,成为时间真正的主人。

人的全部本领都是耐心和时间的混合物。人生苦短,时间有限,我们应该趁着年轻,趁着我们的大脑还能思考,趁着我们的四肢还能行动,就应该跑在时间的前面,主宰它。

忠告箴言

人的一生既是有限的,又是无限的。因为人生的生命有限,但要做的事却是无限的,所以我们只有将有限的时间投入到我们无限热爱的事业中去,我们的梦想才能成真。对于年轻人而言,重视时间、珍视时间、管理好时间,就意味着珍惜自己的生命。做时间的主人,这样,我们才能避免因为人生庸庸碌碌、无所作为而悔恨,当你年老的时候,你会因为没有浪费时间而感到欣慰,会因为自己取得的成就而喜悦。流年似水,珍惜时间吧,年轻的朋友!

忠告40 推动你前进的动力,就是不要浪费时间

"乔布斯对所有的过程都有准确的把握……当他想做某件事时,他给我的计划表都是按天和星期计划的,而不是按月或年计划,我喜欢他的这种行事风格。"

——阿塔里公司的奠基人诺兰·布什内尔这样评价乔布斯

在经济浪潮的冲击下,许多年轻人将成为富翁作为自己奋斗的目标。若要实现这个目标,那就首先要明确不要浪费时间。

时间如同金钱,越懂得利用时间的人,越能感觉到它的价值;越是贫穷的人,越能感觉它的可贵。许多人在年轻时,不懂得时间的可贵,任意挥霍,殊不知时间已在不知不觉中流走,当我们需要它的时候,才发现,岁月老人留给我们的时间已经所剩无几。

管理学大师彼得·杜拉克曾说过:"不能管理时间,便什么也不能管理。时间是世界上最短缺的资源,除非严加管理,否则就会一事无成。"

1.你是时间窃贼吗

时间管理学研究者们通过研究发现,人们的时间往往是被下述"时间窃贼"给偷走的。

(1)找东西。通过对美国200家大公司职员做的调查发现,公司职员每年都要花6周时间浪费在寻找乱放的东西上面。这意味着他们每年要损失10%的时间。对付这个"时间窃贼",有一条最好的原则,那就是将不用的东西扔掉,将有用的东西分门别类保管好。

(2)懒惰。懒惰是一种非常不好的习惯,它让时间在享乐中流走,对付这个"时间窃贼"的办法是:使用日程安排簿;切勿拖拉;及早开始,立即行动。

(3)时断时续。研究发现,公司职员往往不能在一段时间内集中精力完成一项工作,干活方式时断时续,当重新工作时,又要重新调整大脑和注意力,这样导致时间在无形中被浪费。对付这个"时间窃贼"的方法是:在工作时,集中注意力,不可分心。

(4)惋惜不已或白日做梦。总是为过去的错误和失去的机会而后悔不已,或者不脚踏实地,空想未来,这两种心境都是极浪费时间的。对付这个"时间窃贼"的方法是:不要沉浸在过去的不如意中,从现在起,脚踏实地地工作,珍惜时间。

(5)拖拖拉拉。这种人做事责任心不强,总是找借口推迟行动,导致任务迟迟没有完成。对付这个"时间窃贼"的方法是:增强自己的责任感,认真地履行自己的职责,并立即投入行动,切勿让时间在拖延中白白流走。

(6)对问题缺乏理解就匆忙行动。这种人的工作作风与拖拉作风正好相反,他们在未获得对一个问题的充分信息之前就草草行动,当事情没有取得好的进展时,往往需要推倒重来。这种人必须培养自己的自制力。

(7)分不清轻重缓急。即使是避免了上述大多数问题的人,如果不知道分清事情的轻重缓

急,也会浪费许多时间。

区分轻重缓急是时间管理中非常关键的问题。在处理日常事务时,许多人几乎完全不考虑完成某个任务之后他们会有什么收益。这些人以为每个任务之间都没有区别,只要时间被工作填得满满的,他们就会感到很高兴、很充实。或者,他们愿意做表面看来有趣的事情,而不理会那些有趣的事情。他们完全不清楚应怎样将人生的责任和任务按其重要性进行排序,区分轻重缓急的程度。当我们在确定每一天具体做什么之前,要问自己三个问题。

(1)我必须做什么?——明确那些非做不可,又必须自己亲自做的事情。

(2)什么事能给我最高回报?——应该将时间和精力集中在那些能给自己带来最高回报的事情上。

(3)什么事能给我带来最大的满足感?——当有些事既能给自己带来巨大的回报,又能使自己得到巨大的满足感,就应该优先安排这些事,并集中精力解决之。

切勿让"时间窃贼"盗走你的时间,切记珍惜时间就是珍惜生命。流年似水,要想不虚度人生,就应该珍惜自己的青春年华,珍惜时间,从当下做起,才能走向成功。

2. 不要无休止地拖延下去

时间是不可再生资源,你不珍惜它,它将被白白浪费,从而不再拥有。因此,要想取得一番成就,就从当下开始,珍惜时间,立即行动。

生活中总有这样的人,认为时间多得是,于是,本来一份报告今天就可以完成,却想在第二天去完成,殊不知明天有明天的任务,当你被明天的任务缠身时,昨天的报告很可能就无法完成,这样一拖再拖,你完成那份报告的时间很可能就遥遥无期。

不要无休止地拖延下去,对待要处理的事情,应立即行动,珍惜时间。

美国商业精英鲍伯·费佛每天上班的第一件事情,就是将当天要做的工作分成三类:第一类是所有能够带来新生意、增加营业收入的工作;第二类是为了维持目前状况,或使现有状态能够继续存在下去的一切工作;第三类则包括所有必须去做,但对企业和利润没有任何价值的工作。

鲍伯总是在完成第一类工作之前,才开始进行第二类工作,在全部完成第二类工作后,才开始着手进行第三类工作。"我一定要在中午之前将第一类工作完全结束",鲍伯认为,上午的时间是他头脑最清醒,思考出来的意见最具有建设性的时候,因此首先必须将最重要的工作完成。

鲍伯还说:"你必须坚持养成一种习惯——任何一件事情都必须在规定好的几分钟、一天或者一个星期内完成,每一件事情都必须有一个期限。如果坚持这么做,你就会努力赶上期限,而不是永无休止地拖延下去。"

我们必须清醒地认识到自己身上可能存在的惰性,必须时刻去提醒自己克服这种惰性,我们必须铭记:做每件事情都必须有一个明确的期限,否则,我们就会对这件事的完成时间没有一个清醒的认识,以致一拖再拖,事情的完成永无定期。

在许多时候,大多数人会有一种追求完美的想法,加上事情本身又没有期限限制,他们就会这样认为:那么就再花些时间把它做得更好些吧,反正已经花了那么多时间了,再拖几天也无妨。如果被这样的想法所左右,你将发现你会陷入"明日复明日"的泥沼。

还有一类人抱有这样的想法:等我有了时间就一定……结果呢,几年过去了,那件事还没来得及做。

其实,生活中有很多事情对我们来说都非常重要,只是我们苦于没有具体的时间去做,只好一拖再拖,到最后只能永远地将它们封存在"梦想柜"中。例如,想看一本大部头的书,也许你不能拿出几天完整的时间专门去看,但只要每天饭后睡前少看会儿电视,少上几分钟网,而看上几页书,就会在不知不觉中看完;某些学生想考托福,而苦于其他的课程繁重,没有时间记单词,从而一拖再拖,到最后考托福的目标灰飞烟灭,其实只要每天花上几分钟,利用零碎时间记记单词,不知不觉间,你的目标就会实现。

也许我们不可能为某些事腾出专门的大块时间,但你可以有效利用零碎的时间处理事情,这种方法会让你受益终生。

人与人的智力条件相差不大,大家又都在努力地奋斗,但结果往往有着天壤之别:有的人功成名就,而有的人则碌碌无为。造成这种不同的人生境遇的原因很多,但有一点是毋庸置疑的,就是他们的时间观念不同,成功的人总是会充分利用时间,完美地完成工作,而那些一事无成的人,他们往往没有时间观念,总认为时间多得是,而不去珍惜,而是放任时间流走,面对问题总是一拖再拖而不去解决,当然,岁月留给他们的,终将是一个凄惨的人生。

因此,若想不虚度年华,拥有一个成功的人生,请珍惜时间,立即行动,从当下做起。下面介绍几种改变拖延的方法,供大家借鉴。

(1)确定当务之急的事情。确定当务之急的一个方法是建立一份"行动"一览表。每天晚上睡觉前,记下第二天要干的头几件事情,并且一天回顾几次这张日程表。加拿大安大略省的时间管理顾问哈罗德·泰勒认为完成表上之事的最好方法是给每项工作划分一个特殊时间区段。

(2)立即行动。苏姗娜·塞吉尔是一位著名的色彩专家,她曾为诸多名人设计居室和服装。她从祖母那里学到了一个珍惜时间的做事原则:如果有一件事情要做,她就立即行动。

(3)冻结设计完美主义者和办事拖拉之人浪费同样的时间。瓦克维亚有限公司前主席托马斯.R.威廉发现,很多有前途的年轻人不知道何时停止研究一些东西,工程师们通常被要求在一个确定的日期内拿出最好的解决问题的方法。虽然一个设计不是完美无缺的,但是他们已经在一个确定的期限里完成他们所能做到的最好的工作。

工程师们把它称为"冻结设计"。成功的时间管理者都懂得什么时候值得为十全十美而奋斗,什么时候只有放弃十全十美才足够好。

一个做事拖拉的人,是没有时间概念的,当时间悄无声息地流走,而待处理的事情却还没有完成。这样的人是无法取得成功的。只有树立强烈的时间观念,珍惜每分每秒的时间,全身心地投入到工作当中,立即行动,不再拖延,你会发现,时间回报给你的将会比你想象的要多得多。

养成立即行动的习惯,就会充分利用有限的时间去完成许多事情,这样积少成多,你的人生也会随之丰满起来,而成功就会在不远处等着你。因此,请从现在开始,珍惜时间,立即行动。

3. 善用零碎时间

现实生活中,每一个成大事者都有这样一个好习惯:善用时间!时间对每个人都是公平的,你善于运用它,它给予你的是成就;你放任它流走,它带给你的就是一事无成。一个百无聊赖的家伙会觉得时间过得太慢,而一个工作繁忙的人又觉得时间过得太快。如果我们盯着钟表看,觉得一天过得太慢,但是当一年的时间过去了,你才发现自己这一年好像没有做什么事,时间却飞快地流逝了。时间的表现并不一致。人类发明钟表,是用来掌握时间、观察时间的,更主要的是利用时间。一个人要想成大事,就要掌握运用时间的本领,拥有正确的时间观念,养成良好的运用时间的习惯。有个年轻人自己开了一家公司,她相信和客户维持良好的关系是与其做成生意的关键因素。所以她常利用飞机上的时间给他们写短笺。一次，一位同机的旅客在等候提领行李时和她攀谈，这位旅客说："我在飞机上注意到你，在 2 小时 48 分钟里，你一直在写短笺，我敢说你的老板一定以有你这样一个出色的员工而自豪。"这个年轻人微笑地回答道："我就是老板。"所以，我们不仅要学会做事业上的老板，还要学会做时间的"老板"。

其实，生活中有很多零碎的时间是大可利用的，如果你能将时间化零为整，会使你的工作和生活变得更加轻松。

进化论创始人、伟大的生物学家达尔文也曾说："我从来不认为半小时是微不足道的一段时间。"诺贝尔奖获得者雷曼的体会更深，他说："每天不浪费或不虚度或不空抛剩余的那一点时间。即使只有五六分钟，如果利用起来，也一样可以有很大的成就。"将时间化零为整，精心使用，这是古今中外很多成功者取得辉煌成就的奥妙之一，这是值得我们每个人学习的。经常听到有人抱怨："我的时间太紧张了，根本没有精力去做其他重要的事情。"其实，他们根本不知道怎样善于运用时间。鲁迅先生曾说过："时间就像海绵里的水，只要愿挤，总还是有的。"毛泽东在湖南第一师范求学时，曾经在一个同学的笔记本上这样写道："百丈之台，其始则一石，由是而二石焉，由是而三石焉，四石以至千万石焉，学习亦然。今日记一事，明日悟一理，积久而成学"，也同样说明了这个道理。

有的人总是这样认为，要集中大块的时间读书、写作或做研究，在他们眼里，零散的时间是微不足道的，殊不知生活和工作中还有其他的事情要做。有这样一种比喻：时间像水珠，一颗颗水珠分散开来，可以晒化，变成烟雾飘走；集中起来，可以变成溪流，变成江河。量变决定质变，善于运用零散的时间进行学习和工作，点滴积累，你会发现，一段时间后，你的进步将会出乎你的意料。学会运用时间的人，一定会是将来事业上的成功巨人。

不要忽视点滴的时间，将这些零零碎碎的时间积累起来大有用场。只要善于运用零散的时间，你就会发现时间总是会有的，何愁不能成功？

4. 把时间当作你的朋友

世界人际关系大师哈维·麦凯曾说："时间是免费的，但它却是无价的。你不能拥有时间，但是你可以使用时间，你不能留住时间，但是你可以消耗时间。一旦你失去它，就再也找不回来了。"

作为年轻人，在规划时间前，首先要分析好工作的重要性，要建立好工作的优先次序。那么到底什么应该是优先处理的事呢？

第一，重要紧急的事。即具有最高价值及迫切性项目，必须要在短时间完成的事。如紧急会议、有期限的投标项目等。

第二，重要非紧急的事。即具有高价值，但不会有迫切性。我们要合理安排时间，在固定的时间内完成。如甲方要求的标书方案的时间较富裕。

第三，一般的事。即价值不是很高，做与不做不会产生很大的影响，但是还要去做。这些事情可以暂时不处理，待有空再完成。如工作当中的一些琐事。

年轻人要规划好我们的时间，建立每天、每周、每月的工作目标。有计划地采取措施去逐步实施，把握好工作的节奏。在各种任务中选择我们重要的任务优先完成，把时间留给最重要的事，我们就会从纷乱的工作中找到头绪，从而慢慢地体会到工作中的乐趣。

此外，年轻人还要做一个遵守约定和时间表的人，这样你会取得职员、助手、供货商、顾客等每一个人的好感。

美国前总统罗斯福一向以遵守时间为第一要则,他一生中历经劫难,但是他还是凭借顽强的毅力和不懈的拼搏精神登上了美国总统的宝座。即使在他成为美国总统之后,无论工作多么繁忙,他依然尽最大可能地做到遵守时间。据说,有一次他约了一些新闻记者到白宫接受采访,可是就在他准备去白宫的路上,他的胃病犯了,司机和秘书随即决定取消这次采访。可是,罗斯福却不同意,他要求司机迅速把自己送到白宫,而秘书则替他到自己的私人医生那里开了一些胃药。就这样,罗斯福忍着病痛接受了记者们的采访,当时采访的内容人们已经忘记了,但是所有的记者都深深地记住了罗斯福当时流着汗珠回答问题时的痛苦模样。

遵守时间是一种良好的习惯,也是一种十分值得人们尊敬的品德。如果没有迫不得已的原因,只要你与别人约定了时间,就不能有一丝拖延和怠慢,这既是对你自己的爱护,也是对别人的尊重。把时间当作你的朋友,善待它!

5. 学会做好有效的时间管理

有人说,成功的人在早餐前所做的事情比大多数人一整天做的还要多,这种说法的确有一定道理。有时候,我们起床时间太晚,慢慢喝着清茶、读着报纸、回电子邮件,然后开始考虑中午要在什么地方吃饭,两个多小时就匆匆过去了,工作却一点儿也没有做。所以进行有效的时间管理是很有必要的。

石油大王洛克菲勒非常重视时间管理,他告诫自己说:“你的前程就系于每天的日子。”“我当时还不到21岁,人家就早早地称呼我为‘洛克菲勒先生’!”他回忆道,“在我年轻时,生活对我来说就是一桩严肃的生意。”

唯一能使洛克菲勒流露出年轻人应有的快乐,是在做成一笔获利甚丰的买卖时。洛克菲勒与事业伙伴加德纳和克拉克发生冲突,就因为对方是好玩而不知疲倦的人。他就像个须臾不离的品行督察,非常瞧不起克拉克和加德纳那种懒散的生活方式和不敬业的态度。

因此,有效的时间管理可以决定一个人的成功与否!

6. 只有把握住今天才能把握住明天

“只有把握今天,不断地汲取、积累知识,学会如何做人、做事,才能拥有对于明天的主动权,才能拥有抉择明天的权利!”

有句话很有道理,人的一生中只有三天:昨天、今天和明天。昨天已经过去,永不复返;今天就在眼前,但很快就要过去;明天还未到来,很难掌握。一个人要想成功,关键在于抓紧今天,珍惜时间。人的一生犹如江河中的流水那样,每时每刻都在发生着各种变化。许多人不知道把握今天,不懂得把握眼前的每一次即便是很小很小的机会,总是梦想着我将要如何如何。

时间不能像金钱一样被人们存入银行,以备不时之需。能使用的只有被给予的那一瞬间,也就是今天和现在,今天一旦错过将一去不复返。既然我们还没有掌握明天的能力和资本,那我们就必须把握好今天。可以这么说,今天所做的一切,都关系到明天的成败。

乔布斯就是一个懂得把握住当前的典范。他永远把主动权掌握在自己的手中,他明白只有把握今天,不断汲取、积累自己的知识,学会如何做人、做事,才能拥有对于明天的主动权,才能拥有抉择明天的权利!

2004年,乔布斯被诊断患了癌症。他在一次演讲时提到了他的这段经历:

“我当时甚至不知道胰脏究竟是什么。医生告诉我,几乎可以确定这是一种不治之症,顶多还能活3～6个月,建议我回家,把诸事安排妥当。这是医生对临终病人的标准用语。这意味着我得把今后 10 年要对子女说的话用几个月的时间说完;这还意味着向众人告别的时间到了。

"我整天和那个诊断书一起生活,直到有一天早上医生给我做了一个切片检查。我使用了镇静剂,太太在旁边陪着我。那时我害怕极了,怎么面对明天,明天会怎样,我甚至都不敢想,我不把今天的事情留给明天,因为我知道明天是永远不会来临的。我努力让自己冷静,清醒地面对问题。于是提醒自己快死了,是我在人生中面临重大决定时,所用过最重要的方法。而且这个方法能让你直面自己的内心。人赤条条地来,赤条条地走,没有理由不听你内心的呼唤。"

"因为几乎每件事——所有外界期望、所有的名声、所有对困窘或失败的恐惧——在面对死亡时,都将烟消云散,只有最真实重要的东西才会留下。在我所知道的各种方法中,提醒自己即将死去也是避免掉入'畏惧失去'这个陷阱的最好办法。"

乔布斯积极地配合治疗,2004 年他接受了癌症手术,2009 年 3 月前往田纳西州孟菲斯进行了肝脏移植。他说,他的新肝脏来自一位死于车祸的 20 多岁年轻人。手术后的乔布斯显得活力四射,精力充沛,好像什么事也没有发生一样。

战胜了癌症的乔布斯,打算同他真正的对手——比尔·盖茨展开一场新的战斗。他和他的苹果公司研发出了 iMovie、iWork 等全新的软件系统,开始将软件和硬件结合,以最大限度地发挥苹果公司的特色……

乔布斯重返工作岗位后,苹果公司表示,他每星期都将在家里工作几天。这位总裁还被看见出现在"苹果"位于加利福尼亚的园区,并在公司食堂用餐。乔布斯已经在一些活动中现身,包括新一代 iPod 媒体播放器发布会、2010 年 1 月份 iPad 首次亮相、苹果公司的股东会议以及 iPhone 新软件介绍会。iPad 于 2010 年 4 月 3 日开始销售时,他还访问了家乡帕洛阿尔托的"苹果"商店,就新产品与顾客进行交谈,并与妻子参加了洛杉矶的奥斯卡颁奖典礼。

乔布斯对待任何困难即使是重病,他都不会放弃自己、放弃今天。因为他深知明日可遇不可求,自己的前程只能靠现在去开拓争取。紧紧把握住今天,拥有今天才拥有真实,把握住今天才能把握住明天。

今天是昨天的延续,明天的资本。在今天,该写的诗,让它充满浪漫;该绘的画,让它大放光彩;该谱的曲,让它豪迈奔放;该给予的爱,让它岩浆般炽烈;该追求的就要大胆地追求,不让终生遗憾。

忠告箴言

时间对每个人来说都是平等的,珍惜时间的人就会功成名就,得到无穷无尽的财富,而浪费时间的人将会一生碌碌无为,一事无成。时间是成功的"护身符"。杰出人物一般都能妥善合理地安排好自己的时间,即使再多再忙的事情也不会令他手忙脚乱,所以,从现在开始,向杰出人物学习,珍惜时间,给自己制定一个合理的时间表。善于为时间立预算、做规划,是管理时间的重要战略,树立目标是管理时间的先导和根据。你应以明确的目标为轴心,对自己做出规划并排出完成目标的步骤。虽然每天处于繁忙的工作中,但只要珍惜、善用时间,你也可以每天"多"一个小时,从而获益无穷。

忠告41　再大的困境,也不足以将我们毁灭

那是我最接近死亡的时候,我希望这也是以后的几十年最接近的一次。从死亡线上又活了过来,我可以比以前更肯定一点地对你们说:没有人愿意死,即使人们想上天堂,也不会为了去那里而死。但是死亡是我们每个人共同的终点。从来没有人能够逃脱它。也应该如此。因为死亡就是生命中最好的一个发明。它将旧的清除以便给新的让路。你们现在是新的,但是从现在开始不久以后,你们将会逐渐地变成旧的然后离开人生舞台。我很抱歉,这很戏剧性,但是这十分的真实。

——乔布斯

每个人都是世界上仅有的,每个人又或多或少存在这样或那样的缺憾,每个人也都有可能面临这样或那样一些突如其来的困境或不幸。其中有的人会因此消极、自卑,但是自己却往往是难以更改已有的事实。因此,有智慧的人会尝试直视困境或不幸,并把它当作自己奋斗的动力,乔布斯、罗斯福无不例外。

1. 用积极的心态和信念战胜困境

罗斯福是最受人爱戴的、被很多人称为"船长"的一位坐在轮椅上领导美国的船长。童年他也有不同寻常的经历。在他8岁的时候,罗斯福的身体极度虚弱,他甚至目光呆滞、神色吓人,而且牙齿暴露唇外,总是不时地喘息着。

在学校里,老师让他站起来读课文,他战战兢兢地站起来,微张起嘴唇,发音含混不清而且很不连贯,然后颓然坐下,生气全无,完全是个低能儿童的典型。而世界上像他这样的儿童不知有多少,他们大都是这样的神经过敏,如果稍受刺激,情绪便难以控制,处处畏手畏脚,不喜言谈,毫无生趣。

他的父母给予了他幸福和安定的生活,以及良好的教育环境。在很小的时候,他的父母就经常带他去欧洲各国游览,开阔了他的眼界。而且家里专门为他请了家庭教师。此后,罗斯福在格罗顿公学这所富家子弟的寄宿学校读书,最终考上美国哈佛大学这所全球著名的高等学府。

1901年,罗斯福加入了共和党人俱乐部,开始了自己的政治生涯。1913年,时任美国总统的威尔逊任命罗斯福为美国海军助理部长,罗斯福在任七年,表现非常突出。1920年,38岁的罗斯福甚至被提名为美国副总统候选人。尽管此次竞选他以失败而告终,但他作为政治新星的光芒却丝毫没有减弱。

也许是上帝在考验他,很不幸的是,就在他于政坛一帆风顺的时候,却染上了可怕的脊髓灰质炎,很难想象,他以非同寻常的刚毅战胜了疾病的缠绕。他在1932年11月成功当选为美国总统,坐着轮椅入主白宫。

罗斯福总统是怎么克服天赋的缺憾，又是怎样战胜疾病的困扰的呢？毫无疑问，是他不屈服的精神，是他积极的心态和信念促使他战胜了困境。对于先天的缺憾，他从不埋怨、不哭闹，而是采取积极的锻炼，他会选择和其他健康的小朋友一样，勇敢、乐观地去做各种有益于身体健康的运动。最终，也正是他的这种精神使他战胜了病魔的缠绕，并且一生功绩显赫。

而现实生活中，我们许多年轻人面对这些困境又是如何做的呢？有多少人会积极地面对，又有多少人从此一蹶不振？其实很多人都会有这样或那样的缺憾，甚至是生理缺陷。那我们就应该轻视生命吗？又如何对得起自己、对得起爱我们的亲人？也许有人会问老天："为什么你待我那么不公？为什么我会有这样的生理缺陷？为什么我天生就是个不幸的人？我到底该怎么办呢？"假如你也属于这类"不幸者"，那就让我们看看 19 世纪美国著名盲聋女作家、教育家、慈善家、社会活动家海伦·凯勒的人生经历吧！

海伦·凯勒于 1880 年出生于美国亚拉巴马州的一个小镇上，这个可爱的小女孩刚出生 19 个月就很不幸地因为一场猩红热夺去了她的听力和视力，从此她成了一个又聋又瞎的人。

将这一现实放在任何一个人身上，想必都会经历一段时间的精神痛苦，有的人甚至一辈子也没有什么希望了。可是奇迹却在海伦·凯勒的身上出现，她那顽强不屈和刻苦奋斗的精神，以及在她的老师安妮·苏利文小姐的教导下，当然还有她出众的天赋，小海伦·凯勒从七岁起受教育，经过了几年的努力，终于学会了读书和说话。更令人惊奇是，她精通五种文字，包括英语、拉丁语、希腊语、法语、德语，而且知识渊博。

在她从 24 岁大学毕业后到她逝世的这 60 多年的时间里，她总是笔耕不辍地写作和讲演，她走遍了美国各个地方，还周游了世界各国，投身于为聋盲人服务的事业，并且全心全意地将自己的一生奉献给了聋盲人的教育和福利事业，曾受到世界不少国家政府和人民的赞扬和嘉奖。也因此，1959 年一场"海伦·凯勒"世界运动由联合国发起。

海伦的一生经历丰富，贡献巨大，著有《我的生活故事》、《我生活的世界》、《石墙之歌》、《走出黑暗》、《我的老师安妮·苏利文·麦西》、《乐观》、《海伦·凯勒在苏格兰》、《海伦·凯勒：她的社会主义年代》等 14 部著作。

相比于这位又聋、又哑、又瞎的不幸的海伦·凯勒，我们还有什么不满足的呢？让我们看看下面这则平凡人物的故事吧！

丹普赛生来就是一位畸形人，他四肢不全，只有半边右足和一只右臂的残端。这对于任何一个人来说都是痛苦的。可是现实就是现实，我们只能学会接受。丹普赛很喜欢运动，尤其是疯狂地迷上了踢足球。为了安抚孩子幼小的心灵，帮助他实现梦想，他的父母就给小丹普赛做了一只木制的假足，以便帮助他能够穿上为他特制的足球鞋。

有了这只假足和足球鞋，丹普赛兴奋不已，更加坚定，他一个小时接着一个小时、一天接着一天地练习踢足球，努力在离球门越来越远的地方将足球射进门去。渐渐地，他的这一奇能使他自己极负盛名，很幸运的是新奥尔良的圣哲队非常愿意雇他加入自己的球队。从此，他的人生更加熠熠生辉。

有一次，丹普赛竟然用他的跛腿在最后两秒钟内、在离球门还有 63 码的地方将球破网而入，全美国的球迷无不为之欢呼雀跃。此球是职业足球队当时踢进的最远的球。这次比赛，圣哲队以 19：17 的比分战胜了底特律雄狮队。

底特律雄狮队的教练施密特曾这样说过："我们是被一个奇迹打败的。"对许多人来说，这的确是一个奇迹，底特律雄狮队的后卫沃尔凯说："丹普赛并不曾踢中那个球，那个球是上帝踢中的。"

这则故事也告诉我们:这个世界上只要是你想要的,没有你实现不了的,任何困难都无法战胜永不屈服、敢于追求的心。对于年轻人而言,我们当然想干出一番事业,那我们可以从这个平凡的故事中得到以下几点启示:

第一,只有拥有强烈并且崇高目标的人,才能创造出奇迹。

第二,只有时刻拥有积极的心态和坚持不懈不断努力的人,才能最终成就伟业。

第三,一个人要想有所成就,光想是不靠谱的,必须付诸行动。

第四,当你扪心自问知道自己内心真正想要什么的时候,努力和奋斗就会成就你的梦想。

第五,对于那些被目标所激励,时刻拥有积极心态的人来说,任何困境、任何不幸都会给自己带来珍贵财富。

2. 没有人的一生会一帆风顺

没有人的一生会无风无雨,一帆风顺,想要在人生路上活得出彩,我们就要学会面对各种不幸和困境,不要被它们打倒,要愈挫愈勇,直至抵达成功的彼岸。

德国著名天文学家约翰尼斯·开普勒于1571年出生在德国威尔德斯达特镇。很少有人知道他曾经是个只在母亲腹中待了7个月的早产儿。这还仅仅只是开始,就在他出生后,他又连遭不幸:天花使他成了麻子,猩红热使得他的眼睛再也不能跟常人一样。更加可悲的是,他的父母对于这个多灾多难的小家伙,不但没有给予爱护和温暖,更不愿负责任。于是陪伴着开普勒一生的,除了我们的宇宙和星辰,剩下的就是贫困的生活和可恶的疾病了。

早在儿童时期,在学习上开普勒的求知欲和上进心就表现得极为突出,他的学习成绩也一直遥遥领先于其他的同学。而就在体弱多病的开普勒尽情地遨游于知识海洋的时候,更加的不幸又降临在了他的头上:父亲因为负债累累,不能再继续供他读书。辍学之后,小开普勒只得到自家经营的小客栈里提酒桶、打杂。就是在这种恶劣的环境中,他始终坚持自己的学习。

很多年后,开普勒像其他人一样娶妻成了家。在他成家之后,开普勒更是专注于他在天文学方面的研究。后来,他将自己写的书寄给了远在布拉格的天文学家第谷·布拉赫。布拉赫对他很重视,并且回信表示非常希望他能去布拉格。

去往布拉格的路程是遥远的,妻子担心开普勒的身体受不了,劝他放弃此行,但他坚毅果断地说:"无论怎样,我们一定要去!"

意料之中的是,途中,开普勒果然病倒了。他们只能停下来暂住在一家乡村的小客栈里休养,住了几星期后,他们带的路费也就花完了,他必须要买药治病,妻儿也要张口吃饭,而且周围又没有一个亲人可以依靠,他甚至感到了彻底的绝望。在绝望中,开普勒只好向第谷·布拉赫求救。没想到,布拉赫慷慨解囊,雪中送炭,这才使得开普勒一家活着到了布拉格。

在布拉格,开普勒竭力于研究火星,想揭开这颗神奇星球的秘密。这段时间,开普勒是最开心快乐的。但是,好景不长,他的良师益友布拉赫溘然长逝。这不仅使开普勒在事业上遭受到严重打击,而且他一家人的生活也因此又重新陷入困境。

有人说:"开普勒的一生,大半是孤独地奋斗……布拉赫的背后有国王,伽利略的背后有公爵,牛顿的背后有政府,但是开普勒的背后只有疾病和贫困。"

然而,没有任何困难能难倒开普勒。他倒下一次,就会重新站起来。他失败了一次又一次,但是他始终没有放弃,最后他终于发现了天体运动的三大定律。

我们再来看看乔布斯知道自己患有癌症时是怎样想的。2005 年乔布斯在美国斯坦福大学毕业典礼上坦言：

大概一年以前，我被诊断出患有癌症。我在早晨七点半做了一个检查，检查结果清楚地显示在我的胰腺有一个肿瘤。我当时都不知道胰腺是什么东西。医生告诉我那很可能是一种无法治愈的癌症，我还有三到六个月的时间活在这个世界上。我的医生叫我回家，然后整理好我的一切，那是医生对临终病人的标准程序。那意味着你将要把未来十年对你孩子说的话在几个月里面说完；那意味着把每件事情都安排好，让你的家人会尽可能轻松的生活；那意味着你要说"再见了"。

我拿着那个诊断书过了一整天，那天晚上我又做了一个活切片检查，医生将一个内窥镜从我的喉咙伸进去，通过我的胃，然后进入我的肠子，又用一根针在我胰腺的肿瘤上取了几个细胞。我当时是被麻醉的，但是我的妻子在那里，她后来告诉我，当医生在显微镜下观察这些细胞的时候他们开始尖叫，因为这些细胞最后竟然是一种非常罕见的可以用手术治愈的胰腺癌症细胞。我做了这个手术，现在我痊愈了。

那是我最接近死亡的时候，我还希望这也是以后的几十年最接近的一次。我又从死亡线上活了过来，我可以更肯定一点地对你们说：没有人愿意死，即使人们想上天堂，人们也不会为了去那里而死。但是死亡是我们每个人共同的终点。从来没有人能够逃脱它，也应该如此。因为死亡就是生命中最好的一个发明。它将旧的清除以便给新的让路。你们现在是新的，但是从现在开始不久以后，你们将会逐渐地变成旧的然后被清除。我很抱歉，这很戏剧性，但是这十分的真实。

面对死亡的考验，乔布斯是这样的坦然，也许生命本身我们无法控制，但是活出怎样的人生、如何做事都由我们自己把握。乔布斯总是这样度过他的一天：早上 6 点钟起床，工作一段时间后，吃早餐，等孩子们上学后再工作一个小时，9 点左右去苹果公司上班。无论在哪里，他的电脑都会利用高速网络与苹果公司链接在一起，他可以在任何时间处理文件和电子邮件。对此，乔布斯并没有感觉劳累，也没有抱怨，他反而觉得自己很幸运，一直做着自己由衷热爱的工作。乔布斯曾感慨地说："人生会用砖头打你的头，但请不要丧失信心。我确信，我爱我所做的事情，这就是这些年来我继续走下去的唯一理由。"

乔布斯是一位奇才，他也抓住了机会，成就了今天的苹果公司，给无数年轻人树立了榜样。看看我们的身边，"怀才不遇"这种心态成了很多年轻人的一种通病。他们中有不少人总认为自己比别人强，自己错了也固执己见，并且经常对他人牢骚满腹，喜欢批评他人，有的甚至显出一副抑郁不得志的样子，与这种人在一起也会被传染。

也许，我们有的年轻人的确是怀才不遇，由于自己无法与客观环境相适应，结果"虎落平阳被犬欺，龙困浅滩遭虾戏"。但是为了求得生存，我们又不得不委曲求全，所以生活十分落魄。

可是现实中有才的人都会有如此遭遇吗？不是的，尽管伯乐少有，但如果你真的是一匹千里马，也许会一次错遇伯乐，或第二次、第三次错遇伯乐，但是是金子肯定会发光的。也许你身上还真的存在某种致命的缺点，比如自视清高、傲气等，才使自己有今天的不好的结局。如今的社会纷繁复杂，并不是因为你有才气就一定能成就事业。也许就是你身上的那一点点看似微小的不足使你与成功失之交臂。当然人无完人，即便乔布斯也是如此，但是有才气加上某种成功必备的优点也许会让你离成功不再遥远。"怀才不遇"也就不会使你懊恼。

其实，不管你的才干如何，我们每个人都或多或少会碰上才干得不到施展的时候，这个时候

切记:就算有"怀才不遇"的感觉,我们也不要气馁。聪明的人会试着这么做:

第一,他会先评估自己的能力,看看自己是不是眼高手低了。

第二,他会检讨为何自己的能力无法施展。是因为一时没有恰当的机会,受大环境所限制,还是人为的阻碍? 如果是机会未到,那就安心等待;如果是大环境所致,那就另辟蹊径;如果是人为因素,那就诚恳沟通,以求相互理解。

第三,他会拿出其他专长。有时候"怀才不遇"是由于将专长定错,假如你有第二专长,那就可以试着转型,说不定会柳暗花明又一村。

第四,他会营造更加和谐的人际关系。

第五,他会继续强化自己的才干,当时机成熟时,他的才干就会为他带来耀眼的光芒! 切记:"我是命运的主人,我主宰自己的心灵。"

3. 当一扇门向你关闭时,必定会有另外一扇窗向你打开

世界上不少奇才都是一些看起来其貌不扬、资质平平的人,而不是看似多才多艺、才智超群的人。我们怎样解释这个现象呢? 每一个人的成败都取决于他身上的某一因素。我们也常常看到一些人取得了远远超过他们实际能力的成就,于是很是疑惑不解:为什么那些看上去能力还不如我们、在学校排名末尾的学生在事业上却取得了巨大的成就呢? 也许这些人我们不曾放在眼里,甚至嘲笑过人家,但他们有的人有一种值得我们学习的精神,那就是尽管智力平庸,却能专注一个领域,耕耘不辍,最终取得成功。杜邦公司创始人伊雷尔和哥哥维克多就是一对具有典型对比性的人物,了解了他们将对于我们有很大的启示:

杜邦公司创始人伊雷尔有个哥哥名叫维克多,可以说是一表人才,不仅口齿伶俐、思维敏捷、身材挺拔、相貌英俊,而且是一个社交明星,给每个人留下的第一印象都是完美无缺的。但是了解他的人都知道,维克多从来不信守承诺,答应别人的事,总会忘得一干二净。此外,他还好吃喝玩乐。如果公司派他外出考察,他回来后首先不是拿出多少有价值的商业情报,却是绘声绘色地描述自己在旅途中遇到的美味和美女。在伊雷尔做火药买卖时,维克多曾在纽约给他做代理。起初,维克多凭借自己的社交手腕开发了一些客户,但是其中一位,即拿破仑的弟弟杰罗姆——一位花花公子,却毁了他。在纵欲无度、花天酒地的生活中,维克多与罗杰姆很是投缘,只要杰罗姆缺钱,维克多都会慷慨地为其解囊。正是因为杰罗姆向维克多所借的一笔笔巨额,导致了维克多的贸易公司最终破产。

而伊雷尔则是位与维克多行事做人截然相反的人。伊雷尔可以说是相貌普通,身材也不伟岸,也没有维克多那样的高超社交手段。但是在学习和工作中,伊雷尔却有股超过维克多千百倍的近乎于痴狂的专注劲儿。在小时候,伊雷尔的家境还很宽裕的时候,他受拉瓦锡的影响,对化学着了迷。那时候伊雷尔的父亲皮埃尔是路易十六王朝的商业总监,兼有贵族身份,但谁也没想到这个不错的家庭在法国大革命中却险遭灭顶之灾。在拉瓦锡和皮埃尔谈论化学知识的时候,小伊雷尔总是静静地坐在旁边,竖起耳朵认真倾听。他对"肥料爆炸"的事尤为感兴趣。拉瓦锡非常喜欢眼前这位看起来踏实又好学的孩子,于是他将把小伊雷尔带到自己主管的皇家火药厂玩,教他配制当时世界上质量最好的火药。这也就为伊雷尔后来重振家业奠定了坚实的基础。

很多年后,伊雷尔全家为了躲避法国大革命的血雨腥风的伤害,漂洋过海来到了美国。伊雷尔的父亲在新大陆上尝试过七种商业计划——倒卖土地、货运、走私黄金等,但全都失败了。

就在全家人为之苦恼的时候,年轻的伊雷尔苦苦思索着振兴家业的良策。他认识到,当时的战事年代,若还是从事商品流通则无疑风险巨大,与其这样倒不如创办自己的实业。但是生产什么才能避免再一次失败呢? 在一段时间里,这个问题总是出现在他的脑海里,就连游玩时他也在想这件事。终于机会来了,有一次,他与美国陆军上校路易斯·特萨德相约在郊外打猎,他的枪哑了三次,而上校的枪一扣扳机就响。上校说:"你应该用英国的火药粉,美国的不行。"没想到这句话竟然使伊雷尔茅塞顿开。他想:在战乱年代,人们最需要的不就是火药吗? 而且在这方面,我也是有优势的,我有过向拉瓦锡学习的经历,从中学习到了不少知识,这肯定会让我成为美国最优秀的火药商。后来,他就靠着这股专注劲,克服了重重困难,终于将火药厂办了起来,成立了举世闻名的杜邦公司。

由此我们可以看出,历史上,平庸者成功和聪明人失败一直是一件令人惊奇的事。通过仔细分析我们会发现,那些看似普普通通、其貌不扬的人身上会有一种刚毅的力量,一种勇于探索,能够将困境转变为机会的能力。相反,那些看似聪慧的人却往往意志不够坚定,他们经受不住诱惑,经受不住考验,更缺少迎难而上的精神,结果只能是虚度年华,一事无成。

记住:"当一扇门向你关闭时,必定会有另外一扇窗向你打开"。我们要保持一颗平常心。古今中外,多少科学家、艺术家、思想家、政治家、企业家都面临过各种各样的困境,但这些都没有影响他们那颗坚强的心,是什么在支撑着他们呢? 是信念。

4. 以善变应万变,是常胜不败的诀窍

聪明的商人能在每个小细节中发现不利于自己的因素,及时地发现会使路走死的微小迹象。只有具有这种缜密的心理,在第一时间发现有死路的隐患,及时转换思路,将死路走成活路,才不会得到一个满盘皆输的结果。

当今社会飞速发展,信息爆炸是这个时代的主要特征。社会的各个行业都在变,"变"已经成为这个时代的主潮流。企业如果没有变化,就不会有生命力,随时都会面临破产;人如果没有变化,就有可能跟不上时代的潮流,不仅工作可能做不好,还有可能连家庭关系都处理不好。

犹太人习惯以善变应万变,这样一来,自然不会处于被动的地位。"变"是一个社会前进的动力,是一个民族自强不息的证明。犹太民族一直处于世界的风口浪尖,他们一直将"变"作为生意场上不变的真理。"变"是创新,只有不断地创新,企业才能在当今的竞争大潮中不断前进。现在社会的更新速度特别快,就像比尔·盖茨说的:"微软离破产只有 18 个月。"这不是夸张,而是实际的情况。IT 业的更新速度渐渐加快,今天还在流行的东西,明天有可能因为一个新款的出现,就被迫降价。小到一个公司,大到一个国家,"变"是前进中的主旋律,只有变才能在社会中占有一席之地,也只有变才能一直活跃在舞台上。

犹太人杜伐夫是知名的商人。杜伐夫大学毕业后,在一家电机公司做管理员,他具有强烈的创新意识,终于一步步从管理员做到了经理,又从经理做到总经理,他手里的资金超过了 1 万美元。在他做管理员的时候,骑自行车是热潮,杜伐夫也有一辆,他经常骑着自行车上下班。如果骑车,下雨天就会成为难题,不仅费力费时,而且弄不好还会溅一身泥。有一天,他想到如果自行车上面有一个小马达该多好啊! 于是,他试着把公司里面一个废弃的小马达装到了自行车上,没想到效果还挺好。他将这个发明告诉了总经理,总经理也是个有眼光的人,立刻觉得这是一个很好的商机,于是便安排专人设计可以装在自行车上的小马达。不到两个月的时间,马达

已经设计出来了,不久,这种装在自行车上的小马达上市了,并且很畅销,为公司赚得了上百万元,杜伐夫也因此被提升为部门经理。5 年之后,全国制造小马达的公司有 23 家之多,小马达市场出现了危机。总经理认为是时候进行转变了,于是要求杜伐夫转换项目,另外开辟一个市场。但是杜伐夫的想法与总经理不同,他认为小马达自行车的市场并没有消失,只是需要转变一下,将生产小马达自行车转变为生产小马达摩托车,于是他又不断进行研究,将自行车改为了摩托车,不久后这种小型摩托车研制成功。他扩大了生产厂房,增加了每年的生产份额,所有的人对他的这一举动都表示怀疑,但是杜伐夫有自己的看法。果然,这种产品一上市,就受到人们的普遍欢迎,5 年后,创收了上千万美元,公司一步登天地跻身于以色列大企业之林,杜伐夫因此被提拔为总经理。后来,小型摩托车的型号逐渐多了起来,但它们今日依然在某些国家很畅销。

杜伐夫和他所在公司的成长经历都在向我们讲述:企业要发展,就必须求变,只有变才是成功的基石,没有变就不会有创新,变是企业的生命力,市场的竞争如此激烈,你不变,别人也会变。只有不断开创自己前进之路的人才能始终走在时代的前列,始终居后拾人牙慧的人是不会有大发展的,同时也经不起风雨,一场金融危机后,消失了多少企业,就能清楚地认识这一点。

要想在社会上不断地做大做强,"变"是硬道理,只有始终有居安思危的意识,才能在成功的时候,保持清醒的头脑。只要我们细心翻看出名的犹太人的发家史,就会发现,他们都不是墨守成规的老古董,他们经常会改进自己的产品,或者进军不同的行业领域,他们就是凭借这种"变"的精神,才在商场上一直处于领先地位的。

无论再大的苦难,只要我们不放弃,只要我们勇敢努力,一切都会过去。我们不能做生活的弱者。我们只有做生活的强者,才永远不会被人、被生活所欺!在我们的生命中,我们必须勇敢,当我们不敢去争取的时候,上天往往会连我们手中已经有的都一样样拿去,当我们奋起努力争取,我们终将得到,而且将会得到比我们想要的还要多。

5. 强者蔑视危机,弱者屈从困境

这个世界上从来没有真正实行众生平等的规则,而一直都在上演丛林法则。什么是丛林法则呢?就是优胜劣汰,弱肉强食。谁也不愿当弱者,但很多人却不明白强者与弱者之间真正的区别。其实,两者之间最大的差别在于,强者是蔑视危机且拥有高效执行力的精英,弱者是屈从困境且执行力差的凡人。

1966 年 2 月,美军第一支海豹突击队向越南派出一支由 3 名军官和 15 名士兵组成的"高尔夫分队",积极准备作战行动。这支"高尔夫分队"由美国驻越海军各军种指挥官指挥,主要在桢沙地区实施作战行动。

桢沙地区覆盖从南中国海通往西贡的所有水路,具有特殊的战略意义。桢沙地区位于隆奏河与西拉河之间,是一片 3 035 千米、长满红树类植物的沼泽地(其中有几千条小溪与河流),南与湄公河三角洲接壤。船只只有先通过头顿,然后沿弯弯曲曲的河流航行 75 千米,才能抵达西贡。桢沙地区是河流三角洲,潮汐流速高达每小时 4 节,平均湖高约 2.5 米。退潮以后,留下的是齐胸深的淤泥、无数哺乳动物、昆虫、爬行动物、丛林猫科、大莽、鳄鱼和毒蛇,这些生物都会在茂密的红树植被中安家落户。此外,还有成千上万种蚊子,无数的大蜘蛛和大蝎子,专吸人血的水蛭,以及成千上万种蜇人的大蚂蚁。这里到处长着挂有牙签一般尖刺的植物,人一碰上就出血,靠一靠树或摸一摸树枝,便会被刺伤。这个地方,一旦降下骤雨,便会成为一片汪洋,不知何处是岸。根本没有坐一会儿或躺一会儿的地方，士兵只能拄着枪支在泥水中站着睡觉。吃的东西，只能是和有粪尿泥水的生米。靠近红树林带就更难通过了，树下有许多纠缠不清的根须，树旁到处都生长着各种蕨类植物和小灌木，只能看清几米的距离。那里是绍色的生息地，稍有不慎，误把绍色看成倒在地上的木头，脚踏上去就再也活不成了。曾经有一个士兵踏到绍色身上翻落水中，侥幸未死，但上岸时他已经缺了一条腿。

在这个魔窟里行进了两星期，许多人站在泥里像一根木头似的死了，别的人碰一碰他的肩，他便吐出气泡倒下，然后缓缓顺水流走。然而，在如此艰苦的环境下，海豹突击队队员们硬是克服了困境，出色地完成了任务，共救出 100 名南越战俘，世界媒体为之哗然，这也是美国海豹突击队第一次完美地向世人亮相。这就是美国海豹突击队高效执行力的表现。

了解古希腊历史的人都会对一个叫作斯巴达的城邦记忆深刻。斯巴达有句谚语，"斯巴达人从来不问敌人有多少，只问敌人在哪里"。这就是拥有高效执行力的强者思维，不问敌人有多少，只问敌人在何处！而执行力差的弱者的思维却恰恰相反。执行力差的弱者之所以成为弱者，在于他们在困境面前妥协、退让、逃避。

同样在职场上，多少人因屈从于困难而与成功背道而驰？他们还没有脚踏实地地去做某项工作，就事先以消极的心态作出一系列的推想，"这种事，我恐怕做不好"、"我的能力不行，做不好这件工作"、"那个客户太刁钻了，我无法应付他"、"公司里比我成功的人都干不好这件事，我肯定也无法干好这件事"，等等。有了这种负面的想法以后，他们往往可能还没有去做事，就失去了信心，而事情的结果也十有八九朝着不利的方向发展。与此相反，有些人却迎难而上，硬是将不可能变成了可能，获得了成功。

王伦刚到一家保险公司当保险推销员时，对自己充满了信心。他甚至向经理提出不要底薪，只按保险费抽取佣金。经理答应了他的请求。开始工作后，他列出一份名单，准备去拜访一些特别而重要的客户，保险公司其他业务员都认为想要争取这些客户简直是天方夜谭。在拜访这些客户前，王伦把自己关在屋里，站在镜子前对自己说："在本月底，这份名单上的客户将向我购买保险。"之后，他怀着坚定的信心去拜访客户。在争取所谓的"不可能的"客户的第一天，他以自己的努力和智慧谈成了交易；过了几天，他又成交了两笔交易；到第一个月的月底，名单上的客户只有一个还没买他的保险。尽管取得了令人意想不到的成绩，但王伦依然锲而不舍，坚持要把最后一个客户也争取过来。第二个月，王伦仍没有去发掘新的客户，每天早晨，那个拒绝买他保险的公务员一出门，他就上前劝说这个公务员买保险。而每一次，这位公务员都回答说："不！"但王伦都假装没听到，然后继续前去拜访。到那个月的最后一天，那位对王伦连着说"不"的公务员口气缓和了些，他对王伦说："你已经浪费了一个多月的时间来请求我买你的保险了，我现在想了解的是，你为何要坚持这样做？"王伦回答道："我并没有浪费时间，我在学习，而你就是我的老师，我一直在训练自己在逆境中不轻言放弃的坚持精神。"那位公务员点点头，接着对王伦说："我也要向你承认，我也等于在学习。你已经教会了我持之以恒、坚持到底这一课，对我来说，这比金钱更有价值，为了向你表示我的感激，我要买你的一个保险，当作我付给你的学费。"

王伦凭着自己在挫折中的执行能力完美地达到了目标。而在生活和事业中，大多数人往往因为缺少这种精神而和成功失之交臂。像参加马拉松赛跑，最初参加比赛的人可以说是成百上千，但是坚持到底的人并不多，那些半途而废的人所欠缺的往往只是坚定不移的意志。要知道，即使失败了，只要紧紧盯着目标，最终也不会倒下去。即使倒下，也要爬起来继续往前走。

　　上帝像精明的生意人,给你一份天才,就搭配几倍于前的苦难。总是在给了你此,就不给你彼。很多时候,我们想这样一个问题,是苦难成就了天才? 还是天才就要历经苦难?

　　生活无须一条路走到黑。这条路上有欢乐、有痛苦,但是只要我们相信它们掌握在自己的手中,那么你的人生就会精彩。

忠告箴言

　　困境,往往能够成就伟大的人。在我们的生活中有许多正值黄金时期的年轻人却突然会遭遇这样那样的失败、困难甚至生命的考验,如果在这个时候我们依然微笑着面对这个世界的一切,顽强地与之抗争,也许我们也能够像乔布斯一样活出精彩。

忠告42　我的路我做主,我就是我自己的船长

　　不要犹豫,这是你的生活,你拥有绝对的自主权来决定如何生活,不要被其他人的想法和看法所束缚。作为生活的创造者,你完全有能力改变自己的生活,你不能指望别人来解决你的问题,也别在乎别人的眼光。

——乔布斯

　　我们常听到:"我们并不是仅仅为了生存而去工作,有时需要我们用生命去做工作。工作就需要我们付出努力。"也有人说:"我们人生的路是自己选择的,不要让他人使你摇摆不定,你的路你做主。"而现实生活中的许多事情却恰恰相反。我们很多年轻人常常凭借父母的关系谋得一份工作,常常因为他人的建议而选择一份薪水虽高,但自己根本不喜欢的工作,而很少问问自己:我努力了吗? 这是我想要的吗? 我到底是为谁在工作? 我的路谁说了算?

1. 每个人对自己的生活都拥有绝对的自主权

　　乔布斯的成功留给我们很多财富。他告诉我们这些年轻人,每个人的生命都是有限的,所以不要将自己的时间浪费在别人的生活里。我们无论做什么事情,可以重视他人的观点和评论,可以把这些当成自己的一面镜子,有则改之,无则加勉。但是,切不可太在乎别人对自己的看法,否则只能患得患失,迷失自我,一无所获。我们的人生不属于除了自己之外的任何人,我们是自己心中的坐标。

　　仔细观察我们周围的许多人,我们会发现一个看似微小却实在不容忽视的事实:有很多年轻人在人生旅途中迷失了自己,不知道自己应该努力拼搏、主宰自己的人生。于是很多人浑浑噩噩混日子,对于他们来讲,混日子是最好不过的了。他们在工作中不求上进,总是做着一名普普通通的员工、总是抱这怨抱怨那,生活极不开心。他们也不问问自己有没有成就感、有没有生活的目标。

　　乔布斯就从来不会活在别人的世界里,也不会没有目标地做事,他的心中有自己的信念。也因此成就了今天的"苹果"神话。乔布斯这样讲:"不要犹豫,这是你的生活,你拥有绝对的自主权来决定如何生活,不要被其他人的想法和看法所束缚。"

　　其实,我们每个人都应该按照自己的内心去做事、生活,无论别人想让你成为什么样的人,要有自己的主见,有的话就要左耳进右耳出,不要为之而困扰,要懂得一些人生的艺术。要做自己的主人领导自己。

　　与一般人不同的是,乔布斯做任何事情都有自己的主见,他认为:"作为生活的创造者,你完全有能力改变自己的生活,你不能指望别人来解决你的问题,也别在乎别人的眼光。"乔布斯是这样说的,也是这样做的。无论是在生活中还是事业上,乔布斯的思维和做法与主流的价值观

产生了强烈的冲突,但他自始至终在做他自己。

首先我们来看关于乔布斯的退学的选择。

我们都很清楚乔布斯辉煌成功的人生背后,却有一段被送人领养的童年经历。

乔布斯在出生后不久就被未婚母亲送给了生活并不富裕的养父母。乔布斯就是在这种环境下成长起来的。他的生身母亲因为养父母不是大学毕业,曾一度拒绝在领养协议上签字。直到得到养父母保证送乔布斯上大学的承诺后,他的生身母亲才将乔布斯送给他们。

当时乔布斯一家住在美国加州的帕罗奥多,后来这里发展成为美国高新技术园区硅谷的一部分。美国计算机大型制造厂商惠普公司在创业之初的总部就设在这里。乔布斯在 13 岁时就曾在惠普公司打过工,这里的工作经历很大程度上使乔布斯有了自己的追求目标。

20 世纪 70 年代初,乔布斯还只是一名高中生。沃兹尼亚克比乔布斯年长五岁,曾在加利福尼亚大学伯克利分校学习过计算机工程课程(其后中途退学),此时在惠普公司从事技术工作。这时候乔布斯就与后来与他一起成为苹果公司的共同创办人的斯蒂夫·沃兹尼亚克开始了密切的交往。

17 岁那年,由于俄亥冈州的里德学院的学费对于乔布斯来讲很是昂贵,他也不愿意再继续花养父母的钱,而且他认为自己该做自己喜欢做的并且能改变世界的事,所以在学习了半年之后乔布斯就选择了退学。

乔布斯本人在斯坦福大学的讲演中说:"工人阶级的父母将所有积蓄都倾注到学费上。我却没有发现为此付出牺牲上大学的价值。"

乔布斯的确与众不同,他主动为自己的人生道路做决定。而退学也仅仅是一个开始,接下来他选择了走别人没有走过的路,并且在这条路上偏执地追求着完美……如此种种贯穿着乔布斯的人生道路。乔布斯选择了自己的路,他也非常自信,他坚信在这条道路上他是领导,也是整个船上人的船长,他把握这个航向,勇往直前。

我们每一个人都应该听从自己内心的声音,不被他人的意见淹没自己。然而现实中我们却很少有人能做到,如果做了,我们就会发现自己的命运其实掌握在自己手中,要真正做到这一点也并不困难。

2001 年 10 月 23 日,当全美国人还没有从"9·11"事件的阴影中走出来的时候,乔布斯已经从这种主流情绪中走了出来。他的所作所为征服了自己,也征服了整个世界,他向世人宣布了他的与众不同,即带领苹果公司首次涉足电子产品领域,发布了 iPod,这个史上最棒的音乐播放器。

iPod 的设计独特,有一个鲜亮、炫目的白色机身,可以存储 1 000 首歌曲,连续播放 10 个小时,是当时市场上第一款硬盘式音乐播放器。乔布斯拿着这款产品对着人群大声喊:"使用 iPod 欣赏音乐难道不是很'酷'吗? 使用它,你再也不必每天都听同样的歌曲了。"

事实证明,乔布斯的 iPod 成为了一支让苹果公司全面翻身的奇兵。iPod 虽然价格不菲,但其设计独特、性能出色、操作简单,iPod 可以说是独领风骚。2002 年,47 岁的乔布斯带领苹果公司推出了第二代 iPod,使用了称为"Touch wheel"的触摸式感应操控方式。2003 年,48 岁的乔布斯又推出了第三代 iPod,可同时支持 Mac 和 Windows,并取消了 Firewire 连接埠的设计。到了2004 年,iPod 在全球突破 45 亿美元的销售额,到 2005 年下半年,更是销售 2 200 多万台。乔布斯就是这么与众不同,他没有被大环境的不利和其他的观念所束缚,当然也不会有人能束缚住他。

因此，我们要活在自己的目标里，更要有自己的活法。2005 年，乔布斯在斯坦福大学演讲时说："复制别人的产品其实就是一种被领导。"现在社会上的随波逐流就是如此。我们很多人看到别人通过某种方式成功了，觉得自己也可以，也不考虑自己的实际情况，拿来就学，结果总是跟着别人考研、跟着他人出国留学，跟着他人做同一项目，总是在重复别人走过的路，吃别人剩下的菜，很没有滋味。其实何必如此，活在别人的空间里，跟在别人的背后，我们始终走不出这个圈，也活不出自己的精彩。因此，我们要清楚自己跟他们想要的并不一样，要清楚自己到底在追寻什么就可以走出一条属于自己的路来。

在如今这个竞争激烈的年代，那些做事畏手畏尾、毫无主见的年轻人大有人在。他们的人生或者在很小的时候就被父母安排好了。或者有的年轻人从来不相信自己的判断力，他们生性胆怯、缺乏自信、毫无冒险精神，那么他们的一生注定会死气沉沉、得过且过、毫无成就感。未来是光明的，哪怕眼前的困难再大，只要自己敢于鼓起勇气，从此不再跟着别人屁股后面走，就能超越自己，把握住机会，这一步走出去了，前途就是光明的。

乔布斯曾在一次演讲中告诉在场的所有人："你的时间有限，所以最好别把它浪费在模仿别人这种事情上。"

我们常常会一遇到困难，不少人总是喜欢左看看右瞧瞧，跟在他人后面亦步亦趋，人云亦云。其实，上帝会赋予我们每个人一种非凡的潜能，需要我们用心发现，如果只是一味模仿别人的做法，我们不仅一生无大的出息，也有可能被更大的困难困扰。

乔布斯虽然走了，但是他留给了我们伟大的精神财富，那就是不要让任何人左右你的思想，我们应该有自己的信仰、信念、价值观，这样我们就知道接下来我们应该怎样行动。

用乔布斯的观点解释就是：人活着是为自己，不是为他人，这样人生才有意义。是的，我们的成功需要我们自己来创造，谁也替代不了我们。记住乔布斯的话："你的时间有限，所以不要为别人而活，不要被教条所限，不要活在别人的观念里，不要让别人的意见左右自己内心的声音。最重要的是，勇敢地去追随自己的心灵和直觉，只有自己的心灵和直觉才知道你自己的真实想法，其他一切都是次要的。"

美国金融界巨子罗塞尔·塞奇曾说："既无阅历又无背景的年轻人，起步的最好方法：第一步，谋求一个职位；第二步，珍惜这份工作；第三步，养成忠诚敬业的习惯，不把工作时间私用；第四步，认真仔细观察和学习；第五步，成为不可替代的人；第六步，培养成有礼貌、有修养的人。"没错，我们应该倾听智者的忠告，选择自己所爱的，不断提高，然后坚持自己的选择，做自己的主人，追求真实的自己。

但是，对于更多的人来说，却并不是一下子就能认清自己的。人们只有经过社会实践的磨炼之后，才能逐渐找到适合自己的行业。

2. 摆脱对自己的疑惑，勇往直前

当你拥有一个梦想而身边的人却不断地劝你放弃梦想变得现实一点时，你会怎么做？如果他们要你走一条更加合理更加传统的职业生涯道路时你又会怎么做？你忽视了他们。你将反对者们拒之于门外，并且笃定地追求着你的梦想。这是唯一的方法。因为生活当中，我们总会遇到怀疑论者，或者遇到持反对态度的人，如果我们听他们的话，那么我们将永远也不可能追求

心中的梦想。

我们每个人都会有疑惑,它们是不可避免的。有时候,现实点是好事,因为你需要去分析这个梦想到底是否可行。但倘若这些恐惧和疑惑是阻止你去追梦的唯一原因,而不是那些不可逾越的障碍时,你应该果断地抛弃这些恐惧和疑惑。为什么呢?因为疑惑乍看之下是无害的,但其实它会像恐怖邪恶的生物一般渗透你的身体,偷偷地蔓延到你的潜意识当中去,啃食你内心最深处的思想。疑惑在你后脑勺徘徊,如果不去注意它,那它最终将征服你的梦想。

如果真的发生了,疑惑的力量将超出你的想象。当你要做一些艰难的抉择时,比如说是去申请大学呢还是去香港打拼,此时你的梦想占了下风,就因为你后脑勺那儿的疑惑。当你想象自己的时候,你的样子将不是自己想象的那样,而是他人期盼的那样。

疑惑会使厌恶当下的工作,是因为你不敢去追求自己真正想做的工作。疑惑会使你和自己讨厌的人相处,是因为你不认为自己应得更好的。

(1)摆脱疑惑三部曲

怀疑是如此阴险,你打算怎么打败它们?这三个看似简单的步骤,其实都要比它们看起来的要稍微难一些:

保持警觉:疑惑的力量的壮大,主要是因为它来自于我们的潜意识,并且我们还没有意识到它的影响。所以,我们应该把它看作当务之急。这意味着专注于我们的思想,并在它们出现时试图寻找那些怀疑和消极的想法。有些人会说:"也许我不能做到这一点,也许这是不切实际的。"如果你有意识地去注意这些疑惑,你就可以捕捉并击败它们。

粉碎疑惑:一旦你注意到了疑惑的存在,就想象它是一个恶心的小虫。现在,重重得踩它,用你的鞋底将它碾碎。当然不是叫你真的踩小虫,只是在你的心中。终结它消灭它。不要让它生存并且繁衍!

用积极代替消极:现在你已经碾碎了疑惑,接下来就要用积极的思想来代替它。这个听起来老生常谈,但是请相信我,这真的有用。暗示自己,"我能做到这一点!其他人这么做,我也可以!什么都阻止不了我。"或者是类似的说法,只要能认可你正在做的任何事情。

你必须继续保持警觉,以防它们冷不丁地出现在你的轨道上。这是追梦路上一个持续不断的过程,而不是一次性就能解决的东西。疑惑和昆虫一样,会在你消灭了第一拨或第二拨后又冒出来。你不能给它们机会茁壮成长而打败你。

(2)如何对待怀疑论者

这些外在的负面因素怎么办?那些来自朋友、家庭和周遭的人们叫你放弃梦想、面对现实、遵循传统道路的权威发言?说你做不成什么事的人?

你必须学会阻止它们。如果你有与大众相悖的执着,就要学会让那些反对者燃起你的决心——用你的渴望去证明,那些反对者是错的。

如何阻挡反对者?和消除心头的怀疑和消极的想法一样:碾烂它们,然后用积极的思想去替代它。

(3)如何冒险尝试

你已经学会了拒绝反对者,你已经学会了捕捉并消除疑惑,现在你已经准备好去追求梦想了。但是你害怕冒险尝试。

大量的研究和仔细的计划将很有帮助,但是一旦你做了这样的研究和规划,你仍然需要冒险尝试,你会怎么做? 你只需要"勇往直前"。

3. 做好自己人生的船长

如果人生真是一次航行,那我们应该做自己的船长,这是成大事者之志,这才是真正掌握自己的命运,一帆一舵一船,便是我们的世界。

在如今这个竞争激烈的社会中,光靠某方面的能力是不行的,你必须定位自己的角色,掌握自己的人生,才能衍生出竞争力,才不会被大海吞没。纵然人生有苦有悲,哭过,累过,颓废过,但自己的身份却始终没变:船长。没有人会帮你驾船,你只能靠自己。在漆黑的夜晚找寻北极星,在茫茫的草原上眯起眼睛看太阳,这就是你的使命。指南针并非时刻准确,要学会利用周身的一切去辨别方向。人生是自己永恒的航船,船长便是指挥它渡过险滩急流,驶向自己梦中的彼岸。无论它多么遥远,旅途多么艰辛,你,必须做好船长。

"长风波浪会有时,直挂云帆济沧海。"当好了自己人生的船长,把握好自己的命运,就能登上成功的彼岸。

人总要学着怎么去战胜内心的恐惧感,然后消灭掉这些附着在身体上的"病毒",做自己的船长,主宰方向。因为人的一生是短暂的,从呱呱落地的婴儿到白发老人,有的人创造了辉煌,令后人敬仰。有的人碌碌无为,没有在人生的道路上留下任何痕迹。人生是苦难的集合体。哲人说:人生就是光着脚,在炽热的炭块铺成的圆形跑道上行走。你要相信自己是一种力量。这种力量需要威慑,打击失败的人生,让激情与进步同在,让理想与光辉同在。实现人生的理想之路,开拓未来的希望,接着让生命大无畏的前进!

面对波涛汹涌的大海,倘若你想让生活多些色彩和浪花,多些挑战,抛开欲说还休的感伤惆怅,拿出力挽狂澜的大气,以坚定的信念,握紧手中的船舵,到达胜利的彼岸。做自己人生的船长,驾驶者属于自己的人生之舟驰向生命的海洋,闯出一片属于自己的天空,笑傲江湖。

"人的一生好似缥缈云烟,该来的时候来,该走的时候也就消失在茫茫人海中了。"悲观者说。哲学家说:"人的一生好似一本书,开头总是凄凉的,结尾总是动人的,重要的是中间那曲折的情节。"画家说:"人的一生好似一幅画卷,用生命的画笔绘出了五彩的画卷……"

做好自己船上的船长,控制好方向,不紧不慢,一步不落,每一步都走得扎扎实实的,那么你将永远都不会走错,那就算到了生命的尽头,也不会觉得有什么遗憾。当然,在生活中,是免不了别人的帮助的,一旦失去了朋友的信任与帮助,那就好似船上有帆而没有风,将会省下不少的精力使自己的未来更光明、更清晰。

做好自己人生的船长,不仅要懂得"航行的方向"也要知道"胜利的彼岸"在何方? 如果不知道岸在哪儿,那帆船又会像是无头苍蝇一样迷失,像太空垃圾一样消失。人是有目标的,只有有了目标,才有前进的动力,才会朝着目标勇往直前。

人生就是这样,只有做了自己的船长,只有战胜了自己,只有做了自己想做的事,那你才不会觉得是虚度年华。否则,你活着只是充当"消化面包的机器而已"并不会为世界贡献什么。而达成这种境界的只有一条路:学习。学习是人获得成功的唯一方式。高尔基曾经说过:"人的天才只是火花,要想使它成熊熊火焰,那就只有学习! 学习! 可见,学习是最好的"舵",只有它才会稳稳地控制住船,才不会偏离方向。你也才会做好自己人生的船长!

忠告箴言

　　判断力、自信力是一个人成功的关键。当我们选择了走自己的路时,就不要被他人领导,哪怕是自己的父母,要坚信自己的选择是正确的,自己是跟着自己的信念走的。也许我们的路途会顺畅点,但荆棘密布是常有的,遇此情况千万不要惊慌失措、畏手畏尾、轻易动摇,坚信我的路我做主,我就是我的船长。

忠告 43　将每一天都当最后一天过好,每一刻都有新机会

当我 17 岁的时候,我读到了一句话:"如果你把每一天都当作生命中最后一天去生活的话,那么有一天你会发现你是正确的。"这句话给我留下了深刻的印象。从那时开始,过了 33 年,我在每天早晨都会对着镜子问自己:"如果今天是我生命中的最后一天,我会不会完成今天想做的事情呢?"当答案连续多天是"No"的时候,我知道自己需要改变某些事情了。

——乔布斯

进入 21 世纪这个竞争无比激烈的时代,我们身边每时每刻都在发生着广泛而深刻的变化,我们每个人都面临着前所未有的机遇和挑战。只有懂得居安思危的人,才能清楚自己与他人的差距,了解自己应该做些什么,明察自己所面临的挑战,这样的人从不会让自己松弛懈怠,而是保持旺盛的斗志,精力充沛地过好每一天。

1. 时刻准备着,机会女神定会光顾我们

人的一生中,幸运女神时刻准备光临我们。当她发现有人已经准备好迎接她时,她便会悄悄地降临,并带给你巨大的惊喜。

有一为拉丁诗人说过:"机会女神的头发长在前面,而后面却是光秃秃的。如果你抓她前面的头发,你就可以抓住她;但如果你让她逃脱了,那么即使主神朱庇特本人也抓不到她。"朋友,把握机会,善待机会女神的降临,是我们年轻人成就事业的开始。

有研究发现,每个人所面临的机遇是有限的,而对自己人生真正起决定性作用的却是很少。因此,对于年轻人来讲,非常有必要培养自己拥有敏锐的嗅觉和判断能力。当他人对机遇的到来还察觉不到或无动于衷时,你能时刻准备捷足先登,抢占先机,就抓住了机遇。

俗话说:"机遇可遇而不可求。"其实,机遇的产生是有其内在规律的。如果我们有足够的勇气、聪慧的头脑、敏锐的观察力和判断力,机遇就可以被"创造"出来。善于等待机遇、抓住机遇是人生的一种智慧,而学会创造机遇更是人生的一种大智慧。

有一个年轻人跟着大群人流,赶着骡车,带上全部家当,穿越大沙漠去淘金。到了金矿,年轻人像他人一样辛苦的劳动,很不错,这样年年都会有稳定的收入。但是他并不满足于自己的现状,他总想着自己是不是有更大的发展。

六年后,年轻人在密尔沃基开展了谷物仓储业务。八年后,他就挣到了 50 万美元。然而就在这时,他又看到了大好时机,而这是从格兰特将军"向里士满推进"命令中看到的。1864 年的一天,他勇敢而兴奋地敲响了猪肉生意合伙人的门。"我要乘下一班火车赶往纽约,"年轻人说,"'空头'卖出猪肉,格兰特和谢尔曼已经扼住了南方叛军的喉咙,猪肉价格将跌到 12 美元每磅。"这真是千载难逢的好机会。年轻人赶到纽约,以 40 美元每磅的价格大量卖出猪肉,令人

惊讶的是这批猪肉被抢购一空。此时，华尔街投机商嘲笑这个西部小伙子的鲁莽，告诉他不应该这么快就将其销售一空，要等待大的市价，因为在短期看来战争还会持续不短的时间，而且格兰特将军将继续进军，因此肉价将要涨到60美元每磅。而年轻人并没有因为老谋深算的投机商的话语而后悔，他坚信自己的做法没错。最后，里士满被攻占后，猪肉价格随之又跌回了12美元每磅，而年轻人却净赚了200万美元！

这个看似有些鲁莽的年轻人就是菲利浦·阿莫尔先生。他在战争时期抓住了猪肉中隐藏的商机，他的眼光与勇气使他又一次获得了巨大财富。

由此可见，懂得在成功之路上奔跑的人，如果能敏锐地识别机遇，并果断地抓住它，那么，幸运女神就会与你握手。

研究发现，对所有追求成功的年轻人而言，决定自己成功的机遇次数极少，有的只有一两次，多的也仅四五次。因此，对于渴求成功的年轻人而言，成功就等于抓住机遇的数量。同时，我们要学会选择对自身成长最有用的机遇。要尽可能地使其在自己的成才之路上发挥最大的作用。

创造机遇、争取机遇往往需要投入巨大的精力，但更为重要的是懂得把握机遇。若是自己费尽不少心思得来，却不懂得珍惜、好好利用，那么自己先前所作的所有努力有可能全部白费。

在日常生活中，我们经常会遇见各种各样的事情，有些事使人感到新奇，多数人都会注意它；有些事则看起来平淡无奇，大多数人都会漠然视之。那么究竟如何才能看得见其中的秘密呢？其实，这个并没有固定的模式和准则可循，只要拥有过人的洞察力和判断力即可。因此我们平时要留心身边的小事，培养自己敏锐的洞察力，那么在机遇来临时我们就不至于错失良机。

例如苹果落地也被牛顿觉得新奇、吊灯摆动伽利略也颇感兴趣、烧开水后的壶盖跳动也能激起瓦特的研究热情……这些看似再平常不过的现象，在他们看来却蕴藏着极大的秘密，从而有所发现或发明。又如，19世纪的英国物理学家瑞利发现我们日常生活中端茶时，茶杯会在碟子里滑动和倾斜，有时茶杯里的水也会洒出一些；但当茶水稍洒出一点弄湿了茶碟时，就会突然使茶杯不易在碟上滑动。对此，瑞利做了进一步研究，并且做了很多次试验，令人惊奇的是他发明了一种求算摩擦的方法——倾斜法。再如，美国著名工程师富尔顿10岁时，和几个小朋友一起去划船钓鱼。富尔顿坐在船舷上，他的两只脚下意识地在水里来回踢着。不知什么时候，船缆松了扣，小船漂走了。富尔顿没有忽视这种生活中的小事，他发现自己的两只脚起了船桨的作用。富尔顿长大以后，经过刻苦的学习和研究，终于制造出世界上第一艘真正的轮船。他的这一创造也是得益于自己的那一发现。

可见，一个人拥有敏锐的洞察力是把握机遇、走向成功的好帮手。

除了敏锐的洞察力之外，一个人要想把握机遇，还必须拥有过人的判断力。在现实生活中，有的人各方面条件都很不错，可是判断力太差，结果只能是错失良机。因此，无论做什么事情，我们都要学会自己做主，不一定需要他人帮扶，即使遇到很大的困难，也不要惊慌失措，要自己拿主意。

判断力对于一个人做事的影响非常关键。没有判断力或判断力极差的人，做事往往无法开场，即使开了场，也无法顺利往下进行。他们人生的大半时间都耗费在没有主见的怀疑之中，即使遇到机遇，他也做不出正确的选择，最终一事无成。

因此，当你发现机遇在慢慢向你靠拢时，请不要顾虑太多、处处给自己设限，要知道最明智的做法就是：鼓起勇气、眼疾手快、当机立断将它抓获。

机遇是一位神奇而又充满灵性但性格怪僻的女神。她对每一个人都是公平的，但她是不会平白无故降临到你身边的。我们只有时刻努力,多方出击,才能获得她的垂青。

2.不做温水中的青蛙,人生需要有紧迫感

乔布斯曾寄语大学生说:"17 岁那年,我读到这样一段语录'把每天都当作你生命中的最后一天来过,总有一天,你会轻松自在的。'从那一刻起,这句话每天都伴着我,成为我人生的座右铭。"由此可以看出,乔布斯始终保持时不我待的紧迫感,这使他战胜了疾病、死亡和挫折的人生考验,创造了一个又一个神话。有很多人都惊讶于乔布斯带领着苹果创造的一次又一次的商业奇迹,却不知道乔布斯到底拥有怎样的魔力。

其实,很简单,强烈的紧迫感和危机意识是乔布斯成功的要诀之一,也是我们年轻人实现理想的成功之道。正如乔布斯在美国斯坦福大学毕业典礼上告诉我们的,他把每一天都当作生命中最后一天过好。

曾经有一个非常著名的实验——青蛙实验,给所有的年轻人一个启示:人活着要有紧迫感和危机意识。当然,这个启示小到对一个个体,大到对一个国家都适用。

19 世纪末,由美国康奈尔大学的实验研究人员们精心策划了一次有名的实验。他们将一只青蛙冷不防地丢进了正在沸腾的开水锅里。没想到这只青蛙反应极为灵敏,就在这生死关头,奇迹出现了,它竟然用尽全力,急速跳出了滚滚的开水锅,蹦到了地面了,安然逃生。

隔了一会儿,研究人员又准备好了一口同样大小的锅。这一次他们先是在锅中放了三分之二的微温的水,然后将刚才那只刚刚才死里逃生的青蛙放到锅里。这次,青蛙好像之前的惊慌已荡然无存,它在这锅温水中看似很舒服,并且不时来回地游着。接着,研究人员偷偷将火调大,起先青蛙也不知究竟,仍然在还能适应的水温中享受着无比的"温暖"。不一会儿,水温升起来了,自己有些承受不住了,可是等到此时它想奋力跳出锅时,却怎样也跳不出来,一切都晚了。它浑身乏力,全身已经瘫痪,只能躺在水里,无力逃生。最后,它的生命就这样结束了。

这个青蛙实验几乎人所共知,它告诉我们:我们生存的环境不知道会发生什么样的变化,不要被眼前的风平浪静所迷惑,也不要满足于现状,要保持一定的紧迫感和危机意识,时刻准备着抵御不良事件的发生。不然,我们和那只青蛙别无两样。假如我们都能真正拥有紧迫感、危机感,善用危机管理自己,那么我们在做任何事情时都会永葆激情,就不会无所事事,遇事也不会手足无措。

有这样一则寓言故事:

在一次狩猎中,一只野兔被一只猎狗追赶,跑了很远的距离,猎狗费尽力气,也没能追上这只野兔。远远地,猎狗喊道:"兔子,你为什么跑得那样快。你看我不但长得比你高大,而且腿又很长,并且力气也比你大,可是为什么我怎么追也赶不上你呢?"野兔回应:"我怎么会让你追上呢? 别看你比我优势多,可有一点我比你更胜一筹,就是我们奔跑的目的不同。你呢,只是为了追上我好饱餐一顿,而我则是为生存而奔跑!"

这则寓言告诉我们决不能安于现状,如果连生命都丢了,这个世界对自己还有什么意义。我们的祖先也早有遗训:"生于忧患,死于安乐。"年轻人必须懂得,要想永远的成功,就要放弃一劳永逸的念头。只有保持紧迫感、危机感,才不会像那只青蛙那样,才会有所成就。

我们都知道人的生命长度是自己所不能控制的,但生命的"宽度"则掌握在我们手中。当代年轻人,同样只有不断增强紧迫感,只争朝夕,勇于负责,敢于担当,一往无前,才能争取时间,成就事业。

当然,增强紧迫感并不是要我们做事鲁莽、急功近利,而是头脑冷静,从做好每一天开始抓

住机会成就事业。也并不是完全照搬乔布斯、霍金等人的做法，我们只需要学习他们身上某种能够激励我们前进的精神，然后结合自己的实际，做好当下的一切事情就可以了。

3. 假设今天是生命中最后的一天也要过好

一个人若能够过好每一天，那么这个人的人生就是有意义的，若能够精力充沛地去完成每天的工作，那他必定会在事业上有所成就。乔布斯就是这样一个人，他对自己的工作极度专注，因此才取得那么辉煌的成就。在乔布斯复出之后，他依然凭借其特立独行所坚持的软硬通吃模式，缔造了 iPod、iPhone、iTune 和 iPad 的辉煌。如果乔布斯没有紧迫感、没有危机意识，他便不会那样精力充沛地工作，也不会创造如今的苹果辉煌。

乔布斯是一位极为典型的创业者、成功者，他的那段富有传奇色彩的创业经历成为我们无青轻年人的"创业宝典"。

乔布斯从业30多年来，不管遭遇怎样的困境，即使是生命的考验，他都不会气馁，不会放弃自己，放弃今天。他每天早晨都会对着镜子问自己："如果今天是我生命中的最后一天，我会不会完成今天想做的事情呢？"他以此激发自己的潜力，鼓励自己过好每一天。生命的残酷致使乔布斯采取了不同于一般人的思维方式，他看清了生命的本质，用最简单的办法向成功迈进，专注关键所在，从而不浪费每一分每一秒。相反，我们现在的年轻人不少抱着"明日复明日，明日何其多"的心态，结果只能是"晨昏滚滚水东流，今古悠悠日西堕"。其实成功说简单也简单说复杂也很复杂：简单在于只要我们按照自己的内心所想不停地做下去，复杂在于这需要一如既往、顽强的毅力。

可是在现实生活中，我们很多人每天庸庸碌碌、无所事事，的确挥霍了大把的青春，真的很可惜。上帝赐予我们每个人的时间都是有限的，如果如此大把地挥霍，只能让宝贵的时间变成东流的江水一去不返。

从乔布斯的传奇故事中我们可以发现："你需要去找到你所爱的东西。你只有相信自己所做的是伟大的工作，你才能怡然自得。"

是的，在我们的工作和生活中，我们需要找到我们所爱的东西然后一直重复。也许这些东西在当时看似很平常，但几乎所有的成功都离不开这样的积累。

因此，要让人生有所成就，我们必须永葆激情，必须重视眼下正在做的工作，必须专注于我们的所爱，只有这样才达到了乔布斯所说的"怡然自得"的境界。

日事日毕，把每天都当作最后一天并且将其过好，我们也就有了生活的动力和激情。

有一段话道出了努力过好每一天的重要，人的一生中只有三天：昨天已经过去，永不复返；今天就在眼前，但很快就要过去；明天还未到来，很难掌握。的确，一个人要想成功，关键就在于抓住今天，珍惜时间。人生犹如江河中的流水，每时每刻都在发生着各种变化，许多人都不知道把握今天，不懂得把握眼前的每一次即便是很小很小的机会，以至于只能在等待中虚度光阴。

在这个世界上一共有三种人：一种人总是沉溺于往事之中，遇事伤感过活；一种人总是满脑子地憧憬、空想，结果两鬓白发也从未付诸过行动；另一种人，他不是活在昨天，也不是明天，他活在今天。想想你属于这里的哪一种人呢？

爱迪生曾经说过："我们应当记住，一年中每一天都是珍贵的时光。"

传说，伟大的以色列联合国王"智慧之王"所罗门王做过一个梦。在梦里，所罗门王向上帝祈求赐予自己无比的智慧。上帝答应了，告诉了他一句话，这句话包含人类的所有智慧。运用这一智慧，所罗门王就可以在高兴的会忘乎所以或者无法从忧伤中摆脱出来时，始终保持一个平常心,冷静地处理任何事情,时刻保持勤勉,兢兢业业。但是,待所罗门王醒来后他无论怎样努力也想不起来上帝告诉自己的那句话是什么。于是,所罗门王将自己最信任也最有智慧的老臣召上来,并向他们说了昨晚做的那个梦,要求他们帮自己把那句话想出来。并且取出一颗大钻戒,说:"要是你们谁想出来这句话就将它镌刻在这颗钻戒上,这样我可以将它戴在手上并且天天看一看,以警示自己要牢记。"

过了不到 10 天,几位老臣将钻戒送还给了所罗门王,只见上面刻着一句非常简单的话,即"一切都会过去"。

从此之后,所罗门王像是真正拥有了无比的智慧,他按照上帝告诉给他的,遇事不得意忘形也不自暴自弃,并且征服了所有国人的心,他也因此拥有无尽的荣耀、财富、智慧以及美德。

我们每个人都会面临生命结束的一天,只是我们不知道它究竟会何时降临到自己身上罢了,它似乎离我们很遥远,也许此刻即将敲响我们的房门。

在非洲有一个奇怪的民族,那里的婴儿刚生下来就会获得 60 年的生命,他们要将人生重大事情在这 60 年里都完成,在此之后就可以享受天伦之乐了。

这真是个非常不错的计岁方法。从某种意义上讲,人生也不过上苍给你的一段岁月而已,而在这有限的岁月里,过得如何,收获如何全在自己的掌握之中。而现实生活中,我们很多年轻人总是向别人说,我们还年轻,日子还长着,何必那样拼搏呢?

于是,有很多的年轻人懒惰,遇到困难容易放弃、懦弱……无论自己做什么,怎样度过时间,都会给自己找很多借口,原谅自己,总以为来日方长,待到明天再做也不迟。

时间好似一把防不胜防的暗器,无论你是谁,都不能抵挡住它那悄无声息却力不可挡的进攻。无论我们的昨天是平淡、温馨还是悲凉、辛酸,都是浮云,我们想挽留也是徒劳。人生大部分时候并不像我们想象的那样,回忆和空想都毫无意义,关键的是如何过好当下,如何为美好的将来做好准备。如果我们能将眼前的一切把握住,认真过好当下的每一天,将其当成我们生命中的最后一天将其过好,就会发现一切尽在自己的掌握之中。

此时我们再认真思考一下上面那个非洲民族的奇妙的充满智慧的倒数计岁的方法,它无不警示着我们,时间会一天一天的过去,我们的生命也会一天一天的逝去。面对着这一切,我们是无动于衷呢? 还是鼓起勇气,准备精力充沛地过好每一天呢?

答案不言而喻,在今天这个竞争无比激烈的社会,每个人的压力都很大,我们都需要找到适合自己的突破方法。因此,无论是学习、工作还是家庭,我们都应该善加利用,好好地做一些自己想做而且应该做好的事情。也许你会想我们还很年轻,至于这样吗? 可以很肯定地说,这种想法是错误的。我们的生命的长度谁也没有办法控制,不要等到清醒那天就为时已晚了。

相信不会有人愿意将宝贵的青春浪费在鸡毛蒜皮的小事中,也不会有人愿意整天将青春浪费在那些事不关己的事情上! 只有那些重要的事情,我们心中想做的事情,才是最值得我们努力的,这样等真的到达人生的终点时,我们也不会有什么遗憾,也会为自己的正确选择喝彩。

康纳勒普曾说:"今日事,今日做,太阳决不会为你而再升。"

因此,无论做什么事情我们都要学会"以日为单位"。记住清晨醒来,我们真正能够把握的就是今日。要竭尽全力牢牢地抓住今日,让每一天都过得有意义。

4. 时刻准备着,这就是成功的真谛

有一位著名的老教授准备在学生中招一名助手,学生们都非常想得到这个荣幸,纷纷踊跃

报名。都是很优秀的学生,可名额却只有一个,教授也不知如何取舍。于是,他给学生出了一道非常简单的题:如果我下次再来时,谁将自己的课桌收拾得整洁,谁就会得到这个职位。

老教授离开后,每到星期三早上,所有学生一定会将自己的桌面收拾干净。因为星期三是老教授例行前来拜访的日子,只是不确定他会在哪个星期三来到。

其中有一个学生的想法和其他同学不一样。他一心想得到老教授的垂青,生怕教授会临时在星期三以外的日子突然来到。于是,他每天早上都将自己的桌椅收拾整齐。但是往往上午收拾妥当的桌面,到下午便又凌乱起来。他又担心教授会在下午来到,于是又在下午收拾一次。尽管这样,他想想还是觉得不妥,如果教授在一小时以后出现,仍会看到他凌乱的桌面,便又决心每小时收拾一次。到最后,他想到若教授随时会到来,仍有可能看到他的桌面不整洁。终于,这个学生想清楚了,他必须时刻保持自己桌面的整洁,随时欢迎教授的光临。

果然,一个月后的某一天,老教授不期而至,这个学生如愿以偿地获得了那个职位。

由此可见,一个人,必须自己准备妥当,才不会在机会来临时手忙脚乱。随时保持最佳的状态,等待着机会的出现,并及时捉住它。

时刻准备着,这就是成功的真谛。

5. 采取积极的行动,才能化危机为转机

法国科学家巴斯德曾说:"辞典里最重要的三个词,就是意志、工作、等待。我将要在这三块基石上,建立我成功的金字塔。"想要成功,就必须像巴斯德一样,充满积极进取的态度。

有一种人身上会散发一股自然的活力,那是生命的隐性元素,更是我们无法预料的生命潜能。而开启它的唯一方法,就是用积极的态度面对生活。

美国联合保险公司业务部有个叫贝尔·艾伦的人,他一心想成为公司的王牌推销员。有一天,他买了一本杂志回来阅读,读到一篇《化不满为灵感》的文章时,令他非常振奋,文中作者教导读者,如何利用积极的态度,实现自己的梦想。艾伦仔细地反复阅读,并在心中默想着,或许有一天可以将这个观念灵活运用在工作中。那一年的冬天,艾伦在工作上遭遇困难时,正巧让他有了试验这个观念的机会。在寒风刺骨的冬天里,艾伦正在威斯康星市区里沿街拜访,然而,运气不好的他,全都吃了闭门羹。心情烦闷的艾伦,这天晚上回到家后,用餐时间什么东西也吃不下,烦恼地翻看着手上的报纸。忽然间,一个突来的念头闪过脑际,他想起了《化不满为灵感》的文章,于是兴冲冲地将剪报找了出来,仔细地重温其中的要诀,接着他告诉自己:"明天我一定要试一试!"第二天,他到公司向其他同事报告昨天的情况。当他报告时,其他与他遭遇相同的同事,个个都表现出垂头丧气的模样,只有艾伦精神饱满地说明昨日进度。最后艾伦做了这么一个结语:"放心好了,今天我还要再去拜访昨天那些客户,今天的业绩我一定会超越你们!"不知道是幸运之神听见了他的呼唤,还是文章里的秘诀真的有效,艾伦真的实现了他的诺言。他又来到昨天到过的那个地区,再度拜访了每一位客户,结果,他一共签下了66份新的意外保险单。积极的态度,让贝尔·艾伦为自己创造了辉煌的纪录,更让他重新燃起自信心。

这是许多成功者从受挫中学得的重要技巧,他们常说:"采取积极的行动,才能化危机为转机。拥有积极的心态,才能看准机会点。"

生活态度积极的人,内心必定充满活力,即使是突然下起的暴雨,他也认为是上天赐予的甘霖;再大的困难他都不以为意,因为事情再麻烦,他也会笑着说"没关系,小事一件"。

还在为生活的失意或挫折而难过吗？看一看窗外的天空吧！不要忧心，还有明天，把一切的不如意化为向上的动力，并积极面对往后的每一天，我们便能跃过每一个低谷，永远屹立在生活的最高峰。

或许我们做不到像乔布斯那样伟大，我们也没有必要成为乔布斯，因为上帝创造每一个人都是原创，但是乔布斯对年轻人的寄语可以使我们受用终生。

忠告箴言

我们很少有人给自己这样的假设：假如今天是我生命中的最后一天我该怎样度过。想想这个问题吧，你就会知道我们应该像乔布斯、霍金等这些伟大的人物学习，我们掌控不了生命的长度，但是我们可以使自己拥有一颗健康积极的心，精力充沛过完自己的每一天。也许我们会真的创造奇迹。

忠告44 成功需要团队的力量,团队棒,才是真的棒

> "苹果"的成就是我的团队一起创造的,我只是他们当中的一员,在我的位置上尽到了应尽的职责而已,每个团队成员的作用是一样的,少了其中任何一个,都没有"苹果"的今天。
>
> ——乔布斯

当今社会竞争异常激烈,而如果一个人孤军奋战定不能取得巨大的成功。因此,对于个人来讲,我们每个人都必须具有团队意识和协作精神,只有这样才会适应社会;对于一个企业来说更是如此,一个企业要想在平稳中运行,它的员工必须具备团队意识,否则,它将无法正常运转,从而无法面对残酷的市场竞争。尤其是在紧急时刻或者生死攸关的时刻,往往最能扭转局势的不是那些各自为政的精英,而是一个团结、坚强、勇敢、精诚合作的团队。

一个企业若是由一个彼此信任、彼此帮扶、相互合作的团队构成,这对于企业来说,是一笔巨大的财富,这是取之不尽用之不竭的动力源泉。而对处在这样的团队中的个人来讲,应该为身处其中而深感自豪,并且是决定其职业生涯的关键因素。

1. 拥有团队,是奠定成功的基础

保罗·盖蒂曾经说过:"我宁要一百个人的1%,不要自己的100%。"著名奥地利心理学家阿德勒曾经说过:"我们的最大目标就是:在我们居住的地球上,与我们的同类合作,以延续我们的生命。假使每个人都能独立自主,都能以这种合作的方式来应付其生活,那么人类社会的进步必然是无止境的。"美国"篮球上帝"迈克尔·乔丹曾经说过:"一名伟大的球星最突出的能力就是让周围的队友变得更好。"乔布斯曾说:"'苹果'的成就是我的团队一起创造的,我只是他们当中的一员,在我的位置上尽到了应尽的职责而已,每个团队成员的作用是一样的,少了其中任何一个,都没有'苹果'的今天。"

如今,人们一提起篮球,一提起 NBA,就不自然地会想到乔丹,想到芝加哥公牛队,想到由乔丹率领的"梦之队";一提起"苹果",人们不禁就会想起乔布斯,想起乔布斯的"梦之队"。古往今来,人们都希望自己成为英雄,想做出一番惊天动地的事业,殊不知,历史的进步不是由某一个人推动的。因此,要想获得成功,必须借助团队的力量,若只靠个人单打独斗,一切都是徒劳无功的。

1963 年 2 月 17 日,乔丹出生于美国纽约布鲁克林,他的童年是在北卡的威明顿度过的。高中就读于北卡罗来纳州威明顿兰尼中学,在那里他的学习平均成绩为 B +,而且是三栖体育明星(橄榄球、棒球、篮球)。他参加了兰尼高中的校队,到高三时,他的身高长到了 6 英尺 3 英寸,从此,他真正踏上了成为篮球巨星之路。

高中毕业后第二年,由于出色的球技,乔丹被 Sporting News 评为年度最佳大学球员。第三

年,乔丹再度当选并拿下 Naismith and Wooden Awards。当年,他在选秀大会上被芝加哥公牛队选中,最后,乔丹正式进入 NBA,开始了自己的巨星之旅。

那时的芝加哥公牛队的成员还有罗德曼、皮蓬、朗利、库科奇、格兰特、科尔等杰出的运动员,他们共同组成这支令其他球队望尘莫及的团队,取得了两个三连冠的骄人成绩。乔丹也因此获得 6 次 NBA 总冠军、2 次奥运会冠军、3 次 NBA 全明星 MVP、5 次常规赛 MVP、6 次总决赛 MVP 的光辉业绩。

乔丹的成功,不仅是由于他出色的球技,更在于他有一群和他精诚团结的队友。而乔布斯的成功,在于他善于运用团队的力量,从而创造出一个又一个商业奇迹。

乔布斯卸任苹果 CEO 一职,标志着一个伟大时代的终结。他带领苹果从摇摇欲坠的边缘走到了成功的巅峰,也实现了自己的人生价值,将自己的人生推向了顶点。作为天生的领袖,乔布斯在苹果的地位无可取代,他的个人魅力令人望尘莫及。长期以来,苹果在乔布斯光环的笼罩下被世人所津津乐道,人们一提到苹果就想到乔布斯,好像苹果就是乔布斯一个人的,诚然,乔布斯对苹果的贡献是巨大的,但若将功劳归于他一人,则有失公允。苹果的成功,在于苹果全体成员的共同努力,是他们忠实地辅助乔布斯,才使苹果走向了成功,支撑着苹果走向辉煌。

许多人认为是乔布斯创造了“苹果”的硅谷传奇。而当听到这样的评论时,他极力反驳说:“不是这样的,‘苹果’的成就是我的团队一起创造的,我只是他们当中的一员,在我的位置上尽到了应尽的职责而已,每个团队成员的作用都是一样的,少了其中任何一个,都没有‘苹果’的今天。”乔布斯很清楚,苹果的成功,并不是他个人造就的,而是苹果全体同人的精诚团结与合作的结果。

在苹果公司的幕后,有一大群忠心耿耿、尽职尽责,默默为公司奉献的虎将,正是有了他们与乔布斯的团结合作,才促使了苹果的成功。

第一位:蒂姆·库克。他被称为“沉默的领袖”、“除乔布斯之外最了解苹果的人”,苹果现任 CEO,处事务实与温和。1998 年,乔布斯亲自出马“招安”库克。在此后的 13 年中,库克一直陪伴在乔布斯身旁,全身心辅佐乔布斯带领苹果摆脱破产的边缘,创造了一个又一个奇迹。

第二位:斯科特·福斯特尔。iOS 首席架构师,被称为“软件天才”。1997 年随着乔布斯一道回到苹果公司,是苹果的王牌软件设计师。

第三位:乔纳森·艾维。苹果产品灵魂工业设计高级副总裁、苹果产品首席设计师,从 1992 年就进入苹果设计部门。iMac G3、PowerBook G4、MacBook、iPod、iPhone 以及 iPad 都出自他手。乔布斯回到苹果后惊奇于艾维的设计,并赞叹不已。艾维不仅成就了苹果产品,反过来,苹果产品也成就了艾维。

第四位:荣·约翰逊。被称为“苹果零售店之父”,零售业务高级副总裁,零售行业天才,苹果零售店模式的奠基人。2000 年,乔布斯从美国超市连锁商 Target 处挖来了负责营销的副总裁荣·约翰逊,负责苹果的零售战略。而后,约翰逊说服了乔布斯组建苹果零售店,将苹果“不同凡想”(Think Different)的理念贯彻到苹果零售店的设计当中。

第五位:菲尔·席勒。营销大师,全球产品营销高级副总裁。席勒拥有 24 年的产品营销和管理经验,其中有 17 年是效力于苹果的。苹果产品的推广、营销、广告都由他策划完成,在他的领导下,苹果设计出了 iMac、Macbook、Airport、Xserve、Mac OS X、Safari、AppleTV、iPod 以及 iPhone 等深入人心的广告营销。在他的领导下,苹果产品牢牢占据了全球市场。席勒是苹果营销成功的保证。

第六位:布鲁斯·赛威尔。“苹果诉讼急先锋”、首席法律顾问、高级副总裁。2009 年 6 月转投苹果,接替退休的丹尼尔·库普曼。他率领苹果起诉 HTC、三星以及诺基亚侵犯专利,并成功在欧洲要求禁售三星平板电脑,沉重打击了 Android 平板的增长势头。

第七位:彼得·奥本海默。财务大管家、CFO 兼高级副总裁。奥本海默是苹果的大管家,是苹果的后方保障。自 1996 年加盟苹果。从 1996 年到 2011 年,苹果从一家濒临破产的公司成为全球市值最大的科技巨头,奥本海默也随着苹果从低谷走到了辉煌。

第八位:杰夫·威廉姆斯。苹果质检员、负责运营的高级副总裁。威廉姆斯 1998 年加盟苹果。2007 年苹果推出 iPhone 进军手机市场,威廉姆斯在其中发挥了非常重要的作用,随后他便负责 iPod 与 iPhone 的全球具体运营。威廉姆斯需要向 CEO 报告工作,多年以来一直是库克的得力助手。

第九位:鲍勃·曼斯菲尔德。Mac 掌门人、苹果负责 Macintosh 硬件工程的高级副总裁。1999 年,苹果收购了他当时效力的 Raycer Graphics,曼斯菲尔德随之加入苹果领导 Mac 硬件工程部门,MacBook Air、iMac 等诸多热卖产品就来自他领导的部门。在他的带领下,Mac 电脑的销售已经连续 21 个季度同比增长,而增长率超过 PC 市场的整体增长率。

由此可以看出,苹果的成功,很重要的一个原因在于乔布斯手下有一群得力干将,正是由于他们在苹果的各个部门取得了骄人的成绩,才使苹果公司这个整体取得了巨大的成功。一个企业是由多个部门构成的,只有各个部门精诚团结,企业才能更好地发展。乔布斯很懂得建立自己所要的团队。他曾说:"我想我一直在寻找真正的聪明的人,与他们一起共事。我们所从事的这些重要工作中没有一项是可以由一两个人或三四个人完成的……为了把这些一两个人不能完成的任务完成好,你必须找到杰出的人。"乔布斯这样说也是这样做的,就是这样一个优秀的团队,促使了苹果的成功,因为他们懂得整体的重要性,精诚团结,拥有这样的团队,企业何愁不能发展和成功。

合作的作用是巨大的,可以产生 $1+1>2$ 的倍增效果。据统计,在诺贝尔获奖项目中,协作获奖的占 2/3 以上。在诺贝尔奖设立的前 25 年,合作奖占 41%,而现在则跃居为 80%。所以说,合作能促进事业的发展。没有完美的个人,只有完美的团队。

因此,拥有一个精诚团结的团队,是企业取得成功的关键,也是企业取得成功的基础。长城不是一块砖就垒成的;一场战争的胜利不是一个人的功劳;一个企业取得的巨额利润也不是一个部门的功劳。在当今竞争日益激烈的情况下,团队的合作是提高竞争力的有力保证,也是取得成功的保障。

2. 学会合作

著名哲学家叔本华说:"单个的人是软弱无力的,就像漂流的鲁滨逊一样,只有同别人在一起,他才能完成许多事业。"

古往今来,卓越的人物都认识到合作的重要性,因为合作,人们才能在危机中转危为安;因为合作,历史才不断进步;因为合作,人类才创造出灿烂的文明。

建安十三年,曹操亲率 20 万兵马南下,欲一举吞并东吴和刘备的势力,统一全国。为抗击曹军,在诸葛亮的努力下,刘备与东吴组成孙刘联军,最终在长江火烧赤壁,大败曹军,奠定了"三足鼎立"的局面,揭开了中国历史上著名的三国时代的序幕,为中国历史增添了浓墨重彩的一笔。

1937 年,日寇发动了全面侵华战争,在民族危亡的紧要关头,国共两党摒弃前嫌,团结合作,拯救国家于危难,最终取得了抗日战争的全面胜利。

1950年,以美军为首的联合国军入侵朝鲜,对新生的中华人民共和国形成巨大威胁,中朝两国人民共同抗击侵略者,最终维护了新生的人民民主政权的稳定。

正是有了合作,才促进了人类历史的发展和文明的进步,而在当今世界高度发展的情形下,合作更具有无与伦比的意义。对于个人而言,与他人合作,意味着拥有了两个人的力量;对于企业而言,与其他企业合作,意味着有了共同致富的伙伴。而在公司内部员工之间相互合作,更是能够带动公司的发展。

2001年索爱成立,索尼公司和爱立信公司各持50%的股份。2002年3月推出首款手机,目前市场占有率世界排名第四。在合并之前,索尼和爱立信都有非常强大的品牌效应,GMI在2005年电子品牌调查中,索尼比诺基亚的认知度还高,是奢华和国际性的代表。

而爱立信是通信业务中的大哥。两家公司的合并就如同强强合作,产生了更强大的协同效应。在合并之前,虽然两家是非常强大的公司,但是在手机领域都不怎么理想。爱立信排名第三,但是运营不善亏损严重。索尼不入五甲,市场占有率仅为1%～2%。索尼爱立信以50∶50的股份配比合作,虽然初期因为创新不够,直至T68i的问世,才打破僵局。作为一个强强联手的公司,在手机行业的定位中,虽不算是最高的地位,但公司的策略是不断提升品牌形象,因此极有可能获得成功。

合作能使弱者变得强大,能使强者变得更强,在市场经济中,合作是保证企业发展壮大的重要支撑力量。合作,可以弥补双方的不足,相互提供可供对方发展的人力资源、物力资源和智力资源,从而实现双赢。相反,如果闭门造车,独来独往,只会蒙蔽了自己的心智,与时代脱节,最终会被时代的滚滚潮流吞没,被历史所淘汰。

鸦片战争之前,清政府长期实行闭关锁国政策,产生了巨大的负面影响:阻碍了中国和外国之间的联系,影响了中国吸收世界先进文化和科学技术,致使中国与世界隔绝,扼杀了资本主义萌芽在中国的生长,严重地阻碍了资本主义经济的发展。使得中国和世界脱轨,慢慢地落后于世界各国。文化上、经济上和科学上无法和世界接轨,各种先进技术的发展受到阻碍,整体上呈现帝国黄昏现象。造成了鸦片战争中中国被动挨打的局面。

中国古代军事家孙武说:"上下同欲者胜。"意即只有精诚合作,朝着一个目标努力就无往而不胜,这在战争中得到了充分的印证:商末,奴隶倒戈,加速了商朝的灭亡;明中期,中国沿海军民团结合作,赶跑了倭寇,使百姓的生活归于安宁。这种思想在经济全球化的今天对我们仍然有着深深的启示作用,一个企业中,若上下离心,企业便无法正常运转,甚至有破产的危险;相反,若上下同心,则会创造出巨大的财富。苹果员工在乔布斯的领导下,同心同德,在各自的岗位上做出了惊人的业绩,从而推动了苹果公司整体的发展,创造出来的苹果产品,使苹果获得了巨大的市场收益,而这一切都归功于合作。

3. 改变在于个人,成长在于团队

团队精神,是大局意识、协作精神和服务精神的集中体现。它通常包含两层含义:一是与别人沟通交流的能力;二是与别人合作的能力。它反映的是个体利益和整体利益的统一,并进而保证组织的高效率运转。一个人要想在社会上生存和发展都离不开团队,因为我们每个人都生活在团队中,小到一个家庭、大到一个单位,团队是我们生活不可缺少的一部分。

大河有水小河满,大河无水小河干,一个人如果缺乏团队精神的支持,个人的发展就不可能成功,个人的目标也难以实现;没有个人的首创精神,团队精神也会失去其发展动力。每一个生活在社会舞台中的人,都必须扮演着团队中的某个角色,尤其对于我们年轻人而言。随着社会

的不断进步,团队精神越来越被人们重视,并已经成为个人发展中必须具备的素质。

年轻人无论处在怎样的团队中,都要记住以下几点,那么你的梦想才会因为你所具备的团队精神而成真:

一是告诉自己,我是所在团队的一分子,应该多为团队着想。在某些情况下自己的个人利益须服从于集体利益,尽管这需要我们放弃或者是牺牲自己的利益。因此,我们应尽量多地为团队多考虑一些。

二是能够与团队其他成员很好地融合在一起,众人拾柴火焰高。要知道一个人的力量再大,也是不能和团队的力量相比的。我们要懂得与团队互相协作,要集思广益,尽可能地在团队中发挥自己的优势和特点,不要将自己孤立于团队之外。

三是即使在团队中也应该有自己的想法和建议,即要有自己的主见和想法。当遇到什么困难和问题时,作为团队的一分子应该出自己的一份力。

四是不要心存私心,这是一个很不好的习惯。还有的人在团队当中往往不做事情认为有别人会去做,自己却什么都不干,这是没有团队观念和意识的表现。

五是能够为团队积极贡献自己的力量,有竞争意识。团队中有自己发挥的舞台,要尽可能地将自己的聪明才智用在这里,而且乐于在竞争中激发自己的潜能,为团队作出自己的贡献。

只有做到以上几点,我们才会以团队利益为重,与其他成员心往一处想、劲往一处使,才能实现团队发展,从而实现个人目标,而个人价值也才能在团队的发展中得到升华。

4.树立与团队共成长的信念

个人因团队而改变。所以,一个好的球队,一定有好的队风,当一个新队员加入后,是大家来改造他,而不仅仅是教练改造他。我们看到,最好的军校不是教官来改造人,是学员来改造人。

(1)团队成员改造人

在西点军校,任何一个高年级的学生都可以对新生的行为进行校正,新生也许会因为皮鞋脏了而被罚做10个俯卧撑,如果有所抗拒,就会被罚再做20个,最后有可能会被罚做200多个。新生刚开始的时候也许会满腹怨言,其实等到他上三年级的时候,他也照样对待新人,这就是一种训练。

没有学会执行的时候,不配做领导。给新员工上第一堂课的不是领导,而是他的同事,是他们让新员工学会忍受"委屈"。现在很多企业都采取老员工带新员工的发展方式,其实也是这个道理。企业管理者由于自身工作繁忙,无法全身心教导新员工,于是,为了让新员工更快地适应自己的岗位工作,在新员工初进公司的时候,一般都安排老员工来带领。于是,老员工"倚老卖老","欺负"新员工,不时对其进行一番刁难,其实目的也是让他受点"委屈",锻炼他的承受能力。一个经过训练的执行者,在单位受点儿委屈一点都不会影响他的情绪,慢慢地就特别坚韧了,最后领导、客户给他受的那点气,对他来说就是小菜一碟。

(2)团队环境造就人

说到环境对人的影响,"孟母三迁"是个典型案例。这是一个家喻户晓的历史故事,讲的是,在孟子小的时候,因为家住得离墓地很近,孟子经常在墓地边嬉戏玩乐,模仿上坟的人堆个小土堆儿,学着筑坟墓。孟母看到后担心影响孟子的成长,于是,举家搬到了一个街市附近。没想到孟子到了这里后,就经常在市场里玩耍,学着小商小贩沿街叫卖和讨价还价。孟母再次感叹,于是又再一次把家搬到一个学宫的旁边。孟子经常在学宫旁边玩乐,学着设坛祭祀、揖让进退。孟母看到后感叹地说："真可以居君子矣。"意思就是说，这才是我应该住的地方，如此下去，孩子才会学有所成。就这样，孟母就在此长期地居住下来了。孟子也因为环境的影响及母亲的开导，终于学业日进，成为了中国历史上的一代哲人。

一个经久流传的故事，让我们看到了环境对个人成长发展的重大影响。在现代企业中，系统环境对一个人的发展影响也是巨大的，尤其是对一个人价值观的影响。

任何一个环境都会对人的价值观起到不可估量的影响。所以，在企业团队中，我们要尽力营造一种和谐的人文氛围，让新员工在这种氛围的熏陶下形成人与人之间的信任，彼此间形成一种默契的共赢的价值观。这样才能使员工融入团队当中，为团队发展作出贡献，提高整个团队的竞争力。

（3）团队文化影响人

一个优秀的团队，必定有优秀的文化在影响人；一个成功的执行者，必定有成功的团队文化在影响他。

1987 年，华为只有 6 名员工，全部资产不过区区两万元。然而 22 年后的今天，华为却发展成为了年销售额近千亿、全球员工总数超 6 万的大企业，并且成为了全球名列前茅的电信设备巨头。华为为什么能够在 20 年间取得如此辉煌的成就？其实，很大程度上要归功于那支让竞争对手胆怯的高绩效销售团队，以及成就这支高绩效团队的团队文化。

他们的营销能力很难超越。人们刚开始会觉得华为人的素质比较高，但对手们换了一批素质同样很高的人，发现还是很难战胜。最后大家明白过来，与他们过招的，远不止是前沿阵地上的几个冲锋队员，这些人的背后是一个强大的后援团队，他们有的负责技术方案设计，有的负责外围关系拓展，有的甚至已经打入了竞争对手内部。一旦前方需要，马上就会有人来增援。

华为人就像一只只勇猛冲刺的"土狼"，华为的团队就是由这一只只"土狼"所组成的。正因为如此，华为成为了"狼文化"的代称。于是，在"狼文化"所营造的精神氛围和文化环境中，每个华为人都怀着高度的危机意识和竞争意识在工作岗位上奋战，以创造自身价值与企业价值，获得个人与企业生存和发展的空间与机会。

任何一个人的成功都必须有赖于一个团队，要培养自己成为一个高效执行者，需依靠团队的力量。在一个团队里面，要打造一个具有真正执行力的人就要运用系统的力量，用系统的成员、环境和文化来影响他、改造他，使其融入到团队当中，与团队一起成长。

5. 没有完美的个人，只有完美的团队

有一个故事是这样的：在美国的一次艺术品拍卖现场，拍卖师拿出一把小提琴当众宣布："这把小提琴的拍卖起价是 1 美元。"还没等他正式起拍，一位老人就走上台来，只见他二话没说，抄起小提琴就竟自演奏起来。小提琴那优美的音色和他高超的演奏技巧令全场的人听得入了迷。

演奏完，这位老人把小提琴放回琴盒中，还是一言不发地走下台。这时拍卖师马上宣布这把小提琴的起拍价改为1 000美元。等正式拍卖开始后，这把小提琴的价格不断上扬，从2 000美元、3 000美元，到8 000美元、9 000美元，最后这把小提琴竟以10 000美元的价格拍卖出去。

同样的一把小提琴何以会有如此的价格差异？很明显，是协作的力量使这把小提琴实现了它的价值潜能。一个人，一个公司，一个团队莫不是如此。如果只强调个人的力量，你表现得再完美，也很难创造很高的价值，所以说"没有完美的个人，只有完美的团队"。这一观点被越来越多的人所认可。

在雅典奥运会上,中国女排在冠军争夺赛中那场惊心动魄的胜利恰恰证明了这一点。8月11日,意大利排协技术专家卡尔罗·里西先生在观看中国女排训练后认为,中国队在奥运会上的成败很大程度上取决于赵蕊蕊。可在奥运会开始后中国女排第一次比赛中,中国女排第一主力、身高1.97米的赵蕊蕊因腿伤复发,无法上场了。媒体惊呼:中国女排的网上"长城"坍塌。中国女排只好一场场去拼,在小组赛中,中国队还输给了古巴队,似乎国人对女排夺冠也不抱太大希望。然而,在最终与俄罗斯争夺冠军的决赛中,身高仅1.82米的张越红一记重扣穿越了2.02米的加莫娃的头顶,砸在地板上,宣告这场历时2小时零19分钟、出现过50次平局的巅峰对决的结束。经过了漫长的艰辛的20年以后,中国女排再次摘得奥运会金牌。那么,中国女排凭什么战胜了那些世界强队,凭什么反败为胜战胜俄罗斯队?陈忠和赛后说:"我们没有绝对的实力去战胜对手,只能靠团队精神,靠拼搏精神去赢得胜利。用两个字来概括队员们能够反败为胜的原因,那就是忘我。"相传佛教创始人释迦牟尼曾问他的弟子:"一滴水怎样才能不干涸?"弟子们面面相觑,无法回答。释迦牟尼说:"把它放到大海里去。"个人再完美,也就是一滴水;一个团队、一个优秀的团队就是大海。一个有高度竞争力的组织,包括企业,不但要求有完美的个人,更要有完美的团队。

移动通信行业发展快速,只有10年历史的手机,产品几乎每18个月就更新换代。为反映这一行业特性,诺基亚在中国的5 000多名员工的平均年龄只有29岁。诺基亚希望他们能跟上快节奏的变化,采取"投资于人"的发展战略,让公司获得成功的同时,个人也可以得到成长的机会。

在诺基亚,一个经理就是一个教练,他要知道怎样培训员工来帮助他们做得更好,不是"叫"他们做事情,而是"教"他们做事情。经理人在教他的工作伙伴做事情、建立团队时,要力求设计合理的团队结构,让每个人的能力得到发挥。没有完美的个人,只有完美的团队,唯有建立健全的团队,企业才能立于不败之地。

诺基亚是移动电话市场的旗舰厂商,在市场竞争日益激烈的情况下,诺基亚的移动电话增长率持续高于市场增长率,从1998年起它就位居全球手机销售龙头,目前占有全球1/3的市场份额,几乎是位居第二的竞争对手市场份额的两倍。诺基亚在中国的投资超过17亿美元,建立8个合资企业、20多家办事处和2个研发中心,拥有员工超过5 500人。

诺基亚公司的成功得益于他们的团队精神。

总而言之,要想在竞争中获得生存与发展,合作是明智的选择;要想获得双赢,合作是必需的。合作,使世界连成了一个整体,使历史不断前进发展,使人类共享文明的成果。

忠告箴言

企业要想获得发展,需要高效精干的团队,优秀的年轻人也会极力将自己融入团队,成为其中不可或缺的一员。切记一个人的力量是有限的,我们每个人都离不开团队,只要我们心往一处想、劲往一处使,就像一只攥紧的拳头,就能以一敌十。

忠告 45 我的员工都比我自己更优秀

这个世界没有人是全才，但总有一部分是他们最优秀的，而我用的就是他们最优秀的那部分！

—— 乔布斯

世上没有天才，当你看到其他人比你有能力，比你成功，不要认为他人的智商高于你，是因为别人比你更爱学习，更会学习。在这个知识主导的时代，谁掌握了知识，谁就拥有了成功的筹码，谁就掌握了主动权。

1. 知识创造价值

一个无知的人常常会在社会上难以生存，一个不重视知识的企业，往往也会陷入困境。"知识改变命运。"拥有了知识，我们便有了更广阔的视野，更丰富的经验，以及更美好的未来。在当今全球化的激烈竞争中，知识这一无形资产将会变得越来越重要。换句话说，在这个知识经济时代，拥有了知识，就拥有了财富，知识赋予你力量，让你在社会中游刃有余。知识对于企业而言，更具有重要意义，如果一个企业的员工缺乏工作所需的知识，可以想象，这个企业在竞争中将会处于被动地位，以致被市场所淘汰。因此，无论是一个企业或是个人都要记得，要想让自己获得成功，就需要懂得用知识打造自己的实力。

一个人知识的增长是从少到多不断累积而来的，因此，知识的获得是一个循序渐进的过程，当你的知识不断丰富以后，你的社会价值就会不断提高，从而创造的财富也会更多。

比尔·盖茨是一个利用高技术和高智商创造巨额财富的典范。在大学期间，当别人热衷于谈恋爱和各种交际应酬时，他却全身心地投入到电脑软件的研究之中，在他看来，获取知识比其他的一切事情更有价值。比尔·盖茨喜欢学习，学习丰富了他的知识储备，拓展了他的视野，为他以后在软件方面的独特贡献奠定了基础，同时他在企业管理上也创出了一套适合现代企业的方法，这就是期权制，即让主要员工获得公司股票的期权。事实证明，微软创造了上百个亿万富翁。微软的这种管理方式，被现代很多大型企业纷纷仿效，可以说，比尔·盖茨在管理方式上的贡献比他在软件方面的贡献还要大。

当然，寻求知识的途径各种各样，不只局限于在学校读书，任何获取有用信息的行为都是求知，"处处留心皆学问"。今天的时代是个信息爆炸的时代，这使人们可以通过多种方式获得知识，如图书、杂志、报纸、广播、电视、电影、互联网，知识来源的渠道可谓空前广泛。

人们之所以要追求知识，是因为知识是有用的。正如培根所说："知识就是力量。"有的时候，拥有了知识，哪怕是生活中的一个常识，也能够给你的事业带来巨大的帮助，甚至可以使人创造出奇迹。

在一次重大战役中，拿破仑率领着军队正向会战目的地前进时，不料中途一条汹涌的河流出现在了面前,拦住了千军万马,眼看战机稍纵即逝,但他们却无可奈何,因为没有一艘船只可供他们渡过河流。当拿破仑准备下令撤退时,他的老师——一位将军发现旁边的一家农夫的房檐上有一只蜘蛛正在结网,他明白这是大风雪即将来临的预兆,于是劝拿破仑不要下令撤军,明天大军就可以渡过河流。第二天清早,万里雪飘,千里冰封,湍急的河流停止了奔腾,河面上结了一层厚厚的冰,静静地躺在他们的脚下,千军万马就这样开过去了,并最终赢得了这场战役的胜利。正是因为懂得生活的常识,造就了战争史上的辉煌一页。

每一个功成名就者,都是通过知识来提升自己的实力并走向成功的。社会在不断地向前发展,不断地变化,获取知识就如逆水行舟,不进则退。知识也是要不断更新的,若因循守旧,或认为自己的知识丰富,不免会陷入止步不前的泥沼,这样就会被时代所淘汰,从而也就不会创造出财富和价值。因此,若要不断进步,不被时代所抛弃,并想在人生的道路上有所建树,就必须提升自己的知识储备,否则,就会面临被淘汰的命运。

犹太人说:"没有知识就不能成为真正的商人。"在知识经济时代,你能得到多少,往往取决于你知识的多少。知识创造财富,知识创造价值,知识改变人的命运,让我们用知识成就自己的人生吧!

2. 相信自己,充满热情

爱因斯坦说:"自信是向成功迈出的第一步。"

古往今来,大凡成就一番伟业的成功人士,都不乏自信,相信自己,即使遭遇困境,也会乐观待之,想出办法化解困难,直到获取成功。

现实生活中,所有境遇中的一切都是你主宰的,只要相信自己,并告诉自己一切都有希望,并锲而不舍地走下去,坚持不懈,就会摘取成功的果实。

松下幸之助经常对处在各个岗位上的负责人这样说道:在你的部门,每天都有诸多繁忙的工作,就是你有再大的能力,也不可能什么都会做。有时候就某一项工作来说,你的部下比你更能胜任,甚至在其他的某些方面,他的能力比你更强。所以,你作为负责人、领导者,不是每个方面或在专业技术上都能指导的。然而,由于你处在领导岗位上,你就必须领导,必须管理。在这种情况下,什么才是重要的? 你对待工作比任何人都要有热情,虽然你的知识、你的才能不及别人,但热情却不能亚于任何人,这样,当你将自己的热情调动起来,其他人也会不知不觉地受到感染,如此,大家才会行动起来。如果你不具备热情,就不是一个合格的部长。

印度著名诗人泰戈尔说:"激情,这是鼓满船帆的风。风有时会把船帆吹断;但没有风,帆船就不能航行。"在工作中充满热情,你将会乐此不疲,并深深地陶醉其中,当遇到困难时,你也会尽自己最大的努力解决。特别是对于一个企业领导者来说,拥有热情,不仅使自己的工作效率提高,更能带动手下的员工,使大家立即行动起来,充满干劲地投入工作之中。

乔布斯是个极度自信的人,当他被苹果开除的时候,瞬间从人生的顶点跌落到低谷,但他却依然相信自己,并开始了重新创业,最终收获了成功。乔布斯更是一个极度疯狂的人,他的一生就是充满激情的一生,他时刻保持充沛的精力,对苹果投入了极大的热情,孜孜不倦地奋斗不已,直至生命的最后一刻。

3. 相信自己的员工

一个有远见卓识的企业领导者会充分相信自己的员工,不会束缚员工才能的施展,而是尽可能地发掘员工的聪明才智,为其提供一个施展才华的平台,既能提高员工的工作积极性,提高他们的工作效率，从而为公司带来最大的利益，又能增强自己的人格魅力，为员工树立一个良好的领导者形象。反之，如果领导猜疑自己的员工，不相信员工，将会束缚员工才能的发挥，更有甚者，嫉妒员工的才能，甚至使出一些阻碍员工施展才能的损招，无疑，这对于企业的发展是极其不利的。

明朝末年，奸臣当道，宦官把持朝政，社会动乱，民不聊生。崇祯即位后，为振兴朝纲，光复明室，实施了一系列措施：铲除阉党、整治朝纲、杀奸臣乱党、起用能人等。其中袁崇焕即是一位。为阻止清军南下威胁朝廷，崇祯命袁崇焕驻守辽东，抵抗清军。袁崇焕抵达辽东后，果不负众望，经过几场重大战役，击退了清军的攻势，威望在军队中如日中天，崇祯皇帝害怕了。由于国库空虚，军队无粮饷可发，军心不稳，为解决士气问题，袁崇焕上奏崇祯开国库以助边关战事。崇祯素来多疑，以为袁崇焕拥兵自重，威胁朝廷，更妒忌袁崇焕之能，遂中皇太极之离间计。崇祯三年，袁崇焕被调回京师，崇祯下令将其凌迟处死。袁崇焕死后，辽东失去一支柱，清军铁蹄更是加快了南下的步伐，大明江山更是岌岌可危。终于，崇祯皇帝自食恶果，1644 年，李自成军攻破北京，崇祯在文案上写下"文臣人人可杀"，并血书一封与李自成，说自己能有今天，全是臣下的无能，于煤山自缢身亡，终年 35 岁，至死都没有反思对待臣子的做法有误。然历史就是如此，留给后人的只是更多的教训和启示。

正是由于崇祯皇帝嫉贤妒能，猜疑自己的臣子有二心，遂杀袁崇焕，致使失去了守卫边关的支柱，导致清军一路南下，葬送了大明江山，而能做到相信自己的属下，给其充分施展才能的机会，得到的便是成功。

楚汉争霸时，刘邦相信韩信，拜其为大将军，指挥千军万马，最终开辟了汉朝江山。

三国争雄，刘备相信诸葛亮，拜其为军师，出谋划策，建立了蜀汉政权。

贞观时期，唐太宗相信魏征，听其劝谏，开创了"贞观之治"。

信任，是个永恒的话题，在当今竞争激烈的时代，作为企业的领导者，只有充分相信自己的员工，使员工充分发挥自己的聪明才智，这样不仅使员工信任自己，更能为企业带来巨大的效益。

4. 赞美、鼓励自己的员工

赞美、鼓励别人，是一种气度、一种发现、一种理解、一种智慧、一种境界的体现。赞美和鼓励他人，能使庸者变聪明，否定赞美和鼓励，可使天才成白痴。请不要随意否定、不要批评、不要讽刺他人，请相信所有人都重要。时时用使人悦服的方法赞美和鼓励人，是博得人们好感的好方法。记住，赞美并鼓励别人，是提高其自信心，促进其进步的重要因素，作为一个企业的领导，要学会赞美和鼓励自己的员工，这样才能让员工更加充满自信地面对工作，从而为企业带来更大的效益。

青年人获得成功的一个秘诀就在于受到他人的赞美与鼓励，可见赞美与鼓励是多么的重要啊！赞美、鼓励就像久旱逢甘霖，就像是雨露对于种子；赞美和鼓励是我们成长过程中不可缺少的营养品。赞美、鼓励能给人希望，给人动力，是用自己的心灵之火去点燃别人的心灵之火。那么，怎样才能做到赞美别人呢？当你乘车下车时，你对司机说："谢谢，坐你的车十分愉快。"一句话用不了几秒钟，但也能因这一句赞美之词能让那位司机整日心情愉快，如果他一天载 100 名乘客，他就会对 100 名乘客态度和蔼，而这些乘客受到了司机的感染，也会对周围的人和颜悦色，这个车内会出现和谐的氛围。当你遇到一位因相貌丑陋而欲轻生的女子时，可以对她说："你的心地很善良，你是一个非常好的女孩。"她一定会如沐春风，放弃轻生的念头。

捷克伟大的民主主义教育家夸美纽斯曾说:"德行的实现是由行为,不是由文字。"工作中,领导者不仅要对员工致以赞美之词,更要通过行为对员工进行激励,在这方面,乔布斯就是其中的典范。

在苹果公司,乔布斯很早开始就给所有员工股票,在硅谷,苹果是首批实行股票制的公司之一。乔布斯重返苹果公司的时候,就取消了大部分现金奖金,取而代之的是股权奖励。这样一来,在苹果公司,基本上每个人都有薪水和股票,这是一种非常公平的公司经营方法,早期是由惠普公司创立的,但乔布斯将其确立了下来。

在团队奖励的问题上,乔布斯同样投入了巨大的精力。在硅谷将股票确立为奖励标准的过程中,苹果公司在其中发挥了很大的作用。在硅谷繁荣期,股票期权成了技术行业所有公司的标准福利,对吸引人才产生了不可小觑的作用。

苹果公司曾有一个非常受员工欢迎的股票购买制度,即员工可以根据自己的薪水为基础大量购买折扣股票。购股价格为购股之日前的 6 个月内的最低价,并外加一定的折扣,以保证购股人能够多挣点钱,结果是员工往往获得数倍的金钱。

重返苹果公司后,乔布斯立志将处于崩溃边缘的苹果救活,他的一个大动作就是立刻对持续不断下跌的股票进行重新定价,以留住大量员工,此举在当时收到了巨大的效益,大批员工因此留下来与乔布斯共同奋斗。正如当年《时代周刊》杂志的点评,"为了恢复士气,乔布斯与董事会展开了一场激战,以降低激励性股票的价格。董事会成员表示反对的时候,乔布斯努力争取让他们放弃"。

事物是相互联系的,作为一个企业的领导者,对员工给予赞美和鼓励,不仅能提高员工的自信心,更能使他们投入更大的热情于工作之中,给公司带来效益。歌德说:"你要欣赏自己的价值,就得给世界增添价值。"对于个人而言,赞美、鼓励他人,不仅能激励他人,也能体现自己的价值;对于一个企业而言,更是取得发展和进步的重要因素。

赞美、鼓励他人,如在炎热的夏季吹来一股清凉的微风,令人心旷神怡。

赞美、鼓励他人,如给将熄的壁炉添加一块木柴,使火苗生生不息。

赞美、鼓励他人,如给沙漠中的人一块绿洲,使之继续前进。

5. 成功的企业往往得益于拥有明确的目标和优秀的团队

1872 年,爱德纳姆兄弟乔治和欧内斯特买下了 Sole Bay 啤酒厂。由于该啤酒厂位于英格兰东部的萨福克郡的索恩沃尔德地区,乔治觉得自己仍然没有摆脱农村的生活方式。于是,他毅然选择离开,远赴非洲。135 年后,也就是 2007 年,他的曾孙乔纳森掌握了一个商业帝国。这一切来之不易!

在啤酒市场不景气的情况下,较大规模的啤酒商竞相合并,致使索恩沃尔德地区的啤酒销售混乱。2006 年,很多小公司纷纷成立。为了扭转这种局势,爱德纳姆采取了抵制策略。在他的苦心经营下,公司的营业额由 2002 年的 3 700 万英镑增长为 2007 年的 4 700 万英镑,公司的利润也由 300 万英镑增长为 400 万英镑。

爱德纳姆的啤酒公司的优势是:产品的种类非常多;是其他品牌的啤酒在英国的代理商,如德国的彼特伯格啤酒;在索恩沃尔德有两家酒店,80 间酒吧。此外,公司还销售各种葡萄酒,并通过 Cellar & Kitchen 百货商店,不断尝试新的领域。对此,爱德纳姆说:"这一切都得益于我们拥有明确的目标和优秀的团队。我的公司是家族企业,但这并不意味着它会与其他公司不同。我认为,所有的公司都必须清晰地了解自己的市场,联系自己的客户,提供优质的服务。我的公司也不能例外。"

据说,爱德纳姆的公司实行"开放式的管理结构",即所有员工的升迁都由他们对公司发展的贡献决定。因此,随着企业的发展,员工得到了更多晋升机会,爱德纳姆也可以借此挑选更多优秀员工。史蒂夫·夏普就是这种管理方式的受益者之一。在此之前,史蒂夫是玛莎百货的前常务董事,主要负责市场营销、卖场设计及开发。

"我们会在员工培训方面进行投资,"爱德纳姆说,"有些员工在培训中获得了知识和经验之后就会跳槽。即便如此,我们也愿意这么做,因为这可以为公司的其他员工创造提升自己的机会。"

爱德纳姆的很多客户都是商人,他们往往经营酒吧和超市,既面向高收入的消费者,又面向普通的消费者。为此,爱德纳姆特别强调了爱德纳姆品牌的重要性——在激烈的竞争下,市场决定着企业的成败。他说:"我们的宣传口号是:爱德纳姆,来自滨海的啤酒。在销售理念中,我们用人们对海滨的想象和神往来引起消费者的共鸣。还有,我们的商店销售一种杯子,上面印着各种海滨图案。这种杯子每月的销售量可达 1 万个。这就是广告的惊人力量。"

作为立足本地的企业,爱德纳姆公司很擅长因地制宜,并且将此作为重中之重。对自己的企业拥有的绿色环保资格,爱德纳姆感觉非常自豪。

如今,索恩沃尔德中部地区已经满足不了公司的发展需求。对此,爱德纳姆说:"新建的工厂可能会消耗大量的能源,破坏当地的环境,这非我所愿。因此,我们决定将工厂搬到索恩沃尔德郊区一个废弃的碎石场,可以减少市区的噪音,减轻交通压力。"据说,新建厂房的屋顶将使用玻璃,安装的太阳能电池板将提供公司 80% 的热水,芦苇地会用来处理废水,以保护当地的野生动植物。

相信这个拥有明确目标和优秀团队的啤酒商公司会给当地带来更多的好消息。

6. 寻求一些比自己更优秀的人才

1985 年,创建自己的高管猎头公司——亚历山大·曼恩集团,该集团营业额高达 3 亿美元,业务遍及世界 50 个国家;1993 年,与道格·布吉合伙成立了国际猎头公司——胡马纳国际,到 1999 年,胡马纳国际在全球 30 个国家共有 147 家事务所;2003 年,荣获"普华永道企业家"称号;2004 年,又在伦敦成立了汉弥尔顿布莱德肖,并出任首席执行官,这是一家私募股权公司,致力于公司收购、风险投资和资本重整,每次交易额可达 1 000 万英镑。

这份出色的成绩单的主人就是詹姆斯·凯恩。

除此之外,凯恩还是"龙穴"节目的评审和投资人。在"龙穴"节目中,他沉着冷静、目光如炬,给人留下了极其深刻的印象。

凯恩毕业于哈佛商学院。据他介绍,他很早以前就已经看清了这样一个事实,即他不是无所不能的。他说:"明白这一点很重要。这并不能说明我无能,而是常理。我知道,企业家和下属之间一直存在很大的差距。因此,我一直在努力寻求一些比我更优秀的人才。"

对于企业的成功,凯恩说:"想成功,就要另辟蹊径。很多想法都是'人云亦云'。我创立亚历山大·曼恩集团时,猎头公司主要分为普通猎头、中级市场猎头和高管猎头等四种。中级的猎头公司仅仅是利用报纸为公司寻求中层经理,顶级的猎头公司则将目光放在物色年薪超过 10 万英镑的高级人才上。因此,我把目标锁定为中层管理者,这还是个市场空白。我的宗旨是:从平民大众入手,为人所不为。"

由此我们可以得知,创意对凯恩的成功意义非凡。"很多商人过分强调创意而忽视执行创意的人。他们沉迷于创意，却不知道是人创造了成功。没有优秀的人，一切都失去存在的价值。"对成长中的企业家，凯恩建议道，"也许你的产品听起来不错，还有响亮的名字，但真正重要的是产品的市场：销售的对象、价格以及策略。创意很简单，行动才是成功的关键。"

在凯恩看来，商业成功的奥秘在于激励员工，并让他们享有股权。只有这样，他们才能为企业，也为他们自己创造价值。

7. 你要花时间去物色合适的人才，这些人要具备各种才能

1998 年，芭芭拉·卡萨尼创立了英国航空公司的子公司——廉价航空，并因此声名鹊起。2001 年，在私人股本公司 3i 的支持下，卡萨尼主持了对廉价航空公司的管理收购，从而成为其首席执行官。1 年后，廉价航空再次易主易航公司。对卡萨尼来说，这次经历是惨痛的，但也是有价值的。"当你接手了别人的财富，你就要对他们抱有一颗感恩的心。"她说，"我对我们当时的控制力估计过高。那次交易是发人深省的，给了我很大的教训。从那之后，我变得更谨慎了。"

据卡萨尼说，她之所以能够接下廉价航空的工作，除了"天时地利"之外，还得益于她的果断。"其他管理人员可能会想，成立新航空公司对他们来讲是个机遇，但仅此而已。"她说，"在行动之前，我必须让自己觉得那真的是个不错的计划。"

在英航工作的前 10 年里，卡萨尼主要负责销售和收购业务。因此，她对新公司的运作胸有成竹。她说："我希望取消职位等级的陈规陋习，力求得到统一的意见。对员工的建议和意见，我们都会听取和采纳。这一点很重要。同时，我们也鼓励员工大胆地尝试。如果他们犯错了，我们会及时修正，而不是将时间浪费在指责和批评上。我觉得很多管理人员对管理知识耳熟能详，却从不付诸行动。"后来的事实证明，她真的做到了。

这只是卡萨尼成功的原因之一，另一个原因是她聘用了一群优秀的人才，而不是"和我一样的人"。她补充说："你要花时间去物色合适的人才，这些人要具备各种才能。你还必须承认自己的弱点和缺陷，并竭尽全力弥补。因此，你要把自己的时间花在搜罗人才上，而不是在员工制服或宣传标语这些琐事之上。"

卡萨尼建议，企业的老板要尽量把时间花在生意上。"坐在宽敞明亮的办公室里规划，与在现实中的执行是迥然不同的两件事。你需要了解你的员工，了解他们的工作环境。"她说，"高层管理人员应该在员工、工厂、商店或办公室等方面花些时间，这些都应该提前三个月计划好。在有些高级管理人员的日程安排中，最重要的是董事会议，再就是先于董事会召开的其他会议，然后是职工评审。他们通常没有时间去看望员工，但实际上，这些员工才是企业的生死线。"

对从事商业的人，卡萨尼给出一条人人都能做到，而且不用任何投资的建议。"对你的员工说声'谢谢'。这轻而易举，不费吹灰之力，却能起到很大的作用。"她说，"但令人震惊的是，没有几个上司会这样做。"

在这些信念的指引下，如今的卡萨尼成了著名的杰瑞斯茵连锁旅店的执行董事。并且，她还会有更美好的未来。

8. 企业最重要的因素是团队

对卡兰·比利莫利亚来说，教育和终身学习是他在商界取得成功的关键。

卡兰·比利莫利亚于 1989 年建立了蛇王啤酒公司。当时的他不仅背负两万英镑的学生债务，且毫无经验可言。更糟的是，他的第一笔生意正赶上 1990 年经济衰退。但如今，该公司每

年在全世界的啤酒销售量可达 5 000 万瓶，产品远销世界 40 个国家，拥有员工 150 人，营业额高达 8 000 万英镑。

事业上惊人的成功，使比利莫利亚跻身于英国最年轻的贵族行列，并成为英国上议院的第一位索罗亚斯德教的帕西人。时至今日，来自切尔西的比利莫利亚勋爵仍然保持他亲切而谦逊的风度。

比利莫利亚认为自己之所以能成功，完全取决于坚定的理想、终身学习的承诺以及合适的人员的聘用。

魄力和决心是大多数企业家都具备的品质。比利莫利亚在伦敦取得注册会计师资格、在剑桥法律系毕业的经历就集中体现了他的这些品质。他说："可以说，我在学习上花了很多时间。在我创建蛇王啤酒公司之后的几年里，我一心扑在公司上。1998 年，我到克兰菲尔德进修了一门商业发展课程，对我产生了很大的影响。课程结束后，回到公司的我满脑子都是创意和想法。"

比利莫利亚力图将终身学习的理念融入蛇王啤酒公司的企业文化之中。他说："我每天都要到哈佛商学院和伦敦商学院学习。除此之外，我还鼓励公司的每个员工都定期参加学习和培训。"

父亲的忠告是比利莫利亚另一个灵感的源泉。"在开始我的第一份工作之前，我得到一个忠告，自此，它就一直回荡在我的脑海中。"他解释道，"那时，父亲告诉我，当我接到任务时，首先是要好好地完成它；然后再主动做一些额外的工作。我知道，父亲是让我在工作上多付出点努力。"

蛇王啤酒公司在这一点上从未放松过，从其酒瓶的设计就可见一斑。2003 年，比利莫利亚一时兴起，决定改进啤酒的包装——在酒瓶上用浮雕展示其发展历史。这只是个小细节（这一细节无疑会让酒瓶生产商为难），也不会给酒的味道带来任何改变，却将他热情冲动的个性展露无疑。

在企业的经营管理方面，比利莫利亚还有什么建议呢？他说："企业最重要的因素是团队。公司选择人才时，干劲和技能二者兼备当然更好，但我们更看重前者。"

9. 物色适合的人才，并让他们时刻保持积极性，这一点至关重要

"大多数人对我们公司的送货司机印象深刻。"梦想股份公开有限公司（Dreams）的执行董事长和创始人克莱尔说，"给顾客送货时，司机们常常穿着又大又脏的靴子，而顾客的卧室通常铺着浅色的地毯。司机的袜子上有时会有破洞，顾客又无法事先将地板遮盖起来。为了避免弄脏顾客的地毯，我们公司给送货司机配备了崭新的拖鞋。这一举动令顾客难以置信，并给他们留下了深刻的印象。"

正是由于对此类细节的关注，Dreams 公司已经由 1987 年的一个商品展厅发展为如今的 150 个床具超市，业务遍及整个英国，营业额超过 1.6 万亿英镑。在过去的 5 年里，公司以每年超过 30% 的速度增长。最让人震惊的是，发展至此，公司依然是 100% 私人所有。

最初，克莱尔的公司主要销售坐卧两用的沙发，20 世纪 90 年代时开始转向床具生意。"那是一个星期二，我们召开了会议，决定转移工作重心，"他说，"我们把名字改成'Dreams'。但会计不喜欢这个名字，认为它不能清楚地表现公司的业务。而恰恰因为这一点，决定他只能做个会计。"改名后，公司在短短 6 个月里卖出了大批床具，销售量远远超过沙发床。自此，公司踏上了成功之路。

与同行业的竞争对手相比,Dreams 公司拥有更大的产品展示厅,能够为顾客提供更多的选择,价格并不太贵。此外,公司还收购旧床,进行回收利用。克莱尔说:"公司有床具拆卸设备,能够将旧床的木材和金属取出来。回收利用的做法受到了顾客的欢迎。"

克莱尔认为,作为零售商,成功的主要原因在于员工。他说:"公司拥有1 200名员工。物色适合的人才,并让他们时刻保持积极性,这一点至关重要。我们雇用那些积极进取的人,而摒弃那些消极的人。我们需要的人必须具备这样的条件:理智的判断、端正的态度、良好的个性。公司永远不会雇用懒散、愚蠢、虚伪的人。"

总而言之,对于年轻人而言,知识就是力量,知识就是财富,不断丰富自己的知识,是我们立足于这个社会的根本。对于企业的领导者而言,要相信自己的员工,切不可嫉贤妒能,当员工比自己优秀时,更要给予其肯定,同时,要学会赞美、鼓励自己的员工,如此,企业才能不断进步、发展,在竞争激烈的市场环境中求得生存。

忠告箴言

要想成为一个优秀的人才,必须不断充实自己的知识,提高自己的能力。企业的领导者要承认员工的优秀之处,相信自己的员工,并给予其鼓励,促进企业走向成功。

忠告 46　每天对工作充满期待,知道自己的使命

只有相信自己所做的是伟大的工作,你才能怡然自得。

——乔布斯

人一出生就带着一样东西,这样东西使我们拥有渴望、兴趣、热情以及好奇心,这就是使命。工作是使一个人走向成功的平台。若想取得成功,一定要去寻找一份能给你的生命带来意义、价值和让你感觉充实的事业。拥有使命感和目标感才能给生命带来意义、价值和充实。

成功学家卡耐基曾经向一位著名的成功人士请教成功的第一要素是什么,他的回答是爱上你的工作。如果你对自己所从事的工作投入了最大的热情,并深深地爱上它,那么即使工作再忙再累,对你来说,都是一件快乐充实的事情。据调查,美国的成功人士有 94% 以上都是在从事自己喜爱的工作。

1. 拥有一颗专注的心

现实中,有些人想获得成功,可一遇到挫折和困难就退缩,对任何事都浅尝辄止,最终将一事无成。大凡取得成就者,都有一颗专注的心灵,即使遭遇艰难困苦,也会战斗不止,始终不抛弃自己的事业,这种全神贯注的敬业精神,是每个年轻人必须要学习的,因为它决定着一个人的成功。

一天,昆虫学家巴斯和他的商人朋友杰克相聚在公园,一起散步。走到一片树林旁时,巴斯忽然停住了脚步,一动不动地听着从树林深处传来的细碎的声音。

"怎么啦?"杰克问他。巴斯惊喜地叫了起来:"听到了吗? 一只蟋蟀的鸣叫,而且肯定是一只上品的大蟋蟀。"杰克费劲地侧着耳朵听了好久,但无可奈何地回答:"奇怪,我什么也没听到!"

"你等着,待会儿我给你送来一只大蟋蟀。"巴斯一边说,一边朝树林深处小跑了过去。

不久,他便找到了一只大个头的蟋蟀,回来告诉杰克:"看见没有? 这是一只白牙紫金大翅蟋蟀,在蟋蟀的王国里,它可是属于大将级别的哟! 怎么样,我没有听错吧?"

"是的,你没有听错。"杰克钦佩地问昆虫学家:"真不愧是昆虫专家,不仅听出了蟋蟀的鸣叫,而且听出了蟋蟀的品种——但你是怎么听出来的呢?"

巴斯回答:"个头大的蟋蟀有个特点,即叫声缓慢,有时几个小时就叫两三声,而小蟋蟀叫声频率快,叫得也勤。黑色、紫色、红色、黄色等各种颜色的蟋蟀叫声都各不相同,比如,黄蟋蟀的鸣叫声里带有金属声。所有鸣叫声只有极其细微,甚至言语难以形容的差别,你必须用心听才能分辨得出来。"

他们继续闲聊,不知不觉便离开了公园,来到了马路边热闹的人行道上。忽然,杰克也停住了脚步,他似乎听到了金属掉地的声音,回头一看,是一块硬币,于是便弯腰拾起。而巴斯依然

大踏步地向前走着,丝毫没有听见硬币的落地之声。

昆虫学家的心始终在虫子那里,所以,他听得见细碎的蟋蟀的鸣叫;而商人的心在钱那里,所以,他听得见硬币落地的声音。

这个故事说明,拥有一颗专注的心,你就会发现属于自己的财富。

一个人专注于某件事,才会感受到其中的乐趣。对于一件事情,无论你过去是如何地厌恶它,对它抱有什么成见,觉得它多么枯燥,可一旦你全身心地投入进去,它立刻就变得活生生起来!

专注是对于专业精益求精的追求,正是由于专注,才成就了托马斯·爱迪生这个历史上最伟大的发明家;正是由于专注,才成就了牛顿伟大的万有引力定律;正是由于专注,才诞生了沃尔特·迪士尼这位享誉世界的动画片之父;正是由于专注,才成就了乔布斯这位伟大的"苹果教父";正是由于专注,才让大家认识了美国灵魂乐教父詹姆斯·布朗。

专注不仅是对待工作的态度,更是一种人生境界,拥有一颗专注的心,才不会被外界的繁芜所诱惑,也不会因世俗的烦劳而困惑,而会全身心地将自己的经历投入到热爱的事业中,如此,成功就会出现在不远处。

2. 期待是引领你走向成功的动力

了解乔布斯的人都知道,乔布斯是一个对工作时刻充满期待的人。在世人眼中,乔布斯对待事业的态度简直可以用"疯狂"一词来概括。每一次一种新的苹果产品的推出,都要经过无数次失败,但对成功的期待始终没有从乔布斯的信念中泯灭,因为他不甘于失败,不甘于平庸,永远期待着成功的来临,于是苹果一次又一次创造了辉煌,一次又一次缔造了世人瞩目的成功。期待,成就了乔布斯,成就了苹果。

在乔布斯看来,期待是获取成功的不可或缺的宝贵态度。爱因斯坦曾说过:愿望和感情是人类一切努力和创造的动力。有了这份动力,你才不会因为艰难困苦而消沉,不会因为一时的失败而丧失斗志,而是时刻都充满着激情地迎接成功。期待,是我们不断取得进步的动力源泉,是激发我们迎难而上的精神"兴奋剂"。

虽然这个社会充斥着太多的不公平,但唯一公平的就是每个人所拥有的时间,时间不会因为你的努力而停止,也不会因为你的止步不前而停止。不同的人为什么在相同的时间里却有着不同的人生境遇呢?原因是他们对待事业的态度不同,成功的人总是对未来充满着期待,而珍惜时间,努力工作,最终功成名就;失败的人总是拖拖拉拉,任由时间流逝,对工作毫无热情,最终一事无成。因此,对于事业投入不同的热情,常常会让我们得到不同的结果!

乔布斯对工作总是充满期待和激情,而且,他也将这种期待和激情尽量传递给苹果的每一个员工。有一次,乔布斯接受媒体采访,当被问及"如何培养苹果公司员工的工作动力"时,他这样回答:"人生苦短,你总有一天会离开人世,对吧?因此,我们可以为我们的人生作出选择。比如我们可以选择在日本的某个寺庙里打坐,可以选择出海远航,可以选择去打高尔夫球,可以选择管理公司,而我们却选择用我们的一生做这件事。因此,最好把它干得漂亮些。"

乔布斯就是用"干得漂亮些"激励着员工不断奋斗,为他们补充动力,激起他们对工作的期待。

对于乔布斯来说,他的身上始终背负着一种使命,那就是成就一份伟大的事业,这激励着他为完成这份使命而不断地努力,他仿佛总有一种"在路上"的感觉。当苹果开发出一件新产品时,他不会因此而止步不前,沉浸在一时的成功的喜悦中,而是马不停蹄地投入到下一个产品的研究中去，因为他无时无刻不期待着自己每天的工作成果，这种期待让他时刻都充满了动力。

乔布斯永远都对工作充满期待，从而不知疲倦地工作，这种近乎疯狂的工作态度给苹果的员工形成了巨大的压力，但同时也是一种动力。苹果公司的首席运营官库克曾这样说过：苹果公司不适合那些心脏承受能力不强的人。然而，就像乔布斯所说的那样——事情对不对，让结果去证明。如今，苹果所取得的巨大成就，相信没有人再怀疑乔布斯几乎疯狂的期待，也没有一家公司不学习他的这种期待。他们都已明白，唯有先期待成功，才能获得真正的成功！

另一种人的工作态度恰好与乔布斯的相反，他们只对周末充满期待，一到上班时间就变得无精打采，仿佛工作是一件让他们身心备受煎熬的事，只会在领导的督促之下完成任务，因此，工作效率低下，无法获得加薪和升职。原因就在于这类人对自己的未来没有一个明确的规划，从而也就不会对成功充满期待，到头来，只会在碌碌无为中了此一生。

还有一种人虽然也对自己事业的成功充满期待，并经常为自己制订一些计划表，但却总是不能持之以恒地坚持下来，浅尝辄止，"三天打鱼，两天晒网"，不久就松懈了下来，甚至做计划还不如不做计划的效率高。虽然他们对事业曾有过期待、有过热情，可惜无法做到锲而不舍，难以坚持下来，这种期待是徒劳的，是在做无用功，唯有坚持对工作充满热情和期待，才可能会有所作为。

3. 热爱你的工作

卡耐基初进商界时，为了获得进步的动力，时常听演说家演说，并逐渐明白一个道理：一个人想爬到高峰需要很多牺牲。当他成为演说家，功成名就以后，也时常有这些感想。然而，随着对人生的感悟不断升华，卡耐基开始了解到大部分正爬向成功的高峰的人，并不是所谓的在付出代价。他们努力工作的原因是因为热爱自己的工作，享受自己的工作。任何行业的成功人士都是集中精力投入正在做的事情，专心致志，埋头苦干，衷心地从事自己喜爱的工作，于是，成功便自然而然地青睐他们了。

法国伟大的画家皮尔奥古斯特·雷诺阿老年时患了关节炎，手扭曲抽筋，被痛苦折磨的他并没有放弃自己热爱的绘画事业。他的朋友亨利·马蒂斯去看他时，悲哀地注视着雷诺阿用指尖握着画笔作画，每画一笔都疼得他额头冒汗，但就是这样，他仍然神情专注，忘我地绘画。

马蒂斯非常不解，有一天，马蒂斯就问雷诺阿，为什么这么备受煎熬还要继续坚持画下去。雷诺阿回答道："我喜欢画画，痛苦会过去，但是美丽永存。"

玛丽·恺撒给了她的儿子亨利无价的礼物——教他如何应用人生最伟大的价值。玛丽很同情那些不幸的人们，每天工作结束之后，玛丽总要花一段时间做义务保姆的工作，以帮助他们。她常常教育儿子说："亨利，如果不工作就不可能完成任何事情。我没有什么可留给你的，只有一份无价的礼物，那就是工作的欢乐。"

恺撒说："我的母亲最先教给我对人的热爱和为他人服务的重要性。她常说，热爱人和为人服务是人生中最有价值的事。"

如果你对工作投入了极大的热情，将个人兴趣和自己的工作结合在一起，那么，你将不会因日复一日的工作而感到枯燥和单调，相反，你会充满活力和动力，提高你的工作效率，使你在睡眠时间不到平时一半、工作量增加两三倍的情况下也不会觉得疲劳。

职业是人的使命所在，是人类共同拥有和崇尚的一种精神场所。从世俗的角度来说，敬业就是敬重自己的工作，将工作当成自己的事，其具体表现为忠于职守、尽职尽责、认真负责、一丝不苟、善始善终等，其中糅合了一种使命感和道德责任感。这种道德感在当今社会得以发扬光大,使敬业精神成为一种最基本的做人之道,也是成就事业的必要条件。

爱默生说:"缺乏热诚,难以成大事。"热诚是沙漠中的一块绿洲,可以给濒临渴死的人以生命的希望;热忱是一把火,它可以给濒临冻死的人燃烧起生命的希望。要想获得成功,你必须拥有将梦想转化为全部有价值的献身热情。

拿破仑曾记录他成功的体会时写道:欧洲原本有几位很有才干的将军在事业上能取得更大的成就,但是他们被太多的诱惑所俘虏,心地不单纯,没有全身心地投入到自己的事业中,从而没能取得更大的成就。我和他们不一样,我只看到一件事情,那就是在战场上和我交手的敌人。

拿破仑的成功之处,就在于他对军队、战争、权力有一种特殊的嗜好,他将自己的生命与灵魂和这个特殊的嗜好连在了一起,集中所有的精力投入到这件事情中,成就了自己。

拿破仑曾经说他最爱戏剧中的悲剧,但是他又幽默地说,如果有一天,左边是上演半个世界将毁灭的悲剧,右边是他指挥的军队在前线作战的报告,他会义无反顾地放弃观看悲剧,而要一字不漏地审阅作战报告。拿破仑对事业的投入由此可见一斑。

不管你的工作是怎样的卑微,都当付之以艺术家的精神,当有十二分的热忱。这样,你就可以从平庸卑微的境况中解脱出来,不再有劳碌辛苦的感觉,厌恶的感觉也自然会烟消云散。当一个人如果能以精益求精的态度,火焰般的热忱来对待自己的工作时,那么不论遇到什么令自己不快的问题时,都不会觉得辛劳。如果我们能以满腔的热忱去做最平凡的工作,也能成为最精巧的艺术家;如果以冷淡的态度去做最不平凡的工作,也绝不可能成为艺术家。俗话说,三百六十行,行行出状元。各行各业都有施展才能的机会,只要你能够全身心地投入自己的热情,热爱你的工作。

4. 选择正确的人生目标

目标是一种方向,一定要正确地选择,假如你发现自己追寻的目标出现了问题,应当立即改正,马上更换一个新的目标,这样才能挖掘你的潜力,向成功迈进!

1888 年,里凡·莫顿先生成为美国副总统候选人,他之前是一个银行家,并没有涉足政治。1893 年夏天的一天,詹姆斯·威尔逊先生来到华盛顿拜访里凡·莫顿。

在谈话中,威尔逊偶然问起莫顿是如何由一个布商变为银行家的,里凡·莫顿说:"那完全是因为爱默生的一句话。事情是这样的:当时我还在经营布料生意,业务状况比较平稳。但是有一天,我偶然读到爱默生写的一本书,爱默生在书中写的这样一句话映入了我的眼帘:'如果一个人拥有一种别人所需要的特长,那么无论他在哪里都不会被埋没。'这句话给我留下了深刻的印象,顿时使我改变了原来的目标。

"当时我做生意本来就很守信用,但是与所有商人一样,难免要去银行贷些款项来周转。看到了爱默生的那句话后,我就仔细考虑了一下,觉得当时各行各业中最急需的就是银行业。人们的生活起居、生意买卖,处处都需要用钱。

"于是,我下决心抛开布行,开始创办银行。在稳当可靠的条件下,我尽量多往外放款。一开始,我要去找贷款人,后来,许多人都开始来找我了。"

由此可见,当面对一件事的时候,只要脚踏实地地去做,就能取得成功。

自古以来,不知有多少人因为没有找到适合自己的工作而一生碌碌无为,他们并非懒惰,而且对待工作兢兢业业,却始终没有成功的机会,这是为什么呢?究其缘由,在于他们所从事的工作没有使他们的才能得到最大程度的发挥,导致其一切的努力都是徒劳的,最终只能一事无成。

如果你现在正集中精力从事一种职业,但长时间没有取得一点进步、一点成功,那么你就应该反思一下自己的选择是否正确：从自己的兴趣、目标、能力来说，自己是否选错了方向？如果方向不对，应立即停止现在的工作，去寻找适合自己、更有希望的职业。

当然，在你重新确定目标、改变航向之前，必须要经过慎重考虑，切不可心血来潮，盲目行事，否则，你就会一而再再而三地错下去。在美国西部，有一位成功的木材商人，但在成为商人之前，他做了 40 年的牧师，可是成为一名出色的木材商人是他的理想，这个目标始终未从他的脑海中泯灭。经过再三考虑后，他对自己的优势和弱点有了全新的认识，于是立刻改变目标，放弃了牧师的职业，转身投入商业。他发现自己在商海中如鱼得水，从此一帆风顺，最终成为一个全国有名的木材商人，富甲一方。

为什么两颗同样的种子由于落在不同的地方，一颗长成枝繁叶茂的参天大树，一颗长成瘦枝细叶的小树苗？是因为它们落地的方向不一样，选择了肥沃的土壤，就会不断汲取养料，繁衍生长；反之，选择了贫瘠的土壤，注定不会长成参天大树。可见，方向的选择是多么重要。

5. 什么是工作？工作的意义又是什么？

工作的意义是什么？我们为什么要工作？我们在为谁工作？这么辛苦地工作，究竟值不值得？……这些涉及人生哲学层面的追问和思索，不时会浮现职场中人的脑海里，也是所有职场人士都无法回避的问题。那么究竟什么是工作，工作的意义又在哪里呢？

曾经在美国费城的大楼上竖起第一根避雷针、有着"第二个普罗米修斯"之称的富兰克林说过这样一句话："我读书多，骑马少，做别人的事多，做自己的事少。最终的时刻终将来临，到那时我但愿听到这样的话，'他活着对大家有益'，而不是'他死时很富有'。"

活着对大家有益，这就是工作赋予我们的意义——它为我们指明方向，指引我们排除生活中的种种引诱和干扰，朝着恒定的目标前进。如果我们能够明确感受到自己的工作对于他人的价值，我们就会从中发现无穷的乐趣。

有一个人，生下来就双目失明。长大以后，他子承父业，开始种花。他从未见过花是什么样子，只听别人说花是娇艳而芬芳的，他闲暇时就用手指尖触摸花朵、感受花朵，或者用鼻子去闻花香。他用心灵去感受花朵，用心灵绘出花的美丽。

他比任何人都热爱花，每天都定时给花浇水、拔草、除虫。盛夏时，他宁可自己晒着，也要给花遮阳；刮风时，他宁可自己顶着狂风，也要用身体为花遮挡……

不就是花吗，值得这么呵护吗？不就是种花吗，值得那样投入吗？很多人对此不理解，甚至认为他是个疯子。

"我是一个种花的人，我得全身心投入种花中，这是种花人应尽的职责！"他对不解的人说。正因为如此，他的花比其他所有花农的花都开得好，深受人们欢迎。

一个双目失明的人能够培植出娇艳芬芳的鲜花，这是不是值得我们反思呢？工作对很多人来说，只是谋生和养家糊口的手段，或者仅仅是出于一种非做不可的理由：因为职责的需要，因为制度的约束，因为习惯成自然……

事实上，工作是生命的馈赠，是天职，是使命。如果能够怀着一颗感恩的心去工作，去帮助他人，为社会创造价值，那么我们不仅能够感受到工作带给我们的价值和成就，还能够体会到工作带给我们的内在幸福与和谐。

一位国际石油巨头在回忆自己的创业经历时说："年轻时我为老板打工，我很感谢他能给我工作，要知道那时候很多人都找不到工作。为了感恩，我每天工作 16 个小时，兢兢业业，从不懈怠。这除了对公司有好处外，我个人的收益更大，这样我就可以比别人多赢一些，更容易成功。"

付出总有回报,对于员工来说,感恩与责任不仅是为人态度和做事智慧,更是能否获得成功的根本所在。任何人都必须认识到,带着感恩的心去主动做事,为公司创造更大的业绩,老板自然会垂青于你,你获取成功也就指日可待。让我们来看看松下幸之助在他的回忆录里是怎么说的。

感恩和负责让这个年轻人在工作中表现得非常出色,这并不是他的权宜之计,而是他真心实意的感恩之举——为了自己的事业常青,更为了给企业创造高额利润。

在高度分工的现代社会,在效率至上和业绩为王的时代,在日趋功利和浮躁的社会风气中,年轻人更应该牢记,感恩与责任是职业精神的源头,让我们的智慧和汗水在爱的奉献和责任的付出中闪光吧!

6. 带上使命去闯,世界就不会太乏味

一个人为自己制定了远大的理想,就好比是在生活的土壤中埋下了希望的种子。理想的种子要想绽放成功的花朵,还需要细心地呵护才行,这种呵护就是我们的使命感。使命感就是人们对于自己理想的忠诚、执着、热爱和传道狂般的狂热,和把理想的信条贯穿于自己生命全部的信念!使命感给你的理想装上了翅膀和轮子,给你生命的战车装上了盔甲和武器,它们让理想走得更快,让生命的战车战无不胜,攻无不克!

一次,松下集团为了选拔一位南美区的总负责人,在全世界的各个部门内寻找最优秀的人选。经过激烈的竞争和层层选拔,最后剩下两位最优秀的松下中层主管被送往总部接受总裁的面试。

两位主管,一位是来自美国松下公司客服部的经理马克·戴维;另一位是来自马来西亚松下公司产品开发部的负责人日籍马来西亚人阿巴蒂姆。两人都在松下公司任职多年,并且各自都有过辉煌的业绩。这次在众多的松下员工中,他们能脱颖而出,也充分显示了他们不俗的实力。他们接到通知:"总裁松下幸之助先生让你们去东京帝国酒店,在那里你们将会得到面试。"东京帝国酒店是全日本最好的酒店,他俩兴冲冲地赶到了帝国酒店。酒店经理听了他们的来意之后,笑容可掬地对他们说道:"松下先生让你们在我这儿做一个星期的服务生,这就是他给你们的面试题。""服务生?"戴维和蒂姆一脸的惊愕,酒店经理看了看他俩僵硬的表情,依然笑容可掬地继续说道:"从现在开始你们已经是我的员工了,根据酒店的安排你们可以去洗厕所了。"当马克·戴维的手拿着抹布伸向马桶时,胃里立刻有如翻江倒海,恶心得想呕吐却又吐不出来,"太难受了!"他甩下抹布,冲出了卫生间对酒店经理说:"上帝,我干不了这个!"酒店经理微笑着对戴维说:"你去看看阿巴蒂姆是怎么做的吧!"马克·戴维来到阿巴蒂姆要擦洗的那个卫生间,只见阿巴蒂姆高高地挽起他那洁白的衬衣衣袖,拿着抹布一遍遍地认真抹洗着马桶,直到抹洗得光洁如新,然后从马桶里盛了一杯水,毫不犹豫地喝了下去。戴维看得目瞪口呆,惊讶地问道:"你是如何让自己做到这一点的?"阿巴蒂姆严肃地说:"使命感,当你在工作时带上使命感,对于任何的工作你都会觉得是必须认真去完成的,就好比是带着使命高飞的鸿鹄,它们是不会惧怕任何风雨的,甚至是丢了性命也在所不惜,更何况是擦洗马桶这一点点小事!"

戴维不解地问道:"那么你的使命感从哪里来?"阿巴蒂姆说:"使命感来自高远的志向,我不想安于目前的状况,虽然相比之下,我们的成就已经不小了,但我想成为像松下先生那样的人物,既然他让咱们到这里洗厕所,自然会有他的道理,因此我必须保有一颗虔诚的心来对待这份工作,自然而然地也就产生了无比强烈的使命感,对洗马桶也就感觉不到恶心了!"戴维恍然大悟地说:"愿来你志如高远的鸿鹄,为了能成为像松下先生那样的企业管理者,你一直让你的使

命感与你同行,难怪你会做得如此的出色。就算让我这辈子都洗厕所,我也要做一名最出色的洗厕所人,只有带着这样的使命感,你才会永远跑在别人的前面啊!"戴维说完,敬佩地握了握蒂姆的手,回到自己的那个卫生间,也将马桶擦洗得"光洁如新"。当然,最终阿巴蒂姆成了南美地区的总负责人。

最终在一种强烈的使命感陪伴下,戴维和阿巴蒂姆最终都成为了优秀的高级企业管理者,戴维还创建了自己的公司,成就了非凡的业绩。

在如今这个社会中,一个没有使命感的人,他会随时被困境轻易地打败。拥有使命感,就会主动地召唤你去做一些事,即使是再艰苦劳累的工作,也会有力量去完成它。

总而言之,对于年轻人而言,要对我们现在所从事的工作投入极大的热情,热爱这份工作,只有对成功和未来充满期待,你才会有无尽的动力,并持之以恒地坚持下去;但一定要选择适合自己的工作,这样,你的才能、你的长处方可得到最大程度的发挥,反之,你将在成功的道路上渐行渐远,一事无成。

忠告箴言

一旦领悟了全身心地投入工作能消除工作的辛苦这一秘诀,就掌握了获得成功的主动权。记住:即使你现在所从事的工作是平庸的,但只要你以尽职尽责的态度去工作,成功就会眷顾你。如果你想做一个成功的值得上司青睐的员工,在工作中你就必须尽量追求精确和完美。

忠告 47　不要忘记自己的职责

　　过去十年中,大量的理论研究表明,电视对人的精神和心智是有害的。大多数电视观众都知道这个坏习惯会浪费时间并且使大脑变得迟钝,但是他们还是选择待在电视机前面。关掉电视吧,给自己省点脑细胞。还有,电脑也会让你的大脑弱化,不信的话你去跟那些一天花 8 小时玩第一视角设计游戏、汽车拉力游戏、角色扮演游戏的人聊聊看,你也会得出这个结论的。坏习惯会浪费时间,并且会使大脑迟钝。不要忘记自己的职责,做任何事绝不拖拉。加强自我管理,成功会向你招手。

——乔布斯

　　天下没有免费的午餐,天上也不会掉下馅饼,对于年轻人而言,要想获得成功,就时刻不要忘记自己的职责。拥有一份责任心,成功早晚会青睐于你的;相反,如果没有责任感,安于享乐,对自己应该承担的责任拒绝执行,成功将会远离你。因此,成功只会垂青于那些时刻谨记自己职责,并立刻执行绝不推诿的人,而不是浪费时间安于享乐的人。

　　责任意味着付出,责任意味着回报,年轻人可以尝试带着责任感生活、工作,尝试为这个自己和世界带来点有意义的事情,尝试为更高尚的事情作点贡献。这样我们的人生就会更加饱满,生命也会充满意义。

1. 不忘记自己的职责意味着要懂得负责任

　　一个人无论才学高低,也不管能力大小,只要你肯努力,对自己的职责尽心尽力,忠实地完成工作,成功将离你愈来愈近;相反,如果对工作草草了事,不仅荒废了时间,更荒废了未来。

　　大凡成功的人很早就明白,无论什么事情都要自己主动去做,并且要为自己的行为负责。因为在这个世界上,只有靠自己才能取得成功,没有人能保证你成功,也没有人能阻挠你取得成功,只有你自己。

　　美国前总统杜鲁门的办公桌上永远摆着一个牌子:book of stop here(责任到此,不能再推)!责任感是一种优秀的品质,不仅是你立足于社会、获得事业成功的必要条件,也是人格的一种体现。

　　众所周知,乔布斯是苹果公司的创始人,其实 30 多年前,苹果还有一位叫韦恩的创始人,后来的事实证明,他被美国人称为"最没眼光的合伙人"。

　　30 多年前,韦恩和沃兹、乔布斯合伙创办苹果电脑公司,韦恩拥有 10% 的股份。

　　"苹果一号"一经推出,大受市场欢迎,获益 1 万美元,韦恩分得4 800美元,在当时的美国这已是一笔丰厚的回报。不过,韦恩没有收到这笔红利,而只是象征式地拿了 500 美元作为工资,甚至连那 10% 的股份也不要,就急于退出苹果电脑。

　　如果韦恩当年不退出苹果,他只要什么也不做,继续持有那 10% 的股权,以苹果现在的实力,他早已成为超级富豪了。但为什么韦恩当年愿意放弃一切?原来,他怕乔布斯和沃兹冒进,会造成不可估量的损失,自己也要担责任。就这样,韦恩终生与财富绝缘。目前,韦恩只能依靠政府救济,卖邮票和钱币生活,碌碌无为。

韦恩在放弃自己应该担负的责任的同时,也放弃了本该属于自己的地位和财富。

乔布斯担任苹果 CEO 后,制定了一项对苹果发展具有重要意义的制度——责任体系,在苹果内部,事无巨细都必须有一个明确的直接责任人,直接责任人会出现在所有会议的行动列表中,责任人不明确的事情是绝对不允许存在的。

当面对困境和未知的危险时,不要忘记自己的职责,勇于承担自己的职责,你所拥有的将是意想不到的收获。

2. 职责和成功是一对孪生兄弟

无论你现在所从事的工作是不是你喜欢做的,但只要你还在这个岗位上,就要勇于承担自己的工作职责,不要忘记工作赋予你的荣誉,不要忘记你的责任,更不要忘记你的使命。一个对工作负责的人,必将获得工作给予他的巨大回报。

在繁华的大都市里,有一家很不起眼的商店,但老板要求他的员工要时刻做到维护企业的形象。有一天,该商店的一位女职员在乘坐公共汽车时,主动给一位比她年轻的姑娘让座。姑娘感到十分诧异,不解地问她为何要这样做。这个女职员微笑地指指姑娘手上的手提袋说:"这是印着我们商店标志的手提袋,说明你或者你的朋友光顾过我们的商店,这是对我们商店的肯定。商店的领导经常教育我们,商店的客人永远都是我们的上帝,所以,为感谢你们,我要给你让座。"

这个故事经过人们的传播,很快许多人都知道了这家商店,大大提高了这个不起眼的商店的知名度。这位女职员也因此事被老板提升为楼层经理。由此可见,责任和成功就是一对孪生兄弟,它们能不能牵手,就看你如何对待了。

有三只老鼠苦于无食,于是决定一同去农夫家偷油。来到农夫家发现油后,它们决定叠罗汉,大家轮流喝。可是一只老鼠刚刚爬到另外两只的肩膀上感觉"胜利"在望,却不知什么缘故,油瓶子突然间倒了,响声引来了农夫,见状不妙,它们只好落荒而逃。回到老鼠窝,它们开了一个会,讨论没有成功喝到油的原因。最上面的老鼠首先发言:"因为下面的老鼠抖了一下,所以我碰倒了油瓶。"中间的那只老鼠接着说:"我感觉到下面的老鼠抽搐了一下,于是我跟着抖了一下。"最下面的老鼠则说:"我好像听见农夫家猫的脚步声,因此抽搐了一下。"讨论了半天,原来谁都没有责任。其实呢,是每只老鼠都不想承担责任,而是在拼命地推诿责任。

当你取得一点成就是否会沾沾自喜、止步不前呢?你还想拥有更好的发展吗?如果你想得到更好的发展,就切勿以为只要做好自己的分内工作就够了。你要始终记住你是企业中的一员,是企业不可分割的一部分,企业的兴衰成败与你息息相关,你为企业多承担一份责任,多付出一点力量,就是为企业大厦添了一块砖,加了一块瓦。如此,你就会获得上司的青睐,否则,你就会仍然平庸。

你是想成为飞翔职场的雄鹰,还是想成为躲在墙壁上的壁虎?这一切都取决于你的工作态度,如果你安于现状,只想做好分内的工作,只能是个职场平庸者;如果你敢于承担并非属于本职工作之外的责任,那就会不断前进,成为职场上的领头羊。

安迪没有很高的学历,仅仅高中毕业。像他这种学历的人在繁华的大都市中是很难找到一份理想的工作的。可是,令人难以相信的是,他竟然成为纽约一家高科技公司某部门的主管,下属都是比他学历高的本科生、硕士生。这其中的缘由是什么呢？

其实，安迪能拥有今天的成就，就是因为他勇于担当职责，不仅能把自己的分内工作做好，还会挖掘出潜在的责任，像老板一样去思考，去承担责任。

安迪当初来到公司时是一名负责送货的送货员，虽然每月的薪水只有500美元左右，但是工作不累，很轻松。与安迪一块儿负责送货的还有另外几个年轻人，因为工作非常轻松的缘故，每次在送完货后，他们便会在办公室休息等待下一次任务到来。但安迪没有像他们那样坐在办公室内无所事事地等任务，而是主动去找一些力所能及的事情来做，这些事情大多数不是安迪的本职工作，但是他都静静地去做了。例如：如果没有任务时，发现地板上很脏，他会拿起拖把，将地拖干净。

那几个送货的年轻人笑安迪傻，说他没事找事，他这么做老板又不会多发给他薪水。

安迪憨憨一笑："反正没什么事做，这样我又不亏什么。"

安迪所做的一切，老板都看在眼里，记在心里，他从心里欣赏这个勤劳的小伙子，公司的其他同事也十分喜欢安迪。很多同事有什么事情都喜欢叫安迪帮忙，他们在工作休息的时候，也乐意和安迪交流，讲述一些安迪想了解的知识。一来二去，安迪渐渐地对公司的产品有了一些了解，并对产品所出现的大部分问题都能完全独自解决。

一天，他因没有外出送货的任务正在办公室休息，电话响了，是一位和他们公司常打交道的客户打来的，说机器出现了问题，希望维修人员过去帮助修理一下。安迪做好了记录，并且询问了具体的问题之后，才放下电话。

他拿着做好的记录去寻找维修人员，可维修人员当时恰好不在。当他把这个情况告诉给老板，老板也一时与维修人员联系不上。这个时候，客户又打电话催了，说如果维修人员不到，他们就请专业的人来修理，这样一来，以后合作就会很麻烦了。正在老板一筹莫展时，安迪想了想机器出现的问题症状，觉得自己有把握能修好，便主动提出是否可以让他去看看。

老板几乎不敢相信自己的耳朵，但想到安迪平时的表现，就同意让安迪先去看看，并告诉安迪，如果真的不能处理就稍微等一会儿，维修人员回来后会立刻赶过去。

不久，当维修人员正准备前往客户那里处理问题时，安迪回来了，只是告诉老板问题已经解决，并没有多说什么就离开了。

老板感到十分诧异，也就是从那一刻起，老板才开始真正地注意安迪。他认为安迪是一个可塑之才，因此想对他进行多方面培养，最后把安迪从送货员提拔为部门主管。

当你看完安迪的故事后，可能觉得安迪的运气真好，遇上了这样的好老板。但是，这一切都是安迪通过自己的努力得来的，安迪能成为部门主管主要原因就在于，他并不满足于做好自己的分内工作，而是充分挖掘出了自己的潜在职责，像老板一样去思考，真正做到了把企业当作自己的事业，将企业的荣辱成败与自己联系起来，主动承担责任。因此，对于年轻人而言，要想拥有成功，就要勇于挖掘潜在的责任，像老板一样去思考，将企业当作自己的事业。

3.记住这是你的职责、你的工作

社会就是一个大舞台，我们每个人都扮演着不同的角色，要想演好自己的角色，就要牢牢记住自己要承担的责任。对于一个优秀的企业员工来说，职责是他们应尽的义务，任何不愿意败坏自己的声誉、不愿意最终破产的人都必须认真履行自己的职责。职责是一项义不容辞、不可推卸的义务——或者叫债务。每个人都应该明白，责任对自己来说，是一种担当，若想取得成功的人生，就必须终其一生地通过自觉的努力和决然的行动来履行自己的义务，或者说免除自己的债务。

当你面临一项难度很大的工作时，不要选择推卸或逃避，因为此时，你的上司在注意你，你的同事在注意你，当你全力以赴地完成这个工作时，必定会在老板和同事中形成一定的影响，成为其他同事心中的楷模和榜样，这对你的工作是大有裨益的。

现实生活中，我们经常会遇到这样的人，他们学识渊博，但却经常感慨自己怀才不遇，其实这都是为自己找借口。虽然他们有着远大的理想，却在工作中不能尽心尽力，缺乏责任感，这又怎么能将责任推脱到他人身上呢？

当然，我们每一个人都希望自己能事业成功，成为令他人羡慕的成功人士，可是我们往往注意到的只是他们成功后的绚丽光环，却很少有人知道他们究竟是通过怎样的努力获得成功的。

月月的理想是成为一名影视明星，可惜的是由于一次意外的交通事故，她的脸上留下了一道永恒的伤疤，让她的明星梦破灭了。为了生活，她不得不在一家超市找了一份再普通不过的收银员工作。虽然她并不想接受自己容貌被毁的事实，但现实就摆在眼前，又有什么办法呢？

从上班的第一天开始，月月便带有一定的抵触情绪，工作的时候也是"身在曹营心在汉"，完全一副心不在焉的态度，没有人的时候，总是一个人望着窗外发愣，认为上天对她太不公平了。

与月月同一班组的有一位姓谢的大姐和月月住在同一个小区。她明白月月此时的心情，在心里为月月感到惋惜的同时，也为月月的状态感到担忧，如果月月再这样下去，就会毁了自己的一生。她决定帮助月月，好好地劝劝她。

"月月，你是不是觉得现在做的工作没有多大的前途？"一天下班时，谢姐问道。

月月虽然没有回答，但是她的表情和态度表明了她的心迹。

"月月，我知道你瞧不起超市的工作，或许觉得这份工作没有多大出息。如果真是这样，我劝你尽快辞职，不要待在这儿浪费时间；如果你还想干下去，就要认真去干。"谢姐接着说道，"其实，只要努力用心去干，在每一个行业都能做出成绩获得成功的，三百六十行，行行出状元，我相信你行的。"

谢姐的话引起了月月的深思，她不由得重新思考起自己的将来，慢慢地她接受了现实，不再像原来那样心不在焉地工作。由于她是商业学院的毕业生，有着扎实的理论基础，并且在工作上表现优异，不久后被总部提升为一家分店的店长。

如故事中的月月一样，生活中，有许多人都在从事着自己并不喜欢的工作而抱怨命运的不公，从而耽误了自己的前途，如果能做到接受现实，踏踏实实地安心工作，将工作当作自己的一份责任，并勇于承担，这样，你就会慢慢地获得另一份成功。

我们虽然不能选择自己所喜欢的工作，但是我们可以选择工作的心情。正如上面事例中谢姐所说的一样：三百六十行，行行出状元。只要努力用心去干，在每一个行业都能做出成绩获得成功的。

始终记住这就是你的工作！它会唤醒你的责任意识，从而使你能面对工作中的挑战和各种问题，从而把工作做得更好，成为职场中一个优秀的员工。

如果我们将工作作为一种信仰，当作一种使命，以一颗高度的责任心去面对，你会感受到它赋予你的价值。对于职场中的年轻人来说，记住工作就是自己的职责，并兢兢业业地执行，你就会无往而不胜。

4. 拒绝推卸责任

责任是敬业的体现,如果员工将责任深深根植于内心,让它成为脑海中一种强烈的意识,并付诸实践,会让我们在平时的工作和日常生活中,表现得更加优秀。如果一个企业员工能始终明确自己的责任,尽力扮演好自己在公司中的角色,这对其职场生涯具有重要的作用。

如果一个企业员工凡事习惯推卸责任,这不仅是一种不敢担当的表现,不利于事情的及时解决,而且会对自己的发展和公司的未来产生不良影响。如果有这种习惯,请马上改掉,勇于承担自己的职责。

可惜的是,在现实中,很多人对自己的职责和角色认识模糊。因此,他们希望企业能给予自己一个宽松的工作环境,希望上级能给自己明确的分工,希望上司复查每一项工作,如果工作出现错误,这样上司会与自己一起承担责任。这种不敢独立承担责任的做法,虽然能使自己少犯错误,但却对自己的发展极为不利,会从根本上阻碍自己的职场前进之路。现代企业管理的思路是发挥每个员工的聪明才智,要求领导用岗位职责去管理每个员工的工作,重视结果而不重视过程,这与传统的命令式领导有着本质的不同。在这种方式下,领导者给予你一项任务,你必须独自承担,这样就能激起员工的工作热情,养成积极主动的工作习惯,这不仅对企业自身有益,更能促进员工素质的提高,这将是你以后职业生涯发展过程中享用一辈子的财富。

有些员工在面对一项棘手的工作时,总是畏首畏尾,觉得自己不能处理,说自己心有余而力不足,不想给公司造成损失。其实这是一种托词,是不负责任的一种表现,也是不敬业的一种表现。他们不会去寻找解决的办法,只会推脱,这种人不堪担当大任,不仅对公司来说是一种损失,也是对自己不负责任,久而久之,会在激烈的竞争中被淘汰,因此可以说,勇于承担责任也是一种竞争力,在面对困难时,不推卸责任,会使你在职场之路上走得更远。

承认错误是承担责任的一个最基本的要求,在工作中,出现错误是不可避免的,当错误发生时,勇于承认,不能推诿塞责。所谓危难时刻见风骨,企业里面再没有比面临上司追究责任更尴尬的时候了,这时更要表现出自己的风骨。如果这个问题处理不好,在上司、同事、下属中间都会产生很严重的负面影响。勇于承认自己的错误,会给上司留下一个良好的形象,会使上司觉得你是一个敢于承担责任的人,在以后的工作中,他会更加地信赖你。是自己的错误,就是自己的错误,哪怕有一点儿错误,也要承认,当面临上司的追究时,不进行任何辩解,不去找客观理由。如果错误不是你一个人造成的,其中多少也有其他人的责任,除非其他同事的失误更严重,否则没有必要去计较,要有宽大的胸怀。如果想逃避错误,让其他人背"黑锅",这丝毫解决不了你的问题,你与同事的关系也会陷入僵局,这对你以后的工作将会造成严重的负面影响。

杨建和石峰新到一家速递公司工作,老板将他们分为工作搭档,他们工作一直都很认真努力,在公司的表现一直良好。老板对他们感到很满意,然而不久的一件事却改变了两个人的职场命运。一次,老板让杨建和石峰负责把一件大宗邮件送到码头,这个邮件很贵重,是一个古董,老板千叮咛万嘱咐他们要小心,不可摔碎了古董,否则客户怪罪下来,对公司将是巨大的损失。到了码头,杨建把邮件递给石峰的时候,石峰却没接住,邮包掉在了地上,只听哗啦一声,古董碎了。

老板得知事由后,对他俩进行了严厉的批评,并让他们承担一切损失。"老板,这不是我的错,是杨建不小心造成的。"石峰趁着杨建不注意,偷偷来到老板办公室对老板说。老板平静地说:"谢谢你石峰,我知道了。"随后,老板把杨建叫到了办公室。"杨建,到底怎么回事?"杨建就把事情的原委告诉了老板,最后杨建说:"这件事情是我们的失职,我愿意承担责任,赔偿损失。"

杨建和石峰一直等待处理的结果。某天，老板把杨建和石峰叫到了办公室，对他俩说："其实，客户已经看见了你俩在递接古董时的动作，他跟我说了他看见的事实。还有，我也看到了事后你们两个人的反应。我决定，杨建，留下继续工作，用你的薪水来赔偿客户的损失。石峰，你被解雇了，明天你不用来上班了。"

在现实生活中，我们可能会遇到这样的情况，老板突然交给我们和同事一项具有一定难度的任务，但是我们在工作中却出现了差错，给公司造成了损失。这时，你要站出来勇于承认自己的过错，切不要将责任推给同事，殊不知，当你推诿责任，嫁祸同事时，你的上司已经看出了你的职业道德的低下，这对你来说，下场将是惨痛的。

5. 做事先是做人，要做一个有责任感的人

职责不仅仅是毫不畏惧，它意味着自我牺牲。最美好的履行职责的方式不是像在世人面前发布广告一样到处宣样，也不是遵循那些明哲保身的日常规范，而是默默地、在一种无人知晓的、秘而不宣的情况下，把事情办得忠诚而高贵。人要有一种责任感，一种无处不在的、永恒的对上帝的责任感。

1920 年有位 11 岁的美国男孩踢足球时不小心踢碎了邻居家的窗，下班回来人家索赔12.50 美元(约合人民币 3 000 元)闯了大祸的美国男孩向父亲认错后，父亲让他对自己的过失负责，他为难地说："我没钱赔人家"，父亲说："这 12.50 美元先借给你，一年后还我。"从此，这位美国男孩每逢周末，假日便外出辛勤打工，经过半年的努力，他终于挣足了 12.50 美元还给了父亲，这个男孩就是后来成为美国总统的里根，他在回忆这件事时说："通过自己的劳动来承担过失，使我懂得了什么叫责任。"

列夫·托尔斯泰曾说过："一个人若是没有热情，他将一事无成，而热情的基点正是责任感。"每个人学生时代学的知识以后可能遗忘，但责任感会陪伴着他的终生。SMI 中国地区销售总部的一位官员曾说："一名新员工在一家企业的前程，基本上可在第一个月看出端倪，而其中背后的依据就是他对工作的责任感。"对工作的责任感已成为一个人前程的重要衡量标准。

实习期将满的玲玲，和一家广告公司签订了为期三个月的试用期协议，在接下来的时间里，她基本上放弃了学校里的课程，全身心地投入到工作中。她处处小心翼翼，逢事能做的做，做不了的能推就推，生怕做坏了吃力不讨好，而且对别人做的事几乎不插一次嘴，俨然一副淑女状。有一次，她无意中听到别人对她的评价，说这个大学生，本分倒是本分，就是没什么责任感，估计不会有大前途的。玲玲原来以为刚到一个新单位，没有什么经验、资历，只要踏踏实实完成工作就万事大吉，甚至不愿说出自己的观点，后来才知道这种想法是错的。于是，玲玲除完成自己分内的工作外，经常利用业余时间悄悄地为公司拉单子，技术能力也得到了很大的提高。在一次广告设计中，她凭着真才实学和创新意识，圆满完成设计，她的能力和责任心都得到了公司的充分肯定，试用期未满，她就提早获得了公司的《劳动合同》。

小迪被一家外资企业录用。在试用期里，他负责维护好办公室的两部电脑和搞好船运工作，小迪自我感觉对计算机知识的了解还不少。有一次，老板的 Outlook 不能接收邮件，问他怎么办。他检查了一遍，找不到解决方法。眼看快下班了，老板要他在第二天上班之前要重装好Out－look 软件。小迪恰恰尚未接触过此类问题，却跟着大家下了班。第二天上班，小迪打开机器捣鼓一番，仍没解决问题，老板看到了，阴沉着脸，挥挥手示意他走开，接着是一段训斥："这么小的问题都解决不了，要你还有什么用？昨晚干吗去了？"小迪有一搭没一搭地说："昨晚您没

让我加班,我不知道您这么急。"老板火了:"分给你的工作你不会做本来就是你的责任,不会做还不利用空余时间请教,那就是责任感的问题了。没有责任感的人又怎么能进步呢?"老板在骂人的工夫,把机器装好了。小迪看着老板修完机器,羞得无地自容,好脸面的他又经不起老板的训斥,于当天下午就向公司递交了辞职信。

如上两例都是与新人的责任感有关的事例。玲玲好就好在及时从别人的评价中发现自己的问题,并及时调整,才使得责任心在她身上重新得到了体现。而小迪却没有这么做。如果他有责任感,应该在"不会"的情况下,利用当天晚上的时间向他人请教,尽可能地将机器在第二天上班之前装好。小迪因为既缺乏职业使命感,又没有工作责任感,所以没有这么做,因而被老板考倒也在情理之中。这两个事例说明,职场新人在试用期出点差错并不可怕,可怕的是出了差错就找理由逃避责任或推卸责任。因为逃避责任或推卸责任本身就是一种极端的不负责任的行为。关系到他对自己行使职责和义务的理解与行动。

那么,对于年轻人而言,应如何履行好自己的职责呢?简而言之,有以下几点:

首先,要热爱自己的本职工作。只有热爱自己的工作,将工作作为自己立身安命的资本,这样,才会勇于担当责任。

其次,要刻苦钻研业务。提高自己的业务能力,当需要你去承担职责时,你才会更有信心地去面对,而不会选择推诿搪塞。

最后,要把崇高的志向、远大的理想与脚踏实地的实干精神结合起来。树立一个远大的理想,并为之坚持不懈地努力,如此,当在工作中遇到困境时,才会脚踏实地,勇于承担自己的职责。

忠告箴言

承担责任在不同的工作状态下具有不同的表现形式,但一个总的原则是要熟悉自己的岗位职责,明确自己的权限。属于自己工作职责内的任何事情就要主动予以解决,即使遇到艰难困苦,也要想方设法解决。当工作出现纰漏时,要勇于承认错误,否则不仅是失职,更是不敢承担职责的表现,这样,领导是不会重用你的。对于年轻人来说,要时刻谨记自己的职责,勇于承担职责。这不仅是高尚的职业道德,更是一种品德。

忠告 48 做 A 级人才才会机会无限

这或许不是一件容易的事,但如果能够找到顶尖高手,对我们而言就轻而易举了。因此,接下来,我开始打听当时最优秀的零售经理是谁。许多人向我推荐米勒德·德雷克斯勒,他当时正负责经营美国品牌时装 Gap。

——乔布斯

在当今激烈的市场竞争环境下,企业拥有了大量的人才,就拥有了强大的竞争力。人才是一个企业最重要的资产! 这句简单的话,却道尽了企业经营成功的关键。企业能否取得发展,关键是能否大量地占有人才。找对人、用对人、把对的人摆在对的位置上是门深奥的学问,对企业来说至关重要。拥有出色的才人,是公司的一大竞争优势,这一优势能让公司获得发展,超越竞争对手,迈向卓越之路。因此,作为公司的领导者,首要之务是找对的人上车,让不对的人下车。

吉姆·柯林斯在《从 A 到 A +》一书中指出:不能找到正确人选的企业,注定是个失败者。这个道理看似简单,但却道出了人才对企业的重要性,企业要想寻求到优秀的人才,真的很不容易。为选到合适的人,领导者必须把更多的注意力放在对人员的选择上,企业只有拥有优秀的人才,才能获得生存和发展。一个企业即使有很好的事业机会,但是没有人才,其发展之路也不会顺畅。

1. 寻求优秀的人才

企业的发展,离不开优秀的人才,优秀的人才是决定企业获得市场竞争力的重要因素。对于一个企业来说,优秀人才是企业的栋梁,是企业发展的源泉和核心力量。在业务能力上,优秀人才是专家,是骨干,是企业生存发展的决定因素;在文化建设上,优秀人才是榜样,是领袖,具有很强的凝聚力和推动力,引领着其他人前进,从而培养出更多的人才,推动企业的发展。所以,领导者要积极寻找优秀人才,为我所用,将优秀的人才留下,企业才能生存、企业才能发展。

乔布斯非常重视优秀人才,并一直在寻找优秀人才,在网罗优秀人才上,他似乎有非凡的力量。为了苹果的未来,他会用尽各种办法寻求优秀的人才,为其所用。其中,布鲁斯·霍恩就是这么一个典型的例子。

一天晚上,乔布斯给当时非常优秀的程序设计员布鲁斯·霍恩打去了电话:"你好,布鲁斯,我是乔布斯,你认为苹果怎样?"布鲁斯立刻回答道:"非常棒! 但是乔布斯,我感到非常抱歉,我已经接受了其他公司的工作。""不要去管它! 明早你来苹果,我们准备了很多的东西要给你看,明天早上九点,你一定要准时来!"当时,布鲁斯刚刚接受了另一家公司的聘请,因此他并未认真对待乔布斯的邀请。听完乔布斯的话,布鲁斯当时想到:"乔布斯或许只是一时的心血来潮,但我必须给他这个面子,应该去一趟苹果公司,应付一下。我会漫不经心地听他介绍完,然后坚定地告诉他,我不能不讲信誉。"

但是,当第二天布鲁斯来到苹果看完乔布斯的表现后,他之前的想法被彻底改变了。乔布斯召集了麦金塔电脑小组的每个成员,包括安迪、罗德·霍尔特、杰里·默罗克以及其他优秀的软件工程师。在乔布斯的带领下,他们在布鲁斯面前进行了整整两天的演示,将各种不同设计的绘图与市场营销计划展示在布鲁斯眼前。布鲁斯被乔布斯彻彻底底地给征服了,不仅是因为苹果这个优秀的团队,更是因为这些计划让布鲁斯非常感兴趣,他从中看到了自己需要的东西——梦寐以求的未来,他决定来苹果干了。星期一一大早,布鲁斯就打电话给之前签约的那家公司说他改变主意了。为了成功说服布鲁斯加盟,乔布斯不但花费了两天时间向布鲁斯介绍苹果公司,还为他提供了1.5万美元的签约津贴。

20世纪80年代初,为了研发第一代麦金塔电脑,乔布斯亲手打造了苹果公司的第一支"A级小组"。这些小组的所有成员都是乔布斯亲自招聘来的,日后,他们成为了推动苹果继续壮大的不可或缺的力量。

人才,对于乔布斯来说,就是一个制胜的法宝。乔布斯十分重视人才,在他看来,为了获得人才,做任何事都是值得的。乔布斯曾经这样说:"保持我所在的团队的一流水平,是我工作的一部分。为团队招募A级人才,是我应该作出的贡献。……好的设计师要比糟糕的设计师好上100倍甚至200倍。在编写程序方面,优秀程序员与普通程序员之间也有着天壤之别。"正是由于这种理念,使乔布斯总是全力争取某一特定领域的最优人才。

由此可见,企业若想获得生存和发展,就必须最大程度地占有优秀的人才。优秀的人才对于企业来说,不仅是一种获得市场竞争力的资本,更是企业获得长远发展的支柱。因此,对于企业的领导者来说,必须重视人才,不断寻求人才,为那些优秀的人才提供最好的发展环境,如此,优秀的人才才会被吸引过来,为你所用,创造出更大的价值。

2. 开除不合格的人

美国密西根大学行为科学家丹尼逊把人才分为七个层次:

(1)第一等人才具有高度的创造性和想象力,经常想出聪明的方法解决问题,被认为是某一部门最有创造性的人。

(2)第二等人才善于用新的首创方法来解决问题,并能提出很多好意见。

(3)第三等人才比一般人有较多的新意见,能提出一些费思索的问题,并思考用不同的方法加以解决,偶尔也提出有想象力的建议。

(4)第四等人才能发挥别人的见解,但他自己的见解却大多是陈旧和众所周知的。

(5)第五等人才在从事一项新工作时经常向同事讨教,并依靠别人的建议。

(6)第六等人才无明显的首创性,很少提供新见解,习惯于老一套的工作方法。

(7)第七等人才满足于让干什么就干什么,工作方法老套,不适时宜也不想修改。

1995年,乔布斯在接受媒体采访时曾阐述了自己对人才的一项要求:留下优秀的人才,要开除那些能力不济的人,真是一件痛苦的事,但这就是我的工作。发现笨蛋,并将他们开除。我一直都非常讨厌以仁慈的方式做这件事。不管怎么样,这是我必须做的事,尽管这从来都不好玩。

在乔布斯看来,一个团队里最大的敌人就是"笨蛋"。苹果之所以能够取得今天的成就,很重要的一点就是拥有诸多优秀的人才,走进苹果,你会发现它处处充满着生机,充满活力,员工个个精神饱满,精明强干。乔布斯无法忍受一个"笨蛋"影响公司生机勃勃的面貌。一旦他发现公司存在这样的不合格者,就会立即将其开除。在这一点上,他和对待优秀人才的态度如出一辙,就是绝不手软。虽然做这件事非常痛苦,但为了公司的未来,他不得不这么做,也必须这么做。苹果公司永远是精英者的天下,乔布斯需要的优秀者,弱者在苹果根本没有立足之地。

据说有一次,乔布斯为了一颗螺丝的事曾大发雷霆。他要求一位设计师在设计麦金塔电脑时,不可以有一颗螺丝裸露在外面,然而,那个非常优秀的家伙这一次却不小心居然将一枚螺丝藏在了一个把手下面,这对乔布斯来说是无法容忍的,结果他立刻被乔布斯扫地出门。这样残酷的用人政策曾一度在苹果公司造成恐慌,但却取得了良好的效果,员工在以后的工作中更加小心翼翼,极其负责。但员工们也谈"乔布斯"色变,甚至不敢跟他同乘一部电梯。因为,在他们看来,将自己的弱点暴露在首席执行官乔布斯的视野中是一件非常蠢也非常可怕的事:乔布斯或许会在没有任何征兆的情况下将自己开除!正如《商业周刊》杂志的报道所披露的,要想在苹果公司永久地待下去,员工的工作必须达到乔布斯所要求的标准,否则立即滚蛋。

虽然,乔布斯这种不近人情的做法令苹果的员工心惊胆战,然而,每个成功的领导者都会赞同乔布斯的做法!因为这样大家才会将自己的能力发挥到极致,将自己的工作做到完美。如此,苹果才有了一支追求成功、追求卓越的 A 级团队。

3. 成为一个优秀的人才

在今天这个时代,人才可以说是最重要的,企业要做大做强,就要重视人才。如果修长城,人才就是基石;如果建大厦,人才就是栋梁;如果搞企业,人才就是成功的保证。如果想把企业做大,不想当一个小作坊主,那就必须重视人才。无论干什么事业,人才都是成功的保障。

对于年轻人来说,要想成为一个优秀的人才,应做到以下几点:

第一,坚定一个目标。某天,一个博士在研究完一个课题后,悠闲地在田间漫步,忽然看见不远处的田里有一位老农在插秧,秧苗插得非常整齐。博士觉得老农很不简单,于是上前问道:"老大爷,您怎么插得这样齐?"老农没有回答他,而是递过一把秧苗说:"你插插试试。"博士也想试试,于是接过秧苗,脱鞋挽腿下田插秧。他插了一会儿,但发现自己插得乱七八糟,毫无秩序,于是他问老农:"为什么我插不直呢?"

老农说:"你应该盯住前面的一个目标去插。""对呀,我怎么没想到呢?"博士好像明白了,就在前方寻找目标,他看到了一头水牛,心里想,水牛目标大,就盯着它吧。于是又插了一会儿,发现自己插得有进步,但是秧苗还是不直,歪歪扭扭,他再问老农:"老人家,为什么我还插不直呢?"

老农笑着说:"水牛总在动,你盯着它当然要插得曲里拐弯了,你应该盯住一个确定的目标,那样就不会将秧苗插得乱七八糟,没有顺序了。"博士猛醒,于是盯着前方的一棵树去插,果然秧苗插得很直了。

这个故事告诉我们,成就一项事业,必须要有一个明确的目标,并且坚定地完成它。故事中的老农就是一个优秀的农民,他知道只有坚定一个目标,才能将秧苗插得井井有条,秩序井然。因此,对于年轻人来说,要想成为一个优秀的人才,必须树立一个目标,并持之以恒地去实现它。

第二,肯于学习。肯于学习对于一个人来说是至关重要的,努力学习从某种意义上说就是一种竞争力,在当今知识主导的社会中,其显得愈发重要。年轻人若想获得生存和发展,取得成功,就应肯于学习,丰富自己的知识,拓开自己的眼界,不断取得进步,成为一个优秀的人才。

战国时的苏秦,夜以继日地读书,实在太累了,就用锥子刺腿来使头脑清醒,继续发奋读书,终成一代学者,成为战国时著名的纵横家,身挂六国相印。世人这样评价他:"一怒而诸侯惧,安居而天下熄。"这说明了苏秦当时的社会影响力和地位,而这一切都是其发奋学习的结果。

晋朝的车胤、孙康、匡衡,家里都很穷,连点灯的油都买不起。夏天的晚上,车胤用纱布做成一个小口袋,捉一些萤火虫装进去,借着萤火虫发出的光亮看书;孙康在严寒的冬夜坐在雪地里,利用白雪的反光苦读;匡衡在墙上凿了个小洞,"偷"邻居家的一点灯光读书,后来他们终成一代学者,在中华文明史上留下了不朽的篇章。

墨池东晋大书法家王羲之自幼苦练书法。他每次写完字,都到自家门前的池塘里洗毛笔,时间长了,一池清水变成了一池墨水。后来,人们就把这个池塘称为"墨池"。王羲之通过勤学苦练,终于成为著名的书法家,被人们称为"书圣"。

因此,肯于学习,对于一个人来说,具有重要的作用,学习,能让你不断获得新知识,为你以后的成功奠定基础。苏秦悬梁刺股,车胤、孙康、匡衡囊萤映雪、凿壁偷光,都是典型的肯于学习、努力学习的典范。他们的故事告诉我们:肯于学习,终会成功。

第三,不畏艰难。虽遭遇逆境,却能迎难而上,不畏艰难,以坚强的意志面对人生中的不如意,这是成为一个优秀的人才所必需的素质。苏东坡曾云:"古之成大事者,不唯有超世之才,亦有坚韧不拔之志。"的确,要想成为一个优秀的人才,必须拥有这种不畏艰难的品质,虽遭遇不顺,也要顽强克服,须知,不经一番寒彻骨,难得梅花扑鼻香。

2005 年,乔布斯在斯坦福大学毕业典礼上曾这样描绘自己开始创业时的艰难:……但是这并不是那么浪漫。我失去了我的宿舍,所以我只能在朋友房间的地板上面睡觉,我去捡可以换5 美分的可乐罐,仅仅为了填饱肚子。在星期天的晚上,我需要走七英里的路程,穿过这个城市到 Hare Krishna 神庙,只是为了能吃上好饭——这个星期唯一一顿好一点的饭,我喜欢那里的饭菜。……再次说明的是,你在向前展望的时候不可能将这些片断串连起来;你只能在回顾的时候将点点滴滴串连起来。所以你必须相信这些片断会在你未来的某一天串连起来。你必须要相信某些东西:你的勇气、目的、生命、因缘……这个过程从来没有令我失望,只是让我的生命更加与众不同。

不畏艰难,面对困境迎难而上,成就了乔布斯,成就了今天的苹果。

不畏艰难,面对困境迎难而上,使霍金忍受病痛的折磨,才有了《时间简史》、《时空本性》等享誉全球物理界的伟大作品,他也因而被称为在世的当代最伟大的科学家。

不畏艰难,面对困难迎难而上,成就了俞敏洪,才有了今天的新东方教育科技集团。

有句歌词唱得好:"不经历风雨,怎么见彩虹。"的确,要想成为一个优秀的人才,必须要做到不畏艰难,待到山花烂漫时,你会发现,成功就在花丛中对你莞尔一笑。

4. 做从优秀迈向卓越的人才

年轻人要想在成功的基础上进一步提高自己,使自己的企业保持持续发展,使自己的个人能力从优秀向卓越迈进,就必须努力培养自己在"谦虚"、"执着"和"勇气"这三个方面的品质。

谦虚使人进步。这是因为,一个人的力量终究有限,在瞬息万变的商业环境中,领导者必须不断学习,善于综合他人的意见,否则就将陷入一意孤行的泥潭,被市场所淘汰。执着是指我们坚持正确方向、矢志不移的决心和意志。无论是公司,还是个人,一旦认明了工作的方向,就必须在该方向的指引下锲而不舍地努力工作。在工作中轻言放弃或朝三暮四的做法都不能取得真正的成功。

成功者需要有足够的勇气来面对挑战。任何事业上的成就都不是轻易就可以取得的。一个人想要在工作中出类拔萃,就必须面对各种各样的艰难险阻,必须正视事业上的挫折和失败。

只有那些有勇气正视现实，有勇气迎接挑战的人才能真正实现超越自我的目标，达到卓越的境界。

此外，要想从优秀迈向卓越还必须充分打造自己的实力。那该如何打造自己的实力呢？

（1）想想比尔·盖茨对设计他自己的未来和微软的未来时的极大自信。你有那种自信吗？如果有，你在生活的哪些方面具有这种自信？如果没有，最容易从哪些方面开始来建立这种自信？现在就开始吧！

（2）想想拉里·埃里森是怎样应对攻击的。他知道他会胜利，所以才丝毫不会表现出受到烦扰的样子。他可以向别人宣战，然后镇定自若地实施自己的战略。如果受到攻击或侮辱，你会猛烈出击还是保持冷静？如果是前者，你能够从心底唤起的是什么自我形象，什么幻想？成吉思汗、战士公主西娜，还是甘地？

（3）你的内在资本是什么？把你的独特价值、在自己身上发现并已得到别人承认的技能或能力（如坚定不移、善于解决问题、效率高等）罗列出来。你在采取什么措施进一步提高这些技能和能力？你是否在培养其他技能和能力？

（4）你的品牌形象是什么？最能描述你的 3 个形容词是什么？这是你想要的品牌形象吗？如果是，它能赋予你什么力量？如果不是，选择你的新品牌形象并列出它能展现出的力量。

（5）你的信条是什么？你的生活信仰和价值观是什么？这是你想要的信条吗？如果不是，确定你的新信条。

（6）你喜欢现在的自己吗？你对自己满意吗？如果不满意，描述一下你想变成什么样的人。开始了解自己。冥想、祈祷、锻炼都行，每天都以某种方式找出独处的时间，以便了解自己。

（7）随着你对自己了解的深入，你将提升自己的品牌形象，并更加坚信自己的信条。但这需要投入，还有什么比这更重要的吗？

5. 你必须要有一样拿得出手，并把它做到极限

现在这个社会你可以不会管理，你可以不懂金融，你也可以不会电脑，甚至，你可以不会外语。但是，你不能什么都不会。你必须得会一样，并且你要竭尽全力把它做到极限，当别人问你"你会什么"的时候，你能拿得出手。这样，你就不用担心没饭吃了！

张老汉是个农民，但他的教育理念值得称赞。他有两个儿子，大儿子初中毕业后，张老汉让他从师学瓦匠。学了一年，大儿子嫌那砌砖抹灰的活儿既脏又累，不想干了，提出要改学理发。张老汉将他臭骂了一顿，教训他说："干什么不苦，干什么干好了不能干出大名堂？行行出状元呢，你今天学这明天学那，到头来一样也拿不出手，'艺多不养家'哩。你给我沉住气，认认真真学好一样本事，这辈子就够了。"张老汉逼着他又学了一年瓦匠，打下一定基础后，再花钱送他去跟一位姓康的师傅专门学习砌土灶的技术，康师傅在这方面有一手绝活。现在，康师傅已故，大儿子代替他成了方圆百里砌土灶的行家，每天拿着瓦刀忙得不可开交，日子过得十分殷实。

小儿子呢，念完高中，没考上大学，张老汉送他到小酒坊去学酿酒。学了一段时间，小儿子就觉得技术已学到家了，想自己也开间小酒坊。张老汉对他说："用三两天就能学会一门手艺？做梦吧。告诉你，你得老老实实给我学，直到手艺拿得出手为止。"不久，张老汉又借了一万多元钱，把小儿子送到一家学院自费学习酿酒。后来，小儿子到一家酒厂当了技术员。现在，十年过去了，小儿子已成为那家蒸蒸日上的酒厂的技术权威和生产副厂长了。

想一想张老汉的教子哲学还真有几分道理。人生在世，安身立命，养家糊口，你必须有一样拿得出手的技能；不学无术，得过且过，没有掌握半点拿得出的本事肯定不行；虽好学肯干，但目

标分散,没有规划,用心不专,这样本事虽多,却大都水平一般,没有一样拿得出手可不行。成功的职业生涯规划的秘诀,浓缩起来其实就是张老汉的这句精辟之言:你要有一样拿得出手的技能!

　　总而言之,无论治国安邦,还是发展企业,都需要大量优秀的人才。在当今时代,国家如有大量的精英人士,就能给国家的发展带来巨大的促进作用;企业能够拥有众多的优秀人才,就能在竞争激烈的市场环境下获得生存和发展。年轻人要立志高远,努力学习,以顽强的意志面对人生中的种种挫折,使自己成为一个社会需要的优秀的人才。

忠告箴言

　　人人都是人才,人人都是老师,人人也都是学生,但仅有学历和书本的知识并不能完全证明个人素质和能力。在科技发展日新月异的今天,企业要生存就需要大量优秀的人才。我们每个年轻人也同样需要不断地学习和发展,在发扬自己长处的同时也应该不断地弥补自身不足,同时,立志高远、肯于学习、不畏艰难是人才必备的基本素质,只有具备了这些素质,才有可能成为一名真正的 A 级人才。

忠告 49　资源有限，精力无限，创意更无限

崇高的目标不灭，创意的火花就会闪现。我们一开始的愿望就是让计算机走进千家万户。现在，我们已经以一种远远超乎想象的方式获得了成功。

新的创意融入更高层次的梦想，价值才会闪耀。我们要做出一款可以让我们自己都一见钟情的手机。

——乔布斯

对于现代企业而言，要想获得竞争与发展，不仅需要优秀的人才，也需要有对工作认真负责的员工。当员工全力以赴地对待自己的工作时，就会给企业带来巨大的收益，而其中最为重要的，莫过于创意。一个企业的领导者如果拥有创意，这对企业来说，是一笔巨大的财富，将会引导企业走向成功。同样，对于个人来讲，精力是有限的，资源是有限的，如果懂得合理利用它们，并附加自己的创业，那么也会为自己创造无限的财富。

1. 充分引进人才，合理利用人才资源

企业的资源可以分为外部资源和内部资源。企业的内部资源可分为人力资源、财物力资源、信息资源、技术资源、管理资源、可控市场资源、内部环境资源；而企业的外部资源可分为行业资源、产业资源、市场资源、外部环境资源。对于现代企业而言，拥有充分的资源，对企业的发展具有重要的意义，而其中最为重要的是人力资源，拥有人才，将对企业的发展具有不可估量的作用，意义重大。

当今世界的竞争，实质是科技的竞争，而一国要想拥有强大的科技实力，就必须具备一支强大的人才队伍，拥有人才，才能在竞争激烈的世界格局下，使国家走向富强。对于企业而言，要想获得发展，必须学会引进人才，充分利用人才，使其能力得到最大程度的发挥，为企业带来更大的利润，是企业获得发展，走向成功。

美国人引进人才资源、利用人才资源的例子值得我们深思。

第二次世界大战结束后，发达国家的"入侵"对象已经不是殖民地时期的土地、人口、矿产资源等这些"硬件"，而是集中于科技、资本、金融这些"软件"，在这些"软件"中，毫无疑问，人才是中央处理器，是最核心的部分，自然也是发达国家最为感兴趣的部分。

为了吸引人才，美国制定了优厚待遇留住人才。首先是高薪聘请人才。在美国，学位与收入成正比，学位越高收入也越高；反之，越低。在美国，高科技人才的收入是在发展中国家的几十倍。为提高员工的工作积极性，美国公司普遍设有种类繁多的奖励项目，包括奖金、利润分成、收益分成等。其次是为人才提供签证便利，并授予非美国籍专业工作人士在美永久居留权，俗称"绿卡"。这样，更多的人才为了获得优厚的待遇前往美国，充实了美国的人才资源。再

次,为引进的外籍人才提供充足的科研经费。近几年,美国政府对科研经费的投入不断增长,奥巴马总统上台后表示,他领导的美国政府今后每年将把国内生产总值的约 3% 投入到科研和技术创新领域。最后,美国的社会福利制度、退休金制度和医疗保险制度十分完善,再加上比较成熟的住房市场,可保证移民到美国的人才生活得到保障。因为美国为人才提供了方便和优厚的待遇,不仅刺激了本国人才队伍的发展壮大,更吸引了国外诸多国家的优秀人才趋之若鹜,使得美国的人才数量和质量在全球牢牢占据首位。据美国国家科学基金会统计,约 25% 的外国留学生学成后定居美国,被纳入美国国家人才库;在美国科学院的院士中,外来人士约占 1/5;在美籍诺贝尔奖获得者中,有 1/3 出生在国外。

引进、留住人才只是第一步,更重要的是合理、高效使用人才。目前,在美国,集中了大约 80% 的全球最有实力的人才中介公司及猎头公司,各种类型的人才中介及职业介绍公司超过两万家。由于美国具有晚上的人才市场,使得人才竞争在市场机制的调节下,得以有序、和谐地进行,促进了各方面人才走进了自己熟悉并擅长的领域工作,使其价值得到最大程度的发挥。同时,美国联邦在市场与人才之间扮演经纪人角色,联邦政府出资聘请人才管理专家对人才资源管理过程中的每个环节、每个细节进行设计,形成相对固定的运作模式后,指导地方政府和企业进行人才资源的规划与征募、人才质量的核定、人才岗位的测试与培训、人才效能的激发与开发。

正是由于美国通过种种福利措施和良好的制度等各项措施,才吸引和留住了大量的人才,才能够做到"人才辈出"、"楚材晋用"、"人尽其才"。2008 年,美国知名智库兰德公司进行调查后认为,在世界上,美国仍然具有巨大的竞争优势,其主要原因和动力来自其拥有全球最优秀的人才资源和队伍。

对于现代企业而言,优秀的人才资源是有限的,要想发挥这些人才的作用,就要最大程度通过各种措施吸引人才,留住人才,使他们的聪明才智得到最大程度的发挥,为企业的生存和发展壮大奠定坚实的基础,带领企业走向成功,这是每个企业领导者必须要意识到的问题。

2. 对你的工作要全力以赴

一个人的潜力是无穷的,当你真正热爱你的工作,并将这份工作当作一项事业,且将其作为自己在社会上立足之根本的时候,就会倾注你的全部精力。如此,你才会在通往成功的道路上不断地前进,并最终收获属于自己的成功。

荀子说:"锲而舍之,朽木不折;锲而不舍,金石可镂。"的确,当一个人以全力以赴的精神对待他的工作,并持之以恒地坚持下去,就会取得一番成就的。正所谓"精诚所至,金石为开"。

蓝齿鲸虽生活在海洋中,但它是浅水动物,只能生活在水深不超过 40 米的浅水区。如果它游到 100 米以下的深水区,体内的氧气便会在 3 分钟内耗尽,那将必死无疑。也就是说,深水区是蓝齿鲸的葬身之地。

但天下有许多事往往是不可思议的,偏偏蓝齿鲸的食物鼓嘴鱼就生活在 100 米以下的深水区,这意味着每一次蓝齿鲸捕猎的时候,都只有 3 分钟,从浅水区游到深水区的距离,就要耗掉蓝齿鲸 1 分钟的时间,所以,它捕猎的时间还不到 1 分钟,如果不及时回到浅水区,它就会因缺氧被憋死。

但千百年来,蓝齿鲸却生存繁衍,代代相传,不曾灭绝。因为它们在这 3 分钟里,是以整个生命的代价去投入的，是以或生或死的态度全力以赴完成每一次捕猎的。一条蓝齿鲸的一生，每天都要在如此 3 分钟内与死神擦肩而过，完成着一次又一次生命的往返。

在草原上，旱季，水鹿必须去沼泽里喝水，而沼泽里却爬满了对它们的生命造成威胁的鳄鱼。如果水鹿不喝水，会被渴死，但为了生存，就必须要冒着被鳄鱼吃掉的危险。鳄鱼在水中的速度惊人，从水里扑向水面的时间只有两秒钟，水鹿在发现敌情后，必须在两秒钟内跳开才能保住性命，否则，它就会被鳄鱼咬住，葬身于鳄鱼的大嘴中。

整个旱季，水鹿就在这两秒钟与死神擦肩而过。而这样的惊险要一直伴随着水鹿的一生。可谓天天遭遇惊险，时时面对死神。然而，就是这种极其危险的状况，已经成了水鹿的生存常态。

在这个平凡的、决定自己一生的两秒钟里，水鹿大都做到了完美，几乎万无一失。因为，它们每一次喝水都是投入了生命的全部来对待这两秒钟的。喝水，每一次都成了它们全力以赴的内容。

蓝齿鲸和水鹿的故事告诉我们，世间诸多事情的奇妙之处就在于，有很多看似根本无法办到，或不可能的事情，只要你集中精力，全力以赴，就会产生质的惊人变化。在这个世界上，只要你全力以赴地去做事情，其实没有什么是不可能的。

对于年轻人而言，我们的精力旺盛，现在是追求成功的大好时机，应每天都充满危机感，要对自己说，明天我很可能就会被公司解雇，这样就会全力以赴地投入自己的全部精力去对待工作，如此，你的职场之路才会更加顺利。

3. 开发自己的智慧，必将创意无限

史蒂夫·乔布斯是成功企业家和商人的卓越代表。他对科技的影响力不仅限于硅谷，而且传播到世界各地。他所创造出来的产品以及其伟大的创意精神早已深深地影响了全世界人民。作为苹果公司的领导者，乔布斯以自己的创意深刻且全面地改变了世界、改变了人们的生活。

在乔布斯那张著名的照片上，一个十字路口，一条路是技术，一条路是艺术，"技术向左，艺术向右"，而苹果却选择了技术和艺术，这让苹果产品更具有了竞争力，也是苹果取得巨大成就的源泉。几十年来，艺术化和人性化理念已经深深地扎根于苹果公司内部，无论在产品设计和制造以及市场营销方面，无不彰显着艺术和技术的完美结合。

1976 年愚人节那天，曾在"苹果园"工作过的乔布斯和三个朋友在一个车库里成立了一间工作室，这就是现在大名鼎鼎的苹果公司的雏形。1945 年，世界上第一台电脑诞生于宾夕法尼亚大学，但 20 多年来，电脑一直是被供奉在实验室冷气房娇贵的大型仪器。虽然沃兹·尼亚克设计出了苹果 I 型电脑，但这种电脑只有电路板，没有键盘、电源、显示器等硬件，需要用户自己购买，而且当时所用机箱也是五花八门，参差不齐，有木头的，也有金属板的。在推销时，乔布斯敏锐地发现这样对用户带来了极大的不便，消费者期待的是拥有一台完整的电脑，在这种理念的驱使下，苹果 II 型一体化的外形出现了。

1981 年，IBM PC 电脑问世，事业蒸蒸日上、如日中天的苹果遇到了真正的敌手。事后人们总结说，当时苹果公司失败的原因，恰好就是 IBM PC 的成功崛起。为此，人们不禁感叹：在 IT 业内怎么会有两家如此泾渭分明的电脑厂商呢？

但乔布斯追求完美体验的性格决定了苹果会东山再起，统领 IT 行业，也决定了乔布斯要控制一切，因为只有控制一切，苹果产品的每一个细节才能保证完美。然而与苹果相反的是，IBM 却采用了开放式的庞大产业链，不仅形成了微软、英特尔等配件团队，还形成了康柏、戴尔等相容机的庞大团队。于是乔布斯"一个人挑战一群蓝色巨人"的格局出现了。

这时的苹果正致力于开发两款新产品：Lisa 和 Macintosh（Mac）。其实，麦金塔的最早出现并不是来自苹果，而是打印机公司施乐。一次乔布斯参观了施乐的帕洛阿尔托研究中心，在那里他看到了一台配备了图形化界面、用滑鼠进行操作、配有文字和图像处理程式，并能连上乙太网的"未来电脑"，这使乔布斯大为触动，他决定不惜一切代价也要让苹果设计出这样的电脑。

这个取名 Lisa 的计划很快由于高昂的价格和缺乏软件支撑而宣告失败。另一款 Mac 原计划是个傻瓜式的低价电脑，但乔布斯接手后，添加了图形化、滑鼠等设备，也使得其价格不菲。于是，苹果成了少数富人的宠物。

乔布斯的故事告诉我们，拥有无限的创意，并不断付诸实践，你将拥有的，不仅是财富，更是功成名就。乔布斯一生信奉创意。他不仅是 IT 界的巨头，更是令世人景仰的创意大师。从某种意义上说，他改变了人们既有的生活方式——他让人们在动画作品中找到自己的影子；让音乐在耳边变得真实而叛逆；用设计改变了世界。他去世以后，人们一提到乔布斯，想到的不仅是他的名字，更是一种精神。

4. 只要你愿意就能激活你独一无二的创意能量

创意可以培养吗？只要仔细品味每一天的生活，对周遭事物保持好奇心，就能逐渐找到自己的价值，激活你独一无二的创意能量。

如今愈来愈多的人开始谈创意、谈美学，这些以往被认为是艺术家和设计师专属的天赋，现在已经成为人人都想具备的涵养。趋于多元化的社会，没有创意和美感，仿佛人生和职场就是缺乏竞争力，这是年轻一代普遍的焦虑。

创意人的脑袋到底装些什么东西？他们的与众不同，究竟是与生俱来的天分，还是可以透过学习而得？30 岁左右的职场中人想要培养创意还来得及吗？当然来得及！创意又在哪里？很多人不知道，创意其实就在自己身上。糟糕的是，不少人往往还没有尝试，就先否定自己，甚至没有自信承认自己与众不同。我们何必在乎亲戚、邻居、朋友怎么说，认真做自己，聆听自己的声音才是最重要的！

创意来自于我们的生活经验，生活经验绝对胜过书上说的。要对每一天的生活有所体会、对事物保持好奇心，关注所有周遭的人。至于美感，也不是透过制式训练而养成，每个人必须拥有自己的品味，学习去欣赏、创作、思考、批评；不要别人叫好，你也跟着鼓掌，喜欢一个作品，内心必须清楚，它为何感动你？只要相信自己，就会听见内心的答案。

创意不是专利，也不是一门学问，它是一种语言和表达方式，只要你想，就能做到。它不单是创意产业，也不只和工业、设计、艺术有关，创意存在于每个行业，一家生意兴隆的牛肉面店，就是靠你花心思，全力投入，才会受到肯定。

创意往往会变成一门最少人投入，却赚最多钱的行业，《哈利·波特》的作者 J. K. 罗琳，凭一己之力成为英国首屈一指的女富豪；反观制造业，越多人投入，获利却最少，因此往知识创意发展的路上走是未来职业的发展趋势。因此,只要充满好奇心,时刻关注周遭,体会自己的每一天,那么创意无极限!

　　总而言之,对于企业而言,想要获得发展,人才是不可或缺的资源,拥有了人才,企业就拥有了竞争力;对于年轻人而言,只有全力以赴地对待自己的工作,才能创造出属于自己的成功;而创意更是一个企业领导者不可或缺的资本,拥有创意,企业的产品才会品种不同,才会更有市场竞争力。

忠告箴言

　　获取人才,是企业获得竞争力的保证,也是企业不断发展壮大的必要条件,让我们突破常规思维的束缚,开启智慧的大门,集中精力,锲而不舍,勇于创新。我们精力无限,让我们张开想象力的翅膀,创造美好的将来。

忠告 50　孤注一掷并不一定是对的,学会掉头

有退路就会保留实力!

——乔布斯

人们常说"凡事要为自己留一条退路",诚然,退路无疑可以使自己在社会中不至于头破血流。也正是因为给自己预留了退路,当人在遇到障碍时,总会十分理智地停下来,认真地思考一下现状,而不是继续一味地向前。只有这样,当我们面对人生的困境时,才能找到属于自己的正确道路,从而迈向成功。

1. 只要懂得放弃,其实回头并不难

阿里巴巴董事会主席、著名商界精英马云说:"当你学会放弃的时候,你才开始进步。"人的一生有许多难以取舍、困惑不已的琐事,许多人因此备受痛苦,始终无法摆脱这些琐事的纠缠,这时所需要的就是拿出决心和勇气,断然的舍弃与明智的抉择。只要懂得放弃,其实回头并不难。人生的很多时候又何尝不是如此呢?

无觉和尚与无智和尚一同下山去镇上购买寺院一周必需的粮食。从寺院去镇上有两条路:一条是远路,需穿过一片茂密的森林,蹚过一条小溪,来回需要近一天的路程;一条是近路,只要沿山路下山,再过一条大河即可,河上有座独木桥,但因年久失修,不知道是否还可以过人。

无觉和尚和无智和尚自然走的是近路。他们轻松下山,无智和尚正准备过桥,突然细心的无觉和尚发现独木桥的前端有一丝裂开的痕迹。他赶紧拉住准备踏上独木桥的无智和尚:"等一下,师弟,这桥恐怕没法过了,今天我们得回头穿过那片森林,绕远路了。"无智和尚经无觉和尚的提醒,也注意到了桥的断痕,但他犹豫不决:"回头?我们都走到这儿了,还能回头么?河的对岸可就是镇上了,回头绕远路那还得要多长时间才能到达啊?况且,那片森林蛇虫出没,师兄,我们还是继续赶路吧,也许桥还能撑得住。"无觉和尚知道无智和尚性格倔强,若只用言语相劝,肯定无济于事,于是,便不再言语,只是抢道走到无智和尚的前面,并随手从地上捡了块石头扔向独木桥。只听"砰"的一声,腐朽老化的独木桥应声断裂为两截,落入三四丈下湍急的河流中。偌大的独木桥竟然经不起一个小石块的轻轻一击!无智和尚顿时惊得愣在原地,半天说不出话来,心里却暗自庆幸自己没有踏上这座危桥,否则自己也会像那两截木头一样葬身河流,同时又为自己的鲁莽无知而感到羞愧。

在回头的路上,无智和尚感激而又疑惑地对无觉和尚说:"师兄,刚才幸亏你的投石问路,否则,我可要坠入河底,葬身鱼腹了。你说,当时我为什么就那么懵呢?满脑子想到的都是马上就要到达镇上了,绝不能回头了。压根儿就没想过桥万一真断了,摔下河怎么办。"无觉和尚不无

深意地说:"只要懂得放弃,其实回头并不难。"

2.选择回头,学会放弃,你将拥有更多

俗话说,"好马不吃回头草",却不知这句话祸害了世间的多少"好马",也不知令多少"好马"面对荒芜的原野,食不果腹,只能仰天长啸,于古道西风中断肠。虽恪守了"好马不吃回头草",但在残酷的现实面前时,饿死的"好马"就变成了没有任何价值的"死马",而不再是一匹有价值的"好马"了。

在如今这个现实而又充满竞争的社会中,"好马不吃回头草"这句话不知使多少人在职场中失去了成功的机会。很多人在面临该不该回头的情况时,往往失去冷静,意气用事,虽然明知"回头草"又鲜又嫩,却无论如何也不肯回头去吃,认为这样才显得自己有志气。实则不然,其实好马也可以吃回头草,而且吃过"回头草"后会更回味无穷,更有一番新气象。做任何事都需要有弹性,因为现实会让你常常面临许多抉择。

在吃"回头草"时,也许会遭到周围人对你的种种非议,不要被他人的话语影响自己,无须顾忌那么多,吃自己的草,让别人说去吧!只要你认真诚恳地吃,填饱自己的肚子,养肥自己就可以了。时间一久,当你取得了出色的成绩时,人们便很快就会忘记你曾经是一匹吃回头草的马;相反,他们还会佩服你:呀,果然是一匹审时度势的"好马"!所谓识时务者为俊杰,就是如此。

职场中,出现是否吃回头草抉择的一般有两种情况:第一,与上司发生争执,意气用事而愤然辞职,待心平气和后,上司主动回请;第二,"这山望着那山高",朝秦暮楚,见异思迁,对现在的工作单位不满意,当到新单位后却发现还不如以前的单位。

杨涛在一家外企公司已工作 7 年了,一次因出差的事与顶头上司吵了一架,争吵中,他的上司因不满杨涛的态度,火冒三丈地说,不想干就辞职另谋高就,杨涛一气之下就递上辞呈,离开了工作 7 年的公司。他想:有能力、有经验还怕找不到好工作?辞职后的几天,他起早摸黑地奔跑于各家外企、人才市场和招聘会,可是结果却不尽如人意,随着时间一天天地过去,钱花了不少,收获却甚微。

两个星期后,杨涛的上司心情平复后,认为杨涛是有用之才,就放下面子给杨涛打电话,请他回公司,而且还承诺可在原有的月薪上再加 500 元,哪知杨涛断然拒绝,并撂下一句话:"好马不吃回头草!"

与杨涛一样,杨帆也面临过是否吃"回头草"的问题,但是与杨涛不同的是,杨帆选择了"吃"。

杨帆因工作上的失误被一向赏识他的工厂老板炒了鱿鱼,炒杨帆鱿鱼的工厂老板在两周内先后请了 4 个人来接替他原来的位置,但是都不能胜任。老板想想还是杨帆行,就致电要杨帆回去,杨帆二话没说就回去了。再次回到工厂,工厂老板对他比炒鱿鱼前更加赏识,年前还给他了发双倍奖金以表回报。

其实认真想想,回头有草,为什么不去吃呢?从自己的角度来看,如果回到原单位,就会比从前更加勤奋地工作,而且更珍惜这次失而复得的工作机会,毋庸置疑,这不仅对个人有好处,还能给单位创造更多的利益,从而实现"双赢"。所以,回头是首选。

当然,回头草能不能吃,该不该吃,还有很多需要值得注意的方面。如想吃回头草时,必须

看清形势,审时度势。否则,可能会得不偿失。

除了需要注意上述要素外,还要注意:有所放弃。吃回头草时,当然一定是要有所取舍的,换言之,就是要有所为,有所不为。只有做到这样,才显得出好马回头的风范。如果回首时不顾环境,乱嚼一通,则有失斯文,也等于间接地给原来的单位一个信号:这匹马在离开公司的日子里,肯定在外面遭了不少挫折。这样,用人单位会想:这个吃回头草的是不是没有真才实学,只是徒有虚名呢?

学会放弃,这个"放弃"不是指对生活失去信心,也不是指对生命失去追求,只是在一种特定的环境下一种更为明智的选择。当自己的执着达不到期望的结果时,又何必让自己撞得头破血流呢?结果受伤害最深的还是自己。学会放弃,寻求一种更适合自己的生存方式,虽然放弃的过程中会面对抉择,充满遗憾,甚至痛楚,但是若做到了,便会全身轻松,也许不久你就会发现其实另一方天空更蓝,属于自己的阳光更灿烂。当然,有时舍弃并不一定能够使自己如愿,但却是给自己一个获得成功的机会。若舍弃是明智的、正确的,那么就极有可能获得成功!

3. 学会转换,成功就离你不远

人的一生经常会遇到令人难以抉择的事情,在这种情况下,你应当换个角度考虑问题,重新规划。许多成大事者都有这样一种习惯:如果这条路不适合自己,就立即进行转换,重新选择另外一条路。

我们常常用"一条路上跑到底""头碰南墙不转弯"等形容那些冥顽不化的人。这些人在从事某件事的时候,有可能一开始选择的方向就是错误的,他们注定不会成就大事。还有另一种可能,就是当初他们选择的方向是正确的,但由于种种因素,他们没有适时地调整方向,结果陷入失败的旋涡。

乔布斯在婴儿时期就被亲生父母送给了别人,也可以说他是一个弃儿。在他的人格中有一段被抛弃的经历,无疑会给乔布斯留下心理创伤。但对于拥有心理创伤的乔布斯来说,他是如何成为一个不断追逐自己内心的梦想,永远不妥协的人的呢?要知道这背后需要多么强大的一颗心,才可以完成这个过程的转变。

对于乔布斯来说,他只不过把自身的心理创伤所产生的动力转换成了伟大的生产力,而没有像其他人一样转换成破坏力。这其实就是一种对人生方向的转变,正因为如此,才有了举世瞩目的苹果公司,才有了风靡世界的苹果产品,才有了一个世人皆知的乔布斯!

正如伊斯兰教的《可兰经》所说的:"如果你叫山走过来,山不过来,那你就走过去。"当遇到生活中的种种困境时,学会转换自己的人生方向,你将发现前面的康庄大道上到处盛开着成功的鲜花。像乔布斯一样,将人生中的困难转换成自己奋斗的动力,你将拥有一个不一样的人生。

总而言之,当我们在这个竞争激烈的社会中遇到困境时,若想成就一番事业,那么不妨尝试一下吃"回头草",转换一下人生的方向,如此,我们在人生的道路上,才不会做出无谓的努力,才不会让自己的努力付之东流;学会停下来,冷静地回头看一下,你会发现曾经错过的风景,学会转换人生方向,你将会在下一个路口,找到属于自己的成功!

忠告箴言

　　适时学会掉头，就可以重新积蓄力量、努力向成功冲刺。回望并不意味着停滞不前，丧失前进的动力；相反，每一次回望都可能是一次成功的机会。在回望的瞬间，往往可以摆脱曾经失落的心境，发现一些当时未能发现的东西，从而更客观地看清事情的真相。学会转换，就可以在下一个路口，发现自己期望的结果，如果你现在也处在人生的十字路口，也不妨采用这个方法一试，很有可能，你的人生会"柳暗花明又一村"。

忠告 51　35 岁前也要在人生最关键几年不满足于现状

　　如果你出色地完成了某件事,那你应该再做一些其他精彩的事。不要在前一件事上徘徊太久,想想接下来该做什么。

——乔布斯

　　35 岁的时候,有的人回首走过的路,会发现自己两手空空,一无所获;有的人在踏入社会之初豪情万丈,满腔雄心壮志,也小有所获,但是随着时间的流逝,自己的棱角也开始被磨平了。但无论是一无所获还是小有成就,其中不少人都有一个共同的特点,那就是开始对一切感到乏味,于是不思进取,满足于现有的一切,结果,人生的宝贵时光就在安于现状中被白白浪费了,原先树立的人生目标也随着时间流逝在岁月的长河中,不复存在。只有那些不畏艰难、不安于现状的人,才能走出人生的这一灰色阶段,继续马不停蹄地前进,迎来自己人生的辉煌生涯,甚至书写一个时代的"神话",而乔布斯就是其中的典型。

1. 切勿骄傲自满,应继续进取

　　包括苹果公司在内,世界上众多的知名企业都是由一些商界精英一手创办的,而公司的快速发展更是得益于他们个人的较高素质和不断进取的精神。乔布斯留给美国人民和全世界最大的精神遗产是他不断的创新精神。美国总统奥巴马称乔布斯是"美国最伟大的创新者之一","他改变了我们的生活,重新定义了整个行业,并获得了人类史上最罕见的成就——他改变了我们每个人看世界的方式。"奥巴马的评价是对乔布斯对于整个世界所作贡献的忠实评价,并不为过。乔布斯的一生,是不断创新的一生。乔布斯的创新凝聚在"指尖上",而创新灵感则来自于对大众消费潮流的前瞻性理解和永不自满的精神。在乔布斯看来,"潮流"不在当下,而在不远的将来。纵观乔布斯的创新历程,对许多行业甚至个人都有着深刻的启发。

　　乔布斯的传奇经历和成功吸引了无数年轻人来到硅谷创业,挥洒自己的满腔热情,因为他们认为现在的职位不能给他们提供实现伟大抱负的平台,满足不了自己对未来的渴望,从而对现在的工作感到乏味。

　　很多创业者的目的就是盈利,在创业阶段,都对资金与人才充满了渴望,梦寐以求,虽然这符合大多数人的心理,但倒不见得就是好事。因为这样的企业经营者关注的只是创造更多的利润,很难对事业充满使命感、责任心。当他们在取得一些成功之后,很容易被眼前的利益蒙蔽双眼,被胜利冲昏头脑,从而忽视了自身存在的不足和缺点,看不清前方的道路,变得骄傲自满起来。

　　著名文学家老舍先生曾说过:"骄傲自满是一座可怕的陷阱,而且这陷阱是我们亲手挖掘的。"骄傲自满是导致失败的一个重要原因。对于一个经商者或管理者来说,骄傲自满必须要摒弃的,否则它会导致盲目自信,甚至变得自负,从而导致经商战略上的失误,造成无法挽回的损失,甚至还会葬送自己亲手打造的事业。大凡骄傲自满的经商者最终都没有取得成功,所以,每一个经商者都要谦虚谨慎、戒骄戒躁,切勿骄傲自满。

韩国曾有一家著名的企业——大宇集团。其老板金宇中在创业之初,从 4 000 美元做起,开始打造自己的事业,经过他的努力,在短短的 10 年时间里便使大宇集团的总资产超过 700 亿美元,并成为世界排名第 115 位的跨国企业。可现如今,大宇集团江河日下,其旗下的子公司经营亏损,纷纷倒闭,而且集团本身也因资不抵债而宣告破产。为什么大宇集团会出现前后反差如此之大的情况呢? 其中原因又是什么呢? 说起来也很简单却发人深省,那就是金宇中在取得成功之后,头脑发热、骄傲自满、刚愎自用、独揽大权,而且不顾客观事实,不计成本地盲目扩张其公司,使大宇集团旗下的子公司一度达到 600 多个,从而导致公司流转不畅,企业陷入了资金周转困难的境地,以至于最终宣告破产。其实,类似这样曾经辉煌最终却破产的企业,不仅在国外有发生,在国内也不鲜见。国内的巨人、南德、秦池、三株、爱多等国家知名企业,有哪一个不曾灿烂辉煌、名声飞扬,其领导人的创业历程甚至被誉为国内商业界的"经营神话"。可是,它们个个都是好景不长,如昙花一现,直到最后消失在人们的视野中。同样的原因,是这些企业的领导人在成功之后开始变得自满起来,不能保持清醒的头脑,不思进取,长此下去企业也就理所当然地停滞不前,最终导致破产。这样,对于企业老板来说,经商失败也是情理之中的事。

"满招损,谦受益。"一个成功的管理者或经营者,如果因为眼前的成就而变得沾沾自喜、骄傲自满,甚至不思进取,那样双眼会被已有的成功所蒙蔽,看不清发展的道路,甚至导致事业走向衰亡。因此,一个企业家或管理者要想永远不败,就要时刻保持清醒的头脑,切勿在取得成功的时候变得骄傲自满、盲目自信、不思进取。不仅要谨慎从事,也要认真地反思自身存在的问题,理清自己的思路,从而化解自身内部潜在的问题和危机,取得真正的成功。

2. 不安于现状,意味着强烈进取

塞·约翰逊在《致皮奥齐夫人书》中说道:"无愧于有理性的人的生活,必须永远在进取中度过。""进取是人生的要务。"一个不安于现状,具有强烈进取精神的人,是不会被社会所淘汰,是不会被人所遗忘的。

毕加索是一位蜚声海外的画坛大师,一生创作了许多享誉世界的作品。但是,他在九十岁高龄开始创作一幅新画时,仍然怀揣着初心看待世界上的事物,他仍然像年轻人一样生活和工作着。他不安于现状,拥有强烈的进取精神,一直寻找新的思路并用新的表现手法来表达他的艺术感受。

而不少画家在确立了一种适合于自己的绘画风格,并被世人认可和取得成功后,就不再改变追求了,安于现状。随着岁月的流逝,他们的绘画风格始终没有取得突破,从而限制了自己的发展。而毕加索却像一位终生没有找到他的特殊艺术风格的画家,千方百计地寻找完美的手法来表达他那颗不平静的心灵。因此,他的作品总是风格各异,表达出不同的思想,指引着人们用不同的眼光看待世界,对世界的看法更加深刻。

毕加索展示的这种不安于现状、朝气蓬勃、永远进取的精神,值得我们深思和学习。只有具有这种精神的人,才能获得事业上的成功和精神上的富有。

因此,当我们小有成就时,不应安于现状,止步不前,否则我们就永远无法登上事业的高峰,到达成功的彼岸,也就永远也无法取得骄人的成绩。只有当我们保持不安现状的心态时,才能以一颗进取的心继续前进,从而收获更多。

几年前,龚强在芮城一家刺绣厂上班。后来因为厂子经济不景气,工资难以维持家里的开

支，龚强的生活变得很困难。在朋友的帮助下，他辞职到了一家银行上班。由于工作很努力，得到了领导的赏识，不久后龚强便晋升为人事主管。这期间，由于芮城地区盛产苹果，销路广阔，果农又多半将苹果运到广州进行销售，同时，银行为开展业务，便派龚强常驻广州两年，让他帮助当地果农办理往家里汇款的业务。后来龚强经过调查发现，从当地到广州，沿线公路旁的加油站数量并不是很多，但是路却越修越多。因此龚强产生了一个想法，就是办加油站。同时加上当时下海经商的潮流的影响，1999年，他便停薪留职下了海。

龚强平时有一个习惯，就是爱看报纸、杂志、电视新闻，而且善于思考，搞调查。他发现往返芮城和广州一个来回就需要1 100多升汽油，汽车每行驶三四百千米就必须加一次油，整个路程需三个加油站。因为三门峡加油站的油价每升比芮城低两角钱，所以果农喜欢到三门峡加油。他觉得这是一次难得的机会，于是他便开始实施自己大胆的计划。

接着，他就行动起来，与人合伙在广东清远投资办了个加油站，挂上专门服务运城地区老乡的招牌。为招揽顾客，提高盈利，他们还为老乡提供食宿、换车胎以及为资金一时周转不开的老乡提供帮助。然后龚强来到三门峡，他找了一个濒临倒闭的加油站并与其进行合作。因为这个加油站生意冷清，自然费用也就低了。合作后，他们挂上了一张醒目的标语牌："车行万里觅知音，运城老乡在这里，遇到困难需帮助，随时为你解忧愁"。这个办法果然奏效，当天晚上便有五辆车进驻。这种做法非常容易唤起同乡司机的亲切感，加之各项便利的服务，加油站的生意越来越好。甚至有一天，该油站仅运城地区的车就来了150辆。因为车从三门峡行驶到武汉，一般情况下，油已经用光了，于是他们又与武汉的一个加油站合作，用同样的办法打出为运城老乡提供各种服务的招牌，而且效果甚佳。

但龚强并不满足于现状，他感觉只做加油生意利润小，总想找点其他的新门路。他通过调查发现，当地果农运载货物的车一般是大卡车，如解放141、142，由于运输路程长，载重量大，加之昼夜不停地连轴转，卡车的损耗较大，导致使用周期短，两三年就要换一辆新的，而一辆小解放半截车的使用寿命往往有七八年。于是他灵机一动，决定搞大卡车代理。他想到果农买车一次拿出十几万元对他们来说有困难，为多揽生意，他决定实行分期付款，这样买主数量必定会大增。将一切计划好后，就立即开始行动，他往返于太原、西安、运城地区，找了多家合作伙伴进行商谈，但结果都不尽如人意。最后他找到山西通达集团，谈完后，双方一拍即合，结果不久便销售了50辆卡车，且在将近四个月的时间内销出量便增到了70多辆。由于是预交30%，其余款在两年内月月扣，所以他对其经营状况还有些管理权。但他对此仍感到不满足，一心想着其他的办法再在车的方面做其他的生意。

一次，他在饭馆吃饭时，忽然看见芮城的大型知名制药企业亚宝集团的车从窗外驶过，车厢上喷有"宝宝一贴灵"、"亚宝珍菊降压片"的广告字样，忽然一个灵感从他的脑海中迸出来，何不在自己管辖的车上也喷上这些广告呢？于是他立即找到亚宝集团，把自己的想法讲给了亚宝集团的老总，老总欣然同意。因为他们每年投入的广告费用达三五千万元，龚强提出的计划投入小，同时这些车每天都往返于全国各地，这样就使自己的产品能够扩大销路，效果肯定不错，于是答应每辆车付给龚强4 000元广告费。而且车主还能获得几百元，车主自然乐意。除掉喷广告及交纳各项费用，一辆车龚强净赚两千多元。于是很快，龚强成为10万元小富翁的佳话便在当地传开了。

龚强之所以能够在短时间内成为小富翁，正是由于他不满足于现状、不断进取的精神和意志，总在不停地思考，不断地开发自己的智慧，想尽一切办法达到致富的目的。

古罗马的塞内加在《致鲁西流书信集》中说道："在大多数情况下，进步来自进取心。"

所以，无论何时，即使已经取得了一些成就，我们也要有追求，有强烈的进取心。没有追求的人生是暗淡的，没有追求的人生是失败的！不能让现状控制了自己，不能贪图安逸，古人云："逸豫可以亡身。"所以对于职场中的年轻人来说，若想成就一番事业，那就必须摒弃安于现状的习惯，以一颗进取的心，不断朝着自己的目标前进！

3. 怀揣初心，不断进取

2001 年苹果推出 iPod 数码音乐随身听，2003 年 iTunes 商店开放，2007 年推出 iPhone 手机，2008 年推出 Macbook，2010 年发布平板电脑 iPad，2011 年苹果推出 iPad2。十年间，苹果在乔布斯手上仅凭 Mac、iPod、iPhone、ipad 四条产品线和 itunes、APP store 两个在线商店，把苹果公司推向了全球最高市值公司，截止 2011 年 8 月中旬，它的市值超过 3 500 亿美元，就是说，乔布斯的这只苹果值 2.2 万亿人民币。

乔布斯时常以佛法观人生："佛教尝讲：初学者的心态。拥有初学者的心态是件了不起的事情。"——所言初学者的心态，出自《华严经》："不忘初心，方得始终。"乔布斯始终恪守这句佛语，并言行合一。因此，当苹果一次次地推出令世人瞩目的产品时，乔布斯没有安于已有的成功，而是始终怀揣着一颗初学者的心，不断地进行新产品的研发，不断进取，才有了今天的苹果公司，才有了风靡世界的苹果产品。

4. 人生没有满足

"老骥伏枥，志在千里；烈士暮年，壮心不已。"若想在人生的道路上取得成就，就必须怀揣着一颗进取之心不断前进，因为只有这样，才不断提高自己的认知能力，才能不断提高适应社会的能力，才不会碌碌无为地度过一生。所以说，拥有进取的精神，就会有不断前进的动力，就会不虚度人生，就会达到成功的彼岸。

屈原说："路漫漫其修远兮，吾将上下而求索。"人生路漫漫，如果一味地满足于现状，只会让自己停滞不前，失去不断进取的勇气。《庄子》说："吾生也有涯，而知也无涯。"在日新月异的今天，一个人只有时刻对新知识充满渴望，才能不断地学习，更换脑海中原有的知识，才能更好地面对未来，否则，只会原地踏步，满足于现状，最终只会"泯然众人矣"。

5. 专心做好自己，不要限制自己什么时候该做什么

不少 30 岁左右的职场年轻人开始有危机感，担心找不到自己的一片天，烦恼赶不上周遭的脚步。其实，每个人探索自我价值的时间点都不一样，因此不需要在乎年纪，唯一要做的，就是专心做好自己的事。

累积经验就有收获，不用很在意自己是不是最优秀的，要相信只要在这条路留得够久，就是你的，不断转换跑道的人，反而难有丰富的收获。只有 1% 的人会留在同一个领域发光发热，留下来的人，通常不是表现最优异，反而是表现中等的人，因此必须坚持信念，慢慢累积经验。

肯德基老板成功的年纪是 55 岁，当时他才卖掉食谱，开第一家店，如果你 55 岁之前就能找到想做的事情，就表示你比他优秀；不必以世界首富比尔·盖茨为标准，我们永远不会赢过他，因此不要限制自己几岁应该做什么事。

此外，有几个要素是 30 岁左右的年轻人不可或缺的。

（1）欲望：做大梦才有机会做大事，不过"大事"的定义，往往不是社会普遍赋予的价值。即要找到自我价值，在发现自我价值前，先努力，总有一天它会翩然来到。人生会有很多领悟，每

一段生命经历,遇到不同人,都会带来不一样的领悟。怎么知道这个时间点来临了? 不要刻意等它,给自己多一点时间,也别想未来如果没有机会成功怎么办? 只要尽情生活,慢慢累积,总有一天你会知道,机会来了,你只要准备好就可以了;绝对不要苦苦傻等,却什么都不做,结果等到机会来临时,才发现自己根本没有准备好。

自己的价值,不是买张门票,或打开灯光就能发现,当你回顾过去的生命历程,才会慢慢发现,原来那个时候已经找到了。当脑袋有个声音告诉你,这就是必须要做的事情,挥之不去,你就该放手一搏;但是绝对不要期望在这个过程中会得到掌声,而是做好失去全世界的准备,一旦成果出现了,全世界都会回来,告诉你:"你做得很好。"

(2)勇气:连自己都不知道最想要的是什么,就无法为社会、世界作出任何贡献;没有勇气做自己想做的事,同样无法让别人幸福快乐。违背自己的心意,一定没办法做得很好,更别说是成功了。确认做这件事,不是被别人逼迫,而是发自内心的真诚,那么没有人会做得比你好,热情就是动力,无论你现在几岁,只要想到就开始做,永远不会太晚。

为了生存就会激发创意和能力,没有足够的危机意识,就会缺少竞争力。世界上没有不努力就成功的神话,负责自己的人生,排除万难做自己决定的事,成功总有一天会来敲门。

6. 成功从愿意改变开始

培训课上,企业界的精英们正襟危坐,听管理学教授讲关于企业运营的报告。

站在讲台上的教授从包里拿出一只开口很小的瓶子放在桌上,然后指着旁边一个胀得圆鼓鼓的气球对大家说:"谁能告诉我,怎样把这只气球装到这只瓶子里去? 当然,你不能这样,嘭!"教授滑稽地做了个气球爆炸的手势。众人面面相觑,都不知教授葫芦里卖的什么药。

终于,一位女士走到台前,拿起气球小心翼翼地捏弄。她想利用橡胶柔软可塑的特点,把气球一点一点地塞到瓶子里。但很快她发现自己的努力是徒劳的。

教授看到没有人愿意再上来试一下,他拿起气球,三下两下解开气球嘴上的带子,"哧"的一声,圆圆的气球变成了一个软塌塌的小袋子。教授把这个小袋子塞到瓶子里,只留下吹气的口儿在外面,然后用力吹气。很快,气球鼓起来,胀满在瓶子里。

教授再用带子把气球嘴儿扎紧。"瞧,我只改变了一下方法。"

教授转过身,拿起笔在黑板上写了个大大的"变"字,然后说:"现在,我们做第二个游戏。"他指着一个戴眼镜的男子说:"现在请你用这只瓶子做出五个动作,什么动作都可以,但不能重复。"

"眼镜"拿起瓶子、放下瓶子、扳倒瓶子、竖起瓶子、移动瓶子,五个动作很快就完成了。教授点点头,说:"请你再做五个,但不要与刚才做过的重复。"

"眼镜"又很轻易地完成了。

"请再做五个。"等教授第五次发出同样的指令时,"眼镜"突然大吼一声:"不! 我宁愿摔了这瓶子也不想再让它折磨我的神经了!""眼镜"把瓶子重重地放在讲台上,愤愤地走回到自己的座位。

精英们笑了,教授也笑了,他面向大家:"你们看到了,'变'有多难! 连续不断地'变'几乎使这位先生发疯。可你们比我还清楚,商战中'变'有多重要。因为不变比发疯还要糟,那意味着死亡。"

精英们开始对这场别开生面的报告品出点味儿来了,他们微笑地互相交换着目光。

停了片刻,教授从包里拿出一只开口很大的瓶子放到台上,指着那只装气球的瓶子说:"谁能把它放到这只新瓶子里去?"

精英们都看到这只新瓶子并没有原来的那个瓶子大,直接装进去是根本不可能的。但这样简单的问题难不住头脑机敏的精英们,一个高个子中年男人走过去,拿起瓶子用力向地上掷去,瓶子碎了,中年人拾起一块块碎片装入新瓶子。教授点头表示赞许,精英们没人对中年人的做法感到意外。

这时教授说:"先生们,这个问题很简单,我想你们都想到了这个答案。但实际上我要告诉你们的是改变最大的极限是什么。"教授举起手中的瓶子:"瞧,最大的极限是完全改变旧有状态,彻底打碎它! 感谢在座的诸位,我的报告完了。"

你改变不了事实,但你可以改变态度。不知道为何,有些东西就是无法改变。也许,是因为还没有找到真正的梦想。也许,还在追求那永远不会有的完美。

人生如此短暂,有什么理由不去好好地生活。我们也完全可以走自己的路,纵然很崎岖,纵然很陡峭,但要依然勇往直前。

成功从愿意改变开始。你要变得积极,你要找比你更积极地人在一起,你要永远寻找比你本身更好的环境,无论你是飞黄腾达,还是穷困潦倒,只要你选择比你优秀的人在一起,当你落败时他会帮你检讨总结,为你加油助威,失败是暂时的成功是最终的必然,当你成功时,他会提醒你,从新给自己定位,人生的意义不仅在于超越别人,最总要的是要超越自己,积极地人,在任何问题和困难面前,都会把注意力放在解决问题上,都会设问这件事情的发生对自己有什么好处,把问题和困难当成人生中训练自己的教练。

总而言之,35 岁前的几年是人生很关键的几年,要想获得成功,就要不满足于现状,就要有不断进取的精神。当你制定了一个特定的、正确的目标时,就要以一颗进取心为这个目标而奋斗,不要被暂时的一些小小的成就而骄傲自满,止步不前。做到这些,你才能实现最初的梦想,获取真正的成功。

忠告箴言

不做安于现状的人,就是要做一个对未来永远充满期待的人。35 岁前是人生的关键几年,也经历过事业,生活中的各种历练,这个时候我们的心智会更加成熟,我们只要理性地识清自己,并且不安于现状,那么在这个十字路口我们会更有收获。

第 五 章

活着就是为了改变世界,难道还有其他原因吗

　　"活着就是为了改变世界,难道还有其他原因吗?"这是乔布斯最著名的话,他一开始就知道自己要向做"改变世界的人"的目标前进。乔布斯相信活着就是要改变世界,而且他足够聪明地做到了这一点。循着乔布斯的创业轨迹,我们发现苹果公司就像是一个俱乐部,大家玩得很开心,却也随时待命,他们都有共同的奋斗目标和使命感。在这种使命感的驱使下,乔布斯和他的团队仅仅用了14年不到的时间就打造出了非同凡响的"苹果",同时因为他对速度的重视和推崇使得"苹果"在他的带领下改变了世界。

忠告 52   敢于冒险,积极创业,才能成就完美人生

给自己一个培养自己创造力的机会,不要害怕,不要担心,过自己选择的生活,做自己的老板。

——乔布斯

21 世纪,世界各国都将具有创新精神的文化产业作为本国打造国家品牌、国家精神的"软实力产业",许多国家都致力于将本国的产品推向世界,其目的不仅仅在于向世界展示本民族的国家精神,更在于攫取世界市场和全球价值。在日益激烈的国际竞争背景下,我们不仅要看到乔布斯身上所体现出来的美国精神,更应看到苹果所呈现的美国利益和世界目标,只有站在这个高度,中国文化产业才能走出一条独立自主、健康持续的发展道路。

何为"美国精神"? 就是在美国人民在成功创造了一个新国家的同时,创建了其独一无二、生机勃勃的美国文化,其中就体现着创业者的发愤图强、乐观积极、迎难而上和注重实效的精神。因为美国精神,所以就有了风靡世界的联邦快递 Fed - Ex、福特汽车等,更产生了世人皆知的苹果公司。美国总统奥巴马号召美国人民积极发挥创业精神,积极创业,称乔布斯"是美国精神的典型"。

1. 做事锐意进取、敢于冒险才能摆脱平庸

人的一生不可能总是一帆风顺、平步青云,敢于冒险是现代年轻人必须具备的一种生存素质。而若一味地追求四平八稳、平平淡淡,就永远不能摆脱平庸。因为有"识"有"胆",事业成功才会垂青于你。

乔布斯是美国最伟大的发明家之一——他足够勇敢,以不同的方式思考问题;足够大胆,相信自己能够改变世界;而且足够聪明,做到了这一切。

对于乔布斯而言,他总是选择一条人迹罕至的路,这条路上尽管充满荆棘甚至险象丛生,他仍然敢于超越、敢于冒险。

乔布斯在 1998 年回归苹果公司后,他毅然把公司的产品数量从 350 个减少到 10 个;大胆将键盘从智能手机的面板上取消,将按键置入触屏中。此外,在苹果生产 iPhone 时,他将操作系统的一部分代码删除;对"雪豹",他更是决定将风扇从电脑上取消;对 Apple Ⅱ,乔布斯竟将主页上的信息删减得只剩下一件产品,就像苹果网站所显示的那样。

正如他所说的:"我从小就把鲍勃·迪伦视为我学习的偶像。我年龄越大,越能体会到他所有歌曲里所蕴含的哲理,并且发现他从来不会在原地踏步。一名真正的艺术家知道他想要成为什么样的人,并相信自己可以成为这样的人。无论成功与否,只要他们不怕失败,继续冒险,他们就依然是艺术家,迪伦和毕加索正是这样的艺术家。"也正是他的精神成就了苹果无与伦比的今天。

人们永远都希望稳中求胜。其实，风险与机会往往并存。尤其在如今这个变幻莫测、难以捉摸的社会里。在此种环境中，人的冒险精神就是最稀有的资源和最有价值的资源。切记冒险与收获也是并行的，要想有丰硕的成果，就要敢于冒险。

每个人都有自己所认为的一定的安全区，如果想要真正成就一番事业就不能划地自限，要勇于冒险，迎难而上，那我们的将来就一定会发展得比想象中的更好，否则只能空有梦想。在现代社会中，竞争激烈，但机遇并不少，就看你敢不敢尝试、能不能抓住、敢不敢冒这个险。若在机遇面前徘徊不定，机遇就会稍瞬即逝，不会再回来。其实做任何事情风险总是有的，有的人之所以能化风险为财富，就是因为他那年轻的心、那敢于冒险的魄力。当然，鼓励大家冒险并不是要大家蛮干、傻干，鲁莽行事。

我们来看看美国金融界巨擘约翰·皮尔庞特·摩根的创业故事，体会一下他的冒险精神如何成就了他。

约翰·皮尔庞特·摩根也叫皮柏，皮柏在邓肯商行工作了一段时间。一次，皮柏的母亲从伦敦来到纽约，皮柏就带着母亲到欧洲观光旅游。在趁母亲搭船回伦敦之际，他去古巴的哈瓦那采购了鱼、虾、贝类及砂糖等货物。在陪母亲返回的途中，皮柏小试了一把自己的冒险精神。

在轮船停泊的新奥尔良港口，皮柏悠闲地走过充满巴黎浪漫气息的法国街，来到了嘈杂的码头。这天，炙热的太阳烤得人好不舒服，码头上停泊着两艘从密西西比河而来的货船，有黑人正在忙碌地上货、卸货。

忽然，皮柏被一位自称是美国与巴西的货船船长拍了拍肩膀，问道："小伙子，想买些咖啡不？"皮柏欣然听他讲，船长说一位巴西的咖啡商委托自己运来一船咖啡给美国买家。但意想不到的是，这个美国买家破产了，他只好自己帮着推销。如果有人给他现金，他就可以做主半价给他。也许，船长从皮柏的着装看出来他是个有钱人。接着，皮柏就受邀到酒吧来商讨这件事情。

对此，皮柏考虑了一会儿，就决定买下这批咖啡。接着他就带着咖啡样品，去位于新奥尔良且与邓肯商行有联系的全部客户那里进行推销。好心的经验丰富的同事告诉他这批咖啡的价钱虽然让人很动心，但船舱内的咖啡是否同样品一样，没有人能够肯定，何况类似欺骗事件并不是没有过。但已经决意这样做的皮柏相信自己的判断和灵感，于是借助邓肯商行的名义将全船咖啡买下，而且向纽约的邓肯商行发电报说自己买到一船廉价咖啡。

然而，结果并不像想象的那样，邓肯商行回电不但不支持他，还严加指责不许他擅自借用公司名义，让他立即取消这笔看似没前途而有风险的交易！在此情况下，皮柏只好发电报向伦敦的父亲求援。父亲于是帮他偿还了原来挪用邓肯商行的款额。后来，他还在那名船长的介绍下，买了其他船上的咖啡。

值得高兴的是，就在皮柏买下大批咖啡不久，由于受寒巴西的咖啡因此而减产，价格一下子比原来高了两三倍；皮柏赌赢了，在他准确的判断力和敢于冒险的魄力的推动下他赌赢了。最终他成为后来的美国金融界巨擘。

一位成功人士曾说过："你不能等别人为你铺好路，而应自己去走，去犯错，而后创造出一条自己的路。"现在社会大多数年轻人都追求一切稳定发展，畏惧冒险，即使生活平淡无味，他们也不愿去寻找机会闯一把。只有少数敢于进行新的尝试的年轻人，在冒险中才能获得人生巨大的成功。不敢冒险、畏手畏脚的人成功对于他们来说永远都是空想。冒险需要勇气和魄力。年轻人要想获得成功，就要学习美国精神中的冒险精神。其实，人生就是一场冒险，人生的价值体现就在于冒险。

在 2012 年《福布斯》中国富豪榜单上，中国经营大师、广汇集团董事长孙广信以 195.3 亿元的身家排第 14 位。虽然大家都知道他是亿万富翁,但很少有人知道他在发迹之前的创业故事。孙广信在新疆乌鲁木齐一个多民族的大杂院出生。自当兵复员后他也回到了自己的故乡创业。起初,孙广信在乌鲁木齐做的只是些小生意,而且是中国人认为是女人才会做的拼缝小生意。后来,他听说当地有一家专做粤菜的酒楼由于经营不善倒闭。于是他对这座酒楼认真考察了一番,发现不论是地理位置还是门面布置都不错,于是决定抓住这个机会,但这其中肯定存在着一定的风险,因为不但原料运输是个问题,更重要的是新疆人都习惯吃牛羊肉,而要想培养新疆人习惯吃海鲜并不是一件很容易的事。但是孙广信坚持独辟蹊径,认为这里的人不习惯吃粤菜,粤菜酒楼少,没有大的竞争力,所以一旦让这里的人们喜欢上粤菜,便会拥有很大的市场。此外,经营这家酒楼需要大量的周转资金,自己手里也没有那么多,但孙广信并没有因此而放弃,他借了近 70 万元把这个粤菜酒楼给盘了下来,之后又从广东请来好厨师,进了新鲜的鱼、虾、鳖、蟹等,开始营业。可是事情的发展并没有孙广信当时想象的顺利,一连 4 个月都处于亏损状态,损失了近 20 万元,此时孙广信又展示了他的胆识,他把剩余的资金大量投入到广告上,并进行消费优惠,经过这一番努力,他终于在酒楼经营上获得了庞大利润。关键时刻,他没有灰心,每天,他一桌一桌征求顾客对饭菜的意见,对于常客,他总是亲自赠送一道精美的菜肴。经过半年的苦心经营,“广东酒家”收回了全部投资。并接连开办了凯旋门娱乐城、迪士尼乐园、香港美食城等餐饮娱乐实体,一连串搞出了新疆餐饮业的许多第一。作为有心人,孙广信不仅赚了钱,而且把这个酒家变成了交流商业信息的中心。中国做酒楼生意的人很多,然而很少有像孙广信这样的亿万富翁,是什么原因促使的呢? 就是他的胆识,他能在缺乏资金的情况下敢于一搏,在几近倒闭的情况下又把资金投入到宣传上来,都充分证明了他有着过人的胆识与心机。

2. 勇于创业,梦想就总会起飞

“什么是美国精神? 创造改变人们生活的产品,为人们提供最好的服务。”这是奥巴马对美国精神的解释。在美国,每一个人都在为实现这一梦想而奋斗。

1976 年 4 月,乔布斯与好友沃兹尼亚克在自家的车库内成立了苹果电脑公司,当时的他才仅仅 21 岁。为了创办苹果,乔布斯和沃兹尼亚克不惜“卖掉了他们最值钱的东西”。乔布斯卖掉了自己心爱的大众小巴,沃兹尼亚克则卖掉了自己的惠普科学计算器,他们一共筹到了 1 300 美元,并创办了新公司。随后,乔布斯创建了这个星球上最成功的公司之一,他是美国精神的典型。是他让电脑普及到个人,并让互联网装进每个人的口袋。他不仅推动了信息革命,而且使之有趣且触手可及。

我们再看看美国联邦快递(Federal Express)的创始人弗雷德·史密斯,他起初不被认可的“轴心概念”创造的奇迹,也印证了他不仅仅是一位企业家、一个创新家、一个冒险家,更是一个有着美国梦的实战家。

联邦快递公司于 1973 年在美国田纳西州孟菲斯创立,至今已发展成为全球快递运输业泰斗,并跃入世界 500 强企业。目前,联邦快递在全世界拥有员工 148 000 名,服务中心大约 1 200 个,授权寄件中心近 8 000 个,投递地点更是高达 435 000 个,货运车 45 000 辆,货机 662 架,服务机场覆盖全球 365 座大小机场,服务范围遍及全世界 210 多个国家,日平均处理的货件量多达 330 万份。

20 世纪 60 年代,弗雷德在耶鲁大学就读时,就曾撰写过关于一个不是运用轮船和定期的客运航班运送包裹的超越性概念,即建立一个完全的货运航班,用来进行全国范围内的包裹邮递的设想。这也是他的一个开创性的创业设想。但他的老师并未认可他的这个创新理念,这篇论文也只得了个C。

毕业后弗雷德曾在越战中当过飞行员。回国后他在可行性研究基础上，把从父亲那里继承的1 000万美元和自己筹措的7 200万美元作为资本金，建立了联邦快递公司。

实践证明，弗雷德的"轴心概念"的确能为小件包裹运输提供独一无二、有效的、辐射状配送系统。

弗雷德的出奇之处不仅在于小件包裹运输采纳"轴心概念"的营销模式创新，更在于他能够把人们忽略的时间运用起来，把本来是低谷的时段变成一种生意的高峰期。

田纳西州的孟菲斯之所以被选择作为公司的运输中央轴心所在地，首先，孟菲斯为联邦快递公司提供了一个不拥挤、快速畅通的机场，它坐落在美国中部地区；其次，孟菲斯气候条件优越，机场很少关闭。正是由于摆脱了气候对于飞行的限制，联邦的快递竞争潜力才得以充分发挥。

每到夜晚，就有330万包裹从世界各地的210多个国家和地区起运，飞往田纳西州的孟菲斯。

成功的选址也许对其安全记录有着重大贡献，在过去的30多年里，联邦快递从来没有发生过空中事故。联邦快递的飞机每天晚上将世界各地的包裹运往孟菲斯，然后再运往联邦快递没有直接国际航班的各大城市。虽然这个"中央轴心"的位置只能容纳少量飞机，但它能够为之服务的航空网点要比传统的A城到B城的航空系统多得多。另外，这种轴心安排使得联邦快递每天晚上飞机航次与包裹一致，并且可以应航线容量的要求而随时改道飞行，这就节省了一笔巨大的费用。此外，联邦快递相信："中央轴心"系统也有助于减少运输上的误导或延误，因为从起点开始，包裹在整个运输过程都有一个总体控制的配送系统。

弗雷德专门用于包裹邮递的货运航班，为全国以及后来为全世界客户提供了方便、快捷、准时、可靠的服务，创新的营销模式为其提供了低成本、高效、安全和全天候的物流系统，因而联邦快递迅速发展，从创业到成长为世界500强企业只用了短短20多年的时间。

的确如此，最早的时候他们只是传递包裹和信件，而发展到今天，已经无所不包：有缅因州的龙虾、日本樱桃、夏威夷的鲜花、各种药品、心脏起搏器、隐形眼镜、新鲜血浆、发动机、减震器，还有欧洲香水和瑞士钟表，凡是你所能想到的，都可以传递，这个伟大的事业，这个从来没有人干过的事业就是隔夜快递。

如果说20世纪90年代是微软的天下，那么进入21世纪以来，后来居上的苹果，已经成为美国的象征和全世界的科技标杆。乔布斯7次登上《时代》杂志封面——"他改变了世界"。互联网的影响远远超过了电脑本身，它以软件的名义使技术更加抽象和独立，地球因此进一步大大"缩小"和变平，全人类实现了无成本的信息交流和知识共享。人们的生产、生活、工作、学习、思维等都发生了深刻的变化，知识经济将人类带入一个"信息时代"。互联网时代的知识不仅超越了政治，甚至超越了物质，这将带给中国自从孔子时代之后的又一次大启蒙运动。如果说第一次启蒙使中国走出了蒙昧，走进了野蛮；那么第二次启蒙将使中国走出野蛮，走进文明。

从福特的T型车、莱维特的安居房到乔布斯的个人电脑，张扬的平民精神是美国与古老欧洲最大的不同；所谓"美国梦"就是让一种更好的生活方式让更多的人享有，而不只是少数贵族的禁脔。从亨利福特到爱迪生，从比尔·盖茨到乔布斯，美国精神始终是一种平民精神和草根精神。创新的背后，是一个健全的人格对智慧的崇拜，和对特权的反抗。

被奥巴马誉为"美国精神"代表的乔布斯，不仅是一个屡创奇迹的科技天才，更是一位众多年轻人改变生活的人生导师。在大洋彼岸的中国，不能否认，对乔布斯的追随使得苹果产品成为全球增长最快的市场——从在"黑店"购买来路不明水货的胆量,到冒雨排起万人长队的景观可见其盛况。对苹果的追逐使得乔布斯成为最受中国年轻人追捧的美国精神的象征——倔强自由,傲岸不羁,我行我素。在这种追随、追逐、追捧中,乔布斯的生活片断被无数倍放大,他说过的话成为无数人的"创业宝典"。

在美国人的哲学里,只有永远的利益,没有永远的朋友。华尔街的经营战略就是"零和游戏",华尔街的财富积累是让 99% 的老百姓付出惨重的财富损失的代价。而乔布斯之所以伟大,不是因为他创造了一个 iPhone 这么简单,而是这个人用自己的智慧颠覆了整个数字化行业。而后让这整条产业链的上、中、下游都能从中获益。因此他的成功和华尔街的本质是完全不同的,它是一种全面的胜利,是整条产业链一起富裕的成功。这就是为什么乔布斯被美国人誉为可与爱迪生、福特比肩的历史人物。

乔布斯虽然离开了这个世界,但是他留下的强大能量却弥漫这个星球。这个星球的任何一个人都可以通过各种方式吸收他的能量,人类需要这种美国精神!

乔布斯的能量就存在与宇宙中,无论你身在何处,无论你贫贱富贵,无论你男女老幼,无论你哪个国籍。只要你想吸取乔布斯的能量,都可以在你的血液中感受到!

3. 行动起来一切就有可能

从乔布斯、盖茨那里我们看到了美国精神,也无不深深地感受到人类需要"美国精神",我们年轻人更是应该汲取精华。想想我们每天内心真正想要的是什么,想好了就立即付诸于实际行动,否则一切都只能是空想,我们也就不可能在青年时取得成功。

我们来看看古希腊的雄辩家德谟斯特斯对雄辩之术的认识,他认为雄辩之术首要的是什么呢? 他坚定地说:"行动。""第二点呢?""行动。""第三点呢?""仍然是行动。"

成功开始于心态,成功要有明确的目标,这都没有错,但这只相当于给你的赛车加满了油,弄清了前进的方向和线路,而要抵达目的地,还得把车开动起来,并保持足够的动力。

永远是你采取了多少行动才让你更成功,而不是你知道多少才让你成功。所有的知识必须化为行动。不管你现在决定做什么事,不管你设定了多少目标,你一定要立刻行动,唯有行动才能使你成功。现在做,马上就做,是一切成功人士必备的品质。有一篇仅几百字的短文,几乎世界上主要的语言都把它翻译出来过。仅纽约中央车站就将它印了 150 万份,分送给路人。日俄战争的时候,每一个俄国士兵都带着这篇短文。日军从俄军俘虏身上发现了它,相信这是一件法宝,就把它译成日文。于是在天皇的命令下,日本政府的每位公务员、军人和老百姓,都拥有这篇短文。

目前,这篇《把信带给加西亚》已被印了亿万份,在全世界广泛流传,这对有史以来的任何作者来说,都是无法打破的纪录。

在一切有关古巴的事情中,有一个人最让我们忘不了。当美西战争爆发后,美国必须立即跟西班牙反抗军首领加西亚取得联系。加西亚在古巴丛林的山里——没有人知道确切的地点,所以无法写信或打电话给他。但美国总统必须尽快与他合作。

怎么办呢?

有人对总统说:'有一个名叫罗文的人,有办法找到加西亚;也只有他才找得到。

他们把罗文找来,交给他一封写给加西亚的信。关于那个叫罗文的人如何拿了信,把它装进一个油质袋子里,封好,吊在胸口,划着一艘小船,四天以后的一个夜里,在古巴上岸,消失于丛林中,接着在三个星期之后,从古巴岛的那一边出来,徒步走过一个危机四伏的国家,把那封信交给加西亚——这些细节都不是我想说明的。要强调的重点是：

麦金利总统把一封写给加西亚的信交给罗文，而罗文接过信之后，没有问题，没有条件，更没有抱怨，只有行动，积极、坚决的行动！

"只有行动赋予生命以力量。"罗文为德谟斯特斯、克雷洛夫、拿破仑的话做了最好的注脚。人是自己行为的总和，是行动最终体现了人的价值。

产生卓越的创意，作出重大的发明，聚集巨额的财富，这种事情古往今来有许多例子，亨利·福特不过是其中之一。然而福特的汽车极其深刻地改变了人们的生活形态，他采用流水线生产的方法，让大部分中产阶级能够以低廉的价格享受到汽车。在福特之前，人们只知道生产作为奢侈品的汽车，福特却知道为人民大众生产汽车，人民大众也以丰厚的金钱给他做酬劳。福特不是什么纯洁善良之人，为了争夺企业控制权，曾经使用过赤裸裸的不正当竞争手段；他也不是什么永远正确之人，晚年一再犯下严重的错误，差点颠覆了自己手创的事业。就算有这么多的缺点和错误，人们依旧铭记他，因为今天的每一条乡间公路，每一个市郊的居住区，每一辆可以以低廉价格买到的平民汽车，都出自福特的伟大创意。福特对世界的功勋，岂止会存在一百年，就算一千年后的人们都会铭记。

福特汽车公司是世界最大的汽车企业之一。1903年由亨利·福特先生创立创办于美国底特律市。现在的福特汽车公司是世界上超级跨国公司，总部设在美国密歇根州迪尔伯恩。

1908年福特汽车公司生产出世界上第一辆属于普通百姓的汽车——T型车，世界汽车工业革命就此开始。

1913年，福特汽车公司又开发出了世界上第一条流水线，这一创举使T型车一共达到了1 500万辆，缔造了一个至今仍未被打破的世界纪录。福特先生因此被尊为"为世界装上轮子"的人。

在1999年，《财富》杂志将他评为"20世纪商业巨人"以表彰他和福特汽车公司对人类工业发展所作出的杰出贡献。亨利·福特先生成功的秘诀只有一个：尽力了解人们内心的需求，用最好的材料，由最好的员工，为大众制造人人都买得起的好车。

今天福特汽车仍然是世界一流的汽车企业，仍然坚守着亨利·福特先生开创的企业理念："消费者是我们工作的中心所在。我们在工作中必须时刻想着我们的消费者，提供比竞争对手更好的产品和服务。"正因为这样，2003年，福特汽车的328 000名雇员在世界各地200多个国家的福特汽车制造和销售企业中，共同创造了1 642亿美元的营业总收入。福特汽车公司旗下拥有的汽车品牌有阿斯顿·马丁（Aston Martin）、福特（Ford）、美洲虎（Jaguar）、路虎（Land Rover）、林肯（Lincoln）、马自达（Mazda）、水星（Mercury）。此外，还拥有世界最大的汽车信贷企业——福特信贷（Ford Credit）、全球最大的汽车租赁公司——赫兹（Hertz）以及汽车服务品牌（Quality Care）。这些都是人们耳熟能详的品牌，同时，由于福特汽车公司多年的苦心经营，这些品牌本身都具有巨大的价值。

2003年6月16日，福特汽车公司庆祝了百年华诞。

2009年7月，由于主要竞争对手通用汽车公司破产重组，出售了8个品牌中的4个，市场份额下降，福特汽车公司成为全美最大汽车制造商，但和全球最大的丰田仍有较大差距。福特公司在2008年爆发的国际金融危机中坚决拒绝了美国联邦政府的注资援助。

要实现我们心中的"梦想"或者说是"奢望"也许是极为困难的事，然而正因为你追求的是一个高目标，比起降低你的野心，停顿自己的进步，更能接近成功。

成功，只怕你没有理想，只怕你没有能耐，只怕你空有抱怨。黑格尔曾经一针见血地指出：

世间最可怜的，就是那些遇事举棋不定、犹豫不决、彷徨歧路、莫知所趋的人；就是那些没有自己的主张、不能抉择，唯人言是听的人。这种主意不定、自信不坚的人，缺乏的就是敢想敢干的胆略。在我们决定某一件事情以前，将那件事情的各方面都顾及到并且郑重考虑各个细节是正确的，在拍板之前，运用自己的全部经验与理智做指导也是没错的，但是最终你必须做出决断，不应再有反复，不应重新考虑，否则会一事无成。

成功的机会是同风险叠合在一起的。很多时候，成功者之所以成功，取决于他敢冒别人不敢冒的风险。没有风险，就没有收获。一味躲开风险，就会与成功擦肩而过。

由此可见，敢于冒险、积极行动、锐意进取美国人可以做到，中国的年轻人也能做到。没有什么不可能，有梦想敢行动的年轻人同样能闪烁我们自己的光芒。

实用主义是一种行动哲学，原意就是行为、行动。实用主义者特别强调实践、行动对人类生存的决定性的意义。当代美国实用主义者莫利斯指出："对于实用主义者来说，人类行为肯定是他们关注的核心问题。"实用主义者甚至把自己的哲学称为"实践哲学"、"行动哲学"和"生活哲学"。

总之，当代美国人所遵循和信奉的各种价值观念以及人生信条与美国精神中的实用主义有着不可分割的联系。在美国，实用主义已经被理论化和系统化，并被注入了哲学内涵，从而产生了与美国人的民族精神和价值取向相贴切的实用主义哲学体系，它深刻地影响了当代美国人的价值观，促进了美国社会的生存和发展。实用主义哲学体系中的积极内容表现在以行动求生存，以效果定优劣，以进取求发展。实用主义所倡导的锐意进取、注重实效、积极行动、乐观向上的精神不仅是人类对现代工业文明的挑战所升华的一种美好的品格，而且是人类向大自然索取、向未来的王国飞跃所表现出的一种基本态势，它使人类改变了以往的观念，树立了一种全新的价值观念和精神风貌。这就是"美国精神"，它植根于美国社会的竞争哲学之中，它是人类宝贵的文化财产，激励着人们不断进取、不断创造出新的价值。它不仅指导着美国民众的人生航向和价值取向，同时也深刻地影响着世界上那些不甘落后、奋发图强的国家和人民，因而具有广泛的世界性。

乔布斯的成功，演绎了美国精神中实用主义哲学的成功，融汇了锐意进取和积极行动的精华。而乔布斯生命历程中的坎坷和辉煌的经历，以及"可以摧毁我的肉体，但不可以击败我"的英雄主义情怀和不断进取的坚强意志，则是对美国精神的完美诠释。

忠告箴言

年轻人成功的秘诀是"行动、开拓、进取决定你的价值"。所以，做任何事情，行动起来是关键。而且在确定创业方向时，年轻人要切忌将赚钱最多、最能成名放在首位，而应该像乔布斯那样选择最能发挥自己潜力、最能体现人生价值，尤其最能使自己全力以赴的工作。每个人的能力、才华，只有通过冒险、开拓、进取才能锻炼和展现出来。试想一个安于现状、不思进取、没有危机感、不愿参与竞争和拼搏的人，怎么可能走向成功呢？所以，只有行动、开拓、进取，我们才会有更多机会走向成功。

忠告 53　人生没有苦与乐,只有不断地前进

你在向前展望的时候不可能将这些片断串连起来;你只能在回顾的时候将点点滴滴串连起来。所以,你必须相信这些片断会在你未来的某一天串连起来。你必须要相信某些东西:你的勇气、目的、生命、因缘际会……这个过程从来没有令我失望,只是让我的生命更加与众不同。

——乔布斯

没有人不梦想成功,但不少人却一辈子也没能成功,这是为什呢? 在今天这个竞争无比激烈的社会,像乔布斯、吴士宏等这些精英已经为我们年轻人指明了方向,正如创新工场董事长兼首席执行官李开复所讲:"乔布斯所说'记住你即将死去'帮我指明了生命中重要的选择。因为所有的荣誉与骄傲,难堪与恐惧,在死亡面前都会消失。我看到的是留下的真正重要的东西。"是的,乔布斯不仅帮助李开复指明了生命中的重要选择,也帮我们年轻人指明了的方向。

1. 有目标才会促使人前进

成功人士可能有这样的体会,即明确固定的发展目标所产生的最令人惊讶的作用,就是维持正确的方向,不会走入歧路。一个人要想发展,成就一番事业,就一定要有明确的目标。

春秋战国时期的苏秦自幼家境贫寒,温饱难继,读书对于他来讲自然是很奢侈的事。为了维持生计和读书,他不得不时常卖自己的头发和帮别人打短工,后又背井离乡到齐国拜师求学,跟鬼谷子学纵横之术。

一段时间之后,苏秦自认为已经学业有成,便迫不及待地告师别友,游历天下,以谋取功名利禄。不料,一年后他不仅一无所获,自己的盘缠也用完了,没办法再撑下去,于是他穿着破衣草鞋踏上了回家之路。

到家时,苏秦已骨瘦如柴,全身破烂、肮脏不堪,满脸尘土,与乞丐无异。

妻子见他这个样子,摇头叹息,继续织布;嫂子见他这副样子,扭头就走,不愿做饭;父母、兄弟、妹妹不但不理他,还暗自讥笑他说:"按我们周人的传统,应该是安分于自己的产业,努力从事工商,以赚取 2/10 的利润;现在却好,放弃这种本应从事的事业,去卖弄口舌,落得如此下场,真是活该!"

这番话,令苏秦无地自容,既惭愧又伤心。他关起房门,不愿见人,对自己作了深刻的反省:"妻子不理丈夫,嫂子不认小叔子,父母不认儿子,都是因为我不争气,学业未成而急于求成啊!"

他认识到了自己的不足,又重振精神,搬出所有的书籍,发愤再读,他想:"一个读书人,既然已经决心埋首读书,却不能凭这些学问来取得尊贵的地位,那么书读得再多,又有什么用呢?"

于是,他从这些书中捡出一本《阴符经》,用心钻研。

他每天研读至深夜，有时候不知不觉伏在书案上就睡着了。每次醒来，都懊悔不已，痛骂自己无用，但又没什么办法不让自己睡着。有一天，读着读着实在困倦难当，不由自主便扑倒在书案上，但他猛然惊醒——手臂被什么东西刺了一下。一看是书案上放着一把锥子，为此他想出了一个不打瞌睡的办法"锥刺股"。以后每当要打瞌睡时，他就用锥子扎自己的大腿一下，让自己猛然"痛醒"，保持苦读状态。他的大腿因此常常是鲜血淋淋，目不忍睹。

家人见状，心有不忍，劝他说："你一定要成功的决心和心情可以理解，但不一定非要这样自虐啊！"

苏秦回答说："不这样，我会忘记过去的耻辱；唯如此，才能催我苦读！"

经过一年的"痛"读，苏秦很有心得，写出了"揣"、"摩"两篇。这时，他充满自信地说："这下我可以说服许多国君了！"

苏秦在刚获得一点知识后，就自认为已百事皆通，百事皆能。最后，弄得惨不忍睹的样子，灰溜溜地回到家中。苏秦反思后，立志重新向学，经受了常人不可承受的痛苦，终于学有所成，成为六国之宰相。

由此可见，忍常人不能忍之辱，吃常人不能吃之苦，必能做常人不能做之事。忍者之所以成大事，因为忍中蕴含着无限的力量和机会。

2. 有耐性才会带来好运

一谈到小泽征尔，大家都知道，他堪称是全日本足以向世界夸耀的国际大音乐家、名指挥家，然而，他之所以能够建立今天名指挥家的地位，乃是参加贝桑松音乐节的"国际指挥比赛"带来的。

在这之前，他不仅世界无名，即使是在日本，也是名不见经传。

他决心参加贝桑松的音乐比赛，是受到同为音乐伙伴的 A 先生鼓励，但他自决定参加音乐比赛开始，天天都以能得到音乐比赛奖为目标，几乎是废寝忘食地不断练习。

经过重重困难，他终于充满信心地来到欧洲。但一到当地后，就有莫大的难关在等待着他。

他到达欧洲之后，首先要办的是参加音乐比赛的手续，但不知为什么，证件竟然不够齐全，组委会无法受理，这么一来，他就无法参加期待已久的音乐节了！

一般说到音乐家，多半性格是内向而不爱出风头的，所以，绝大多数的人在遇到这种状况时，一般会就此放弃，但他却不同，他不但不打算放弃，还尽全力积极争取。

首先，他来到日本大使馆，将整件事说明原委，然后要求帮助。

可是，日本大使馆无法解决这个问题，正在束手无策时，他突然想起朋友过去告诉他的事。

"对了！美国大使馆有音乐部，凡是喜欢音乐的人，都可以参加。"

他立刻赶到美国大使馆。

这里的负责人是位女性，名为卡莎夫人，过去她曾在纽约某乐团担任小提琴手。

他将事情本末向她说明，拼命拜托对方，想办法让他参加音乐比赛，但她面有难色地表示："虽然我也是音乐家出身，但美国大使馆不得越权干预音乐节的问题。"

她的理由很明白。

但他仍执拗地恳求她。

原来表情僵硬的她，逐渐浮现笑容。

思考了一会儿，卡莎夫人问了他一个问题："你是个优秀的音乐家吗？或者是个不怎么优秀的音乐家？"

他刻不容缓地回答："当然，我自认是个优秀的音乐家，我是说将来可能……"

他这几句充满自信的话，让卡莎夫人的手立时伸向电话。

她联络贝桑松国际音乐节的执行委员会，拜托他们让他参加音乐比赛，结果，执行委员会回答，两周后作最后决定，请他等待答复。

此时，他心中便有一丝希望，心想，若是还不行，就只好放弃了。

两星期后，他收到美国大使馆的答复，告知他已获准参加音乐比赛。

这表示，他可以正式地参加贝桑松国际音乐指挥比赛了！

参加比赛的人，总共约60位，他很顺利地通过了第一次预选，终于进入到正式决赛，此时他严肃地想："好吧！既然我差一点就被逐出比赛，现在就算不入选也无所谓了！不过，为了不让自己后悔，我一定要努力。"

后来他终于获得了冠军。

就这样，他建立了世界大指挥家不可动摇的地位，我们可从他的话中汲取到重大的教训。

想必你已经发现了"耐性"的重要性。由于手续上的漏失，他无法参加音乐节，若是在当时他就此放弃，当然不可能获得指挥比赛的荣冠，也就表示他不可能成为现在国际著名的大指挥家了！

直到最后，他都没有放弃，很有耐心地奔走日本大使馆、美国大使馆，为了参加音乐节，尽了最大的努力，如此才能为他带来好运——获得贝桑松国际指挥比赛优胜、成为享誉国际的名指挥家，建立现在的地位。

相信你现在已经了解，"耐性"对于带来好运有多重要了！换句话说，为要请来幸运女神，运气远不如耐性重要。

3. 人生伟业的建立，不在于能知，而在于能行

世界潜能大师安东尼·罗宾曾说过一句话："人生伟业的建立，不在于能知，而在于能行。"也就是说即使我们知道如果这样做我们就能进入某知名企业工作，但是我们没有付诸行动做好前期的准备，我们凭什么进去呢？我们如果只空想、不付诸行动，为一时的惊喜而激动不已、为一些艰难困苦所困惑，那我们能有什么回报？

下面我们来看看著名航海家哥伦布的小故事，想必会从中得到启示：

意大利著名航海家哥伦布在发现新大陆后不久，在西班牙的一次欢迎会上，有位贵族突然口出狂言说："发现新大陆有什么大不了的，这件小事所有人都能办到，我们根本没有必要这样大张旗鼓地对此张扬。"紧接着他又说道："哥伦布的这个发现其实非常微不足道，他不过是乘坐轮船往西走，然后在海洋中遇到了一块大陆而已。我认为我们之中的任何一个人只要坐着轮船一直向西行，同样也会有这样的小收获。"

哥伦布听完这位贵族的一番"高论"之后，没有显现出丝毫的尴尬，只见他坦然地微笑着、漫不经心地在附近不远处的桌子上拿起一个煮熟的鸡蛋，说："各位请试一试，看谁能够使鸡蛋的小头朝下，并竖立在桌上。"

于是在场的人们用尽了各种办法，企图把鸡蛋的小头竖在桌子上，结果大家没有一个人做得到。只见，哥伦布拿起手中的鸡蛋，将鸡蛋的小头在桌子上轻轻一磕，鸡蛋便稳稳地竖立在桌子上了。

看到此番情景，那位贵族很不服气地对哥伦布说："你把鸡蛋都磕破了，那不用顶也会竖起来，用这样的方法我们每个人也能够做到。这不算什么了不起的。"

于是,哥伦布很有风度地站起身来,向在场的每一个人说:"是的,世界上有很多事情做起来都非常容易,但是其中最大的差别,就在于我已经动手做了而你们却没有。"

由此可见,我们年轻人没有不知道成功的方法的,也没有人人生需要朝着自己的目标前进的,但很少有人真正的行动起来,行动起来,你就前进了一步。

就像乔布斯,他拥有自己的梦想但他更懂得行动。

为什么一些人事业发展得比我们快?为什么一些人总是早于我们赚到很多财富?这些当然是有原因的,因为他们都会把自己心里想的付诸行动,而我们如果只是一味地空想,然后又畏手畏脚、不敢这样不敢那样,成功就不会属于我们,而成功永远属于那些敢于突破、敢于超越、敢于付之于行动的人。

4. 有些病魔的考验更能使人奋进

人生难免会遇到各种各样的考验,我们普通人如此,一些社会精英更是如此。而有的人经不起这样的考验,唯有坚持奋进的人其人生才更加精彩,才更值得我们学习。乔布斯经得住病魔的考验我们有目共睹,让我们再看看中国当代的经理人、"中国打工皇后"吴士宏的成功故事。

年轻时候的吴士宏是一个普通的没有任何背景,也未受过正规高等教育的女子,她曾多年在歧视中感受地位的卑微,但最终成为 IBM、微软两家巨型跨国公司的地区负责人。这中间除了她的聪颖智慧、过人的口才、过人的胆识外,还有她的奋进精神成就了她。

其实在吴士宏年轻的时候,她还只是北京市宣武区椿树医院的一名护士。而在那个年代,做护士连自己基本的温饱问题都解决不了,更别说将来的发展,也因了她那颗奋发向上的心,吴士宏对此工作并不抱有希望。

但在 1979 年吴士宏得的一场大病却彻底改变了她的一生。她在自己的《逆风飞扬》一书中说:"病中的我曾很深入、很痛苦地在想,身体好了之后,我还能像原来那样活吗?"大病之后,她的生命仿佛又从头开始,对生命、生活和时间的感受变得从未有过的强烈。

于是她决定选择"捷径"来改变自己的生活——参加高等教育自学考试。因此,经过三年的努力,1985 年吴士宏拿到了英文专业的大专文凭,紧接着决定去 IBM 应聘。

进入 IBM 之前的面试,吴士宏就显示出初生牛犊不怕虎的精神,经理问她:"你知道 IBM 是家怎样的公司吗?""很抱歉,我不清楚。"吴士宏实话实说。"那你怎么知道你有资格来 IBM 工作?""你不用我,又怎能知道我没有资格?"吴士宏脱口而出,这话自信十足。她接着说,她以前的同事和领导都相信她有能力做更多的事,她说能通过自学考试就是能力的证明,如果给她机会,她会证实她的能力和资格。就这样,她被告知:下周一上班!"天生我材必有用",吴士宏充满自信的言语给予主考官的,是一种信任和认同感。

经过种种选拔她被成功录取了。但是没想到的是,她竟成了这家世界著名企业的一名普通员工,而且还是一个卑微的角色,主要工作是端茶倒水,打扫卫生,用她自己的话说,"完全是脑袋以下的肢体劳动"。作为一位服务人员,总能解决温饱问题,但是这种心理平衡很快就被打破了。

一天,吴士宏推着平板车买办公用品回来,门卫把她拦在大门口,故意要检查外企工作证。但她没有外企工作证,于是在大门口他们僵持起来,进进出出的人就像看大街上耍猴的那样,个个都投来一种异样的目光:作为一位女性,她的内心充满了屈辱,充满了无奈,但是她知道这份工作来之不易,没有发泄出来,可是她内心咬着牙齿在说:"我不能这样下去。"

后来的另一件事情在她的内心深处留下了更深的印象:

有一个香港的女职员,资格很老,动不动就喜欢指使人给她办事,吴士宏就是她的主要指使对象。

一天,这位女士叫着吴士宏的英语名字说:"Juliet,如果你想喝咖啡就请告诉我!"吴士宏丈二和尚——摸不着头脑,不知这位自以为是的女人在说什么。这位女士又说:"如果你喝完我的咖啡,每次都请你把杯子的盖子盖好!"吴士宏本来是一个可以忍气吞声的人,但这次女性的温柔全都不见了,因为她认为那个女人把自己当成偷喝咖啡的小毛贼了,这是一种人格上的侮辱。她顿时浑身战栗,就像一头愤怒的狮子,把埋在内心的满腔怒火全部发泄了出来……

吴士宏下定决心:有朝一日,我要去管公司的任何一个人,不管他是什么人!

吴士宏每天除了工作时间就是努力地学习,寻找自己的最佳出路,用自己的行动说明一切。最终吴士宏成功了,与她一起进去的,她第一个做了业务代表;她第一批成为本土的经理;她成为第一批赴美国本部进行战略研究的人;她第一个成为华南地区总经理,最后还登上了(中国)公司总经理的宝座。

吴士宏为什么能成功,就是她用自己的行动证明任何病魔都无法将自己的心打倒。

其实,我们每个人都有不断变化的机会,在这些机会出现之前,也许有如乔布斯、吴士宏这样的病魔考验,在身处事业、健康两难的抉择中也很有可能使人往上或往下走。如果说什么能促使我们往上走,那就是坚强又不可战胜的毅力,拥有了它我们就超越了自己。

5. 向前进,向前进

今天,不少年轻人都明白人应当懂得坚持,懂得享受这个吃苦的过程,但在前进的道路上有的人会因为一次小小的打击而从此堕落,曾经的梦想也灰飞烟灭。但是,在乔布斯的思想里,尽管前进的道路曲折,乔布斯毅然决定向前进。

1983年新年的前夕,乔布斯从送报人的手里拿到了在美国西海岸发行的第一份旧的《时代》杂志。封面人物正是自己,乔布斯立即打开浏览了一下,并且发现其中有一篇文章报道的是《乔布斯的创业新篇章》。对此,他很坦然地打开看了一下。

不过,读完后乔布斯却突然发现有点不对头。这篇报道的用语虽然看起来比较温和,但也有一些语句让乔布斯读来很不舒服,比如报道中引用了沃兹尼克的话:"乔布斯没有做过任何设计工作,哪怕是一块电路板、一条编码。"还有一位自称是他"朋友"的人评价乔布斯:"乔布斯有时行事让人难堪,也不够灵活;有时候他的行为和他的金钱、权力、孤独感有着千丝万缕的联系。"更为糟糕的是,他这个无名的"朋友"一方面攻击他,而另一方面却大力赞扬他的创业伙伴即好朋友沃兹。乔布斯认为,这在很大程度上体现了对自己的不忠。

乔布斯看出《时代》杂志好像是故意在渲染自己的缺点,如果任何一位读者看完都会觉得,苹果公司的成绩与乔布斯并没有太大的关系,功劳并不归属他,乔布斯只是一个没有什么创造和设计才能的人,他所谋取的财富事实上是建立在别人的成果之上的。

相信很多人在受到这样的打击后不能一如既往地工作,但乔布斯却是个例外。

紧接着,他取消了已经制订好的新年计划,待在家里,整晚都在思考这件事。他告诉自己:不能让这件事把我打垮了,我要向他们证明他们的那些抨击不但不对,而且摧不垮我。我要研发出新的计算机。事实证明乔布斯才是真正的强者。

1983年,乔布斯第一次登上了《时代》周刊的封面。接下来,乔布斯分别在1997、1999、2002、2005、2007、2010、2011年7次荣登《时代》杂志封面。《时代》指出:"多亏了乔布斯,反叛的旗帜再次在苹果公司上空飞舞。这个硅谷奇才 1976 年在他父亲的车库中创建苹果公司,他推出了大受欢迎的麦金塔电脑,却在 1985 年被公司董事会解雇,现在他重返梦开始的地方。""乔布斯拥有与生俱来的设计才能并掌握了雇用天才的诀窍,但最重要的是,对自己最热衷的事情,他总是有竭尽全力的热情和毅力。""他曾经是苹果和皮克斯动画具有远见卓识的创始人乔布斯,他也曾经是放逐者乔布斯甚至失败者乔布斯。而现在他有了一个新角色:巨头乔布斯。"

事实证明:"乔布斯做了几乎没人能完成的事,他颠覆了整个产业的发展,有些是新兴产业,像个人电脑市场;有些是传统产业,像音乐市场,而且他的步伐正在逐年加速。"

6. 不抛弃,不放弃

不放弃,不放弃什么? 不放弃我们心中的信念、理想、追求与原则,以及由信念、理想、追求与原则所换来的努力与拼搏,不放弃最后一刻成功的机会,不放弃任何成长与净心的机会;不抛弃,不抛弃什么? 不抛弃亲情、爱情、友情,和它们所带来的温暖与安全,不抛弃所有努力创造的一切。

你耳边是否响起过这么一句话? "不抛弃,不放弃"。? 这句话源于 2007 年夏天热播的电视剧《士兵突击》中的一句台词,自出现便红遍大江南北。不抛弃,不放弃,在电视中最主要的体现者是"钢七连"的班长史今,这是"钢七连"的精神,也是军人的精神,更是尊重人性平等的体现。史今为了当初许三多父亲的一个承诺,也坚信许三多会是一个好兵,他和其他人一样,有着平等的尊严和受尊重的权力,无论在任何时候,都不抛弃,不放弃。至于后来的特种兵大队"老 A"的中校袁朗,更是被这种精神所折服,像接力棒似的接过来,并深深实践,给予许三多的又是严厉又是关怀,尤其在许三多家庭发生变故,打算离开军营的时候,他更是毫不迟疑地给予帮助,不抛弃,不放弃!

不放弃,不放弃什么? 不放弃我们心中的信念、理想、追求与原则,以及由信念、理想、追求与原则所换来的努力与拼搏,不放弃最后一刻成功的机会,不放弃任何成长与净心的机会;不抛弃,不抛弃什么? 不抛弃亲情、爱情、友情,和它们所带来的温暖与安全,不抛弃所有努力创造的一切。

中国原子弹之父——邓稼先就是一位对祖国不抛弃,对科学不放弃的人。邓稼先从小生活在国难深重的年代,七七事变以后,端着长枪和刺刀的日本侵略军进入了北平城。不久北大和清华都撤向南方,少年的他看着校园里空荡荡的,他实在是无法离开这片故土。更加上邓稼先的父亲身患肺病,咯血不止,全家滞留下来。七七事变以后的十个月间,日寇铁蹄踩踏了从北到南的大片国土。亡国恨,民族仇,都结在邓稼先心头。

1941 年,他进入了西南联合大学就读,学生时代的他刻苦认真,丝毫不敢松懈,最终以优异的成绩毕业,顺利地当上北京大学物理系主教。然而他并不是一个只限于三尺讲台的教师,他怀抱着满腔的热血积极地投入争取民主的斗争中,后来解放战争胜利了,新中国成立在即,邓稼先抱着求学不倦之心进入美国印第安纳州的普渡大学研究生院——由于他学习成绩突出,不足两年便读满学分,并通过博士论文答辩。此时他只有二十六岁,人称"娃娃博士"。

这位取得学位刚九天的"娃娃博士"毅然放弃了在美国优越的生活和工作条件,回到了一穷二白的祖国,这让所有的美国科学家都大跌眼镜。然而,没人能挽留住他。

回国后,邓稼先在中国科学院近代物理研究所任助理研究员,1958 年 8 月奉命带领几个大学毕业生从事原子核理论研究。他不仅在秘密科研院所里费尽心血,还经常到飞沙走石的戈壁试验场。他冒着酷暑严寒,在试验场度过了整整八年的单身汉生活,有十五次在现场领导核试验,从而掌握了大量的第一手材料。

1964 年 10 月,中国成功爆炸的第一颗原子弹,就是由他最后签字确定了设计方案。他还率领研究人员在试验后迅速进入爆炸现场采样,以证实效果。他又同于敏等人投入对氢弹的研究。按照"邓于方案",最后终于制成了氢弹,并于原子弹爆炸后的两年零八个月试验成功。这同法国用八年、美国用七年、苏联用十年的时间相比,创造了世界上最快的速度。

由于长期研究核元素,他身体严重受损,直到生命的最后一刻,这位已经是"两弹元勋"的伟人叹息地说了一句:"我知道这一天迟早会来的,只是没想到来得这么快……"他临终前跟身边的人说了一句:"不要让人家把我们落太远啊……"

邓稼先的一生都从未对祖国放弃过,他为祖国付出了自己的青春。他不是一位军人,但是,他用尽一生的力量来研究保卫祖国的武器。这难道不比军人还伟大吗??

我们有多少人能忍受得了寂寞,多少人能扛得住生活一波又一波袭来的痛楚,多少人能视金钱、权力如粪土? 那是因为在我们的心里,没有像邓稼先爱国一样坚定的念头,让人不放弃,终生不弃!??? 对于当今社会的我们来说,和平年代没有什么国仇家恨,但是,爱国之心不可无。即使我们做不到像邓稼先那样的勋功显著,我们也得在自己的心里安放着一块磐石,对你认为对的永不抛弃,永不放弃!

人之所以会累,就是常常彷徨在坚持和放弃之间,举棋不定。生活中总会有一些值得我们记忆的东西,也有一些必须要放弃的东西。放弃与坚持,是每个人面对人生问题的一种立场。敢于放弃是一种大气,敢于保持何尝不是一种勇气。

做什么都要有个好心态,出状况时别把自己逼进死胡同。凡事想得开,开朗、自信的人总会招人喜欢,不计后果地去努力。没有成功但是不会后悔,不能给自己留有遗憾。无论承受多大的痛苦都不要轻言放弃,把努力后的成败交给上帝去裁决。

选择了就要义无反顾走下去,选对了,坚持了,自然就会成功;半途而废只会梦幻一场。宁可选择坚持的泪水,也不选择放弃的痛苦……只问耕耘,不问收获! 即使结局没有按照你想要的方式上演,但你会收获一段难忘的旅程!

总而言之,任何人做任何事都不会一帆风顺,也许你会遇到经济困难,也许会被病魔考验,也许亲人离去,但无论遇到什么事都不能半途而废,只要继续努力,迟早都会有柳暗花明的一天。换言之,就是要相信"精诚所至,金石为开"。绝不要在心中被苦难所折服,要有一定会成功的坚强意志和一心一意去做的热诚,这样所有的愿望都会实现! 这就是如吴士宏、乔布斯、小泽征尔等人成功的奥秘,也是我们每个人成功需要悟到的真理。

忠告箴言

生活中的艰难困苦都是人生的宝贵财富。要成功的人需要有梦想、需要有行动,更需要勇往直前的勇气和魄力。真正成功的人会排除万难、不怕孤单寂寞,他们有自己的人生使命,他们会循着自己的使命来展示自己的强者风范。朋友们,人生年轻时最关键,相信自己,只要坚持我们就定会成功。

忠告 54　上帝不会眷顾一个人,而是因了他的专注做出让步

只有专注,才能把每件事情做到极致。专注和简单一直是我的秘诀之一。简单可能比复杂更难做到:你必须努力厘清思路,从而使其变得简单。但最终这是值得的,因为一旦你做到了,便可以创造奇迹。

——乔布斯

这个世界上的人有两类:一类人善于将自己的注意力和力量集中到重要的事情上,比如有成就的科学家和行业精英都是这样的人,这类人只有少数,如爱默生、乔布斯等。另一类人则不善于和不大善于抓重点事情,他们看似整天忙碌,却不知道自己在干些什么。我们可以称前者是一个专注的人,后者则是三心二意的人。古往今来,只要在事业上有所成就的人,毋庸置疑,他们都是专注于自己事业的人。

1. 专一的人即是注意力非常集中的人

曾荣获诺贝尔生理学及医学奖的著名医师及药理学家奥托·莱奥维就是一个注意力非常集中的人。

奥托·莱奥维于 1873 年 6 月 3 日出生于德国法兰克福的一个普通犹太人家庭。由于这个犹太人家庭对来自社会的各种歧视和迫害深感恐惧,他们只能不断敦促从小就喜欢绘画和音乐的小拉尔维一心去学习一门技术。

在父母的这种教育思想下,奥托·莱奥维进入大学学习时,不得不放弃了自己从小就有的爱好,选择了到施特拉斯堡大学医学院读书。奥托·莱奥维是一个意志坚定而又勤奋刻苦的学生,他从来不怕从零起步,他相信通过自己的专心致志,必然会有所成就。于是,他带着自己坚定的决心,在很短时间内就进入了角色,用心攻读医学课程。

这种决心,促使奥托·莱奥维将集中自己的全部精力用心学习钻研。同时医学院导师的高深学识和专心钻研的精神更使他坚定了自己的信念。因此,在大学期间莱奥维的学业进展得很顺利,并且他也对未来充满无比信心,他相信在医学上自己也可以施展拳脚,创造奇迹。

大学毕业后的奥托·莱奥维先后在欧洲及美国一些大学从事医学专业研究,同时在药理学方面取得不错成果。因此,1921 年奥托·莱奥维被奥地利格拉茨大学特聘请为药理教授,专门从事教学和研究工作。在那里他又开始了神经学的研究,他通过对青蛙迷走神经的试验,第一次证明了某些神经合成的化学物质可以将刺激从一个神经细胞传至另一个细胞,又可将刺激从神经元传到应答器官。他把这种化学特质称为乙醚胆碱。1929 年他又从动物组织分离出该物质。

奥托·莱奥维对化学传递的研究成果是一个前所未有的突破,在药理及医学上作出了重大贡献。他与亨利·哈利特·戴尔一起因发现神经冲动的化学传递,而获得 1936 年的诺贝尔生

理学及医学奖。

志因集中在一点上而专,心因集中在一点上而定,气因集中在一点上而静,神因集中在一点上而明,学因集中在一点上而精,艺因集中在一点上而工。莱奥维成功的事实再次说明:当你对一项工作有着浓厚兴趣的时候,你就会因为这种兴趣的吸引而全身心地投入进去,那么也正是这种投入与专注,造就了一个人的一个又一个的伟业。

2.专心致志造就伟大

荀子曰:"不积跬步无以至千里,不积小流无以成江海。"只有专心致志,才能积跬步以行千里,才能积小流以汇江海。当你想成就一番伟大的事业时,你必须专心致志地做一件事,脚踏实地,埋头苦干,才能从平凡走向伟大,才能实现自己的人生价值。

著名昆虫学家法布尔为了观察昆虫的习性,经常达到废寝忘食的地步。有一天,几个去摘葡萄的村妇一早就发现法布尔趴在一块石头旁。傍晚收工时,她们仍然发现法布尔一动不动地趴在那儿,她们实在不明白:"他花一天工夫,怎么就只看着一块石头,简直中了邪!"其实,为了获得第一手资料,法布尔不知多少次这样观察昆虫的习性。

有一次,一个青年找到法布尔,苦恼地对他说:"我几乎将自己的全部精力都花在了我爱好的事业上,为了获得成功,我不知疲倦地努力,但结果却收效甚微,这是为什么呢?"

法布尔向青年投去赞许的目光:"看来你是位献身科学的有志青年。"

这位青年说:"是啊! 我不仅爱好科学,也爱好文学,同时对音乐和美术我也非常感兴趣。这些都占用了我大量的时间。"

法布尔听完青年的叙述,从口袋里掏出一个放大镜说:"试试将你的精力集中到一个焦点上,就像这块凸透镜一样,你会领悟到获取成功的道理!"

《荀子·劝学》中说:"蚓无爪牙之利,筋骨之强,上食埃土,下饮黄泉,用心一也。"意思是说,蚯蚓虽没有锐利的爪牙,也没有强壮的筋骨,但它上可以吃到地里的尘土,下可以喝到黄泉,这是用心专一的缘故。凡大学者、科学家取得的成就,无一不是将自己的注意力"聚焦"在一个点上,专心致志的结果。

11岁时,史蒂夫·乔布斯就表现出自由精神和非凡的智力水平,但学校的混乱局面使他没有施展自己才华和提升自己的机会。这使他渐渐变得郁郁寡欢,精神萎靡,并有深深的挫折感。在经历了痛苦的折磨后,乔布斯最终向父母提出退出那所学校,并获得了父母的支持。他这种刚强的个性加上做事专心的品质,使他在以后的人生道路上能够克服任何障碍。

1967年,乔布斯随父母搬到加利福尼亚州的洛斯阿尔托斯,在这个地方,他们忽然发现自举世闻名的"曼哈顿计划"实施以来,这里竟然聚集着如此多的科技工作人员。这给了乔布斯获得成长的空间和机会,在这里,史蒂夫随时都能向那些学识渊博的科技人员请教自己各种不懂的问题,在这里,到处都能发现有一两只箱子里装着废弃不用的电子元器件,每天放学后,史蒂夫都将这些元器件拆开来想一探究竟。在幼时的乔布斯眼中,这里和环境杂乱不堪的芒廷维尤相比简直就是天堂!

后来,乔布斯上了库比提诺中学,也就是在这时,史蒂夫结识了比尔·费尔南德斯——一位律师的儿子。由于他们都身材矮小、体型瘦弱,动作的协调能力也不好,因此,他们都不适合做运动员,但他们个性强烈而鲜明,与同学们相处得很不融洽,所以同学们都认为他们是不易接近之人。但同时,这给他们亲近电子元器件提供了条件,因此,对于他们两个"局外人"来说,电子元器件是其最好的玩伴。他们没有一般青少年可能遇到的难题，比如同学之间的排斥、体育活动的剧烈碰撞、男女生之间的矛盾冲突等等，因为他们可以在学校周边一座座孤零零的生产车间里找寻到属于自己的快乐。在那里，他们躲在里边一玩儿就是好几个小时，甚至常常忘了时间。他们可能已被同学们看作了另类，但是，费尔南德斯和乔布斯已在诸多工程师和科学家的包围中，深深地感受到了浓浓的科学技术氛围。这个优越的条件和乔布斯专心致志的精神为其以后的成功奠定了基础。

乔布斯成功多年后，有人这样评价他："我们一般人都习惯于稳稳当当地处理自己的事情，但史蒂夫不一样，他紧赶时间，往往用别人一半的工夫就能把整件事做得非常漂亮。"

3. 只有专注，才能把每件事情做到极致

专注对于一个人取得事业上的成功具有十分重要的意义。如果一个人想在事业上获得成就，专注就是打开成功之门的一把钥匙。拥有了专注的品质，你就掌握了成功的秘诀。

很多伟大的人，正是由于他们对事业充满了热爱，对自己所从事的工作十分专注，才让他们锲而不舍地走自己坚持的道路，从而创造出前所未有的成就。

苹果公司的标识，核心图形虽然简单，却显得极为独特，就是一个吃了一口的苹果。30 多年来，这个图案一直没变过。而唯一随时代变化的，只是它的色彩和立体处理方式。

只有专注，才能把每件事情做到极致。

"他是一个专注的人。"身边的人这样评价乔布斯。一个具有专注品质的人，往往能够将自己的时间、精力和智慧凝聚到所要从事的事情上，从而最大限度地发挥积极性、能动性和创造性，努力实现自己的目标，到达成功的彼岸。

苹果员工的一大强项是在一段时间内专注于一件事，乔布斯要求所有人都要学会做减法，虽然说起来容易，但真正能做到这一点的仅苹果一家。十多年来，在竞争激烈的 IT 市场，苹果仅推出了几款音乐播放器、一款手机和一款平板电脑。但是，无论是哪种产品，一经面向市场，都被无数人当作艺术品来追捧。这些成绩不能不令世人佩服。之所以取得这样的成绩，是因为苹果只专注于推出好产品，给用户带来更好的体验。

乔布斯研发产品的思路就是专注，这也是他一直的追求，在一段时期内，将自己的时间和精力 100% 地专注在一个产品上，甚至是某个产品的一个型号或一种颜色。事实证明，就是这种专注的品质，使乔布斯一次次获得了成功！

正如乔布斯所说："苹果是一家价值 300 亿美元的公司，但我们的主要产品却少于 30 种。我不知道这种事情过去有没有发生过。但毫无疑问，过去那些了不起的电气公司都拥有数以千计的产品。我们相比之下要专注得多了。人们以为'专注'的意思就是对你必须关注的事情点头称是。这并不是'专注'的全部内涵。'专注'意味着必须对另外 100 个好点子说不。你必须谨小慎微地做出选择。"

4. 专注意味着坚持

对希望早日达成自己目标的人来说，坚持是不可或缺的品质。现实中，有不少人虽然发现自己又虚度了一天时，却认为没有什么大不了的，毕竟只不过一天而已。但"明日复明日，明日何其多"。一天又一天宝贵的时间就这样被浪费，慢慢地积累成一生，失败就不知不觉地降临在他的头上，他的人生就这样在碌碌无为中走向终点。也许他在年老的时候会发现，正是那些他

平时缺乏坚持的行为一次又一次地将他的人生之路引入平庸。

相反,成功的取得也是遵循着完全相同的模式。假如一个销售人员计划一天给客户打 15 次电话,而实际上超过了自己原先设定的计划,打了 20 次,这样他一天就多打了 5 次电话。如此,按相同的方式坚持他实现目标的计划,毋庸置疑,他很有可能提前达成目标。

年轻的华语歌王周杰伦的歌在华人世界里产生了巨大的影响,对此,周杰伦这样说道:"明星梦并非遥不可及,任何人都可以做。我之所以能有今天,是我永不服输的结果。"

3 岁的时候,周杰伦就表现出不凡的音乐天赋,妈妈看出了儿子的才能,于是拿出积蓄为他买了钢琴。为了使小周杰伦弹好钢琴,妈妈用"棍棒教育"的方式,最终使教周杰伦的琴技突飞猛进。这使他在台北读高中的时候,凭借着出色的琴技成为学校的"知名人物"。

但是幸运女神并没有就此眷顾周杰伦,1996 年 6 月,高中毕业后,他到一家餐馆当了服务生。但服务生的工作不好做,稍不留神就会遭到训斥。由于对音乐的热爱,他经常不知不觉地陶醉其中,有一次,他托着菜盘边走边听歌,却一不小心与一位女服务员撞个满怀。瞬间,女服务员的手被滚烫的油烫出了水泡,痛得她大哭不止。餐厅经理闻讯赶来狠狠地教训了周杰伦一顿,并罚了他半个月的薪水。这让他倍感难受:准备买音乐资料的钱不够了。

周杰伦并没有因为"音乐无用"和社会地位的卑微就停止对音乐的追求,而是一如既往地执着自己的梦想,他把几乎所有的工资都用来买音乐资料,把几乎所有的业余时间都用在音乐上,每天都锲而不舍、孜孜不倦地学习。

不久,餐厅为了扩大经营,配备了钢琴,但是换了几位钢琴师都不太让人满意。一次,在没有人的时候,周杰伦瞅准机会忍不住上去弹了一曲,不想立刻就被老板知道了。儿时练就的出色的琴技和多年来对音乐的孜孜追求,老板对他的弹奏非常满意。于是,在他人惊异的目光中,这个 18 岁的男孩当上了钢琴师。机会终于眷顾他了。

但这只是他迈上了音乐梦想的第一个台阶。1997 年 9 月,表妹给他介绍了一个给歌手伴奏的机会,但是他却演砸了。他伴奏的音乐,使观众听起来非常难听,舞台下不时嘘声四起。

周杰伦感到难受极了,可他并没有就此沉沦,而是仍然追求着自己的梦想。

不久,台湾阿尔发音乐公司请他去专职写歌。他很高兴,辞职后,马不停蹄地就去上任。但出乎他意料的是,公司给他安排的职务却是"音乐制作助理"。这份工作除了写歌,其他什么杂事都得做,包括给同事买盒饭。但他认为,至少这里有浓厚的音乐氛围,怎么也比在餐厅弹琴强。于是他努力勤快地干好所有的事。一次,因为人数不断增加,他从中午 12 点一直买到下午 3 点都在不停地买盒饭,一刻都没有休息,甚至连水都没顾得上喝,但他却毫无怨言。

机会终于来了,有一天,老板给他配备了办公室,让他安心专职写歌。有了可以实现梦想的平台,他的创作欲望喷薄而出,一连创作了大量的歌曲。然而,当他把这些自己精心创作的歌曲拿给老板的时候,每一次老板看完后都失望地摇摇头。老板认为,虽然他的音乐天赋很好,可乐曲总是怪怪的,不符合大众的口味,不讨人喜欢。自己精心创作了这么多的歌,老板却连一首也没看中。他感到屈辱。他想辞职,他不愿意忍受这种屈辱。可是,生活告诉他,如果放弃,就等于自己炒了自己的鱿鱼。

他终于选择不放弃。屈辱激发了他的干劲,他一连七天每天都创作一首歌。老板每天早晨 8 点来到公司时,准能见到他的作品。虽然老板认为他的作品还不成熟,但是,他这种锲而不舍、执着追求的精神让老板感动了。

1998 年,公司把他的歌曲《眼泪知道》推荐给刘德华,但是被"天王"拒绝了。又把他专门为张惠妹量身打造的《双截棍》推荐给张惠妹,但遭到了更加干脆和无情的拒绝。

面对一次次的失败,周杰伦感到无所适从,他迷茫了,他开始怀疑自己。就在这个关键的时候,老板鼓励他说:别忘了,你对音乐有独特的理解力。这句雪中送炭的话,使他又鼓起了对音乐的追求的勇气。1999 年 12 月,老板把周杰伦叫到办公室,对他说:"我给你 10 天时间,如果你能在这段时间内写出 50 首歌,我就从中挑出 10 首,专门为你出唱片专辑。"

周杰伦听后简直不敢相信自己的耳朵。一个毫无成绩的人怎么会享受如此待遇?当他证实这是"真的"时,热血上涌,激动得说不出话来。

他涌出一股拼命三郎的热情,买来一大箱方便面,钻进创作室,任由创作的激情喷发,一首接一首地创作,直到疲惫不堪时,才打个盹儿,醒来继续创作。10 天后,他将 50 首歌递到了老板的手上,老板佩服他的速度,更佩服他的毅力,兑现了诺言。公司经过大半年的制作,他的第一张专辑制作出来了。没想到刚一上市就一鸣惊人,被歌迷抢购一空,周杰伦因此获得了三项大奖。

从此,他的每张专辑一经推出,就风靡歌坛,受到无数歌迷的追捧。2002 年年初,在第八届全球华语音乐榜评选中,他被评为"最受欢迎的男歌手"。

回首自己走过的路,他说:"当幸运之神还未降临的时候,请不要着急,并耐心等待,并非你不是天才,而是时间还未到,我为这一天,努力了 20 年,而且这中间,我从来不曾放弃。"

周杰伦的故事告诉我们,这个世界上有一把神奇的钥匙,拥有它,就可以开启通往成功的大门。这把神奇的钥匙就是专注,他让人在困境和挫折面前,坚定自己的梦想,执着于自己的目标,并最终到达成功的彼岸。

"骐骥一跃,不能十步;驽马十驾,功在不舍;锲而舍之,朽木不折;锲而不舍,金石可镂。"成功,就来自于在一定时间段内的"专一不二"。有人将此比喻为"聚焦",是的,聚焦的能量足以使金属熔化,使干柴燃烧。生活中,每个人对自己的处境都有深刻的体会,一方面感到每天要做的工作太多,永远有做不完的事,另一方面感到时间太少,时间总是如白驹过隙,一晃而过,无论如何总是不够用。感觉自己永远都无法取得成功,怎么办?唯有专注于一件事情上,才能快速地做出成效,实现目标。

专注是一种能力,而能力需要通过不断地锻炼和训练获得。心理学上对于精神和注意力集中有一定的训练方法,但这是指在比较短的时间(例如数分钟或几个小时)内的精神集中,比如集中注意力听别人谈话等。而成功所需要的专注是指比较长的一段时间(数天、数周、甚至一年)内集中精力做一件事。因此,要想获得成功,必须靠自己在工作实践中训练自己的专注能力,并能在复杂的环境中集中精力处理一些重大问题。

"精通一科,神须专注。"一旦拥有了专心致志的品质之后,相信对任何人来说,成功离他就不会太远了。

5. 你必须专注、专注再专注

如果一个人无法专注于自己的事业,不知道追求的是什么,那么所有的一切都会徒劳无功。因此,为了成功,为了能有效地实现自己的目标,做事时要切忌注意力分散。

穆拉利为福特公司所做的一切,很好地诠释了"专注"一词的含义。

"你必须专注、专注再专注!"穆拉利对自己的员工这样说,他说出每一个字的时候都重重地拍三下手,以示重要。他使福特公司专注的品牌少于 20 个,而不是原来的 97 个。

当你遇到他的时候,他会亲切地与你握手,或者给你一个友好的拥抱抑或是用手轻轻拍拍你的肩膀。最重要的是,他会专心致志地倾听你的诉说。如果你现在就给他发一封电子邮件,肯定会得到他的回复。

6. 能够驯服"专注"这匹野马的人,必是下一轮浪潮的领袖和开拓者

那些能够驯服"专注"这匹野马的人,能够看见别人看不到的可能性,他们将成为下一轮浪潮的领袖和开拓者。

台湾的老板凯瑟琳·格雷厄姆在自传里说过一个故事,有次在机场,她向巴菲特借10美分打公用电话,巴菲特从口袋中掏出一枚25美分硬币,转身要先去换钱,凯瑟琳叫住巴菲特,说她用那枚25美分硬币就可以打电话了,巴菲特才不好意思地将那枚硬币交给凯瑟琳。巴菲特的25美分硬币和格林的2分钱邮票何其神似。

巴菲特吃东西十分简单。他的午餐经常是爆米花、土豆片和可乐,与格林的麦片粥不相上下。巴菲特最为人知的饮食偏好是喝可乐,前年过世的巴菲特夫人说他血管里流的都是可乐。巴菲特年轻时喝百事可乐,后来喝可口可乐;可口可乐也是伯克希尔·哈撒维公司的主要持股之一,并为公司赚了一大笔钱。巴菲特最"奢侈"的花费是拥有一架私人飞机,这点的确比格林高明。

关于遗产继承问题,20年前巴菲特写过一篇文章"你应该把所有财富留给孩子吗?"文中指出,继承的财富对子女不会有好处,而且他的子女们已经够富有了,因此他宁可在过世后把大部分财富捐给慈善机构,至今也依然持相同想法,这一点巴菲特显然胜过格林老前辈。

尽管如此,巴菲特迄今在慈善事业上所做的相当有限,尤其和全球首富盖茨相比,更有天壤之别。盖茨夫妇从事慈善活动相当知名,盖茨甚至说,正是巴菲特的那篇文章,影响到他从事慈善事业的想法。至于巴菲特个人,他说他不善于慈善活动,无法从中得到快乐。事实上,巴菲特专注经营公司的投资事业,根本无暇他顾,这和格林毕生累积财富的专注,基本如出一辙。

半个多世纪以来,沃伦·巴菲特一直都恰到好处地把握了时机。对于这位传奇投资家,他的长期投资取得了惊人的回报,甚至有些学者都不敢相信,认为这只是侥幸成功。

巴菲特自己把他的成功归结为"专注"。施罗德写道:"他除了关注商业活动外,几乎对其他一切如艺术、文学、科学、旅行、建筑等全都充耳不闻——因此他能够专心致志追寻自己的激情。"施罗德说,在小时候,沃伦就随身携带着自己最珍贵的财产,自动换币器。而10岁时,父亲提出带他旅行,他要求去纽约证券交易所。不久之后,巴菲特读到了一本名为《赚1 000美元的1 000招》的书,他对朋友说要在35岁前成为百万富翁。"在1941年的世界大萧条中,一个孩子敢说出这样的话,可真是胆大包天,听上去有点傻得透顶了,"施罗德写道。"但是……他很肯定自己能够实现这一梦想。"

1991年美国独立日那个周末,巴菲特和盖茨见面了。这次会面是在凯瑟琳·格雷厄姆和她拥有的《华盛顿邮报》的主编梅格·格林菲尔德的倡议下进行的。

对于盖茨,巴菲特还是非常欣赏的,尽管巴菲特比他年长25岁,他知道盖茨是一个非常聪明的人,但更重要的是,一直以来,两人就是《福布斯》财富榜上争相被人们比较的对象。不过,以巴菲特对于IT人士并不感冒的性格,他自己是肯定不会加入凯瑟琳的周末之旅的,但是在格林菲尔德地劝说下,巴菲特动摇了。格林菲尔德告诉他:"你肯定会喜欢上盖茨的父母的,而且

还有很多有意思的人也会去。"最终，巴菲特还是同意了。

想到要见到巴菲特他们，盖茨的心里何尝不是一样呢？"我和母亲谈了谈，而结论就是母亲质问我，问我为什么不来参加家里的聚餐？我告诉她我太忙了，我走不开，可她却搬出了凯瑟琳·格雷厄姆和巴菲特两个人，说他们都参加了！"但是，"我又告诉我的母亲说，我对那个只会拿钱选股票投资的人一点都不了解，我没有什么可以和他交流的，我们不是一个世界的人！不过在母亲的坚持下，我还是答应了。"

对于两位巨人的第一次见面，很多人都在仔细观察。至少在一点上，巴菲特和盖茨是相似的，如果遇到不热衷的话题，他们会尽量选择结束。人们对于盖茨不善隐藏自己的耐心早有耳闻，而巴菲特，虽然在遇到感觉无聊的话题时他不会提前走开转而找本书看，但是他依然有自己的方法，他会在第一时间把自己从不感兴趣的话题中解脱出来。

在与盖茨的交流中，巴菲特还是和平常一样，没有过渡语言直奔正题，他问盖茨有关 IBM 公司未来走势的问题，他还向盖茨询问是否 IBM 已经成了微软公司不可小视的竞争对手，以及信息产业公司更迭如此之快的原因为何？盖茨一一做出了回答。他告诉巴菲特去买两只科技类股票：英特尔公司和微软。轮到盖茨提问了，他向对方提出了有关报业经济的问题，巴菲特直言不讳地表示报业经济正在一步一步走向毁灭的深渊，这和其他媒体的蓬勃发展有着直接的关系。只是几分钟的时间，两个人就完全进入了深入交流的状态。

"我们一直在聊天，没完没了，根本没有注意到其他人。我问了他很多关于 IT 产业的问题，但我从来没有想过要理解属于他的那个行业。盖茨是一个很不错的老师，我们谁都没有结束这次交谈的念头。"

巴菲特和盖茨边走边谈，从花园来到了海滩，人们也竞相尾随。"我们根本没有注意到这边这些人的存在，没有发觉周围还有很多举足轻重的人，最后还是盖茨的父亲看不过去了，他非常绅士地对我们说，他希望我们能融入大家的这场派对，不要总是两个人说话。"

"之后比尔开始试图说服我购买一台电脑，但我告诉他我不知电脑能为我做些什么，我不介意我投资项目的具体变化曲线，我不想每 5 分钟就看一下结果，我告诉他我对这一切把握得很清楚。但比尔还是不死心，他说要派微软最漂亮的销售小姐向我推销微软的产品，让她教会我如何使用电脑。他说话的方式很有趣，我告诉他：你开出了一个让人无法拒绝的条件，但我还是会拒绝。"

一直到太阳落山，鸡尾酒会开始，两人的谈话还没有结束。盖茨之前过来时乘坐的飞机将在傍晚离开，只是飞机走了，盖茨没有走，他依然在享受与巴菲特聊天的乐趣。

"晚饭的时候，盖茨的父亲问了大家一个问题，人一生中最重要的是什么？我的答案是'专注'，而比尔的答案和我的一样！"

当巴菲特说出"专注"这个词的时候，不知道在座的人群中有多少能够体会他这个词的含义，但一直以来，专注就是巴菲特前行的重要指南。专注是什么？是对于完美的追求，而且这种秉性是特有的，不是谁说模仿就能模仿得了的。

专注不但是做事情成功的关键，也是健康心灵的一个特质。专注就是注意力全力集中到某事物上面，与你所关注的事物融为一体，不被其他外物所吸引，不会萦绕于焦虑之中。

不能专注的人，也就不能放松。专注与放松，实际上是同一枚硬币的两面而已，专注也是幸福人生的一个关键特质。

一个人对一件事只有专注投入，才会带来乐趣。对于一件事情，无论你过去对它有什么成见,觉得它多么枯燥,一旦你专注投入进去,它立刻就变得活生生起来!而一个人最美丽的状态,就是进入那个活生生的状态。

专注是对于专业精益求精的追求,正是由于专注,才成就了托马斯·爱迪生这个美国历史上最伟大的发明家;正是由于专注,才诞生了沃尔特·迪斯尼这位享誉世界的动画片之父;正是由于专注,才让大家认识了美国灵魂乐教父詹姆斯·布朗。同样,专注还是完成伟大事业的决心,否则,人们都不会看到首位女性国会议员珍妮特·兰金力排众议反对美国参加两次世界大战,而这两场战争带给世界的除了灾难就是痛苦。

7. 专注铸就成功

人世间要成就一番事业,因素是多方面的,而其中很重要的一点就是专心,也即专注。专注来自于目标的专一,目标专一才会集中精力、体力,才会越钻越深,越来越向目标靠近。专注是成功的先决条件。毕竟,专注只是成功的基础和前提。

在汇源的创业之路上,遇到了许多的挫折,但每一次朱新礼都坚持了下来。这里有一个创业初期的故事:

一次到了汇源发工资的日子,老朱把自己锁在办公室,愁眉紧锁,烟不离手,此时他的现金流极其紧张,快弹尽粮绝了。这时有人劝他卖掉汇源,别太操心了,乐得轻松。

老朱摇摇头,说:"我们再苦也不能卖了它,它是我们的命根了呀,再说,好不容易走到这一步,哪里说卖就卖呢?"他的言语感动了大伙,大家知道老朱心里怀抱着大家共同的梦想——一定要把汇源做大做强!工资没有,但还得吃饭,老朱花钱买面蒸馒头,再去菜地挖菜让食堂炒,大家围在一起吃得津津有味,心里却是热泪奔涌。这就是同甘共苦、执着可爱的一群汇源人的真实写照!

在孤助无援的日子里,他不断地告诫自己:"不能垮下来,再苦也要顶住。"就是这句话支撑着他坚持下去,团结大家,走出困境,走上了一条康庄大道。

如今的社会日新月异,这个多变的社会留给每个人、每个企业的选择也太多,能够经得起众多的诱惑专注下去确是一件不易的事。

"我们身处信息膨胀时代,人难免浮躁,大家要专心做好一件事。"朱新礼表示,"只要是专心专注,成为行业里的专家,就是创富英雄。"朱新礼阐述自己的创业理念说,当兵当得好,是兵王;种菜种得好,是菜王。包括修表、修鞋、修车、端盘子都有做得最好的;汇源会专心致志做果汁,做这个领域内的王。市场上的诱惑和机会很多,但是如果总想着今天造汽车,明天做房地产,或者一会儿又去生产碳酸饮料,肯定无法成功。

"行百里者,半九十。"对于选择果汁加工这个项目,他从来没有退缩过。"我们专心、专注、专业、专一地做果汁,最终成为这一领域的专家。"专注于果汁市场十余年的朱新礼对于自己从事的事业信心满满,"中国的果汁市场,15 年前没人做;10 年前只有汇源在做;5 年前很少人做;但是现在,很多企业都想进入这个市场。"

很多人都说,目前国内果汁行业无论是市场容量,还是消费者的接受认可程度,都达到了一个瓶颈状态。朱新礼对果汁业的未来却持乐观态度。

他始终相信,中国果汁行业市场前景十分广阔,而且最终 100% 纯果汁饮料将成为这个市场的主流。原因有三点:

首先,国内市场容量大。中国果汁行业起步比较晚,目前中国人均消费果汁量不到 2 升,这与欧美国家人均近 40 升相比还非常低,而且中国有 13 亿人口,即使人均消费量再提高 1 升,这个市场也大得惊人。

其次,市场逐渐成熟。2001 年,刚上市的统一鲜橙多当年就实现了销售额 10 亿元人民币,立即引起了业内震惊。从 2004 年起,果汁饮品连续两年成为夏季饮料市场的主力军。如今,国内果汁饮料行业呈现出三股势力:其一是汇源集团等内地知名企业;其二是具有中国台湾背景的企业,如统一和康师傅;其三是跨国公司如可口可乐、百事可乐等。随着参与者的增加,一方面势必会引起市场竞争的加剧,另一方面众企业共同培育市场,更能引起全社会的关注,并提高消费者的接受概率,从而达到将蛋糕做大的目的。

再次,"健康"已成为未来潮流。如今,在市场上果汁饮料主要分为三类:第一类是果汁含量为 5% ~ 10% 的低浓度果汁饮料,以统一鲜橙多、康师傅每日 C 以及可口可乐酷儿为代表;第二类是几种水果和蔬菜制成的复合果汁,浓度在 30% 左右,以屈臣氏的果汁先生和养生堂农夫果园为代表;第三类是 100% 果汁,以汇源 100% 为代表。随着消费者对健康化、天然化的需求与日俱增,未来 100% 纯果汁饮料将成为这个市场的主流。

虽然在资金、人才、经验等方面相比国际巨头还有所欠缺,但一步一个脚印走过来的汇源,不怕打硬仗。朱新礼最大的信心来自于 16 年来对果汁市场的专注态度。

这些年来,朱新礼对自己所从事的事业的专注已到了痴迷的程度。据说有一次为了赶时间,朱新礼竟然从办公室的玻璃门穿破而过,玻璃碎了,幸好人没事;大白天走路竟也掉进了一米多深的下水道,因为心中想的装太多了。

16 年来,汇源的主业始终是水果加工,产品包括浓缩汁、果蔬汁和果蔬汁饮料。朱新礼认为,对于果汁的高端市场,汇源已形成了完整的产业链,这正是汇源的核心竞争力,是竞争对手所不具备的。

"但是,专注是需要时间、耐力和眼光的。整个果汁产业链?仅涉及的环节多,而且耗费的时间长,比如说果树的挂果至少需要几年时间。仅这一项,没有 5 至 10 年的功夫都不可能达到。"

目前,从源头上,汇源已在全国链接了 20 多万公顷优质水果生产基地,包括河北的草莓、山楂基地,山东的苹果、桃基地,三峡库区的柑橘基地……形成了一条包括果农、果园、果浆、浓缩果汁、果汁、品牌、销售渠道等众多环节的完整产业链,可以确保从水果种植、生产到加工,从研发到销售网络,每个过程都在自己的严格掌控之中。

专注还保证了企业研发和品质控制的水平。"要做就做最好的",这就是汇源朱新礼的理念。在研发、生产、品控、销售等各个环节,汇源都实施全过程质量监控。特别是在生产设备上,起步阶段就选用了可最大限度保留水果营养成分、口味和色泽的、目前国际上最先进的无菌冷灌装生产技术。虽然一条这样的生产线价格高达一亿元人民币左右,但朱新礼不惜巨资陆续引进了十几条。最好的设备、最严格的要求、最系统的各环节的控制、最好的产品,这些都是朱新礼的底气所在。同时,朱新礼的专注和势头给汇源带来了一系列荣誉。

朱新礼的专注也得到了越来越多的关注和认可,百事可乐、可口可乐、统一、康师傅等外资企业都对果汁项目加大了投入,可口可乐甚至对朱新礼的专注分外的眼红,一心要将汇源果汁收入麾下。

由此可见,凡事只有朝着确定的目标进行才能有成功的希望。专注投入的做好一件事,目标太多会让你花了眼,到头来一事无成。

纵观整个人类的发展史,从古至今,那些大凡取得伟大成就的人,都是将自己的全部精力倾注在了热爱的事业中,并孜孜以求的专注其中,从而谱写了人类历史的一个又一个精彩的华章。

忠告箴言

天地位一,人心定一,盛德立一,事功成一。凡是存二三心,立二三德,办二三业的人,做什么事都难以取得成功。年轻人开始时可以一无所有,但必须要有实现自己目标的决心。只要专注于一个目标不断前进,就会达到自己设定的目标,实现自己的梦想。切记:执着、专注永远是获取成功的保证。

忠告 55　利用已有的经验进行创造是一件了不起的事

并不是每个人都需要种植自己的粮食,也不是每个人都需要做自己穿的衣服,我们说着别人发明的语言,使用别人发明的数学……我们一直在使用别人的成果。使用人类的已有经验和知识来进行发明创造是一件很了不起的事情。

——乔布斯

欧文说:"经验是真知与灼见之母,因而它的一切举止都是明智而又坚定的。"拥有经验,会使我们更好地工作、生活、学习,经验在人类文明的进步中发挥了不可小觑的作用。然而在经验的基础上进行创新和创造,更是一种难能可贵的精神,如此,才能不故步自封,才能更大程度地发挥人的积极性和创造性,从而促进自己能力的不断提高和事业的不断发展,进而促进整个社会的进步。

1. 利用原有的经验进行创新意味着不被教条所束缚

苹果公司能取得今天的地位和成就,恐怕不是因为技术方面比其他公司都过硬,而是以永远创新和独特的设计理念征服了所有用户。当然,如果没有乔布斯的"疯狂式"督促,苹果可能掉入永远做一个跟随者的队伍。

从小时候起,乔布斯在大人们的眼中就是个"叛逆分子"。1968 年,乔布斯在霍姆斯特德中学读书,班上的同学家庭背景都相差无几,几乎都来自美国白人中产阶级家庭,但乔布斯一直被同学们当成一个个人主义、不合群、事事都与他们持不同意见的"怪物"。但久而久之,在同学们眼中这倒像是一种另类的时尚,乔布斯喜欢那种个人主义的、不墨守成规的氛围。

企业家只有不被教条所束缚,并利用已有的经验,才能实现创新,如乔布斯一样,打破常规,进行创新,实现事业上的成功。

2. 利用已有的经验进行创新是获得竞争力的保证

在当今社会竞争激烈的背景下,无论是个人还是企业,利用已有的经验进行创新活动,可以更好地参与竞争,提升自己的竞争力。如此,才能创造不凡的事业,实现自己的人生价值,才能在日益发展的世界中立于不败之地。正如乔布斯所说:"使用人类已有的经验和知识来进行发明和创造是一件了不起的事情。"

随着时代的不断发展,人们对计算机的要求愈来愈高,在时刻充满危机感的乔布斯看来,第一代苹果电脑已不能适应时代的需要,若不再进行创新,很可能被市场淘汰,于是在第一代苹果电脑的基础上,他不断进行创新,运用之前所积累的经验,对其进行改进。1977 年,在美国旧金山举办的西海岸电脑展上,乔布斯向世人展示了凝聚着他心血的第二代苹果个人电脑(Apple Ⅱ)。它一改过去个人电脑外形沉重粗笨、设计复杂、难以操作的形象,仅用 10 个螺钉就对重达

5.4 千克的电脑机身进行了组装，塑胶外壳美观大方，看上去就像一部漂亮的打字机，令人耳目一新。Apple Ⅱ在展览会上一鸣惊人，数不清的用户拥向展台，观看、试用，随后苹果公司的订单便纷纷而来。

1977 年夏天 Apple Ⅱ一经上市，便取得了巨大的市场竞争力，迅速获利，苹果公司的产值也迅速突破了 100 万美元；一年后，苹果成为当时美国发展最快的计算机公司。1980 年年底，苹果公司首次在华尔街公开发行股票，当时不满 30 岁的乔布斯跨入了亿万富翁的行列，年纪轻轻便成为全美最富有的 40 位大亨中的一个。乔布斯为此登上了《时代》周刊的封面。

Apple Ⅱ的推出，使苹果公司拥有了巨大的市场竞争力，并迅速占领了市场，促进了公司的飞速发展，乔布斯也因此获得了巨大的荣誉。这一切都由于乔布斯创新的结果，而前提是他对经验的充分运用，例如，根据市场环境，敏锐地洞察出之前电脑的不足，从而对其进行改进；在已有的知识基础上，不断创新，使苹果第二代拥有更加完美的特征，满足了人们的需要。

不仅在苹果产品的技术上运用已有的知识和经验进行不断的创新，在管理方面，乔布斯更是展现了自己的卓越才干和见识，从而使苹果公司拥有强大的市场竞争力，并立于不败之地。下面是乔布斯在管理方面的一些卓越表现，我们可以窥一斑而知全豹。

第一，嫁接艺术。乔布斯深知一个人不能片面地拥有一种知识，否则他的发展将会受到极大的制约，这对个人和公司都是极其不利的。在苹果公司，研究 Mac 的初始团队拥有人类学、艺术、历史和诗歌等学科的教育背景。这对苹果产品的脱颖而出一直很重要。因此，苹果公司创造出来的产品都富有人文艺术气息，产品的外观和触觉是它的灵魂，苹果产品也因此获得了世人的青睐。

第二，守住秘密。乔布斯深谙人们的好奇心理，为了保持苹果产品的神秘性，在苹果没有员工会随便说话，一切都以有必要知道为前提，所以乔布斯将公司分成了多个独立的单元。这种保密措施也让人们对乔布斯展示的令人惊奇的产品有着狂热的兴趣。因此，苹果产品一经推出便使更多的人对其趋之若鹜，也因此占据了更广阔的市场。

第三，与敌合作。乔布斯重返苹果后，做出了一个令人瞠目结舌的举动——与其宿敌施密特摒弃前嫌，相逢一笑泯恩仇。这对乔布斯的成功产生了巨大的影响，它使更多的人知道了乔布斯的宽容，也认识了一个真正的乔布斯。

这一切都归功于乔布斯在离开苹果的日子里积累的人生经验，在这段时期，乔布斯获得了真正的成长。

无论在产品还是管理方面，乔布斯都在不断地进行着创新，以使苹果公司能在竞争激烈的市场中获得发展。而这一切都是在其丰富的人生经历基础上实现的。正是如此，才有了今天的苹果，才有了被世人青睐的苹果产品。

3. 利用已有的经验进行创新是实现成功的基础

创新，不是盲目地进行创造，而是在已有的知识和经验的基础上进行的创造性活动。牛顿曾说："如果说我比别人看得更远些，那是因为我站在了巨人的肩上。"只有运用已有的知识理论和经验，才能在实践中创造出不凡的业绩，才能为最终的成功奠定基础。

詹天佑是著名的爱国工程师，他一生最主要的贡献，就在于成功地修建了京张铁路。1905 ~1909 年，詹天佑主持修建了我国自建的第一条铁路——京张铁路。当时，施工队经过居庸关，看见居庸关山势陡峭，岩石颇厚。詹天佑通过仔细勘察，根据自己已学的工程知识，结合当地的地理环境，决定采用从两端同时向中间开凿的方法；而八达岭隧道特别长，为了尽快完成任务,建成中国第一条铁路,詹天佑发明了"竖井开凿法",即先从山顶往下打一口竖井,再分别向两头开凿,外面两端也同时施工,这样工期就缩短了一半。京张铁路从南口北上要穿过崇山峻岭,这一带地势高,坡度很大,为克服南口和八达岭段的高度差,詹天佑又通过实地观察,充分发挥自己的专业知识,率领工程队测量、勘察,终于修建了一条人字形铁路,保证了列车平稳、安全地行驶,诞生了中国第一条真正意义上的铁路。

我们可以从詹天佑的事迹中得到启示:将已有的经验和知识运用于实践当中,才能不断进行创造性的活动,才能解决工作生活、学习上遇到的难题。

4. 换个角度把自己从条条框框里释放出来进行创新

现实生活中,具有创新思维的人为人类作出了巨大的贡献。"创新"也常常成为古往今来有成就的企业抓住机遇、扭亏为盈、长足发展、推动变革的重要方法和手段。企业创新,需要具有创新思维的员工,同样个人要实现人生价值同样需要学会激发自己的潜能。

我们知道,经验的积累在常规的工作中能够帮助人们获得预期的效果,但这种思维的定式同时也成为再思考的障碍,很难突破思维、跳出常规来重新考虑问题。现代企业竞争,已经不能再用单纯的成本、质量、服务来取胜。创新的意义在于,从被动地发现市场、解决需求、适应环境,转化为营造环境、创造需求、满足市场。这一过程本身,就是一种创新的思维与行动。

如何推动个人自我创新? 只有做到看清事物发展的原貌,换个角度从原来的条条框框里解放出来,即使行动受条件所限,我们仍然要留有富于想象和创造的空间。

5. 要发明创造就要敢于"异想天开"

一个年轻人问爱因斯坦:"科学家们一项项发明创造是怎样搞出来的?""非常简单",大科学家从容地回答:"大家知道这个东西是做不出来的,因此谁也不去做它。可是偏偏有一个人不知道它是做不出来的,却一心一意地做出来了。"

我们知道西方人比较注重独特的东西,思维上的约束规矩较少;而我们东方人更强调共同的东西,强调共同就会有一些严格的约束,客观上也会影响创造性的发展。例如,遇到一个待解决的问题,我们说,看上去没有可行性的东西就不考虑。有时,脑袋里闪现出一个解决办法,但是,旋即又会想到更多的不可实施性,于是就马上否定了这个想法。而西方人却恰恰相反,他们说,我们喜欢异想天开。西方人首先则会肯定自己有了一个想法,再来一步步论证这个想法是好是坏,好在哪里,又坏在哪里,怎么去克服困难。总之就是勇于去尝试解决。

发明创造与墨守成规是不相容的。创新意识,千变万化,没有固定的模式。年轻人怎样才能具备产生发明创造的原动力呢?

首先,不管什么事物,都要有好奇的心态和质疑的眼光去看待,即使是理所当然的、普遍的、传统的习惯。

其次,不管是谁想出来的主意,都不要去说长道短,评论人家的缺陷,而要与对方一起积极地思考,以便使这些主意起作用。这样,有些乍一看似乎并不起眼的想法,说不定也会结出丰硕的果实。

最后,我们应当犹如集邮一样,从各方面收集整理某些问题的种种设想,然后把它们分门别类,再相互联系起来,这样做往往会产生新的想法。

总之,年轻人无论在工作还是生活中都要不断地问自己:"我为什么这样做? 此外还有更好的办法吗?"尽管你偶尔产生的想法是极好极高明的,但也许会有比它更好更高明的方法。一定要有这样的劲头:不断地寻找更好的想法和主意,要敢于"异想天开"。

6.发明创造须要尽兴"三想"

我们从乔布斯的经历中也可能体悟到:科学幻想是新世界的前奏曲,广泛联想是新事物的交通图,深刻思想是新生命的营养素。如果人类失去科学幻想,不去广泛联想,未能深刻思想,最终失去的将是未来。人间一切发明创造都孕育在科学幻想、广泛联想和深刻思想这三者之中。

第一,科学幻想。科学幻想是人类想象中的世界,科学幻想是人类创造力的高度发挥。今天有多少科学幻想,明天就可能有多少发明创造。有一位哲人曾经讲过:没有幻想的民族是没有希望的民族。

随着人类创造力的提高与开发,随着科学技术的进步,过去的科学幻想变成了今天的现实。幻想成了衡量一个人创造力强弱的重要标尺之一。能准确预见未来的科学幻想者,大都博学多才,幻想也是一个人学识渊博的体现。科学幻想中储存着无穷无尽的发明创造,科学幻想的背后就是一个又一个崭新的世界。今天的现实是过去的幻想,今天的幻想就是明天的现实。

第二,广泛联想。广泛联想是发明创造的媒介,联想使那些原来风马牛不相及的事物"攀亲结友"。例如,把电话机拨号盘和姑娘们的头饰联想到一起,设计的发卡就像电话机的拨号盘,专供邮电行业的女职工使用。

联想使人们从一件事情联系到别的事情时,发现了解决问题的办法。例如,油罐、船舱被枪弹、炮弹击穿,液体从弹孔中喷射出来,发明一种什么样的堵头才能尽快堵住弹孔呢?人们设计了各种结构的堵头,但堵塞效果都不理想。看到雨伞时,联想到这个难题,主意油然而生:把堵头设计成类似雨伞那样的结构。将伞形堵头推入弹孔后,伞自动撑开贴紧壁面,堵漏、密封效果特好,可谓滴水不漏。

第三,深刻思想。深刻思想是发明创造的钻头,钻到一定深度才能喷原油见宝藏。深刻思想需要纵横比较、精耕细作、刨根究底。那些有水平的发明、有水准的发现都是深思熟虑的结晶。

年轻人应记住,许多发明创造,如果有人对其再进一步深刻思考下去,就会身价倍增。幻想没框框,但有方向,这个方向就是科学;联想不可局限,但有目标,这个目标就是创新思想无法禁锢,但有轨道,这个轨道就是客观规律。敢幻想、能联想、会思想是发明创造者必备的品质。

总而言之,在日益发展的当今社会,利用已有的经验进行创新,意味着不被教条所束缚,意味着拥有了竞争力,意味着自身价值的提升,从而为成功奠定基础。

忠告箴言

在这个世界上,人只依靠积累经验就能快速成长听起来是不切实际的,经验只是激发你去学习的触发器而已。运用已有的经验去进行创造性的活动,不被教条束缚,才能拥有自己独到的见解,成为一个社会需要的人才,进而取得事业上的成功。

忠告 56　需要我们去做的事情很多，不要说我做的已经够多了

如果你做了结果很好的工作，你就应该继续做结果更为出色的工作。休息时间不要太长，好好规划一下自己下一步该做什么。

——乔布斯

在现实生活中，我们经常会听到这样的话："这几个星期我一直很忙，我尽快做"、"我们以前从没那么做过或这个是我们这里的做事方式"。"我从没接受过适当的培训来从事这项工作"。殊不知，这都是逃避和借口。翻开世界历史我们发现，大部分成功者都是在永不停歇中取得进步的。因此，对于正处于奋斗阶段的年轻人来说，无论现在是什么情况，都要提醒自己迫在眉睫，必须立刻行动起来。如果一个年轻人不逼迫他自己工作，而是满足于目前的生活，那么他就不会有不断进取的动力，从而就丧失了追求，这对他的未来无疑是不利的。努力工作，不仅是为了满足自己生存的需要，更是在发展自己的人格，提升自己的价值，造福人类社会。

1. 要勇于从"不知足"开始起步

奥里森·马登说过："如果一个年轻人的境遇不逼迫他工作，让他感到生活上的不满足，那么他就不会再努力奋斗。"这句话告诉我们：大凡成功人士，无不从"不知足"开始起步。在他们看来，人生的征途就是攀登一座又一座的高峰，实现一个又一个一级比一级高的目标的过程。

格罗弗·只有永不知足，人们才会在实现或达到一个目标后，给自己再制定下一个更高追求的目标，这样才能拥有克服困难、敢于拼搏的不竭动力和坚强意志，使梦想成为现实；永不知足，人们才会在取得一个阶段的成功之后，向下一个阶段的成功迈进；永不知足，人们的意志、品格、力量和决心才会在不断的拼搏和奋斗中，得到不断的锻炼和升华。

克利夫兰曾两度出任美国总统，但刚踏入社会时，他只不过是一名普普通通的商店售货员，如果当时他满足于现状，不思进取，以做好一名售货员的工作能够养家糊口便足以，那么格罗弗·克利夫兰是不可能成为美国总统的。年轻的时候，格罗弗在很长时间里都做着普通的店员的工作，那时，他非常贫困，每年的工资只有 50 美元。后来他回忆年轻时的经历时说："那种极度贫困所激发出来的雄心，比任何时候都切实而有力。"事物都是具有两面性的，上苍在剥夺你财富的同时，会补偿给你奋发向上的力量和才智，让你不断进取，去创造属于自己的价值。

世界钢铁大王安德鲁·卡耐基出身贫寒，地位卑微，他刚进入企业界时只不过是一名无名的锅炉工，如果他仅仅满足于做好烧锅炉的工作，当好锅炉工，那他至多不过是一名称职的锅炉工，而不可能成为闻名世界的世界钢铁大王。

福特是一名农庄主的儿子，他的父亲希望他继承自己的事业，以后像自己一样成为一名安分守己的农民，然而福特却不满足于现状，立志要干出一番事业，身无分文的他跑到了城市里闯世界，经过一番拼搏，终于创立了举世闻名的福特王国。

"路漫漫其修远兮，吾将上下而求索。"对于年轻人来说，人生之路还很长，若现在就安于现状，不思进取，只会浪费宝贵的时光和生命。若想人生不留遗憾，就应该摒弃满足于现状的习惯，而应抓住每一寸光阴，不断努力，向自己的理想进发。

2. 摒弃借口，不要拖延，立即执行

无论在工作还是生活中，我们经常会见到这样的情况，许多人遇到种种困难或不容易完成的事情时，总是很习惯性地替自己找各种各样的借口，拖拖拉拉。这种情况下，要么无法按时完成工作，甚至是根本就没有完成，长此以往就形成了一种不好的习惯：一旦遇到困难就替自己找借口，这样发展下去后果是非常可怕的。对于职场中的年轻人来说，要想获得成功，当遇到困难时，不应该选择逃避，为自己寻找借口，应摒弃借口，立即执行，做一名合格的员工。

麦克是公司里的一位老员工了，以前专门负责跑业务，深得上司的器重。只是有一次，他手里的一笔业务让别人捷足先登抢走了，造成了一定的损失。事后，他很合情合理地解释了失去这笔业务的原因。那是因为他的腿伤发作，比竞争对手迟到半个钟头。以后，每当公司要他出去联系有点棘手的业务时，他总是以他的脚不行，不能胜任这项工作作为借口而推诿。

麦克的一只脚有点轻微的跛，那是一次出差途中出了车祸引起的，留下了一点后遗症，根本不影响他的形象，也不影响他的工作。如果不仔细看，是看不出来的。

第一次，上司比较理解他，原谅了他。麦克好不得意，他知道这是一宗费力不讨好比较难办的业务，他庆幸自己的明智，如果没办好，那多丢面子啊。

但如果有比较好揽的业务时，他又跑到上司面前，说脚不行，要求在业务方面有所照顾。如此种种，他大部分的时间和精力都花在如何寻找更合理的借口身上。碰到难办的业务能推就推，好办的差事能争就争。时间一长，他的业务成绩直线下滑，没有完成任务他就怪他的腿不争气。总之，他现在已习惯因脚的问题在公司里可以迟到，可以早退，甚至工作餐时，他还可以喝酒，因为喝点可以让他的腿舒服些。

试问，有谁愿意要这样一个时时刻刻找借口的员工呢？麦克被炒也是情理之事。

拖延的习惯会消灭人的创造力，使人变得平庸。对于年轻人来说，如果想把工作做得出色，就不要拖延时间。拖延时间，意味着虚度光阴、无所事事，最终会一事无成。在工作中，千万不要找借口拖延时间，自始至终都应该保持高昂的斗志。工作第一步就是"开始"，即使心存畏惧也必须这样做。

有些人在每当要工作时，或要做出一些抉择时，总会找出一些借口来安慰自己，总想让自己轻松些、舒服些。但是，这些经常喊累的拖延者，却可以在健身房、酒吧、KTV 或购物中心等娱乐场所流连数个小时而毫无倦意。与之相反的是，当他们上班时，却是另一副模样，经常可以听到他们这样说："天啊，多么希望明天不用上班。""工作明天做吧。"殊不知，"明日复明日，明日何其多。"如果带着这样的态度上班，最终只会给自己的事业道路设阻，将会给自己带来巨大的损失。

拖延的背后是人的惰性在作怪，而借口是对惰性的纵容。多数人都有这样的经历，清晨闹钟的铃声将你从睡梦中惊醒，本来该起床了，却又不断地给自己寻找借口"再睡一会儿"，于是又躺了 5 分钟、10 分钟……甚至又进入了梦乡。"未觉池塘春草梦，阶前梧叶已秋声。"时间就是这样不知不觉地流走，一去不复返。

古人云：一寸光阴一寸金。时间如白驹过隙，它不给我们任何的挽留余地，因此，我们应该拒绝拖延，立即执行，提高工作效率，从而不断地提升自己，实现自己的价值。

犹豫不定就好像是一种疾病,在前期,它表现出的症状是拖延磨蹭。若想改变这种症状,最好的办法就是在处理事情的时候,做出果断的决定。否则,这一疾病将成为摧毁获得胜利和成就的致命武器。通常,失败往往是由于犹豫不决造成的。

丹尼尔·韦伯斯特经常是在早餐前把 20~30 封的回信写好。瓦尔特·司各特十分守时,所以能取得那么多的成就。他每天早上很早就起床。他这样说道,到吃早餐时,他已经将一天当中最重要的工作完成。一位年轻人写信向他请教,表达了自己想成功的愿望,他这样答复:"一定要警惕那种使你不能按时完成工作的习惯——我指的是,拖延磨蹭的习惯,要做的工作即刻去做,等工作完成后再去休息,千万不要在完成工作之前先去玩乐。"

当完成一项任务后,给自己一个奖励,奖励要实际并按事先定好的办。要留意会导致自己不按计划行事的想法,例如:"等明天再做","我应该休息一下",或"这件事我根本做不了"。要学会把对自己不利的思想倾向扭转过来:"如果我再不做就没有时间了,后面还有很多事情等着我去做呢","还有很多的问题需要解决呢","如果我将这件事做完,我就会感觉更轻松一些了"或"我一旦开始做就不会那么糟糕了"。

倘若立即执行对你是一个挑战,那么就设计一个"十分钟计划":做十分钟你感到惧怕的工作,接着决定是否继续做下去。采取积极行动,果断出击。在你为自己设定目标时,千万不要使自己行动迟钝或害怕作出决策。为了使你的事业能够获得成功,一定要克服优柔寡断的习惯并消除恐惧心理。成功属于果断的决策者,而绝不会青睐软弱和优柔寡断者。因此,在做事情的时候,不要害怕作出决策,不要犹豫不决,只有你作出决策,立即行动,才会获得成功。即使你的决策是错误的,也能在执行过程中得到改正。这样,你就会离成功愈来愈近。

3. 一如既往,切勿半途而废

中国著名的新闻记者政论家、出版家邹韬奋曾经说过:"不干,固然遇不着失败,也绝对遇不着成功。"历史上有多少人因为不思进取,安于现状,满足当下,导致半途而废,而失去了本该属于他们的成功。"江东子弟多才俊,卷土重来未可知。"赵武灵王胡服骑射,虽然受到保守势力的重重阻拦,却一如既往地坚持自己的改革,使赵国终于崛起。

战国时期,在黄河岸边住着一个叫乐羊子的人,他有一个非常贤惠明事理的妻子。有一次,乐羊子在路上无意间拾到一块金子,于是兴致勃勃地拿回家交给他的妻子。妻子劝告他说:"我曾经听说有道德的人不会喝盗泉的水,廉洁的人不会接受带有污辱性的施舍,如果捡到他人的东西不归还而使自己得利,这样就会玷污自己的名声。"乐羊子听完妻子的一番话后,感到惭愧万分,于是把拾到的金子放回了原处,并且外出求学访师,以求能在学问上和道德有所进步。

然而仅过了一年,乐羊子便闷闷不乐地回到了家中。妻子疑惑地问:"你怎么仅仅学了一年就回来了呢,难道你学成了吗?"乐羊子说:"我在外面待的时间很长了,对你非常思念,于是就特地赶回来看望一下。"妻子听后,没有说话,但拿起一把剪刀走到了织布机旁,对丈夫说道:"这些丝绸,是先将蚕茧抽成丝,然后用织布机织成,经过长时间一根丝一根丝积累而成寸、成尺、成匹的。如果我现在把这匹丝绸剪断,那么以前的所有劳动就会付诸东流,前功尽弃。就好比你在外求学一样,也要日积月累,要通过不断努力才能提高自己的学问和修养,万不可半途而废。如果你学到中途就回来,这不与同剪断织布机上的丝线一样会前功尽弃吗?"

听完妻子的这番话,乐羊子豁然开朗,于是告别妻子又外出继续求学。经过不断地努力,七年之后乐羊子学成归来,因为学识渊博,从而进入朝廷,得到了魏国国君的重用,成就了一番大事业。

在乔布斯看来，休息时间不用太长，应继续规划下一步应该做什么，因为有这种一如既往的工作态度和工作精神，使得苹果公司在他的管理下获得了巨大的发展，也使苹果产品更加获得了用户的青睐。

2006 年，斯蒂夫·乔布斯发表了第一部使用英特尔处理器的台式电脑和笔记本电脑分别为 iMac 和 MacBook Pro。

2006 年，推出第六代 iPod 数码音乐播放器，称为"iPod classic"。

2006 年，推出第二代 iPod nano 数码音乐播放器，采用和 iPod mini 相同的铝壳设计。

2006 年，推出第二代 iPod shuffle 数码音乐播放器，其外型变为类似一个夹子，体积更加小巧。

2007 年，推出第三代 iPod nano 超薄数码音乐播放器，外型由细长转为宽扁。

2007 年，斯蒂夫·乔布斯在 Mac World 上发布了 iPhone 与 iPod touch。

2008 年，斯蒂夫·乔布斯在 Mac World 上发布（从信封中取出）了 MacBook Air，这是当时最薄的笔记本电脑。

2008 年，斯蒂夫·乔布斯在 Mac World 上发布了 iPod nano 第四代和 iPod touch 第二代。

2008 年，斯蒂夫·乔布斯在 Mac World 上发布了新设计的 MacBook 和 MacBook Pro，以及全新的 24 英寸 Apple LED Cinema Display。

2009 年，苹果负责全球营销的高级副总裁菲利普·席勒在 Mac World 2009 大会上发布了重新设计的 17 英寸屏幕的 MacBook Pro 笔记本电脑。

2009 年，3 月 3 日推出升级版的 iMac，但外形并未改变，其使用了 NVIDIA 公司新款显卡，并小幅度降低了 iMac 价格，同时升级更新的包括 Mac mini 和 Mac Pro。

短短 3 年时间，乔布斯就开发出了不同款的产品，并获得了巨大的市场效应，这一切都归功于乔布斯一如既往的工作精神，不断奋斗的意志，才使得苹果在短短几年内就开发出了诸多产品，并占据了市场。

古人云："君子遵道而行，半途而废，吾弗能已矣。"在追求成功的道路上，切勿不思进取，半途而废，要拥有一如既往的精神，如此，成功将离你不远。当你认为自己已经做得够多的时候，便想止步不前，殊不知，还有更多的事需要你去完成，因为人生就是一个不断进步的过程，当你失去了前进的勇气时，成功将离你愈来愈远。

4.奋斗的路途中切勿存在幻想

在现实生活中，有这样一群人，总是拖延着不去努力奋斗，而是始终一直活在幻想中，幻想着天上会掉下馅饼。随着时间的流逝，宝贵的时光也像流水一样一去不复返，最终岁月留给他们的是无尽的遗憾和悔恨。因此，我们应该活在当下，立即执行，这样我们才会在人生道路上一步步向成功迈进。

《孟子·告子》中记载着这样一个故事：弈秋非常善于下围棋，棋艺在全国独领风骚。因此，向他拜师学艺的人络绎不绝。一次，弈秋教导两个弟子下围棋，其中一人专心致志，根据弈秋的教导认真地学习；另一个人虽然听着师傅的教导，心却早已跑到九霄云外，总是幻想着以为有天鹅要飞来，想拉弓搭箭去把将其射下来。虽然两个人一起跟着弈秋学棋，但一心想射下天鹅的那个人棋艺不如前一个人的精湛。

这个故事便告诉我们：不要生活在幻想中，要活在当下，面对事情要立即执行，否则，只会向故事中那个想射天鹅的人一样，不会取得真正的成功。

中国伟大的先哲孔子面对着滔滔流逝的江水说道："逝者如斯夫，不舍昼夜。"

中国伟大的爱国诗人屈原说道："路漫漫其修远兮,吾将上下而求索。"

要记住人生征途上切勿只会等待,真正属于我们的机遇不多,行动永远比幻想重要;不要浮躁,有空去旅行,去读书,用环境陶冶身心,用知识充实灵魂;不要后悔,只要是你选择的,就算再艰难无奈,也要咬牙走下去。

5. 永远不要说我做得够好了

在现实生活中,不是所有人都有做事尽善尽美的习惯,不是所有人都以完美的思维来要求自己,许多人只要求差不多,而不是精益求精的态度,从表面上看,他们付出了努力,付出了艰辛,并且也还差不多,但是结果总是无法令人满意,因为他们缺少一些与自己较劲的完美意识。

还有人经常会说"我做的已经够好了",其实这是一个人对他人对自己不负责任的表现和自我膨胀。一个人懂得做什么事力求完美,力求做得更好,做到极致,没有够好,只有更好,既要做好,也要做大做精。

永远不要说:我做得够好了。而是要问自己,"我怎么样才能做得更好","还有什么更好的方法"。永远不要说我做得够好了,一旦你这么说那么就意味着你没有进步的可能了,在当今这个社会不进步就注定会一生平庸下去。

很多人之所以一辈子平平庸庸,最大的原因就是他们总是满足于现状,总是对自己说"我做得已经够好了"。失败的人,读书的时候不认真,工作的时候消极怠惰,慢慢地,就会对按部就班的生活和贫穷的日子习以为常,麻木地听从现实生活的安排。积极进取的意识慢慢被生活消磨殆尽,对目标缺少了追求的动力,最后就会像一部陈旧的机器一样锈迹斑斑。而真正敬业的人,绝不会被自己取得的暂时的成就冲昏头脑,而是永远向着更好的方向前进。

我们有很多且有意义的事情要去做,却还未做,已经不再年少的我们应该懂得这句话的含义,从而不断地激励我们。

"苹果教父"乔布斯说道:"如果你做了结果很好的工作,你就应该继续做结果更为出色的工作。休息时间不要太长,好好规划一下自己下一步该做什么。"

对于职场中的年轻人来说,我们需要做的事情有很多,不要因为取得了一点点的成绩而止步不前,也不要因为所要完成的工作很多而给自己寻找借口,半途而废,更不要不切实际,生活在幻想当中。要树立锲而不舍、持之以恒的精神,规划好人生的每一步计划,当完成了一个目标后,应继续向下一个目标迈进。

总而言之,对于年轻人来说,人生的道路很漫长,如果想成就一番事业,就应该不断地努力和奋斗,树立持之以恒的精神,认真地规划和走好人生的每一步。切不可停滞不前,不思进取,从而荒废了自己的人生。

忠告箴言

如果你想成就一番事业并且你还年轻,那么怎么能说找不到事情做呢？这个世界上需要人们去做的事情数不胜数,关键是看你有没有一颗会发掘的心。现代社会,竞争激烈,节奏很快,忙碌是在所难免的,年轻人要懂得马不停蹄奔向自己的目标,要勇于从"不知足"做起,摒弃借口,且能持之以恒,去做需要和值得自己去做的事情,实现自己的人生价值。

忠告57 让世人记住你的同时,也要记住你的产品

把苹果产品当成艺术品来做。人这辈子没法做太多事情,所以每一件都要做到精彩绝伦。因为,这就是我们的人生。人生苦短,你明白吗? 总有一天你会离开人世,所以,我们必须为我们的人生作出选择。我们本可以在日本的某座寺庙里打坐,也可以扬帆远航,我们的管理层还可以去打高尔夫,他们也可以去掌管其他公司,而我们全都选择了用我们的一辈子来做这样一件事情。所以这件事情最好能够做到完美无缺。

——乔布斯

随着经济的快速发展,全球品牌竞争日益白热化,每年都有种类繁多的新品牌问世。而且在同一个行业里也会充斥着许多大大小小的品牌。为了获得市场,拥有消费者,品牌经营商们都使出了浑身招数展开了品牌传播策略的博弈。耗资成千上万的广告片被投放出去,公关活动、路牌、杂志宣传遍地开花,都期望使自己的品牌从浩如烟海的品牌中脱颖而出,突出重围。虽然如此,但遗憾的是,消费者的大脑对于品牌的记忆是很有限的,并非总是一直关注某一个产品。虽然今天的社会信息高度密集,人们每天接收到的信息数不胜数,直接和间接接受的产品品牌信息多达数千条,同时,大型商场里陈列的货品种类也是成千上万,但是,随着时间的推移,能让消费者记住的确实寥寥无几。但有人却让消费者记住了自己的产品,他就是乔布斯。

1.触摸消费者那颗猜不着、摸不透的心

要想获得第一手资料,在调研品牌与市场时,不仅需要用双脚去跑,进行实际调查,更需要用"心"去洞察消费者的不同消费特点,用"心"体会调研真正的本质。如果能够准确把握住消费者的特性,基本上可以发现品牌中的"黑洞"。这样就能摸透消费者的消费心理,从而使产品走向市场,让消费者享受自己的产品,从而记住自己的产品。

在苹果近三十年的发展历程中,乔布斯总能在关键的时刻,让苹果公司创造出惊人的奇迹。但更重要的是,乔布斯赋予了苹果产品独特的精神含义。因此,一代又一代的"苹果"客户们追捧着他和他的产品,让苹果公司和乔布斯一直"活"在他们的心里。

乔布斯在进行产品行销、产品设计用人标准以及管理上上,都有独到的见解。"苹果迷"们把乔布斯和他的"苹果"当作一个传奇,提到乔布斯,总是会把他和一系列艺术品联系起来:iMac,iBook,iPod,iPhone,iPad……

真正打动消费者的可能不是最重要的东西,而是一些次要的东西,这听起来有点不合常理,但却很现实,就像你虽然开始不了解苹果笔记本电脑的独特功能,但是其超薄的外形设计就能让你作出购买决策。这就是"触发点"的魔力。

斯卡利表示:"乔布斯对产品的要求之一是产品应该能够'改变世界'。而另一个要求就是注重产品的每一个细节,这些细节包括产品设计、软件、硬件、系统运行、应用程序和外围产品……对于产品营销、设计及其他事务,乔布斯都会参与其中。"同时他还说:"乔布斯经常从用户

体验的角度来看待产品性能。他认为,用户体验必须贯穿苹果所有产品线,无论是苹果台式机还是iTunes音乐服务都是如此。在产品制造、供应链环节、市场营销以及专卖店等业务领域,乔布斯都很看重用户体验。"

通过乔布斯和他的苹果产品,我们不难发现,如果说品牌最神秘的部分是什么,那就是抓住消费者那颗猜不着摸不透的心,只有让产品抓住消费者的心理,就能让其牢牢记住你的产品,从而产生品牌效应。

当中国市场经济刚刚进行时,消费者基本上处于被动的状态,是被"强迫"购买产品的;随着改革开放和中国加入世贸组织以来,中国市场经济渐趋成熟,面对巨大的消费市场和经济的不断发展,消费者开始"运动"起来,已经处于"漂移"的状态,可以根据自己的喜好随心所欲购买产品了。这一过程的转变,说明了中国市场经济已经从卖方市场过渡到买方市场,面对这种改变,企业若想获得发展,需要"辛苦"地去体会消费者的消费心理,把握消费者那颗心。

由于世界经济的不稳定性,给消费者造成了诸多负面影响,消费者那颗心将变得更加令人不可触摸了。可是若想立足于竞争激烈的经济市场,对于立志于未来的企业,必须要把握消费者那颗猜不着摸不透的心。其实,触摸消费者的心并非难于上青天,直达消费者之心也有捷径,只要早洞察出消费者的心智认知,然后将品牌与消费者的心智认知进行链接,便可以"俘虏"消费者了。比如,王老吉根据消费者对凉茶有"预防上火"的心智认知,打造出中国的凉茶品牌;劳力士根据消费者对瑞士钟表的心智认知,打造出高档品牌的名表;茅台借助消费者对"国酒"的心智认知,打造出经久不衰的高档名酒。

兵法曰:"攻城为下,攻心为上。"企业一定要明白,若想在激烈的竞争中立足,必须使自己的产品符合消费者的消费心理,抓住消费者的心,如此,才能让消费者记住你的产品,从而产生品牌效应,使企业获得发展。

2. 让"纸上谈兵"变为"用户体验"

斯卡利说:"我和乔布斯都认为,产品外观设计很重要。而乔布斯尤其认为,产品外观设计是否成功,将决定着产品能否给用户带来良好体验……我们曾研究意大利设计师设计的汽车车型。我们俩曾研究这些车型的配件安装、车漆、所使用材料、颜色及其他元素。应该说,当时除了我们两人外,硅谷其他人并不研究这些东西。虽然我本人对设计很感兴趣,但研究汽车设计,却完全是乔布斯提出的想法。事实上很多人至今也不明白的一点是:苹果并不仅仅是一家制造计算机的公司,苹果非常注重产品设计,并使自己产品在市场占据优势地位。"

"我们把屏幕上的按钮做得如此之好,真让人恨不得舔一下。"乔布斯谈及苹果公司的用户体验哲学。

乔布斯曾经提出过一个非常奇特的建议:应该模仿交通红绿灯,给屏幕上的按钮加上颜色:红色表示关闭窗口,黄色表示缩小窗口,而绿色则表示放大窗口。苹果的设计师说:"听到这一建议的时候,我们都觉得将交通红绿灯与计算机联系起来真是太奇怪了。"但是,没过多久,事实证明,"我们就发现他确实是对的"。

当苹果电脑面世后,人们发现其按钮界面都设计得很酷,甚至让人"恨不得舔一下"。这种策略被专业人士称为"触发点"管理。

IDEO公司的总经理汤姆·凯利说:"睿智的体验建构师知道如何集中火力。"如果最初就想全面对产品或服务进行改进,那么最终的结果恐怕会导致公司的产品异常昂贵,以致让大部分消费者负担不起购买的费用,或者因产品难以体现出其特色,从而让消费者难以体会到它的全部优点。因此,作为一个企业家,首先要明白:对于客户而言,他们真正需要的是什么? 答案可能是产品中一些次要的东西,而非产品中最重要的东西,这个答案可能不合常理,可能不易理解,甚至可能完全出人意料。但是,这个答案对我们取得成功具有重要的作用要。它一般只是一两个基本的元素,我们将之称为"触发点"。

威斯汀连锁酒店(Westin)的做法就很好地体现了这一点,并推出了相应的服务。他们最大程度地对酒店的床进行了改进,以便使顾客享受到舒适的服务,并将其称为"至尊榻":一层床垫、两层被子、满床松软的枕头,再套上几块上等的棉麻床单。在这种床上睡觉休息,顾客会觉得很舒适,而这一点会使他心甘情愿地忽略许多其他方面的缺点。

"运筹帷幄之中,决胜千里之外。"在战争中,高明的指挥官是不会来到前沿阵地指挥的。因为在开战之前,他已经制定好作战方案,只需手下的将士执行即可。企业做品牌也是如此,在企业的方案实施之前,会做品牌的人,可以大胆地进行"纸上谈兵"。

也许有人说:"三分策划,七分执行。"甚至呼吁一定要强有力地执行,好像没有执行就失败了一样。诚然,好方案确实需要执行,否则只是一纸空文,但是,我们应该记住这样一句话:"先把事情做对,再把事情做好。"只有这样,企业才会设计出更好的产品,才能让用户获得更好的体验,促进企业发展。

3.拒绝次品,精益求精

斯卡利称:"苹果就像是艺术家的工作室,而乔布斯则是技艺高超的工匠,他在工作室内走来走去,并对各类作品进行点评。在不少情况下,乔布斯会拒绝接受那些不符合要求的作品。……苹果软件工程师会将自己的软件代码给乔布斯看,乔布斯看后会作出表态:'你做得还不够好。'乔布斯总是要求苹果员工最大程度地发挥各自的工作潜力和创造力,因此苹果总是能创造出令顾客青睐的、经久不衰的产品,这一切都源于乔布斯的精益求精的工作态度和精神,因此,苹果员工通常会拿出自己从前从未想过的产品。在工作中,一方面乔布斯会不断激发员工的工作热情,另一方面对于不合格的产品,他就会断然加以拒绝。"iPad 2 的成功发布,引发了媒体又一波热烈的热捧,报纸、杂志、电视中都是关于乔布斯和 iPad 2 的报道。但这对于苹果而言,早已是司空见惯的事情了。从 iMac 到 iPod,从 iPhone 到 iPad,每次苹果召开新闻发布会都能引来媒体的强烈追逐。在"拜苹果教"的眼中,日益消瘦的乔布斯仿佛是一个佛教中的神,而乔布斯每次发布的新产品,自然是流行一时的"圣器"。

这一幕已经发生过多次了。可以预期的是,随着这一波媒体报道浪潮的过去,很快,iPad 2 的广告会铺天盖地地席卷而来,而苹果的旗舰店门口的人群则会络绎不绝,同时苹果则赚得盆满钵满。随着产品种类的日益丰富,一款产品成为一种社会现象的情形实属罕见,面对这种情形,很多人不禁要问一个问题:"为什么大多数企业做不到的事情,苹果和乔布斯却可以做到?"

这一切都不是偶然,而是精心筹划和精益求精的结果。iPad 2 发布会至少能给我们以下几个重要的启示:

第一,让产品自己说话。

第二,企业创始人(最好是明星企业家)是最好的产品代言人。

第三,产品发布会是一个重要的公关机会。

第四,通过公关让产品成为公共话题,建立品牌的可信度和美誉度。

第五,随后通过广告强化这种可信度和美誉度。

第六,通过渠道去推动产品销售。

上述六点,苹果都做得非常出色,而这源于乔布斯和他的团队精益求精策划的结果。成功的营销离不开伟大的产品,而伟大的产品则基于能唤醒人的情感,并在人的心智中打下一个深深的烙印。无论是 iPod、iPhone 还是 iPad,苹果公司都开创了一个新的产品品类,而且在这个细分市场中稳稳地占据着第一品牌的形象,通过精益求精的工作态度和精神,使这些产品充满着"人性化"、"用户体验"和"时尚"等唤醒人类情感的元素,因而使苹果获得了巨大的成功。

4. 与客户建立信任

马·亨利说:"公众的信任不能随便托付给人,除非这个人首先证实自己能胜任而且适合从事这项工作。"乔布斯和苹果公司就是用户值得信任的人和团队,因为他们创造出来的产品,为客户提供了无与伦比的服务体验。信任的力量是伟大的,苹果的成功不仅在于其产品的卓越性能,以及拥有乔布斯这样的管理者和团队,而且与客户对其的信任有着深深的不可分割的联系,从而让苹果一直在 IT 行业中屹立不倒,并不断地创造出奇迹。

秦朝末年有个叫季布的人,一向说话算数,许下的诺言一定践行,因此信誉非常高,大家都对他非常信任,许多人都同他建立起了浓厚的友情。当时甚至流传着这样的谚语:"得黄金百斤,不如得季布一诺。"后来,他因得罪了汉高祖刘邦,被官府悬赏捉拿。为了将其捉拿归案,差役不惜用重金收买他的好友,结果他的旧日的朋友不仅没有被重金所惑,而且冒着灭九族的危险来保护他,使他免遭祸殃。可见一个人诚实有信,自然得道多助,能获得大家的信任和友谊。反过来,如果为了贪图一时的安逸或小便宜,而失信于朋友,虽然表面上是得到了"实惠"。但却失去了最宝贵的声誉,因为你已经没有了别人的支持,失去了别人的信任。所以,为人处世,若要走好人生的每一步,必须做到诚信,获得他人的信任,如此,才会得道多助,否则就会失道寡助。

获得他人的信任,不仅对个人的影响巨大,在竞争激烈的市场经济中,信任更是一种至关重要的经营品质,获得了信任,对企业的发展具有重要的意义,会使企业立于不败之地;相反,失去了信任,就会出现一连串恶性的连锁反应,产生"多米诺骨牌"现象。乔布斯和他的苹果之所以取得了巨大的成功,与消费者对他们的信任是分不开的,因为他们没有失信于用户,总是创造出让用户获益更大的产品,这样,用户才始终青睐于苹果的产品,青睐于乔布斯。

总而言之,在当今产品更新换代的速度极快的情况下,作为一个成功的企业家,不仅要让消费者记住你的名字,更要让他们记住你的产品,产品才是真正能代表你的企业的第一因素。若想让自己的产品获得市场,就要有一双锐利的洞察市场的眼睛,掌握消费者的心理,生产出符合其消费心理的产品;在开发一个新产品时,做好决策,如此,才能"决胜千里之外";拥有一个精益求精的工作态度,生产出顶尖的产品,给客户更好的服务体验,让客户牢牢地记住你的产品。取得用户的信任,这比任何一点都重要,若失去了用户的信任,其他的一切都是徒劳,所以,若想让用户记住你,记住你的产品,就要对用户待之以诚,而用户回馈给你的也是一份信任。

忠告箴言

让用户记住你,记住你的产品,要不断地了解用户的消费心理,用精益求精的工作态度,生产出顶尖的产品,让用户拥有更好的体验。最重要的一点,切忌失信于用户,否则你所有的努力将会得不偿失,只有获得用户的信任,才可使你事业获得成长和发展。对于个人,你本人亦是产品,你的品质决定你的人生。

忠告 58　改变世界的最好办法是不断创新

乔布斯的才华、激情和精力是无数创新的来源,这些创新丰富和改善了我们所有人的生活,这个世界因为乔布斯而无限美好。我想没有人会对"世界因为乔布斯而无限美好"而提出异议,也没有人会质疑乔布斯带领苹果一次次改变世界。

——苹果公司董事会

"你想用卖糖水来度过余生,还是想要一个机会来改变世界?""三个苹果改变了世界。第一个诱惑了夏娃,第二个砸醒了牛顿,第三个曾被史蒂夫·乔布斯掌握。"这是网上留传的乔布斯名言和关于乔布斯的名段,这名言和名段表达了一个朴素的老命题:机遇青睐有准备的头脑。时至今日,创新的概念已深入人心,任何企业都将创新视为提高企业竞争力的重要手段,也没有任何一个企业不愿意进行创新,但意识到这个问题并不意味着解决了这个问题。现实中,众多经营者在对企业的未来进行规划时,都把创新作为企业生存的重要问题和重要手段而大加强调。我们必须认识到,企业若想提高竞争力,必须尽快提升其创新能力,这是企业发展的需要。善于发现,是进行创新的一个有利条件。在现实生活中,人们总会碰到大大小小的机会,善于捕捉机会的人是聪明的,但更聪明的人是主动地创造机会。当我们拥有一些好的创意时,我们的人生可能因此而发生彻底改变,从而走向成功。

1. 改变世界的"传奇密码"就是创新

一位美国人离世,让世界为之悲痛,这本身就是一大奇迹。而在奇迹的背后,是世人感怀于其对创新的精彩演绎,感叹于创新带给他们的巨大受益,感叹于创新改变世界的神奇力量。

这个美国人就是被世人称作"苹果教父"的乔布斯,其改变世界的"传奇密码"就是创新,改变世界的神奇手段就是在个人电脑、网络音乐和智能手机等方面精湛的产品。这些产品一经推出,就让世人深深地迷恋上它们,因为它们改变了世人的生活质量与生活方式,拓宽了世人的视野,提高了世人的认知能力。当人们从这些产品中获得了巨大收益时,当然不会忘记创造这些产品的乔布斯。

Apple Ⅰ是苹果公司第一台原型电脑;Apple Ⅱ开始培养出苹果诸多拥趸;Macintosh 成为人类历史上第一台真正意义上的个人电脑;iMac 树立了苹果公司的色彩鲜丽、时尚可爱的设计品味;iPod 改变了音乐行业,更将 Sony Walkman 斩于马下。Touch 的出现,再次将想用 Apple Store 却买不起 iPhone 的人一网打尽;iPhone 的流行,成功宣告移动互移网的真正来临,成为手机行业的历史转折点,更是打破了手机巨头诺基亚的不败神话;iPad 的出现更是重新定义、垄断了苹果市场。Mac Book Air 全球最纤薄的笔记本电话,再次改变世界;iTunes 一手将音乐行业拖入互联网时代,彻底改变唱片行业。Apple Store 更是将所有苹果的产品融为一体,成为苹果式生态圈的核心,通过对这些产品的加工服务,营造出了探索、分享、互动的快乐体验。

美国总统奥巴马评价乔布斯为美国最伟大的创新领袖之一，"他拥有非凡的勇气去创造不同的事物，并且以大无畏的精神改造着这个世界，同时他卓越的天赋也让他成为了能够改变世界的人。"创新不仅对一个企业在竞争激烈的市场竞争中具有不言而喻的重要作用，更对一个国家具有重大意义。乔布斯的创新使苹果产品拥有了巨大的市场，深深影响了广大用户，而且对美国也具有深远的意义。

2. 创新是获取成功的基石

创新是一个民族进步的灵魂，是事业兴旺发达的不竭动力。

对于现代企业来说，创新意味着实力，创新意味着财富，创新意味着发展。只有不断地进行创新，企业才能在竞争激烈的当今市场环境下获得发展，获得未来。因此，对于企业而言，创新才是唯一有效的成功之路。

有一天，一个 17 岁的青年在巴黎的一个酒吧借酒消愁。一位伯爵夫人看到此情形，便坐到他旁边和他说话。问道：

"孩子，你身上的衣服是在什么地方买的？"

"这是我自己做的，夫人。"

伯爵夫人充满慈爱和鼓励地对他说："孩子，加油吧，终有一天你一定会成为百万富翁的！"

这个借酒消愁的孩子就是皮尔·卡丹。

皮尔·卡丹——这一闻名世界的著名服装品牌，诞生于 20 世纪 50 年代。

1950 年，巴黎，年轻的卡丹开始了他的服装大师之旅。他在巴黎的一条街上租了一间简陋的门面，挂上了"皮尔·卡丹时装店"的牌子，一切就从这里开始了。

1953 年，皮尔·卡丹举办了第一次女式时装展示会，并获得成功，由此，皮尔·卡丹的名字赫然醒目地出现在许多报纸的头版头条。

1959 年，卡丹举办了既有男装系列，又有女装系列的时装展示会。由于当时男性时装尚不流行，因此没有市场，在服装业界人士看来是不入流的。所以卡丹的做法无疑是异想天开。于是，同业的冷落和指责一起向他袭来，他也因此被赶出了服装业的"顾主联合会"。

随着时代潮流的改变，年轻人的着装风格也在发生着重大改变，这个时代的巴黎青年，追求独特的个性，喜欢张扬。卡丹看准时机，对服装进行了大胆突破，设计出了时代感强烈的"P"字牌服装：图纹对比和谐，宽窄长短相宜，豪放洒脱，穿在身上生气勃勃，让人感觉舒适、飘逸、挺拔和争娇斗艳、古朴典雅。"P"字牌服装一经面世，就获得了挑剔的巴黎顾客的青睐。演艺界名流、社会上层人士、达官显贵等争相慕名前来订制服装，一时间门庭若市，络绎不绝。

三年后，卡丹通过自己的努力，重返"顾主联合会"，还获得了主席的头衔。

法国是世界的时装中心。20 世纪 60 年代以来，卡丹始终站在法国时装界的最前沿。他的时装，突破了传统的限制，追求创新，式样新颖，色彩鲜明，线条清楚，可塑感强，做工精细、质地华贵，因而得以独领风骚。

对于创新，卡丹风趣地说："我已经被人骂惯了。我的每一次创新，都被人们抨击得体无完肤。但是，骂我的人，接着就做我所做的东西……我是冒险家，我制造报纸第一版新闻已经不是一次，事实证明我成功了。"

皮尔·卡丹的经历告诉我们：企业若想获得生存发展，必须要进行不断的创新。创新能使你的产品独树一帜，能让大众眼前一亮，从而购买你的产品，因此你便占有了市场，你的企业也就获得了发展。

3. 想创新,就必须要有风险意识

将一种未知的事物变为现实,不是只有一种可能性,而是存在着多种可能性。如果不创新,那就只有死守着一种可能性,这样成功的概率就会很低。多种可能性的存在也是一种无形资源,一些企业为了求保险系数,不敢去开发这种资源,这对企业来说,是一种损失,实在是非常可惜的。所谓风险意识,就是敢追求可能性程度较低的可能性,当概率小的可能性一旦转化成现实,它就更具价值,更具意义。当企业能够做到这一点,它在市场上就越有竞争力。只有具有创新意识、有胆识的企业家才能在可能性程度较低、概率很小的情况下大显身手,创造价值。

18世纪时,雷电被人们作为"神",从而在人们心中引起巨大恐惧。为了揭示雷电的自然之谜,消除人们的迷信心理,美国科学家富兰克林下决心冒着风险做一次实验。

有一次,富兰克林参加了美国学者斯窦士的电学实验,试验过后,富兰克林从中受到了很大的启发。从此以后他便独立开始做实验。在实验的过程中,富兰克林发现放电现象与天空中的闪电极为相似。当雷暴之中正电荷区和负电荷区之间的电场大到一定程度时,两种电荷就会发生中和并放出火花。这种自然现象叫火花放电。在火花放电时不但发出强烈的光,而且发出巨大的响声。富兰克林由此认为:这种响声就是雷鸣,而这种强光就是闪电。

但这种在实验室中得出的结论还没有足够的说服力。于是,在一个朋友的帮助下,富兰克林在巴黎竖起了一根高约12米的铁杆,并在铁杆上安装了一根尖铜棒,把它和一直通到地下的铜线连接,以进行雷电试验。试验成功了:雷电虽然击中铁杆,但是从尖铜棒上经过铜线一直通到地下。这个装置就是我们现在常用的避雷针的雏形。

为了更增加实验的说服力,富兰克林想把大气中的雷电接引下来,捕捉雷电。当然,这是要冒着极大的生命风险。

1752年盛夏的一天,美国费城的上空乌云滚滚,雷声隆隆。富兰克林开始了这一项伟大的实验,他和儿子威廉赶到外面,准备用风筝接引雷电。风筝是用铜手帕做成的,并在其顶上安装了一根小尖铁棒,并用麻绳系住风筝。等风筝被放到天空后,富兰克林手握麻绳,站在屋檐下观察。富兰克林深知这项实验的巨大风险,稍有不慎,便会付出生命的代价。因此,他对儿子说:"万一我遭遇不幸,你要替我做好详细的实验报告。"

当大雨伴着雷暴云来到风筝上空的时候,风筝上因系有铁线,立即从云中吸取了雷电,加之牵引的麻绳已完全被大雨淋湿,通电性能极强,因而雷电直传到把柄上。此时富兰克林因触电而全身一震,但他完全没有注意到这一点,他发现,麻绳原先松散的纤维因为通电而全向四周竖起来,这个现象与实验室中毛皮带电的情况完全一样。当他将手指靠近把柄时,火花立刻向手上扑来。"孩子,我受到电击了,我们成功了!"富兰克林兴奋地跳起来,大声对威廉喊道:"但我终于明白了:闪电就是电,并不是神在作怪!"

富兰克林之所以能够揭示闪电的秘密,正是因为他拥有一种敢于创新、勇于创新、敢冒风险的精神,要创新,要成功,就要具有甘愿冒险的精神。一些伟大的成就往往都是在不断创新中获得的,而在实现的过程中,往往要经受巨大的风险,但只要敢于承担风险,甚至是付出生命的代价,就会创造出奇迹。赵武灵王胡服骑射,是冒着背叛祖宗制度的风险;明治天王维新运动是冒着被封建势力推翻的风险;到富兰克林捕捉闪电是冒着生命的风险。但他们都成功了。

所以说,在通往成功的道路上,创新常常承担着重要的作用,而有时又必须要冒着风险才能实现,这就要求我们必须敢于冒风险,敢于承担风险,如此,成功将离你不远,你将踏上人生的康庄大道,实现自己的价值。

4. 创新使你拥有幸福的人生

对于一个成功的人来说,创新和幸福是什么关系? 英国著名哲学家罗素将创新当作"快乐的生活",是"一种根本的快乐"。前苏联著名教育家苏霍姆林斯基认为:创新是生活的最大乐趣,幸福寓于创新之中。他在《给儿子的信》中写道:"什么是生活的最大乐趣? 我认为,这种乐趣寓于与艺术相似的创新性劳动之中,寓于高超的技艺之中。如果一个人热爱自己所从事的劳动,他一定会竭尽全力使其劳动过程和劳动成果充满美好的东西,生活的伟大、幸福就寓于这种劳动之中。"这些论述深刻地揭示了创新与幸福的内在联系,告诉世人创新是获得幸福的源泉。

在美国某市,有个做房地产经纪生意的商人,一天他去咖啡屋喝牛奶,当服务员将一杯冒着热气的牛奶送来后,由于牛奶很烫,他撩起餐巾布包着玻璃杯往嘴边送的时候,却一不小心将牛奶打翻了,滚烫的牛奶溅到了腿上,痛得他直咧嘴。当时他感到非常恼火,但很快就冷静下来了,随即他又异想天开:为何不能开发出一种外观漂亮而且又隔热的咖啡杯和牛奶杯呢? 因为每天全国有无数的人要喝煮过的牛奶和咖啡,而且肯定有许多人和自己有着今天同样的经历,如果能生产出这种杯子,岂不是很有市场吗?

于是他丢下房地产生意,开始致力于开发这种杯子,很快他便用箔纸板设计开发出一种"爪哇隔热罩",不久之后,他将这种杯子推向市场,几乎在同时,该市所有的咖啡馆全部采用了这种装置,随着杯子的走俏,全国各地来订货的客商络绎不绝。现在,商人开发生产的"爪哇隔热罩"每月要销出 450 万只,他也一举发了大财,拥有了自己要想的生活。

创新是一种高级能力,是人类的一种创造性的特殊活动。如果从价值形态的角度来考察创新行为,它是信息、资本、人力等各类资源之外的一种新型资源,一个源自人才和组织的潜力无限的特种资源。如果成功开发了这种资源,就能给我们带来巨大的价值和财富。

乔布斯说:"领袖与跟风者的区别就在于创新。"拥有创新的精神,能让你独立地思考生活中的一切,思考解决问题的办法。当你拥有了这个能力时,机遇便会被你牢牢地抓住,从而创造出属于你的财富。

对于一个企业而言,创新不仅方式很多,而且种类也很多,不仅体现在产品和服务上,在所有经营环节及在公司接近顾客的方式上都可以进行创新,创新是一个持续发展的过程。

创新主要有三个源泉:

第一,突破瓶颈。识破瓶颈要有创造性思维。

第二,能在热情中冷静。一家企业可以聘请专业管理团队对本企业的内部问题进行解决,但更重要的是,要培养自己的创新人员,独立自主地解决问题。

第三,创造新组合。通过创造新的产品组合,会得到许多创新的机会。

第四,划出创新的试验田。一个企业不要企图将创新做到面面俱到,最理智的方法是找好几个创新的切入点。否则,可能会背离创新的初衷,"画虎不成反类犬",所以创新要有针对性,切忌盲目进行。

我们学习乔布斯,不仅是因为他带给了我们非凡的苹果产品,为世界带来了财富,而且也留给了我们巨大的精神遗产,其中最重要的就是创新精神。乔布斯的经历启示我们:拥有创新的精神,你将获得更多。它会在我们追逐成功的道路上提供给我们以能量,所以,年轻人应该学习乔布斯,学习他的创新精神,让创新始终伴随在我们左右,使之成为指引我们获取成功的一盏明灯。

　　乔布斯的传奇生涯给我们的启发是,一个人活着,要有奋斗目标,要为了实现目标去努力创新,让社会因你的创新而变得更美好,那样你的人生才不会碌碌无为,你才不会因为无所作为而感到遗憾。乔布斯虽然走了,但他留下的创新精神,将激励着世人为了成功而不断奋斗,不断地向成功进发,并创造出精彩的人生,如此,世界才会变得丰富多彩。

忠告箴言

　　创新是永恒不变的法则,创新是推动企业发展的不竭动力,是企业走向成功的必需,只有不断追求创新的企业才是有未来的企业。乔布斯之所以成为世界级的大腕,最根本的原因就是他通过创新使企业遥遥领先于同行业。目前许多企业在客观和主观上虽然面临着诸多困难,但只要领导者敢于正视困难,在各方面进行创新,企业就一定能够再创辉煌,走向成功。

忠告 59 技术创新,可以改变人们的行为

并不是每个人都需要种植自己的粮食,也不是每个人都需要做自己穿的衣服,我们说着别人发明的语言,使用别人发明的数学……我们一直在使用别人的成果。使用人类的已有经验和知识来进行发明创造是一件很了不起的事情。

——乔布斯

"生存就必须学会不断创新,这样企业才不会很快被淘汰!"

在经济全球化的大背景下,处处存在着挑战与机遇。就机遇而言,市场上商机无限,但市场信息变化万千,商机已然不可重复。所以,企业应有创新意识,切不可过分迷信所谓的"成功模式",也不可过分地模仿它们,避免陷入模仿的境地,永远只跟着他人的脚步,重复着他人的做法。

李书福曾经说过这样的话:"别人没做,我们更应该做。即使无力回天,也可留下一个时间上的思考。世界上任何一个能够做大、做强、做好的企业不可能用别人的品牌。我不反对'挪威的森林',但更好的是,我们要在自己的土地上长出雄伟粗壮的白桦林!"

如果你一味地在模仿别人,虽然可能你会取得暂时的成功,但你永远都在复制他人的模式,你的产品永远是个复制品,过不了多久就会被消费者遗忘。模仿是必要的,创新才是必需的,没有模仿,你进不了门;但没有创新,你只能永远原地踏步,被市场的创新潮流吞没。创业能够成功的根本在于创新。

在当今这种经济全球化的情况下,创新能力如何、创新成果多少,直接关系到企业在激烈的竞争中能否生存。因此,鼓励、推进创新,成为企业实现发展进步的迫切需要。谁也不愿永远做一个"克隆"的产物。

1. 不断创新才不会被社会淘汰

乔布斯的苹果公司能取得如此辉煌的成就,不仅仅在于他为新产品提供时尚的设计,更重要的是,他使新技术和卓越的商业模式实现了完美结合,"苹果"的创新不仅体现在硬件层面上,而是让数字音乐下载变得更加简单易行,从而让用户拥有更完美的体验。

在乔布斯看来,满足客户需求是平庸公司所为,引导客户需求是高手之道。当苹果公司设计的 iMac 面世后,消费者才认识到电脑外壳原来可以是彩色的、透明的;iPod 的可人设计 + 在线购买的 iTunes 音乐商店打造了全新的音乐体验;iPhone 的发布让大家发现手机是可以没有键盘和触摸笔的,颠覆了消费者对传统手机产品的看法。最好的操作工具是与生俱来、不会遗失、操作自如的手指。

在竞争异常残酷的今天,人们越来越发现创意与创新的重要性。没有创新,我们只能停留在原地,永远无法取得进步。要想获得发展,只有充满创新,不断地进行创新,这才是取得成功

的关键。

在创业的路上,为何许多人屡屡失败,很重要的一个因素就是人云亦云,只知模仿,不知创新,导致一直被他人抛在后面,无法适应竞争激烈的市场环境。没有创新,只能重复着被人的脚步,这种观念就是一种惰性,也是不知进取的表现,而创新就是一种进取的精神,有了创新精神,你就拥有了进取的动力,这样,很多创意就在你的脑海中形成,而随之而来的,就是不断的创新产品的出现,这样才能适应这个竞争残酷的市场。

"世界潮流浩浩荡荡,顺之者昌逆之者亡。"只有我们不断进步,不断提高自己,不断创新,才能不被淘汰。在今天的电子消费品市场,各种电子产品层出不穷,为何乔布斯和他的"苹果"意志处于领先的地位,那正是由于"苹果"的不断进步,不断创新。每一次"苹果"的新产品发布会,都会给人惊奇,惊奇于苹果产品的与众不同,惊奇于苹果产品的创新,苹果因此产生了巨大的市场效应,获得了巨大的市场竞争力,并牢牢占据了市场,领先于其他电子制造企业。

乔布斯深知为实现目标,需要思想的创新,理论的创新,行动的创新,并开发新产品。"苹果"的成功是技术创新的典范,乔布斯的成功是商业模式创新的标杆。当苹果遇上牛顿,便产生了万有引力;当"苹果"遇上乔布斯,便开始了源源不断的创新。是的,在这个日新月异的世界中,想要生存和发展下去就要学会创新,并将创新意识付诸行动,这就是乔布斯和"苹果"能一直保持不败的原因。

之前,苹果并未涉足通信领域,但 iPhone 手机的推出,便迅速占领了全球通信产品市场,并被全球的消费者青睐,苹果又一次以创新创造了奇迹。如今,iPhone 手机已经推出了两个版本,分别是 iPhone 和 iPhone 3G。而针对这两款手机所发起的"超级模仿秀"也在如火如荼地展开,这就是模仿与创新的差距所在——模仿永远跟着创新的脚步,这些手机虽然外形与 iPhone 相似,但是论综合实力却根本不是 iPhone 的对手,因而在市场上,苹果的 iPhone 手机一直都是赢家。

"苹果"手机的暴利畅销,虽然令无数公司眼红,但却望尘莫及,因为他们根本不是苹果的对手,这就是自主创新的结果。自主创新,使乔布斯和苹果公司拥有了成功的资本和绝对竞争力的基础。

"崇尚创新,宽容失败",这绝不是一句简单的口号。要想不被社会所淘汰,就一定要将这种理念深深地扎根于我们的头脑中,成为我们心底的烙印,并付诸行动中,如此,成功将离你不远。

2. 科技创造财富

"科学技术是第一生产力"。科技永远是推动社会进步的最关键因素,是一个国家和民族进步的灵魂,科技对各行各业都起着至关重要的作用。在这个科技主宰的社会中,谁掌握了科技,谁实现了科技创新,谁就掌握了未来。无疑,乔布斯和他的苹果公司做到了,科技创新为他和苹果带来了巨大的财富。

苹果公司之所以取得今天的成就与其执着于科技创新分不开,也离不开公司创始人和卸任首席执行官乔布斯的出色领导。苹果的成功关键在于乔布斯手中握着两张王牌:科技创新和超前的工业设计。

首先,乔布斯注重科技创新。苹果公司虽然不是个人电脑、智能手机、智能音乐播放器、平板电脑的发明者,但注重创新,无论是制造还是设计,苹果公司都在这些领域中独步天下,引领潮流。

其次,乔布斯十分崇尚工业美学,喜欢在产品工业设计方面进行创新,独树一帜,出奇制胜。苹果公司的最大优势就是对现有热门电子产品进行创新改造,利用先进的工业设计对大众化产品进行价值上的提升,将同样功能的产品改造成令用户耳目一新、爱不释手的精品。1984 年,苹果首推 Mac 电脑,由于漂亮的设计、简约的风格以及与其他电脑完全不同的操作系统立即获得了用户的青睐,很快就拥有了一群忠实的苹果用户,形成了一个"苹果迷"群体。随着苹果产品的不断推陈出新,"苹果迷"消费群体日益扩大,对苹果公司的成功产生了重要影响。

过去的十多年内,苹果公司推出的几款热销产品,无不引领电子通信和娱乐产品行业的发展方向,深受用户的喜爱,苹果产品也因此在竞争激励的市场中占据着领先地位。这与乔布斯的科技创新理念有着深深的关系。创新是一个民族进步的灵魂,是国家兴旺发达的不竭动力。创新的意义如此重要,而实现科技创新更是其中的关键,因此,我们应树立科技创新的意识,在当今日新月异的世界中,获得一个属于自己的立足之地。

3. 寻找新奇的人和地方

微软的成功,让人们片面地以为所谓的创新就只是技术创新。微软把技术看作一个公司生存和发展的根本所在,他们坚信高达数百亿美元的研发投入,是促使微软保持稳健发展的基石。只有掌握了新技术,才能使产品获得市场的认可,才能获得高收益。正因如此,微软是全球研发资金投入最多的科技企业。

但在乔布斯看来,真正的创新与投资的多少没有多大的关系,而是与人才,与公司的企业文化以及产品设计及营销关系巨大。创新并不意味着高昂的研发费用,并不是钱花出去了,创新就随之而来了,关键是创造出伟大的产品和服务,给用户以美妙的体验,这才是创新的意义,否则,即使投入再多的费用,却得不到消费者的青睐,一切都是徒劳无功的。

戴尔电脑曾经在市场上占据着领先地位,亦让苹果一败涂地,它们虽然在技术和产品外观设计上没有什么创新之举,但是,它们在直销经营节省成本方面却有很高明的创新。后来,随着互联网的发展与兴起,其他电脑制造商也可以进行直销,而戴尔却没有什么可以继续创新的商业模式时,它就面临着更多的竞争对手,从前的优势也就不复存在了。此时,苹果公司已成功转型为消费性电子产品企业,在商业模式以及产品应用方面不断地进行创新。所谓应用创新即是找准市场上一种现有的技术或者产品,并对其设计和功能上加以改进,从而让顾客拥有难忘的体验。当产品真正获得消费者的认可,引起消费者青睐时,这比任何技术创新都更具有优势。

这正是乔布斯擅长的创新之道。乔布斯对相对廉价与实用的应用创新非常热衷。他从未把技术看作公司唯一可长期延续的财富和优势。如果技术再新再好,但生产出来的产品不能符合消费者的需求,一切的努力都是劳而无功的,也是失败的。

乔布斯和苹果公司总是致力于将复杂的科技转化为简单好用的产品,让复杂的技术变得为普通的用户所理解,从而能进行更简单的操作。总之,苹果的创新之举一切都是围绕着用户来进行的,一切以用户的需求为出发点,苹果将复杂的科技转化为简单的技术,使广大用户理解并能立即操作,从而走出一条与众不同却又独领风骚的创新之路。

对于传统的零售行业来说,苹果专卖店的模式是个新颖、与众不同的想法。在大家对产品性能的关注越来越多,却不愿意对一家店面投入许多时间、金钱或技术手段时,乔布斯却独辟蹊径,在苹果专卖店上倾注了不少心思。苹果并非为了开店而开店,他们创造了一种全新的消费者体验模式。在苹果专卖店中没有大家熟悉的收款员、售货员,只有咨询师和专家人员,他们随时向顾客讲解其遇到的问题,提供最专业的服务。在这种理念的指导下,苹果的第一家专卖店在不到5年时间,就创造了10亿美元的营业额。这个神奇的数字是历史上其他任何零售商都望尘莫及的。如今,苹果已经有287家门店分布于世界各地,每个季度都会创造超过10亿美元的销售额。通过走与众不同的路线,苹果公司已经成为世界上最赚钱的零售商。

苹果在零售领域成功地实施了创新,因为乔布斯跳出了本行业传统的桎梏,去寻找新的灵感。传统的思维方式只能产生传统的想法,其行为跳不出传统行为方式的枷锁。如果苹果选择其他零售行业传统的做法,就不可能创造出苹果专卖店这样新奇的零售体验,也不可能创造销售历史上的奇迹。

乔布斯眼中看到的世界与我们看到的并没有不同,但他对事物的理解和感知却与我们大相径庭。想要创新,必须换一种思维,以一种全新的角度看待事物,从传统的经验桎梏中解放出来,进行大胆的创新,才会创造出伟大的事业。

在严峻的经济形势下,浙江大丰实业有限公司不仅平稳渡过了难关,还实现了"井喷"式发展:全年合同成交、销售收入、货款回收、利润总额均比上年增长了50%以上。企业还在业界裁员、减薪的浪潮中继续招贤纳士,提高员工工资和福利待遇,快步迈入了高速发展的春天。

"一个企业要立足于长远发展,必须站在技术最前沿,形成具有自己特色、拥有自主知识产权的核心技术,只有这样,才能拥有真正的竞争力。"丰华介绍说,一直以来,"大丰"非常重视技术创新,且研发创新工作的步法始终走在国内同行业前列。目前,"大丰"在余姚、杭州、北京都建有专业化的设计院。大丰不仅注重自主开展研发创新工作,同时,还十分重视同科研院所和国际同行的合作,以此来提升自身的研发创新能力。

大丰通过技术创新不断提升产品的科技含量,使公司在多项技术应用创新方面处于国内领先国际先进地位,现已开发出柔性齿条升降装置、电视台多功能机械舞台、抗老化阻燃中空座椅等七项产品,均被列入宁波市级新产品计划。其中,柔性齿条升降装置在舞台机械技术领域取得新突破,为国际首创,并获得了国家实用新型专利;因特网远程监控技术更是舞台机械控制领域划时代的创新;自动开启天窗荣获2008年度公安部消防局科学技术奖成果推广奖二等奖(一等奖空缺)。

如今大丰实业的公共座椅产品占国内市场份额的75%以上;舞台机械设备市场占有率也达60%;活动看台产品已占据了从中央电视台到各省、市、县级电视台活动看台使用量的95%以上。

创新,对于一个企业而言,意味着竞争力,意味着财富,意味着发展。企业要想屹立于市场,必须要创新,企业领导者更是要有创新意识,头脑中要充满创意,带领企业走向成功之路。

正如乔布斯所说:"领袖与跟风者的区别就在于创新。"创新对于一个领导者而言,具有非凡的意义,它使领导者充满创意,并在企业的管理模式、技术领域实施一系列的创新,从而在竞争激烈的市场环境下,引领企业不断发展,不断走出一条与众不同、通往成功的道路。

创新,更是一种精神,拥有了这种精神,你将不束缚于传统观念的桎梏,从而突破以往的经验枷锁,将自己的思想观念得到提升,这在当今的社会环境下,对于任何一个人都具有重要的意义。而在世界经济全球化的大环境下,创新精神对于企业的领带者和企业更是具有不可言喻的作用。

忠告箴言

　　技术革新是企业发展的动力,是企业进步的关键因素。创新是一个民族进步的灵魂,这已是知识经济时代国人的共识。要想创新,首先必须要有创新意识,要培养异中求同与同中求异的能力,这对提高学习能力和培养创新思维能力很有帮助。因此,年轻人时刻应用联系的眼光看问题,寻找不同事物间的共同之处,这样,你的逻辑思维能力将得到提高,而随之而来的,将是一些灵感和创意。

忠告 60 不要妥协,相信你的人生不会遗憾

这是一剂苦药,但是我想我这个病人需要它。有时候,生活像用板儿砖拍头一样打击你。别失去信心。我深信当时唯一让我坚持下去的原因就是我热爱我所做的一切。你一定要找到你所热爱的。这对你的事业是这样,对你的爱人也是如此。你的事业将会占据你生活的很大一部分,你真正得到满足的唯一途径就是去做你坚信是伟大的事业。而做伟大的事业的唯一途径就是热爱你所做的一切。如果你还没有找到,继续找。不要妥协。就像其他一切需要用心灵去感受的事物,当你找到的时候,你会知道的。

——乔布斯

纵观乔布斯的一生,他拥有强大的个人意志和精神,一种永不妥协的精神,一种"角斗士"的精神。

乔布斯成功的秘诀是,当其他人安于现状的时候,他却能看到所接触的所有事物真正的潜能,并在追求梦想的道路上孜孜追求,永不妥协。

1. 不要后悔自己的选择

人的一生,注定要面对诸多的选择,因为选择,我们才能有自己的人生目标,并朝着这个目标不断奋斗,这样我们的人生才不会充满遗憾。选择很重要,所以当我们作出一个正确的选择时,就要对其投入最大的努力,付出自己的热情,不要因为遇到困难,就知难而退,向选择妥协,这样你的选择就毫无意义,你的目标就是镜花水月。

世界名著《钢铁是怎样炼成的》的主人公保尔·柯察金的人生经历影响了一代又一代的读者,无数读者因为保尔的故事而改变了自己的人生,而其中给读者留下印象最深的启示就是保尔无怨无悔的选择,并为之奋斗终生的共产主义事业。

参加革命后,保尔喜欢读《牛虻》《斯巴达克斯》,书中的主人公深深地影响了他,让保尔更坚定了对共产主义事业奋斗终生的信念。在一次战斗中,保尔头部负伤而无法参加战斗,但他立刻就投身于国家建设的事业中,特别是修建铁路的工作尤为艰苦:秋雨、泥泞、大雪、冻土,大家缺吃少穿,风餐露宿,而且还有武装匪徒的袭拢和疾病的威胁。在筑路工作要结束时,保尔得了伤寒并引发了肺炎,组织上不得不把保尔送回家乡去休养。半路上误传出保尔已经死去的消息,但保尔是第四次战胜死亡回到了人间。病愈后,他又回到了工作岗位,并且入了党。由于种种伤病及忘我的工作和劳动,保尔的体质越来越差,丧失了工作能力,党组织不得不解除他的工作,让他长期住院治疗。在海滨疗养时,他认识了达雅,二人随后坠入爱河。保尔一边不断地帮助达雅进步,一边开始顽强地学习,增强写作的本领。1927 年,保尔已全身瘫痪,接着又双目失明,肆虐的病魔终于把这个充满战斗激情的战士束缚在床榻上了。保尔也曾一度产生过自杀的念头,但他很快从低谷中走了出来。这个全身瘫痪、双目失明并且没有丝毫写作经验的人,开始

了他充满英雄主义的事业——文学创作。保尔强忍肉体和精神上的巨大痛苦,先是用硬纸板做成框子写,后来是自己口述,请人代录。在母亲和妻子的帮助下,他用生命写成的小说《暴风雨所诞生的》在 1936 年 12 月 14 日终于出版了! 保尔拿起新的武器,开始了新的生活。

虽然遭遇身体上的巨大痛苦,但保尔并没有后悔自己的选择——为人类的解放而斗争。战场上,他冲锋在前;建设中,他无怨无悔;病榻上,他用顽强的毅力完成了一部英雄的著作。保尔的经历启示我们,永远不要为自己正确的选择而后悔,并为之努力,这样当年华老去的时候,你才没有遗憾。

2. 永远,永远不要放弃

第二次世界大战期间,纳粹德国空军向英伦三岛展开了狂轰滥炸,欲摧毁英国人民的反抗意志,但英国人民却在炮火中获得了永生,用他们不屈的意志顽强地捍卫了祖国的领土。而在他们背后,站立着一位伟大的首相,一位永远都不知道放弃的首相。他就是英国历史上伟大的首相——丘吉尔。"永远,永远不要放弃!"这是英国前首相丘吉尔有句至理名言。

第二次世界大战后,丘吉尔功成身退,生活立刻由战时的绚烂归于平静。有一次,他应邀在剑桥大学毕业典礼上致辞。演讲将要开始时,只见丘吉尔坐在主席台上,一如平常的打扮:头戴一顶礼帽,手持雪茄,一副怡然自得的样子。

经过主持人隆重但稍嫌冗长的介绍之后,丘吉尔缓步走上讲台,只见他两手抓住讲台的两角,默默注视观众后大约沉默了两分钟,然后用他那种闻名于世的独特的风范开口说:"永远,永远不要放弃!"

观众在等着他接下来的演讲,但等来的却是长长的沉默,然后丘吉尔又一次强调:"永远,永远不要放弃!"最后,他又默默地注视着观众片刻后,蓦然回座。

与其说这是一次演讲,不如说这是一句忠告,但就是这句"永远,永远不要放弃"的背后却是深刻的启示。

时常听见有些人哀叹自己时运不济,无论任何事都不能取得成功。

事实上,真正失败的原因是做一件事时,只要一遇到困难挫折就半途而废,选择放弃。这样,在通往成功的道路上,你就失去了前进的勇气,成功当然不会眷顾于你。相反,那些永不放弃的人,却一直在追寻着自己的目标,他们用义无反顾的勇气,不断地努力,而获得圆满的成功。

乔布斯也非常喜欢丘吉尔的这句话。他认为,成功是不可能轻而易举就能获得的,任何轻言放弃的心态都意味着与成功无缘。

乔布斯曾说过:"成就一番伟业的唯一途径就是热爱自己的事业。如果你还没能找到让自己热爱的事业,继续寻找,不要放弃。跟随自己的心,总有一天你会找到的。"为了做自己感兴趣的事,乔布斯甚至在大学期间辍学。

乔布斯在斯坦福的演讲中说:"这是一剂苦药,但是我想我这个病人需要它。有时候,生活像用板儿砖拍头一样打击你。别失去信心。我深信当时唯一让我坚持下去的原因就是我热爱我所做的一切。你一定要找到你所热爱的。这对你的事业是这样,对你的爱人也是如此。你的事业将会占据你生活的很大一部分,你真正得到满足的唯一途径就是去做你坚信是伟大的事业。而做伟大的事业的唯一途径就是热爱你所做的一切。如果你还没有找到,继续找。不要妥协。就像其他一切需要用心灵去感受的事物,当你找到的时候,你会知道的。所以,继续找吧,直到你找到。不要妥协。"

国学大师王国维曾说:"古今之成大事业、大学问者,必经过三种境界。'昨夜西风凋碧树,独上高楼,望尽天涯路',此第一境界也;'衣带渐宽终不悔,为伊消得人憔悴',此第二境界也;'众里寻他千百度,蓦然回首,那人却在灯火阑珊处',此第三境界也。"意即成功的获得,必须要有明确的目标和永不放弃的精神,这对于职场中的年轻人来说具有深刻的启示作用。当遇到困境和挫折时,不要向现实妥协,不可轻言放弃,无疑,这对于我们的职场生涯具有重要的意义。

做任何事只要半途而废,那之前的辛苦努力就等于付诸东流了。唯有经得起风吹雨打及种种考验的人才是最后的胜利者。因此,不到最后关头,绝不要轻言放弃,要持之以恒地奋斗下去,以求取最后的胜利。

3. 不必向大时代屈服

2008年当金融海啸席卷全球时,苹果员工没有人从乔布斯身上闻出恐惧的味道。美国彭博社先行采访了曾与他在一起工作的伙伴。当乔布斯听闻"雷曼倒闭"时,他没有震惊,只是淡淡地挥一挥黑色的衣袖,他这样说道,"别让外在的噪声干扰我们的心声"。前一年苹果才刚推出了iPhone。乔布斯为盼望这一天的来临,已等了两年半,但终于功夫不负有心人,成功再次眷顾了他。他不相信"金融海啸"有能力摧毁革命性的发明。苹果副总裁布德·特里布尔以"现实扭曲的磁场"形容乔布斯面对经济大衰退时的自信。iPhone的大屏幕、触控式实现了与Apple Store的完美结合,其中的每一个创意都来自乔布斯,来自一位与死神和时间赛跑的奇才的奇想。事实证明天才的创意不必向大时代屈服,苹果iPhone的销售量就足以说明这一点。

"死亡是生命中最好的发明","死亡的好处在于他使你有勇气追寻自己的内心与直觉"。

比欧洲银行风暴早走了八天,如果乔布斯还活着,他会害怕吗? 答案很明显,一点儿也不。他相信任何时代下,无论时代的背景多么不尽如人意,只要不向现实低头,不屈服于时代,人都有路可走,即使现在你一无所有。只要真诚地执着于一些有价值有意义的事,世界不会在我们的眼前塌陷,它会向你打开一扇明亮的窗户的。

这是乔布斯最令人怀念和感动的地方。

4. 永不放弃,你将拥有成功

中国的"果粉"们,对乔布斯个人和其产品的每一个细节都津津乐道,并乐此不疲。但大家谈论最少的,是乔布斯颇为自豪的曾经当幸福蚁族的生活。他告诉大家:他读了半年的大学就辍学了,因为费用几乎花光了父母的全部积蓄。他不得不借宿在朋友的家里,而所谓的床就是一个地铺,为了填饱肚子,他去捡空可乐瓶子换5美分来买食物,每到星期天,他走11.2千米的路程穿过城市,只是为了到一所神庙吃一顿免费、丰盛的晚餐。

乔布斯的落魄生活和周围环境的反差,没有让他屈服,相反这种生活激起了他的斗志,在乔布斯的成功字典中,任何艰苦的环境,都不能消磨他永不放弃的精神,而正是这种精神使他成就了自己,拥有了让他倍感幸福的事业——苹果公司。

全球闻名遐迩的迪士尼的创始人华德·迪士尼成功的故事也深刻地诠释了永不放弃的精神对一个人人生的巨大作用。

四十几年前,落魄的华德·迪士尼连解决自己的温饱都成问题,现在全世界的人几乎都深爱他所创造出来的卡通人物,就连远在北极圈附近的爱斯基摩人也成了米老鼠迷。阿拉斯加州的芝诺曾上映关于米老鼠的电影,使米老鼠并立刻风靡了整个阿拉斯加州,无数观众为之着迷,引起了强烈的反响。随后人们即设立了"米老鼠俱乐部",每次的集会都在被冰雪覆盖的茅屋中举行,当地人们已经深深地爱上了米老鼠。

如今已成为大资产家、大企业家的华德·迪士尼，仍然对事业倾注了所有的热情，他将所赚到的金钱又全部投注在事业上。他说："与其每年继续赚上数百万，不如制作更好的电影回馈给观众。"这种对事业执着的精神委实令人钦佩。

迪士尼最初是住在堪萨斯州的堪萨斯城，当一名画家是他最初的理想。某日，他到堪萨斯城的明星报社想找一份差事，也是为实现自己的理想寻找一个平台，然而，当他把自己的作品呈示给报社的主编看，主编瞧了几眼便给他泼了一盆冷水："不行，你根本没有绘画的才能嘛！"迪士尼听完，只好神情沮丧地离开了。

不久之后，他终于找到一份工作，工作内容是装饰教会的绘画。但是，由于他的薪资太微薄，他根本无法租一个像样的工作室，无奈之下，他只好将父亲的车库改装成工作室。虽然那时的日子过得非常艰辛，工作环境也差强人意，但当迪士尼日后回忆起那段艰苦的日子时，深有感触，正是因为当初在那弥漫着汽油味和机油味的车库中工作，才使他的创作潜能得到了最大程度的发挥，从而创造出令全世界人民都为之喜爱的米老鼠。

有关米老鼠形象产生的过程，有一段极为有趣的故事：有一天，一只老鼠在迪士尼的工作室中跑来跑去，他于是放下手头的工作，目不转睛地盯着老鼠看，他对这只老鼠很感兴趣，不久并拿些面包屑丢给老鼠吃。

随着日子一天天过去，渐渐地，那只老鼠竟对迪士尼再也不感到陌生，终于爬上了他的画板。后来，迪士尼到举世闻名的好莱坞去谋求发展，他准备了一连串的卡通电影，例如《奥斯华幸运兔》等，但却全部失败……由于工作毫无进展，他再一次变得身无分文。但他并没有灰心，没有放弃。某日，当他正在寄宿的房间中思索自己的未来时，那只老鼠突然浮现在他的脑海中。于是，迪士尼立刻动手画出那只老鼠可爱的模样——这就是米老鼠诞生的由来。

今天，在好莱坞拥有最多影迷、收到最多信件的明星便是米老鼠。全世界的人们都已深深地喜欢上了这只老鼠，它已然成为全世界家喻户晓的明星。

由于老鼠华德·迪士尼带来了巨大的影响，此后，他每周必会到动物园去，以便研究各种动物的动作及叫声。在关于米老鼠影片中的声音即由他自己担任配音，其他动物也多数由他亲自住持幕后配音。

某次，他想起儿时母亲给他讲过的一个"三只小猪与大野狼"的故事，于是灵感再次出现，他决定将这个故事制作成彩色电影。然而，当他将这个构想向工作人员说出后，却遭到了他们的全体反对，虽经迪士尼一再提出计划，但仍无济于事，不得已这个计划只好暂停。

后来，经过迪士尼再三的要求，终于得到了工作人员的支持，他们决定试试看。但他们谁也没有对这部电影抱太大的期望。同时，制作一部米老鼠的影片需要 90 个工作日，如果制作"三只小猪与大野狼"的影片也需要花费同样的时间，这样未免会得不偿失，所以大家一致决定花60 个工作日的时间来完成这部电影。

但出乎所有人的意料，这部电影一经推出就立刻赢得全美观众的青睐，并且创下了重映七次的纪录，获得了巨大的成功，这在卡通电影史上可以说是史无前例的。

"一切成功的秘诀即在于热爱自己的工作"——只有执着于自己热爱的事业，在你的人生道路上，成功之花将处处盛开。迪士尼的成功，正是由于他对工作的执着所促成。

5. 追求梦想不止步

1939 年冬天，美国西部洛杉矶市郊的一间屋子里，一个 15 岁的腼腆少年——约翰·葛达德正在厨房的桌子前做着生物学家庭作业。这时他听到隔壁父母的一位朋友说："假若再让我回到约翰的年纪,我干的事就大不一样!"这句话深深触动了葛达德的心灵。他在活页本新的一页上方端正地写上:"我的终生计划"。葛达德花了五个小时,一口气写下了 127 个梦想实现的目标。下面是这些目标中的一部分:

目标第一:探索尼罗河。

目标第二十一:登上珠穆朗玛峰。

目标第四十:驾驶飞机。

目标第五十四:去南、北极。

目标第一百一十一:读完莎士比亚、柏拉图等十七位大师的全部名著。

目标第一百二十五:登上遥远、美丽的月球。

为了实现这些梦想,葛拉德在他的小车子上写上了周计划和月计划。他每周都要量体重、清理衣橱、分析食谱和自我检查行动的得失。每天早晨他花 60 分钟练习杠铃、拉力器和单杠,以保持优美健康的体型。总之,葛拉德全力以赴地朝着自己订下的目标而努力着。每当他实现了一个目标,他便带着甜美的神情,在一个"目标"旁边画上一个代表成功的红色标记。结果怎么样呢?

到葛拉德 61 岁时,他已经成功地实现了原订的 127 个目标中的 108。

例如,他的第四十个目标是驾驶飞机,他后来驾驶过 46 种飞机,其中包括时速达到 1500 英里的 F - 111 战斗机;他把自己实现第一个目标的经历写成了一本名叫《漂下尼罗河的皮划子》的畅销书。

有志者,事竟成。目标高,飞得高。趁年轻树立远大的理想和目标,长大后才能做出不平凡的业绩。把你的梦想和目标分解成一步一步的具体行动,全力以赴,你一定能获得惊人的结果!你有没有为自己订立一个一生的梦想计划? 还等什么呢,赶快行动吧! 不要问梦想离我们还有多远,问一下你是否在为了达成梦想而风雨兼程……

漫漫人生,就如同在蜿蜒曲折的道路上旅行,即使这条路上充满了荆棘坎坷,你也不能屈服,不能妥协,因为成功是要付出代价的,不可能一蹴而就。

忠告箴言

成就一番伟业的唯一途径就是热爱自己的事业。为了这份事业,需要坚韧不拔的意志和永不放弃的精神。记住:无论现实怎样令我们沮丧,怎样不尽如人意,请不要低下头向它屈服,向它妥协,成功属于永不放弃的人。

忠告61 做同一类的领军者或领跑者

数字时代已经失去了它的领军人物(乔布斯),但是乔布斯的创新和创意将继续鼓舞着数代追梦人和思想者。

——索尼董事长兼CEO霍华德·斯金格

在如今这个互联网普及的时代,谁能覆盖巨型产业的全部链条,谁就掌握了信息产业的未来,谁就成为行业的领军者。乔布斯和苹果虽然不是第一个做到的,但是迄今为止他的扩张模式是最正确的。

1. 领袖与追随者

对苹果公司了解得越多,越不会认为它是一家传统意义上的创新型公司,尽管乔布斯总是标榜说"创新是区分领袖和追随者的准则",也尽管苹果每年都会被各种权威媒体评选为年度创新型公司前三名。但苹果公司却从来没有发明过任何一项新技术。

没错,苹果是个人计算机和数字消费行业的领袖,苹果准确预测了未来的产业发展方向,这使得它推出的 Apple Ⅱ 成为了个人计算机革命的引爆者,随后推出 iMac 系列电脑更是让苹果成为了个人计算机领域的"王者"。苹果推出的 iPod 让苹果这个外行,误打误撞地成为了数字消费行业的领先者。当然,iPhone 的推出也让苹果在智能手机领域有了充足的话语权。

尽管苹果成为了很多行业的领先者,但仔细想想,苹果究竟发明了什么技术?

实际上,苹果从来没有像微软或者施乐公司那样创造一项全新的技术。个人计算机不是苹果发明的,MP3 也不是它发明的,至于手机,就更不用说了。但苹果公司却总能后来者居上,把一项现有的技术或者产品推广开来,苹果就是有这个本事。

苹果在个人计算机领域的崛起就是一个很好的例子。1979 年,为了研发新型电脑,乔布斯决定到施乐公司的帕洛阿尔托研究中心参观、考察。在参观的过程中,施乐公司的电脑专家向乔布斯展示了一台惊人的电脑——Alto。这台电脑上的很多特征后来成为了个人计算机中不可或缺的东西,例如图形用户界面(简称 GUI),利用它可以让个人计算机使用者以非文字指令输入的方式与电脑互动;点阵影像图,可以把文字和影像合并起来;还有一个一点即成的名为"鼠标"的神奇设备。这台电脑还具有网络连接器、简单便捷的弹出菜单、移动窗口等。

可以说,Alto 已经为现代个人计算机构造了基本雏形。这无疑是一项革命性的伟大发明。就像乔布斯在后来采访时所说的:"在电脑行业,他们(施乐公司)从这一最了不起的成功发明中收获的只是失败。施乐公司本来有可能拥有如今的整个电脑行业。"实际上,这台人们闻所未闻的伟大设备,在施乐公司的实验室中已经坐了很长时间的冷板凳。Alto 已经问世 6 年,可是施乐公司所有人并没有看到它潜在的巨大商业价值。很可惜,施乐公司并没有成为这些伟大技术的最大受益者,也没能统治整个电脑行业。因为当时施乐为防止复印机、打印机等核心业务受到冲击,并没有将更多精力投放在计算机新技术的生产上。

毫无疑问,乔布斯是"识货"的人。他很快就发现了 Alto 的商业价值,这正是他梦寐以求的东西。就像他后来在采访时所说的:"当时我认为,那是我一辈子见过的最优秀的作品,10 分钟之内,我就清楚地认识到,将来所有的电脑都将是这样运行的。"在参观的过程中,乔布斯还兴奋地喊道:"你们为什么不拿这个做点儿什么? 这些东西太棒了,它将是革命性的。"

参观回来后,乔布斯将从施乐公司看到的鼠标、图形界面、局域网络、文件服务器等新技术用到了苹果的系列个人计算机中。

再比如个人计算机上的 USB 接口技术。这个技术是美国英特尔公司发明的。但却是苹果公司首先把它应用到了个人计算机上,使得这一技术得以广泛推广。同样,WiFi 无线网络也不是苹果发明的。WiFi 无线网络是美国朗讯公司开发的,但它就像当初施乐公司的 Alto 一样遭到了冷遇,并没有引起过多关注。直到后来,苹果将这一技术用在笔记本电脑中,它才广为人知。这一新技术的应用,也使苹果开启了笔记本无线上网的新时代。

创新的技术并不一定能生产出最终的技术产品,许多大公司投入巨资进行研发,并非就能成为商业化的产品,美国高新技术早期都是为了军事用途研发的,也经常被人们忽略,尤其是政府投资的研究基金,根本不考虑投资回报。创新技术的商业化是很复杂的系统工程,并非易事。像乔布斯这样对创新技术非常敏锐的人是很少见的。乔布斯有前瞻性眼光,这种眼光正是美国风险投资公司最需要的。坚实的工程师背景、艺术家品位的交叉思考和前瞻性的分析能力,塑造了一个创新技术商业化的大师。

从某种程度上讲,中国的互联网霸主腾讯的成功和苹果有着相同的发展轨迹。在互联网领域,腾讯从来不做第一个吃螃蟹的人,却总能像苹果一样,跟随,然后迅速反超。

腾讯凭借"山寨"取得了令人"仇视"的成功。2010 年 3 月 5 日,QQ 同时在线人数达到 1 亿。庞大的用户群使得腾讯成为了中国最赚钱的互联网公司,公司现金储备达到 15 亿美元。因为庞大的用户基础,也使其后来推出的门户网站成为中国流量第一的门户网站;在网游领域,抢占了超过 20% 的市场份额;电子邮箱流量也已经超越昔日霸主网易,坐上了第一的宝座。

当乔布斯和马化腾面对模仿的指责时,他们采取了同样的态度。从来都不否认自己的模仿路径。面对别人的指责,乔布斯总喜欢富有感情色彩地引用毕加索的格言:"优秀的艺术家复制别人的作品,更优秀的艺术家则剽窃别人的作品。"最后还总不忘补充一句:"我们从不以剽窃别人的伟大作品为耻。"马化腾在面对指责时,总会用一贯低调与实用主义的口吻说:"模仿是最稳妥的创新。"

创新和模仿其实没有太多的矛盾。很多创新都是在模仿过程中获得创新,许多科学家或工程师需要经过几千次甚至上万次的模仿实验,才能获得创新的结果。中国古代的四大发明就算是创新,而后来的火箭推动技术、印刷机的出现等不也是模仿再创新而来的吗? 中国的搜狐最先就是模仿雅虎,淘宝网模仿 eBay,百度模仿 Google,但是后来都是有自己的创新内容。微软 DOS 系统也是先购买再创新,视窗系统也是模仿苹果电脑平台,但是微软没有仅靠模仿,而是继续创新,连商业模式也创新,让苹果想告也告不赢。那么苹果就没有理由不去用别人的技术再创新,为自己的创新写上新的篇章。苹果有自己的爱好者俱乐部,有自己的杂志,有自己的大学及商场的零售店,有网上商店,有拥有版权的音乐和影视资料库,这才是完整的苹果王国。

2. 思想的高度决定人生的高度

今天,对于经营者而言,思想高度本身就是竞争力,它决定了经营者看待事物的视野和角度,当经营者拥有一个高瞻远瞩的思想,就会更好地规划企业的发展方式,从而成为行业的领军人物。读一读下面这则故事,想必你定会有所启发。

三个人正在一个工地上盖房子。有人问他们:"你们在干什么?"第一个人没好气地回答:"没看见吗,我们在盖房子。"第二个乐呵呵地回答:"我在挣钱。"第三个则从容地回答:"我在建造一座人间最美的建筑。"后来,第一个人仍然在工地上继续盖房子;第二个人通过自己的努力,成为了一个富有的地产商;而第三个人则成了著名的建筑家,成为了建筑行业中的佼佼者。

这个故事告诉我们,做任何一件事,不同的人态度各异,思想的高度不同,从而造就了不同的人生。故事中的第一个人将盖房子看作一件平凡的事情,所以最终还是继续在工地上盖房子;第二个人将盖房子当作自己赚钱的手段,从而成为富商;第三个人将盖房子看作一项事业,从而成为了建筑行业的佼佼者,成了著名的建筑家。所以,思想的高度决定人生的高度,在当今经济全球化的背景下,各行各业竞争异常激烈,若想在残酷的竞争中获得生存和发展,成为行业中的领军者,就必须突破狭隘思想的束缚。

2011 年 7 月 4 日,《检察日报》迎来了创刊 20 周年。20 年来,在全国广大忠实读者的支持下,《检察日报》日益发展壮大,并成为中国最具影响力的法治媒体之一。

为纪念《检察日报》创刊 20 周年,正义网特别策划了"法治足迹——《检察日报》20 周年系列访谈",邀请《检察日报》总编室王彦钊做客正义网。当主持人问到一个报道的影响力是由什么来决定的时候,王彦钊这样说道:"我认为思想高度决定影响力。这里说的思想高度,涵盖了新闻从业人员的世界观、价值观、新闻敏感、政治敏锐等各方面。对新闻价值的判断,对新闻选题的把握,对新闻策划的运筹,对新闻角度的选择,乃至报道新闻的谋略和胆识……都是一家媒体及其从业人员思想高度的集中体现。不同的报纸形成不同的'报格',不同的记者对新闻的报道具有不同的风格,不同的新闻报道其社会影响力也不尽相同。"正是因为有这样的思想认识,使《检察日报》逐渐发展壮大,并成为中国最具影响力的法治媒体之一,成为报界的佼佼者。

牛顿将科学作为自己的使命,从而发明了万有定律,为人类向太空的探索提供了理论基础;爱迪生将发明作为自己的使命,从而促进了人类社会的发展。他们取得这样的成就,并成为各自领域里的领军人物,关键是思想决定了他们的成就,从而为人类社会的发展作出了卓越的贡献,并且使后人受益匪浅。

思想决定高度,要想在自己的行业中取得骄人的成就,并引领行业的发展,成为行业的领军人物,应该做到高瞻远瞩,提升自己的思想境界,用发展的眼光看问题,这样你的视野将更广阔,你的眼界将更长远。

3. 创新决定领先

一切事物都不是永恒不变的,正如孔子所说:"逝者如斯夫,不舍昼夜。"在日新月异的今天,若固守传统的观念,被教条主义束缚,不能突破经验枷锁,将很快被发展的浪潮吞没,这就决定了我们必须要有创新意识,只有创新,才能站在时代的最前沿,才能在竞争中保持领先地位。

战国时期,群雄逐鹿,各诸侯国之间均进行着吞并战争,欲想国家不被灭亡,各国首先要做的就是提高国家的军事力量。赵国的武灵王为了国家的强大,提高军事能力,欲对传统的不利于作战的军服进行改革,即改用北方胡人的装束。这个想法当时就受到了保守势力的反对,特别是朝廷重臣公子成极力反对,认为赵武灵王此举是大逆不道,藐视祖宗法制,因称病,不来上朝。赵武灵王于是对他阐述胡服骑射的重要性:"我国东面有齐国、中山国;北面有燕国、东胡;

西面是楼烦，与秦、韩两国接壤。如今没有骑马射箭的训练，怎么能守得住呢？之前中山国依仗齐国的强兵，侵犯我们领土，掠夺人民，又引水围灌鄗城，如果不是上苍保佑，鄗城几乎就失守了。此事先王深以为耻。所以我决心改穿胡服，学习骑射，想以此抵御四面邻国的进犯，一报中山国之仇。而叔父您一味依循祖宗旧俗，厌恶改变服装，却忘记了鄗城的奇耻大辱，我对您深感失望啊！"公子成幡然醒悟，欣然从命，赵武灵王亲自赐给他胡服，第二天他便穿戴入朝。于是，赵武灵王正式向全国下达改穿胡服的法令，提倡军队学习骑马射箭。胡服骑射后来成功实施且取得实质性效果，使赵国拥有了强大的骑兵，最后出兵消灭中山国，扩地东胡，使赵国领土范围达到顶点，在诸侯中地位大升，实力在诸侯国中的处于领先地位。"胡服骑射"取得成效后，齐楚等国纷纷效仿，胡服骑射也因此成为战国时期与商鞅变法齐名的重大变革事件。

赵武灵王胡服骑射的军事改革，实现了国家的强大，使赵国成为中原地带的强国，并一直处于领先地位。这就是创新的成果，因此，从某种意义上说，创新就意味着领先。

一直以来，古希腊天文学家托勒玫的"地心体系"的理论被人们认为是不可推翻的真理，托勒玫认为地球居于中央不动，日、月、行星和恒星都环绕地球运行。后来，哥白尼证明了托勒玫"地心学说"的荒谬。哥白尼在《天体运行论》中阐明了日心说，告诉世人：太阳是宇宙的中心，地球围绕太阳旋转。而后，布鲁诺接受并完善了哥白尼的日心说，认为宇宙是无限的，太阳系只是无限宇宙中的一个天体系统。伽利略通过望远镜观察天体，发现：月球表面凹凸不平，木星有四个卫星，太阳有黑子，银河由无数恒星组成，金星、水星都有盈亏现象等。不久，开普勒分析第谷·布拉赫的观察资料，发现行星沿椭圆轨道运行，并提出行星三大运动定律，为牛顿发现万有引力定律奠定了基础。因此可以这样说：科学是不断发现的过程，而真理是不断创新的过程。

年轻时的爱因斯坦敢于冲破权威的桎梏，大胆突进，赞赏普朗克假设并向纵深引申，提出了著名的光量子理论，为量子力学的发展奠定了基础。随后又推翻了牛顿的绝对时间和空间的理论，创立了举世闻名的相对论，一举成名，成了一个更伟大的权威。

而与创新相反，若故步自封，陷入了传统观念的泥沼，你所面对的将是一事无成，被时代所抛弃。

牛顿是历史上最伟大的科学家之一，他对科学的贡献是史无前例的。牛顿的一生有许多伟大的发现：力学三定律、万有引力、光学环、光微粒说、冷却定律以及微积分。但是到了晚年，牛顿的研究陷入了亚里士多德的柏拉图学说的怪圈而不能自拔。他花了十年的时间来研究上帝的存在，结果自然一无所获。由此看来，即使是一个伟大的学者，一旦被落入陈旧的观念束缚，就根本不会有伟大的成绩。

在今天，创新的意义不言而喻，已经成为了时代的主题。创新对于一个国家来说，其意义更是不可估量，乔布斯是众多美国创新人才的一个代表，正是因为他们，在各行各业创造出了巨大的业绩，才使美国成为现今世界的超级强国。创新对于一个企业来说，意味着竞争力，意味着站在了市场的最前沿，意味着在市场经济中处于领先地位，因为你在行业中取得了新的突破。创新对于个人而言，是一种精神，拥有了创新这种精神，将使你终身受益，引领着你不断前进，走向成功。

4. 锲而不舍，你将继续领先

荀子在《劝学篇》中说道："积土成山，风雨兴焉；积水成渊，蛟龙生焉；积善成德，而神明自得，圣心备焉。故不积跬步，无以至千里；不积小流，无以成江海。骐骥一跃，不能十步；驽马十驾,功在不舍。锲而舍之,朽木不折;锲而不舍,金石可镂。"阐述了锲而不舍精神的巨大作用。诚然,当拥有了锲而不舍、孜孜以求的精神时,将会为你的成功之路提供精神动力。对于一个企业而言,在拥有领先地位的情形下,若要继续保持优势,就必须持之以恒地努力奋斗,如此才会创造出骄人的业绩。

乔布斯的成功来源于他的执着,不因一时的成就就止步不前,而是继续奋斗,当苹果推出一种新的产品时,他又带领着其团队继续下一个产品的研究,就这样苹果始终在行业中处于领先地位。

2002 年,推出第二代 iPod 播放器,使用了称为"Touch wheel"的触摸式感应操控方式。

2003 年,推出第一台的 64 位元个人电脑 Apple PowerMac G5。

2003 年,推出第三代 iPod 音乐播放器,可同时支持 Mac 和 Windows,并取消 Firewire 连接埠的设计。

2004 年,推出第四代 iPod 数码音乐播放器,沿用了原本在 iPod mini 上的"Click Wheel"操控设计。此后还推出搭载彩色显示屏的 iPod Video。

2004 年,推出迷你版 iPod mini 数码音乐播放器,其金属外壳与其他机种歧异性极大。

2005 年,苹果推出第五代 iPod 播放器。

2005 年,苹果推出第二代 iPod mini 迷你数码音乐播放器与 iPod shuffle,

2005 年 9 月,苹果推出 iPod nano 超薄数码音乐播放器,采用彩色显示器。

2006 年,斯蒂夫·乔布斯推出了第一部使用英特尔处理器的台式电脑和笔记本电脑,也就是 iMac 和 MacBook Pro。

2006 年,推出第六代 iPod 数码音乐播放器,称为"iPod classic"。

2006 年,推出第二代 iPod nano 数码音乐播放器,采用和 iPod mini 相同之铝壳设计。

2006 年,推出第二代 iPod shuffle 数码音乐播放器,其外型变为类似一个夹子,体积更加小巧。

2007 年,推出第三代 iPod nano 超薄数码音乐播放器,外型由细长转为宽扁。

2007 年,斯蒂夫·乔布斯在 Mac World 上发布了 iPhone 与 iPod touch。

2008 年,斯蒂夫·乔布斯在 Mac World 上从黄色信封中取出了 MacBook Air,这是当时最薄的笔记本电脑。

2008 年,斯蒂夫·乔布斯在 Mac World 上发布了 iPod nano 第四代和 iPod touch 第二代。

2008 年,斯蒂夫·乔布斯在 Mac World 上发布了新设计的 MacBook 和 MacBook Pro,以及全新的 24 英寸 Apple LED Cinema Display。

2009 年,苹果负责全球营销的高级副总裁菲利普·席勒(Phillip Schiller)在 Mac World 2009 大会上发布了重新设计的 17 英寸屏幕的 MacBook Pro 笔记本电脑。

2009 年 3 月 3 日,苹果推出升级版的 iMac,但外形并未改变,其使用了 NVIDIA 公司新款显卡,并小幅度降低了 iMac 价格,同时升级更新的包括 Mac mini 和 Mac Pro。

2009 年 3 月 11 日,苹果推出新款 iPod shuffle,这是第一款可以语音发音的数码音乐播放器,体积更加小巧,几乎是上代的一半大小,由于部分操作键转至耳机线缆上,所以暂时不支持第三方耳机,而且必须配合 8.1 版本或更新版本的 iTunes 使用。

2010 年 1 月 27 日,苹果公司平板电脑 iPad 正式发布。

2010 年 4 月 6 日,苹果 iPad 正式在美国发售。

因为苹果公司连续不断地创造出了诸多新颖的产品,才能在行业中始终处于领先地位。之所以取得如此骄人的业绩,与乔布斯和其团队的执着精神是分不开的。卡莱尔说:"停止奋斗,生命也就停止了。"乔布斯虽然离我们远去,但是他的锲而不舍的精神是留给我们的一笔丰厚的财产,鼓舞着我们不断前进。乔布斯的财富不仅领先于他人,更重要的是,他的精神更是一直遥遥领先于他人,并为世人所追随,无疑,这是他留给世人的一笔更大的遗产。

5. 做一个行业的领跑者

若想做一个行业的领跑者,就应该给自己树立一个标准,这个标准一定要规定自己要始终处于领先的地位,严格要求自己,如此,你才会不断地追求卓越,不断地超越自己,才能始终做一个领跑者。

一汽大众奥迪品牌用自己的行动和品牌证明:追求一种标准,再把这个标准打造成一种主张,或一种准则,从而做一个行业的领先者。

作为中国最具影响力的豪华车品牌,奥迪到底是怎么造出来的? 它到底有哪些与众不同的地方? 它身上流淌着一种什么颜色的血液,体现着一种什么精神?

2011年6月20日,一汽大众奥迪宣布首次向媒体开放工厂和实验室,以期解密其作为一个领跑者地位的原因。《南京日报》记者前往长春进行了实地采访。

"任何问题都不是出现装配质量问题的借口。"这是记者走进一汽大众奥迪工厂总装车间,听到的第一句话。

在奥迪人看来,质量就是奥迪赖以生存的生命,是奥迪可持续发展的不竭动力。与国内大多数工厂总装配线的多车连续式生产线不同,奥迪工厂已经实现了连续式生产线与单一性生产线的"融合"。这个"融合"的好处在于,当各个生产线的工程师在任何环节,发现任何一辆奥迪车出现问题,可以随时"叫停",这辆车直接被盯上的机械手"抓"走检查,而不会耽误整个生产流程。

奥迪传承了德国造车工艺的严谨品质,它对质量的要求几近苛刻。每一辆奥迪车上的任何一项操作工艺的数据,都会被自动输入奥迪电脑系统,"就连拧螺丝的'劲',都会保存15年。"奥迪工程师如是说。

走进奥迪工厂焊装总车间,一辆被"解剖"后的奥迪A4L展现在记者面前。与传统的加强防撞梁不同的是,奥迪的工程师告诉记者,每一辆奥迪车的红色钢梁,都是从德国进口的。"我们做过试验,红色钢梁,电钻都钻不穿。"

一汽大众作为中国最有影响力的豪华轿车品牌,并一直处于轿车行业的领先地位,这与其对质量的严格要求是分不开的。因此,给自己树立一个做领跑者的标准,根据这个标准行事,你拥有的将是行业的领先地位。

6. 努力在所在领域占据优势

人生百态,无论你从事哪一个行业,只要能成为领域专家,你就是那个领域的状元,自然就有了职业安全感。假若你是飞行员就将你的安全指数达到最高;假若你是老师,就要不断丰富自己,做知识最渊博的;是医生,就做技术最精湛、医术最高明的;是会计,就做思维最缜密、最细心……个人只要自己在从事的领域中占据了优势,自然也就能赢得更多的重视。

马克·扎克伯格只身来到加州,没有汽车,没有房子,没有工作。现在他是美国最火爆的社交网站 Facebook 的 CEO,并拒绝了 10 亿美元的收购。这位为创业从哈佛辍学的青年当时只有 23 岁,迄今为止他的故事就像一个电影剧本。

扎克博格,出生在纽约市以北富人区威郡郊区并在那里长大。他是家中唯一的儿子,在 4 个孩子中排行老二,父母分别是牙科医生与精神病医师。他在很小的时候就表现出了电脑方面的天资,10 岁时得到了自己的第一台电脑;到上高中的时候,他已经开始自己编程,比如棋盘游戏《风险》(Risk)的一个版本。

身着日常的服装——牛仔裤、羊毛衫和阿迪达斯便鞋,马克·扎克伯格看起来更愿意在晚间开发课后徜徉在大学宿舍的会所,而不是执掌互联网领域下一家价值达数十亿美元的公司。然而,人们却将这位年仅 23 岁的 Facebook 创始人兼首席执行官称作潜在的互联网新巨头。此外,他还拒绝了互联网门户网站雅虎的收购出价。据说,雅虎的出价为 10 亿美元。也有报道称,微软(可能还有 Google)正考虑进行一笔投资,可能将 Facebook 的估值定为 100 亿美元,这说明,扎克伯格 4 年前在哈佛大学宿舍里推出的这个发展迅速的网络以令人惊讶的速度得到了认可。由于 Facebook 的日访问量已超过 Ebay,一些观察人士已开始将他与苹果机智的首席执行官史蒂夫·乔布斯和微软董事长比尔·盖茨相提并论。

甚至在最初的那些日子里,扎克伯格就已表现出成功科技创业者技术才能、自信与冷酷相混合的珍贵气质。2003 年,他曾被拖到哈佛大学校领导面前,因为他此前侵入了学校的一个数据库,将学生的照片拿来用在自己设计的网站上,供同班同学评估彼此的吸引力。

扎克伯格是奇客中的奇客,他更关心的是 Facebook 的技术和社交潜力,而非该网站将他变为亿万富翁的能力。他在 Facebook 总部的办公桌位于夜班开发工程师的旁边,他经常与他们一起通宵达旦地工作。

一个玩游戏长大的 23 岁青年,仅仅凭借着为这个“无聊的世界”所创造的两款网络游戏,就轻易拥有了 1 个亿的财富。他的成功来自于他完全根据自己的兴趣生活,而不是父辈的指点,也不是在社会安排好的阶梯上攀爬。

彭海涛,原成都锦天科技发展有限责任公司董事长兼总经理,国内第一款玄幻 3D 网游《传说 Online》的制作者,被媒体誉为“中国比尔·盖茨”。从盛大的玩家到走上游戏研发道路,再到被盛大收购身价上亿,年仅 23 岁的彭海涛用了 3 年不到的时间成就了新一代“陈天桥”的财富神话。其发展之快、成功之早、创富速度之快、之巨,成为“新新人类”年轻人羡慕的对象。

彭海涛小学三年级便开始接触任天堂红白机,是有着 10 多年游戏历史的资深玩家,2001 年 6 月在四川大学计算机专业就读,开始设计休闲小游戏。2002 年,彭海涛 18 岁,他告诉父亲,陈天桥运营《传奇》创造了财富神话,他可以做出更好的网络游戏。2002 年 9 月,彭海涛退学离开四川大学校园,在父亲 100 万元贷款的支持下,诚意招募了三名国内顶级技术精英,开始专心做游戏开发,并成功制作出了 highway 高速全 3D 实时网络游戏引擎。

2003 年 9 月,锦天科技发展有限公司成立,当时,彭海涛只有 19 岁,公司员工已达到 80 人并入驻成都高新孵化园;2005 年 5 月,经过两年的研发,中国第一款自主研发的 3D 网游《传说 online》诞生;2005 年 7 月,以 2 000 万元的价格将《传说 online》的全国总经销权,出售给北京晶合时代软件技术有限公司。2005 年 11 月,《传说 online》获得国家文化部批准的“国家动漫游戏产业振兴基地”首推第一款本土游戏。2007 年 7 月,锦天科技被盛大收购,据悉收购金额上亿,彭海涛自此成为中国最年轻的亿万富翁之一。

乔布斯总是告诫员工要“和别人想的不同”,这句话的意思也就是要问自己颠覆常规思维,运用自己与众不同的方式去工作,才有可能成为这个行业的领军人物。

　　无可厚非,乔布斯是数字时代的领军人物,我们也没有必要非要向他看齐。但是乔布斯的经历和精神多少应触动了我们年轻人心中的那根弦,即我们也同样拥有抱负,拥有梦想,只要我们能用诸如乔布斯这样的人物时刻鼓励自己,打开思路,奋勇向前,勇敢抗挫,那么我们也可成为自己所期望做的那类人!

忠告箴言

　　思想的高度决定人生的高度,要想成为一个行业的领跑者,需要高瞻远瞩,开阔你的视野,开阔你的眼界,树立创新意识;当你的地位处于领先时,不要止步不前,要继续保持你的优势,执着于你的事业,做一个行业的领跑者。

忠告 62　35 岁前也要坚持不懈，活着就是为了改变世界

你是否知道在你的生命中，有什么使命是一定要达成的？你知不知道在你喝一杯咖啡或者做些无意义事情的时候，这些使命又蒙上了一层灰尘？我们生来就随身带着一件东西，这件东西指示着我们的渴望、兴趣、热情以及好奇心，这就是使命。你不需要任何权威来评断你的使命，没有任何老板、老师、父母、牧师以及任何权威可以帮你来决定。你需要靠你自己来寻找这个独特的使命。活着就是为了改变世界，还有其他原因吗？

——乔布斯

"一日一苹果"曾经是一句养生口号，但在乔布斯的努力下，新时代"一人一苹果"的潮流口号让世界掀起了阵阵浪潮，改变了人们的生活，进一步冲击着早已由于过度科技化而百孔千疮的现代文明。人们对于这带有温度的时髦电脑的执着和热情有如传染病一般蔓延，并一发不可收拾，展现了人类科技文明最新的场景。如今，在世界各大城市的公车、地铁上，环顾前后左右，人们头戴耳机，埋首在手上的 iPad、iPhone 中，像是不可或缺的随身附件一般，均沉浸在苹果的世界中，好像外面的世界被他们给遗忘了。当人们疯狂地抢购最新版的苹果产品时，当人们自问"没有 iPod 的人是否应该感觉自卑或是羞耻"时，我们不禁惊觉这最新科技发明的致命吸引力。

1. 寻找自己的使命

"怀无大志必颓废，胸有大志自抖擞。"其实，人们来到这个世界上，上天给我们每个人都赋予了使命，而我们选择用自己的方式去履行这个使命。成为一个有梦想的人，追逐自己的梦想是年轻人的使命！寻找自己的使命，我们才不会因为生活中的困境而沉沦，也不会遇到挫折而陷入痛苦的泥沼。使命，让我们的人生充满方向，激起我们不断向前的斗志。当我们年老的时候，也不会因为终生碌碌无为而悔恨。

在苹果公司成立的第九年，苹果发布了其当时最好的产品 Macintosh，因与董事会产生分歧，乔布斯被自己一手创立起来的公司炒了鱿鱼。当时 30 岁的乔布斯当时感觉生命的全部支柱瞬间坍塌，自己的人生遭到了毁灭性的打击。

2005 年 6 月 12 日，乔布斯在斯坦福大学毕业典礼上演讲时提到了这段往事。他说："在最初的几个月里，我真是不知道该做些什么。我把从前的创业激情给丢了，我觉得自己让与我一同创业的人都很沮丧。我把事情弄得糟糕透顶了。但是我渐渐发现了曙光，我仍然喜爱我从事的这些东西。苹果公司发生的这些事情丝毫没有改变这些，一点也没有。我被驱逐了，但是我仍然钟爱它。所以我决定从头再来。"

乔布斯说，他当时没有觉察被炒鱿鱼使他的人生发生了重大变化，但是事后证明，从苹果公司被炒是他这辈子发生的最棒的事情。这让他有更多的时间和自由去重新思考人生，重新面对

人生的下一个阶段。乔布斯说:"这让我觉得如此自由,进入了我生命中最有创造力的一个阶段。"

乔布斯回忆说,他可以非常肯定,如果当初不被苹果开除,这其中一件事情也不会发生的。这个良药的味道实在是太苦了,但是他想病人需要这个药。有些时候,生活会在不意间给你当头一棒,也是醍醐灌顶,使你备受打击,给你痛苦,但不要失去信心。你要清楚唯一使你一直坚定信心走下去的,就是你一直钟爱的事,你的使命。你需要去找到你所爱的东西,并将其作为你的事业和使命。不仅对于工作是如此,生活中对你的爱人也是如此。你的工作将会占据生活中很大的一部分。你只有相信自己所做的是伟大而崇高的工作,你才能有成就感,并能怡然自得。如果你现在还没有找到,那么就继续找,不要使停下来,全心全意努力地去找。

乔布斯的经历告诉我们,无论生活给了你多么大的打击,无论生活多么不尽如人意,你都不要丧失信心,不要感到悲观,要努力寻找自己的使命,让自己的生命变得饱满起来。"路漫漫其修远兮,吾将上下而求索。"而寻找自己的使命,不放弃自己的理想,要求我们必须要有专注的态度,如此,才不会因为艰难困苦而一蹶不振,才不会在人生的道路上迷失方向。

儿时,大人和老师经常这样问我们:长大了想做什么?我们的回答总是多种多样,今天是作家,明天是建筑家,后天又是个什么家。因为童年的我们梦想太多,总是在变。长大的我们也大都没实现儿时的梦想,当然其中的原因很多,但其中关键的一条是我们的生活缺少了一种态度——专注。

所谓"专注",就是集中精力、全神贯注、专心致志。一个专注的人,往往能够把自己的时间、精力和智慧凝聚到所要干的事情上,从而最大限度地发挥积极性、主动性和创造性,努力实现自己的目标。

乔布斯始终专注于他热爱的电子领域,他创造的"苹果"产品风靡全球,为消费者带来了无与伦比的体验。乔布斯曾在见到一款厨房家电产品后,为其设计深深地着迷,要求"苹果"设计人员将Mac电脑参照该家电的设计来打造。还有一次,他希望让Mac的外形像一辆保时捷跑车。

Android手机操作系统则以开放性为特点,"苹果"拒绝接纳Adobe的态度也惹恼过不少科技界人士。但"苹果"对这些批评却毫不在意,乔布斯只专注于推出好产品,给用户带来最好的体验。

乔布斯意识到,未来的消费类电子产品,软件都将是核心技术。从而始终坚持做操作系统和那些悄无声息的后端软件,比如iTunes,这样的"苹果"才不至于像DELL、惠普或索尼那样,因为等待微软最新操作系统的发布而延迟推出硬件产品,看着微软干着急。这也是消费电子巨头索尼在随身听市场不敌"苹果"的原因之一。

古人云,"十鸟在林,不如一鸟在手"。当我们选择了一项事业,就要全身心地投入进去,将其作为自己的使命而奋斗,切不可朝秦暮楚,虎头蛇尾。俗话说,有志者立长志,无志者常立志,专注不仅是一种态度,更是一种精神,拥有了它,你的生活和事业将会不断进步。如果你还在因为没有找到自己的目标而彷徨,那就继续寻找,当你确定了自己的目标后,将其当作自己的使命,并矢志不渝地坚持,这样,才会收获成功。

2. 带着渴望、兴趣、热情以及好奇心栽种自己的梦想

乔布斯曾说:"当我23岁时,我的财富达到了100万美元;在我24岁时达到了1 000万美元;

而在 25 岁时则达到了一亿多美元。"尽管听上去非常令人震撼,但这些对于乔布斯来说,都不是最重要的,乔布斯说:"我从不为钱而活着,一点都不关心死时是不是最富有的人,而是每晚入睡前都能自豪地说,我的确干了一番事业——这才是我最在乎的。"乔布斯用他的激情改变了自己,改变了苹果,同时改变了世界!

哲学家波克甚至将激情定义为人类的核心部分。一个人如果缺乏激情,他的思想就会麻木,他的行为就会没有生气。是否拥有激情,决定你将会成为什么样的人,决定你以后的人生。激情会为你注入活力,给你动力,即使遭遇挫折和困苦,也会一如既往地朝着目标进发。

充满激情者总会将这种情绪融入生活和工作之中。他们渴望激情带来的昂扬斗志,总是努力地让激情常在,让它保持活力。如此,他们才能在工作中始终保持充沛的精力,坚持不懈,并最终取得骄人的成就。他们总会无时无刻地营造激情的氛围,并沉浸其中。因为他们清楚地知道,拥有激情,就拥有了能量,能让自己时刻都精神饱满地投入工作,并且为取得的成就而满足,从而进一步激发他们不断进取的斗志,取得成功,实现自己的人生价值。

让激情成为你的工作动力,你的收获一定大于付出。你必须时刻坚持你的目标,清楚了解自己要的是什么,切不可半途而废,否则,你之前所有的付出如同昙花一现。同时,不要错误地选择自己的目标,否则,你的激情付出也将是徒劳的。现实中有些人为了追逐功名利禄,不惜将自己的激情投入其中,而忽视了宝贵的亲情和友情,甚至置自己的健康而不顾,这样就得不偿失了。因此,在充满激情的同时,我们还要保持头脑冷静,认真审视自己的激情。

萨默·雷石东用毋庸置疑的事实证明了别人曾经对他的轻视是绝对的错误。在他的英名领导和自身的努力奋斗下,维亚康母建立起了覆盖全球的 MTV 电视网,并使亿万年轻观众为之青睐;他用自己的激情,使维亚康母接管了派拉蒙影业公司,其拍摄的《泰坦尼克号》、《拯救大兵瑞恩》等享誉全球的影片,并获得了巨大的成功,风靡全世界,成为经久不衰的经典;在他的英名领导下,维亚康母兼并了哥伦比亚广播公司,这是迄今为止世界娱乐传媒业最大的一起企业兼并案例;在他的英名领导下,维亚康母在短短的 12 年里,一跃成为世界第二大娱乐传媒集团,总资产达到 800 亿美元;在他的英名领导下,维亚康母占据全球娱乐传媒业盈利最好的位置。

萨默的成功不仅来自聪明的见解、创造性的突破或对技术的大胆扶持,更是源于其不断追求和对工作充满热情的精神。他是一个整日都在不停工作的人,而且工作模式始终不变,只有单调的一种:不懈的努力。他女儿莎莉曾经长叹道:"他在工作和娱乐、工作日和周末、公司和私生活之间没有界限。"

萨默控制了维亚康母 67% 的选举权股和 28% 的股东持有的股票,因此可以说他在现在的位置上想干多久就干多久。他的净资产值随着股票的上涨而猛增,但他从未出售过任何一股,而且对于金钱买得到的物质上的东西几乎都没有兴趣。获取成功是驱动他工作的第一动机,也是他充满激情的不竭源泉。副董事长汤姆说:"这是个每天起来就需要成功的家伙。他必须战胜对手。他必须证明他的观点是正确的。他必须看到股票价格上扬。"这就是即使再艰苦的工作不能将他拖垮的原因所在。工作使他精神振奋,生气勃勃,并时刻刺激他的头脑不断思考,甚至起到防衰老的作用。

在萨默的人生字典里没有"退休"这个词,他说:"我到该走的时候就会走。在维亚康母公司内部会有另一位伟大领袖取代我。"萨默向投资商承诺,他不会将自己的职位留给他的儿子或者女儿,不会让他们接自己的班,而让他们自己去奋斗,而留给他们的只是自己不断奋斗的激情。因此,可以说,他留给子女的是一笔精神财富,而绝非物质。

曾经有人向萨问了一个"较真"的问题,问他除了维亚康母还想要得到什么。这位身价百亿美元的"老头"描绘了这样一幅情景:"洛杉矶美妙的早晨。住在平房别墅里,走到户外,沿着花团锦簇的小径去打网球。对我来说,这就是物质享受的顶峰。"萨默说,"然后我就驱车直奔制片公司。"

通过萨默·雷石东的人生经历,我们可以得出这样的启示:充满激情地生活和工作,你拥有的不仅是财富,更使你的人生价值得到升华。

拥有激情,即使身处困境,也会做出不凡的业绩。"盖西伯拘而演《周易》;仲尼厄而作《春秋》;屈原放逐,乃赋《离骚》;左丘失明,厥有《国语》;孙子膑脚,《兵法》修列;不韦迁蜀,世传《吕览》;韩非囚秦,《说难》、《孤愤》;《诗》三百篇。"古之圣贤虽遭遇逆境,但激情却不曾被泯灭,从而留下了伟大的篇章,他们的故事对今天的年轻人具有深刻的启示作用,激励着我们充满激情地生活和工作,即使遭遇人生中的诸多不幸。

3.活着就是为了改变世界

每个人来到世界,都在本能的追求着,但有的人成功,有的人却放弃了。

在闻名世界的威斯特敏斯特大教堂地下室的墓碑林中,有一块名扬世界的墓碑。

其实这只是一块很普通的墓碑,粗糙的花岗石质地,造型也很一般,同周围那些质地上乘、做工优良的亨利三世到乔治二世等二十多位英国前国王墓碑,以及牛顿、达尔文、狄更斯等名人的墓碑比较起来,它显得微不足道,不值一提。并且它没有姓名,没有生卒年月,甚至上面连墓主的介绍文字也没有。

但是,就是这样一块无名氏墓碑,却成为名扬全球的著名墓碑。每一个到过威斯特敏斯特大教堂的人,他们可以不去拜谒些曾经显赫一世的英国前国王们,可以不去拜谒那诸如狄更斯、达尔文等世界名人们,但他们却没有人不来拜谒这一块普通的墓碑,他们都被这块墓碑深深的震撼着,准确地说,他们被这块墓碑上的碑文深深地震撼着。在这块墓碑上,刻着这样的一段话:

当我年轻的时候,我的想象力从没有受到过限制,我梦想改变这个世界。

当我成熟以后,我发现我不能改变这个世界,我将目光缩短了些,决定只改变我的国家。

当我进入暮年后,我发现我不能改变我的国家,我的最后愿望仅仅是改变一下我的家庭。但是,这也不可能。

当我躺在床上,行将就木时,我突然意识到:如果一开始我仅仅去改变我自己,然后作为一个榜样,我可能改变我的家庭;在家人的帮助和鼓励下,我可能为国家做一些事情。

然后谁知道呢? 我甚至可能改变这个世界。

据说,许多世界政要和名人看到这块碑文时都感慨不已。有人说这是一篇人生的教义,有人说这是灵魂的一种自省。当年轻的曼德拉看到这篇碑文时,顿然有醍醐灌顶之感,声称自己从中找到了改变南非甚至整个世界的金钥匙。回到南非后,这个志向远大、原本赞同以暴治暴垫平种族歧视鸿沟的黑人青年,一下子改变的自己的思想和处世风格,他从改变自己、改变自己的家庭和亲朋好友着手,经历了几十年,终于改变了他的国家。

是的,要想撬起世界,它的最佳支点不是地球,不是一个国家、一个民族,也不是别人,而只能是自己的心灵。

要想改变世界,你必须从改变你自己开始;要想撬起世界,你必须把支点选在自己的心灵上。

在 IT 界,在所有的硅谷创业英雄中,乔布斯都是我们无法绕过的一颗最闪亮的明星。因为他真正改变了世界。而史蒂夫·乔布斯,他既不是计算机科学家,也没受过硬件工程师或工业设计师方面的训练。从个人电脑到 MP3,再到智能手机,苹果公司涉足的所有业务都是它进入前就已经存在的。但是,乔布斯在寻常中创造了不寻常,他彻底改变了这些行业。他是科技史上最伟大的革新者,科技行业的颠覆者。如果没有乔布斯,就没有 Apple II,就没有后来的 iMac、iPod、iPhone、iPad 等一系列新的奇迹。可以说,没有乔布斯,世界进程都要慢几年。

乔布斯有着高超不凡的人格魅力:他是世界上最后一位伟大的独裁者,他就像撒旦一样,让竞争对手暴躁、狂怒和绝望。他是执拗粗暴的技术怪才和不折不扣的规则颠覆者,他背负着尖酸刻薄的中伤诋毁和声势浩大的集体围剿,却用自己的一生重塑了整个世界。他像耶稣一样,赢得全世界亿万"果粉"宗教般的虔诚膜拜。他会一边动辄对员工咆哮,严格要求,一边又用超强的感染力激发员工的热情;他是游走在工艺设计师、演说家、梦想家、极端狂热分子之间的完美主义者。

乔布斯对自己灵感的智慧和直觉充满信心,正如他在每次苹果推出新产品时,充满热情的宣传一样。他的直觉几乎是天衣无缝的,而他近乎完美的产品设计也没有辜负他在宣传中的天花乱坠的言论。在 2007 年 Macworld 大会上,乔布斯展示了 iPhone 的原形产品。发布会上,他手持 Iphone 秒杀全球的霸气,是一种站在巅峰傲视万物的气概。乔布斯的激情、精力、欲望、完美主义、艺术修养、残暴还有对掌控权的迷恋塑造出的商业哲学一览无余。

有人说,只有乔布斯才能将炫目的摇滚音乐、时髦的工业设计、书生气的科学理论和不太体面的盈利动机这些矛盾的元素合情合理地融合起来,然而事实上也只有他做到了。他似乎拥有无穷尽的意志力和行动力,创造出一个个商业神话和新奇产品,这不仅改变着他自己的现实世界和内心世界,也时刻改变和影响着全球人的生活方式和对未来科技的认识。

美国西部时间 2011 年 10 月 5 日,这个时代最伟大的天才永远停止了工作,享年 56 岁。苹果公司网站发布悼词:苹果失去了一位远见卓识,开拓创新的天才;世界失去了一位令人惊叹的人物。然而这句"活着就是为了改变世界",更会成为一句铿锵的世界名言,激励无数梦想青年为之奋斗。

活着就是为了改变世界,这是商界精英乔布斯的名言,而他也确实做到了。他曾在演讲中讲到,"死亡就是生命中最好的一个发明。它将旧的清除以便给新的让路。"巨人虽然离开了,却给我们留下了无尽的精神财富。

"只有偏执狂才能生存"。这是 IT 界的至理名言,出自英特尔前总裁葛鲁夫之口,却是对乔布斯最好的写照。他不曾为谁改变,只为追求完美,只为更完美,只为了改变世界。

4. 成功的秘诀在于坚持不懈

骐骥一跃,不能十步;驽马十驾,功在不舍。同样,成功的秘诀不在于一蹴而就,而在于你是否能够持之以恒。

曾有这样一个故事:

新生开学,"今天只学一件最容易的事情,每人把胳膊尽量往前甩,然后再尽量往后甩,每天做300下。"老师说。

一个月以后有90%人坚持。又过一个月有仅剩80%。一年以后,老师问:"每天还坚持300下的请举手!"整个教室里,只有一个人举手,他后来成为了世界上伟大的哲学家。

还有一个故事。

1987年,她14岁,在湖南益阳的一个小镇卖茶,1毛钱一杯。因为她的茶杯比别人大一号,所以卖得最快,那时,她总是快乐地忙碌着。

1990年,她17岁,她把卖茶的摊点搬到了益阳市,并且改卖当地特有的"擂茶"。擂茶制作比较麻烦,但也卖得起价钱。那时,她的小生意总是忙忙碌碌。

1993年,她20岁,仍在卖茶,不过卖的地点又变了,在省城长沙,摊点也变成了小店面。客人进门后,必能品尝到热乎乎的香茶,在尽情享用后,他们或多或少会掏钱再拎上一两袋茶叶。

1997年,她24岁,长达十年的光阴,她始终在茶叶与茶水间滚打。这时,她已经拥有37家茶庄,遍布于长沙、西安、深圳、上海等地。福建安溪、浙江杭州的茶商们一提起她的名字,莫不竖起大拇指。

2003年,她30岁,她的最大梦想实现了。"在本来习惯于喝咖啡的国度里,也有洋溢着茶叶清香的茶庄出现,那就是我开的……"说这句话时她已经把茶庄开到了香港和新加坡。

这是两个真实的故事,让我们记住他们的名字吧!柏拉图和孟乔波,一个伟大的哲学家和一个卖茶的商人。从这两个故事中可以发现:成功没有秘诀,贵在坚持不懈。任何伟大的事业,成于坚持不懈,毁于半途而废。其实,世间最容易的事是坚持,最难的,也是坚持。说它容易,是因为只要愿意,人人都能做到;说它难,是因为能真正坚持下来的,终究只是少数人。巴斯德有句名言"告诉你使我达到目标的奥秘吧,我唯一的力量就是我的坚持精神。"

5. 人人都可以创造奇迹

织布工的后代和帝王的后代一样,也能创造奇迹。

有时候,要创造出某种奇迹,需要历经千辛万苦,费尽千思万索,而后才能见到奇迹的曙光;然而有时候,我们并不需要这样的艰辛努力,而只需换个思路、看准角度,对原有的事物稍做变动,就可收到令人欣喜的奇效。我们坚信,人人都可以创造出奇迹!

自从有了电风扇以来,不论是哪家工厂生产的,也不论是哪个品牌,其外观都是黑色的。直到20世纪50年代,这种"万扇一色"的局面终于被打破了。

最初,人们生产电风扇,不必考虑扇身颜色,只要照例喷成黑色就"OK"了。1952年前后,日本东芝公司库存了大量的电风扇,一时间怎么也卖不出去。从老板到员工,公司上下非常着急。几万人集体大"会诊",依然没找到卖不出去的"病因",滞销局面让公司一筹莫展。

有一天,有位员工忽发奇想,向上司提出:"如果改变一下风扇的颜色,结果会怎么样呢?"这个想法很大胆,也很奇特。在苦于没有更好解决之道法的情况下,公司只好尝试一下他的建议。

按照这位员工的建议,公司将库存的黑色风扇重新涂色,改换成浅蓝色,然后投向市场。结果,奇迹出现了——所有电风扇被抢购一空!近半年积压库存的电风扇,在短时间内,成了消费者的"香饽饽"。

为此,公司大赚特赚一把。这位员工因此也"加官晋爵",他的人生和地位从此彻底改变。而这一切皆源于从思维定式中跳出来的创新想法。

世界的改变,从来就是从人类改变想法开始的;有了想法,尤其是创新想法,人生和事业往往就会出现奇迹。

总而言之,上帝赋予了我们生命,也赋予了我们使命,这个使命小到改变我们自己,大到改变世界。正是拥有了使命感,我们才会不断地改变自己,并用自己的激情推动历史的发展和人类文明的进步。

忠告箴言

我们生来就随身带着一件东西,这件东西指示着我们的渴望、兴趣、热情以及好奇心,这就是使命。在使命感的驱使下,我们才不会在人生的道路上迷失方向,才会朝着目标奋斗,并充满地持之以恒,不懈努力。

乔布斯大事记

1971 年,遇见 Steve Wozniak(斯蒂夫·盖瑞·沃兹尼亚克),之后二人共同创立苹果。

1975 年,开始参加"家用电脑俱乐部"的会议,该俱乐部由家用电脑爱好者组成。

1976 年,与 Steve Wozniak 筹资1 750美元,制造了第一台面向市场的桌面电脑——AppleI。

1976 年,与 Steve Wozniak 和 Ronald Wayne(罗纳德·韦恩)共同创建苹果,两周后 Wayne 出售了其股份。

1976 年,乔布斯和 Steve Wozniak 发布 Apple Ⅰ,每台666.66 美元。这是第一台带有视频接口和板载只读内存(ROM)的单板计算机。

1977 年,苹果公司正式注册成立;发布 Apple Ⅱ,这是世界首台广为使用的个人电脑。

1980 年,苹果股票在华尔街上市,在第一个交易日股价就从 22 美元上升到 29 美元;Apple Ⅲ发布。

1981 年,乔布斯参与开发 Mac 电脑。

1983 年,乔布斯着力研究新个人电脑;发布第一台鼠标控制的电脑 Lisa,但是在市场上失败了;聘用 John Sculley(约翰·斯卡利)作为苹果主席与行政总裁。

1984 年,苹果在"超级杯星期天"上给 Mac 大做特做广告,第一台 Mac 机面市。

1985 年,乔布斯被 John Sculley 扫地出门而创办 NeXT 公司,开发电脑硬件与软件,后来改名为 Next 电脑公司。

1986 年,乔布斯从 George Lucas(乔治·卢卡斯)手中以不到1 000万美元的价格收购 Pixar,后来改名为皮克斯动画工作室。

1989 年,乔布斯发布了 NeXT 电脑(也称 Cube),每台6 500美元。Cube 显示器为单色,最终在市场是上失败了。

1993 年,乔布斯关闭 NeXT 的硬件部分。

1995 年,《玩具总动员》上映一举成名。

1996 年,苹果以 4.27 亿美元收购 NeXT,乔布斯担任苹果主席 Gilbert F. Amelio(吉尔伯特·阿莫利奥)的顾问。

1997 年,在 Amelio 被逐出公司后,乔布斯成为临时 CEO 和苹果电脑公司主席。乔布斯的薪水只有 1 美元。

1998 年,苹果发布多功能的 iMac 电脑,iMac 成为美国最畅销的个人电脑,该电脑卖出几百万台,让苹果在全年恢复盈利,股价涨了 400%。iMac 荣获"前沿设计与艺术方向"的金奖。

1999 年,苹果推出 iBook、G4 和 iMacDV。

2000 年,苹果公司再次出现季度亏损,份额下降,股价大跌;乔布斯不再是"临时"的 CEO 了。

2001 年,苹果开始首次涉足电子品领域,发布了 iPod,这个随身携带的 MP3 播放器(iPod 在 2004 财年卖出了 440 万台以上);平面式的 iMac 推出,取代已问世三年的 iMac。

2002 年,推出第二代 iPod 播放器,使用了称为"Touch wheel"的触摸式感应操控方式。

2003 年,推出第一台 64 位元个人电脑 Apple PowerMac G5;推出可同时支持 Mac 和 Windows 的第三代 iPod 音乐播放器;乔布斯发布 iTunes 音乐商店,商店中的歌曲和专辑都是编码加密过的。

2004 年,被诊断患有胰腺癌,苹果股价重挫;推出第四代 iPod 数码音乐播放器;推出迷你版 iPod mini 数码音乐播放器。

2005 年,宣布下一年度的电脑将采用英特尔处理器;推出第五代 iPod 播放器;推出第二代 iPod mini 迷你数码音乐播放器与 iPod shuffle,其无显示屏设计引起部分使用者不满;推出 iPod nano 超薄数码音乐播放器,采用彩色显示器。

2006 年,发表第一部使用英特尔处理器的台式电脑和笔记本电脑分别为 iMac 和 MacBook Pro;推出第六代 iPod 数码音乐播放器,称为"iPod classic";推出第二代 iPod nano 数码音乐播放器;推出第二代 iPod shuffle 数码音乐播放器。

2007 年,推出第三代 iPod nano 超薄数码音乐播放器;在 Mac World 上发布 iPhone 与 iPod touch;在 Mac 世界博览会上发布 iPhone。

2008 年,在 Mac World 上从黄色信封中取出了 MacBook Air,这是当时最薄的笔记本电脑;在 Mac World 上发布了 iPod nano 第四代和 iPod touch 第二代;在 Mac World 上发布了新设计的 MacBook 和 MacBook Pro,以及全新的 24 英寸 Apple LEDD Cinema isplay;12 月末,苹果宣布乔布斯将不会在 2009 年的 Mac 世界大会上发表演讲,也不会出席大会,这引发了外界关于其健康状况的推测。

2009 年,苹果负责全球营销的高级副总裁菲利普·席勒(Phillip Schiller)MacWorld2009 大会上发布了重新设计的 17 英寸屏幕的 MacBook Pro 笔记本电脑;推出升级版的 iMac;推出新款 iPod shuffle,这是第一款可以语音发音的数码音乐播放器;乔布斯重新回归苹果总部工作;1 月,乔布斯说要休病假到 6 月,但是他还是没有透露其病症。COO Tim Cook 在乔布斯恢复期间负责苹果的日常运营。苹果声称乔布斯仍会参与重大的战略决策;6 月,华尔街日报报道乔布斯正在经受肝移植,苹果确认乔布斯将会在月底恢复工作。

2010 年,1 月 27 日苹果公司平板电脑 iPad 正式发布;4 月 6 日苹果 ipad 正式在美国发售;5

月 26 日在与比尔·盖茨(Bill Gates)竞跑了 30 多年之后,乔布斯这位苹果公司创始人终于将他的公司送上了纳斯达克(Nasdaq)的顶峰位置。苹果公司的市值在当日纽约股市收市时达到 2 220亿美元,仅次于埃克森美孚(ExxonMobil),成为美国第二大上市公司,微软当日市值为 2 190亿美元;6 月 8 日苹果公司年度盛会 WWDC2010(Apple Worldwide Developers Conference 2010)正式开幕,在本次大会上,乔布斯正式发布了近来一直引人瞩目的苹果第四代手机 iPhone。

2011 年,1 月 16 日苹果股价以 13 美元收盘;1 月 17 日晚间,乔布斯宣布,将再次向公司请假以"专注于个人健康问题",苹果公司股票价格在海外市场下跌了 6% ~ 8%;2 月 18 日晚间,美国总统奥巴马宴请乔布斯等 IT 巨头;3 月 3 日,乔布斯在美国旧金山出人意料的亲自到场召开发布会,发布 iPad;8 月初,苹果公司市值(约3 371亿美元)超过埃克森美孚(约3 333亿美元),成为全球第一大上市公司,也是全球第一大 IT 公司;8 月 25 日宣布辞去苹果公司 CEO 一职;10 月 5 日,乔布斯因癌症辞世,享年 56 岁。